圆锥曲线满分攻略

主　编　诸葛瑞杰　罗家敬
副主编　方伟中　程智豪　朱一韬
　　　　孙　琦　吴寨君　杨海鹏
　　　　孙国庆

哈尔滨工业大学出版社

内 容 简 介

本书主要介绍高中阶段内解答圆锥曲线题目的主要方法,分为三篇:曲直联立,技巧与方法,二级结论与命题背景.全书共三十二章,其中每一章包括例题和课后练习.本书收录了近20年大多数关于圆锥曲线的高考真题和近年的优质模拟题,以及部分竞赛题目.

本书适合高中学生培优使用,也可供参加高中数学竞赛的学生使用,还可供高中数学教师备课和高中数学竞赛教练选题使用.

图书在版编目(CIP)数据

圆锥曲线满分攻略/诸葛瑞杰,罗家敬主编. —哈尔滨:哈尔滨工业大学出版社,2022.8(2024.11重印)
ISBN 978−7−5767−0394−8

Ⅰ.①圆… Ⅱ.①诸… ②罗… Ⅲ.①圆锥曲线—高中—教学参考资料 Ⅳ.①G634.633

中国版本图书馆 CIP 数据核字(2022)第 177204 号

策划编辑	杨秀华
责任编辑	李长波　庞亭亭
封面设计	王　萌
出版发行	哈尔滨工业大学出版社
社　　址	哈尔滨市南岗区复华四道街10号　邮编150006
传　　真	0451−86414749
网　　址	http://hitpress.hit.edu.cn
印　　刷	哈尔滨起源印务有限公司
开　　本	787 mm×1 092 mm　1/16　印张 35　字数 750 千字
版　　次	2022 年 8 月第 1 版　2024 年 11 月第 5 次印刷
书　　号	ISBN 978−7−5767−0394−8
定　　价	98.00 元

(如因印装质量问题影响阅读,我社负责调换)

序 言

　　一直以来圆锥曲线都是高考的重点、难点,由于其计算量大、变量多、背景深,其一直是大多数教师和学生的痛点,很多同学拿到圆锥曲线题目不知道怎么入手.本书将对圆锥曲线的方法进行系统的归纳和总结,为读者呈现一个精彩的圆锥曲线世界.本书从近20年的高考真题和近年优秀的模拟题中选出了大量的优质好题进行挖掘、延伸,共有几百道例题.

　　本书具有以下特点:

　　1. 立足基础,稳扎稳打

　　本书强调基本功,重剑无锋,大巧不工,学习任何技巧之前,基本功都是重中之重,大多数题目都可以用普通的方法解决.

　　2. 深研真题,学以致用

　　在编写此书时,我们回顾了过去近20年的高考真题,将其中的好题、难题都进行了深刻的剖析和系统的归纳与总结,深刻地挖掘其出题背景,并给出多种解法,开拓学生和老师们的解题思路.

　　3. 多题一解,一题多解

　　多题一解和一题多解可以说是本书的最大特色之一,在本书收录的几百道例题中,共分为三篇三十二章,每一章都详细地阐述了各种题目适用的解题方法,很多题目看似不同,其实做法相同;而对于很多高考题,如2020年全国一卷的圆锥曲线大题,就有至少七种解法,还有很多经典题目也是一题多解.

　　4. 研究背景,醍醐灌顶

　　圆锥曲线的绝大多数命题都有其深刻的命题背景,在本书的最后,对常用的、常见的圆锥曲线背景进行了系统的归纳总结.美国著名数学家波利亚曾经说过:"丰富而有条理的知识储备是解题者的至宝."读者朋友们看到最后就会发现,通过了解很多题目的命题方式和背景,甚至可以自己命题.

　　本书适合学生培优,以及教师备课,建议各位读者朋友可以边读边做题,数学学科和其他学科最大的不同就是需要做题,纸上得来终觉浅,绝知此事要躬行.

　　本书的编写得到了很多朋友和老师的帮助和支持,在此特别感谢广东深圳谢应君老师,黑龙江大庆李雪老师,云南曲靖念康老师,安徽合肥孙国庆老师,河北衡水王战普老师,内蒙古赤峰赵国义老师,北京崔荣军老师.

　　由于编者水平有限,书中难免存在疏漏和不足,敬请各位读者批评指正,如有疑问欢迎与编者沟通讨论,qq:719190308.最后衷心祝愿各位读者朋友能够在今后的考试和学术追求中一路乘风破浪,战无不胜!

诸葛瑞杰　罗家敬

目　　录

第一篇　曲直联立

- 第一章　硬解定理 ······ 3
- 第二章　弦长问题 ······ 19
- 第三章　面积问题 ······ 29
- 第四章　定点定值 ······ 67
  - 4.1　定点 ······ 67
  - 4.2　定值 ······ 70
- 第五章　其他问题 ······ 79
  - 5.1　三点共线 ······ 79
  - 5.2　与圆结合的相关问题 ······ 81
- 第六章　中点弦与点差法 ······ 88
- 第七章　轨迹方程 ······ 97

第二篇　技巧与方法

- 第八章　齐次化 ······ 111
  - 8.1　齐次化的理论与基础题型 ······ 111
  - 8.2　齐次化的知识纵横与迁移 ······ 125
  - 8.3　中点弦问题 ······ 133
- 第九章　定比点差法与定比分点问题 ······ 140
  - 9.1　定比点差的理论 ······ 140
  - 9.2　椭圆和双曲线中的定比点差 ······ 142
  - 9.3　抛物线的定比点差 ······ 162
  - 9.4　非定比点差的定比分点问题 ······ 168
- 第十章　非对称韦达定理 ······ 192
- 第十一章　非联立设点问题 ······ 215
  - 11.1　设点的一般形式与技巧 ······ 215
  - 11.2　抛物线设点 ······ 232
- 第十二章　抛物线的非联立技巧 ······ 254
  - 12.1　抛物线的两点式 ······ 254
  - 12.2　抛物线的平均性质 ······ 266
- 第十三章　双切与同构 ······ 279
  - 13.1　切点弦 ······ 279

13.2	二次曲线与圆的交汇问题	286
13.3	彭赛列闭合定理	291
13.4	双切线与向量	295
13.5	蒙日圆	297
13.6	阿基米德三角形	304

第十四章　对称作差求定点定值　331

14.1	定点模型	331
14.2	定值模型	334

第十五章　参数方程　340

15.1	圆与圆锥曲线的参数方程	340
15.2	直线的参数方程	364

第十六章　极坐标　398

16.1	以焦点为极点的极坐标方程	398
16.2	以原点为极点的极坐标方程	404

第十七章　曲线系概述　410

17.1	直线系	410
17.2	圆系	411
17.3	二次曲线系	414
17.4	四点共圆问题的证明及推广	418
17.5	蝴蝶定理与坎迪定理	420
17.6	双切线与曲线系	425

第十八章　极点极线　432

18.1	极点极线的理论	432
18.2	极点与极线的基本性质、定理	436
18.3	定值问题之斜率定值	451
18.4	定点模型	458
18.5	定线模型	462

第十九章　双曲线中直线与渐近线的双交点联立体系　466

第二十章　仿射变换　478

第三篇　二级结论与命题背景

第二十一章　焦点弦与焦半径　491

第二十二章　椭圆的内圆　502

第二十三章　椭圆的外圆　509

第二十四章　椭圆的准圆　516

第二十五章　椭圆焦点三角形的旁切圆和双曲线焦点三角形的内切圆　519

第二十六章　相似椭圆　526

第二十七章　切线性质扩展　530

第二十八章　椭圆与双曲线的直径与共轭直径 …………………………………… 534
第二十九章　圆锥曲线的等角定理 …………………………………………………… 538
第三十章　　等轴双曲线 ……………………………………………………………… 543
第三十一章　抛物线性质补充 ………………………………………………………… 545
第三十二章　三角形面积公式和四点共圆的行列式表示形态 ……………………… 548
参考文献 …………………………………………………………………………………… 549

第一篇　曲直联立

在圆锥曲线的学习过程中,曲直联立处于重中之重的位置,回顾近 20 年的高考真题,90％以上的圆锥曲线题目都可以通过曲直联立来解决.不论教师还是学生,曲直联立能力代表着一个人的数学基本功,代表着一个人的思维能力和计算能力.学习本书,我们始终提倡扎扎实实,稳扎稳打.

第一章 硬解定理

相信大家都有过这样的感受,计算圆锥曲线题目的时候,80%的题目都能够设线联立然后用韦达定理解决,我们总是在重复操作联立这个计算过程,所以有人就会想,有没有一劳永逸直接得出联立结果的办法呢？答案是有的,那就是硬解定理.相信很多教师和学生都知道硬解定理,有些教师批评它,觉得这个东西又长又臭,记住它还不如直接算来得快;也有些教师很喜欢它,当然我是属于非常喜欢它的一类人,我认为当你真正了解它会使用它的时候,你是不会拒绝它的,因为它确实能为计算节省一定的时间.这里并不是把公式摆出来让大家死记硬背,而是教你如何真正掌握它,这样它才会为你所用.

希望大家认真学习本章,下面来一步一步地认识硬解定理.

首先硬解定理有两个版本,版本一：$\begin{cases} \dfrac{x^2}{a^2}+\dfrac{y^2}{b^2}=1 \\ y=kx+m \end{cases}$ 和版本二：$\begin{cases} \dfrac{x^2}{a^2}+\dfrac{y^2}{b^2}=1 \\ Ax+By+C=0 \end{cases}$.

看起来版本二似乎更加复杂一点,实际上并非如此,很多时候版本二使用起来会更加方便,而且直线无论是正设还是反设都适用.等我们真正看完练完本章题目之后,就会知道版本一其实是版本二的特殊情况.

下面开始推导版本二的硬解定理(强烈建议大家动笔跟着推导一次).

$$\begin{cases} \dfrac{x^2}{a^2}+\dfrac{y^2}{b^2}=1 \\ Ax+By+C=0 \end{cases}$$

先消 y：

由 $\dfrac{x^2}{a^2}+\dfrac{y^2}{b^2}=1 \Rightarrow b^2x^2+a^2y^2-a^2b^2=0$,两边同乘 B^2 得

$$b^2B^2x^2+a^2B^2y^2-a^2b^2B^2=0 \qquad ①$$

由 $Ax+By+C=0 \Rightarrow By=-(Ax+C)$,两边平方得

$$B^2y^2=(Ax+C)^2$$

两边同乘 a^2 得

$$a^2B^2y^2=a^2(Ax+C)^2=a^2A^2x^2+2a^2ACx+a^2C^2 \qquad ②$$

将式②代入式①后整理可得(先找 x^2 的系数,再找 x 的系数,然后找常数)

$$(a^2A^2+b^2B^2)x^2+(2a^2AC)x+a^2(C^2-b^2B^2)=0$$

这样便得到了消 y 的式子.

同样地,消 x 有

$$(a^2A^2+b^2B^2)y^2+(2b^2BC)y+b^2(C^2-a^2A^2)=0$$

即由

$$\begin{cases} \dfrac{x^2}{a^2}+\dfrac{y^2}{b^2}=1 \\ Ax+By+C=0 \end{cases}$$

消 y 得 $\qquad (a^2A^2+b^2B^2)x^2+(2a^2AC)x+a^2(C^2-b^2B^2)=0$

消 x 得 $\qquad (a^2A^2+b^2B^2)y^2+(2b^2BC)y+b^2(C^2-a^2A^2)=0$

这里标记 $\varepsilon=a^2A^2+b^2B^2$,这是硬解定理所有式子的分母,十分重要,一定要记住.

接下来标记 Δ,有

$$\begin{aligned} \Delta_x &= (2a^2AC)^2-4(a^2A^2+b^2B^2)a^2(C^2-b^2B^2) \\ &= 4a^4A^2C^2-4a^2(a^2A^2C^2-A^2a^2b^2B^2+b^2B^2C^2-b^2B^2b^2B^2) \\ &= 4a^2[(a^2A^2C^2-a^2A^2C^2)+b^2B^2(a^2A^2+b^2B^2-C^2)] \\ &= 4a^2b^2B^2(a^2A^2+b^2B^2-C^2) \\ &= 4a^2b^2B^2(\varepsilon-C^2) \end{aligned}$$

同理

$$\Delta_y=4a^2b^2A^2(\varepsilon-C^2)$$

这里令 $\Delta'=\varepsilon-C^2$,可以发现 Δ 的正负与 Δ' 是一致的,所以就不用大费周章地去记 Δ 了,只需记住 Δ' 即可.

接下来借助一些题目来应用 Δ'.

(1)利用 Δ' 解决直线与有心圆锥曲线的交点个数问题(双曲线有时需要分情况讨论).

【例1】 ①已知直线 $y=3x+m$ 与 $\dfrac{x^2}{4}+\dfrac{y^2}{2}=1$ 有两个不同的交点,求 m 的取值范围.

解:由题易知联立直线与椭圆之后 $\Delta>0$ 即可,这里直线都调整为一般式,有

$$\begin{cases} \dfrac{x^2}{4}+\dfrac{y^2}{2}=1 \\ 3x-y+m=0 \end{cases}$$

即

$$\Delta'=4\times 3^2+2\times(-1)^2-m^2>0 \Rightarrow -\sqrt{38}<m<\sqrt{38}$$

②已知直线 $y=3x+m$ 与 $\dfrac{x^2}{4}-\dfrac{y^2}{2}=1$ 有两个不同的交点,求 m 的取值范围.

分析:双曲线只需要在椭圆的基础上把所有的 b^2 改成 $-b^2$ 即可.

解:由 $\begin{cases} \dfrac{x^2}{4}+\dfrac{y^2}{-2}=1 \\ 3x-y+m=0 \end{cases}$ 得

$$\Delta'=4\times 3^2-2\times(-1)^2-m^2>0 \Rightarrow -\sqrt{34}<m<\sqrt{34}$$

③已知直线 $y=3x+m$ 与 $\dfrac{x^2}{2}+\dfrac{y^2}{4}=1$ 有两个不同的交点,求 m 的取值范围.

解:由 $\begin{cases} \dfrac{x^2}{2}+\dfrac{y^2}{4}=1 \\ 3x-y+m=0 \end{cases}$ 得

$$\Delta' = 2\times 3^2 + 4\times(-1)^2 - m^2 > 0 \Rightarrow -\sqrt{22} < m < \sqrt{22}$$

④已知直线 $y=3x+m$ 与 $\dfrac{x^2}{4}+\dfrac{y^2}{4}=1$ 有两个不同的交点，求 m 的取值范围．

解：

法一：由 $\begin{cases}\dfrac{x^2}{4}+\dfrac{y^2}{4}=1\\ 3x-y+m=0\end{cases}$ 得

$$\Delta' = 4\times 3^2 + 4\times(-1)^2 - m^2 > 0 \Rightarrow -2\sqrt{10} < m < 2\sqrt{10}$$

法二：这里可以用直线与圆的位置关系 $d<r$ 解决，有

$$d=\dfrac{|m|}{\sqrt{3^2+1}}<2 \Rightarrow |m|<2\sqrt{10} \Rightarrow -2\sqrt{10}<m<2\sqrt{10}$$

结果是一样的，对于圆与直线的问题法二是非常好用的．

(2) 利用 Δ' 解决直线与有心圆锥曲线相切的问题．

【例2】 已知椭圆 $\dfrac{x^2}{25}+\dfrac{y^2}{9}=1$，直线 $l:4x-5y+16=0$，椭圆上是否存在一点，使其到直线 l 的距离最大？

解：

法一：用联立方法，设出平行线方程，利用直线与椭圆相切，求出切线方程，然后求解平行线距离即可．

设直线 l 的平行线为 $4x-5y+m=0$．

由 $\begin{cases}\dfrac{x^2}{25}+\dfrac{y^2}{9}=1\\ 4x-5y+m=0\end{cases}$ 得

$$\Delta' = 25\times 4^2 + 9\times(-5)^2 - m^2 = 0$$

解得 $m=25$ 或 $m=-25$．

取 $m=-25$ 时距离最近，有

$$d=\dfrac{|-25-16|}{\sqrt{4^2+5^2}}=\sqrt{41}$$

故椭圆上存在一点 $P\left(4,-\dfrac{9}{5}\right)$，它到直线 l 的距离最大．

法二：椭圆 $\dfrac{x^2}{25}+\dfrac{y^2}{9}=1$ 的参数方程为 $\begin{cases}x=5\cos\alpha\\ y=3\sin\alpha\end{cases}$ $(0\leqslant\alpha<2\pi)$．

设椭圆上点 $P(5\cos\alpha,3\sin\alpha)$，则 P 到直线 $l:4x-5y+16=0$ 的距离为

$$d=\dfrac{|20\cos\alpha-15\sin\alpha+16|}{\sqrt{16+25}}=\dfrac{|25\cos(\alpha+\theta)+16|}{\sqrt{41}}$$

则当 $\cos(\alpha+\theta)=1$，即 $P\left(4,-\dfrac{9}{5}\right)$ 时，d 取得最大值 $\sqrt{41}$．

我们来研究下面这个式子：

$$\begin{cases} \dfrac{x^2}{a^2}+\dfrac{y^2}{b^2}=1 \\ Ax+By+C=0 \end{cases}$$

消 y 得 $\quad(a^2A^2+b^2B^2)x^2+(2a^2AC)x+a^2(C^2-b^2B^2)=0$

消 x 得 $\quad(a^2A^2+b^2B^2)y^2+(2b^2BC)y+a^2(C^2-a^2A^2)=0$

接下来记忆两根之和的韦达定理(记住相应的位置即可):

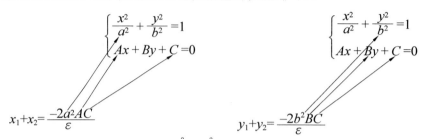

$$x_1+x_2=\dfrac{-2a^2AC}{\varepsilon} \qquad\qquad y_1+y_2=\dfrac{-2b^2BC}{\varepsilon}$$

【例3】 如图1.1所示,已知椭圆 $\dfrac{x^2}{4}+\dfrac{y^2}{3}=1$,直线 l 过点 $(0,-1)$ 与椭圆交于 A、B 两点,椭圆上是否存在一点 P,使得四边形 $OBPA$ 为平行四边形?若存在,求出直线 l 的方程.

分析:这道题缺少直线 l 的斜率 k. 由 $OBPA$ 为平行四边形可得 $\overrightarrow{OA}+\overrightarrow{OB}=\overrightarrow{OP}$,所以 $x_P=x_A+x_B$, $y_P=y_A+y_B$,再结合点 P 在椭圆上就可以算出 k 了.

解:我们通过这道题来详细说明分析后书写过程中的一些建议.

①设点设线.

当直线斜率不存在时,O、A、B 三点共线,不符合要求;

当直线斜率存在时,设直线 l 的方程为 $y=kx-1$,$A(x_1,y_1)$,$B(x_2,y_2)$,$P(x_0,y_0)$.

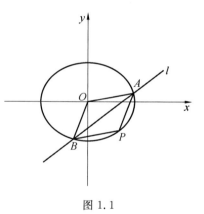

图1.1

②联立之后先默写一下硬解定理,写完硬解定理再复原联立之后的方程,对于 $y_1+y_2=kx_1+m+kx_2+m=k(x_1+x_2)+2m$ 写硬解定理的结果.

由 $\begin{cases} \dfrac{x^2}{4}+\dfrac{y^2}{3}=1 \\ kx-y-1=0 \end{cases}$ 消 y 得 $(4k^2+3)x^2-8kx-8=0$(注意这里 $8k$ 是 $\dfrac{-b}{a}$ 中的 $-b$). 所以

$$x_1+x_2=\dfrac{-2\times 4\times k(-1)}{4k^2+3}=\dfrac{8k}{4k^2+3}, \qquad x_1x_2=\dfrac{4[(-1)^2-3]}{4k^2+3}=\dfrac{-8}{4k^2+3}$$

所以

$$y_1+y_2=kx_1-1+kx_2-1=k(x_1+x_2)-2=\dfrac{-2\times 3\times(-1)\times(-1)}{4k^2+3}=\dfrac{-6}{4k^2+3}$$

【注】这里要想直接用 y_1+y_2 或者 y_1y_2,可以把整个韦达定理都默写出来,然后再把消 x 和消 y 的式子都复原,这样就可以直接用了,当大家把这个定理用熟练之后,其实不

用复原,都可以直接写出联立之后的式子,对于教师而言式子就可能不太重要了.

又因为 OBPA 为平行四边形,所以 $\overrightarrow{OA}+\overrightarrow{OB}=\overrightarrow{OP}$,即有

$$\begin{cases} x_0=x_1+x_2=\dfrac{8k}{4k^2+3} \\ y_0=y_1+y_2=\dfrac{-6}{4k^2+3} \end{cases}$$

又因为点 P 在椭圆上,所以

$$\dfrac{\left(\dfrac{8k}{4k^2+3}\right)^2}{4}+\dfrac{\left(\dfrac{-6}{4k^2+3}\right)^2}{3}=1$$

$$\Rightarrow \dfrac{16k^2}{(4k^2+3)^2}+\dfrac{12}{(4k^2+3)^2}=1$$

$$\Rightarrow 16k^2+12=(4k^2+3)^2$$

$$\Rightarrow 4(4k^2+3)=(4k^2+3)^2$$

$$\Rightarrow 4=4k^2+3$$

$$\Rightarrow k=\pm\dfrac{1}{2}$$

所以直线方程为 $y=\pm\dfrac{1}{2}x-1$.

【例 4】 已知椭圆的焦点在 x 轴上,它的一个顶点恰好是抛物线 $x^2=4y$ 的焦点,离心率 $e=\dfrac{2}{\sqrt{5}}$.

(1)求椭圆的标准方程.

(2)过椭圆的右焦点 F 作与坐标轴不垂直的直线 l,交椭圆于 A、B 两点,设点 $M(m,0)$ 是线段 OF 上的一个动点,且 $(\overrightarrow{MA}+\overrightarrow{MB})\perp\overrightarrow{AB}$,求 m 的取值范围.

解:(1)由椭圆的焦点在 x 轴上,设椭圆的方程为

$$\dfrac{x^2}{a^2}+\dfrac{y^2}{b^2}=1 \quad (a>b>0)$$

抛物线方程化为

$$x^2=4y$$

其焦点为 $(0,1)$,则椭圆的一个顶点为 $(0,1)$,即 $b=1$.

由 $e=\dfrac{c}{a}=\sqrt{1-\dfrac{b^2}{a^2}}=\dfrac{2}{\sqrt{5}}$,解得 $a^2=5$,所以椭圆的标准方程为 $\dfrac{x^2}{5}+y^2=1$.

(2)由(1)得 $F(2,0)$,则 $0\leqslant m\leqslant 2$,设 $A(x_1,y_1)$,$B(x_2,y_2)$,设直线 l 的方程为 $y=k(x-2)(k\neq 0)$.

由 $\begin{cases} \dfrac{x^2}{5}+y^2=1 \\ kx-y-2k=0 \end{cases}$,消 y 得

$$(5k^2+1)x^2-20k^2x+20k^2-5=0$$

所以

$$x_1+x_2=\frac{20k^2}{5k^2+1}, \quad x_1x_2=\frac{20k^2-5}{5k^2+1}$$

则
$$y_1+y_2=k(x_1+x_2-4)$$
$$\overrightarrow{MA}+\overrightarrow{MB}=(x_1+x_2-2m, y_1+y_2), \quad \overrightarrow{AB}=(x_2-x_1, y_2-y_1)$$

因为 $(\overrightarrow{MA}+\overrightarrow{MB})\perp\overrightarrow{AB}$,所以 $(\overrightarrow{MA}+\overrightarrow{MB})\cdot\overrightarrow{AB}=0$,所以
$$(x_1+x_2-2m)(x_2-x_1)+(y_2-y_1)(y_1+y_2)=0$$

两边同除以 x_2-x_1,有
$$(x_1+x_2-2m)+\frac{y_2-y_1}{x_2-x_1}(y_1+y_2)=0 \Rightarrow x_1+x_2-2m+k(y_1+y_2)=0$$

所以
$$2m=x_1+x_2+k(y_1+y_2)$$

所以
$$2m=\frac{-2\times 5\times k\times(-2k)}{5k^2+1}+k\frac{-2\times 1\times(-1)\times(-2k)}{5k^2+1}=\frac{20k^2-4k^2}{5k^2+1}=\frac{16k^2}{5k^2+1}$$
$$m=\frac{8k^2}{5k^2+1}=\frac{8}{5+\frac{1}{k^2}}\in\left(0,\frac{8}{5}\right)$$

所以当 $0<m<\frac{8}{5}$ 时,$(\overrightarrow{MA}+\overrightarrow{MB})\perp\overrightarrow{AB}$.

此题还有不同的翻译方法,我们还能得到点 M 是 AB 中垂线与 x 轴的交点.由
$$\begin{cases}\dfrac{x^2}{a^2}+\dfrac{y^2}{b^2}=1\\ Ax+By+C=0\end{cases}$$

消 y 得 $\quad (a^2A^2+b^2B^2)x^2+(2a^2AC)x+a^2(C^2-b^2B^2)=0$
消 x 得 $\quad (a^2A^2+b^2B^2)y^2+(2b^2BC)y+a^2(C^2-a^2A^2)=0$

接下来记忆两根之积的韦达定理(这里要求分母顺序不要写反,且 C 是有平方的):

$$\begin{cases}\dfrac{x^2}{a^2}+\dfrac{y^2}{b^2}=1\\ Ax+By+C=0\end{cases} \qquad \begin{cases}\dfrac{x^2}{a^2}+\dfrac{y^2}{b^2}=1\\ Ax+By+C=0\end{cases}$$

$$x_1x_2=\frac{a^2(C^2-b^2B^2)}{a^2A^2+b^2B^2} \qquad y_1y_2=\frac{b^2(C^2-a^2A^2)}{a^2A^2+b^2B^2}$$

分子口诀(小 a^2 乘括号 C^2 减分母后边)   **(小 b^2 乘括号 C^2 减分母前边)**

【例5】 已知椭圆 $C:\dfrac{x^2}{8}+\dfrac{y^2}{4}=1$ 与直线 $l:y=kx+m$ 交于 A、B 两点,O 为坐标原点,若 $OA\perp OB$,且直线 l 与圆 $O:x^2+y^2=r^2$ 相切,求圆的半径.

分析:这道题比较简单,不难得到 $\overrightarrow{OA}\cdot\overrightarrow{OB}=0$,另外由相切可知 $d=\dfrac{|m|}{\sqrt{1+k^2}}=r$,这里

选择复原两个式子的做法.

解:设 $A(x_1,y_1),B(x_2,y_2)$,由

$$\begin{cases} \dfrac{x^2}{8}+\dfrac{y^2}{4}=1 \\ kx-y+m=0 \end{cases}$$

消 y 得 $\qquad (8k^2+4)x^2+16kx+8(m^2-4)=0$

消 x 得 $\qquad (8k^2+4)y^2-8my+4(m^2-8k^2)=0$

这里是可以约分的,但是建议保留原始数据. 所以

$$x_1+x_2=\frac{-2\times 8\cdot k}{8k^2+4}=\frac{-16k}{8k^2+4},\quad x_1x_2=\frac{8(m^2-4)}{8k^2+4}$$

$$y_1+y_2=\frac{-2\times 4(-1)\cdot m}{8k^2+4}=\frac{8m}{8k^2+4},\quad y_1y_2=\frac{4(m^2-8k^2)}{8k^2+4}$$

因为 $OA\perp OB$,所以 $\overrightarrow{OA}\cdot\overrightarrow{OB}=0$,即

$$x_1x_2+y_1y_2=\frac{8(m^2-4)}{8k^2+4}+\frac{4(m^2-8k^2)}{8k^2+4}=0$$

所以得到

$$12m^2=32(k^2+1)\Rightarrow\frac{m^2}{(k^2+1)}=\frac{32}{12}$$

又因为直线 l 与圆 $O:x^2+y^2=r^2$ 相切,所以

$$d=\frac{|m|}{\sqrt{1+k^2}}=r=\sqrt{\frac{32}{12}}=\sqrt{\frac{8}{3}}=\frac{2\sqrt{6}}{3}$$

所以圆半径为 $\dfrac{2\sqrt{6}}{3}$.

【注】此题的解题过程一直没有约分,如果大家把数据换成字母,不难得到一个结论,即原点到直线的距离,亦即圆的半径是 $\sqrt{\dfrac{a^2b^2}{a^2+b^2}}$,在本题中也就是 $r=\sqrt{\dfrac{8\times 4}{8+4}}$.

【例6】 已知 $m>1$,直线 $l:x-my-\dfrac{m^2}{2}=0$,椭圆 $C:\dfrac{x^2}{m^2}+y^2=1$,F_1、F_2 分别为椭圆 C 的左、右焦点.

(1)当直线 l 过右焦点 F_2 时,求直线 l 的方程.

(2)当直线 l 与椭圆 C 相离、相交时,求 m 的取值范围.

(3)设直线 l 与椭圆 C 交于 A、B 两点,$\triangle AF_1F_2$、$\triangle BF_1F_2$ 的重心分别为 G、H. 若原点 O 在以线段 GH 为直径的圆内,求实数 m 的取值范围.

解:(这里解题过程比较简便,如不理解可以再熟悉一下硬解定理.)

(1)因为直线 $l:x-my-\dfrac{m^2}{2}=0$ 经过 $F_2(\sqrt{m^2-1},0)$,所以

$$\sqrt{m^2-1}-\frac{m^2}{2}=0$$

解得 $m^2=2$.

又因为 $m>1$,所以 $m=\sqrt{2}$,故直线 l 的方程为 $x-\sqrt{2}y-1=0$.

(2) 由 $\begin{cases} x - my - \dfrac{m^2}{2} = 0 \\ \dfrac{x^2}{m^2} + y^2 = 1 \end{cases}$ 和 $\Delta < 0$ 得

$$m^2 + m^2 - \dfrac{m^4}{4} < 0$$

解得 $m < -2\sqrt{2}$ 或 $m > 2\sqrt{2}$.

因为 $m > 1$, 所以 $m > 2\sqrt{2}$. 由 $\Delta > 0$ 得

$$-2\sqrt{2} < m < 2\sqrt{2}$$

所以当直线与椭圆相离时 m 的取值范围是 $\{m \mid m > 2\sqrt{2}\}$; 当直线与椭圆相交时 m 的取值范围是 $\{m \mid 1 < m < 2\sqrt{2}\}$.

(3) 设 $A(x_1, y_1), B(x_2, y_2), F_1(-c, 0), F_2(c, 0)$.

由重心坐标公式得

$$x_G = \dfrac{x_1 + c - c}{3} = \dfrac{x_1}{3}, \quad y_G = \dfrac{y_1 + c - c}{3} = \dfrac{y_1}{3}$$

可知 $G\left(\dfrac{x_1}{3}, \dfrac{y_1}{3}\right)$, 同理 $H\left(\dfrac{x_2}{3}, \dfrac{y_2}{3}\right)$.

因为 O 在以线段 GH 为直径的圆内, 所以

$$\overrightarrow{OH} \cdot \overrightarrow{OG} = \dfrac{1}{9}(x_1 x_2 + y_1 y_2) < 0$$

即 $x_1 x_2 + y_1 y_2 < 0$ (分析到只需要两根之积的硬解定理). 由

$$\begin{cases} \dfrac{x^2}{m^2} + y^2 = 1 \\ x - my - \dfrac{m^2}{2} = 0 \end{cases}$$

消去 x 得 _____;
消去 y 得 _____.
上面的就由聪明的你来补充吧!
所以

$$x_1 x_2 + y_1 y_2 = \dfrac{m^2\left(\dfrac{m^4}{4} - m^2\right)}{m^2 + m^2} + \dfrac{1\left(\dfrac{m^4}{4} - m^2\right)}{m^2 + m^2} < 0$$

$$\Rightarrow \dfrac{m^4}{4} - m^2 + \dfrac{m^2}{4} - 1 < 0$$

$$\Rightarrow m^4 - 3m^2 - 4 < 0$$

$$\Rightarrow (m^2 - 4)(m^2 + 1) < 0$$

所以 $m^2 < 4$.

又因为 $m > 1$ 且 $\Delta > 0$, 所以 $\{m \mid 1 < m < 2\}$.

【例 7】 如图 1.2 所示, 已知椭圆 $E: \dfrac{x^2}{a^2} + \dfrac{y^2}{b^2} = 1 (a > b > 0)$ 过点 $(0, \sqrt{2})$, 且离心率为 $\dfrac{\sqrt{2}}{2}$.

(1)求椭圆 E 的方程.

(2)过 $(-1,0)$ 的直线 l 交椭圆 E 于 A、B 两点,判断点 $G\left(-\dfrac{9}{4},0\right)$ 与以线段 AB 为直径的圆的位置关系,并说明理由.

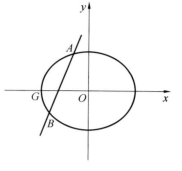

图 1.2

解:(1)椭圆 $E:\dfrac{x^2}{a^2}+\dfrac{y^2}{b^2}=1(a>b>0)$ 过点 $(0,\sqrt{2})$,且离心率为 $\dfrac{\sqrt{2}}{2}$,则

$$b=\sqrt{2},\quad e=\dfrac{c}{a}=\sqrt{1-\dfrac{b^2}{a^2}}=\dfrac{\sqrt{2}}{2}$$

所以 $a^2=4$,所以椭圆 E 的方程为 $\dfrac{x^2}{4}+\dfrac{y^2}{2}=1$.

(2)法一:当 l 的斜率为 0 时,显然 $G\left(-\dfrac{9}{4},0\right)$ 在以线段 AB 为直径的圆的外面.

当 l 的斜率不为 0 时,设 l 的方程为 $x=my-1$,设点 $A(x_1,y_1),B(x_2,y_2)$,则

$$\overrightarrow{GA}=\left(x_1+\dfrac{9}{4},y_1\right),\quad \overrightarrow{GB}=\left(x_2+\dfrac{9}{4},y_2\right)$$

由 $\begin{cases}\dfrac{x^2}{4}+\dfrac{y^2}{2}=1\\ x-my+1=0\end{cases}$ 得

$$(4+2m^2)y^2-4my-6=0$$

则

$$y_1+y_2=\dfrac{-2\times 2\times(-m)\times 1}{4+2m^2}=\dfrac{4m}{4+2m^2},\quad y_1 y_2=\dfrac{2(1-4)}{4+2m^2}=\dfrac{-6}{4+2m^2}$$

$$\overrightarrow{GA}\cdot\overrightarrow{GB}=\left(x_1+\dfrac{9}{4}\right)\left(x_2+\dfrac{9}{4}\right)+y_1 y_2=\left(my_1+\dfrac{5}{4}\right)\left(my_2+\dfrac{5}{4}\right)+y_1 y_2$$

$$=(m^2+1)y_1 y_2+\dfrac{5}{4}(y_1+y_2)+\dfrac{25}{16}=\dfrac{17m^2+2}{16(m^2+2)}>0$$

所以 $\cos\langle\overrightarrow{GA},\overrightarrow{GB}\rangle>0$.

又 $\overrightarrow{GA}$、$\overrightarrow{GB}$ 不共线,所以 $\angle AGB$ 为锐角,故点 $G\left(-\dfrac{9}{4},0\right)$ 在以 AB 为直径的圆外.

法二:当 l 的斜率为 0 时,显然 $G\left(-\dfrac{9}{4},0\right)$ 在以线段 AB 为直径的圆的外面.

当 l 的斜率不为 0 时,设 l 的方程为 $x=my-1$,点 $A(x_1,y_1),B(x_2,y_2)$,AB 中点为 $H(x_0,y_0)$.

由 $\begin{cases}\dfrac{x^2}{4}+\dfrac{y^2}{2}=1\\ x-my+1=0\end{cases}$ 得

$$(4+2m^2)y^2-4my-6=0$$

则

$$y_1+y_2=\frac{-2\times 2\times (-m)\times 1}{4+2m^2}=\frac{4m}{4+2m^2},\qquad y_1y_2=\frac{2(1-4)}{4+2m^2}=\frac{-6}{4+2m^2}$$

从而 $y_0=\dfrac{m}{m^2+2}$,所以

$$|GH|^2=\left(x_0+\frac{9}{4}\right)^2+y_0^2=\left(my_0+\frac{5}{4}\right)^2+y_0^2=(m^2+1)y_0^2+\frac{5}{2}my_0+\frac{25}{16}$$

$$\frac{|AB|^2}{4}=\frac{(x_1-x_2)^2+(y_1-y_2)^2}{4}=\frac{(m^2+1)(y_1-y_2)^2}{4}$$

$$=\frac{(m^2+1)[(y_1+y_2)^2-4y_1y_2]}{4}$$

$$=(m^2+1)(y_0^2-y_1y_2)$$

故

$$|GH|^2-\frac{|AB|^2}{4}=\frac{5}{2}my_0+(m^2+1)y_1y_2+\frac{25}{16}$$

$$=\frac{5m^2}{2(m^2+2)}-\frac{3(m^2+1)}{m^2+2}+\frac{25}{16}$$

$$=\frac{17m^2+2}{16(m^2+2)}>0$$

所以 $|GH|^2>\dfrac{|AB|^2}{4}$,故 $G\left(-\dfrac{9}{4},0\right)$ 在以 AB 为直径的圆外.

【例8】 如图1.3所示,设椭圆的中心为原点 O,长轴在 x 轴上,上顶点为 A,左、右焦点分别为 F_1、F_2,线段 OF_1、OF_2 的中点分别为 B_1、B_2,且 $\triangle AB_1B_2$ 是面积为4的直角三角形.

(1)求该椭圆的离心率和标准方程.

(2)过 B_1 作直线 l 交椭圆于 P,Q 两点,使 $PB_2\perp QB_2$,求直线 l 的方程.

解:(1)由对称关系可知 $AB_1=AB_2$.

因为 $\triangle AB_1B_2$ 是面积为4的直角三角形,所以 $AB_1=AB_2=2\sqrt{2}$,所以 $OB_1=OA=2$,所以 $A(0,2)$,$F_2(4,0)$.

设椭圆方程为 $\dfrac{x^2}{a^2}+\dfrac{y^2}{b^2}=1$,则

$$c=\sqrt{a^2-b^2}=4,\qquad b=2$$

所以

$$a=2\sqrt{5}$$

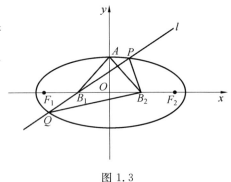

图1.3

所以椭圆的标准方程为 $\dfrac{x^2}{20}+\dfrac{y^2}{4}=1$,离心率 $e=\dfrac{c}{a}=\dfrac{4}{2\sqrt{5}}=\dfrac{2\sqrt{5}}{5}$.

(2)由(1)知 $B_1(-2,0)$,$B_2(2,0)$.

设 $P(x_1,y_1)$,$Q(x_2,y_2)$,直线 PQ 的方程为 $x=my-2$.

由 $\begin{cases} \dfrac{x^2}{20}+\dfrac{y^2}{4}=1 \\ x-my+2=0 \end{cases}$ 可得 $(20+4m^2)y^2-16my-64=0$ ①

> 这些中间过程,当你熟练之后可以不用写出来,直接写后面的结果即可!

所以 $y_1+y_2=\dfrac{-2\times 4\times(-m)\times 2}{20+4m^2}=\dfrac{16m}{20+4m^2}$,$y_1y_2=\dfrac{4(2^2-20)}{20+4m^2}=\dfrac{-64}{20+4m^2}$,

所以 $x_1x_2=(my_1-2)(my_2-2)=\dfrac{20(2^2-4m^2)}{20+4m^2}$,$x_1+x_2=my_1+my_2-4=\dfrac{-2\times 20\times 1\times 2}{20+4m^2}=\dfrac{-80}{20+4m^2}$.

因为 $PB_2\perp QB_2$,所以
$$\overrightarrow{B_2P}\cdot\overrightarrow{B_2Q}=0$$

因为 $\overrightarrow{B_2P}=(x_1-2,y_1)$,$\overrightarrow{B_2Q}=(x_2-2,y_2)$,所以
$$\overrightarrow{B_2P}\cdot\overrightarrow{B_2Q}=(x_1-2)(x_2-2)+y_1y_2=x_1x_2-2(x_1+x_2)+4+y_1y_2$$
$$=\dfrac{20(2^2-4m^2)+80+4(20+4m^2)-64}{20+4m^2}=-\dfrac{16m^2-64}{m^2+5}=0$$

所以 $m=\pm 2$.

直线 PQ 的方程为 $x+2y+2=0$ 或 $x-2y+2=0$.

到这里相信你已经对硬解定理比较熟悉了,如果只是练习不需要标准过程,本题其实只需要由

$$\begin{cases} \dfrac{x^2}{20}+\dfrac{y^2}{4}=1 \\ x-my+2=0 \end{cases}$$

就能直接能写出下式:
$$\overrightarrow{B_2P}\cdot\overrightarrow{B_2Q}=(x_1-2)(x_2-2)+y_1y_2=x_1x_2-2(x_1+x_2)+4+y_1y_2$$
$$=\dfrac{20(2^2-4m^2)-2\times(-2)\times 20\times 1\times 2+4(20+4m^2)+4(2^2-20)}{20+4m^2}=0$$

然后分子为零,所以有
$$-64m^2+4(80-16)=0\Rightarrow m^2=4$$

问题就解决了.这样一来不仅做题效率会提高,思路也会更加清晰!

后面的题目为提高效率,我们会使用这种跳步的方式(过程会有些不完整),所以大家一定要用心掌握前面的内容,动笔跟着练习(尤其是对硬解定理不熟练的读者).

【例 9】 如图 1.4 所示,在平面直角坐标系 xOy 中,椭圆 $\dfrac{x^2}{a^2}+\dfrac{y^2}{b^2}=1(a>b>0)$ 的右焦点为 $F(1,0)$,离心率为 $\dfrac{\sqrt{2}}{2}$.分别过 O、F 的两条弦 AB、CD 相交于点 E(异于 A、C 两点),且 $OE=EF=1$.

(1)求椭圆的方程.

(2)求证:直线 AC、BD 的斜率之和为定值.

解:(1)由题意,得 $c=1$,椭圆离心率 $e=\dfrac{c}{a}=\dfrac{\sqrt{2}}{2}$,则 $a=\sqrt{2}$,$b^2=a^2-c^2=1$,所以椭圆

的方程为 $\dfrac{x^2}{2}+y^2=1$.

(2)设 $A(x_1,y_1)$,$B(x_2,y_2)$,$C(x_3,y_3)$,$D(x_4,y_4)$,其中 $x_1+x_2=0$,$y_1+y_2=0$.

因为 $OE=EF=1$,所以
$$k_{AB}+k_{CD}=0$$
设直线 AB 的方程为 $x=ky$,直线 CD 的方程为 $x=-ky+1$.

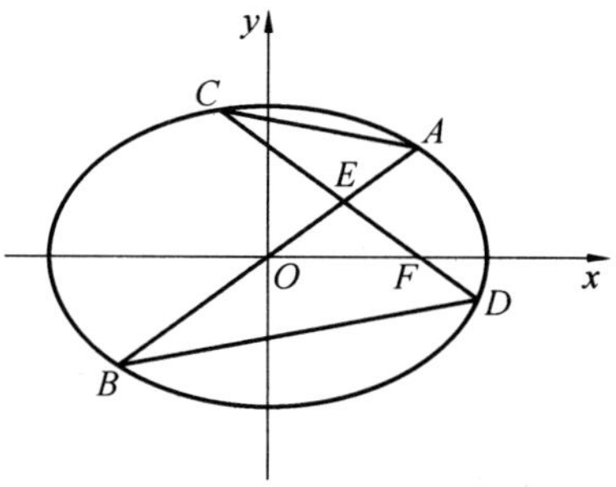

由 $\begin{cases}\dfrac{x^2}{2}+y^2=1\\x-ky+0=0\end{cases}\Rightarrow y_1y_2=\dfrac{-2}{2+k^2}$.

由 $\begin{cases}\dfrac{x^2}{2}+y^2=1\\x+ky-1=0\end{cases}\Rightarrow\begin{cases}y_3+y_4=\dfrac{2k}{2+k^2}\\y_3y_4=\dfrac{-1}{2+k^2}\end{cases}$.

图 1.4

则直线 AC、BD 的斜率之和为

$$\dfrac{y_1-y_3}{x_1-x_3}+\dfrac{y_2-y_4}{x_2-x_4}$$

$$=\dfrac{(x_2-x_4)(y_1-y_3)+(x_1-x_3)(y_2-y_4)}{(x_1-x_3)(x_2-x_4)}$$

$$=\dfrac{(ky_2+ky_4-1)(y_1-y_3)+(ky_1+ky_3-1)(y_2-y_4)}{(x_1-x_3)(x_2-x_4)}$$

$$=\dfrac{k(y_2+y_4)(y_1-y_3)+k(y_1+y_3)(y_2-y_4)+(y_3+y_4)+(y_1+y_2)}{(x_1-x_3)(x_2-x_4)}$$

$$=\dfrac{2k(y_1y_2-y_3y_4)+(y_3+y_4)}{(x_1-x_3)(x_2-x_4)}$$

$$=\dfrac{2k\left(\dfrac{-2}{2+k^2}-\dfrac{-1}{2+k^2}\right)+\dfrac{2k}{2+k^2}}{(x_1-x_3)(x_2-x_4)}=0$$

所以直线 AC、BD 的斜率之和为定值 0.

【注】其实这道题有一个小结论,即由 $k_{AB}+k_{CD}=0$ 会得到 A、B、C、D 四点共圆,所以也会有 $k_{AC}+k_{BD}=0$.

【例10】 已知中心在原点、焦点在 x 轴上的椭圆 C 过点 $\left(1,\dfrac{\sqrt{3}}{2}\right)$,离心率为 $\dfrac{\sqrt{3}}{2}$,点 A 为其右顶点.过点 $B(1,0)$ 作直线 l 与椭圆 C 交于 E、F 两点,直线 AE、AF 与直线 $x=3$ 分别交于点 M、N.

(1)求椭圆 C 的方程.

(2)求 $\overrightarrow{EM}\cdot\overrightarrow{FN}$ 的取值范围.

解:(1)由题意,设椭圆的方程为 $\dfrac{x^2}{a^2}+\dfrac{y^2}{b^2}=1(a>b>0)$.

依题意得 $\begin{cases} a^2 = b^2 + c^2 \\ \dfrac{c}{a} = \dfrac{\sqrt{3}}{2} \\ \dfrac{1}{a^2} + \dfrac{3}{4b^2} = 1 \end{cases}$,解得

$$a^2 = 4, \quad b^2 = 1$$

所以椭圆 C 的方程为 $\dfrac{x^2}{4} + y^2 = 1$.

(2)由(1)可知点 A 的坐标为 $(2, 0)$.

设 $E(x_1, y_1)$,$F(x_2, y_2)$,$M(3, y_M)$,$N(3, y_N)$,直线 l 方程:$x = ky + 1$.

由 $\begin{cases} \dfrac{x^2}{4} + y^2 = 1 \\ x - ky - 1 = 0 \end{cases}$ 得

$$x_1 + x_2 = \dfrac{8}{4 + k^2}, \quad x_1 x_2 = \dfrac{4(1 - k^2)}{4 + k^2}, \quad y_1 y_2 = \dfrac{1 - 4}{4 + k^2}$$

因为 A、E、M 共线,所以

$$\dfrac{y_1}{x_1 - 2} = \dfrac{y_M}{3 - 2} \Rightarrow y_M = \dfrac{y_1}{x_1 - 2}$$

同理 $y_N = \dfrac{y_2}{x_2 - 2}$. 则 $M\left(3, \dfrac{y_1}{x_1 - 2}\right)$,$N\left(3, \dfrac{y_2}{x_2 - 2}\right)$. 所以

$$\overrightarrow{EM} = \left(3 - x_1, \dfrac{y_1(3 - x_1)}{x_1 - 2}\right), \quad \overrightarrow{FN} = \left(3 - x_2, \dfrac{y_2(3 - x_2)}{x_2 - 2}\right)$$

所以

$$\overrightarrow{EM} \cdot \overrightarrow{FN} = (3 - x_1)(3 - x_2) + \dfrac{y_1(3 - x_1)}{x_1 - 2} \cdot \dfrac{y_2(3 - x_2)}{x_2 - 2}$$

$$= (3 - x_1)(3 - x_2)\left[1 + \dfrac{y_1 y_2}{x_1 x_2 - 2(x_1 + x_2) + 4}\right]$$

$$= [x_1 x_2 - 3(x_1 + x_2) + 9] \times \left[1 + \dfrac{y_1 y_2}{x_1 x_2 - 2(x_1 + x_2) + 4}\right]$$

因为

$$x_1 x_2 - 3(x_1 + x_2) + 9 = \dfrac{4(1 - k^2) - 3 \times 8 + 9(4 + k^2)}{4 + k^2} = \dfrac{5k^2 + 16}{4 + k^2}$$

$$1 + \dfrac{y_1 y_2}{x_1 x_2 - 2(x_1 + x_2) + 4} = 1 + \dfrac{1 - 4}{4(1 - k^2) - 2 \times 8 + 4(4 + k^2)} = \dfrac{1}{4}$$

所以

$$\text{原式} = \dfrac{1}{4} \times \dfrac{5k^2 + 16}{4 + k^2} = \dfrac{1}{4}\left(4 + \dfrac{k^2}{4 + k^2}\right) \in \left[1, \dfrac{5}{4}\right)$$

即 $\overrightarrow{EM} \cdot \overrightarrow{FN} \in \left[1, \dfrac{5}{4}\right)$.

综上所述,$\overrightarrow{EM} \cdot \overrightarrow{FN}$ 的取值范围是 $\left[1, \dfrac{5}{4}\right)$.

接下来是最后一个硬解公式的应用,一般情况下斜率和会出现这个因式,即
$$x_1y_2+x_2y_1$$
所以首先要推导一下这个常见的因式.由
$$\begin{cases} \dfrac{x^2}{a^2}+\dfrac{y^2}{b^2}=1 \\ Ax+By+C=0 \end{cases}$$

消 y 得 $\quad (a^2A^2+b^2B^2)x^2+(2a^2AC)x+a^2(C^2-b^2B^2)=0$

消 x 得 $\quad (a^2A^2+b^2B^2)y^2+(2b^2BC)y+a^2(C^2-a^2A^2)=0$

由 $Ax+By+C=0 \Rightarrow y=-\dfrac{1}{B}(Ax+C)$,所以

$$x_1y_2+x_2y_1$$
$$=-\dfrac{1}{B}[x_1(Ax_2+C)+x_2(Ax_1+C)]$$
$$=-\dfrac{1}{B}[2Ax_1x_2+C(x_1+x_2)]$$
$$=-\dfrac{1}{B}\left[2A\dfrac{a^2(C^2-b^2B^2)}{a^2A^2+b^2B^2}+C\dfrac{-2a^2AC}{a^2A^2+b^2B^2}\right]$$
$$=-\dfrac{1}{B}\cdot\dfrac{2Aa^2C^2-2Aa^2b^2B^2-2a^2AC^2}{a^2A^2+b^2B^2}$$
$$=\dfrac{2a^2b^2AB}{a^2A^2+b^2B^2}$$

$$\begin{cases} \dfrac{x^2}{a^2}+\dfrac{y^2}{b^2}=1 \\ Ax+By+C=0 \end{cases}$$

$$x_1y_2+x_2y_1=\dfrac{2a^2b^2AB}{\varepsilon}$$

(分母是一样的,分子是两倍不要C)

【例 11】 如图 1.5 所示,已知椭圆 $C:\dfrac{x^2}{a^2}+\dfrac{y^2}{b^2}=1(a>b>0)$ 经过点 $P\left(1,\dfrac{3}{2}\right)$,离心率 $e=\dfrac{1}{2}$.

(1)求椭圆 C 的标准方程.

(2)设 AB 是经过右焦点 F 的任一弦(不经过点 P),直线 AB 与直线 $l:x=4$ 相交于点 M,记 PA、PB、PM 的斜率分别为 k_1、k_2、k_3,求证:k_1,k_3,k_2 成等差数列.

解:(1)由点 $P\left(1,\dfrac{3}{2}\right)$ 在椭圆上得

$$\dfrac{1}{a^2}+\dfrac{9}{4b^2}=1 \qquad ①$$

又 $e=\dfrac{1}{2}$，所以

$$\dfrac{c}{a}=\dfrac{1}{2} \qquad ②$$

由①②得

$$c^2=1, \quad a^2=4, \quad b^2=3$$

故椭圆 C 的标准方程为 $\dfrac{x^2}{4}+\dfrac{y^2}{3}=1$.

(2) 设 $A(x_1,y_1),B(x_2,y_2)$，直线 $l:x=ky+1$. 令 $x=4$，得 $y_M=\dfrac{3}{k}$，所以 $M\left(4,\dfrac{3}{k}\right)$，所以

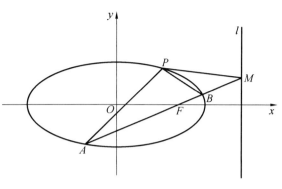

图 1.5

$$k_3=\dfrac{\dfrac{3}{k}-\dfrac{3}{2}}{4-1}=\dfrac{1}{k}-\dfrac{1}{2}$$

由 $\begin{cases}\dfrac{x^2}{4}+\dfrac{y^2}{3}=1 \\ x-ky-1=0\end{cases}$ 得

$$x_1+x_2=\dfrac{8}{4+3k^2}, \quad x_1x_2=\dfrac{4(1-3k^2)}{4+3k^2}$$

$$y_1+y_2=\dfrac{-6k}{4+3k^2}, \quad y_1y_2=\dfrac{-9}{4+3k^2}$$

则

$$x_1y_2+x_2y_1=(ky_1+1)y_2+(ky_2+1)y_1=2ky_1y_2+(y_1+y_2)=\dfrac{2\times 4\times 3\times(-k)}{4+3k^2}$$

所以

$$\begin{aligned}
k_1+k_2 &= \dfrac{y_1-\dfrac{3}{2}}{x_1-1}+\dfrac{y_2-\dfrac{3}{2}}{x_2-1}=\dfrac{\left(y_1-\dfrac{3}{2}\right)(x_2-1)+\left(y_2-\dfrac{3}{2}\right)(x_2-1)}{(x_1-1)(x_2-1)} \\
&= \dfrac{x_1y_2+x_2y_1-(y_1+y_2)-\dfrac{3}{2}(x_1+x_2)+3}{x_1x_2-(x_1+x_2)+1} \\
&= \dfrac{-24k+6k-12+3(4+3k^2)}{4(1-3k^2)-8+4+3k^2}=\dfrac{-18k+9k^2}{-9k^2} \\
&= \dfrac{2}{k}-1
\end{aligned}$$

又 $k_3=\dfrac{1}{k}-\dfrac{1}{2}$，所以 $k_1+k_2=2k_3$，即 k_1,k_3,k_2 成等差数列.

【例 12】 已知椭圆 $C:\dfrac{x^2}{a^2}+\dfrac{y^2}{b^2}=1(a>b>0)$ 的两个焦点分别为 $F_1(-\sqrt{2},0)$、$F_2(\sqrt{2},0)$. 点 $M(1,0)$ 与椭圆短轴的两个端点的连线互相垂直.

(1) 求椭圆 C 的方程.

(2)已知点 $N(3,2)$,过点 M 任作直线 l 与椭圆 C 交于 A、B 两点,求证:$k_{AN}+k_{BN}$ 为定值.

解:(1)由题意 $c=\sqrt{2}$,$b=1$,所以 $a^2=3$,故 $C:\dfrac{x^2}{3}+y^2=1$.

(2)设 $A(x_1,y_1)$,$B(x_2,y_2)$,$l_{AB}:x=ky+1$.联立 $\begin{cases}\dfrac{x^2}{3}+y^2=1\\x=ky+1\end{cases}$ 得

$$(3+k^2)x^2-6x+3(1-k^2)=0$$

由韦达定理得

$$x_1+x_2=\dfrac{6}{3+k^2},\quad x_1x_2=\dfrac{3(1-k^2)}{3+k^2}$$

所以

$$\begin{aligned}k_{AN}+k_{BN}&=\dfrac{y_1-2}{x_1-3}+\dfrac{y_2-2}{x_2-3}\\&=\dfrac{x_1y_2+x_2y_1-3(y_1+y_2)-2(x_1+x_2)+12}{x_1x_2-3(x_1+x_2)+9}\\&=\dfrac{\dfrac{-6k}{3+k^2}-3\times\dfrac{-2k}{3+k^2}-2\times\dfrac{6}{3+k^2}+12}{\dfrac{3(1-k^2)}{3+k^2}-3\times\dfrac{6}{3+k^2}+9}\\&=\dfrac{12(3+k^2)-12}{3(1-k^2)-18+9(3+k^2)}=\dfrac{12k^2+24}{6k^2+12}=2\end{aligned}$$

故 $k_{AN}+k_{BN}=2$.

【注】此题可以使用齐次化或者极点、极线的相关结论来快速求得答案,有兴趣的读者可以翻阅相关章节.

最后将所有硬解公式整合一下.由

$$\begin{cases}\dfrac{x^2}{a^2}+\dfrac{y^2}{b^2}=1\\Ax+By+C=0\end{cases}$$

消 y 得 $\qquad(a^2A^2+b^2B^2)x^2+(2a^2AC)x+a^2(C^2-b^2B^2)=0$

消 x 得 $\qquad(a^2A^2+b^2B^2)y^2+(2b^2BC)y+a^2(C^2-a^2A^2)=0$

$\varepsilon=a^2A^2+b^2B^2 \qquad\qquad\qquad\qquad \Delta'=\varepsilon-C^2$

$x_1+x_2=\dfrac{-2a^2AC}{\varepsilon} \qquad\qquad\qquad x_1x_2=\dfrac{a^2(C^2-b^2B^2)}{a^2A^2+b^2B^2}$

$y_1+y_2=\dfrac{-2b^2BC}{\varepsilon} \qquad\qquad\qquad y_1y_2=\dfrac{b^2(C^2-a^2A^2)}{a^2A^2+b^2B^2}$

$x_1y_2+x_2y_1=\dfrac{2a^2b^2AB}{\varepsilon}$

大家掌握位置记忆法了吗?

第二章 弦长问题

经过第一章的学习,本章部分题目会跳步(实际考试一定要把完整过程写上去),对于不知道硬解公式的人来说是跟不上的,但是对于掌握硬解公式的人来说解题效率会有很大提升!

通过前面的学习,相信你已经对硬解定理有了一定的了解和掌握,在圆锥曲线中弦长问题的计算也是比较烦琐的,本章目的是通过练习能够熟练使用弦长公式,并不要求死记硬背,跟随着我们的脚步,慢慢熟练掌握这个公式即可,相信掌握之后能够大大减少你的计算时间!

首先推导一下弦长公式. 由

$$\begin{cases} \dfrac{x^2}{a^2}+\dfrac{y^2}{b^2}=1 \\ Ax+By+C=0 \end{cases}$$
$$\varepsilon=a^2A^2+b^2B^2$$

消 y 得

$$(a^2A^2+b^2B^2)x^2+(2a^2AC)x+a^2(C^2-b^2B^2)=0$$
$$\varepsilon x^2+\beta x+\mu=0$$

$$\Delta_x=\beta^2-4\varepsilon\mu=4a^2b^2B^2(\varepsilon-C^2)$$

由弦长公式

$$AB=\sqrt{1+k^2}\sqrt{(x_1+x_2)^2-4x_1x_2}$$

有

$$AB=\sqrt{1+\dfrac{A^2}{B^2}}\sqrt{\dfrac{\beta^2}{\varepsilon^2}-\dfrac{4\varepsilon\mu}{\varepsilon\cdot\varepsilon}}$$
$$=\sqrt{1+\dfrac{A^2}{B^2}}\sqrt{\dfrac{\beta^2-4\varepsilon\mu}{\varepsilon^2}}=\sqrt{1+\dfrac{A^2}{B^2}}\sqrt{\dfrac{\Delta_x}{\varepsilon^2}}$$
$$=\sqrt{1+\dfrac{A^2}{B^2}}\sqrt{\dfrac{4a^2b^2B^2|\varepsilon-C^2|}{\varepsilon^2}}=\sqrt{A^2+B^2}\dfrac{2ab\sqrt{|\varepsilon-C^2|}}{|\varepsilon|}$$
$$=\dfrac{2ab\cdot\sqrt{A^2+B^2}\cdot\sqrt{|\varepsilon-C^2|}}{|\varepsilon|}$$

所以

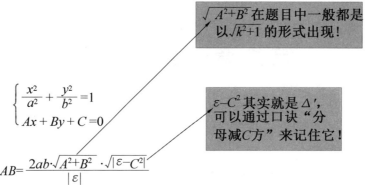

【注】这个公式的绝对值对于椭圆来说是不必要的,对于双曲线来说是必要的.

在练习题中如果急需弦长,只需看着上面的方程组来默写弦长即可.

我们先借助一些简单的题目来熟悉一下弦长公式.

【例1】 过椭圆 $\dfrac{x^2}{6}+\dfrac{y^2}{2}=1$ 的右焦点且斜率为1的直线 l 与椭圆交于 A、B 两点,求线段 AB 的长度.

解:

法一:一般解法.

易知右焦点坐标为 $(2,0)$,设直线 l 的方程为 $y=x-2$,联立方程组有

$$\begin{cases} \dfrac{x^2}{6}+\dfrac{y^2}{2}=1 \\ x-y-2=0 \end{cases}$$

消去 y 并整理得 $2x^2-6x+3=0$.

设 $A(x_1,y_1)$,$B(x_2,y_2)$,故

$$x_1+x_2=3,\quad x_1x_2=\dfrac{3}{2}$$

则

$$|AB|=\sqrt{1+k^2}\,|x_1-x_2|=\sqrt{6}$$

法二:套公式解法.

公式:$AB=\dfrac{2ab\cdot\sqrt{A^2+B^2}\cdot\sqrt{|\varepsilon-C^2|}}{|\varepsilon|}$(对照使用,熟悉该式,建议保留原始数据去计算).

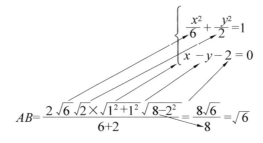

$$AB=\dfrac{2\sqrt{6}\sqrt{2}\times\sqrt{1^2+1^2}\sqrt{8-2^2}}{6+2}=\dfrac{8\sqrt{6}}{8}=\sqrt{6}$$

这里说明一下：并不是让大家做题直接套公式，首先联立方程的标准书写流程大家都是会的，当熟悉了硬解定理之后，联立方程的步骤就相当于默写，弦长公式也是可以跳过前面的流程默写的，这对提高解题效率是很有帮助的。其实圆锥曲线联立的计算流程都是千篇一律的，当熟悉了硬解公式后，解题的重心就偏向于分析解题思路而不是限于计算，也就是节省计算时间来分析题目思路。

下面的解题过程会适当跳步。

【例2】 已知椭圆 $C: \dfrac{x^2}{a^2}+\dfrac{y^2}{b^2}=1(a>b>0)$ 的焦距为 2，离心率为 $\dfrac{\sqrt{2}}{2}$。

(1) 求椭圆 C 的标准方程。

(2) 经过椭圆的左焦点 F_1 作倾斜角为 $60°$ 的直线 l，直线 l 与椭圆交于 A、B 两点，求线段 AB 的长。

解：(1) $\begin{cases} 2c=2 \\ \dfrac{c}{a}=\dfrac{\sqrt{2}}{2} \\ a^2=b^2+c^2 \end{cases} \Rightarrow \dfrac{x^2}{2}+y^2=1.$

(2) 过椭圆的左焦点 $F_1(-1,0)$，倾斜角为 $60°$ 的直线 l 的方程为 $y=\sqrt{3}(x+1)$。

公式：$AB=\dfrac{2ab \cdot \sqrt{A^2+B^2} \cdot \sqrt{|\varepsilon-C^2|}}{|\varepsilon|}.$

$\begin{cases} \dfrac{x^2}{2}+\dfrac{y^2}{1}=1 \\ \sqrt{3}x-y+\sqrt{3}=0 \end{cases}$

$AB=\dfrac{2\sqrt{2}\times\sqrt{1}\times\sqrt{\sqrt{3}^2+1^2}\sqrt{7-\sqrt{3}^2}}{2\times\sqrt{3}^2+1}=\dfrac{8\sqrt{2}}{7}$

例1、例2正常计算也是十分简单的，因为不含用字母表示的未知量，接下来我们看看带用字母表示的未知量的情况。

【例3】 已知椭圆 $G: \dfrac{x^2}{a^2}+\dfrac{y^2}{b^2}=1(a>b>0)$ 的离心率为 $\dfrac{\sqrt{3}}{2}$，长轴长为 4，过点 $(m,0)$ 作圆 $x^2+y^2=1$ 的切线 l 交椭圆 G 于 A、B 两点。

(1) 求椭圆 G 的方程。

(2) 将 $|AB|$ 表示为 m 的函数，并求 $|AB|$ 的最大值。

解：(1) 由题意可得 $\begin{cases} \dfrac{c}{a}=\dfrac{\sqrt{3}}{2} \\ 2a=4 \\ a^2=c^2+b^2 \end{cases} \Rightarrow \dfrac{x^2}{4}+y^2=1.$

(2) 法一：设切线 l 的方程为 $ty=x-m$，$|m|\geqslant 1$。

由 $\dfrac{|m|}{\sqrt{t^2+1}}=1$，得 $m^2=t^2+1$。

联立 $\begin{cases} ty = x - m \\ x^2 + 4y^2 = 4 \end{cases}$,得
$$(t^2 + 4)y^2 + 2tmy + m^2 - 4 = 0$$

由 $\Delta > 0$,可得 $4 + t^2 > m^2$,所以
$$y_1 + y_2 = \frac{-2tm}{t^2 + 4}, \quad y_1 y_2 = \frac{m^2 - 4}{t^2 + 4}$$

$$|AB| = \sqrt{(1+t^2)[(y_1+y_2)^2 - 4y_1 y_2]} = \frac{4\sqrt{3}|m|}{m^2 + 3} = \frac{4\sqrt{3}}{|m| + \frac{3}{|m|}} \leqslant 2$$

当且仅当 $|m| = \sqrt{3}$ 时取等号. 此时 $|AB|$ 取得最大值 2.

法二:使用公式计算.

公式:$AB = \dfrac{2ab \cdot \sqrt{A^2 + B^2} \cdot \sqrt{\varepsilon - C^2}}{|\varepsilon|}$.

由 $\begin{cases} \dfrac{x^2}{4} + \dfrac{y^2}{1} = 1 \\ x - ty - m = 0 \end{cases}$,得

$$AB = \frac{2\sqrt{4} \times \sqrt{1} \times \sqrt{1+t^2}\sqrt{4+t^2-m^2}}{4+t^2}$$

由相切可得
$$\frac{|m|}{\sqrt{1+t^2}} = 1 \Rightarrow t^2 = m^2 - 1$$

所以
$$AB = \frac{2\sqrt{4} \times \sqrt{1} \times \sqrt{1+t^2}\sqrt{4+t^2-m^2}}{4+t^2} = \frac{4\sqrt{3}|m|}{m^2+3} = \frac{4\sqrt{3}}{|m| + \frac{3}{|m|}}$$

后面同法一一样,不再赘述.

【例 4】 设椭圆 $E: \dfrac{x^2}{a^2} + \dfrac{y^2}{b^2} = 1(a > b > 0)$ 过 $M(2, \sqrt{2})$、$N(\sqrt{6}, 1)$ 两点,O 为坐标原点.

(1)求椭圆 E 的方程.

(2)是否存在圆心在原点的圆,使该圆的任意一条切线与椭圆 E 恒有两个交点 A、B,且 $OA \perp OB$?若存在,写出该圆的方程,并求出 $|AB|$ 的范围;若不存在,说明理由.

解:(1)因为椭圆 $E: \dfrac{x^2}{a^2} + \dfrac{y^2}{b^2} = 1(a > b > 0)$ 过 $M(2, \sqrt{2})$、$N(\sqrt{6}, 1)$ 两点,所以
$$\begin{cases} \dfrac{4}{a^2} + \dfrac{2}{b^2} = 1 \\ \dfrac{6}{a^2} + \dfrac{1}{b^2} = 1 \end{cases}$$

解得
$$a^2 = 8, \quad b^2 = 4$$

所以椭圆 E 的方程:$\dfrac{x^2}{8} + \dfrac{y^2}{4} = 1$.

(2)假设存在圆心在原点的圆,使得该圆的任意一条切线与椭圆 E 恒有两个交点 A、B,且 $OA \perp OB$,设 $A(x_1,y_1),B(x_2,y_2)$,该圆的切线方程为 $x=ky+m$. 由

$$\begin{cases} \dfrac{x^2}{8}+\dfrac{y^2}{4}=1 \\ x-ky-m=0 \end{cases}$$

消 x 得 _____;

消 y 得 _____.

所以 $x_1x_2=$ _____, $y_1y_2=$ _____, $\Delta>0 \Rightarrow$ _____.

因为 $OA \perp OB$,所以

$$x_1x_2+y_1y_2=\frac{8(m^2-4k^2)+4(m^2-8)}{8+4k^2}=0$$

所以

$$(8+4)m^2=8\times 4(1+k^2) \Rightarrow m^2=\frac{8}{3}(1+k^2)$$

因为直线 $y=kx+m$ 为圆心在原点的圆的一条切线,所以圆的半径为

$$r=\frac{|m|}{\sqrt{1+k^2}}=\sqrt{\frac{8\times 4}{8+4}}=\frac{2\sqrt{6}}{3} \quad (应用公式 \ r=\sqrt{\frac{a^2b^2}{a^2+b^2}})$$

所以所求的圆为 $x^2+y^2=\dfrac{8}{3}$.

由弦长公式有

$$AB=\frac{2\sqrt{8}\times\sqrt{4}\times\sqrt{1+k^2}\sqrt{8+4k^2-m^2}}{8+4k^2}$$

$$=\frac{2\sqrt{8}\times\sqrt{4}\times\sqrt{1+k^2}\sqrt{8+4k^2-\frac{8}{3}(1+k^2)}}{8+4k^2}$$

$$=\frac{2\sqrt{2}\cdot\sqrt{1+k^2}\sqrt{\frac{16}{3}+\frac{4}{3}k^2}}{2+k^2}$$

$$=\frac{\frac{4\sqrt{6}}{3}\cdot\sqrt{1+k^2}\sqrt{4+k^2}}{2+k^2}$$

令 $k^2=t\geq 0$,则

$$原式=\frac{4\sqrt{6}}{3}\sqrt{\frac{t^2+5t+4}{t^2+4t+4}}=\frac{4\sqrt{6}}{3}\sqrt{1+\frac{1}{(t+2)^2}}\in\left(\frac{4\sqrt{6}}{3},2\sqrt{3}\right]$$

【例5】 已知椭圆 $\dfrac{x^2}{a^2}+\dfrac{y^2}{b^2}=1$ 的一个焦点为 $F(2,0)$,且离心率为 $\dfrac{\sqrt{6}}{3}$.

(1)求椭圆方程.

(2)斜率为 k 的直线 l 过点 F,且与椭圆交于 A、B 两点,P 为直线 $x=3$ 上的一点,若 $\triangle ABP$ 为等边三角形,求直线 l 的方程.

解：(1) 由 $\begin{cases} c=2 \\ \dfrac{c}{a}=\dfrac{\sqrt{6}}{3} \\ a^2=b^2+c^2 \end{cases}$ 得椭圆方程为 $\dfrac{x^2}{6}+\dfrac{y^2}{2}=1$.

(2) 直线 l 的方程为 $y=k(x-2)$. 设 $A(x_1,y_1),B(x_2,y_2),AB$ 的中点为 $M(x_0,y_0)$. 所以

$$k_{MP}=-\dfrac{1}{k}$$

由 $\begin{cases} \dfrac{x^2}{6}+\dfrac{y^2}{2}=1 \\ kx-y-2k=0 \end{cases}$ 得

$$x_0=\dfrac{1}{2}(x_1+x_2)=\dfrac{1}{2}\cdot\dfrac{24k^2}{6k^2+2}=\dfrac{12k^2}{6k^2+2}$$

则

$$AB=\dfrac{2\sqrt{6}\sqrt{2}\cdot\sqrt{1+k^2}\sqrt{6k^2+2-4k^2}}{6k^2+2}=\dfrac{2\sqrt{6}(k^2+1)}{3k^2+1}$$

$$MP=\sqrt{1+\dfrac{1}{k^2}}\,|3-x_0|=\sqrt{1+\dfrac{1}{k^2}}\left|3-\dfrac{12k^2}{6k^2+2}\right|=\sqrt{\dfrac{k^2+1}{k^2}}\left|\dfrac{3(k^2+1)}{3k^2+1}\right|$$

当 $\triangle ABP$ 为正三角形时,有

$$|MP|=\dfrac{\sqrt{3}}{2}|AB|$$

所以

$$\sqrt{\dfrac{k^2+1}{k^2}}\cdot\dfrac{3(k^2+1)}{3k^2+1}=\dfrac{\sqrt{3}}{2}\cdot\dfrac{2\sqrt{6}(k^2+1)}{3k^2+1}$$

解得 $k=\pm 1$. 所以直线 l 的方程为 $x-y-2=0$ 或 $x+y-2=0$.

【**例 6**】 如图 2.1 所示,已知椭圆 $\dfrac{x^2}{a^2}+\dfrac{y^2}{b^2}=1(a>b>0)$ 的离心率为 $\dfrac{\sqrt{2}}{2}$,且右焦点 $F(c,0)$ 到直线 $l:x=-\dfrac{a^2}{c}$ 的距离为 3.

(1) 求椭圆 C 的方程.

(2) 过点 F 的直线与椭圆交于 A、B 两点,线段 AB 的垂直平分线分别交直线 l 和 AB 于点 P、C,当 $\angle PAC$ 取得最小值时,求直线 AB 的方程.

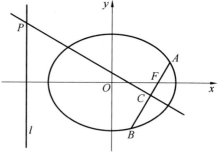

图 2.1

解:(1)由题意有 $\begin{cases} \dfrac{c}{a} = \dfrac{\sqrt{2}}{2} \\ c + \dfrac{a^2}{c} = 3 \\ a^2 = b^2 + c^2 \end{cases} \Rightarrow \begin{cases} a = \sqrt{2} \\ b = 1 \end{cases} \Rightarrow \dfrac{x^2}{2} + y^2 = 1.$

(2)设 $A(x_1, y_1), B(x_2, y_2), AB$ 的中点为 $C(x_0, y_0), x_P = -2$ 且 $k_{PC} = -k$.

设直线 AB 方程为 $x = ky + 1$,则

$$\begin{cases} \dfrac{x^2}{2} + \dfrac{y^2}{1} = 1 \\ x - ky - 1 = 0 \end{cases} \Rightarrow x_0 = \dfrac{1}{2}(x_1 + x_2) = \dfrac{1}{2} \cdot \dfrac{4}{2+k^2} = \dfrac{2}{2+k^2}$$

且

$$AB = \dfrac{2\sqrt{2}\sqrt{1} \cdot \sqrt{1+k^2}\sqrt{2+k^2-1}}{2+k^2} = \dfrac{2\sqrt{2}(k^2+1)}{2+k^2}$$

$$PC = \sqrt{1+k^2}\,|x_0 + 2| = \sqrt{1+k^2}\,\dfrac{2k^2+6}{2+k^2}$$

所以

$$\tan\angle PAC = \dfrac{PC}{\frac{1}{2}AB} = \dfrac{\sqrt{2}(k^2+3)}{\sqrt{k^2+1}} = \sqrt{2}\left(\sqrt{k^2+1} + \dfrac{2}{\sqrt{k^2+1}}\right) \geqslant 4$$

当且仅当 $k = \pm 1$ 时取等号. 则当 $\angle PAC$ 取得最小值时,直线 AB 的方程为 $x \pm y - 1 = 0$.

【例 7】 已知椭圆 $E: \dfrac{x^2}{a^2} + \dfrac{y^2}{b^2} = 1 (a > b > 0)$ 的半焦距为 c,原点 O 到经过两点 $(c, 0)$、$(0, b)$ 的直线的距离为 $\dfrac{1}{2}c$.

(1)求椭圆 E 的离心率.

(2)如图 2.2 所示,直线 AB 与椭圆 E 交于 A、B 两点,$M(-2, 1)$ 是 AB 的中点,且 $|AB| = \sqrt{10}$,求椭圆 E 的方程.

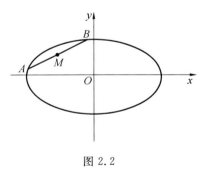

图 2.2

解:(1)由题意知经过两点 $(c, 0)$、$(0, b)$ 的直线的斜率 $k = -\dfrac{b}{c}$,直线方程为 $y = -\dfrac{b}{c}x + b.$

原点到直线的距离为

$$d = \dfrac{|-b|}{\sqrt{\left(\dfrac{b}{c}\right)^2 + 1}} = \dfrac{1}{2}c$$

所以

$$e = \dfrac{\sqrt{3}}{2}$$

(2)设 $A(x_1, y_1), B(x_2, y_2)$,设直线 AB 方程为 $y = k(x+2) + 1$.

由 $\begin{cases} \dfrac{x^2}{4b^2}+\dfrac{y^2}{b^2}=1 \\ kx-y+2k+1=0 \end{cases}$ 得

$$x_M=\frac{1}{2}(x_1+x_2)=\frac{1}{2}\cdot\frac{-8kb^2(2k+1)}{4b^2k^2+b^2}$$

$$=\frac{-4k(2k+1)}{4k^2+1}=-2$$

解得 $k=\dfrac{1}{2}$.

由 $\begin{cases} \dfrac{x^2}{4b^2}+\dfrac{y^2}{b^2}=1 \\ \dfrac{1}{2}x-y+2=0 \end{cases}$,所以

$$AB=\frac{2\cdot 2b\cdot b\cdot\sqrt{1+\left(\dfrac{1}{2}\right)^2}\sqrt{2b^2-2^2}}{2b^2}=2\sqrt{\dfrac{5}{4}}\sqrt{2b^2-2^2}=\sqrt{10}$$

解得 $b^2=3,a^2=12$. 则有椭圆 E 的方程为 $\dfrac{x^2}{12}+\dfrac{y^2}{3}=1$.

【课后练习】

1.已知椭圆 $\dfrac{x^2}{a^2}+\dfrac{y^2}{b^2}=1(a>b>0)$ 经过点 $(0,\sqrt{3})$,离心率为 $\dfrac{1}{2}$,左、右焦点分别为 $F_1(-c,0)$、$F_2(c,0)$.

(1)求椭圆的方程.

(2)若直线 $l:y=-\dfrac{1}{2}x+m$ 与椭圆交于 A、B 两点,与以 F_1F_2 为直径的圆交于 C、D 两点,且满足 $\left|\dfrac{AB}{CD}\right|=\dfrac{5\sqrt{3}}{4}$,求直线 l 的方程.

2.已知圆 $M:(x-\sqrt{2})^2+y^2=r^2(r>0)$.若椭圆 $C:\dfrac{x^2}{a^2}+\dfrac{y^2}{b^2}=1(a>b>0)$ 的右顶点为圆 M 的圆心,离心率为 $\dfrac{\sqrt{2}}{2}$.

(1)求椭圆 C 的方程.

(2)若存在直线 $l:y=kx$,使得直线 l 与椭圆 C 分别交于 A、B 两点,与圆 M 分别交于 G、H 两点,点 G 在线段 AB 上,且 $|AG|=|BH|$,求圆 M 半径 r 的取值范围.

3.已知 F_1、F_2 分别是椭圆 $E:\dfrac{x^2}{5}+y^2=1$ 的左、右焦点,F_1、F_2 关于直线 $x+y-2=0$ 的对称点是圆 C 的一条直径的两个端点.

(1)求圆 C 的方程.

(2)设过点 F_2 的直线 l 被椭圆 E 和圆 C 所截得的弦长分别为 a、b,当 ab 最大时,求直线 l 的方程.

【答案与解析】

1. **解**：(1)由题意可得 $\begin{cases} b=\sqrt{3} \\ \dfrac{c}{a}=\dfrac{1}{2} \\ a^2=b^2+c^2 \end{cases} \Rightarrow \dfrac{x^2}{4}+\dfrac{y^2}{3}=1.$

(2)如图2.3所示,由题意可得以 F_1F_2 为直径的圆的方程为 $x^2+y^2=1$. 所以圆心到直线 l 的距离为
$$d=\dfrac{2|m|}{\sqrt{5}}$$
由 $d<1$,可得
$$|m|<\dfrac{\sqrt{5}}{2} \qquad ①$$

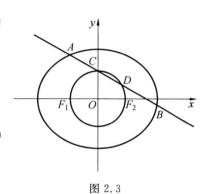

图 2.3

所以
$$|CD|=2\sqrt{1-d^2}=2\sqrt{1-\dfrac{4m^2}{5}}=\dfrac{2}{\sqrt{5}}\sqrt{5-4m^2}$$

设 $A(x_1,y_1),B(x_2,y_2)$.

由 $\begin{cases} \dfrac{x^2}{4}+\dfrac{y^2}{3}=1 \\ \dfrac{1}{2}x+y-m=0 \end{cases}$,所以

$$AB=\dfrac{2\sqrt{4}\times\sqrt{3}\times\sqrt{1+\left(\dfrac{1}{2}\right)^2}\sqrt{4-m^2}}{1+3}=\dfrac{\sqrt{15}}{2}\sqrt{4-m^2}$$

由 $\dfrac{|AB|}{|CD|}=\dfrac{5\sqrt{3}}{4}\Rightarrow\sqrt{\dfrac{4-m^2}{5-4m^2}}=1$,解得 $m=\pm\dfrac{\sqrt{3}}{3}$ 满足式①. 因此直线 l 的方程为 $y=-\dfrac{1}{2}x\pm\dfrac{\sqrt{3}}{3}$.

2. **解**：(1) $a=\sqrt{2},\dfrac{c}{a}=\dfrac{\sqrt{2}}{2},a^2=b^2+c^2\Rightarrow\dfrac{x^2}{2}+y^2=1.$

(2)设 $A(x_1,y_1),B(x_2,y_2)$.

由 $\begin{cases} \dfrac{x^2}{2}+\dfrac{y^2}{1}=1 \\ kx-y+0=0 \end{cases}$,所以

$$AB=\dfrac{2\sqrt{2}\sqrt{1}\cdot\sqrt{1+k^2}\sqrt{2k^2+1}}{2k^2+1}=\sqrt{\dfrac{8(k^2+1)}{2k^2+1}}$$

点 $M(\sqrt{2},0)$ 到直线 l 的距离 $d=\dfrac{|\sqrt{2}k|}{\sqrt{1+k^2}}$,则

$$|GH|=2\sqrt{r^2-\dfrac{2k^2}{1+k^2}}$$

显然,若点 H 也在线段 AB 上(图2.4),则由对称性可知,直线 $y=kx$ 就是 y 轴,矛

盾.所以要使$|AG|=|BH|$,只要$|AB|=|GH|$,所以
$$\frac{8(1+k^2)}{1+2k^2}=4\left(r^2-\frac{2k^2}{1+k^2}\right)$$
$$r^2=\frac{2k^2}{1+k^2}+\frac{2(1+k^2)}{1+2k^2}=2\left(1+\frac{k^4}{2k^4+3k^2+1}\right)$$

当$k=0$时,有
$$r=\sqrt{2}$$

当$k\neq 0$时,有
$$r^2=2\left(1+\frac{1}{\frac{1}{k^4}+\frac{3}{k^2}+2}\right)<2\left(1+\frac{1}{2}\right)=3$$

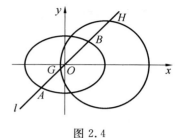

图 2.4

所以$r\in[\sqrt{2},\sqrt{3})$.

3.解:(1)由题意可知$c=2$,故圆C的半径为2,圆心为原点O关于直线$x+y-2=0$的对称点.

设圆心的坐标为(m,n),则
$$\begin{cases}\dfrac{n}{m}=1\\[2pt]\dfrac{m}{2}+\dfrac{n}{2}-2=0\end{cases}$$

解得$m=2,n=2$.所以圆C的方程为$(x-2)^2+(y-2)^2=4$.

(2)由题意,设l与E的两个交点分别为(x_1,y_1)、(x_2,y_2),设直线l的方程为
$$x=my+2$$
则圆心到直线l的距离为
$$d=\frac{|2m|}{\sqrt{1+m^2}}$$
所以
$$b=2\sqrt{4-d^2}=\frac{4}{\sqrt{1+m^2}}$$
由$\begin{cases}\dfrac{x^2}{5}+\dfrac{y^2}{1}=1\\ x-my-2=0\end{cases}$,所以
$$a=\frac{2\sqrt{5}\sqrt{1}\cdot\sqrt{1+m^2}\sqrt{5+m^2-4}}{5+m^2}=\frac{2\sqrt{5}(1+m^2)}{5+m^2}$$
$$ab=\frac{8\sqrt{5}\sqrt{m^2+1}}{m^2+5}=\frac{8\sqrt{5}}{\sqrt{m^2+1}+\dfrac{4}{\sqrt{m^2+1}}}\leqslant\frac{8\sqrt{5}}{4}=2\sqrt{5}$$

当且仅当$\sqrt{m^2+1}=\dfrac{4}{\sqrt{m^2+1}}$,即$m=\pm\sqrt{3}$时等号成立.故当$m=\pm\sqrt{3}$时,$ab$最大,此时,直线$l$的方程为$x=\pm\sqrt{3}y+2$,即$x\pm\sqrt{3}y-2=0$.

第三章 面积问题

经过前面两章的学习,想必大家已经可以解决大部分面积问题了,因为解决了弦长,面积就解决了一半.为了更加系统深入地了解面积问题,下面来推导一个特殊三角形的面积公式.

如图 3.1 所示.下面研究 $\triangle OAB$ 的面积 $S_{\triangle OAB}$.由

$$\begin{cases} \dfrac{x^2}{a^2}+\dfrac{y^2}{b^2}=1 \\ Ax+By+C=0 \\ \varepsilon=a^2A^2+b^2B^2 \end{cases}$$

消 y 得

$$(a^2A^2+b^2B^2)x^2+(2a^2AC)x+a^2(C^2-b^2B^2)=0$$

$$AB=\frac{2ab\cdot\sqrt{A^2+B^2}\cdot\sqrt{\varepsilon-C^2}}{\varepsilon}$$

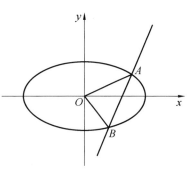

图 3.1

原点到直线 AB 的距离 $d=\dfrac{|C|}{\sqrt{A^2+B^2}}$,所以

$$S_{\triangle OAB}=\frac{1}{2}AB\cdot d=\frac{1}{2}\cdot\frac{2ab\cdot\sqrt{A^2+B^2}\cdot\sqrt{(\varepsilon-C^2)}}{\varepsilon}\cdot\frac{|C|}{\sqrt{A^2+B^2}}=\frac{ab\cdot\sqrt{(\varepsilon-C^2)C^2}}{\varepsilon}$$

所以

$$S_{\triangle OAB}=\frac{ab\cdot\sqrt{(\varepsilon-C^2)C^2}}{\varepsilon}$$

上面选择了最普通的方法来求面积,其实当知道了弦长公式之后,上面的方法无疑是首选,但如果你想用铅垂法求面积,这里也有两个公式可以使用:

$$|x_1-x_2|=\frac{\sqrt{\Delta_x}}{\varepsilon}=\frac{2ab|B|\sqrt{\varepsilon-C^2}}{\varepsilon},\quad |y_1-y_2|=\frac{\sqrt{\Delta_y}}{\varepsilon}=\frac{2ab|A|\sqrt{\varepsilon-C^2}}{\varepsilon}$$

1. 面积确定求直线

【例1】 已知点 $A(0,-2)$,椭圆 $E:\dfrac{x^2}{a^2}+\dfrac{y^2}{b^2}=1(a>b>0)$ 的离心率为 $\dfrac{\sqrt{3}}{2}$,F 是椭圆 E 的右焦点,直线 AF 的斜率为 $\dfrac{2\sqrt{3}}{3}$,O 为坐标原点.设过点 A 的动直线 l 与 E 交于 P、Q 两点.

(1)求 E 的方程.

(2)是否存在这样的直线 l,使得 $\triangle OPQ$ 的面积为 $\dfrac{4}{5}$?若存在,求出 l 的方程;若不存在,请说明理由.

解:(1)设 $F(c,0)$,因为直线 AF 的斜率为 $\frac{2\sqrt{3}}{3}$,$A(0,-2)$,所以 $\frac{2}{c}=\frac{2\sqrt{3}}{3}$,$c=\sqrt{3}$.

又 $\frac{c}{a}=\frac{\sqrt{3}}{2}$,$b^2=a^2-c^2$,解得 $a=2$,$b=1$,所以椭圆 E 的方程为 $\frac{x^2}{4}+y^2=1$.

(2)先直接套公式计算,有

$$S_{\triangle OAB}=\frac{ab\cdot\sqrt{(\varepsilon-C^2)C^2}}{\varepsilon}$$

当 $l\perp x$ 轴时,不合题意,则可设直线 l 的方程为 $y=kx-2$,$P(x_1,y_1)$,$Q(x_2,y_2)$,由

$$\begin{cases}\dfrac{x^2}{4}+\dfrac{y^2}{1}=1\\kx-y-2=0\end{cases}$$

得

$$S_{\triangle OPQ}=\frac{\sqrt{4}\times\sqrt{1}\times\sqrt{(4k^2+1-4)4}}{4k^2+1}=\frac{4}{5}$$

解得 $k=\pm 1$ 或 $\pm\frac{\sqrt{19}}{2}$. 所以存在这样的直线 l 为 $y=\pm\frac{\sqrt{19}}{2}x-2$ 或 $y=\pm x-2$.

下面是标准答案步骤(后续有些相似题目会进行跳步处理,考试记得补齐完整过程):

当 $l\perp x$ 轴时,不合题意.

由题意可设直线 l 的方程为 $y=kx-2$,$P(x_1,y_1)$,$Q(x_2,y_2)$.

联立 $\begin{cases}\dfrac{x^2}{4}+y^2=1\\y=kx-2\end{cases}$,消去 y 得

$$(1+4k^2)x^2-16kx+12=0$$

当 $\Delta=16(4k^2-3)>0$,即 $k<-\frac{\sqrt{3}}{2}$ 或 $k>\frac{\sqrt{3}}{2}$ 时,有

$$x_1+x_2=\frac{16k}{1+4k^2},\quad x_1x_2=\frac{12}{1+4k^2}$$

所以

$$|PQ|=\sqrt{1+k^2}\sqrt{(x_1+x_2)^2-4x_1x_2}=\sqrt{1+k^2}\sqrt{\left(\frac{16k}{1+4k^2}\right)^2-\frac{48}{1+4k^2}}$$

$$=\frac{4\sqrt{1+k^2}\sqrt{4k^2-3}}{1+4k^2}$$

点 O 到直线 l 的距离 $d=\frac{2}{\sqrt{k^2+1}}$,所以

$$S_{\triangle OPQ}=\frac{1}{2}d|PQ|=\frac{4\sqrt{4k^2-3}}{1+4k^2}$$

设 $\sqrt{4k^2-3}=t>0$,则

$$4k^2=t^2+3$$

$$S_{\triangle OPQ} = \frac{4t}{t^2+4} = \frac{4}{5}$$

解得 $t=1$ 或 $t=4$,即 $k=\pm 1$ 或 $\pm\frac{\sqrt{19}}{2}$,所以存在这样的直线 l 为 $y=\pm\frac{\sqrt{19}}{2}x-2$ 或 $y=\pm x-2$.

2. 面积最值

【例 2】 已知椭圆 $E:\frac{x^2}{a^2}+\frac{y^2}{b^2}=1(a>b>0)$ 的左、右焦点分别为 F_1、F_2,离心率为 $\frac{\sqrt{2}}{2}$. 点 P 在椭圆 E 上,且 $\triangle PF_1F_2$ 的周长为 $4\sqrt{2}+4$.

(1)求椭圆 E 的方程.

(2)若直线 $l:y=kx+m$ 与椭圆 E 交于 A、B 两点,O 为坐标原点,求 $\triangle AOB$ 面积的最大值.

解:(1)由已知条件得

$$\begin{cases} \frac{c}{a}=\frac{\sqrt{2}}{2} \\ 2a+2c=4\sqrt{2}+4 \\ a^2=b^2+c^2 \end{cases} \Rightarrow \begin{cases} a=2\sqrt{2} \\ c=2 \\ b=2 \end{cases}$$

所以椭圆 E 的方程为 $\frac{x^2}{8}+\frac{y^2}{4}=1$.

(2)设 $A(x_1,y_1)$,$B(x_2,y_2)$.由

$$\begin{cases} \frac{x^2}{8}+\frac{y^2}{4}=1 \\ x-y+m=0 \end{cases}$$

消 y 得

$$(8+4)x^2+16mx+8(m^2-4)=0$$

所以

$$x_1+x_2=-\frac{4m}{3},\quad x_1x_2=\frac{2m^2-8}{3}$$

所以

$$AB=\sqrt{1+k^2}\sqrt{(x_1+x_2)^2-4x_1x_2}=\frac{2\sqrt{8}\sqrt{4}\cdot\sqrt{1+1^2}\sqrt{12-m^2}}{12}=\frac{4}{3}\sqrt{12-m^2}$$

原点 O 到直线 $y=x+m$ 的距离 $d=\frac{|m|}{\sqrt{2}}$,则

$$S_{\triangle AOB}=\frac{1}{2}\cdot d\cdot|AB|=\frac{\sqrt{2}}{3}\sqrt{12m^2-m^4}$$

所以 $m^2=6$ 时,$S_{\triangle AOB}$ 取最大值为 $2\sqrt{2}$.

这里如果直接套公式,有

$$S_{\triangle OAB}=\frac{ab\cdot\sqrt{(\varepsilon-C^2)C^2}}{\varepsilon}$$

由 $\begin{cases} \dfrac{x^2}{8}+\dfrac{y^2}{4}=1 \\ x-y+m=0 \end{cases}$ 得

$$S_{\triangle AOB}=\dfrac{\sqrt{8}\times\sqrt{4}\times\sqrt{(12-m^2)m^2}}{8+4}\leqslant\sqrt{8}\sqrt{4}\dfrac{\dfrac{12-m^2+m^2}{2}}{12}=\dfrac{1}{2}\sqrt{8}\sqrt{4}=2\sqrt{2}$$

当且仅当 $12-m^2=m^2$,即 $m^2=6$ 时取等.

这里是用基本不等式处理的,也可以用二次函数去处理.

实际上如果要求 $S_{\triangle OAB}$ 的最大值,有

$$S_{\triangle OAB}=\dfrac{ab\cdot\sqrt{(\varepsilon-C^2)C^2}}{\varepsilon}\leqslant\dfrac{ab\cdot\dfrac{\varepsilon-C^2+C^2}{2}}{\varepsilon}=\dfrac{ab\cdot\dfrac{\varepsilon}{2}}{\varepsilon}=\dfrac{1}{2}ab$$

$$\left(\sqrt{xy}\leqslant\dfrac{x+y}{2},\quad x,y>0\right)$$

即 $S_{\triangle OAB}\leqslant\dfrac{1}{2}ab$(当且仅当 $\varepsilon-C^2=C^2$,即 $\varepsilon=2C^2$ 时取等).

也就是说,如果你知道这个结论,就可以知道第(2)问的最大值是

$$S_{\triangle AOB}\leqslant\dfrac{1}{2}ab=\dfrac{1}{2}\times\sqrt{8}\times\sqrt{4}=2\sqrt{2}(\text{记得验证取等条件})$$

【例3】 已知椭圆 $C:\dfrac{x^2}{a^2}+\dfrac{y^2}{b^2}=1(a>b>0)$ 过点 $A\left(-1,\dfrac{\sqrt{2}}{2}\right)$,短轴长为2.

(1)求椭圆 C 的标准方程.

(2)过点 $(0,2)$ 的直线 l(直线 l 不与 x 轴垂直)与椭圆 C 交于不同的两点 M、N,且 O 为坐标原点.求 $\triangle MON$ 的面积的最大值.

解:(1)由题意得

$$\begin{cases} 2b=2 \\ \dfrac{1}{a^2}+\dfrac{2}{4b^2}=1 \end{cases}\Rightarrow\begin{cases} a=\sqrt{2} \\ b=1 \end{cases}$$

所以椭圆 C 的标准方程为 $\dfrac{x^2}{2}+y^2=1$.

(2)跳步有(考试记得补充完整过程)

$$S_{\triangle OAB}=\dfrac{ab\cdot\sqrt{(\varepsilon-C^2)C^2}}{\varepsilon}$$

设直线 l 的方程为 $y=kx+2$. 由 $\begin{cases} \dfrac{x^2}{2}+\dfrac{y^2}{1}=1 \\ kx-y+2=0 \end{cases}$ 得

$$S_{\triangle MON}=\dfrac{\sqrt{2}\times\sqrt{1}\times\sqrt{(2k^2+1-4)4}}{2k^2+1}\leqslant\sqrt{2}\times\sqrt{1}\dfrac{\dfrac{2k^2+1-4+4}{2}}{2k^2+1}=\dfrac{1}{2}\sqrt{2}\times\sqrt{1}=\dfrac{\sqrt{2}}{2}$$

当且仅当 $2k^2+1-4=4$,即 $2k^2+1=8$ 时取等.

熟练后可直接跳步得

$$S_{\triangle MON} \leqslant \frac{1}{2}ab = \frac{1}{2}\sqrt{2}\times\sqrt{1} = \frac{\sqrt{2}}{2}(验证取等)$$

试卷标准答案如下(建议读者参考一下答题细节):

设 $M(x_1,y_1)$, $N(x_2,y_2)$.

联立方程 $\begin{cases}\dfrac{x^2}{2}+y^2=1\\ y=kx+2\end{cases}$,消去 y 得

$$(1+2k^2)x^2+8kx+6=0$$

由韦达定理可得

$$x_1+x_2=-\frac{8k}{1+2k^2}, \quad x_1x_2=\frac{6}{1+2k^2}$$

由 $\Delta=(8k)^2-4(1+2k^2)\times 6>0$,解得 $k^2>\dfrac{3}{2}$,所以

$$S_{\triangle MON}=\frac{1}{2}\sqrt{k^2+1}\times|x_2-x_1|$$

$$=\frac{2\sqrt{2}\sqrt{2k^2-3}}{1+2k^2}$$

令 $t=\sqrt{2k^2-3}$,则 $k^2=\dfrac{t^2+3}{2}$,$t>0$.所以

$$S_{\triangle MON}=\frac{2\sqrt{2}\,t}{t^2+4}=\frac{2\sqrt{2}}{t+\dfrac{4}{t}}\leqslant\frac{\sqrt{2}}{2}$$

当且仅当 $t=2$ 时,等号成立,此时 $k=\pm\dfrac{\sqrt{14}}{2}$.所以 $\triangle MON$ 的面积的最大值为 $\dfrac{\sqrt{2}}{2}$.

【例 4】 已知椭圆 $C:\dfrac{x^2}{a^2}+\dfrac{y^2}{b^2}=1(a>b>0)$ 的离心率为 $\dfrac{\sqrt{6}}{3}$,且其一个顶点在抛物线 $x^2=y$ 的准线上.

(1)求椭圆的方程.

(2)若直线 $l:y=kx+m$ 与椭圆交于不同的两点 M、N,当坐标原点 O 到直线 l 的距离为 $\dfrac{\sqrt{3}}{2}$ 时,求 $\triangle MON$ 面积的最大值.

解:(1)抛物线的准线方程为 $y=-1$,所以

$$\begin{cases}b=1\\ \dfrac{c}{a}=\dfrac{\sqrt{6}}{3}\\ a^2=b^2+c^2\end{cases}\Rightarrow\begin{cases}a=\sqrt{3}\\ b=1\end{cases}\Rightarrow\frac{x^2}{3}+y^2=1$$

(2)此问与例 2、例 3 相比,变量增加了,但只需进行类似处理即可.

下面复习一下硬解公式.由

$$\begin{cases}\dfrac{x^2}{3}+\dfrac{y^2}{1}=1\\ kx-y+m=0\end{cases}$$

消 y 得：_____；

消 x 得：_____．

分母 $\varepsilon = $ _____ $\qquad$ $\Delta' = $ _____

$x_1 + x_2 = $ _____ $\qquad$ $x_1 x_2 = $ _____

$y_1 + y_2 = $ _____ $\qquad$ $y_1 y_2 = $ _____

所以

$$MN = \frac{2\sqrt{3} \times \sqrt{1} \times \sqrt{1+k^2}\sqrt{3k^2+1-m^2}}{3k^2+1}$$

坐标原点 O 到直线 l 的距离为 $d = \frac{|m|}{\sqrt{1+k^2}}$. 所以

$$S_{\triangle MON} = \frac{1}{2} MN \cdot d = \frac{\sqrt{3} \times \sqrt{1} \times \sqrt{(3k^2+1-m^2)m^2}}{3k^2+1}$$

$$\leqslant \sqrt{3} \times \sqrt{1} \, \frac{\frac{3k^2+1-m^2+m^2}{2}}{3k^2+1} = \frac{1}{2}\sqrt{3} \times \sqrt{1} = \frac{\sqrt{3}}{2}$$

当且仅当 $\begin{cases} 3k^2+1-m^2 = m^2 \\ \dfrac{|m|}{\sqrt{1+k^2}} = \dfrac{\sqrt{3}}{2} \end{cases} \Rightarrow k = \pm\sqrt{3}$ 时取等.

可以发现此时取等情况变成了两个式子，但是还是成立的.

下面是试卷标准答案：

设 $M(x_1, y_1), N(x_2, y_2)$.

联立 $\begin{cases} \dfrac{x^2}{3} + y^2 = 1 \\ y = kx + m \end{cases}$，即有

$$(3k^2+1)y^2 - 2my + m^2 - 3k^2 = 0$$

所以

$$y_1 + y_2 = \frac{2m}{3k^2+1}, \quad y_1 y_2 = \frac{m^2 - 3k^2}{3k^2+1}$$

因为坐标原点 O 到直线 l 的距离为 $\dfrac{\sqrt{3}}{2}$，所以

$$\frac{|m|}{\sqrt{k^2+1}} = \frac{\sqrt{3}}{2} \Rightarrow m^2 = \frac{3}{4}(k^2+1)$$

所以

$$|MN| = \sqrt{1+\frac{1}{k^2}} \, |y_2 - y_1| = \sqrt{1+\frac{1}{k^2}} \times \sqrt{(y_1+y_2)^2 - 4y_1 y_2}$$

$$= \sqrt{1+\frac{1}{k^2}} \times \sqrt{\left(\frac{2m}{3k^2+1}\right)^2 - 4 \times \frac{m^2-3k^2}{3k^2+1}} = \sqrt{\frac{3(k^2+1)(9k^2+1)}{(3k^2+1)^2}}$$

令 $3k^2 + 1 = t \in (1, +\infty)$，则

$$S_{\triangle MON} = \frac{\sqrt{3}}{4} \cdot \sqrt{\frac{3(k^2+1)(9k^2+1)}{(3k^2+1)^2}} = \frac{\sqrt{3}}{4} \cdot \sqrt{\frac{(t+2)(3t-2)}{t^2}}$$

$$= \frac{\sqrt{3}}{4}\sqrt{\frac{3t^2+4t-4}{t^2}} = \frac{\sqrt{3}}{4}\sqrt{-4\left(\frac{1}{t}\right)^2+4\left(\frac{1}{t}\right)+3}$$

$$= \frac{\sqrt{3}}{4}\sqrt{-4\left(\frac{1}{t}-\frac{1}{2}\right)^2+4}$$

当 $\frac{1}{t}=\frac{1}{2}$,$3k^2+1=2$,即 $k=\pm\frac{\sqrt{3}}{3}$ 时,$\triangle MON$ 面积的最大值为 $\frac{\sqrt{3}}{2}$.

【注】对于一些比较难的题目,往往都是换成单一变量来处理.

【例5】 已知点 $A(0,-2)$,椭圆 $E:\frac{x^2}{a^2}+\frac{y^2}{b^2}=1(a>b>0)$ 的长轴长是短轴长的 2 倍,F 是椭圆 E 的右焦点,直线 AF 的斜率为 $\frac{2\sqrt{3}}{3}$,O 为坐标原点.

(1) 求椭圆 E 的方程.

(2) 设过点 $A(0,-2)$ 的动直线 l 与椭圆 E 交于 P、Q 两点. 当 $\triangle OPQ$ 的面积最大时,求直线 l 的方程.

解:(1)设 $F(c,0)$,由已知条件知 $\frac{2}{c}=\frac{2}{\sqrt{3}}$,$a=2b \Rightarrow c=\sqrt{3}$.

又 $a^2=b^2+c^2$,可得 $b^2=1$,$a^2=4$,所以椭圆 E 的方程为 $\frac{x^2}{4}+y^2=1$.

(2)由已知,当 $l \perp x$ 轴时不合题意,设直线 $l:y=kx-2$.

由 $\begin{cases}\frac{x^2}{4}+\frac{y^2}{1}=1 \\ kx-y-2=0\end{cases}$ 得

$$S_{\triangle OPQ}=\frac{\sqrt{4}\times\sqrt{1}\times\sqrt{(4k^2+1-4)\times 4}}{4k^2+1}\leqslant \sqrt{4}\times\sqrt{1}\times\frac{\frac{4k^2+1-4+4}{2}}{4k^2+1}=\frac{1}{2}\sqrt{4}\times\sqrt{1}=1$$

当且仅当 $4k^2+1-4=4$,即 $4k^2+1=8$,$k=\pm\frac{\sqrt{7}}{2}$ 时等号成立,所以当 $\triangle OPQ$ 的面积最大时,l 的方程为 $y=\frac{\sqrt{7}}{2}x-2$ 或 $y=-\frac{\sqrt{7}}{2}x-2$.

面积问题一直以来都是高中平面解析几何的基本问题,下面看一些经典面积问题.

【例6】 已知抛物线 $C:y^2=2px(p>0)$,点 A 在抛物线 C 上,点 B 在 x 轴的正半轴上,等边 $\triangle OAB$ 的边长为 $\frac{8}{3}$.

(1) 求抛物线 C 的方程.

(2) 如图 3.2 所示,若直线 $l:x=ty+2(t\in[1,3])$ 与抛物线 C 交于 D、E 两点,直线 DE 不经过 $M(0,1)$,$\triangle EDM$ 的面积为 S,求 $\frac{S^2}{t+2}$ 的取值范围.

解:(1)由等边 $\triangle OAB$ 的边长为 $\frac{8}{3}$,可得 $A\left(\frac{4}{3},\frac{4\sqrt{3}}{3}\right)$,代入抛物线可得

$$\frac{16}{3}=\frac{8p}{3} \Rightarrow p=2$$

所以抛物线方程为 $y^2=4x$.

(2)将直线方程与抛物线方程联立可得
$$\begin{cases} x=ty+2 \\ y^2=4x \end{cases} \Rightarrow y^2-4ty-8=0$$

由韦达定理可得
$$y_1+y_2=4t,\quad y_1y_2=-8$$
$$d_{M-DE}=\frac{|t+2|}{\sqrt{1+t^2}}$$
$$|DE|=\sqrt{1+t^2}\,|y_1-y_2|$$
$$=\sqrt{1+t^2}\sqrt{(y_1+y_2)^2-4y_1y_2}$$
$$=4\sqrt{1+t^2}\sqrt{t^2+2}$$
$$S=\frac{1}{2}|ED|d_{M-DE}=2\sqrt{t^2+2}\cdot|t+2|$$

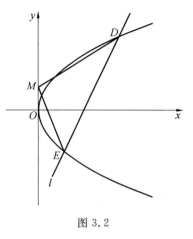

图 3.2

所以
$$\frac{S^2}{t+2}=f(t)=4(t^2+2)(t+2)$$

因为 $t\in[1,3]$,显然 $f(t)$ 单调递增,故 $f(t)\in[36,220]$.

【例 7】 (2017 湖北高中数学竞赛)过抛物线 $y^2=2x$ 的焦点 F 的直线 l 交抛物线于 A、B 两点,抛物线在 A、B 两点处的切线交于点 E.

(1) 求证:$EF\perp AB$.

(2) 设 $\overrightarrow{AF}=\lambda\overrightarrow{FB}$,当 $\lambda\in\left[\dfrac{1}{3},\dfrac{1}{2}\right]$ 时,求 $\triangle ABE$ 面积 S 的最小值.

解:(1)设 l 的方程为 $x=my+\dfrac{1}{2}$,代入 $y^2=2x$,解得
$$y^2-2my-1=0 \quad \text{①}$$

设 $A\left(\dfrac{y_1^2}{2},y_1\right),B\left(\dfrac{y_2^2}{2},y_2\right)$,则
$$y_1+y_2=2m,\quad y_1y_2=-1$$

由切点弦方程可得在点 A 处的切线方程为
$$y_1y=x+\frac{y_1^2}{2}$$

在点 B 处的切线方程为
$$y_2y=x+\frac{y_2^2}{2}$$

设 $E(x_0,y_0)$,代入上式可得
$$y_1y_0=x_0+\frac{y_1^2}{2},\quad y_2y_0=x_0+\frac{y_2^2}{2}$$

即 y_1、y_2 分别为方程 $y_2^2-2y_2y_0+2x_0=0$ 的两根,和式①对比可得
$$x_0=-\frac{1}{2},\quad y_0=m$$

当 $m=0$ 时,显然 $EF \perp AB$;当 $m \neq 0$ 时,$k_{EF} k_{AB} = -1$. 所以 $EF \perp AB$.

(2) 由 $\overrightarrow{AF} = \lambda \overrightarrow{FB}$ 得 $y_1 = -\lambda y_2$,结合

$$y_1 + y_2 = 2m, \quad y_1 y_2 = -1 \qquad ②$$

可得

$$y_2 = \frac{2m}{1-\lambda}, \quad y_1 = \frac{\lambda-1}{2m}$$

代入式②中,整理可得

$$m^2 = \frac{(1-\lambda)^2}{4\lambda} = \frac{1}{4}\left(\frac{1}{\lambda} + \lambda - 2\right)$$

当 $\lambda \in \left[\dfrac{1}{3}, \dfrac{1}{2}\right]$ 时,m^2 为关于 λ 的减函数.

又因为

$$|AB| = \sqrt{1+m^2}\,|y_1 - y_2| = \sqrt{1+m^2}\sqrt{4m^2+4} = 2(1+m^2)$$

$$|EF| = \sqrt{1+m^2}$$

$$S = \frac{1}{2}|AB||EF| = (1+m^2)^{\frac{3}{2}}$$

所以 $\lambda = \dfrac{1}{2}$ 时,m^2 取得最小值 $\dfrac{1}{8}$,此时 S 的最小值为 $\dfrac{27\sqrt{2}}{32}$.

【例8】 (2019 福建高中数学竞赛) 已知 F 为椭圆 $C: \dfrac{x^2}{4} + \dfrac{y^2}{3} = 1$ 的右焦点,点 P 为 $x=4$ 上的动点,过点 P 作椭圆 C 的切线 PA、PB,切点分别为 A、B.

(1) 求证:A、F、B 三点共线.

(2) 求 $\triangle PAB$ 面积的最小值.

解:(1) 由已知得 $F(1,0)$,设 $P(4,t)$,$A(x_1, y_1)$,$B(x_2, y_2)$. 则切线 PA、PB 的方程分别为

$$\frac{x_1 x}{4} + \frac{y_1 y}{3} = 1, \quad \frac{x_2 x}{4} + \frac{y_2 y}{3} = 1$$

由切线 PA、PB 过点 $P(4,t)$ 得

$$x_1 + \frac{y_1 t}{3} = 1, \quad x_2 + \frac{y_2 t}{3} = 1$$

则

$$x_1 + \frac{t}{3}y_1 = 1, \quad x_2 + \frac{t}{3}y_2 = 1$$

由此可得直线 AB 的方程为 $x + \dfrac{t}{3}y = 1$.

易知直线 AB 过点 $F(1,0)$,所以 A、F、B 三点共线.

(2) 由 $\begin{cases} x + \dfrac{t}{3}y = 1 \\ \dfrac{x^2}{4} + \dfrac{y^2}{3} = 1 \end{cases}$ 得

$$(t^2+12)y^2-6ty-27=0$$

所以

$$y_1+y_2=\frac{6t}{t^2+12}, \quad y_1y_2=\frac{-27}{t^2+12}$$

$$|AB|=\sqrt{1+\frac{t^2}{9}}|y_1-y_2|=\sqrt{1+\frac{t^2}{9}}\sqrt{\left(\frac{6t}{t^2+12}\right)^2+\frac{108}{t^2+12}}=\frac{4(t^2+9)}{t^2+12}$$

$$d_{P-AB}=\frac{1}{2}|AB|\cdot d=\frac{1}{2}\times\frac{4(t^2+9)}{t^2+12}\times\sqrt{9+t^2}=\frac{2(t^2+9)\sqrt{9+t^2}}{t^2+12}$$

设 $\sqrt{t^2+9}=\lambda$，由 $t\in \mathbf{R}$ 知 $\lambda\geqslant 3$，则

$$S_{\triangle PAB}=\frac{2\lambda^3}{\lambda^2+3}$$

$$S'(\lambda)=\frac{2\lambda^4+18\lambda^2}{(\lambda^2+3)^2}>0$$

故 $f(\lambda)$ 在区间 $[3,+\infty)$ 单调递增，$S(\lambda)_{\min}=S(3)=\frac{9}{2}$，此时 $t=0$.

【例 9】 如图 3.3 所示，已知椭圆 $C: \frac{x^2}{a^2}+\frac{y^2}{b^2}=1(a>b>0)$ 经过点 $A\left(1,\frac{\sqrt{3}}{2}\right)$，其长半轴长为 2.

(1) 求椭圆 C 的方程.

(2) 设经过点 $B(-1,0)$ 的直线 l 与 C 交于 E、D 两点，点 E 关于 x 轴的对称点为 F（不同于 D），直线 DF 与 x 轴交于点 G，求 $\triangle GDE$ 的面积 S 的取值范围.

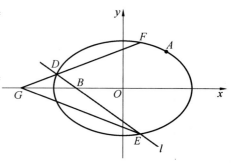

图 3.3

解：(1) 由已知条件得 $\begin{cases}a=2\\ \frac{1}{a^2}+\frac{3}{4b^2}=1\\ a^2=b^2+c^2\end{cases}\Rightarrow \begin{cases}b=1\\ c=\sqrt{3}\end{cases}$，故椭圆方程为 $\frac{x^2}{4}+y^2=1$.

(2) 设 $D(x_1,y_1),E(x_2,y_2),F(x_2,-y_2)$.

由 D、B、E 三点共线可得

$$\frac{y_1}{x_1+1}=\frac{y_2}{x_2+1}\Rightarrow -1=\frac{x_1y_2-x_2y_1}{y_2-y_1} \qquad ①$$

由 D、F、G 三点共线可得

$$\frac{y_1}{x_1-x_G}=\frac{-y_2}{x_2-x_G}\Rightarrow x_G=\frac{-x_1y_2-x_2y_1}{-y_2-y_1} \qquad ②$$

式①、②相乘可得

$$-x_G=\frac{x_1^2y_2^2-x_2^2y_1^2}{y_2^2-y_1^2}=\frac{4(1-y_1^2)y_2^2-4(1-y_2^2)y_1^2}{y_2^2-y_1^2}=4\Rightarrow x_G=-4$$

$$S = S_{\triangle GBD} + S_{\triangle GBE} = \frac{1}{2}|GB||y_1 - y_2|$$
$$= \frac{1}{2} \times 3\sqrt{(y_1+y_2)^2 - 4y_1y_2}$$

设直线 $ED: x = my - 1$,将其与椭圆方程联立有

$$\begin{cases} \dfrac{x^2}{4} + y^2 = 1 \\ x = my - 1 \end{cases} \Rightarrow (m^2+4)y^2 - 2my - 3 = 0$$

由韦达定理得

$$y_1 + y_2 = \frac{2m}{m^2+4}, \quad y_1 y_2 = \frac{-3}{m^2+4}$$

则

$$S = \frac{6\sqrt{m^2+3}}{m^2+4}$$

令 $t = \sqrt{m^2+3} \in [\sqrt{3}, +\infty)$,则

$$S = \frac{6m}{m^2+1} = \frac{6}{m + \dfrac{1}{m}} \in \left(0, \frac{3\sqrt{3}}{2}\right)$$

【例10】 如图 3.4 所示,已知抛物线 $C_1: x^2 = 4y$ 与椭圆 $C_2: \dfrac{y^2}{a^2} + \dfrac{x^2}{b^2} = 1 (a > b > 0)$ 有相同的焦点 F,Q 为抛物线 C_1 与椭圆 C_2 在第一象限的公共点,且 $|QF| = \dfrac{5}{3}$,过点 F 的直线 l 交抛物线 C_1 于 A、B 两点,交椭圆 C_2 于 C、D 两点,直线 PA、PB 与抛物线 C_1 分别相切于 A、B 两点.

(1) 求椭圆 C_2 的方程.
(2) 求 $\triangle PCD$ 面积的最小值.

解:(1) 由焦半径公式可得

$$|FQ| = y_Q + 1 = \frac{5}{3} \Rightarrow y_Q = \frac{2}{3}$$
$$x_Q^2 = 4y_Q = \frac{8}{3} \Rightarrow x_Q = \frac{2\sqrt{2}}{\sqrt{3}}$$

将其代入椭圆方程 $\dfrac{4}{9a^2} + \dfrac{8}{3b^2} = 1$,又 $c = 1$,$a^2 = b^2 + c^2$,故得到

$$a = 2, \quad b = \sqrt{3}$$

所以椭圆方程为 $\dfrac{y^2}{4} + \dfrac{x^2}{3} = 1$.

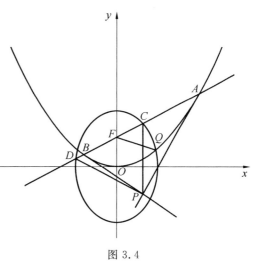

图 3.4

(2) 设直线 AB 的方程为 $y = kx + 1$,
将其与抛物线方程进行联立,得

$$x^2 - 4kx - 4 = 0 \qquad ①$$

设 $A(x_1,y_1)$, $B(x_2,y_2)$, $y'=\dfrac{x}{2}$, 故直线 AP 的方程为

$$k_{PA}(x-x_1)=y-y_1 \Rightarrow \dfrac{x_1}{2}(x-x_1)=y-\dfrac{x_1^2}{4} \Rightarrow x_1^2-2x_1x+4y=0$$

将 $P(x_P,y_P)$ 代入上式可得

$$x_1^2-2x_1x_P+4y_P=0$$

同理可得

$$x_2^2-2x_2x_P+4y_P=0$$

故 x_1、x_2 为方程 $x^2-2xx_P+4y_P=0$ 的两个解,对比式①可得

$$\begin{cases} x_P=2k \\ y_P=-1 \end{cases}$$

将直线 AB 方程与椭圆方程进行联立,有

$$\begin{cases} y=kx+1 \\ \dfrac{y^2}{4}+\dfrac{x^2}{3}=1 \end{cases} \Rightarrow (3k^2+4)x^2+6kx-9=0$$

设 $C(x_3,y_3)$, $D(x_4,y_4)$, 由韦达定理可得

$$x_1+x_2=\dfrac{-6k}{3k^2+4}, \quad x_1x_2=\dfrac{-9}{3k^2+4}$$

故

$$|CD|=\sqrt{1+k^2}\,|x_3-x_4|=\sqrt{1+k^2}\sqrt{(x_3+x_4)^2-4x_3x_4}=\dfrac{12(k^2+1)}{3k^2+4}$$

点 P 到 l 的距离为

$$d=\dfrac{|2k^2+2|}{\sqrt{k^2+1}}=2\sqrt{k^2+1}$$

$$S_{\triangle PCD}=\dfrac{1}{2}|CD|d=\dfrac{1}{2}\cdot\dfrac{12(1+k^2)}{3k^2+4}\cdot 2\sqrt{k^2+1}=\dfrac{12(1+k^2)^{\frac{3}{2}}}{3k^2+4}$$

令 $\sqrt{1+k^2}=t\geq 1$, 代入上式,令 $g(t)=S_{\triangle PCD}=\dfrac{12t^{\frac{3}{2}}}{3t+1}$, 则

$$g'(t)=\dfrac{18t^{\frac{1}{2}}(t+1)}{(3t+1)^2}>0$$

当 $t=1$, 即 $k=0$ 时, $S_{\triangle PCD}=3$ 为最小值.

【总结】本题实质还是考查抛物线中的阿基米德三角形及其性质,具体内容在 13.6 节中有详细阐述.

【例 11】 如图 3.5 所示,已知抛物线 $y^2=2px(p>0)$, 过点 $A(-1,-1)$ 作直线 l_1、l_2, 满足 l_1 与抛物线恰有一个公共点 C(l_1 不与 x 轴平行), l_2 交抛物线于 B、D 两点,且直线 BC、DC 的斜率互为相反数.

(1) 求 l_1、l_2 的斜率之和.

(2) 作直线 BC、DC 分别交 x 轴于点 P、Q, 求 $\triangle CPQ$ 面积的最小值.

解:(1)设直线 $l_1:x+1=m(y+1)$, 将其与抛物线方程进行联立可得

$$y^2-2pmy+2p(1-m)=0$$

因为直线与曲线相切,则

$$\Delta=4p^2m^2-8p(1-m)=0 \Rightarrow p=\frac{2(1-m)}{m^2}$$

$$y_C^2=2p(1-m) \Rightarrow y_C=pm$$

设直线 $l_2:x+1=n(y+1)$,代入抛物线方程整理可得

$$y^2-2pny+2p(1-n)=0$$

由韦达定理可得

$$y_B+y_D=2pn$$

又 $k_{BC}+k_{CD}=0$,$k_{BC}=\dfrac{2p}{y_C+y_B}$,$k_{CD}=\dfrac{2p}{y_C+y_D}$(此处用到抛物线 $y^2=2px$ 任意两点间斜率公式),整理为

$$y_B+y_D=-2y_C$$

即 $m+n=0$,即 $k_1+k_2=0$.

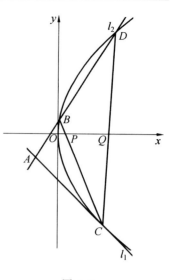

图 3.5

(2)(此问需用到平均性质)由 B、P、C 三点共线可得

$$-2py_P=y_Cy_B \Rightarrow y_P=\frac{y_Cy_B}{-2p}$$

同理可得

$$y_Q=\frac{y_Cy_D}{-2p}$$

由(1)知

$$y_B+y_D=-2pn=2pm, \quad y_By_D=2p(1-n)=2p(1+m)$$

则

$$|PQ|=\left|\frac{y_Cy_B}{2p}-\frac{y_Cy_D}{2p}\right|=\frac{-y_C}{2p}|y_B-y_D|=\frac{-y_C}{2p}\sqrt{(y_B+y_D)^2-2y_By_D}=2\sqrt{2m^2-2m}$$

又 $y_C=pm$,故 △CPQ 的面积为

$$S=\frac{1}{2}|y_C||y_B-y_D|=2\sqrt{2}\frac{(1-m)^{\frac{3}{2}}}{\sqrt{-m}}$$

令 $\sqrt{-m}=t$,代入上式可得

$$S=\frac{2\sqrt{2}(1+t^2)\sqrt{1+t^2}}{t}(t>0), \quad S'=\frac{2\sqrt{2}(2t^2-1)\sqrt{1+k^2}}{k^2}$$

极值点为 $t=\dfrac{\sqrt{2}}{2}$,代入整理可得 $S_{\min}=3\sqrt{6}$,此时 $m=-\dfrac{1}{2}$,$p=\dfrac{2(1-m)}{m^2}=12$.

【例 12】 如图 3.6 所示,设椭圆 $C_1:\dfrac{x^2}{5}+\dfrac{y^2}{4}=1$ 的左、右焦点分别是 F_1、F_2,下顶点为 A. 线段 OA 的中点为 B(O 为坐标原点),抛物线 $C_2:y=mx^2-n(m>0,n>0)$ 与 y 轴的交点为 B,且经过点 F_1、F_2.

(1) 求抛物线 C_2 的方程.

(2) 设点 $M\left(0,-\dfrac{4}{5}\right)$,$N$ 为抛物线 C_2 上的一个动点,过点 N 作抛物线 C_2 的切线交

椭圆 C_1 于点 P、Q，求 $\triangle MPQ$ 面积的最大值.

解：(1) 由题意可知 $A(0,-2)$，$B(0,-1)$，$F(1,0)$，将 B、F 两点代入抛物线方程可得
$$\begin{cases} m-n=0 \\ -n=-1 \end{cases} \Rightarrow \begin{cases} m=1 \\ n=1 \end{cases} \Rightarrow y=x^2-1$$

(2) 设 $PQ:y=kx+m$. 将直线 PQ 与抛物线联立得
$$\begin{cases} y=kx+m \\ y=x^2-1 \end{cases} \Rightarrow x^2-kx-(m+1)=0$$

令判别式为 0，即有
$$k^2+4(m+1)=0$$

将直线方程与椭圆方程联立可得
$$\begin{cases} y=kx+m \\ \dfrac{x^2}{5}+\dfrac{y^2}{4}=1 \end{cases}$$

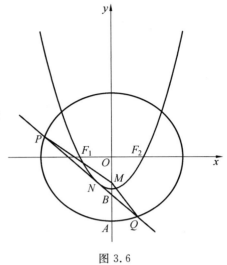

图 3.6

整理为
$$(4+5k^2)x^2+10kmx+5m^2-20=0$$

由韦达定理可得
$$x_1+x_2=\frac{-10km}{4+5k^2}, \quad x_1x_2=\frac{5m^2-20}{4+5k^2}$$

则
$$|PQ|=\sqrt{1+k^2}\,|x_1-x_2|=\frac{4\sqrt{5}\sqrt{1+k^2}\cdot\sqrt{5k^2+4-m^2}}{5k^2+4}, \quad d_{M-PQ}=\frac{\left|m-\dfrac{4}{5}\right|}{\sqrt{k^2+1}}$$

$$S_{\triangle MPQ}=\frac{2\sqrt{5}\left|m-\dfrac{4}{5}\right|\cdot\sqrt{5k^2+4-m^2}}{5k^2+4}=\frac{2\sqrt{5}\left|m-\dfrac{4}{5}\right|\cdot\sqrt{-20m-20+4-m^2}}{-20m-20+4}$$

$$=\frac{\sqrt{5}}{10}\sqrt{-20m-16-m^2}=\frac{\sqrt{5}}{10}\sqrt{-(m+10)^2+84}\leqslant\frac{\sqrt{5}}{10}\sqrt{84}=\frac{\sqrt{105}}{5}$$

当 $m=-10$ 时，等号成立，所以 $\triangle MPQ$ 面积的最大值为 $\dfrac{\sqrt{105}}{5}$.

【例 13】 已知双曲线 $C_1:\dfrac{x^2}{a^2}-\dfrac{y^2}{b^2}=1(a>0,b>0)$ 的左、右焦点分别为 F_1、F_2，虚轴上、下两个端点分别为 B_2、B_1，右顶点为 A，且双曲线经过点 $(\sqrt{2},\sqrt{3})$，$\overrightarrow{B_2F_2}\cdot\overrightarrow{B_1A}=ac-3a^2$.

(1) 求双曲线 C_1 的标准方程.

(2) 设以点 F_1 为圆心、2 为半径的圆为 C_2，已知过 F_2 的两条互相垂直的直线 l_1、l_2，直线 l_1 与双曲线交于 P、Q 两点，直线 l_2 与圆 C_2 相交于 M、N 两点，如图 3.7 所示，记 $\triangle PMN$、$\triangle QMN$ 的面积分别为 S_1、S_2，求 S_1+S_2 的取值范围.

解:(1)由已知条件 $A(a,0), B_1(0,-b), B_2(0,b), F_2(c,0)$,则
$$\overrightarrow{B_2F_2} \cdot \overrightarrow{B_1A} = (c,-b) \cdot (a,b) = ac - b^2 = ac - 3a^2 \Rightarrow 3a^2 = b^2$$

联立方程组可得

$$\begin{cases} 3a^2 = b^2 \\ a^2 + b^2 = c^2 \\ \dfrac{2}{a^2} - \dfrac{3}{b^2} = 1 \end{cases} \Rightarrow \begin{cases} a=1 \\ b=\sqrt{3} \\ c=2 \end{cases}$$

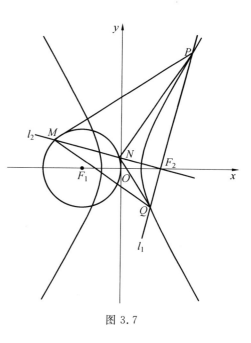

图 3.7

故双曲线 C_1 的方程为 $x^2 - \dfrac{y^2}{3} = 1$.

(2)法一:曲直联立.

设 $PQ: x = my + 2$,将其与双曲线联立可得

$$\begin{cases} x = my + 2 \\ x^2 - \dfrac{y^2}{3} = 1 \end{cases}$$

整理得

$$(3m^2 - 1)y^2 - 12my + 9 = 0$$

由韦达定理可得

$$y_1 + y_2 = \frac{12m}{3m^2 - 1}, \quad y_1 y_2 = \frac{9}{3m^2 - 1}$$

由两点间距离公式,得

$$PQ = \sqrt{1+m^2} \cdot |y_1 - y_2| = \sqrt{1+m^2} \cdot \sqrt{(y_1+y_2)^2 - 4y_1y_2} = \frac{6(m^2+1)}{1 - 3m^2}$$

由 F_1 到直线 MN 的距离 $d = \dfrac{|4m|}{\sqrt{1+m^2}}$,得

$$|MN| = 2\sqrt{2^2 - d^2} = \frac{4\sqrt{1-3m^2}}{\sqrt{1+m^2}}$$

由 $1 - 3m^2 \geq 0 \Rightarrow 0 \leq m^2 < \dfrac{1}{3}$,得

$$S_1 + S_2 = \frac{1}{2}|MN||PF_2| + \frac{1}{2}|MN||F_2Q| = \frac{1}{2}|MN||PQ|$$

$$= \frac{12\sqrt{m^2+1}}{\sqrt{1-3m^2}} = 12\sqrt{\frac{1}{-3 + \dfrac{4}{m^2+1}}}$$

因为 $1 - 3m^2 \geq 0 \Rightarrow 0 \leq m^2 < \dfrac{1}{3}$,所以 $S_1 + S_2 \in [12, +\infty)$.

法二:参数方程.

设直线 PQ 的参数方程为 $\begin{cases} x = 2 + t\cos\alpha \\ y = t\sin\alpha \end{cases}$ (α 为参数),将其与双曲线方程进行联立可得

$$(2+t\cos\alpha)^2 - \frac{(t\sin\alpha)^2}{3} = 1$$

整理为

$$(3\cos^2\alpha - \sin^2\alpha)t^2 + 12t\cos\alpha + 9 = 0$$

由韦达定理可得

$$t_1 + t_2 = \frac{-12\cos\alpha}{3\cos^2\alpha - \sin^2\alpha}, \quad t_1 t_2 = \frac{9}{3\cos^2\alpha - \sin^2\alpha}$$

则

$$PQ = |t_1 - t_2| = \sqrt{(t_1+t_2)^2 - 4t_1 t_2} = \frac{6}{|3\cos^2\alpha - \sin^2\alpha|}$$

设直线 MN 的参数方程为

$$\begin{cases} x = 2 + t\cos\left(\alpha + \frac{\pi}{2}\right) = 2 - t\sin\alpha \\ y = t\sin\left(\alpha + \frac{\pi}{2}\right) = t\cos\alpha \end{cases} \quad (\alpha \text{ 为参数})$$

将直线 MN 的参数方程与 $(x+2)^2 + y^2 = 4$ 进行联立可得

$$t^2 - 8t\sin\alpha + 12 = 0$$

由韦达定理可得

$$t_3 + t_4 = 8\sin\alpha, \quad t_3 t_4 = 12, \quad \Delta = 64\sin^2\alpha - 48 > 0 \Rightarrow 1 \geqslant \sin^2\alpha > \frac{3}{4}$$

$$|MN| = |t_3 - t_4| = \sqrt{(t_3+t_4)^2 - 4t_3 t_4} = 4\sqrt{4\sin^2\alpha - 3}$$

$$S_1 + S_2 = \frac{1}{2}|MN||PF_2| + \frac{1}{2}|MN||F_2 Q| = \frac{1}{2}|MN||PQ|$$

$$= \frac{1}{2} \times \frac{6}{|3\cos^2\alpha - \sin^2\alpha|} \times 4\sqrt{4\sin^2\alpha - 3}$$

$$= \frac{12\sqrt{4\sin^2\alpha - 3}}{|3\cos^2\alpha - \sin^2\alpha|} = \frac{12\sqrt{4\sin^2\alpha - 3}}{|3 - 4\sin^2\alpha|} = \frac{12}{\sqrt{4\sin^2\alpha - 3}}$$

因为 $1 \geqslant \sin^2\alpha > \frac{3}{4}$,故 $S_1 + S_2 \in [12, +\infty)$.

【感悟】 直线参数方程在处理线段问题时有很大优势,而且面积问题中也蕴藏着大量的弦长问题,都可以用硬解定理来解决.

【例 14】 如图 3.8 所示,抛物线 $y^2 = x$ 的焦点为 F,点 A、B 在抛物线上且位于 x 轴的两侧,$\overrightarrow{OA} \cdot \overrightarrow{OB} = 2$,则 $\triangle ABO$ 和 $\triangle AFO$ 面积之和的最小值为多少?

解:设 $AB: x = my + n$,将直线 AB 与抛物线 $y^2 = x$ 进行联立,得

$$y^2 - my - n = 0, \quad y_1 y_2 = -n$$

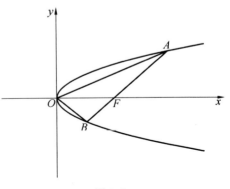

图 3.8

$$x_1x_2 = y_1^2 y_2^2 = n^2$$
$$\overrightarrow{OA} \cdot \overrightarrow{OB} = 2 \Rightarrow x_1x_2 + y_1y_2 = 2$$
$$\Rightarrow n^2 - n - 2 = 0 \Rightarrow n = 2$$

故
$$y_1 y_2 = -2$$
$$S_{\triangle AOB} + S_{\triangle AOF} = \frac{1}{2} \times 2 |y_1 - y_2| + \frac{1}{2} |OF| \cdot y_1$$
$$= \frac{9}{8} y_1 + \frac{2}{y_1} \geqslant 3$$

当 $y_1 = \frac{4}{3}$ 时,等号成立.

【例 15】 如图 3.9 所示,已知椭圆 $C: \frac{x^2}{4} + y^2 = 1$,设点 $A(2,0), B(0,1), O(0,0)$,点 P 是第一象限的点,且在椭圆 C 上,直线 PA 与 y 轴交于点 M,直线 PB 与 x 轴交于点 N.

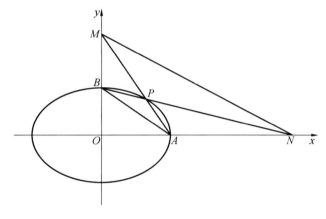

图 3.9

(1) 求证:$AN \cdot BM$ 为定值.
(2) 求证:$\triangle PMN$ 和 $\triangle PAB$ 的面积之差为定值.
(3) 求 $\triangle OMN$ 面积的最小值.

解:(1)设 $P(x_0, y_0)$,则由 A、P、M 三点共线可得
$$\frac{y_M}{0-2} = \frac{y_0}{x_0 - 2} \Rightarrow y_M = \frac{-2y_0}{x_0 - 2}$$

由 B、P、N 三点共线可得
$$\frac{y_0 - 1}{x_0} = \frac{-1}{x_N} \Rightarrow x_N = \frac{-x_0}{y_0 - 1}$$
$$|AN||BM| = \left| \frac{-x_0}{y_0 - 1} - 2 \right| \left| \frac{-2y_0}{x_0 - 2} - 1 \right| = \left| \frac{(x_0 + 2y_0 - 2)^2}{(y_0 - 1)(x_0 - 2)} \right|$$
$$= \left| \frac{x_0^2 + 4y_0^2 + 4x_0 y_0 - 4x_0 - 8y_0 + 4}{x_0 y_0 - x_0 - 2y_0 + 2} \right|$$

因为 $\frac{x_0^2}{4}+y_0^2=1 \Rightarrow x_0^2+4y_0^2=4$，代入上式可得

$$|AN||BM|=\left|\frac{4x_0y_0-4x_0-8y_0+8}{x_0y_0-x_0-2y_0+2}\right|=4$$

(2) 由题意得

$$S_{\triangle PMN}-S_{\triangle PAB}=S_{\triangle AMN}-S_{\triangle BAN}=\frac{1}{2}|AN||OM|-\frac{1}{2}|AN||ON|$$

$$=\frac{1}{2}|AN||BM|=2$$

(3) 由题意得

$$S_{\triangle OMN}=\frac{1}{2}|ON||OM|=\frac{1}{2}(2+|AN|)(|BM|+1)$$

$$=\frac{1}{2}(|AN||BM|+2+|AN|+2|BM|)$$

$$=\frac{1}{2}(6+|AN|+2|BM|)\geqslant\frac{1}{2}(6+2\sqrt{2|AN||BM|})=3+2\sqrt{2}$$

【例16】 如图 3.10 所示，已知 A_1、A_2 分别为椭圆 $C:\frac{x^2}{a^2}+\frac{y^2}{b^2}=1(a>b>0)$ 的左、右顶点，B 为椭圆 C 的上顶点，点 A_2 到直线 A_1B 的距离为 $\frac{4\sqrt{7}}{7}b$，椭圆过点 $\left(\frac{2\sqrt{3}}{3},\sqrt{2}\right)$.

(1) 求椭圆 C 的标准方程.

(2) 设直线 l 过点 A_1，且与 x 轴垂直，P、Q 为直线 l 上关于 x 轴对称的两点，直线 A_2P 与椭圆 C 交于异于 A_2 的点 D，直线 DQ 与 x 轴的交点为 E，当 $\triangle PA_2Q$ 与 $\triangle PEQ$ 的面积之差取得最大值时，求直线 A_2P 的方程.

解：(1) 设直线 $A_1B:\frac{x}{-a}+\frac{y}{b}=1 \Rightarrow bx-ay+ab=0$，由点到直线距离公式得

$$\frac{|2b+ab|}{\sqrt{b^2+a^2}}=\frac{4\sqrt{7}}{7}b$$

解得 $\frac{a}{b}=\frac{2}{\sqrt{3}}$. 故有方程组

$$\begin{cases}\frac{a}{b}=\frac{2}{\sqrt{3}}\\ a^2=b^2+c^2\\ \frac{4}{3a^2}+\frac{2}{b^2}=1\end{cases} \Rightarrow \begin{cases}a=2\\ b=\sqrt{3}\\ c=1\end{cases}$$

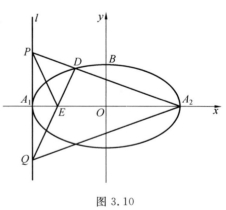

图 3.10

故椭圆方程为 $\frac{x^2}{4}+\frac{y^2}{3}=1$.

(2) 设直线 $A_2P:x=my+2$，将其与椭圆方程进行联立有

$$\begin{cases} x = my + 2 \\ \dfrac{x^2}{4} + \dfrac{y^2}{3} = 1 \end{cases}$$

整理得
$$3(my+2)^2 + 4y^2 = 12 \Rightarrow (3m^2+4)y^2 + 12my = 0$$

即
$$y_D = \frac{-12m}{3m^2+4}, \quad x_D = my_D + 2 = \frac{-12m^2}{3m^2+4} + 2 = \frac{-6m^2+8}{3m^2+4}$$

即可得 $D\left(\dfrac{-6m^2+8}{3m^2+4}, \dfrac{-12m}{3m^2+4}\right)$.

将直线 A_2P 方程与 $x=-2$ 联立可得 $y_P = \dfrac{-4}{m}$, 故 $y_Q = \dfrac{4}{m}$, 即 $P\left(-2, \dfrac{-4}{m}\right)$, $Q\left(-2, \dfrac{4}{m}\right)$.

设 $E(x_E, 0)$, 由于 D、E、M 三点共线, 则
$$\frac{y_D}{x_D - x_E} = \frac{y_Q}{x_Q - x_E} \Rightarrow x_E = \frac{-6m^2+4}{3m^2+2}$$

所以
$$|A_2E| = \left|2 - \frac{-6m^2+4}{3m^2+2}\right| = \frac{12m^2}{3m^2+2}$$

所以
$$S_{\triangle PA_2Q} - S_{\triangle PEQ} = 2S_{\triangle PA_2E}$$

$$2S_{\triangle PA_2E} = 2 \times \frac{1}{2} \times \frac{12m^2}{3m^2+2} \cdot \left|\frac{-4}{m}\right| = \frac{48|m|}{3m^2+2} = \frac{48}{3|m| + \dfrac{2}{|m|}} \leqslant 4\sqrt{6}$$

当 $3|m| = \dfrac{2}{|m|}$ 时等号成立, 此时 $m = \pm\dfrac{\sqrt{6}}{3}$. 故直线 A_2P 的方程为 $3x + \sqrt{6}y - 6 = 0$ 或者 $3x - \sqrt{6}y - 6 = 0$.

【例17】 (2021柯桥高三期末第21题)已知 $T(m,1)$ 为抛物线 $C: x^2 = 2py (p>0)$ 上一点, F 是抛物线 C 的焦点, 且 $|TF|=2$.

(1)求抛物线的方程.

(2)过圆 $E: x^2 + (y+2)^2 = 1$ 上任意一点 G, 作抛物线 C 的两条切线 l_1、l_2, 切点分别为 M、N, l_1、l_2 与 x 轴分别交于点 A、B, 如图 3.11 所示, 求四边形 $ABNM$ 面积的最大值.

解:(1)由焦半径公式有 $1 + \dfrac{p}{2} = 2$, 解得 $p=2$, 抛物线方程为 $x^2 = 4y$.

(2)由已知条件有
$$S_{\text{四边形}ABNM} = S_{\triangle MNG} - S_{\triangle ABG}$$

设 $G(x_0, y_0)$, $M(x_1, y_1)$, $N(x_2, y_2)$, 由于 $y' = \dfrac{x}{2}$, 故 l_1 直线方程为

$$k_1(x-x_1)=y-y_1$$

即
$$\frac{x_1}{2}(x-x_1)=y-\frac{x_1^2}{4}$$

整理得
$$x_1^2-2x_1x+4y=0$$

将 $G(x_0,y_0)$ 代入可得
$$x_1^2-2x_0x_1+4y_0=0$$

同理可得
$$x_2^2-2x_0x_2+4y_0=0$$

故 x_1、x_2 分别为方程 $x^2-2x_0x+4y_0=0$ 的两个根,故有

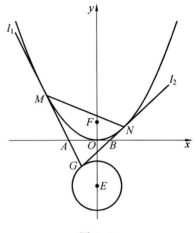

图 3.11

$$\begin{cases}x_1+x_2=2x_0\\x_1x_2=4y_0\end{cases}$$

设直线 $MN:y=kx+m$,将其与抛物线方程进行联立得
$$\begin{cases}y=kx+m\\x^2=4y\end{cases}\Rightarrow x^2=4(kx+m)\Rightarrow x^2-4kx-4m=0$$

所以 $\begin{cases}x_1+x_2=4k\\x_1x_2=-4m\end{cases}$,故有 $\begin{cases}2x_0=4k\\4y_0=-4m\end{cases}$,即 $k=\frac{x_0}{2}$,$m=-y_0$,且

$$|MN|=\sqrt{1+k^2}|x_1-x_2|=\sqrt{1+k^2}\sqrt{16k^2+16m}=\sqrt{1+\frac{x_0^2}{4}}\sqrt{4x_0^2-16y_0}$$

$$d_{G-MN}=\frac{|kx_0-y_0+m|}{\sqrt{1+k^2}}=\frac{\left|\frac{x_0^2}{2}-y_0-y_0\right|}{\sqrt{1+k^2}}$$

$$S_{\triangle GMN}=\frac{1}{2}|MN|d_{G-MN}=\frac{1}{2}\sqrt{(x_0^2-4y_0)^3}$$

又 $l_1:\frac{x_1}{2}(x-x_1)=y-\frac{x_1^2}{4}$ 与 x 轴的交点为 $A\left(\frac{x_1}{2},0\right)$,同理可得 $B\left(\frac{x_2}{2},0\right)$,则

$$|AB|=\frac{1}{2}|x_1-x_2|=\frac{1}{2}\sqrt{(x_1+x_2)^2-4x_1x_2}=\sqrt{x_0^2-4y_0}$$

$$S_{\triangle GAB}=\frac{1}{2}|AB||y_0|=\frac{1}{2}\sqrt{x_0^2-4y_0}\cdot|y_0|$$

$$S_{四边形ABNM}=S_{\triangle MNG}-S_{\triangle ABG}=\frac{1}{2}\sqrt{(x_0^2-4y_0)^3}-\frac{1}{2}\sqrt{x_0^2-4y_0}\cdot|y_0|$$

$$=\frac{1}{2}(x_0^2-4y_0)^{\frac{3}{2}}+y_0\cdot\frac{1}{2}(x_0^2-4y_0)^{\frac{1}{2}}$$

$$=\frac{1}{2}(x_0^2-4y_0)^{\frac{1}{2}}(x_0^2-4y_0+y_0)$$

$$=\frac{1}{2}(-y_0^2-8y_0-3)^{\frac{1}{2}}(-y_0^2-7y_0-3)$$

当 $y_0 \in [-3,-1], x_0 = -3$ 时，有
$$(-y_0^2 - 8y_0 - 3)^{\frac{1}{2}} \leqslant 2\sqrt{3}, \quad -y_0^2 - 7y_0 - 3 \leqslant 9$$
所以四边形 $ABNM$ 面积的最大值为 $9\sqrt{3}$.

【**感悟**】本题要求的是四边形面积，但是可以将其转化为两个三角形的面积差，用到了抛物线中的阿基米德三角形性质，计算量大.

【**例 18**】（吉林省吉林市 2021 高三三调）如图 3.12 所示，已知抛物线 $C: x^2 = 2py$ ($p>0$) 上的点 $(x_0,1)$ 到其焦点 F 的距离为 $\dfrac{3}{2}$，过点 F 的直线 l 与抛物线 C 交于 A、B 两点，过原点 O 垂直于 l 的直线与抛物线 C 的准线交于点 Q.

(1) 求抛物线 C 的方程及 F 点的坐标.

(2) 设 $\triangle OAB$、$\triangle QAB$ 的面积分别为 S_1、S_2，求 $\dfrac{1}{S_1} - \dfrac{1}{S_2}$ 的最大值.

解：(1) 由焦半径公式可得 $1 + \dfrac{p}{2} = \dfrac{3}{2} \Rightarrow p = 1$，则抛物线方程为 $x^2 = 2y$，焦点坐标为 $F\left(0, \dfrac{1}{2}\right)$.

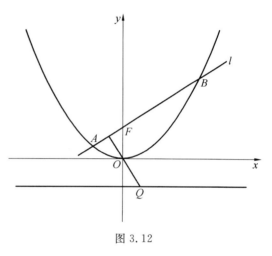

图 3.12

(2) 设 $l: y = kx + \dfrac{1}{2}$，与抛物线进行联立可得
$$\begin{cases} x^2 = 2y \\ y = kx + \dfrac{1}{2} \end{cases}$$
整理为
$$x^2 - 2kx - 1 = 0$$
由韦达定理可得
$$x_1 + x_2 = 2k, \quad x_1 x_2 = -1$$
则
$$d_{O-AB} = \dfrac{\left|\dfrac{1}{2}\right|}{\sqrt{1+k^2}}$$
$$|AB| = \sqrt{1+k^2}\,|x_1 - x_2| = \sqrt{1+k^2}\sqrt{(x_1+x_2)^2 - 4x_1 x_2} = 2k^2 + 2$$
$$S_{\triangle OAB} = \dfrac{1}{2}|AB|\,d_{O-AB} = \dfrac{1}{2}\sqrt{k^2+1}$$

若 $k \neq 0$，设过原点 O 且垂直于 l 的直线为
$$y = -\dfrac{1}{k}x$$
与准线 $y = -\dfrac{1}{2}$ 联立可得 $Q\left(\dfrac{k}{2}, -\dfrac{1}{2}\right)$，则

$$d_{Q-AB} = \frac{k^2+2}{2\sqrt{k^2+1}}$$

$$S_{\triangle QAB} = \frac{1}{2}|AB|d_{Q-AB} = \frac{1}{2}(k^2+2)\cdot\sqrt{k^2+1}$$

$$\frac{1}{S_1} - \frac{1}{S_2} = \frac{2}{\sqrt{k^2+1}} - \frac{2}{(k^2+2)\sqrt{k^2+1}} = \frac{2\sqrt{k^2+1}}{k^2+2}$$

令 $\sqrt{k^2+1} = m > 1$,代入上式可得

$$\frac{1}{S_1} - \frac{1}{S_2} = \frac{2m}{m^2+1} = \frac{2}{m+\frac{1}{m}} < \frac{2}{2} = 1$$

此时 $\frac{1}{S_1} - \frac{1}{S_2}$ 没有最大值.

若 $k=0$,此时过原点 O 且垂直于 l 的直线为 y 轴,可得 $Q\left(0, -\frac{1}{2}\right)$,$|AB| = 2p = 2$,则

$$S_1 = \frac{1}{2}|AB|d_{O-AB} = \frac{1}{2} \times 2 \times \frac{1}{2} = \frac{1}{2}$$

$$S_2 = \frac{1}{2}|AB|d_{Q-AB} = \frac{1}{2} \times 2 \times 1 = 1$$

$$\frac{1}{S_1} - \frac{1}{S_2} = 1$$

综上所述,$\frac{1}{S_1} - \frac{1}{S_2}$ 的最大值为 1.

【例 19】 已知椭圆 $C: \frac{x^2}{a^2} + \frac{y^2}{b^2} = 1(a > b > 0)$ 的离心率为 $\frac{\sqrt{2}}{2}$,且直线 $\frac{x}{a} + \frac{y}{b} = 1$ 与圆 $x^2 + y^2 = 2$ 相切.

(1)求椭圆 C 的方程.

(2)设直线 l 与椭圆 C 交于不同的两点 A、B,M 为线段 AB 的中点,O 为坐标原点,射线 OM 与椭圆交于点 P,且 O 点在以 AB 为直径的圆上,如图 3.13 所示,记 $\triangle AOM$、$\triangle BOP$ 的面积分别为 S_1、S_2,求 $\frac{S_1}{S_2}$ 的取值范围.

解:(1)由已知条件得

$$\begin{cases} \frac{c}{a} = \frac{\sqrt{2}}{2} \\ a^2 = b^2 + c^2 \\ \frac{ab}{\sqrt{a^2+b^2}} = \sqrt{2} \end{cases}$$

解得 $\begin{cases} a = \sqrt{6} \\ b = \sqrt{3} \end{cases}$,即椭圆方程为 $\frac{x^2}{6} + \frac{y^2}{3} = 1$.

(2)由于直线 AB 不经过原点,故设直线 $AB: mx + ny = 1$,将其与椭圆方程联立可

得
$$\begin{cases} mx+ny=1 \\ \dfrac{x^2}{6}+\dfrac{y^2}{3}=1 \end{cases}$$

即
$$(2m^2+n^2)x^2-4mx+2(1-3n^2)=0$$

由韦达定理可得
$$x_1+x_2=\frac{4m}{2m^2+n^2}, \quad x_1x_2=\frac{2(1-3n^2)}{2m^2+n^2}$$

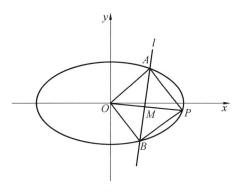

图 3.13

同理可得
$$y_1+y_2=\frac{2n}{2m^2+n^2}, \quad y_1y_2=\frac{1-6m^2}{2m^2+n^2}$$

由于 O 点在以 AB 为直径的圆上,故 $\overrightarrow{OA}\perp\overrightarrow{OB}$,即有
$$x_1x_2+y_1y_2=0\Rightarrow 2-6n^2+1-6m^2=0\Rightarrow m^2+n^2=\frac{1}{2}$$

设 $M(x_0,y_0)$,由中点坐标公式可得 $M\left(\dfrac{2m}{2m^2+n^2},\dfrac{n}{2m^2+n^2}\right)$,$OM$ 的直线方程为
$$y=\frac{y_0}{x_0}x=\frac{n}{2m}x$$

将 OM 的直线方程与椭圆联立得
$$\begin{cases} y=\dfrac{n}{2m}x \\ \dfrac{x^2}{6}+\dfrac{y^2}{3}=1 \end{cases}$$

解得 P 点坐标为 $P\left(\pm\sqrt{\dfrac{6m^2}{2m^2+n^2}},\pm\sqrt{\dfrac{3n^2}{4m^2+2n^2}}\right)$.

因为 $AM=BM$,故 $S_{\triangle AOM}=S_{\triangle BOM}$,故有
$$\frac{S_1}{S_2}=\frac{S_{\triangle BOM}}{S_{\triangle BOP}}=\frac{|OM|}{|OP|}=\frac{x_0}{x_P}$$

$$\left(\frac{S_1}{S_2}\right)^2=\left(\frac{x_0}{x_P}\right)^2=\frac{x_0^2}{x_P^2}=\frac{\left(\dfrac{2m}{2m^2+n^2}\right)^2}{\dfrac{6m^2}{2m^2+n^2}}=\frac{4}{6(2m^2+n^2)}=\frac{2}{3\left(2m^2+\dfrac{1}{2}-m^2\right)}=\frac{2}{3(1+2m^2)}$$

因为 $m^2+n^2=\dfrac{1}{2}\Rightarrow 0\leqslant m^2\leqslant\dfrac{1}{2}$,故 $\left(\dfrac{S_1}{S_2}\right)^2\in\left[\dfrac{1}{3},\dfrac{2}{3}\right]\Rightarrow \dfrac{S_1}{S_2}\in\left[\dfrac{\sqrt{3}}{3},\dfrac{\sqrt{6}}{3}\right]$.

【感悟】此题设直线方程为 $mx+ny=1$,优势是不用讨论斜率是否存在,省去了分类讨论;OA、OB 互相垂直,利用此条件可以消元.

【例20】 已知椭圆 $C_1:\dfrac{x^2}{a^2}+\dfrac{y^2}{b^2}=1(a>b>0)$ 的左、右焦点分别为 F_1、F_2,P 为椭圆上一点,$\triangle PF_1F_2$ 的周长为 6,过焦点的弦中最短弦长为 3,椭圆 C_1 的右焦点为抛物线 $C_2:y^2=2px$ 的焦点.

(1) 求 C_1、C_2 的方程.

(2) 过椭圆 C_1 的右顶点 Q 的直线 l 交抛物线 C_2 于 A、B 两点，O 为原点，射线 OA、OB 分别交椭圆于点 C、D，如图 3.14 所示，记 $\triangle OCD$ 的面积为 S_1，$\triangle OAB$ 的面积为 S_2，问是否存在直线 l 使得 $\dfrac{S_2}{S_1}=\dfrac{13}{3}$？若存在，求出直线 l 的方程；若不存在，说明理由.

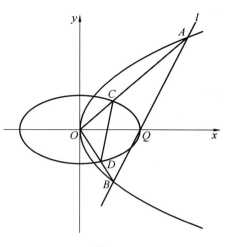

图 3.14

解：(1) 由已知 $\begin{cases} a^2=b^2+c^2 \\ 2a+2c=6 \\ \dfrac{2b^2}{a}=3 \end{cases} \Rightarrow \begin{cases} a=2 \\ b=\sqrt{3} \\ c=1 \end{cases}$，故 C_1 的方程为 $\dfrac{x^2}{4}+\dfrac{y^2}{3}=1$.

C_1 的右焦点为 $(1,0)$，故抛物线 C_2 的方程为 $y^2=4x$.

(2) 设 $A(x_1,y_1)$，$B(x_2,y_2)$，$C(x_3,y_3)$，$D(x_4,y_4)$，$Q(2,0)$.

设直线 $l:x=my+2$，将其与 C_2 联立有

$$\begin{cases} x=my+2 \\ y^2=4x \end{cases} \Rightarrow y^2-4my-8=0$$

由韦达定理可得

$$y_1+y_2=4m,\quad y_1y_2=-8$$

设直线 $OA:y=\dfrac{y_1}{x_1}x \Rightarrow y=\dfrac{4x}{y_1}$，将其与椭圆方程进行联立可得

$$y_3^2=\dfrac{12}{\dfrac{3}{16}y_1^2+4}$$

同理可得

$$y_4^2=\dfrac{12}{\dfrac{3}{16}y_2^2+4}$$

故

$$\dfrac{S_2}{S_1}=\dfrac{13}{3} \Rightarrow \dfrac{S_2}{S_1}=\dfrac{\dfrac{1}{2}|OA||OB|\sin\angle AOB}{\dfrac{1}{2}|OC||OD|\sin\angle AOB}=\dfrac{|OA||OB|}{|OC||OD|}=\left|\dfrac{y_1y_2}{y_3y_4}\right|=\dfrac{13}{3}$$

即有

$$\dfrac{y_1^2y_2^2}{y_3^2y_4^2}=\dfrac{169}{9} \Rightarrow \dfrac{64}{\dfrac{9}{256}y_1^2y_2^2+\dfrac{3}{8}(y_1^2+y_2^2)+16}=\dfrac{169}{9}$$

$$\Rightarrow \frac{64}{\frac{9}{256}\times 64+\frac{3}{8}\left[(y_1+y_2)^2-2y_1y_2\right]+16}=\frac{169}{9}$$

解得 $m=\pm 1$. 故直线 l 的方程为 $x-y-2=0$ 或者 $x+y-2=0$.

【例 21】 如图 3.15 所示,已知椭圆 $M:\dfrac{x^2}{4}+y^2=1$,点 B、C 分别为椭圆 M 的上、下顶点,过点 $T(t,2)(t\neq 0)$ 的直线 TB、TC 分别与椭圆 M 交于 E、F 两点,若 $\triangle TBC$ 的面积是 $\triangle TEF$ 的 k 倍,求 k 的最大值.

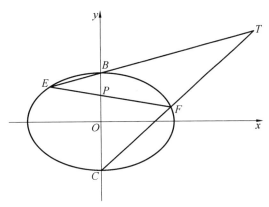

图 3.15

解:已知 $B(0,1)$,$C(0,-1)$,设 TB:$\dfrac{y-1}{x}=\dfrac{2-1}{t}\Rightarrow y=\dfrac{1}{t}x+1$,将其与椭圆方程联立得

$$\begin{cases}\dfrac{x^2}{4}+y^2=1\\ y=\dfrac{1}{t}x+1\end{cases}\Rightarrow x_E=\dfrac{-8t}{t^2+4}$$

设 TC:$\dfrac{y+1}{x}=\dfrac{2+1}{t}\Rightarrow y=\dfrac{3}{t}x-1$,将其与椭圆方程联立得

$$\begin{cases}\dfrac{x^2}{4}+y^2=1\\ y=\dfrac{3}{t}x-1\end{cases}\Rightarrow x_F=\dfrac{24t}{t^2+36}$$

$$k=\frac{S_{\triangle TBC}}{S_{\triangle TEF}}=\frac{\frac{1}{2}|TB||TC|\sin\angle T}{\frac{1}{2}|TE||TF|\sin\angle T}=\left|\frac{TB}{TE}\right|\left|\frac{TC}{TF}\right|$$

$$=\left|\frac{x_T}{x_T-x_E}\cdot\frac{x_T}{x_T-x_F}\right|=\frac{t^2}{\left(t+\dfrac{8t}{t^2+4}\right)\left(t-\dfrac{24t}{t^2+36}\right)}$$

$$=\frac{(t^2+4)(t^2+36)}{(t^2+12)^2}$$

令 $t^2+12=m>12$,则

$$k=\frac{(m-8)(m+24)}{m^2}=1+\frac{16}{m}-\frac{192}{m^2}=-192\left(\frac{1}{m}-\frac{1}{24}\right)^2+\frac{4}{3}\leqslant\frac{4}{3}$$

当 $m=24$ 时,等号成立,所以 k 的最大值为 $\dfrac{4}{3}$.

【例 22】 (2013 湖北理) 如图 3.16 所示,已知椭圆 C_1、C_2 的中心在坐标原点 O,长轴均为 MN 且在 x 轴上,短轴长分别为 $2m$、$2n(m>n)$. 过原点且不与 x 轴重合的直线 l

与 C_1、C_2 的四个交点按照纵坐标由大到小依次为 A、B、C、D，记 $\lambda=\dfrac{m}{n}$，$\triangle BDM$ 和 $\triangle ABN$ 的面积分别为 S_1、S_2.

(1) 当直线 l 与 y 轴重合时，若 $S_1=\lambda S_2$，求 λ 的值.

(2) 当 λ 变化时，是否存在与坐标轴不重合的直线 l，使得 $S_1=\lambda S_2$？并说明理由.

解：(1) 由题
$$\frac{S_1}{S_2}=\frac{BD}{AB}=\frac{m+n}{m-n}=\lambda$$

此式上、下同时除以 n 可得
$$\frac{\lambda+1}{\lambda-1}=\lambda$$

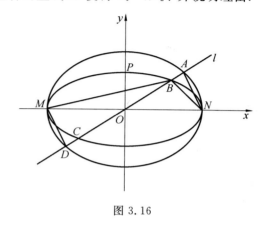

图 3.16

解得 $\lambda=\sqrt{2}+1$ 或者 $\lambda=1-\sqrt{2}$（舍去）.

(2) 由题 $S_1=\lambda S_2$，即 $BD=\lambda AB$. 所以
$$\begin{cases} BC=BD-AB \\ AD=BD+AB \end{cases} \Rightarrow \begin{cases} BC=\lambda AB-AB \\ AD=\lambda AB+AB \end{cases}$$
$$\Rightarrow \frac{BC}{AD}=\frac{\lambda-1}{\lambda+1}$$

即
$$\frac{OB}{OA}=\frac{\lambda-1}{\lambda+1} \Rightarrow \frac{x_B}{x_A}=\frac{\lambda-1}{\lambda+1}$$

设 $l: y=kx$，将其与椭圆 C_1 方程联立可得
$$\begin{cases} y=kx \\ \dfrac{x^2}{a^2}+\dfrac{y^2}{m}=1 \end{cases} \Rightarrow x_A=\frac{am}{\sqrt{a^2k^2+m^2}}$$

同理可得 $x_B=\dfrac{an}{\sqrt{a^2k^2+n^2}}$，即

$$\frac{\dfrac{n}{\sqrt{a^2k^2+n^2}}}{\dfrac{m}{\sqrt{a^2k^2+m^2}}}=\frac{\lambda-1}{\lambda+1} \Rightarrow \frac{a^2k^2+m^2}{a^2k^2+n^2}=\frac{\lambda(\lambda-1)}{\lambda+1}$$

$$\Rightarrow 1+\frac{m^2-n^2}{a^2k^2+n^2}=\frac{\lambda+1}{\lambda(\lambda-1)}$$

$$\Rightarrow 1+\frac{(n\lambda)^2-n^2}{a^2k^2+n^2}=\frac{\lambda+1}{\lambda(\lambda-1)}$$

令 $t=\dfrac{\lambda+1}{\lambda(\lambda-1)}$，代入上式可以化为
$$k^2=\frac{n^2(\lambda^2t^2-1)}{a^2(1-t^2)}\geqslant 0$$

即
$$(t^2-1)\left(t^2-\frac{1}{\lambda^2}\right)<0$$

因为 $\lambda>1$,故 $0<t<1$,即 $\frac{1}{\lambda}<\frac{\lambda+1}{\lambda(\lambda-1)}<1$,解得 $\lambda>1+\sqrt{2}$.

【例 23】 如图 3.17 所示,已知椭圆 $C:\frac{x^2}{4}+y^2=1$ 两个顶点分别为 A、B,点 D 为 x 轴上一点,过 D 作 x 轴的垂线交椭圆 C 于不同的两点 M、N,过 D 作 AM 的垂线交 BN 于点 E. 求证:$\triangle BDE$ 与 $\triangle BDN$ 的面积比为 $4:5$.

证明: 设 $D(x_0,0)$,$M(x_0,y_0)$,$N(x_0,-y_0)$. 由已知
$$k_{AM}=\frac{y_0}{x_0+2},\quad k_{DE}=\frac{-(x_0+2)}{y_0}$$
故直线 DE 方程为
$$\frac{-(x_0+2)}{y_0}(x-x_0)=y$$
直线 BN 方程为
$$\frac{y}{x-2}=\frac{-y_0}{x_0-2}$$
将直线 DE、BN 方程联立可得
$$y_E=-\frac{y_0(4-x_0^2)}{4-x_0^2+y_0^2}$$

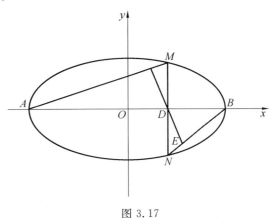

图 3.17

因为 $\frac{x_0^2}{4}+y_0^2=1 \Rightarrow 4y_0^2=4-x_0^2$,代入上式可得
$$y_E=-\frac{4}{5}y_0$$
所以 $\triangle BDE$ 与 $\triangle BDN$ 的面积比为 $4:5$.

【总结】 面积比通常转化为边长比、三角形高的比或者底的比.

【例 24】(2018 河北高中数学联赛)如图 3.18 所示,椭圆 $\frac{x^2}{a^2}+\frac{y^2}{b^2}=1(a>b>0)$ 的左焦点为 F,过点 F 的直线与椭圆交于 A、B 两点,当直线 AB 经过椭圆的一个顶点时,其倾斜角为 $60°$.

(1) 求该椭圆的离心率.

(2) 设线段 AB 的中点为 G,AB 的中垂线与 x 轴、y 轴分别交于点 D、E,O 为坐标原点,记 $\triangle GFD$ 的面积为 S_1,$\triangle OED$ 的面积为 S_2,求 $\frac{S_1}{S_2}$ 的取值范围.

解:(1) 由题意可知 $e=\frac{c}{a}=\frac{1}{2}$.

(2) 设直线 $AB:y=k(x+c)$,设 $A(x_1,y_1)$,$B(x_2,y_2)$,椭圆方程为 $\frac{x^2}{4c^2}+\frac{y^2}{3c^2}=1$,将其与直线方程联立可得
$$(4k^2+3)x^2+8ck^2x+4k^2c^2-12c^2=0$$
由韦达定理可得

$$\begin{cases} x_1+x_2=\dfrac{-8ck^2}{4k^2+3} \\ y_1+y_2=k(x_1+x_2+2c)=\dfrac{6ck}{4k^2+3} \end{cases}$$

得 $G\left(\dfrac{-4ck^2}{4k^2+3},\dfrac{3ck}{4k^2+3}\right)$.

因为 $GD\perp AB$，所以

$$\dfrac{\dfrac{3ck}{4k^2+3}}{-\dfrac{4ck^2}{4k^2+3}-x_D}\cdot k=-1$$

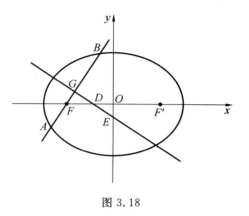

图 3.18

解得 $x_D=\dfrac{-ck}{4k^2+3}$.

因为 $\triangle GFD\backsim\triangle OED$，所以

$$\dfrac{S_1}{S_2}=\dfrac{|GD|^2}{|OD|^2}=\dfrac{\left(\dfrac{-4ck^2}{4k^2+3}-\dfrac{-ck^2}{4k^2+3}\right)^2+\left(\dfrac{3ck}{4k^2+3}\right)^2}{\left(\dfrac{-ck^2}{4k^2+3}\right)^2}=9+\dfrac{9}{k^2}>9$$

所以 $\dfrac{S_1}{S_2}$ 的取值范围是 $(9,+\infty)$.

【例 25】（2018 贵州预赛）已知椭圆 $C:\dfrac{x^2}{a^2}+\dfrac{y^2}{b^2}=1(a>b>0)$ 的离心率 $e=\dfrac{\sqrt{2}}{2}$，直线 $y=2x-1$ 与椭圆 C 交于 A、B 两点，且 $|AB|=\dfrac{8}{9}\sqrt{5}$.

（1）求椭圆 C 的方程.

（2）过点 $M(2,0)$ 的直线 l（斜率不为 0）与椭圆 C 交于不同的两点 E、F（E 在点 F、M 之间），记 $\lambda=\dfrac{S_{\triangle OME}}{S_{\triangle OMF}}$，求 λ 的取值范围.

解：(1) 由 $e=\dfrac{\sqrt{2}}{2}$ 解得 $a=\sqrt{2}c,b=c$，设椭圆方程为

$$x^2+2y^2-2b^2=0$$

将其与直线方程进行联立可得

$$\begin{cases} x^2+2y^2-2b^2=0 \\ y=2x-1 \end{cases}\Rightarrow 9x^2-8x+(2-2b^2)=0$$

由韦达定理可得

$$x_1+x_2=\dfrac{8}{9},\quad x_1x_2=\dfrac{2-2b^2}{9}$$

$$|AB|=\sqrt{1+2^2}\,|x_1-x_2|=\sqrt{5}\,\dfrac{\sqrt{64-36(2-2b^2)}}{9}=\dfrac{8\sqrt{5}}{9}$$

解得 $b^2=1$. 故椭圆方程为 $\dfrac{x^2}{2}+y^2=1$.

(2) 设直线 $l:x=my+2$，设 $E(x_1,y_1)$，$F(x_2,y_2)$.

由 $\begin{cases} x^2+2y^2-2=0 \\ x=my+2 \end{cases} \Rightarrow (m^2+2)y^2+4my+2=0$,则

$$\Delta=16m^2-8(m^2+2)>0 \Rightarrow m^2>2$$

$$y_1+y_2=\frac{-4m}{m^2+2}, \quad y_1y_2=\frac{2}{m^2+2}$$

$$\lambda=\frac{S_{\triangle OME}}{S_{\triangle OMF}}=\frac{y_1}{y_2}$$

$$\frac{(y_1+y_2)^2}{y_1y_2}=\lambda+\frac{1}{\lambda}+2 \Rightarrow \lambda+\frac{1}{\lambda}+2=\frac{8m^2}{m^2+2}$$

上式左右取倒数可得

$$\frac{\lambda}{(1+\lambda)^2}=\frac{1}{8}+\frac{1}{4m^2} \Rightarrow \frac{\lambda}{(1+\lambda)^2} \in \left(\frac{1}{8}, \frac{1}{4}\right)$$

解得 $\lambda \in (0, 3+2\sqrt{2})$.

【例26】 已知椭圆 $E: \frac{x^2}{a^2}+\frac{y^2}{b^2}=1(a>b>0)$ 的右焦点是 $F(1,0)$,点 P 是椭圆 E 上一点,且 $|PF|$ 的最大值为 b^2.

(1) 求椭圆方程.

(2) 过椭圆右顶点 A 的直线 l 与椭圆交于点 B,与 y 轴交于 C,如图 3.19 所示. 设 $\triangle FAB$ 和 $\triangle FAC$ 的面积分别为 S_1、S_2,求 $S_1 \cdot S_2$ 的取值范围.

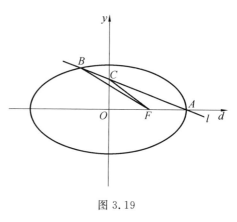

图 3.19

解:(1) PF 的最大值为 $a+c=b^2$,联立方程组有

$$\begin{cases} a^2=b^2+c^2 \\ a+c=b^2 \\ c=1 \end{cases} \Rightarrow \begin{cases} a=2 \\ b=\sqrt{3} \end{cases}$$

故椭圆方程为 $\frac{x^2}{4}+\frac{y^2}{3}=1$.

(2) 设 AB 方程为 $x=my+2$, $y_C=\frac{-2}{m}$,将其与椭圆方程联立有 $\begin{cases} x=my+2 \\ \frac{x^2}{4}+\frac{y^2}{3}=1 \end{cases}$,即

$$3(my+2)^2+4y^2=12 \Rightarrow (3m^2+4)y^2+12my=0$$

解得 $y_B=\frac{-12m}{3m^2+4}$,故

$$S_1=\frac{1}{2}|AF|y_B=\left|\frac{6m}{3m^2+4}\right|, \quad S_2=\frac{1}{2}|AF|y_C=\left|\frac{1}{m}\right|$$

故 $S_1 \cdot S_2=\frac{6}{3m^2+4} \in \left(0, \frac{3}{2}\right)$.

【例27】 如图 3.20 所示,在平面直角坐标系 xOy 中,已知椭圆 $E: \frac{x^2}{a^2}+\frac{4y^2}{a^2}=1$,设

a 为正常数，过点 O 作两条互相垂直的直线，分别交椭圆 E 于点 B、C，分别交圆 A：$(x-a)^2+y^2=a^2$ 于点 M、N，记 $\triangle OBC$、OMN 的面积分别为 S_1、S_2，求 $S_1 \cdot S_2$ 的最大值.

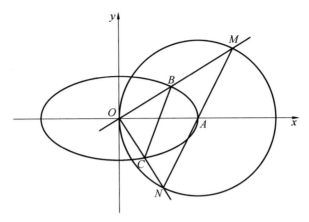

图 3.20

解：设直线 OM：$y=kx$，将其与椭圆方程联立，有

$$\begin{cases} y=kx \\ \dfrac{x^2}{a^2}+\dfrac{4y^2}{a^2}=1 \end{cases} \Rightarrow \begin{cases} x_B=\dfrac{a}{\sqrt{1+4k^2}} \\ y_B=\dfrac{ak}{\sqrt{1+4k^2}} \end{cases} \Rightarrow |OB|=a\sqrt{\dfrac{1+k^2}{1+4k^2}}$$

设直线 OM：$y=kx$，将其与圆方程联立，有

$$\begin{cases} y=kx \\ (x-a)^2+y^2=a^2 \end{cases} \Rightarrow \begin{cases} x_M=\dfrac{2a}{1+k^2} \\ y_M=\dfrac{2ak}{1+k^2} \end{cases} \Rightarrow |OM|=\dfrac{2a}{\sqrt{1+k^2}}$$

设直线 ON：$y=-\dfrac{1}{k}x$，同理可得

$$|OC|=a\sqrt{\dfrac{1+k^2}{4+k^2}}, \quad |ON|=\dfrac{2ak}{\sqrt{1+k^2}}$$

则

$$S_1 S_2 = \dfrac{1}{4}|OA||OB||OC||OD| = \dfrac{a^4 k}{\sqrt{(1+4k^2)(4+k^2)}}$$

$$= \dfrac{a^4}{\sqrt{4\left(k^2+\dfrac{1}{k^2}\right)+17}} \leqslant \dfrac{a^4}{5}$$

当 $k=\pm 1$ 时，等号成立，综上所述，$S_1 \cdot S_2$ 的最大值为 $\dfrac{a^4}{5}$.

【例 28】 已知椭圆 C：$\dfrac{x^2}{a^2}+\dfrac{y^2}{b^2}=1(a>b>0)$ 的四个顶点组成的四边形的面积为 $2\sqrt{2}$，且 C 经过点 $\left(1,\dfrac{\sqrt{2}}{2}\right)$.

(1) 求椭圆 C 的方程.

(2) 若椭圆 C 的下顶点为 P,如图 3.21 所示,点 M 为直线 $x=2$ 上的一个动点,过椭圆 C 的右焦点 F 的直线 l 垂直于 OM,且与 C 交于 A、B 两点,与 OM 交于点 N,四边形 $AMBO$ 与 $\triangle ONP$ 的面积分别记为 S_1、S_2,求 $S_1 \cdot S_2$ 的最大值.

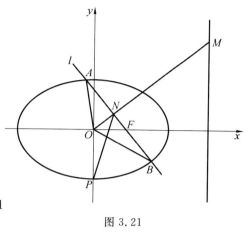

图 3.21

解:(1) 由已知得

$$\begin{cases}\dfrac{1}{2}\cdot 2a\cdot 2a=2\sqrt{2}\\ \dfrac{1}{a^2}+\dfrac{1}{2b^2}=1\end{cases}\Rightarrow\begin{cases}a=\sqrt{2}\\ b=1\end{cases}\Rightarrow\dfrac{x^2}{2}+y^2=1$$

(2) 设直线 $AB:x=my+1$,将其与椭圆联立,有

$$\begin{cases}x=my+1\\ \dfrac{x^2}{2}+y^2=1\end{cases}\Rightarrow(m^2+2)y^2+2my-1=0$$

由韦达定理可得

$$y_1+y_2=\dfrac{-2m}{m^2+2},\quad y_1y_2=\dfrac{-1}{m^2+2}$$

$$|AB|=\sqrt{1+m^2}\sqrt{(y_1+y_2)^2-4y_1y_2}$$

$$=\sqrt{1+m^2}\cdot\dfrac{\sqrt{4m^2+4(m^2+2)}}{m^2+2}=\dfrac{2\sqrt{2}(1+m^2)}{m^2+2}$$

设直线 $OM:y=-mx$,故

$$|OM|=\sqrt{1+m^2}|2-0|=2\sqrt{1+m^2}$$

由 $\begin{cases}y=-mx\\ x=my+1\end{cases}\Rightarrow x=-m^2x+1\Rightarrow x(1+m^2)=1\Rightarrow x_N=\dfrac{1}{1+m^2}$,则

$$S_1=\dfrac{1}{2}|AB||OM|=\dfrac{1}{2}\cdot\dfrac{2\sqrt{2}(1+m^2)}{m^2+2}\cdot 2\sqrt{1+m^2}=\dfrac{2\sqrt{2}(1+m^2)\sqrt{1+m^2}}{m^2+2}$$

$$S_2=\dfrac{1}{2}|OP|x_N=\dfrac{1}{2}\times 1\cdot\dfrac{1}{1+m^2}=\dfrac{1}{2(1+m^2)}$$

所以

$$S_1S_2=\dfrac{\sqrt{2}\sqrt{1+m^2}}{m^2+2}$$

令 $\sqrt{1+m^2}=t\geqslant 1$,则

$$S_1S_2=\sqrt{2}\cdot\dfrac{t}{t^2+1}\leqslant\sqrt{2}\cdot\dfrac{t}{2t}=\dfrac{\sqrt{2}}{2}$$

当 $t=1$ 时,等号成立.

【**例 29**】 如图 3.22 所示,设椭圆 $\dfrac{x^2}{4}+y^2=1$ 的右顶点为 A,以 A 为圆心的圆

$(x-2)^2+y^2=r^2(r>0)$ 与椭圆交于 B、C 两点，P 是椭圆上异于 B、C 的任意一点，直线 PB、PC 分别与 x 轴交于 M、N 两点，求 $S_{\triangle POM} \cdot S_{\triangle PON}$ 的最大值.

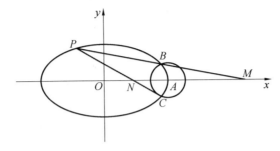

图 3.22

解：设 $P(x_1,y_1)$，$B(x_2,y_2)$，$C(x_2,-y_2)$，$M(m,0)$，$N(n,0)$.
由 P、B、M 三点共线可得

$$\frac{y_1}{x_1-m}=\frac{y_2}{x_2-m}\Rightarrow m=\frac{x_1y_2-x_2y_1}{y_2-y_1} \qquad ①$$

同理，由 P、N、C 三点共线可得

$$\frac{y_1}{x_1-n}=\frac{-y_2}{x_2-n}\Rightarrow n=\frac{x_1y_2+x_2y_1}{y_2+y_1} \qquad ②$$

① × ②可得

$$mn=\frac{x_1^2y_2^2-x_2^2y_1^2}{y_2^2-y_1^2}=\frac{4(1-y_1^2)y_2^2-4(1-y_2^2)y_1^2}{y_2^2-y_1^2}=4$$

$$S_{\triangle POM} \cdot S_{\triangle PON}=\frac{1}{2}|OM|y_1 \cdot \frac{1}{2}|ON|y_1=\frac{1}{2}y_1^2 mn=2y_1^2 \leqslant 2$$

【课后练习】

1.（2013 山东预赛）如图 3.23 所示，已知椭圆 $\frac{x^2}{4}+\frac{y^2}{3}=1$ 的内接平行四边形的一组对边分别过椭圆的焦点 F_1，F_2，求该平行四边形面积的最大值.

2.（2008 福建文）如图 3.24 所示，已知椭圆 C：$\frac{x^2}{a^2}+\frac{y^2}{b^2}=1(a>b>0)$ 的一个焦点为 $F(1,0)$，且椭圆过点 $(2,0)$.

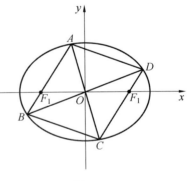

图 3.23

(1) 求椭圆 C 的方程.

(2) AB 为垂直于 x 轴的动弦，直线 $l:x=4$ 与 x 轴交于点 N，直线 AF 与 BN 交于点 M.

(i) 求证：点 M 恒在椭圆 C 上；

(ii) 求 $\triangle AMN$ 面积的最大值.

3.（2014 湖南理）如图 3.25 所示，O 为坐标原点，椭圆 C_1：$\frac{x^2}{a^2}+\frac{y^2}{b^2}=1(a>b>0)$ 的左、

右焦点分别为 F_1、F_2，离心率为 e_1，双曲线 $C_2: \dfrac{x^2}{a^2} - \dfrac{y^2}{b^2} = 1$ 的左、右焦点分别为 F_3、F_4，离心率为 e_2，已知 $e_1 e_2 = \dfrac{\sqrt{3}}{2}$，且 $|F_2 F_4| = \sqrt{3} - 1$.

(1) 求 C_1、C_2 的方程.

(2) 过 F_1 作 C_1 的不垂直于 y 轴的弦 AB，M 为弦 AB 的中点，当直线 OM 与 C_2 交于 P、Q 两点时，求四边形 $APBQ$ 面积的最小值.

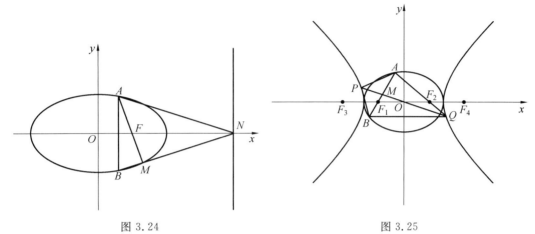

图 3.24 图 3.25

4. (2010 北约自主招生第 3 题) 如图 3.26 所示，已知 A、B 为抛物线 $y = 1 - x^2$ 上在 y 轴两侧的点，若抛物线过点 A、B 的切线分别与 x 轴交于点 C、D，两切线交于点 E，求 $\triangle ECD$ 面积的最小值.

5. 如图 3.27 所示，椭圆 $C: \dfrac{x^2}{a^2} + \dfrac{y^2}{b^2} = 1$ 的左焦点为 $F_1(-1, 0)$，离心率为 e，点 $(1, e)$ 在椭圆上.

(1) 求椭圆的方程.

(2) 设点 $M(2, 0)$，过点 F_1 的直线交椭圆 C 于点 A、B 两点，直线 MA、MB 与 $x = -2$ 分别交于点 P、Q，求 $\triangle MPQ$ 面积的最大值.

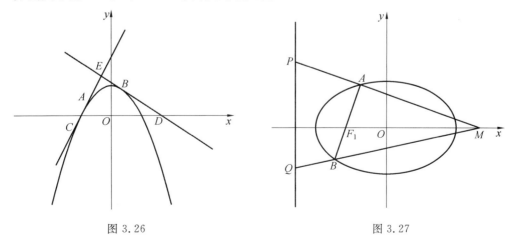

图 3.26 图 3.27

6.(2021年浙江省名校新高考研究联盟高三联考)如图 3.28 所示,已知抛物线 $y^2=x$,过点 $M(1,0)$ 作斜率为 $k(k>0)$ 的直线交抛物线于点 A、B,其中点 A 在第一象限,过点 A 作抛物线的切线与 x 轴交于点 P,直线 PB 与抛物线的另一交点为 C,线段 AC 交 x 轴于点 N,记 $\triangle APC$、$\triangle AMN$ 的面积分别为 S_1、S_2.

(1)若 $k=1$,求 $|AB|$.

(2)求 $\dfrac{S_1}{S_2}$ 的最小值.

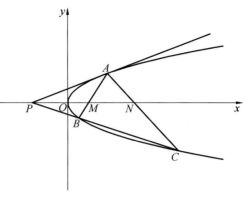

图 3.28

【答案与解析】

1.**解**:由椭圆和平行四边形的对称性,平行四边形的面积为 $\triangle COD$ 面积的 4 倍,故设直线 $CD:x=my+1$,将其与椭圆方程进行联立可得

$$\begin{cases} x=my+1 \\ \dfrac{x^2}{4}+\dfrac{y^2}{3}=1 \end{cases} \Rightarrow (3m^2+4)y^2-6my-9=0$$

由韦达定理可得

$$y_1+y_2=\dfrac{6m}{3m^2+4},\quad y_1 y_2=\dfrac{-9}{3m^2+4}$$

则

$$S_{\triangle COD}=\dfrac{1}{2}|OF_2||y_1-y_2|=\dfrac{1}{2}\sqrt{(y_1+y_2)^2-4y_1 y_2}$$

$$=\dfrac{6\sqrt{m^2+1}}{3m^2+4}=\dfrac{6}{3\sqrt{m^2+1}+\dfrac{1}{\sqrt{m^2+1}}}\leqslant \dfrac{3}{2}$$

所以四边形面积的最大值为 $4S_{\triangle COD}=6$.

2.**解**:(1)已知 $a=2,c=1,b^2=a^2-c^2=3$,故椭圆方程为 $\dfrac{x^2}{4}+\dfrac{y^2}{3}=1$.

(2)(i) 设 $A(x_1,y_1),B(x_1,-y_1),M(x_2,y_2)$,则直线 $AF:\dfrac{y_1}{x_1-1}=\dfrac{y}{x-1}$,直线 BN:$\dfrac{y}{x-4}=\dfrac{-y_1}{x_1-4}$,将两方程进行联立可得

$$\begin{cases} x_2=\dfrac{5x_1-8}{2x_1-5} \\ y_2=\dfrac{3y_1}{2x_1-5} \end{cases}$$

故

$$\dfrac{x_2^2}{4}+\dfrac{y_2^2}{3}=\dfrac{(5x_1-8)^2}{4(2x_1-5)^2}+\dfrac{3y_1^2}{2x_1-5}=\dfrac{(5x_1-8)^2+12y_1^2}{4(2x_1-5)^2}$$

因为 $3x_1^2+4y_1^2=12$, 代入上式可得

$$\frac{x_2^2}{4}+\frac{y_2^2}{3}=\frac{(5x_1-8)^2+3(12-3x_1^2)}{4(2x_1-5)^2}$$
$$=\frac{25x_1^2-80x_1+64+36-9x_1^2}{4(2x_1-5)^2}=\frac{16x_1^2-80x_1+100}{4(2x_1-5)^2}=1$$

故 M 恒在椭圆 C 上.

(ii) 设直线 $AM: x=my+1$, 和椭圆方程进行联立可得

$$\begin{cases} x=my+1 \\ \dfrac{x^2}{4}+\dfrac{y^2}{3}=1 \end{cases}$$

整理为

$$(3m^2+4)y^2+6my-9=0$$

由韦达定理可得

$$y_1+y_2=\frac{-6m}{3m^2+4}, \quad y_1y_2=\frac{-9}{3m^2+4}$$

则

$$|y_1-y_2|=\sqrt{(y_1+y_2)^2-4y_1y_2}=\frac{4\sqrt{3}\cdot\sqrt{3m^2+3}}{3m^2+4}$$

$$S=\frac{1}{2}|FN||y_1-y_2|=\frac{6\sqrt{3}\cdot\sqrt{3m^2+3}}{3m^2+4}$$

令 $\sqrt{3m^2+3}=t\in[\sqrt{3},+\infty)$, 代入上式可得

$$S=\frac{6\sqrt{3}\,t}{t^2+1}=\frac{6\sqrt{3}}{t+\dfrac{1}{t}}$$

设 $f(t)=t+\dfrac{1}{t}$, 当 $t\in[\sqrt{3},+\infty)$ 时, $f(t)$ 单调递增. 所以当 $t=\sqrt{3}$ 时, S 取得最大值 $\dfrac{9}{2}$.

3. **解**: (1) 因为 $e_1e_2=\dfrac{\sqrt{3}}{2}$, 即

$$\frac{\sqrt{a^2-b^2}}{a}\cdot\frac{\sqrt{a^2+b^2}}{a}=\frac{\sqrt{3}}{2}\Rightarrow a^4-b^4=\frac{3}{4}a^4$$

所以 $a^2=2b^2$.

由 $|F_2F_4|=\sqrt{3}-1=\sqrt{3}b-b$, 解得 $b=1, a=\sqrt{2}$.

故 C_1、C_2 方程分别为 $\dfrac{x^2}{2}+y^2=1, \dfrac{x^2}{2}-y^2=1$.

(2) 设 $AB: x=my-1, A(x_1,y_1), B(x_2,y_2), C(x_3,y_3), D(x_4,y_4)$.

由 $\begin{cases} x=my-1 \\ \dfrac{x^2}{2}+y^2=1 \end{cases}$ 可得

$$(m^2+2)y^2-2my-1=0$$

由韦达定理可得

$$y_1+y_2=\frac{2m}{m^2+2}, \quad y_1y_2=\frac{-1}{m^2+2}$$

则

$$|AB|=\sqrt{1+m^2}\,|y_1-y_2|=\frac{2\sqrt{2}(m^2+1)}{m^2+2}$$

由 $\begin{cases}\dfrac{x_1^2}{2}+y_1^2=1\\ \dfrac{x_2^2}{2}+y_2^2=1\end{cases}\Rightarrow \dfrac{y_0}{x_0}\cdot\dfrac{1}{m}=-\dfrac{1}{2}$，即 $k_{CD}=-\dfrac{m}{2}$.

设 $CD:y=-\dfrac{m}{2}x$，由 $\begin{cases}y=\dfrac{-m}{2}x\\ \dfrac{x^2}{2}-y^2=1\end{cases}$ 可得 $x^2=\dfrac{4}{2-m^2}$，即

$$x_3=\frac{2}{\sqrt{2-m^2}}, \quad x_4=-\frac{2}{\sqrt{2-m^2}}$$

又 $2-m^2>0\Rightarrow 0\leqslant m^2<2$，则

$$d_{P-AB}=\frac{|x_3-my_3+1|}{\sqrt{1+m^2}}, \quad d_{Q-AB}=\frac{|x_4-my_4+1|}{\sqrt{1+m^2}}$$

$$d=\frac{|x_3-my_3+1|+|x_4-my_4+1|}{\sqrt{1+m^2}}=\frac{|x_3-x_4-m(y_3-y_4)|}{\sqrt{1+m^2}}$$

$$=\frac{\left|x_3-x_4+\dfrac{m^2}{2}(x_3-x_4)\right|}{\sqrt{1+m^2}}$$

$$=\frac{\left(1+\dfrac{m^2}{2}\right)|x_3-x_4|}{\sqrt{1+m^2}}=\frac{\left(1+\dfrac{m^2}{2}\right)\dfrac{4}{\sqrt{2-m^2}}}{\sqrt{1+m^2}}$$

$$S=\frac{1}{2}|AB|d=\frac{2\sqrt{2}\sqrt{m^2+1}}{\sqrt{2-m^2}}=2\sqrt{2}\sqrt{-1+\frac{3}{2-m^2}}$$

当 $m^2=0$ 时，S 取得最小值 2. 四边形 $APBQ$ 面积的最小值为 2.

4. 解： 设 $E(x_0,y_0)$，设过点 E 的直线 $k(x-x_0)=y-y_0$，将其与抛物线方程联立得

$$\begin{cases}k(x-x_0)=y-y_0\\ y=1-x^2\end{cases}\Rightarrow x^2+kx+y_0-kx_0-1=0$$

令判别式为 0，故可得

$$\Delta=k^2+4kx_0+4-4y_0=0$$

将 Δ 看作 k 的二次方程，故

$$\begin{cases}k_1+k_2=-4x_0\\ k_1k_2=4-4y_0\end{cases}$$

其中 k_1、k_2 表示 EA、EB 的斜率.

由题可知 $k_1k_2<0 \Rightarrow 4-4y_0<0 \Rightarrow y_0>1$. 直线 $EA:k_1(x-x_0)=y-y_0$, 可得

$$x_C = \frac{-y_0}{k_1}+x_0$$

同理可得

$$x_D = \frac{-y_0}{k_2}+x_0$$

则

$$\begin{aligned}S_{\triangle ECD} &= \frac{1}{2}y_0|x_C-x_D| = \frac{1}{2}y_0^2\left|\frac{1}{k_1}-\frac{1}{k_2}\right| \\ &= \frac{1}{2}y_0^2\left|\frac{k_1-k_2}{k_1k_2}\right| = \frac{1}{2}y_0^2\frac{\sqrt{(k_1+k_2)^2-4k_1k_2}}{k_1k_2} \\ &= \frac{1}{2}y_0^2\frac{\sqrt{16x_0^2+16y_0-16}}{|4-4y_0|} = \frac{1}{2}y_0^2\frac{\sqrt{x_0^2+y_0-1}}{y_0-1}\end{aligned}$$

因为 $\sqrt{x_0^2+y_0-1} \geqslant \sqrt{y_0-1}$, 代入上式可得 $S_{\triangle ECD} \geqslant \frac{y_0^2}{2\sqrt{y_0-1}}$.

令 $\sqrt{y_0-1}=t>0$, 代入上式可得 $S_{\triangle ECD} \geqslant \frac{y_0^2}{2\sqrt{y_0-1}} = \frac{(t^2+1)^2}{2t}$, $t>0$. 设

$$f(t) = \frac{(t^2+1)^2}{2t} = \frac{t^4+2t^2+1}{2t} = \frac{t^3}{2}+t+\frac{1}{2t}$$

$$f'(t) = \frac{3t^2}{2}+1-\frac{1}{2t^2} = \frac{3t^4+2t^2-1}{2t^2} = \frac{(t^2+1)(3t^2-1)}{2t^2}$$

当 $t=\frac{\sqrt{3}}{3}$ 时, $f(t)$ 取得最小值 $\frac{8\sqrt{3}}{9}$. 即 $\triangle ECD$ 面积的最小值为 $\frac{8\sqrt{3}}{9}$.

5. 解:(1) $\begin{cases}c=1\\ \frac{1}{a^2}+\frac{c^2}{a^2b^2}=1 \\ b^2=a^2-1\end{cases} \Rightarrow \begin{cases}a^2=2\\ b^2=1\end{cases}$, 故椭圆方程为 $\frac{x^2}{2}+y^2=1$.

(2) 设直线 $AB:x=my-1$, $A(x_1,y_1)$, $B(x_2,y_2)$. 将其与椭圆联立可得

$$\begin{cases}x=my-1\\ \frac{x^2}{2}+y^2=1\end{cases} \Rightarrow (m^2+2)y^2-2my-1=0$$

由韦达定理可得

$$y_1+y_2=\frac{2m}{m^2+2}, \quad y_1y_2=\frac{-1}{m^2+2}$$

由 P、A、M 三点共线可得

$$\frac{y_P}{-2-2}=\frac{y_1}{x_1-2} \Rightarrow y_P=\frac{-4y_1}{x_1-2}$$

由 Q、B、M 三点共线可得 $y_Q=\frac{-4y_2}{x_2-2}$, 则

$$S_{\triangle MPQ} = \frac{1}{2} \times 4 \cdot |y_P - y_Q| = 24 \left| \frac{y_1 y_2}{m^2 y_1 y_2 - 3m(y_1+y_2)+9} \right|$$

$$= 24\sqrt{2} \frac{\sqrt{m^2+1}}{m^2+9} = \frac{24\sqrt{2}}{\sqrt{m^2+1}+\frac{8}{\sqrt{m^2+1}}} \leq 6$$

当 $m^2 = 7$ 时,等号成立,故 $S_{\triangle MPQ}$ 的最大值为 6.

6.解:(1) 当直线 AB 的斜率为 1 时,直线 AB 方程为 $y = x - 1$,将其与抛物线方程进行联立可得 $\begin{cases} y^2 = x \\ y = x - 1 \end{cases}$,即

$$x^2 - 3x + 1 = 0$$

由韦达定理可得

$$x_1 + x_2 = 3, \quad x_1 x_2 = 1$$

故 $|AB| = \sqrt{1+k^2}|x_1 - x_2| = \sqrt{1+1^2}\sqrt{9-4} = \sqrt{10}$.

(2) 设 $A(x_1, y_1), B(x_2, y_2), C(x_3, y_3), N(x_N, 0), P(x_P, 0)$.

由于 A、M、B 三点共线,即有

$$\frac{y_1}{x_1 - 1} = \frac{y_2}{x_2 - 1} \Rightarrow \frac{y_1}{y_1^2 - 1} = \frac{y_2}{y_2^2 - 1}$$

整理可得

$$x_1 x_2 = 1, \quad y^2 = x \Rightarrow y = \sqrt{x} \Rightarrow y' = \frac{1}{2}x^{-\frac{1}{2}}$$

故直线 PA 的方程为

$$\frac{1}{2}x_1^{-\frac{1}{2}}(x - x_1) = y - y_1 \Rightarrow \frac{1}{2}x_1^{-\frac{1}{2}}(x - x_1) = y - x_1^{\frac{1}{2}}$$

令 $y = 0$ 可得 $x_P = -x_1$,又由于 P、B、C 三点共线,同理可得

$$x_2 x_3 = x_P^2 \Rightarrow x_2 x_3 = x_1^2 \Rightarrow \frac{1}{x_1} \cdot x_3 \Rightarrow x_1^2 \Rightarrow x_3 = x_1^3$$

由于 A、N、C 三点共线,同理可得

$$x_N^2 = x_1 x_3 \Rightarrow x_N^2 = x_1^4 \Rightarrow x_N = x_1^2$$

$$S_1 = \frac{1}{2}|x_N - x_P||y_3 - y_1| = \frac{1}{2}|x_1^2 + x_1||x_1^{\frac{3}{2}} + x_1^{\frac{1}{2}}|$$

$$S_2 = \frac{1}{2}|y_N - 1||y_1| = \frac{1}{2}|x_1^2 - 1|x_1^{\frac{1}{2}}$$

$$\frac{S_1}{S_2} = \frac{\frac{1}{2}|x_1^2 + x_1||x_1^{\frac{3}{2}} + x_1^{\frac{1}{2}}|}{\frac{1}{2}|x_1^2 - 1|x_1^{\frac{1}{2}}} = \frac{|x_1^2 + x_1||x_1 + 1|}{|x_1^2 - 1|} = \left|\frac{x_1^2 + x_1}{x_1 - 1}\right|$$

令 $x_1 - 1 = t > 0$,代入上式可得

$$\frac{S_1}{S_2} = \frac{t^2 + 3t + 2}{t} = t + \frac{2}{t} + 3 \geq 2\sqrt{2} + 3$$

当 $t = \sqrt{2}$ 时,等号成立. 故 $\frac{S_1}{S_2}$ 的最小值为 $2\sqrt{2} + 3$.

第四章　定点定值

定点定值问题一直是高考的热点和重点,同时也蕴藏着非常多的二级结论,可以说是圆锥曲线命题的宝库.在这一章中,我们会详细介绍一些定点定值问题,在第二篇技巧与方法中,更是会大量地遇到定点定值题型.

4.1　定　　点

【例1】 已知椭圆 $C: \dfrac{x^2}{a^2}+\dfrac{y^2}{b^2}=1(a>b>0)$ 过点 $(0,1)$,其长轴、焦距和短轴的长的平方依次为等差数列,直线 l 与 x 轴正半轴、y 轴正半轴分别交于点 Q、P,与椭圆交于点 M、N,各点均不重合且满足 $\overrightarrow{PM}=\lambda_1\overrightarrow{MQ}$,$\overrightarrow{PN}=\lambda_2\overrightarrow{NQ}$.

(1)求椭圆的方程.
(2)若 $\lambda_1+\lambda_2=-3$,证明:l 过定点,并求出定点.

解:(1)由 $(2a)^2+(2b)^2=2(2c)^2$ 得 $a^2+b^2=2c^2$.

又 $a^2=b^2+c^2$,且 $b=1$,解得 $a^2=3$,$c^2=2$,故椭圆方程为 $\dfrac{x^2}{3}+y^2=1$.

(2)设 $M(x_1,y_1)$,$N(x_2,y_2)$,设 l 方程为 $y=kx+m$,$P(0,m)$,$Q(x_Q,0)$.

将直线方程与椭圆方程联立可得

$$\begin{cases} \dfrac{x^2}{3}+y^2=1 \\ y=kx+m \end{cases} \Rightarrow (3k^2+1)y^2-2my+m^2-3k^2=0$$

由韦达定理可得

$$y_1+y_2=\dfrac{2m}{3k^2+1},\quad y_1y_2=\dfrac{m^2-3k^2}{3k^2+1}$$

又由于 $\overrightarrow{PM}=\lambda_1\overrightarrow{MQ}$,$\overrightarrow{PN}=\lambda_2\overrightarrow{NQ}$,由定比分点公式可得

$$\begin{cases} y_1=\dfrac{m}{1+\lambda_1} \\ y_2=\dfrac{m}{1+\lambda_2} \end{cases} \Rightarrow \begin{cases} 1+\lambda_1=\dfrac{m}{y_1} \\ 1+\lambda_2=\dfrac{m}{y_2} \end{cases}$$

将上述两式相加可得

$$2+\lambda_1+\lambda_2=\dfrac{m(y_1+y_2)}{y_1y_2}$$

又 $\lambda_1+\lambda_2=-3$,代入整理可得

$$3k^2-m^2=2m^2 \Rightarrow 3k^2=3m^2$$

解得 $m=k$(舍去)或 $m=-k$. 代入直线方程可得
$$y=kx-k \Rightarrow y=k(x-1)$$
故 t 恒过定点 $(1,0)$.

【例2】 (2007 湖南理)已知双曲线 $x^2-y^2=2$ 的左、右焦点分别为 F_1、F_2,过点 F_2 的动直线与双曲线相交于 A、B 两点.

(1)若动点 M 满足 $\overrightarrow{F_1M}=\overrightarrow{F_1A}+\overrightarrow{F_1B}+\overrightarrow{F_1O}$,求点 M 的轨迹.

(2)在 x 轴上是否存在定点 C,使得 $\overrightarrow{CA}\cdot\overrightarrow{CB}$ 为常数?若存在,求出 C 的坐标;若不存在,说明理由.

解:(1)设过 $F_2(2,0)$ 的直线方程为
$$y=k(x-2)$$
将其与双曲线方程进行联立有 $\begin{cases}x^2-y^2=2\\y=k(x-2)\end{cases}$,整理可得
$$(1-k^2)x^2+4k^2x-4k^2-2=0$$
由韦达定理得
$$x_1+x_2=\frac{-4k^2}{1-k^2},\quad x_1x_2=\frac{-4k^2-2}{1-k^2}$$
$$y_1+y_2=k(x_1-2)+k(x_2-2)=k(x_1+x_2-4)=\frac{-4k}{1-k^2}$$
设 $M(x,y)$,由
$$\overrightarrow{F_1M}=\overrightarrow{F_1A}+\overrightarrow{F_1B}+\overrightarrow{F_1O}$$
得
$$(x+2,y)=(x_1+2,y_1)+(x_2+2,y_2)+(2,0)$$
整理可得 $\begin{cases}x_1+x_2=x-4\\y_1+y_2=y\end{cases}$,即有
$$\begin{cases}x-4=\dfrac{-4k^2}{1-k^2} & \text{①}\\ y=\dfrac{-4k}{1-k^2} & \text{②}\end{cases}$$
令 $\dfrac{①}{②}$ 可得 $\dfrac{x-4}{y}=k$,代入式②整理即为
$$y^2-x^2+12x=32$$
当直线 AB 与 x 轴垂直时,有 $x_1=x_2=2$,求得 $M(8,0)$,也满足上述轨迹方程.

综上所述 M 的轨迹方程为 $y^2-x^2+12x=32$.

(2)设 $C(x_0,0)$,则
$$y_1y_2=k^2[x_1x_2-2(x_1+x_2)+4]=\frac{2k^2}{1-k^2}$$
$$\overrightarrow{CA}\cdot\overrightarrow{CB}=(x_1-x_0)(x_2-x_0)+y_1y_2=x_1x_2-(x_1+x_2)x_0+x_0^2+y_1y_2$$
$$=\frac{-4k^2-2}{1-k^2}+\frac{4k^2x_0}{1-k^2}+x_0^2+\frac{2k^2}{1-k^2}$$

若 $\overrightarrow{CA} \cdot \overrightarrow{CB}$ 为定值,令定值为 λ,即有
$$\frac{-4k^2-2}{1-k^2}+\frac{4k^2 x_0}{1-k^2}+x_0^2+\frac{2k^2}{1-k^2}=\lambda$$

整理可得
$$(-4+4x_0-x_0^2+2+\lambda)k^2-2+x_0^2=\lambda$$

由题意可得 λ 与 k 无关,所以令
$$\begin{cases} -4+4x_0-x_0^2+2+\lambda=0 \\ -2+x_0^2=\lambda \end{cases}$$

解得 $\begin{cases} x_0=1 \\ \lambda=-1 \end{cases}$,即 C 点坐标为 $(1,0)$.

【例3】 (2006 山东理)如图 4.1 所示,双曲线 C 与椭圆 $\frac{x^2}{8}+\frac{y^2}{4}=1$ 有相同的焦点,直线 $y=\sqrt{3}x$ 为 C 的一条渐近线.

(1) 求双曲线 C 的方程.

(2) 过 $P(0,4)$ 的直线 l 交双曲线 C 于不同的两点 A、B,交 x 轴于点 Q(Q 与 C 的顶点不重合),当 $\overrightarrow{PQ}=\lambda_1 \overrightarrow{QA}=\lambda_2 \overrightarrow{QB}$,且 $\lambda_1+\lambda_2=-\frac{8}{3}$ 时,求 Q 点坐标.

解:(1) 已知 $c^2=4$,又 $\frac{b}{a}=\sqrt{3}$,$a^2+b^2=c^2$,解得 $b=\sqrt{3}$,$a=1$,故双曲线 C 的方程为 $x^2-\frac{y^2}{3}=1$.

(2) 设 $A(x_1,y_1)$,$B(x_2,y_2)$.设 l 的方程为 $y=kx-4$,将其与双曲线方程进行联立可得
$$(3-k^2)y^2-24y+48-3k^2=0$$

由韦达定理得
$$y_1+y_2=\frac{24}{3-k^2}, \quad y_1 y_2=\frac{48-3k^2}{3-k^2}$$

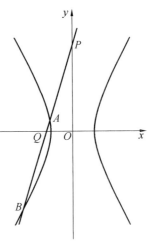

图 4.1

由定比分点坐标公式可得
$$0=\frac{4+\lambda_1 y_1}{1+\lambda_1}, \quad 0=\frac{4+\lambda_2 y_2}{1+\lambda_2}$$

即可得到 $\lambda_1=\frac{-4}{y_1}$,$\lambda_2=\frac{-4}{y_2}$.

由 $\lambda_1+\lambda_2=-\frac{8}{3}$,即 $-4\left(\frac{1}{y_1}+\frac{1}{y_2}\right)=-\frac{8}{3}$,得
$$\frac{y_1+y_2}{y_1 y_2}=\frac{2}{3}$$

将上述韦达定理代入可得
$$\frac{24}{48-3k^2}=\frac{2}{3}$$

解得 $k=\pm 2$,故 l 的方程为 $y=2x+4$ 或 $y=-2x+4$,其在 x 轴的交点为 $Q(2,0)$ 或 $Q(-2,0)$.

4.2 定 值

【例 4】 已知椭圆 $\dfrac{x^2}{4}+y^2=1$,$A(-2,0)$,过 $C(1,0)$ 的直线 l 与椭圆交于点 P、Q,且 l 与 x 轴不重合,AP、AQ 与 y 轴交于点 M、N,求证:$|OM|\cdot|ON|$ 为定值.

证明: 设 $l:x-my+1=0$,$P(x_1,y_1)$,$Q(x_2,y_2)$.

将直线方程与椭圆方程进行联立得

$$\begin{cases}\dfrac{x^2}{4}+y^2=1\\ x-my-1=0\end{cases}\Rightarrow(4+m^2)x^2-8x+4(1-m^2)=0$$

由韦达定理可得

$$\begin{cases}x_1+x_2=\dfrac{8}{4+m^2}\\ x_1x_2=\dfrac{4(1-m^2)}{4+m^2}\end{cases}$$

$$y_1y_2=\dfrac{(x_1-1)(x_2-1)}{m^2}=\dfrac{x_1x_2-(x_1+x_2)+1}{m^2}=\dfrac{-3}{4+m^2}$$

由 A、M、P 三点共线可得

$$y_M=\dfrac{2y_1}{2+x_1}$$

同理可得

$$y_N=\dfrac{2y_2}{2+x_2}$$

$$y_My_N=\dfrac{4y_1y_2}{(2+x_1)(2+x_2)}=\dfrac{4y_1y_2}{4+2(x_1+x_2)+x_1x_2}=\dfrac{-12}{36}=-\dfrac{1}{3}$$

故

$$|OM|\cdot|ON|=\dfrac{1}{3}$$

【例 5】 (2005 全国 2 卷文,理) 已知椭圆的中心为坐标原点 O,焦点在 x 轴上,斜率为 1 且过椭圆右焦点 F 的直线交椭圆于 A、B 两点,$\overrightarrow{OA}+\overrightarrow{OB}$ 与 $\boldsymbol{a}=(3,-1)$ 共线.

(1) 求椭圆的离心率.

(2) 设 M 为椭圆上任意一点,且 $\overrightarrow{OM}=\lambda\overrightarrow{OA}+\mu\overrightarrow{OB}$,$(\lambda,\mu\in\mathbf{R})$,证明:$\lambda^2+\mu^2$ 为定值.

解: (1) 设过右焦点的直线方程为 $y=x-c$,设椭圆方程为 $\dfrac{x^2}{a^2}+\dfrac{y^2}{b^2}=1$,$A(x_1,y_1)$,$B(x_2,y_2)$,将直线方程与椭圆方程进行联立可得

$$(b^2+a^2)x^2-2a^2cx+a^2c^2-a^2b^2=0$$

由韦达定理可得

$$x_1+x_2=\frac{2a^2c}{a^2+b^2}, \quad x_1x_2=\frac{a^2(c^2-b^2)}{a^2+b^2}$$

$$y_1+y_2=x_1-c+x_2-c=\frac{-2b^2c}{a^2+b^2}$$

$$y_1y_2=(x_1-c)(x_2-c)=x_1x_2-c(x_1+x_2)+c^2=\frac{b^2(c^2-a^2)}{a^2+b^2}$$

故

$$\overrightarrow{OA}+\overrightarrow{OB}=(x_1+x_2,y_1+y_2)=\left(\frac{2a^2c}{a^2+b^2},\frac{-2b^2c}{a^2+b^2}\right)$$

由 $\overrightarrow{OA}+\overrightarrow{OB}$ 与 $\boldsymbol{a}=(3,-1)$ 共线可得

$$\frac{2a^2c}{a^2+b^2}=\frac{6b^2c}{a^2+b^2}\Rightarrow a^2=3b^2\Rightarrow a^2=3a^2-3c^2$$

即 $e^2=\frac{2}{3}\Rightarrow e=\frac{\sqrt{6}}{3}$.

(2) 由(1)知 $a^2=3b^2$, $c^2=2b^2$, 故

$$x_1x_2=\frac{3b^2(2b^2-b^2)}{3b^2+b^2}=\frac{3}{4}b^2, \quad y_1y_2=\frac{b^2(2b^2-3b^2)}{3b^2+b^2}=\frac{-b^2}{4}$$

设 $M(x_0,y_0)$, 则

$$\overrightarrow{OM}=\lambda\overrightarrow{OA}+\mu\overrightarrow{OB}$$

可得

$$\begin{cases}x_0=\lambda x_1+\mu x_2\\ y_0=\lambda y_1+\mu y_2\end{cases}$$

由 $\dfrac{x_0^2}{a^2}+\dfrac{y_0^2}{b^2}=1$ 可得

$$\frac{(\lambda x_1+\mu x_2)^2}{a^2}+\frac{(\lambda y_1+\mu y_2)^2}{b^2}=1$$

即

$$\frac{\lambda^2 x_1^2+2\lambda\mu x_1x_2+\mu^2 x_2^2}{a^2}+\frac{\lambda^2 y_1^2+2\lambda\mu y_1y_2+\mu^2 y_2^2}{b^2}=1$$

$$\lambda^2\left(\frac{x_1^2}{a^2}+\frac{y_1^2}{b^2}\right)+\mu^2\left(\frac{x_2^2}{a^2}+\frac{y_2^2}{b^2}\right)+2\lambda\mu\left(\frac{x_1x_2}{a^2}+\frac{y_1y_2}{b^2}\right)=1$$

又 $\dfrac{x_1^2}{a^2}+\dfrac{y_1^2}{b^2}=1$, $\dfrac{x_2^2}{a^2}+\dfrac{y_2^2}{b^2}=1$, $\dfrac{x_1x_2}{a^2}=\dfrac{b^2}{4b^2}$, $\dfrac{y_1y_2}{b^2}=-\dfrac{b^2}{4b^2}$, 均代入上式可得

$$\lambda^2+\mu^2=1$$

【例 6】 (2007 江西文,理)设动点 P 到 $A(-1,0)$、$B(1,0)$ 的距离分别为 d_1、d_2, $\angle APB=2\theta$, 且存在常数 $\lambda(0<\lambda<1)$, 使得 $d_1d_2\sin^2\theta=\lambda$.

(1)证明:P 点的轨迹为双曲线,并求双曲线的方程.

(2)(理科)过点 B 作直线交双曲线的右支于 M、N, 试确定 λ 的范围,使得 $\overrightarrow{OM}\cdot\overrightarrow{ON}=0$, 其中点 O 为坐标原点.

(3)(文科)如图 4.2 所示, 过点 F_2 的直线与双曲线的右支交于 G、H 两点, 问是否存

在 λ，使得 $\triangle F_1GH$ 是以点 H 为直角顶点的等腰直角三角形？若存在，求出 λ；若不存在，说明理由.

解：(1) 由题意得
$$d_1d_2\sin^2\theta = \lambda$$
$$d_1d_2(1-\cos 2\theta) = 2\lambda$$
$$d_1d_2 - d_1d_2\cos 2\theta = 2\lambda$$

将余弦定理 $|AB|^2 = d_1^2 + d_2^2 - 2d_1d_2\cos 2\theta$ 代入上式可得
$$4 = d_1^2 + d_2^2 - 2d_1d_2\cos 2\theta$$
$$d_1d_2 - \frac{1}{2}(d_1^2 + d_2^2 - 4) = 2\lambda$$
$$4 - 4\lambda = d_1^2 - 2d_1d_2 + d_2^2$$
$$|d_1 - d_2| = \sqrt{4-4\lambda}$$

满足双曲线方程，即 $2a = \sqrt{4-4\lambda}$，$c = 1$，故解得
$$a^2 = 1-\lambda, \quad b^2 = c^2 - a^2 = \lambda$$

故双曲线方程为 $\dfrac{x^2}{1-\lambda} - \dfrac{y^2}{\lambda} = 1$.

(2) 设过 B 点的直线 $l: x = my+1$，将其与双曲线方程联立得
$$\begin{cases} \dfrac{x^2}{1-\lambda} - \dfrac{y^2}{\lambda} = 1 \\ x = my+1 \end{cases}$$

整理可得
$$[m^2\lambda - (1-\lambda)]x^2 + 2(1-\lambda)x + (\lambda-1)(1+m^2\lambda) = 0$$

由韦达定理可得
$$x_1 + x_2 = \frac{-2(1-\lambda)}{m^2\lambda - (1-\lambda)}, \quad x_1x_2 = \frac{(\lambda-1)(1+m^2\lambda)}{m^2\lambda - (1-\lambda)}$$

因为过点 B 作直线交双曲线的右支于点 M、N，故 $x_1 > 0, x_2 > 0$，即有 $x_1 + x_2 > 0$，$x_1x_2 > 0$.

由于 $0 < \lambda < 1$，故 $m^2\lambda - (1-\lambda) < 0$，可得
$$m^2 < \frac{1-\lambda}{\lambda} \qquad \qquad \qquad ①$$

也可联立为
$$(\lambda m^2 + \lambda - 1)y^2 + 2m\lambda y + \lambda^2 = 0$$

由韦达定理可得
$$y_1y_2 = \frac{\lambda^2}{\lambda m^2 + \lambda - 1}$$

又 $\overrightarrow{OM} \cdot \overrightarrow{ON} = 0$，可得
$$x_1x_2 + y_1y_2 = 0$$

即

化简可得
$$\lambda^2+(\lambda-1)(1+m^2\lambda)=0$$

$$m^2=\frac{\lambda}{1-\lambda}-\frac{1}{\lambda}\geqslant 0 \qquad ②$$

结合①式可得
$$\frac{1-\lambda}{\lambda}>\frac{\lambda}{1-\lambda}-\frac{1}{\lambda}$$

综上解得
$$\frac{\sqrt{5}-1}{2}\leqslant\lambda<\frac{2}{3}$$

(3)设 $|AF_2|=m$,$|BF_2|=n$,$|AB|=m+n=|BF_1|$,$|AF_1|=\sqrt{2}(m+n)$.则由双曲线定义得
$$|AF_1|-|AF_2|=|BF_1|-|BF_2|$$
即
$$n=\sqrt{2}(m-1) \qquad ①$$
所以
$$2a=|BF_1|-|BF_2|=m \qquad ②$$

由勾股定理有
$$(2c)^2=|F_1F_2|^2=|BF_1|^2+|BF_2|^2$$
即为
$$(2c)^2=(m+n)^2+n^2$$

将①式代入整理可得 $m=\dfrac{8+2\sqrt{2}}{5+2\sqrt{2}}$. 代入②式中有
$$2\sqrt{1-\lambda}=2a=\frac{2\sqrt{2}+8}{5+2\sqrt{2}}$$

解得 $\lambda=\dfrac{12-2\sqrt{2}}{17}$.

【例7】 如图4.3所示,$E:\dfrac{x^2}{a^2}+\dfrac{y^2}{b^2}=1(a>b>0)$ 的离心率为 $\dfrac{\sqrt{2}}{2}$,点 $P(0,1)$ 在短轴 CD 上,且 $\overrightarrow{PC}\cdot\overrightarrow{PD}=-1$.

(1)求椭圆 E 的方程.

(2)设 O 为原点,过点 P 的动直线与椭圆交于 A、B 两点,是否存在 λ,使得 $\overrightarrow{OA}\cdot\overrightarrow{OB}+\lambda\overrightarrow{PA}\cdot\overrightarrow{PB}$ 为定值?若存在,求出 λ;若不存在,说明理由.

解:(1)设 $C(0,b)$,$D(0,-b)$,则
$$\overrightarrow{PC}=(0,b-1),\quad \overrightarrow{PD}=(0,-b-1)$$
$$\overrightarrow{PC}\cdot\overrightarrow{PD}=-(b^2-1)=-1$$

解得 $b^2=2$. 又有
$$a^2=b^2+c^2,\quad \frac{c}{a}=\frac{\sqrt{2}}{2}$$

解得 $a^2=4$,故椭圆方程为$\frac{x^2}{4}+\frac{y^2}{2}=1$.

(2)设过点 P 的直线方程为 $y=kx+1$,$A(x_1,y_1)$,$B(x_2,y_2)$.

将直线方程与椭圆方程联立有$\begin{cases}y=kx+1\\ \frac{x^2}{4}+\frac{y^2}{2}=1\end{cases}$,可得

$$(2k^2+1)x^2+4kx-2=0$$

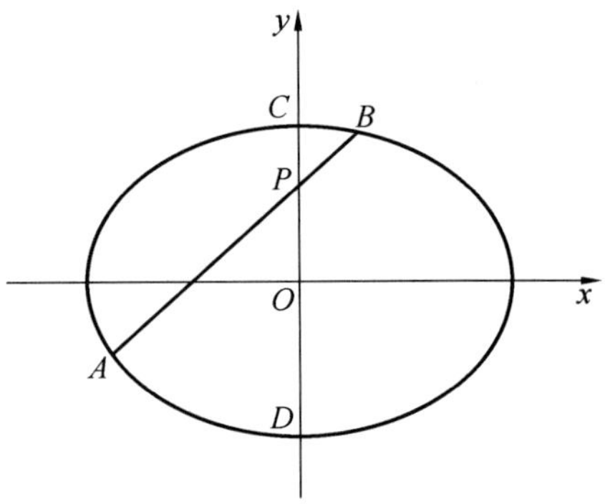

图 4.3

由韦达定理可得

$$x_1+x_2=\frac{-4k}{2k^2+1},\quad x_1x_2=\frac{-2}{2k^2+1}$$

$$y_1y_2=(kx_1+1)(kx_2+1)=k^2x_1x_2+k(x_1+x_2)+1=\frac{1-4k^2}{2k^2+1}$$

则$\overrightarrow{PA}=(x_1,y_1-1)$,$\overrightarrow{PB}=(x_2,y_2-1)$,有

$$\begin{aligned}\overrightarrow{OA}\cdot\overrightarrow{OB}+\lambda\overrightarrow{PA}\cdot\overrightarrow{PB}&=x_1x_2+y_1y_2+\lambda[x_1x_2+(y_1-1)(y_2-1)]\\&=x_1x_2+y_1y_2+\lambda(x_1x_2+k^2x_1x_2)\\&=\frac{-2}{2k^2+1}+\frac{1-4k^2}{2k^2+1}+\lambda\left(\frac{-2}{2k^2+1}\right)(1+k^2)\end{aligned}$$

令上式等于 μ,即为

$$\frac{-2}{2k^2+1}+\frac{1-4k^2}{2k^2+1}+\lambda\left(\frac{-2}{2k^2+1}\right)(1+k^2)=\mu$$

$$(2\mu+2\lambda+4)k^2+1+2\lambda+\mu=0$$

令$\begin{cases}2\mu+2\lambda+4=0\\1+2\lambda+\mu=0\end{cases}$,解得$\begin{cases}\lambda=1\\ \mu=-3\end{cases}$.

当直线 AB 的斜率不存在时,$A(0,-\sqrt{2})$,$B(0,\sqrt{2})$.$\lambda=1$ 时,满足

$$\overrightarrow{OA}\cdot\overrightarrow{OB}+\lambda\overrightarrow{PA}\cdot\overrightarrow{PB}=-3$$

综上所述,$\lambda=1$.

【课后练习】

1.(2009 北京)已知双曲线 C:$\frac{x^2}{a^2}-\frac{y^2}{b^2}=1(a>0,b>0)$的离心率为$\sqrt{3}$,右准线方程为 $x=\frac{\sqrt{3}}{3}$.

(1) 求双曲线 C 的方程.

(2) 设直线 l 是圆 O:$x^2+y^2=2$ 上动点 $P(x_0,y_0)$ $(x_0y_0\neq0)$处的切线,l 与双曲线 C 交于不同的两点 A、B,证明:$\angle AOB$ 的大小为定值.

2.(2008 浙江)已知曲线 C 是到点 $P\left(-\frac{1}{2},\frac{3}{8}\right)$ 和到直线 $y=-\frac{5}{8}$ 距离相等的点的轨迹,l 是过点 $Q(-1,0)$ 的直线,M 是 C 上(不在 l 上)的动点,A、B 在 l 上,且 $MA\perp l$,$MB\perp x$ 轴(图 4.4).

(1) 求曲线 C 的方程.

(2) 求出直线 l 的方程,使得 $\dfrac{|QB|^2}{|QA|}$ 为常数.

3. 已知椭圆 $C: \dfrac{x^2}{a^2}+\dfrac{y^2}{b^2}=1(a>b>0)$ 过点 $D(-2,0)$,且焦距为 $2\sqrt{3}$.

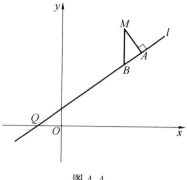

图 4.4

(1)求椭圆 C 的方程.

(2)过点 $A(-4,0)$ 的直线 l(不与 x 轴重合)与椭圆 C 交于 P、Q 两点,点 T 与点 Q 关于 x 轴对称,直线 TP 与 x 轴交于点 H,是否存在常数 λ,使得 $|AD|\cdot|DH|=\lambda(|AD|-|DH|)$ 成立?若存在,求出 λ 的值;若不存在,说明理由.

4. (2014 福建高中数学联赛)已知点 F 为椭圆 $C: \dfrac{x^2}{4}+\dfrac{y^2}{3}=1$ 的右焦点,椭圆 C 上任意一点 P 到点 F 的距离与点 P 到直线 $l:x=m$ 的距离之比为 $\dfrac{1}{2}$.

(1)求直线 l 的方程.

(2)设 A 为椭圆 C 的左顶点,过 F 的直线与椭圆 C 交于 D、E 两点,直线 AD、AE 与直线 l 分别交于 M、N 两点,以 MN 为直径的圆是否恒过一定点?

【答案与解析】

1. 解:(1) $\begin{cases}\dfrac{c}{a}=\sqrt{3}\\ \dfrac{a^2}{c}=\dfrac{\sqrt{3}}{3}\\ a^2+b^2=c^2\end{cases}$,解得 $a=1,b=\sqrt{2},c=\sqrt{3}$,双曲线方程为 $x^2-\dfrac{y^2}{2}=1$.

(2)设直线 $l:mx+ny=1$,由点到直线距离公式可得

$$\dfrac{1}{\sqrt{m^2+n^2}}=\sqrt{2}$$

即

$$m^2+n^2=\dfrac{1}{2}$$

将直线方程与双曲线方程进行齐次化联立,有

$$x^2-\dfrac{y^2}{2}=(mx+ny)^2$$

整理可得

$$(1-m^2)x^2-2mnxy-\left(\dfrac{1}{2}+n^2\right)y^2=0$$

上式左右同时除以 x^2 整理为

$$\left(\dfrac{1}{2}+n^2\right)\left(\dfrac{y}{x}\right)^2+2mn\left(\dfrac{y}{x}\right)-(1-m^2)x^2=0$$

则有

$$k_{OA}k_{OB} = -\frac{1-m^2}{\frac{1}{2}+n^2} = -1$$

故 $OA \perp OB$,$\angle AOB$ 为直角.

2.解:(1)设曲线 C 上动点 $N(x,y)$,则由题意有

$$\sqrt{\left(x+\frac{1}{2}\right)^2+\left(y-\frac{3}{8}\right)^2} = \left|y+\frac{5}{8}\right|$$

化简为 $y=\frac{1}{2}(x^2+x)$,此即为曲线 C 的方程.

(2)设 $M\left(x,\frac{x^2+x}{2}\right)$,直线 $l:y=kx+k$,则 $B(x,kx+k)$,所以

$$|QB| = \sqrt{1+k^2}\,|x+1|$$

在 $Rt\triangle QMA$ 中,因为

$$|QM|^2 = (x+1)^2+\left(\frac{x^2+x}{2}\right)^2 = (x+1)^2\left(1+\frac{x^2}{4}\right)$$

$$|AM| = \frac{\left|kx-\frac{x^2+x}{2}+k\right|}{\sqrt{1+k^2}} = \frac{\left|(x+1)\left(k-\frac{x}{2}\right)\right|}{\sqrt{1+k^2}}$$

所以

$$|QA|^2 = |QM|^2-|MA|^2 = \frac{(x+1)^2(kx+2)^2}{4(1+k^2)}$$

即

$$|QA| = \frac{|x+1|\cdot|kx+2|}{2\sqrt{1+k^2}}$$

则

$$\frac{|QB|^2}{|QA|} = \frac{2(1+k^2)\sqrt{1+k^2}}{|k|} \cdot \left|\frac{x+1}{x+\frac{2}{k}}\right|$$

若使得 $\frac{|QB|^2}{|QA|}$ 为常数(其值与 x 无关),则 $k=2$,所以直线 l 的方程是 $2x-y+2=0$.

【**感悟**】命题背景为双曲线虚准圆 $x^2+y^2=\frac{a^2b^2}{b^2-a^2}(b>a>0)$ 上任意一点切线与双曲线所成的张角为直角.

3.解:(1)因为椭圆 $C:\frac{x^2}{a^2}+\frac{y^2}{b^2}=1(a>b>0)$ 过点 $D(-2,0)$,所以 $a=2$.

又 $2c=2\sqrt{3}$,即 $c=\sqrt{3}$,所以

$$b^2 = a^2-c^2 = 4-3 = 1$$

所以椭圆 C 的方程为 $\frac{x^2}{4}+y^2=1$.

(2)显然直线 l 的斜率存在且不为 0,设直线 $l:y=k(x+4)$,联立 $\begin{cases} y=k(x+4) \\ \dfrac{x^2}{4}+y^2=1 \end{cases}$,消去 y 并整理得

$$(1+4k^2)x^2+32k^2x+64k^2-4=0$$

$$\Delta=(32k^2)^2-4(1+4k^2)(64k^2-4)>0$$

得 $0<k^2<\dfrac{1}{12}$.

设 $P(x_1,y_1),Q(x_2,y_2)$,则 $T(x_2,-y_2)$,所以

$$x_1+x_2=-\frac{32k^2}{1+4k^2},\quad x_1x_2=\frac{64k^2-4}{1+4k^2}$$

直线 $PT:y-y_1=\dfrac{y_1+y_2}{x_1-x_2}(x-x_1)$,令 $y=0$,得

$$x=x_1-\frac{y_1(x_1-x_2)}{y_1+y_2}$$

所以 $H\left(x_1-\dfrac{y_1(x_1-x_2)}{y_1+y_2},0\right)$.

又 $|AD|\cdot|DH|=\lambda(|AD|-|DH|)$,所以

$$\frac{1}{\lambda}=\frac{|AD|-|DH|}{|AD|\cdot|DH|}=\frac{1}{|DH|}-\frac{1}{|AD|}$$

又因为 $D(-2,0),A(-4,0),H\left(x_1-\dfrac{y_1(x_1-x_2)}{y_1+y_2},0\right)$,所以

$$|AD|=2$$

$$|DH|=x_1-\frac{y_1(x_1-x_2)}{y_1+y_2}+2=x_1-\frac{k(x_1+4)(x_1-x_2)}{k(x_1+4)+k(x_2+4)}+2$$

$$=x_1-\frac{k(x_1+4)(x_1-x_2)}{k(x_1+x_2)+8k}+2$$

$$=\frac{kx_1(x_1+x_2)+8kx_1-k(x_1+4)(x_1-x_2)}{k(x_1+x_2)+8k}+2$$

$$=\frac{kx_1^2+kx_1x_2+8kx_1-kx_1^2+kx_1x_2-4kx_1+4kx_2}{k(x_1+x_2)+8k}+2$$

$$=\frac{4k(x_1+x_2)+2kx_1x_2}{k(x_1+x_2)+8k}+2$$

$$=\frac{4k\cdot\dfrac{-32k^2}{1+4k^2}+2k\cdot\dfrac{64k^2-4}{1+4k^2}}{k\cdot\dfrac{-32k^2}{1+4k^2}+8k}+2$$

$$=-1+2=1$$

所以 $\dfrac{1}{\lambda}=\dfrac{1}{1}-\dfrac{1}{2}$,解得 $\lambda=2$.所以存在常数 $\lambda=2$,使得 $|AD|\cdot|DH|=2(|AD|-|DH|)$ 成立.

4. 解:(1)已知 $e=\dfrac{1}{2}$,故题意满足椭圆第二定义,即 $x=m$ 为椭圆准线,故 $m=\dfrac{a^2}{c}=4$.

(2)设 $D(x_1,y_1),E(x_2,y_2)$,设过点 $F(1,0)$ 的直线为 $x=my+1$,将其与椭圆方程联立得

$$\begin{cases}\dfrac{x^2}{4}+\dfrac{y^2}{3}=1\\ x=my+1\end{cases}$$

即有

$$3(my+1)^2+4y^2=12\Rightarrow(3m^2+4)y^2+6my-9=0$$

由韦达定理得

$$y_1+y_2=\dfrac{-6m}{3m^2+4},\quad y_1y_2=\dfrac{-9}{3m^2+4}$$

设 $M(4,t_1),N(4,t_2)$,由 A、D、M 三点共线可得

$$\dfrac{y_1}{x_1+2}=\dfrac{t_1}{4+2}\Rightarrow t_1=\dfrac{6y_1}{x_1+2}$$

同理可得 $t_2=\dfrac{6y_2}{x_2+2}$,故以 MN 为直径的圆的方程为

$$(x-4)(x-4)+(y-t_1)(y-t_2)=0$$

即为

$$x^2-8x+16+y^2-(t_1+t_2)y+t_1t_2=0$$

$$x^2-8x+16+y^2-6\left(\dfrac{y_1}{x_1+2}+\dfrac{y_2}{x_2+2}\right)y+\dfrac{36y_1y_2}{(my_1+3)(my_2+3)}=0$$

$$\Rightarrow x^2-8x+16+y^2-6\left(\dfrac{y_1}{x_1+2}+\dfrac{y_2}{x_2+2}\right)y+\dfrac{36y_1y_2}{m^2y_1y_2+3m(y_1+y_2)+9}=0$$

$$\Rightarrow x^2-8x+16+y^2-6\left(\dfrac{y_1}{x_1+2}+\dfrac{y_2}{x_2+2}\right)y+\dfrac{36\times\dfrac{-9}{3m^2+4}}{m^2\cdot\dfrac{-9}{3m^2+4}+3m\cdot\dfrac{-6m}{3m^2+4}+9}=0$$

$$\Rightarrow x^2-8x+16+y^2-6\left(\dfrac{y_1}{x_1+2}+\dfrac{y_2}{x_2+2}\right)y+\dfrac{36\times(-9)}{-9m^2-18m^2+27m^2+36}=0$$

$$\Rightarrow x^2-8x+16+y^2-6\left(\dfrac{y_1}{x_1+2}+\dfrac{y_2}{x_2+2}\right)y-9=0$$

令 $y=0$,则上式变为

$$x^2-8x+7=0\Rightarrow(x-1)(x-7)=0$$

解得 $x=1$ 或者 $x=7$.故圆恒过定点 $(1,0),(7,0)$.

第五章 其他问题

5.1 三点共线

三点共线也是一种常见的问题,处理三点共线常用的手段是利用斜率相等或者向量平行.

【例1】 如图 5.1 所示,椭圆 C 的方程为 $\dfrac{x^2}{a^2}+y^2=1$,坐标原点到过椭圆右焦点且斜率为1的直线的距离为 $\dfrac{\sqrt{2}}{2}$.

(1)求椭圆方程.

(2)已知点 A、B 为椭圆的左、右两个顶点,T 为椭圆在第一象限内的一点,l 为过点 B 且垂直于 x 轴的直线,点 S 为直线 AT 与直线 l 的交点,点 M 为以 SB 为直径的圆与直线 TB 的另一个交点,求证:O、M、S 三点共线.

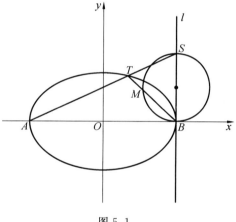

图 5.1

解:(1)设椭圆的右焦点为 $(c,0)$,则过右焦点且斜率为1的直线方程为 $y=x-c$,原点到直线的距离为

$$d=\dfrac{|-c|}{\sqrt{1^2+1^2}}=\dfrac{\sqrt{2}}{2}$$

解得 $c=1$.

因为 $b=1$,所以 $a=\sqrt{b^2+c^2}=\sqrt{2}$,故椭圆方程为 $\dfrac{x^2}{2}+y^2=1$.

(2)由(1)可知 A 点坐标为 $(-\sqrt{2},0)$,B 点坐标为 $(\sqrt{2},0)$.

设 $T(\sqrt{2}\cos\alpha,\sin\alpha)$,$S(\sqrt{2},t)$,由 A、T、S 三点共线可得

$$\dfrac{\sin\alpha}{\sqrt{2}\cos\alpha+\sqrt{2}}=\dfrac{t}{2\sqrt{2}}$$

解得

$$t=\dfrac{2\sin\alpha}{\cos\alpha+1}$$

即 $S\left(\sqrt{2},\dfrac{2\sin\alpha}{\cos\alpha+1}\right)$,$k_{BT}=\dfrac{\sin\alpha}{\sqrt{2}\cos\alpha-\sqrt{2}}$,故

$$k_{OS} \cdot k_{BT} = \frac{\sqrt{2}\sin\alpha}{\cos\alpha+1} \cdot \frac{\sin\alpha}{\sqrt{2}\cos\alpha-\sqrt{2}} = -1$$

即 $OS \perp BM$，由于 M 为圆上一点，故 $BM \perp SM$，故 O、B、M 三点共线．

【例 2】 已知椭圆 $C: \frac{x^2}{a^2} + \frac{y^2}{b^2} = 1 (a > b > 0)$ 长轴的两个端点分别为 $A(-2,0)$、$B(2,0)$，离心率为 $\frac{\sqrt{3}}{2}$．

(1) 求椭圆 C 的方程．

(2) P 为椭圆 C 上异于 A、B 的动点，直线 AP、PB 分别交直线 $x = -6$ 于 M、N 两点，连接 NA 并延长交椭圆 C 于点 Q，如图 5.2 所示．

（ⅰ）求证：直线 AP、AN 的斜率之积为定值．

（ⅱ）判断 M、B、Q 三点是否共线，并说明理由．

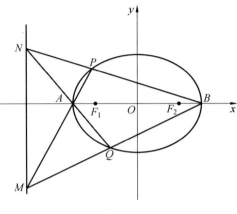

图 5.2

解：(1) 由题意得 $a = 2$，$e = \frac{c}{a} = \frac{\sqrt{3}}{2}$，所以 $c = \sqrt{3}$，$b^2 = a^2 - c^2 = 1$，所以椭圆 C 的方程为 $\frac{x^2}{4} + y^2 = 1$．

(2)（ⅰ）设 $P(x_0, y_0)$，因为 P 在椭圆 C 上，所以 $\frac{x_0^2}{4} + y_0^2 = 1$．

因为直线 AP 的斜率为 $\frac{y_0}{x_0+2}$，直线 BP 的斜率为 $\frac{y_0}{x_0-2}$，所以直线 BP 的方程为

$$y = \frac{y_0}{x_0-2}(x-2)$$

所以 N 点的坐标为 $N\left(-6, \frac{-8y_0}{x_0-2}\right)$．所以直线 AN 的斜率为

$$\frac{\frac{-8y_0}{x_0-2}}{-6+2} = \frac{2y_0}{x_0-2}$$

所以直线 AP、AN 的斜率之积为

$$\frac{y_0}{x_0+2} \cdot \frac{2y_0}{x_0-2} = \frac{2y_0^2}{x_0^2-4} = \frac{2\left(1-\frac{x_0^2}{4}\right)}{x_0^2-4} = -\frac{1}{2}$$

（ⅱ）M、B、Q 三点共线．

设直线 AP 斜率为 k，易得 $M(-6, -4k)$．

由（ⅰ）可知直线 AN 斜率为 $-\frac{1}{2k}$，所以直线 AN 的方程为 $y = -\frac{1}{2k}(x+2)$．

联立 $\begin{cases} x^2+4y^2-4=0 \\ x=-2ky-2 \end{cases}$,可得

$$(4+4k^2)y^2+8ky=0$$

解得 Q 点的纵坐标为 $\dfrac{-2k}{1+k^2}$,所以 Q 点的坐标为 $Q\left(\dfrac{2k^2-2}{1+k^2},\dfrac{-2k}{1+k^2}\right)$.所以直线 BQ 的斜率为

$$\dfrac{\dfrac{-2k}{1+k^2}-0}{\dfrac{2k^2-2}{1+k^2}-2}=\dfrac{k}{2}$$

直线 BM 的斜率为

$$\dfrac{-4k-0}{-6-2}=\dfrac{k}{2}$$

因为直线 BQ 的斜率等于直线 BM 的斜率,所以 M、B、Q 三点共线.

5.2 与圆结合的相关问题

【例 3】 已知椭圆 $C:\dfrac{x^2}{4}+\dfrac{y^2}{3}=1$,$F_1$、$F_2$ 分别是椭圆的左、右焦点,Q 为椭圆上异于左、右顶点的动点,$\triangle QF_1F_2$ 内切圆面积为 S_1,外接圆面积为 S_2,当 Q 在 C 上运动时,求 $\dfrac{S_2}{S_1}$ 的最小值.

解:设 $Q(2\cos\alpha,\sqrt{3}\sin\alpha)$,由内切圆半径公式有

$$r=\dfrac{2S_1}{l}=\dfrac{2\times\dfrac{1}{2}\times 2\times\sqrt{3}\sin\alpha}{PF_1+PF_2+F_1F_2}=\dfrac{\sqrt{3}}{3}\sin\alpha$$

设 QF_2 中点为 M,中垂线为 l,中垂线与 y 轴交点即为外接圆圆心.
由于

$$k_{QF_2}=\dfrac{\sqrt{3}\sin\alpha}{2\cos\alpha-1},\quad k_l=\dfrac{1-2\cos\alpha}{\sqrt{3}\sin\alpha},\quad M\left(\dfrac{1+2\cos\alpha}{2},\dfrac{\sqrt{3}\sin\alpha}{2}\right)$$

故 l 的方程为

$$\dfrac{1-2\cos\alpha}{\sqrt{3}\sin\alpha}\left(x-\dfrac{1+2\cos\alpha}{2}\right)=y-\dfrac{\sqrt{3}\sin\alpha}{2}$$

令 $x=0$,可得 $y=\dfrac{3-\sin^2\alpha}{2\sqrt{3}\sin\alpha}$,即外接圆圆心坐标为 $\left(0,\dfrac{3-\sin^2\alpha}{2\sqrt{3}\sin\alpha}\right)$.外接圆半径为

$$R^2=|O'F_2|^2=1+\left(\dfrac{3-\sin^2\alpha}{2\sqrt{3}\sin\alpha}\right)^2=\dfrac{12\sin^2\alpha+(3-\sin^2\alpha)}{12\sin^2\alpha}$$

故

$$\dfrac{S_2}{S_1}=\dfrac{R^2}{r^2}=\dfrac{\dfrac{12\sin^2\alpha+(3-\sin^2\alpha)}{12\sin^2\alpha}}{\dfrac{1}{3}\sin^2\alpha}$$

令 $\sin^2\alpha = t \in (0,1]$,代入可得
$$\frac{S_1}{S_2} = \frac{1}{4}\left(\frac{t^2+6t+9}{t^2}\right) = \frac{1}{4}\left(\frac{3}{t}+1\right)^2$$

当 $t=1$ 时,取得最小值 $\frac{S_1}{S_2} = 4$.

【例4】 (2017 全国3理)已知抛物线 $C: y^2 = 2x$,过点 $(2,0)$ 的直线 l 交 C 于 A、B 两点,圆 M 是以 AB 为直径的圆.

(1)求证:坐标原点 O 在圆 M 上.

(2)设圆 M 过点 $P(4,-2)$,求直线 l 与圆 M 的方程.

解:(1)设直线 l 方程为 $x = my+2$,$A(x_1,y_1)$,$B(x_2,y_2)$.

将 l 与抛物线方程进行联立可得
$$y^2 - 2my - 4 = 0$$

由韦达定理可得
$$y_1 + y_2 = 2m, \quad y_1 y_2 = -4$$

则
$$\begin{cases} y_1^2 = 2x_1 \\ y_2^2 = 2x_2 \end{cases} \Rightarrow y_1^2 y_2^2 = 4x_1 x_2 \Rightarrow x_1 x_2 = 4$$

$$x_1 + x_2 = my_1 + 2 + my_2 + 2 = m(y_1+y_2) + 4 = 2m^2 + 4$$

故
$$\overrightarrow{OA} \cdot \overrightarrow{OB} = x_1 x_2 + y_1 y_2 = 0$$

即 $OA \perp OB$,即坐标原点 O 在圆 M 上.

(2)以 A、B 两点为直径端点,由圆的直径式方程
$$(x-x_1)(x-x_2) + (y-y_1)(y-y_2) = 0$$

得
$$x^2 - (x_1+x_2)x + x_1 x_2 + y^2 - (y_1+y_2)y + y_1 y_2 = 0$$

将(1)中韦达定理代入可得圆 M 方程为
$$x^2 - (2m^2+4)x + y^2 - 2my = 0$$

将点 $P(4,-2)$ 代入上式可得
$$2m^2 - m - 1 = 0$$

即 $m=1$ 或 $m=-\frac{1}{2}$.

当 $m=1$ 时,圆 M 方程为 $x^2+y^2+6x-2y=0$,直线 l 方程为 $x-y-2=0$;

当 $m=-\frac{1}{2}$ 时,圆 M 方程为 $x^2+y^2+\frac{9}{2}x+y=0$,直线 l 方程为 $2x+y-4=0$.

【例5】 (2013 湖南理21)如图5.3所示,过抛物线 $E: x^2 = 2py(p>0)$ 的焦点 F 作斜率分别为 k_1、k_2 的两条直线 l_1、l_2,且 $k_1 + k_2 = 2$,l_1 与 E 相交于点 A、B,l_2 与 E 相交于点 C、D,以 AB、CD 为直径的圆 M、圆 $N(M,N$ 为圆心$)$ 的公共弦所在直线记作 l.

(1)若 $k_1 > 0, k_2 > 0$,证明:$\overrightarrow{FM} \cdot \overrightarrow{FN} \leq 2p^2$.

(2)若点 M 到直线 l 的距离的最小值为 $\dfrac{7\sqrt{5}}{5}$,求抛物线 E 的方程.

解:(1)设 $l_1:y=k_1x+\dfrac{p}{2}$,$l_2:y=k_2x+\dfrac{p}{2}$,
$A(x_1,y_1),B(x_2,y_2),C(x_3,y_3),D(x_4,y_4)$.

将 l_1 的方程与抛物线的方程进行联立可得

$$\begin{cases} y=k_1x+\dfrac{p}{2} \\ x^2=2py \end{cases} \Rightarrow x^2-2pk_1x-p^2=0$$

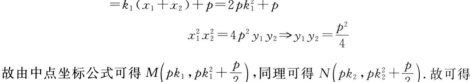

图 5.3

由韦达定理可得

$$x_1+x_2=2pk_1,\quad x_1x_2=-p^2$$

$$y_1+y_2=k_1x_1+\dfrac{p}{2}+k_1x_2+\dfrac{p}{2}$$

$$=k_1(x_1+x_2)+p=2pk_1^2+p$$

$$x_1^2x_2^2=4p^2y_1y_2\Rightarrow y_1y_2=\dfrac{p^2}{4}$$

故由中点坐标公式可得 $M\left(pk_1,pk_1^2+\dfrac{p}{2}\right)$,同理可得 $N\left(pk_2,pk_2^2+\dfrac{p}{2}\right)$.故可得

$$\overrightarrow{FM}=(pk_1,pk_1^2),\quad \overrightarrow{FN}=(pk_2,pk_2^2)$$

则

$$\overrightarrow{FM}\cdot\overrightarrow{FN}=p^2k_1k_2+p^2k_1^2k_2^2=p^2(k_1k_2+k_1^2k_2^2)$$

因为

$$k_1+k_2=2\Rightarrow 2\sqrt{k_1k_2}\leqslant 2\Rightarrow k_1k_2\leqslant 1$$

令 $k_1k_2=t$,则 $t^2+t\leqslant 2$,所以

$$\overrightarrow{FM}\cdot\overrightarrow{FN}=p^2(t+t^2)\leqslant 2p^2$$

(2)以 AB 为直径的圆的方程为

$$(x-x_1)(x-x_2)+(y-y_1)(y-y_2)=0$$

整理可得

$$x^2-(x_1+x_2)x+x_1x_2+y^2-(y_1+y_2)y+y_1y_2=0$$

将(1)中韦达定理代入可得

$$x^2-2pk_1x-p^2+y^2-(2pk_1^2+p)y+\dfrac{p^2}{4}=0 \qquad ①$$

同理可得以 CD 为直径的圆的方程为

$$x^2-2pk_2x-p^2+y^2-(2pk_2^2+p)y+\dfrac{p^2}{4}=0 \qquad ②$$

式①、式②相减即为公共弦方程,即

$$2p(k_2-k_1)x+2p(k_2^2-k_1^2)y=0\Rightarrow x+(k_2+k_1)y=0$$

由于 $k_1+k_2=2$,故公共弦方程为 $x+2y=0$.所以 $M\left(pk_1,pk_1^2+\dfrac{p}{2}\right)$,则

$$d_{M-l}=\frac{|pk_1+2pk_1^2+p|}{\sqrt{5}}\geqslant\frac{7\sqrt{5}}{5}\Rightarrow p|2k_1^2+k_1+1|\geqslant 7$$

令 $f(k_1)=2k_1^2+k_1+1$,$k_1=-\frac{1}{4}$ 时,$f(k_1)$ 取得最小值 $\frac{7}{8}$,代入上式可得 $p=8$.

【课后练习】

1. 如图 5.4 所示,已知椭圆 $C:\frac{x^2}{a^2}+\frac{y^2}{b^2}=1(a>b>0)$ 的左、右焦点分别为 F_1、F_2,左、右顶点分别为 A、B,$|F_1F_2|=2$,$|AB|=4$.

(1)求椭圆 C 的方程.

(2)过 F_2 的直线与椭圆 C 交于 M、N 两点(均不与 A、B 重合),直线 MB 与直线 $x=4$ 交于 G 点,证明:A、N、G 三点共线.

2. 如图 5.5 所示,已知 $N(-\sqrt{2},0)$,$F(1,0)$,在圆 $x^2+y^2=4$ 上任取一点 $P(x_0,y_0)$,对点 P 作坐标变换:$\begin{cases}x=\frac{\sqrt{2}}{2}x_0\\y=\frac{1}{2}y_0\end{cases}$,得到 $M(x,y)$,当点 P 在圆上运动时,点 M 的轨迹为 C.过点 F 的直线与曲线 C 交于 A、B 两点(异于 N),直线 NA 与直线 l:$x=2$ 交于点 D,连接 DF,作过点 F 且垂直于 DF 的直线与直线 l 交于点 E.

(1)求曲线 C 的标准方程.

(2)证明:N、B、E 三点共线.

3. 已知抛物线 $y^2=2px(p>0)$ 的焦点 F 到准线的距离为 2.

(1)求抛物线的方程.

(2)过 $P(1,1)$ 作两条动直线 l_1、l_2 分别交抛物线于点 A、B、C、D,设以 AB 为直径的圆和以 CD 为直径的圆的公共弦所在直线为 m,试判断直线 m 是否经过定点,并说明理由.

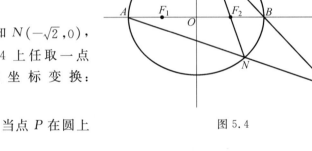

图 5.4

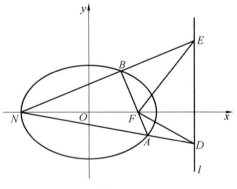

图 5.5

【答案与解析】

1. **解**:(1)由 $|F_1F_2|=2c=2$,得 $c=1$,又 $|AB|=2a=4$,得 $a=2$.所以
$$b^2=a^2-c^2=3$$
故椭圆 C 的方程为 $\frac{x^2}{4}+\frac{y^2}{3}=1$.

(2)可设直线 MN 的方程为 $x=my+1$,$M(x_1,y_1)$,$N(x_2,y_2)$.

联立方程 $\begin{cases} x = my+1 \\ \dfrac{x^2}{4} + \dfrac{y^2}{3} = 1 \end{cases}$,得

$$(3m^2+4)y^2 + 6my - 9 = 0$$

因为 $\Delta = 144(m^2+1) > 0$,所以

$$y_1 + y_2 = -\frac{6m}{3m^2+4}, \quad y_1 y_2 = -\frac{9}{3m^2+4}$$

而直线 MB 的方程为 $y = \dfrac{y_1}{x_1-2}(x-2)$,所以令 $x=4$,得 $G\left(4, \dfrac{2y_1}{x_1-2}\right)$,则有

$$\overrightarrow{AN} = (x_2+2, y_2), \quad \overrightarrow{AG} = \left(6, \frac{2y_1}{x_1-2}\right)$$

又因为

$$6y_2 - (x_2+2) \times \frac{2y_1}{x_1-2} = \frac{6y_2(my_1-1) - 2y_1(my_2+3)}{my_1-1} = \frac{4my_1y_2 - 6(y_1+y_2)}{my_1-1}$$

$$= \frac{4m\left(-\dfrac{9}{3m^2+4}\right) - 6\left(-\dfrac{6m}{3m^2+4}\right)}{my_1-1} = 0$$

所以 $\overrightarrow{AN} \parallel \overrightarrow{AG}$,而 $AN \cap AG = A$,所以 A、N、G 三点共线.

2. **解**:(1)由 $\begin{cases} x = \dfrac{\sqrt{2}}{2}x_0 \\ y = \dfrac{1}{2}y_0 \end{cases}$,得到 $\begin{cases} x_0 = \sqrt{2}x \\ y_0 = 2y \end{cases}$.

又因为 $P(x_0, y_0)$ 在圆 $x^2+y^2=4$ 上,所以

$$x_0^2 + y_0^2 = 4$$

把 $x_0 = \sqrt{2}x$, $y_0 = 2y$ 代入上式,得

$$\frac{x^2}{2} + y^2 = 1$$

所以曲线 C 的标准方程为 $\dfrac{x^2}{2} + y^2 = 1$.

(2)设直线 AB 的方程为 $x = my+1$, $A(x_1, y_1)$, $B(x_2, y_2)$ ($x_1, x_2 \neq -\sqrt{2}$).

联立直线和椭圆方程 $\begin{cases} \dfrac{x^2}{2} + y^2 = 1 \\ x = my+1 \end{cases}$,化简得

$$(m^2+2)y^2 + 2my - 1 = 0$$

易知 $\Delta > 0$. 由韦达定理得

$$y_1 + y_2 = \frac{-2m}{m^2+2}, \quad y_1 y_2 = \frac{-1}{m^2+2}$$

由题意直线 $l_{NA}: y = \dfrac{y_1}{x_1+\sqrt{2}}(x+\sqrt{2})$,所以 $D\left(2, \dfrac{(2+\sqrt{2})y_1}{x_1+\sqrt{2}}\right)$,所以

$$k_{DF} = \frac{(2+\sqrt{2})y_1}{x_1+\sqrt{2}}, \quad k_{FE} = -\frac{x_1+\sqrt{2}}{(2+\sqrt{2})y_1}$$

所以 $l_{FE}: y = -\dfrac{x_1+\sqrt{2}}{(2+\sqrt{2})y_1}(x-1)$.

令 $x=2$,得 $E\left(2, -\dfrac{x_1+\sqrt{2}}{(2+\sqrt{2})y_1}\right)$.

因为 $N(-\sqrt{2},0), F(1,0)$,所以

$$\overrightarrow{NB}=(x_2+\sqrt{2},y_2), \quad \overrightarrow{NE}=\left(2+\sqrt{2}, -\dfrac{x_1+\sqrt{2}}{(2+\sqrt{2})y_1}\right)$$

因为

$$(2+\sqrt{2})y_2 - \left[-(x_2+\sqrt{2})\dfrac{x_1+\sqrt{2}}{(2+\sqrt{2})y_1}\right]$$

$$= (2+\sqrt{2})y_2 + \dfrac{(x_2+\sqrt{2})(x_1+\sqrt{2})}{(2+\sqrt{2})y_1}$$

$$= \dfrac{(2+\sqrt{2})^2 y_1 y_2 + (x_2+\sqrt{2})(x_1+\sqrt{2})}{(2+\sqrt{2})y_1}$$

$$= \dfrac{(2+\sqrt{2})^2 y_1 y_2 + m^2 y_1 y_2 + m(1+\sqrt{2})(y_1+y_2) + (1+\sqrt{2})^2}{(2+\sqrt{2})y_1}$$

$$= \dfrac{\dfrac{-(6+4\sqrt{2}) - m^2 - 2m^2(1+\sqrt{2}) + (2+m^2)(3+2\sqrt{2})}{2+m^2}}{(2+\sqrt{2})y_1}$$

$$= \dfrac{(-3-2\sqrt{2}+3+2\sqrt{2})m^2 + (6+4\sqrt{2}) - (6+4\sqrt{2})}{(2+m^2)(2+\sqrt{2})y_1} = 0$$

所以 $\overrightarrow{NB}$ 与 $\overrightarrow{NE}$ 共线,所以 N、B、E 三点共线.

3.**解**:(1)由题 $p=2$,故抛物线方程为 $y^2=4x$.

(2)设 $A(x_1,y_1), B(x_2,y_2), C(x_3,y_3), D(x_4,y_4), l_1: y-1=k_1(x-1), l_2: y-1=k_2(x-1)$.

将 l_1 与抛物线方程联立,有

$$\begin{cases} y-1=k_1(x-1) \\ y^2=4x \end{cases} \Rightarrow y^2 - \dfrac{4y}{k_1} + \dfrac{4}{k_1} - 4 = 0$$

可得

$$\begin{cases} y_1+y_2 = \dfrac{4}{k_1} \\ y_1 y_2 = \dfrac{4}{k_1} - 4 \end{cases}$$

也可约去 y 整理为

$$k_1^2 x^2 + [2k_1(1-k_1)-4]x + (1-k_1)^2 = 0$$

可得

$$\begin{cases} x_1+x_2=\dfrac{4+2k_1(k_1-1)}{k_1^2} \\ x_1x_2=\dfrac{(1-k_1)^2}{k_1^2} \end{cases}$$

同理可得

$$\begin{cases} y_3+y_4=\dfrac{4}{k_2} \\ y_3y_4=\dfrac{4}{k_2}-4 \end{cases},\quad \begin{cases} x_3+x_4=\dfrac{4+2k_2(k_2-1)}{k_2^2} \\ x_3x_4=\dfrac{(1-k_2)^2}{k_2^2} \end{cases}$$

故以 AB 为直径的圆的方程为

$$(x-x_1)(x-x_2)+(y-y_1)(y-y_2)=0$$

整理可得

$$x^2-(x_1+x_2)x+x_1x_2+y^2-(y_1+y_2)y+y_1y_2=0 \qquad ①$$

同理可得以 CD 为直径的圆的方程为

$$x^2-(x_3+x_4)x+x_3x_4+y^2-(y_3+y_4)y+y_3y_4=0 \qquad ②$$

①②两式相减可得相交弦方程为

$$x\left(\dfrac{4}{k_1^2}-\dfrac{4}{k_2^2}-\dfrac{2}{k_1}+\dfrac{2}{k_2}\right)-\left(\dfrac{1}{k_1^2}-\dfrac{1}{k_2^2}-\dfrac{2}{k_1}+\dfrac{2}{k_2}\right)+\left(\dfrac{4}{k_1}-\dfrac{4}{k_2}\right)y-\dfrac{4}{k_1}+\dfrac{4}{k_2}=0$$

整理为

$$2\left(\dfrac{2}{k_1}+\dfrac{2}{k_2}-1\right)-\left(\dfrac{1}{k_1}+\dfrac{1}{k_2}-2\right)+2y-4=0$$

令 $\dfrac{1}{k_1}+\dfrac{1}{k_2}=m$,代入上式可得

$$2x(2m-1)-(m-2)+2y-4=0$$

即

$$m(4x-1)-2x+2y-2=0$$

$$\begin{cases} 4x-1=0 \\ -2x+2y-2=0 \end{cases} \Rightarrow \begin{cases} x=\dfrac{1}{4} \\ y=\dfrac{5}{8} \end{cases}$$

故 m 恒过点 $\left(\dfrac{1}{4},\dfrac{5}{8}\right)$.

第六章　中点弦与点差法

点差法是在求解圆锥曲线问题中,利用直线和圆锥曲线的两个交点,把交点代入圆锥曲线的方程然后作差,求出直线的斜率.我们先来看点差法的推导.

过椭圆 $\dfrac{x^2}{a^2}+\dfrac{y^2}{b^2}=1$ 内部一点 $P(x_0,y_0)$ 作弦分别交椭圆于 A、B 两点,使得 P 为 AB 中点,则有 $k_{AB} \cdot k_{OP}=-\dfrac{b^2}{a^2}$.

证明:设 $A(x_1,y_1),B(x_2,y_2)$,则有

$$\begin{cases} \dfrac{x_1^2}{a^2}+\dfrac{y_1^2}{b^2}=1 \\ \dfrac{x_2^2}{a^2}+\dfrac{y_2^2}{b^2}=1 \end{cases}$$

两式作差可得

$$\dfrac{(x_1-x_2)(x_1+x_2)}{a^2}+\dfrac{(y_1-y_2)(y_1+y_2)}{b^2}=0$$

整理得

$$\dfrac{y_1-y_2}{x_1-x_2} \cdot \dfrac{y_1+y_2}{x_1+x_2}=-\dfrac{b^2}{a^2} \Rightarrow k_{AB} \cdot \dfrac{y_0}{x_0}=-\dfrac{b^2}{a^2}$$

或写成

$$k_{AB} \cdot k_{OP}=-\dfrac{b^2}{a^2}$$

同理,过双曲线 $\dfrac{x^2}{a^2}-\dfrac{y^2}{b^2}=1$ 内部一点 $P(x_0,y_0)$ 作弦分别交双曲线于 A、B 两点,使得 P 为 AB 中点,则有 $k_{AB} \cdot k_{OP}=\dfrac{b^2}{a^2}$.

若在以上前提下,延长 AO 交椭圆于点 C,此时 A、C 两点关于原点对称,连接 CB,即 $BC // OP$,故有 $k_{AB} k_{BC}=-\dfrac{b^2}{a^2}$.这是椭圆中非常重要的一个性质,可描述为:若椭圆上两点关于原点对称,则椭圆上任意一点到这两点的斜率乘积为 $-\dfrac{b^2}{a^2}$.

上述性质在双曲线中可引申为:过双曲线 $\dfrac{x^2}{a^2}-\dfrac{y^2}{b^2}=1$ 内部一点 $P(x_0,y_0)$ 作弦分别交双曲线的两条渐近线于 A、B 两点,使得 P 为 AB 中点,则有 $k_{AB} \cdot k_{OP}=\dfrac{b^2}{a^2}$.同理也有若双曲线上两点关于原点对称,则双曲线上任意一点到这两点的斜率乘积为 $\dfrac{b^2}{a^2}$.

过抛物线 $y^2=2px$ 内部一点 $P(x_0,y_0)$ 作弦分别交抛物线于 A、B 两点，使得 P 为 AB 中点，则有 $k_{AB} \cdot k_{OP} = \dfrac{b^2}{a^2}$.

证明：设 $A(x_1,y_1),B(x_2,y_2)$，联立有
$$\begin{cases} y_1^2=2px_1 \\ y_2^2=2px_2 \end{cases}$$

两式作差可得
$$y_1^2-y_2^2=2px_1-2px_2$$

整理得
$$\dfrac{(y_1-y_2)(y_1+y_2)}{x_1-x_2}=2p$$

即为
$$k_{AB} \cdot y_0 = p$$

【例1】 过椭圆 $\dfrac{x^2}{16}+\dfrac{y^2}{4}=1$ 内一点 $M(2,1)$ 引一条弦，使弦被 M 点平分，求这条弦所在直线的方程.

解：设过点 M 的直线交椭圆于 $A(x_1,y_1)$、$B(x_2,y_2)$，联立有
$$\begin{cases} \dfrac{x_1^2}{16}+\dfrac{y_1^2}{4}=1 \\ \dfrac{x_2^2}{16}+\dfrac{y_2^2}{4}=1 \end{cases}$$

两式作差整理可得
$$-\dfrac{1}{4}=\dfrac{y_1-y_2}{x_1-x_2} \cdot \dfrac{y_1+y_2}{x_1+x_2}$$

将中点坐标公式 $\begin{cases} y_1+y_2=2 \\ x_1+x_2=4 \end{cases}$ 代入即为
$$-\dfrac{1}{4}=k \cdot \dfrac{1}{2}$$

可得 $k=-\dfrac{1}{2}$，故所求直线的方程为 $y-1=-\dfrac{1}{2}(x-2)$，即 $x+2y-4=0$.

【例2】 已知曲线 $C:3x^2+4y^2=12$，试确定 m 的取值范围，使得对于直线 $y=4x+m$，曲线 C 上总有不同两点关于该直线对称.

解：设对称的两点的坐标为 $A(x_1,y_1)$、$B(x_2,y_2)$，其线段中点坐标为 $P(x_0,y_0)$，则
$$\begin{cases} x_2+x_1=2x_0 \\ y_2+y_1=2y_0 \end{cases}, \quad k_{AB}=-\dfrac{1}{4}$$

又 $\begin{cases} 3x_1^2+4y_1^2=12 \\ 3x_2^2+4y_2^2=12 \end{cases}$，两式作差整理可得 $-\dfrac{3}{4}=k_{AB} \cdot \dfrac{y_0}{x_0}$，即 $\dfrac{y_0}{x_0}=3$.

因为 P 在直线 $y=4x+m$ 上，故联立方程 $\begin{cases} y_0=3x_0 \\ y_0=4x_0+m \end{cases}$，解得 $\begin{cases} x_0=-m \\ y_0=-3m \end{cases}$.

由于点 P 在椭圆内部,固有 $3x_0^2+4y_0^2<12$,即
$$3m^2+36m^2<12$$
所以
$$\frac{2\sqrt{13}}{13}<m<\frac{2\sqrt{13}}{13}$$
故 m 的取值范围是 $\left(-\frac{2\sqrt{13}}{13},\frac{2\sqrt{13}}{13}\right)$.

【例3】 (2013 新课标全国2)过椭圆 $M:\frac{x^2}{a^2}+\frac{y^2}{b^2}=1(a>b>0)$ 右焦点的直线 $x+y-\sqrt{3}=0$ 交椭圆 M 于 A、B 两点,P 为 AB 中点,OP 的斜率为 $\frac{1}{2}$.

(1)求椭圆 M 的方程.

(2)C、D 为 M 上两点,若四边形 $ACBD$ 的对角线 $CD\perp AB$,求四边形 $ACBD$ 面积的最大值.

解:(1)设 $A(x_1,y_1),B(x_2,y_2),P(x_0,y_0)$,则
$$\begin{cases}\frac{x_1^2}{a^2}+\frac{y_1^2}{b^2}=1\\ \frac{x_2^2}{a^2}+\frac{y_2^2}{b^2}=1\end{cases},\quad \frac{y_2-y_1}{x_2-x_1}=-1$$

两式作差可得
$$\frac{y_1-y_2}{x_1-x_2}\cdot\frac{y_1+y_2}{x_1+x_2}=-\frac{b^2}{a^2}$$

又 $\frac{y_2-y_1}{x_2-x_1}=-1$,$x_1+x_2=2x_0$,$y_1+y_2=2y_0$,$k_{OP}=\frac{y_0}{x_0}=\frac{1}{2}$,代入上式可得 $a^2=2b^2$.

又由题意知 M 的右焦点为 $(\sqrt{3},0)$,故 $a^2-b^2=3$. 因此
$$a^2=6,\quad b^2=3$$
所以 M 的方程为 $\frac{x^2}{6}+\frac{y^2}{3}=1$.

(2)由 $\begin{cases}x+y-\sqrt{3}=0\\ \frac{x^2}{6}+\frac{y^2}{3}=1\end{cases}$ 解得 $\begin{cases}x=\frac{4\sqrt{3}}{3}\\ y=-\frac{\sqrt{3}}{3}\end{cases}$ 或 $\begin{cases}x=0\\ y=\sqrt{3}\end{cases}$. 所以
$$|AB|=\sqrt{\left(\frac{4\sqrt{3}}{3}-0\right)^2+\left(-\frac{\sqrt{3}}{3}-\sqrt{3}\right)^2}=\frac{4\sqrt{6}}{3}$$

由题意可设直线 CD 的方程为
$$y=x+n\quad\left(-\frac{5\sqrt{3}}{3}<n<\sqrt{3}\right)$$

设 $C(x_3,y_3),D(x_4,y_4)$. 由 $\begin{cases}y=x+n\\ \frac{x^2}{6}+\frac{y^2}{3}=1\end{cases}$ 得

$$3x^2+4nx+2n^2-6=0$$

由韦达定理得

$$x_3+x_4=\frac{-4n}{3},\quad x_3x_4=\frac{2n^2-6}{3}$$

因为直线 CD 的斜率为 1,所以

$$|CD|=\sqrt{2}\,|x_4-x_3|=\sqrt{2}\sqrt{(x_4+x_3)^2-4x_4x_3}=\frac{4}{3}\sqrt{9-n^2}$$

四边形 $ACBD$ 的面积为

$$S=\frac{1}{2}|CD|\cdot|AB|=\frac{8\sqrt{6}}{9}\sqrt{9-n^2}$$

当 $n=0$ 时,S 取得最大值,最大值为 $\frac{8\sqrt{6}}{3}$. 所以四边形 $ACBD$ 面积的最大值为 $\frac{8\sqrt{6}}{3}$.

【例 4】 (2015 陕西) 如图 6.1 所示,已知椭圆 $E:\frac{x^2}{a^2}+\frac{y^2}{b^2}=1(a>b>0)$ 的半焦距为 c,原点 O 到经过两点 $(c,0)$、$(0,b)$ 的直线的距离为 $\frac{1}{2}c$.

(1) 求椭圆的离心率.

(2) AB 是圆 $M:(x+2)^2+(y-1)^2=\frac{5}{2}$ 的一条直径,若椭圆 E 经过 A、B 两点,求椭圆 E 的方程.

解:(1) 过两点 $(c,0)$、$(0,b)$ 的直线方程为 $\frac{x}{c}+\frac{y}{b}=1$,即为 $bx+cy-bc=0$.

由点到直线距离公式可得

$$\frac{bc}{\sqrt{b^2+c^2}}=\frac{bc}{a}$$

解得 $a=2b$,又 $a^2=b^2+c^2$,解得 $e=\frac{\sqrt{3}}{2}$.

(2) 由(1)知,椭圆 E 的方程为 $x^2+4y^2=4b^2$.

依题意,点 A、B 关于圆心 $M(-2,1)$ 对称,且 $|AB|=\sqrt{10}$.

设 $A(x_1,y_1),B(x_2,y_2)$,则

$$x_1+x_2=-4,\quad y_1+y_2=2$$

将 A、B 代入椭圆方程有

$$\begin{cases}x_1^2+4y_1^2=4b^2\\x_2^2+4y_2^2=4b^2\end{cases}$$

两式相减后整理得

$$x_1-x_2=2(y_1-y_2)$$

即

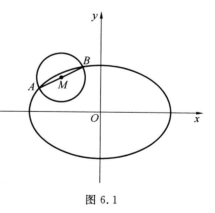

图 6.1

$$k_{AB}=\frac{y_1-y_2}{x_1-x_2}=\frac{1}{2}$$

故直线 AB 的方程为

$$y=\frac{1}{2}(x+2)+1$$

将其与椭圆方程联立有 $\begin{cases}y=\dfrac{1}{2}(x+2)+1\\ x^2+4y^2=4b^2\end{cases}$,整理可得

$$x^2+4x+8-2b^2=0$$

所以

$$x_1+x_2=-4,\quad x_1x_2=8-2b^2$$

于是

$$|AB|=\sqrt{1-\left(\frac{1}{2}\right)^2}|x_1-x_2|=\frac{\sqrt{5}}{2}\sqrt{(x_1+x_2)^2-4x_1x_2}=\sqrt{10(b^2-2)}$$

由 $|AB|=\sqrt{10}$,得 $\sqrt{10(b^2-2)}=\sqrt{10}$,解得 $b^2=3$. 故椭圆 E 的方程为 $\dfrac{x^2}{12}+\dfrac{y^2}{3}=1$.

(本题在面积章节也有阐述,此处用点差法处理.)

【例 5】（2015 浙江理）如图 6.2 所示,已知椭圆 $\dfrac{x^2}{2}+y^2=1$ 上两个不同的点 A、B 关于直线 $y=mx+\dfrac{1}{2}$ 对称.

(1)求实数 m 的取值范围.

(2)求 $\triangle ABO$ 面积的最大值.

解：(1) 设 $A(x_1,y_1)$,$B(x_2,y_2)$,线段 AB 的中点 $P(x_0,y_0)$,由中点坐标公式得

$$\begin{cases}x_0=\dfrac{x_1+x_2}{2}\\ y_0=\dfrac{y_1+y_2}{2}\end{cases}$$

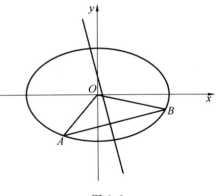

图 6.2

由已知有

$$\begin{cases}\dfrac{x_1^2}{2}+y_1^2=1\\ \dfrac{x_2^2}{2}+y_2^2=1\end{cases}\Rightarrow\frac{(x_1-x_2)(x_1+x_2)}{2}=-(y_1-y_2)(y_1+y_2)=\frac{(x_1-x_2)(x_1+x_2)}{(y_1-y_2)(y_1+y_2)}=-\frac{1}{2}$$

整理得

$$-\frac{1}{2}=\frac{y_0}{x_0}\cdot k_{AB}$$

又因为 A、B 关于直线 $y=mx+\dfrac{1}{2}$ 对称,故 $k_{AB}=-\dfrac{1}{m}$,代入上式整理为 $\dfrac{y_0}{x_0}=\dfrac{m}{2}$.

将 P 点坐标代入直线 $y = mx + \dfrac{1}{2}$，联立方程组 $\begin{cases} y_0 = mx_0 + \dfrac{1}{2} \\ \dfrac{y_0}{x_0} = \dfrac{m}{2} \end{cases}$，解得 $\begin{cases} x_0 = -\dfrac{1}{m} \\ y_0 = -\dfrac{1}{2} \end{cases}$.

由于中点必然在椭圆内部，故有

$$\dfrac{x_0^2}{2} + y_0^2 < 1 \Rightarrow m^2 > \dfrac{2}{3} \Rightarrow m > \dfrac{\sqrt{6}}{3}$$

或者

$$m < -\dfrac{\sqrt{6}}{3}$$

(2) 设 $AB: y = -\dfrac{1}{m}x + t$，将 $P\left(-\dfrac{1}{m}, -\dfrac{1}{2}\right)$ 代入可得

$$t = -\dfrac{1}{m^2} - \dfrac{1}{2}$$

故直线 $AB: y = -\dfrac{1}{m}x - \dfrac{1}{m^2} - \dfrac{1}{2}$.

令 $\dfrac{1}{m} = n \in \left(-\dfrac{\sqrt{6}}{2}, 0\right) \cup \left(0, \dfrac{\sqrt{6}}{2}\right)$，则直线 $AB: y = -nx - n^2 - \dfrac{1}{2}$. 将直线 AB 与椭圆方程进行联立有

$$\begin{cases} y = -nx - n^2 - \dfrac{1}{2} \\ \dfrac{x^2}{2} + y^2 = 1 \end{cases} \Rightarrow (2n^2 + 1)x^2 + 4n\left(n^2 + \dfrac{1}{2}\right)x + 2\left[\left(n^2 + \dfrac{1}{2}\right)^2 - 1\right] = 0$$

$$|AB| = \sqrt{n^2 + 1}\,|x_1 - x_2| = \sqrt{n^2 + 1} \cdot \dfrac{\sqrt{-2n^4 + 2n^2 + \dfrac{3}{2}}}{n^2 + \dfrac{1}{2}}$$

$$d_{O-AB} = \dfrac{n^2 + \dfrac{1}{2}}{\sqrt{n^2 + 1}}$$

$$S_{\triangle OAB} = \dfrac{1}{2}|AB|d_{O-AB} = \dfrac{1}{2}\sqrt{-2\left(n^2 - \dfrac{1}{2}\right)^2 + 2} \leqslant \dfrac{\sqrt{2}}{2}$$

当 $n^2 = \dfrac{1}{2}$ 时，等号成立，故 $S_{\triangle OAB}$ 的最大值为 $\dfrac{\sqrt{2}}{2}$.

【课后练习】

1. 已知椭圆 $\dfrac{x^2}{a^2} + \dfrac{y^2}{b^2} = 1(a > b > 0)$ 的离心率为 $\dfrac{\sqrt{2}}{2}$，$\triangle ABC$ 的三个顶点都在椭圆上，设它的三条边 AB、BC、AC 的中点分别为 D、E、F，且三条边所在直线的斜率分别为 k_1、k_2、$k_3(k_1k_2k_3 \neq 0)$. 若直线 OD、OE、OF 的斜率之和为 -1（O 为坐标原点），则 $\dfrac{1}{k_1} + \dfrac{1}{k_2} + \dfrac{1}{k_3} = $ _____.

2. 已知中心在原点、一焦点为 $F(0,4)$ 的椭圆被直线 $l: y = 3x - 2$ 截得的弦的中点横坐标为 $\dfrac{1}{2}$，求此椭圆的方程.

3. 已知椭圆 $C: \dfrac{x^2}{a^2} + \dfrac{y^2}{b^2} = 1 (a > b > 0)$ 过点 $(0, 4)$，离心率为 $\dfrac{3}{5}$.

(1) 求 C 的方程.

(2) 求过点 $(3, 0)$ 且斜率为 $\dfrac{4}{5}$ 的直线被 C 所截得线段的中点坐标.

4. (2012 年浙江理) 如图 6.3 所示，已知椭圆 $C: \dfrac{x^2}{a^2} + \dfrac{y^2}{b^2} = 1 (a > b > 0)$ 的离心率为 $\dfrac{1}{2}$，其左焦点到点 $P(2, 1)$ 的距离为 $\sqrt{10}$，不过原点 O 的直线 l 与 C 相交于 A、B 两点，且线段 AB 被直线 OP 平分.

(1) 求椭圆 C 的方程.

(2) 求 $\triangle ABP$ 面积取得最大值时直线 l 的方程.

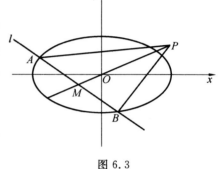

图 6.3

【答案与解析】

1. **解**：由点差法结论可得 $k_{AB} k_{OD} = -\dfrac{b^2}{a^2}$，即

$$k_1 k_{OD} = -\dfrac{1}{2} \Rightarrow \dfrac{1}{k_1} = -2 k_{OD}$$

同理可得

$$\dfrac{1}{k_2} = -2 k_{OE}, \quad \dfrac{1}{k_3} = -2 k_{OF}$$

故

$$\dfrac{1}{k_1} + \dfrac{1}{k_2} + \dfrac{1}{k_3} = -2$$

2. **解**：因为椭圆被直线 $l: y = 3x - 2$ 截得的弦的中点横坐标为 $\dfrac{1}{2}$，故中点坐标为 $\left(\dfrac{1}{2}, -\dfrac{1}{2}\right)$.

设弦两端的坐标为 $A(x_1, y_1), B(x_2, y_2)$，由中点坐标公式可得 $\begin{cases} x_1 + x_2 = 1 \\ y_1 + y_2 = -1 \end{cases}$.

又 $\begin{cases} \dfrac{y_1^2}{a^2} + \dfrac{x_1^2}{b^2} = 1 \\ \dfrac{y_2^2}{a^2} + \dfrac{x_2^2}{b^2} = 1 \end{cases}$，两式作差可得

$$\dfrac{(x_1 - x_2)(x_1 + x_2)}{b^2} + \dfrac{(y_1 - y_2)(y_1 + y_2)}{a^2} = 0$$

即整理为
$$\frac{y_1-y_2}{x_1-x_2} \cdot \frac{y_1+y_2}{x_1+x_2} = -\frac{a^2}{b^2} \Rightarrow 3 = \frac{a^2}{b^2} \qquad ①$$

由于一焦点为 $F(0,4)$,故
$$a^2 = b^2 + 16 \qquad ②$$

将①②联立解得
$$a^2 = 24, \quad b^2 = 8$$

所以椭圆的标准方程为 $\frac{y^2}{24} + \frac{x^2}{8} = 1$.

3. **解**:(1) $\begin{cases} b=4 \\ \frac{c}{a} = \frac{3}{5} \\ a^2 = b^2 + c^2 \end{cases}$,解得 $a=5$,故椭圆方程为 $\frac{x^2}{25} + \frac{y^2}{16} = 1$.

(2) 设直线与椭圆的交点分别为 $A(x_1, y_1), B(x_2, y_2)$,代入椭圆方程可得
$$\begin{cases} \frac{x_1^2}{25} + \frac{y_1^2}{16} = 1 \\ \frac{x_2^2}{25} + \frac{y_2^2}{16} = 1 \end{cases}$$

两式作差整理可得
$$-\frac{16}{25} = \frac{y_1-y_2}{x_1-x_2} \cdot \frac{y_1+y_2}{x_1+x_2} \qquad ①$$

又 $x_1+x_2 = 2x_0, y_1+y_2 = 2y_0, \frac{y_1-y_2}{x_1-x_2} = \frac{4}{5}$,代入上式整理可得
$$4x_0 + 5y_0 = 0 \qquad ②$$

又由于直线过点 $(3,0)$,故
$$\frac{y_0-0}{x_0-3} = \frac{4}{5} \qquad ③$$

将②③联立可得
$$\begin{cases} x_0 = \frac{3}{2} \\ y_0 = -\frac{6}{5} \end{cases}$$

4. **解**:(1) 设椭圆的左焦点为 $(-c,0)$,由题意可得
$$\begin{cases} \sqrt{(2+c)^2+1} = \sqrt{10} \\ \frac{c}{a} = \frac{1}{2} \\ a^2 = b^2 + c^2 \end{cases} \Rightarrow \begin{cases} a=2 \\ b=\sqrt{3} \\ c=1 \end{cases} \Rightarrow \frac{x^2}{4} + \frac{y^2}{3} = 1$$

故椭圆 C 的方程为 $\frac{x^2}{4} + y^2 = 1$.

(2) 由已知直线 OP 的方程为 $y = \frac{1}{2}x$,设 AB 中点为 $M(x_0, y_0), A(x_1, y_1)$,

$B(x_2,y_2)$,由中点坐标公式可得

$$\begin{cases} \dfrac{x_1+x_2}{2}=x_0 \\ \dfrac{y_1+y_2}{2}=y_0 \end{cases}$$

由题意可得

$$\begin{cases} \dfrac{x_1^2}{4}+\dfrac{y_1^2}{3}=1 \\ \dfrac{x_2^2}{4}+\dfrac{y_2^2}{3}=1 \end{cases} \Rightarrow \dfrac{(x_1-x_2)(x_1+x_2)}{4}=-\dfrac{(y_1-y_2)(y_1+y_2)}{3} \Rightarrow -\dfrac{3}{4}=\dfrac{y_1-y_2}{x_1-x_2}\cdot\dfrac{y_1+y_2}{x_1+x_2}$$

即

$$-\dfrac{3}{4}=k_{AB}\cdot\dfrac{y_0}{x_0}\Rightarrow -\dfrac{3}{4}=k_{AB}\cdot\dfrac{1}{2}\Rightarrow k_{AB}=-\dfrac{3}{2}$$

设 $AB:y=-\dfrac{3}{2}x+m$,将其与椭圆方程进行联立可得

$$\begin{cases} y=-\dfrac{3}{2}x+m \\ \dfrac{x^2}{4}+\dfrac{y^2}{3}=1 \end{cases}$$

整理为

$$3x^2-3mx+m^2-3=0$$

由韦达定理可得

$$x_1+x_2=m, \quad x_1x_2=\dfrac{m^2-3}{3}$$

其中

$$\Delta=3(12-m^2)>0\Rightarrow m\in(-2\sqrt{3},2\sqrt{3})$$

$$|AB|=\sqrt{1+\dfrac{9}{4}}|x_1-x_2|=\dfrac{\sqrt{39}}{6}\cdot\sqrt{12-m^2}, \quad d_{P-AB}=\dfrac{2|m-4|}{\sqrt{13}}$$

$$S_{\triangle PAB}=\dfrac{1}{2}d_{P-AB}|AB|=\dfrac{\sqrt{3}}{6}\sqrt{(12-m^2)(m-4)^2}$$

设

$$f(m)=(12-m^2)(m-4)^2, \quad m\in(-2\sqrt{3},2\sqrt{3})$$
$$f'(m)=-4(m-4)(m^2-2m-6)$$

易分析当 $m=1-\sqrt{7}$ 时,$S_{\triangle PAB}$ 面积最大,此时直线 l 的方程为 $3x+2y+2\sqrt{7}-2=0$.

第七章　轨迹方程

轨迹方程是与几何轨迹对应的代数描述,在近20年的高考题中,轨迹方程多次出现. 轨迹方程除了本章要学习的几种方法和典型例题,在第十三章双切与同构中也会大量涉及有关轨迹的问题,如阿基米德三角形、蒙日圆等问题.

常用的对于轨迹方程的求法,有直译法、定义法、相关点法、交轨法和参数法(详见第十五章参数方程).

(1)直译法:直接翻译已知条件.

【例1】 已知两定点 $A(-4,4)$,$B(4,4)$,直线 AM、BM 相交于点 M,且直线 AM、BM 的斜率之差为 -2,求 M 的轨迹方程.

解:设 $M(x,y)$,由于 $k_{AM}-k_{BM}=-2$,即

$$\frac{4-x}{-4-y}-\frac{4-x}{4-y}=-2$$

化简可得 $x^2=4y(x\neq\pm 4)$.

(2)定义法:通过几何图像的定义来描述相关轨迹.

【例2】 已知圆 $M:(x+1)^2+y^2=1$,圆 $N:(x-1)^2+y^2=9$,动圆 P 与圆 M 外切并且与圆 N 内切,圆心 P 的轨迹为曲线 C. 求 C 的轨迹方程.

解:由已知得圆 M 的圆心为 $M(-1,0)$,半径 $r_1=1$. 圆 N 的圆心为 $N(1,0)$,半径 $r_2=3$.

设圆 P 的圆心为 $P(x,y)$,半径为 R,则

$$|PM|+|PN|=(R+r_1)+(r_2-R)=r_1+r_2=4>|MN|=2$$

由椭圆的定义可知,曲线 C 是以 M、N 为左、右焦点,长半轴长为 2,短半轴长为 $\sqrt{3}$ 的椭圆(左顶点除外),其方程为 $\frac{x^2}{4}+\frac{y^2}{3}=1(x\neq -2)$.

(3)相关点法:用动点 Q 的坐标 (x,y) 表示相关点 P 的坐标 (x_0,y_0),然后代入点 P 的坐标 (x_0,y_0) 所满足的曲线方程,整理化简便得到动点 Q 的轨迹方程.

【例3】 已知 $l_1:y=2x$,$l_2:y=-2x$,O 为坐标原点,A、B 两点分别在 l_1、l_2 上运动,P 为线段 AB 中点.

(1)若 $|AB|=4$,求 P 点轨迹方程.

(2)若 $x>0$,且 $S_{\triangle OAB}=8$,求 P 点轨迹方程.

解:(1)设 $A(x_1,y_1)$,$B(x_2,y_2)$,$P(x,y)$,满足

$$\begin{cases} y_1=2x_1 & ① \\ y_2=-2x_2 & ② \end{cases}$$

由中点坐标公式可得

$$\begin{cases} 2x = x_1 + x_2 & ③\\ 2y = y_1 + y_2 & ④ \end{cases}$$

①②两式相加可得 $y_1 + y_2 = 2(x_1 - x_2)$，即
$$y = x_1 - x_2 \qquad ⑤$$

①②两式相减可得 $y_1 - y_2 = 2(x_1 + x_2)$，即
$$y_1 - y_2 = 4x \qquad ⑥$$

由 $|AB| = \sqrt{(x_1-x_2)^2 + (y_1-y_2)^2} = 4$，代入上式可得
$$y^2 + 16x^2 = 16$$

即 P 的轨迹方程为 $\dfrac{y^2}{16} + x^2 = 1$.

(2) 因为 $\tan\angle AOx = 2$，$\sin\angle AOB = \dfrac{2\tan\angle AOx}{1+\tan^2\angle AOx} = \dfrac{4}{5}$，所以
$$S_{\triangle OAB} = \dfrac{1}{2}|OA| \cdot |OB|\sin\angle AOB = \dfrac{2}{5}\sqrt{x_1^2+y_1^2} \cdot \sqrt{x_2^2+y_2^2} = 8$$

将①②两式代入可得
$$|x_1 x_2| = 4$$

由(1)中③⑤两式得 $\begin{cases} 2x = x_1 + x_2 \\ y = x_1 - x_2 \end{cases}$，将两式左右同时平方可得
$$\begin{cases} 4x^2 = x_1^2 + 2x_1x_2 + x_2^2 \\ y^2 = x_1^2 - 2x_1x_2 + x_2^2 \end{cases}$$

将两式作差可得
$$4x^2 - y^2 = 4x_1x_2 = 16$$

即 P 点轨迹为 $\dfrac{x^2}{4} - \dfrac{y^2}{16} = 1$.

【例4】 已知椭圆 $C: \dfrac{x^2}{4} + \dfrac{y^2}{3} = 1$，$P$ 为椭圆上任意一点，F_1、F_2 为其左、右焦点，求 $\triangle PF_1F_2$ 的内切圆圆心轨迹 E 的方程.

解：如图 7.1 所示，设 $E(x, y)$，延长 PE 交 x 轴于点 M，设 $M(x_0, 0)$，$P(x_1, y_1)$.

由焦半径公式可得
$$\begin{cases} PF_1 = 2 + \dfrac{1}{2}x_1 \\ PF_2 = 2 - \dfrac{1}{2}x_1 \end{cases}$$

又 $\begin{cases} MF_1 = x_0 + 1 \\ MF_2 = 1 - x_0 \end{cases}$，由角分线定理可得
$$\dfrac{PF_1}{PF_2} = \dfrac{MF_1}{MF_2}$$

故代入整理化简可得

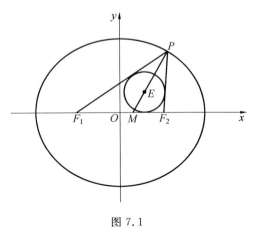

图 7.1

$$x_1 = 4x_0 \qquad ①$$

由角分线定理同理可得

$$\begin{cases} \dfrac{PF_1}{F_1M} = \dfrac{PE}{EM} & ② \\ \dfrac{PF_2}{F_2M} = \dfrac{PE}{EM} & ③ \end{cases}$$

由合比定理②+③可得

$$\frac{PF_1+PF_2}{MF_1+MF_2} = \frac{PE}{EM}$$

由于 $PF_1+PF_2=4$，$F_1M+F_2M=2$，即 $\dfrac{PE}{EM}=2$，因此由定比分点坐标公式可得

$$\begin{cases} x = \dfrac{x_1+2x_0}{3} \\ y = \dfrac{y_1}{3} \end{cases}$$

将①代入 $\dfrac{(2x)^2}{4} + \dfrac{(3y)^2}{3} = 1$ 可化简为

$$\begin{cases} x_1 = 2x & ④ \\ y_1 = 3y & ⑤ \end{cases}$$

由于 $\dfrac{x_1^2}{4} + \dfrac{y_1^2}{3} = 1$，化简可得 E 的轨迹方程为 $x^2 + 3y^2 = 1$.

【注】此题背景为椭圆 $C: \dfrac{x^2}{a^2} + \dfrac{y^2}{b^2} = 1$，$P$ 为椭圆上任意一点，F_1、F_2 为其左、右焦点，则 $\triangle PF_1F_2$ 的内切圆圆心轨迹 E 的方程为 $\dfrac{x^2}{c^2} + \dfrac{(a+c)^2 y^2}{b^2 c^2} = 1$，各位读者仿照上题可自行推导.

【例5】 若 $M(x_1, y_1)$、$N(x_2, y_2)$ 是椭圆 $\dfrac{x^2}{4} + \dfrac{y^2}{2} = 1$ 上的两个动点，且满足 $x_1 x_2 + 2y_1 y_2 = 0$，动点 P 满足 $\overrightarrow{OP} = \overrightarrow{OM} + 2\overrightarrow{ON}$（其中 O 为坐标原点），求动点 P 的轨迹.

解：设 $P(x,y)$，由于 $\overrightarrow{OP} = \overrightarrow{OM} + 2\overrightarrow{ON}$，故得到

$$\begin{cases} x = x_1 + 2x_2 & ① \\ y = y_1 + 2y_2 & ② \end{cases}$$

将①②两个方程左右平方可得

$$\begin{cases} x^2 = x_1^2 + 4x_1 x_2 + 4x_2^2 & ③ \\ y^2 = y_1^2 + 4y_1 y_2 + 4y_2^2 & ④ \end{cases}$$

将③+2×④可得

$$x^2 + 2y^2 = x_1^2 + 4x_1 x_2 + 4x_2^2 + 2y_1^2 + 8y_1 y_2 + 8y_2^2 \qquad ⑤$$

由于 M、N 在椭圆上，故满足 $\begin{cases} \dfrac{x_1^2}{4} + \dfrac{y_1^2}{2} = 1 \\ \dfrac{x_2^2}{4} + \dfrac{y_2^2}{2} = 1 \end{cases}$，即

$$x_1^2+2y_1^2=4, \quad x_2^2+2y_2^2=4$$

又由于 $x_1x_2+2y_1y_2=0$,均代入到式⑤中可得

$$x^2+2y^2=20$$

化简为 $\dfrac{x^2}{20}+\dfrac{y^2}{10}=1$.

【例6】 (2014 陕西数学竞赛)如图 7.2 所示,已知 A、B 是椭圆 $\dfrac{x^2}{a^2}+\dfrac{y^2}{b^2}=1(a>b>0)$ 的长轴端点,P 是椭圆上异于 A、B 的点,分别过 A、B 点作 $l_1\perp PA$,$l_2\perp PB$,l_1、l_2 相交于点 M,当动点 P 在椭圆上移动时,求点 M 的轨迹方程.

解:设点 $P(x_0,y_0)$ 满足 $\dfrac{x_0^2}{a^2}+\dfrac{y_0^2}{b^2}=1$,由椭圆第三定义可得

$$k_{PA}\cdot k_{PB}=-\dfrac{b^2}{a^2} \quad ①$$

由于 $PA\perp AM$,$PB\perp BM$,所以

$$k_{PA}\cdot k_{AM}=-1, \quad k_{PB}\cdot k_{BM}=-1$$

上述两式相乘可得

$$k_{PA}\cdot k_{AM}\cdot k_{PB}\cdot k_{BM}=1$$

将①式代入可得

$$k_{AM}\cdot k_{BM}=-\dfrac{a^2}{b^2}$$

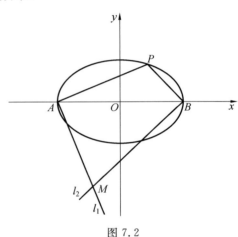

图 7.2

即

$$\dfrac{y}{x-a}\cdot\dfrac{y}{x+a}=-\dfrac{a^2}{b^2}$$

化简为 $\dfrac{x^2}{a^2}+\dfrac{y^2}{\left(\dfrac{a^2}{b}\right)^2}=1$.

【例7】 已知坐标原点为 O,双曲线 $C:\dfrac{x^2}{a^2}-\dfrac{y^2}{b^2}=1(a>0,b>0)$ 的焦点到其渐近线的距离为 $\sqrt{2}$,离心率为 $\sqrt{3}$.

(1)求双曲线的方程.

(2)设过双曲线上动点 $P(x_0,y_0)$ 的直线 $x_0x-\dfrac{y_0y}{2}=1$ 分别交双曲线的两条渐近线于 A、B 两点,求 $\triangle AOB$ 的外心 M 的轨迹方程.

解:(1)由已知可得

$$e=\dfrac{c}{a}=\sqrt{\dfrac{a^2+b^2}{a^2}}=\sqrt{1+\left(\dfrac{b}{a}\right)^2}=\sqrt{3}$$

且

$$\dfrac{|bc|}{\sqrt{a^2+b^2}}=b=\sqrt{2}$$

即 $a^2=1, b^2=2$,所以双曲线的方程为 $x^2-\dfrac{y^2}{2}=1$.

(2)设 $A(x_1,y_1), B(x_2,y_2)$,且由已知得 $x_0^2-\dfrac{y_0^2}{2}=1$,渐近线方程为 $y=\pm\sqrt{2}\,x$.

联立 $\begin{cases} x_0 x-\dfrac{y_0 y}{2}=1 \\ y=\sqrt{2}\,x \end{cases}$,解得 $x_1=\dfrac{1}{x_0-\dfrac{\sqrt{2}\,y_0}{2}}$,所以 $y_1=\sqrt{2}\,x_1$;

联立 $\begin{cases} x_0 x-\dfrac{y_0 y}{2}=1 \\ y=-\sqrt{2}\,x \end{cases}$,解得 $x_2=\dfrac{1}{x_0+\dfrac{\sqrt{2}\,y_0}{2}}$,所以 $y_2=-\sqrt{2}\,x_2$.

法一:设 $\triangle AOB$ 的外心 $M(x,y)$,则由 $|MA|=|MO|=|MB|$ 得
$$(x-x_1)^2+(y-\sqrt{2}\,x_1)^2=x^2+y^2=(x-x_2)^2+(y+\sqrt{2}\,x_2)^2$$
即
$$xx_1+\sqrt{2}\,yx_1=\dfrac{3}{2}x_1^2 \Rightarrow x+\sqrt{2}\,y=\dfrac{3}{2}x_1 \qquad ①$$

同理
$$xx_2-\sqrt{2}\,yx_2=\dfrac{3}{2}x_2^2 \Rightarrow x-\sqrt{2}\,y=\dfrac{3}{2}x_2 \qquad ②$$

①②两式相乘得
$$x^2-2y^2=\dfrac{9}{4}x_1 x_2$$

又因为
$$x_1 x_2=\dfrac{1}{x_0-\dfrac{\sqrt{2}\,y_0}{2}} \cdot \dfrac{1}{x_0+\dfrac{\sqrt{2}\,y_0}{2}}=\dfrac{1}{x_0^2-\dfrac{y_0^2}{2}}=1$$

所以 $\triangle AOB$ 的外心 M 的轨迹方程为
$$x^2-2y^2=\dfrac{9}{4}$$

法二:设 $\triangle AOB$ 的外心 $M(x,y)$,线段 OA 的中垂线方程为
$$y-\dfrac{y_1}{2}=-\dfrac{\sqrt{2}}{2}\left(x-\dfrac{x_1}{2}\right)$$

线段 OB 的中垂线方程为
$$y-\dfrac{y_2}{2}=\dfrac{\sqrt{2}}{2}\left(x-\dfrac{x_2}{2}\right)$$

联立 $\begin{cases} y-\dfrac{y_1}{2}=-\dfrac{\sqrt{2}}{2}\left(x-\dfrac{x_1}{2}\right) \\ y-\dfrac{y_2}{2}=\dfrac{\sqrt{2}}{2}\left(x-\dfrac{x_2}{2}\right) \end{cases}$,解得 $\begin{cases} x=\dfrac{3}{4}(x_1+x_2) \\ y=\dfrac{3\sqrt{2}}{8}(x_1-x_2) \end{cases}$.

因为

$$x_1+x_2=\frac{1}{x_0-\frac{\sqrt{2}y_0}{2}}+\frac{1}{x_0+\frac{\sqrt{2}y_0}{2}}=\frac{2x_0}{x_0^2-\frac{y_0^2}{2}}=2x_0$$

$$x_1-x_2=\frac{1}{x_0-\frac{\sqrt{2}y_0}{2}}-\frac{1}{x_0+\frac{\sqrt{2}y_0}{2}}=\frac{\sqrt{2}y_0}{x_0^2-\frac{y_0^2}{2}}=\sqrt{2}y_0$$

即

$$\begin{cases}x=\frac{3}{4}(x_1+x_2)=\frac{3}{2}x_0\\y=\frac{3\sqrt{2}}{8}(x_1-x_2)=\frac{3}{4}y_0\end{cases}\Rightarrow\begin{cases}x_0=\frac{2}{3}x\\y_0=\frac{4}{3}y\end{cases}$$

代入 $x_0^2-\frac{y_0^2}{2}=1$ 得

$$\frac{4}{9}x^2-\frac{8}{9}y^2=1$$

所以 $\triangle AOB$ 的外心 M 的轨迹方程为 $x^2-2y^2=\frac{9}{4}$.

【例 8】 (2011 安徽理) 如图 7.3 所示,设 $\lambda>0$,点 B 在抛物线 $y=x^2$ 上运动,点 Q 满足 $\overrightarrow{BQ}=\lambda\overrightarrow{QA}$,经过点 Q 与 x 轴垂直的直线交抛物线于点 M,点 P 满足 $\overrightarrow{QM}=\lambda\overrightarrow{MP}$,求点 P 的轨迹方程.

解:设 $B(t,t^2)$,因为 $A(1,1)$,Q 满足 $\overrightarrow{BQ}=\lambda\overrightarrow{QA}$,由定比分点坐标公式可得

$$x_Q=\frac{t+\lambda}{1+\lambda},\quad y_Q=\frac{t^2+\lambda}{1+\lambda}$$

由于 $\overrightarrow{QM}=\lambda\overrightarrow{MP}$ 且 QM 垂直于 x 轴,所以

$$x_M=x_Q=\frac{t+\lambda}{1+\lambda},\quad y_Q=\left(\frac{t+\lambda}{1+\lambda}\right)^2$$

由定比分点坐标公式 $x_P=\frac{t+\lambda}{1+\lambda},y_M=\frac{y_Q+\lambda y_P}{1+\lambda}$,解得

$$y_P=\frac{\lambda+2t-1}{1+\lambda}=\frac{2\lambda+2t-\lambda-1}{1+\lambda}=2\left(\frac{\lambda+t}{1+\lambda}\right)-1=2x_P-1$$

即 P 点轨迹方程为 $y=2x-1$.

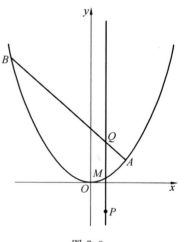

图 7.3

(4)交轨法:将两动直线方程中的参数消去,得到不含参数的方程.

【例 9】 已知椭圆 $\frac{x^2}{4}+\frac{y^2}{3}=1$,$A_1$、$A_2$ 分别为椭圆的左、右焦点,已知直线 $x=t(-2<t<2)$ 交椭圆于 C、D 两点,求 A_1C 和 A_2D 交点 E 的轨迹方程.

解:设 $C(t,s)$、$D(t,-s)$ 满足 $\frac{t^2}{4}+\frac{s^2}{3}=1$,即 $s^2=\frac{3}{4}(4-t^2)$,则

$$A_1C:\frac{y}{x-2}=\frac{s}{t-2} \qquad \text{①}$$

$$A_2D: \frac{y}{x+2} = \frac{-s}{t+2} \qquad ②$$

①×②可得

$$\frac{y^2}{x^2-4} = \frac{-s^2}{t^2-4}$$

将 $s^2 = \frac{3}{4}(4-t^2)$ 代入整理可得

$$\frac{y^2}{x^2-4} = \frac{3}{4}$$

即 E 的轨迹方程为 $\frac{x^2}{4} - \frac{y^2}{3} = 1$.

【注】此题背景为对于椭圆 $\frac{x^2}{a^2} + \frac{y^2}{b^2} = 1$,$A_1$、$A_2$ 分别为椭圆的左、右焦点,已知直线 $x = t$ 交椭圆于 C、D 两点,A_1C 和 A_2D 交点 E 的轨迹方程为 $\frac{x^2}{a^2} - \frac{y^2}{b^2} = 1$;

对于双曲线 $\frac{x^2}{a^2} - \frac{y^2}{b^2} = 1$,$A_1$、$A_2$ 分别为双曲线的左、右焦点,已知直线 $x = t$ 交双曲线于 C、D 两点,A_1C 和 A_2D 交点 E 的轨迹方程为 $\frac{x^2}{a^2} + \frac{y^2}{b^2} = 1$,各位读者可仿照上题自行推导.

【例 10】 如图 7.4 所示,已知圆 $x^2 + y^2 = 4$ 上任意一点 P,过 P 作切线分别交 $x = 2$、$x = -2$ 于点 A、B,已知两点 $C(-2,0)$、$D(2,0)$,连接 AC、BD 交于点 M,请求出 M 的轨迹方程.

解:设 $P(x_0, y_0)$,由切点弦方程可得 P 处切线方程为

$$x_0 x + y_0 y = 4$$

将其分别与交点 $x = 2$,$x = -2$ 进行联立得到 $A\left(2, \frac{4-2x_0}{y_0}\right)$,$B\left(-2, \frac{4+2x_0}{y_0}\right)$.

直线 AC 的方程为

$$\frac{y}{x+2} = \frac{\frac{4-2x_0}{y_0}}{4} \qquad ①$$

直线 BD 的方程为

$$\frac{y}{x-2} = \frac{\frac{4+2x_0}{y_0}}{-4} \qquad ②$$

①×②得

$$\frac{y^2}{x^2-4} = \frac{\frac{16-4x_0^2}{y_0^2}}{-16} \qquad ③$$

由于 $x_0^2 + y_0^2 = 4$,代入③式得

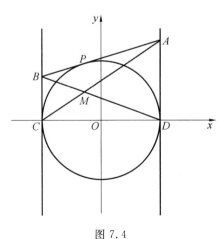

图 7.4

$$\frac{y^2}{x^2-4}=-\frac{1}{4}$$

化简为 $\frac{x^2}{4}+y^2=1$,此即为 M 的轨迹方程.

【课后练习】

1. 已知两个定点的距离为 6,点 M 到这两个定点的距离的平方和为 26,求点 M 的轨迹方程.

2. 已知以原点 O 为中心的椭圆的一条准线方程为 $x=\frac{4\sqrt{3}}{3}$,离心率 $e=\frac{\sqrt{3}}{2}$,M 是椭圆上的动点.

(1) 若点 C、D 的坐标分别是 $(0,-\sqrt{3})$、$(0,\sqrt{3})$,求 $|MC|\cdot|MD|$ 的最大值.

(2) 如图 7.5 所示,点 A 的坐标为 $(1,0)$,B 是圆 $x^2+y^2=1$ 上的点,N 是点 M 在 x 轴上的射影,点 Q 满足条件:$\overrightarrow{OQ}=\overrightarrow{OM}+\overrightarrow{ON}$,$\overrightarrow{QA}\cdot\overrightarrow{BA}=0$. 求线段 QB 的中点 P 的轨迹方程.

3. (2005 江西理) 如图 7.6 所示,M 是抛物线 $y^2=x$ 上的一点,动弦 ME、MF 分别交 x 轴于点 A、B,且 $MA=MB$.

(1) 若 M 为定点,证明:直线 EF 的斜率为定值.

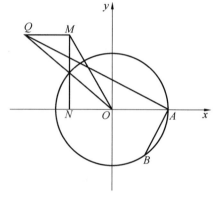

图 7.5

(2) 若 M 为动点,且 $\angle EMF$ 为直角,求 $\triangle EMF$ 的重心 G 的轨迹方程.

4. 已知与圆 $x^2+y^2=4$ 相切的直线 l 与曲线 $C:x^2-\frac{y^2}{4}=1(x>0)$ 交于两个不同的点 M、N,则曲线 C 在点 M、N 处的切线的交点轨迹方程为_____.

5. 过 $x=4$ 上任意一点 P 引圆 $x^2+y^2=4$ 的两条切线,切点为 A、B,弦 AB 中点为 Q,求 Q 的轨迹方程.

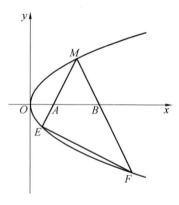

图 7.6

【答案与解析】

1. **解**:设 $A(-3,0)$,$B(3,0)$,$M(x,y)$.
由题意知
$$|MA|^2+|MB|^2=26$$
即为
$$(x+3)^2+y^2+(x-3)^2+y^2=26$$
化简得 $x^2+y^2=4$.

2. **解**:(1) 由题设条件,已知椭圆的焦点在 y 轴上,故设椭圆的方程为

$$\frac{y^2}{a^2}+\frac{x^2}{b^2}=1 \quad (a>b>0)$$

设 $c=\sqrt{a^2-b^2}$，由椭圆的一条准线方程为 $y=\frac{4\sqrt{3}}{3}$ 得

$$\frac{a^2}{c}=\frac{4\sqrt{3}}{3}$$

由 $e=\frac{\sqrt{3}}{2}$ 得 $\frac{c}{a}=\frac{\sqrt{3}}{2}$，解得 $a=2,c=\sqrt{3}$. 从而 $b=1$，所以椭圆的方程为

$$x^2+\frac{y^2}{4}=1$$

又易知 C、D 两点是椭圆 $x^2+\frac{y^2}{4}=1$ 的焦点，所以

$$|MC|+|MD|=2a=4$$

从而

$$|MC| \cdot |MD| \leqslant \left(\frac{|MC|+|MD|}{2}\right)^2=2^2=4$$

当且仅当 $|MC|=|MD|=2$ 时取等号，即点 M 的坐标为 $(\pm 1,0)$ 时上式取等号. 所以 $|MC| \cdot |MD|$ 的最大值为 4.

(2) 设 $M(x_M,y_M),B(x_B,y_B),Q(x_Q,y_Q)$.

因为 $N(x_M,0),\overrightarrow{OM}+\overrightarrow{ON}=\overrightarrow{OQ}$，故

$$x_Q=2x_M, \quad y_Q=y_M$$
$$x_Q^2+y_Q^2=(2x_M)^2+(y_M)^2=4 \qquad ①$$

因为 $\overrightarrow{QA} \cdot \overrightarrow{BA}=0$，所以

$$(1-x_Q,-y_Q) \cdot (1-x_B,-y_B)=(1-x_Q)(1-x_B)+y_Qy_B=0$$
$$x_Qx_B+y_Qy_B=x_B+x_Q-1 \qquad ②$$

连接 BQ，记 P 点的坐标为 (x_P,y_P)，因为 P 是 BQ 的中点，所以

$$2x_P=x_Q+x_B, \quad 2y_P=y_Q+y_B$$

又因为 $x_B^2+y_B^2=1$，结合①②两式得

$$x_P^2+y_P^2=\frac{1}{4}[(x_Q+x_B)^2+(y_Q+y_B)^2]$$
$$=\frac{1}{4}[x_Q{}^2+x_B{}^2+y_Q{}^2+y_B{}^2+2(x_Qx_B+y_Qy_B)]$$
$$=\frac{1}{4}[5+2(x_Q+x_B-1)]=\frac{3}{4}+x_P$$

即

$$x_P^2+y_P^2-x_P-\frac{3}{4}=0$$

故动点 P 的轨迹方程为 $\left(x-\frac{1}{2}\right)^2+y^2=1$.

3. 解：(1) 设 $M(y_0^2,y_0)$，直线 ME 的斜率为 $k(k>0)$，则直线 MF 的斜率为 $-k$. 直

线 ME 的方程为
$$y-y_0=k(x-y_0^2)$$

由 $\begin{cases} y-y_0=k(x-y_0^2) \\ y^2=x \end{cases}$ 消去 x 得

$$ky+ky_0-1=0$$

解得
$$y_E=\frac{1-ky_0}{k}, \quad x_E=\frac{(1-ky_0)^2}{k^2}$$

同理可得
$$y_F=\frac{1+ky_0}{-k}, \quad x_F=\frac{(1+ky_0)^2}{k^2}$$

所以 $k_{EF}=\dfrac{y_E-y_F}{x_E-x_F}$，将坐标代入得 $k_{EF}=-\dfrac{1}{2y_0}$（定值）. 所以直线 EF 的斜率为定值.

(2) 当 $\angle EMF=90°$ 时，$\angle MAB=45°$，所以 $k=1$，所以直线 ME 的方程为
$$y-y_0=x-y_0^2$$

由 $\begin{cases} y-y_0=x-y_0^2 \\ y=x^2 \end{cases}$ 解得 $E((1-y_0)^2, 1-y_0)$.

同理可得 $F((1+y_0)^2, -(1+y_0))$.

设重心为 $G(x,y)$，则有
$$x=\frac{x_M+x_E+x_F}{3}, \quad y=\frac{y_M+y_E+y_F}{3}$$

代入坐标得 $\begin{cases} x=\dfrac{2+3y_0^2}{3} \\ y=\dfrac{-y_0}{3} \end{cases}$. 消去参数 y_0 得 $y^2=\dfrac{1}{9}x-\dfrac{2}{27}\left(x>\dfrac{2}{3}\right)$.

4. 解：设 $Q(x_0, y_0)$ 为 C 在 M、N 处切线交点，其对应切点弦 $MN: x_0 x-\dfrac{y_0 y}{4}=1$.

由于 l 与圆相切，由点到直线距离公式可得
$$\frac{1}{\sqrt{x_0^2+\dfrac{y_0^2}{16}}}=2$$

化简为
$$x_0^2+\frac{y_0^2}{16}=\frac{1}{4}$$

即 Q 点轨迹为 $x^2+\dfrac{y^2}{16}=\dfrac{1}{4}$.

又直线 l 与双曲线交于两点，可知 $x_0>0$，$\left|\dfrac{4x_0}{y_0}\right|>2$.

结合曲线 C 的方程，可得 $\dfrac{\sqrt{5}}{5}<x\leqslant\dfrac{1}{2}$.

5. **解**：设 $P(4,m)$，由切点弦方程可得

$$AB: 4x+my=4 \qquad ①$$

由 O、P、Q 三点共线得

$$OP: y=\frac{m}{4}x \qquad ②$$

将①②进行联立可得

$$4x+\frac{4y^2}{x}=4$$

即 Q 的轨迹方程为 $x^2+y^2-x=0$.

第二篇　技巧与方法

第八章 齐 次 化

8.1 齐次化的理论与基础题型

齐次式相信很多读者都用过,最常见的就是在三角函数中,已知正切值求其他三角函数值时,经常会构建齐次式去解题.然而齐次化的妙用不仅于此,在解决圆锥曲线中有关斜率和、斜率积的定点定值问题时,其也是一种十分好用的计算技巧.为了能更好地了解齐次化,先看下面的一些例题.

由于抛物线的计算量较小,因此先选择抛物线来帮助大家理解,将齐次化做法与常规做法进行对比.

【例1】 (1)已知点 A、B 是抛物线 $y^2=4x$ 上异于原点的两个点,且满足 $OA \perp OB$,求证:直线 AB 过定点.

证明:不难发现直线 OA 与直线 OB 的斜率之积为 -1.

法一:常规证法.

设点 $A(x_1,y_1)$,$B(x_1,y_1)$,$l_{AB}:x=ky+m$.

由 $\begin{cases} x=ky+m \\ y^2=4x \end{cases}$ 得

$$y^2-4ky-4m=0$$

所以

$$y_1 y_2=-4m, \quad x_1 x_2=\frac{y_1^2}{4} \cdot \frac{y_2^2}{4}=m^2$$

所以

$$\overrightarrow{OA} \cdot \overrightarrow{OB}=x_1 x_2+y_1 y_2=m^2-4m=0$$

解得 $m=4$ 或 $m=0$(舍).所以 $l_{AB}:x=ky+4$ 恒过定点 $(4,0)$.

法二:齐次化证法.

【思考】 由于 $\dfrac{y_1}{x_1} \cdot \dfrac{y_2}{x_2}=-1$,若可以构造一个关于 $\dfrac{y}{x}$ 的方程:$A\left(\dfrac{y}{x}\right)^2+B\left(\dfrac{y}{x}\right)+C=0$,不就可以利用韦达定理了吗?那么怎样可以得到这个方程呢?首先要得到一个关于 xy 的齐次式.

设直线 $l_{AB}:mx+ny=1$.由

$$y^2=4x \Rightarrow y^2-4x=0 \Rightarrow y^2-4x(mx+ny)=0$$

化简得

$$y^2-4nxy-4mx^2=0$$

再同除以 x^2 可得
$$\left(\frac{y}{x}\right)^2 - 4n\left(\frac{y}{x}\right) - 4m = 0$$

由韦达定理得
$$\frac{y_1}{x_1} \cdot \frac{y_2}{x_2} = -4m = -1 \Rightarrow m = \frac{1}{4}$$

所以 $l_{AB}: \frac{1}{4}x + ny = 1$ 恒过定点 $(4,0)$.

【注】上面利用了 $mx+ny=1$，让次数为一次的式子乘 $mx+ny=1$，就得到了一个二次的式子.

(2) 已知抛物线 $y^2=4x$ 上一点 $P(1,2)$，点 $A、B$ 是抛物线上异于点 P 的两个点，且满足 $PA \perp PB$，求证：直线 AB 过定点.

证明：法一（常规证法）.

设点 $A(x_1,y_1)$，$B(x_2,y_2)$，$l_{AB}: x=ky+m$.

由 $\begin{cases} x=ky+m \\ y^2=4x \end{cases}$ 得
$$y^2 - 4ky - 4m = 0$$

所以
$$y_1 y_2 = -4m, \quad x_1 x_2 = \frac{y_1^2}{4} \cdot \frac{y_2^2}{4} = m^2$$

$$\begin{cases} y_1 + y_2 = 4k \\ x_1 + x_2 = ky_1 + m + ky_2 + m = 4k^2 + 2m \end{cases}$$

因为 $PA \perp PB$，所以
$$\vec{PA} \cdot \vec{PB} = (x_1-1)(x_2-1) + (y_1-2)(y_2-2) = 0$$
$$x_1 x_2 - (x_1+x_2) + 1 + y_1 y_2 - 2(y_1+y_2) + 4 = 0$$
$$4k^2 - m^2 + 6m + 8k - 5 = 0$$
$$(2k-m+5)(2k+m-1) = 0$$

当 $m=2k+5$ 时，$l_{AB}: x=k(y+2)+5$ 恒过点 $(5,-2)$；
当 $m=-2k+1$ 时，$l_{AB}: x=k(y-2)+1$ 恒过点 $(1,2)$（舍）.
故直线 AB 恒过定点 $(5,-2)$.

【注意】这个方法的因式分解比较难，可以利用增根来进行多项式除法.

法二（齐次化证法一）.

【思考】由 $PA \perp PB$ 可以得到 $k_{PA} k_{PB} = -1$，即 $\frac{y_1-2}{x_1-1} \cdot \frac{y_2-2}{x_2-1} = -1$，如果可以构造一个关于 $\frac{y-2}{x-1}$ 的齐次方程：$A\left(\frac{y-2}{x-1}\right)^2 + B\left(\frac{y-2}{x-1}\right) + C = 0$，再结合韦达定理就可以简化计算了.

设直线 $l_{AB}: m(x-1) + n(y-2) = 1$（这条直线表示不过点 $(1,2)$ 的直线）.

将抛物线变形为

$$y^2=4x \Leftrightarrow [(y-2)+2]^2=4[(x-1)+1]$$

整理得

$$(y-2)^2+4(y-2)-4(x-1)=0$$
$$\Leftrightarrow (y-2)^2+4(y-2)[m(x-1)+n(y-2)]-4(x-1)[m(x-1)+n(y-2)]=0$$
$$\Leftrightarrow (1+4n)(y-2)^2+(4m-4n)(y-2)(x-1)-(4m)(x-1)^2=0$$

同除以$(x-1)^2$得

$$(1+4n)\left(\frac{y-2}{x-1}\right)^2+(4m-4n)\left(\frac{y-2}{x-1}\right)-(4m)=0$$

$$\frac{y_1-2}{x_1-1} \cdot \frac{y_2-2}{x_2-1}=\frac{-4m}{1+4n}=-1 \Rightarrow 4m-4n=1$$

又因为

$$m(x-1)+n(y-2)=1$$

所以

$$\begin{cases}x-1=4\\y-2=-4\end{cases} \Rightarrow \begin{cases}x=5\\y=-2\end{cases}$$

所以直线AB恒过定点$(5,-2)$.

法三:齐次化证法二(平移,法三的处理计算是最简便的).

除了法二的构造方法,还可以平移抛物线的方程构造齐次式,类比(1)的法二,可以发现当点P在原点时,计算会比较简便,所以将抛物线按照$\overrightarrow{PO}$平移.值得注意的是,上下平移是针对y平移的,所以平移的口诀为"左加右减,上减下加".

将点P平移到原点得抛物线方程

$$(y+2)^2=4(x+1) \Rightarrow y^2+4y-4x=0 \qquad ①$$

设平移后直线为

$$l_{A'B'}:mx+ny=1 \qquad ②$$

联立①②有

$$y^2+4y(mx+ny)-4x(mx+ny)=0$$

整理得

$$(1+4n)y^2+(4m-4n)xy-4mx^2=0 \quad (\text{系数与法二一致}) \qquad ③$$

同除以x^2得

$$(1+4n)\left(\frac{y}{x}\right)^2+(4m-4n)\frac{y}{x}-4m=0 \qquad ④$$

由$k_1k_2=\frac{y_1}{x_1} \cdot \frac{y_2}{x_2}=-1$得

$$\frac{-4m}{1+4n}=-1 \Rightarrow 4m-4n=1$$

对比$mx+ny=1$可得

$$\begin{cases}x=4\\y=-4\end{cases}$$

即$l_{A'B'}$恒过定点$(4,-4)$,平移回去得定点为$(5,-2)$.所以直线AB恒过定点$(5,-2)$.

【注意】 最后得到的是④，可以发现③式的系数与④式的系数一样，所以其实可以不必除以 x^2，直接利用③式的系数计算即可.

由于法三的计算是最简便的，因此后续会以常规证法和法三中的齐次化证法为主.

（3）已知抛物线 $y^2=4x$ 上一点 $P(1,2)$，点 $A、B$ 是抛物线上异于点 P 的两个点，且满足 $k_{PA}\cdot k_{PB}=1$，求证：直线 AB 过定点.

证明： 此题与（2）中条件相同，仅是斜率积改变数字，故过程与（2）一致.

由（2）中法三得
$$(1+4n)y^2+(4m-4n)xy-4mx^2=0$$

由 $k_1k_2=\dfrac{y_1}{x_1}\cdot\dfrac{y_2}{x_2}=1$ 得
$$\dfrac{-4m}{1+4n}=1 \Rightarrow -4m-4n=1$$

对比 $mx+ny=1$ 可得
$$\begin{cases}x=-4\\y=-4\end{cases}$$

即 $l_{A'B'}$ 恒过定点 $(-4,-4)$，平移回去得定点为 $(-3,-2)$. 所以直线 AB 恒过定点 $(-3,-2)$.

（4）已知抛物线 $y^2=2px,(p>0)$ 上一点 $P(x_0,y_0)$，点 $A、B$ 是抛物线上异于点 P 的两个点，且满足 $k_{PA}\cdot k_{PB}=\lambda$，求证：直线 AB 过定点.

（这里通过（4）用齐次化来证明一个一般性的结论.）

证明： 将点 P 平移到原点得抛物线方程为
$$(y+y_0)^2=2p(x+x_0)\Rightarrow y^2+2y_0y-2px=0 \qquad ①$$

设平移后直线为
$$l_{A'B'}:mx+ny=1 \qquad ②$$

联立①②得
$$y^2+2y_0y(mx+ny)-2px(mx+ny)=0$$

整理得
$$(1+2y_0n)y^2+(2y_0m-2pn)xy-2pmx^2=0$$

同除以 x^2 得
$$(1+2y_0n)\left(\dfrac{y}{x}\right)^2+(2y_0m-2pn)\dfrac{y}{x}-2pm=0$$

由 $k_1k_2=\dfrac{y_1}{x_1}\cdot\dfrac{y_2}{x_2}=\lambda$ 得
$$\dfrac{-2pm}{1+2y_0n}=\lambda \Rightarrow \dfrac{-2p}{\lambda}\cdot m-2y_0\cdot n=1$$

对比 $mx+ny=1$ 可得
$$\begin{cases}x=\dfrac{-2p}{\lambda}\\y=-2y_0\end{cases}$$

即 $l_{A'B'}$ 恒过定点 $\left(\dfrac{-2p}{\lambda},-2y_0\right)$,平移回去得定点为 $\left(x_0-\dfrac{2p}{\lambda},-y_0\right)$. 所以直线 AB 恒过定点 $\left(x_0-\dfrac{2p}{\lambda},-y_0\right)$.

【例2】 (1)已知抛物线 $y^2=4x$ 上一点 $P(1,2)$,点 A、B 是抛物线上异于点 P 的两个点,且满足 $k_{PA}+k_{PB}=0$,求证:直线 AB 斜率为定值.

证明: 将点 P 平移到原点得抛物线方程为
$$(y+2)^2=4(x+1)\Rightarrow y^2+4y-4x=0 \qquad ①$$

设平移后直线为
$$l_{A'B'}:mx+ny=1 \qquad ②$$

联立①②有
$$y^2+4y(mx+ny)-4x(mx+ny)=0$$

整理得
$$(1+4n)y^2+(4m-4n)xy-4mx^2=0$$

同除以 x^2 得
$$(1+4n)\left(\dfrac{y}{x}\right)^2+(4m-4n)\dfrac{y}{x}-4m=0$$

由 $k_1+k_2=\dfrac{y_1}{x_1}+\dfrac{y_2}{x_2}=0$ 得
$$\dfrac{4m-4n}{1+4n}=0\Rightarrow 4m-4n=0\Rightarrow -\dfrac{m}{n}=-1$$

又因为 $l_{A'B'}$ 的斜率为 $-\dfrac{m}{n}=-1=k_{AB}$,所以此时直线 AB 的斜率为定值 -1.

(2)已知抛物线 $y^2=4x$ 上一点 $P(1,2)$,点 A、B 是抛物线上异于点 P 的两个点,且满足 $k_{PA}+k_{PB}=1$,求证:直线 AB 过定点.

证明: 将点 P 平移到原点得抛物线方程为
$$(y+2)^2=4(x+1)\Rightarrow y^2+4y-4x=0 \qquad ①$$

设平移后直线为
$$l_{A'B'}:mx+ny=1 \qquad ②$$

联立①②得
$$y^2+4y(mx+ny)-4x(mx+ny)=0$$

整理得
$$(1+4n)y^2+(4m-4n)xy-4mx^2=0$$

同除以 x^2 得
$$(1+4n)\left(\dfrac{y}{x}\right)^2+(4m-4n)\dfrac{y}{x}-4m=0$$

由 $k_1+k_2=\dfrac{y_1}{x_1}+\dfrac{y_2}{x_2}=1$ 得
$$\dfrac{4n-4m}{1+4n}=1\Rightarrow -4m+0\cdot n=1$$

对比 $mx+ny=1$ 可得
$$\begin{cases} x=-4 \\ y=0 \end{cases}$$
即 $l_{A'B'}$ 恒过定点 $(-4,0)$,平移回去得定点为 $(-3,2)$.所以直线 AB 恒过定点 $(-3,2)$.

由于例 1 和例 2 的数据差别不大,因此不难发现过程中有大量数是重复的,所以齐次化的过程和式子对于斜率和以及斜率积都是通用的.

(3)已知抛物线 $y^2=2px$ 上一点 $P(x_0,y_0)$,点 A、B 是抛物线上异于点 P 的两个点,且满足 $k_{PA}+k_{PB}=\lambda(\lambda\neq 0)$,求证:直线 AB 过定点.

证明:由例 1 的(4)得
$$(1+2y_0 n)y^2+(2y_0 m-2pn)xy-2pmx^2=0$$
同除以 x^2 得
$$(1+2y_0 n)\left(\frac{y}{x}\right)^2+(2y_0 m-2pn)\frac{y}{x}-2pm=0$$
由 $k_1+k_2=\frac{y_1}{x_1}+\frac{y_2}{x_2}=\lambda$ 得
$$\frac{2pn-2y_0 m}{1+2y_0 n}=\lambda \Rightarrow \frac{-2y_0}{\lambda}m+\left(\frac{2p}{\lambda}-2y_0\right)n=1$$
对比 $mx+ny=1$ 可得
$$\begin{cases} x=\dfrac{-2y_0}{\lambda} \\ y=\dfrac{2p}{\lambda}-2y_0 \end{cases}$$
即 $l_{A'B'}$ 恒过定点 $\left(\dfrac{-2y_0}{\lambda},\dfrac{2p}{\lambda}-2y_0\right)$,平移回去得定点为 $\left(x_0-\dfrac{2y_0}{\lambda},\dfrac{2p}{\lambda}-y_0\right)$.故直线 AB 恒过定点 $\left(x_0-\dfrac{2y_0}{\lambda},\dfrac{2p}{\lambda}-y_0\right)$.

特别地,当 $\lambda=0$ 时,有
$$2y_0 m-2pn=0 \Rightarrow -\frac{m}{n}=\frac{-p}{y_0}$$
又因为 $l_{A'B'}$ 的斜率为 $-\dfrac{m}{n}=k_{AB}$,所以此时直线 AB 斜率为定值 $\dfrac{-p}{y_0}$.

至此对于抛物线的斜率和积问题已经有了一定的了解,下面研究椭圆和双曲线的斜率和积问题(以椭圆为主)以及一些定点定值的一般结论.

首先证明一个椭圆的一般性结论.

【例 3】 已知椭圆 $\dfrac{x^2}{a^2}+\dfrac{y^2}{b^2}=1(a>b>0)$ 上一点 $P(x_0,y_0)$,点 A、B 是椭圆上异于点 P 的两个点,且满足 $k_{PA} \cdot k_{PB}=\lambda\left(\lambda\neq\dfrac{b^2}{a^2}\right)$,求证:直线 AB 过定点.

证明:将点 P 平移到原点得椭圆方程为
$$\frac{(x+x_0)^2}{a^2}+\frac{(y+y_0)^2}{b^2}=1$$

化简有
$$\frac{x^2+2x_0 x}{a^2}+\frac{y^2+2y_0 y}{b^2}=0$$
即
$$\frac{y^2}{b^2}+\frac{2y_0 y}{b^2}+\frac{x^2}{a^2}+\frac{2x_0 x}{a^2}=0 \qquad ①$$
设平移后直线为
$$l_{A'B'}: mx+ny=1 \qquad ②$$
联立①②,得
$$\frac{y^2}{b^2}+\frac{2y_0 y(mx+ny)}{b^2}+\frac{2x_0 x(mx+ny)}{a^2}+\frac{x^2}{a^2}=0$$
整理得
$$\frac{1+2ny_0}{b^2}\cdot y^2+\left(\frac{2nx_0}{a^2}+\frac{2my_0}{b^2}\right)\cdot xy+\frac{1+2mx_0}{a^2}\cdot x^2=0$$
同除以 x^2 得
$$\frac{1+2ny_0}{b^2}\cdot \left(\frac{y}{x}\right)^2+\left(\frac{2nx_0}{a^2}+\frac{2my_0}{b^2}\right)\cdot \frac{y}{x}+\frac{1+2mx_0}{a^2}=0$$
由 $k_1 \cdot k_2 = \frac{y_1}{x_1}\cdot \frac{y_2}{x_2}=\lambda$ 得
$$\frac{1+2mx_0}{a^2}\cdot \frac{b^2}{1+2ny_0}=\lambda \Rightarrow 2mb^2 x_0-2\lambda a^2 ny_0=\lambda a^2-b^2$$
即
$$\frac{2b^2 x_0}{\lambda a^2-b^2}\cdot m+\frac{-2\lambda a^2 y_0}{\lambda a^2-b^2}\cdot n=1$$
对比 $mx+ny=1$ 可得
$$\begin{cases} x=\dfrac{2b^2 x_0}{\lambda a^2-b^2} \\ y=\dfrac{-2\lambda a^2 y_0}{\lambda a^2-b^2} \end{cases}$$

即 $l_{A'B'}$ 恒过定点 $\left(\dfrac{2b^2 x_0}{\lambda a^2-b^2},\dfrac{-2\lambda a^2 y_0}{\lambda a^2-b^2}\right)$,平移回去得定点为 $\left(\dfrac{\lambda a^2+b^2}{\lambda a^2-b^2}x_0,-\dfrac{\lambda a^2+b^2}{\lambda a^2-b^2}y_0\right)$. 所以直线 AB 恒过定点 $\left(\dfrac{\lambda a^2+b^2}{\lambda a^2-b^2}x_0,-\dfrac{\lambda a^2+b^2}{\lambda a^2-b^2}y_0\right)$.

特别地,当 $\lambda=\dfrac{b^2}{a^2}$ 时,有
$$\frac{1+2mx_0}{a^2}\cdot \frac{b^2}{1+2ny_0}=\frac{b^2}{a^2}\Rightarrow 2mx_0=2ny_0\Rightarrow -\frac{m}{n}=-\frac{y_0}{x_0}$$

又因为 $l_{A'B'}$ 的斜率为 $-\dfrac{m}{n}=k_{AB}$,所以此时直线 AB 的斜率为定值 $-\dfrac{y_0}{x_0}$.

【例4】 已知椭圆 $\dfrac{x^2}{a^2}+\dfrac{y^2}{b^2}=1(a>b>0)$ 上一点 $P(x_0,y_0)$,点 A、B 是椭圆上异于点 P

的两个点,且满足 $k_{PA}+k_{PB}=\lambda(\lambda\neq 0)$,求证:直线 AB 过定点.

证明:同例 3 得

$$\frac{1+2ny_0}{b^2}\cdot\left(\frac{y}{x}\right)^2+\left(\frac{2nx_0}{a^2}+\frac{2my_0}{b^2}\right)\cdot\frac{y}{x}+\frac{1+2mx_0}{a^2}=0$$

由 $k_1+k_2=\frac{y_1}{x_1}+\frac{y_2}{x_2}=\lambda$ 得

$$\left(\frac{2nx_0}{a^2}+\frac{2my_0}{b^2}\right)\cdot\frac{-b^2}{1+2ny_0}=\lambda\Rightarrow\left(\frac{2nx_0}{a^2}+\frac{2my_0}{b^2}\right)\cdot(-b^2)=\lambda(1+2ny_0)$$

整理得

$$\frac{-2y_0}{\lambda}m+\left(-\frac{2b^2x_0}{\lambda a^2}-2y_0\right)\cdot n=1$$

对比 $mx+ny=1$ 可得

$$\begin{cases}x=\dfrac{-2y_0}{\lambda}\\y=-\dfrac{2b^2x}{\lambda a^2}-2y_0\end{cases}$$

即 $l_{A'B'}$ 恒过定点 $\left(\dfrac{-2y_0}{\lambda},-\dfrac{2b^2x_0}{\lambda a^2}-2y_0\right)$,平移回去得定点为 $\left(x_0-\dfrac{2y_0}{\lambda},-\dfrac{2b^2x}{\lambda a^2}-y_0\right)$,所以直线 AB 恒过定点 $\left(x_0-\dfrac{2y_0}{\lambda},-\dfrac{2b^2x_0}{\lambda a^2}-y_0\right)$.

特别地,当 $\lambda=0$ 时,有

$$\left(\frac{2nx_0}{a^2}+\frac{2my_0}{b^2}\right)\cdot\frac{-b^2}{1+2ny_0}=0\Rightarrow\left(\frac{2nx_0}{a^2}+\frac{2my_0}{b^2}\right)=0\Rightarrow-\frac{m}{n}=\frac{b^2x_0}{a^2y_0}$$

又因为 $l_{A'B'}$ 的斜率为 $-\dfrac{m}{n}=k_{AB}$,所以此时直线 AB 斜率为定值 $\dfrac{b^2x_0}{a^2y_0}$.

【例 5】 (2017 全国 1)已知椭圆 $C:\dfrac{x^2}{a^2}+\dfrac{y^2}{b^2}=1(a>b>0)$,$P_1(1,1)$,$P_2(0,1)$,$P_3\left(-1,\dfrac{\sqrt{3}}{2}\right)$,$P_4\left(1,\dfrac{\sqrt{3}}{2}\right)$,四点中恰有三点在椭圆上.

(1)求 C 的方程.

(2)设直线 l 不经过 P_2 且与 C 交于 A、B 两点,若直线 P_2A 与直线 P_2B 的斜率和为 -1,证明:直线 l 过定点.

解:(1)根据椭圆对称性得 P_3、P_4 必在椭圆上,所以 P_1 不在椭圆上,则 $b=1$,代入 P_4 得 $a=2$,所以椭圆方程为

$$\frac{x^2}{4}+y^2=1$$

(2)**法一**:常规证法.

当直线斜率存在时,设 $l:y=kx+m$,$A(x_1,y_1)$,$B(x_2,y_2)$.

联立 $\begin{cases}\dfrac{x^2}{4}+y^2=1\\y=kx+m\end{cases}$ 得

$$(1+4k^2)x^2+8kmx+4(m^2-1)=0$$

由韦达定理得

$$x_1+x_2=\frac{-8km}{1+4k^2}, \quad x_1x_2=\frac{4(m^2-1)}{1+4k^2}$$

所以

$$k_{P_2A}+k_{P_2B}=\frac{y_1-1}{x_1}+\frac{y_2-1}{x_2}$$

$$=\frac{x_2(kx_1+m)+x_1(kx_2+m)-(x_1+x_2)}{x_1x_2}$$

$$=\frac{\frac{8km^2-8k-8km^2+8km}{1+4k^2}}{\frac{4(m^2-1)}{1+4k^2}}=\frac{8k(m-1)}{4(m^2-1)}=\frac{8k}{4(m+1)}=-1$$

所以

$$m=-2k-1$$

直线方程为 $y=k(x-2)-1$,恒过定点 $(2,-1)$.

当直线斜率不存在时,设 $l:x=t$,则

$$k_{P_2A}+k_{P_2B}=\frac{y-1}{t}+\frac{-y-1}{t}=\frac{-2}{t}=-1 \Rightarrow t=2$$

此时直线为 $x=2$,也恒过 $(2,-1)$.

综上所述,直线恒过 $(2,-1)$.

法二:齐次化证法.

将点 P_2 平移到原点得椭圆方程

$$\frac{x^2}{4}+(y+1)^2=1$$

化简得

$$\frac{x^2}{4}+y^2+2y=0$$

即

$$y^2+2y+\frac{x^2}{4}=0 \qquad ①$$

设平移后直线为

$$l':mx+ny=1 \qquad ②$$

联立①②,即

$$y^2+2y(mx+ny)+\frac{x^2}{4}=0$$

整理得

$$(1+2n)y^2+2mxy+\frac{x^2}{4}=0$$

同除以 x^2 得

$$(1+2n)\left(\frac{y}{x}\right)^2+2m\left(\frac{y}{x}\right)+\frac{1}{4}=0$$

$$k_1+k_2=\frac{y_1}{x_1}+\frac{y_2}{x_2}=-1\Rightarrow\frac{-2m}{1+2n}=-1\Rightarrow 2m-2n=1$$

对比 $mx+ny=1$ 可得

$$\begin{cases}x=2\\y=-2\end{cases}$$

即 l' 恒过定点 $(2,-2)$,平移回去得定点为 $(2,-1)$,所以直线 AB 恒过定点 $(2,-1)$.

实际上,记住结论 $\left(x_0-\frac{2y_0}{\lambda},-\frac{2b^2x}{\lambda a^2}-y_0\right)$ 可以快速得到定点坐标.

【例6】 已知椭圆 $C:\frac{x^2}{a^2}+\frac{y^2}{b^2}=1(a>b>0)$ 的两个焦点分别为 $F_1(-\sqrt{2},0)$、$F_2(\sqrt{2},0)$.点 $M(1,0)$ 与椭圆短轴的两个端点的连线互相垂直.

(1)求椭圆 C 的方程.

(2)已知点 $N(3,2)$,过点 M 任作直线 l 与椭圆 C 交于 A、B 两点,求证:$k_{AN}+k_{BN}$ 为定值.

解:(1)由题意 $c=\sqrt{2}$,$b=1$,所以 $a^2=3$,故 $C:\frac{x^2}{3}+y^2=1$.

(2)法一:常规证法.

设 $A(x_1,y_1)$,$B(x_2,y_2)$,$l_{AB}:x=ky+1$.

联立 $\begin{cases}\frac{x^2}{3}+y^2=1\\x=ky+1\end{cases}$ 得

$$(3+k^2)x^2-6x+3(1-k^2)=0$$

由韦达定理得

$$x_1+x_2=\frac{6}{3+k^2},\quad x_1x_2=\frac{3(1-k^2)}{3+k^2}$$

所以

$$k_{AN}+k_{BN}=\frac{y_1-2}{x_1-3}+\frac{y_2-2}{x_2-3}=\frac{x_1y_2+x_2y_1-3(y_1+y_2)-2(x_1+x_2)+12}{x_1x_2-3(x_1+x_2)+9}$$

$$=\frac{\frac{-6k}{3+k^2}-3\times\frac{-2k}{3+k^2}-2\times\frac{6}{3+k^2}+12}{\frac{3(1-k^2)}{3+k^2}-3\times\frac{6}{3+k^2}+9}$$

$$=\frac{12(3+k^2)-12}{3(1-k^2)-18+9(3+k^2)}=\frac{12k^2+24}{6k^2+12}=2$$

故 $k_{AN}+k_{BN}=2$.

法二:齐次化证法.

【注意】 本题不能直接套结论,因为点 N 不在椭圆上.下面看一下点不在椭圆上的齐次化怎么操作(这种情况下齐次化做法会稍微烦琐一些,计算量较大).

把点 N 平移到原点得椭圆方程

$$\frac{(x+3)^2}{3}+(y+2)^2=1$$

化简得
$$\frac{x^2}{3}+y^2+2x+4y+6=0 \qquad ①$$

设平移后直线为
$$l_{A'B'}:mx+ny=1 \qquad ②$$

由①②得
$$\frac{x^2}{3}+y^2+2x(mx+ny)+4y(mx+ny)+6(mx+ny)^2=0$$

整理得
$$(1+4n+6n^2)y^2+(2n+4m+12mn)xy+\left(\frac{1}{3}+2m+6m^2\right)x^2=0$$

同除以 x^2 得
$$(1+4n+6n^2)\left(\frac{y}{x}\right)^2+(2n+4m+12mn)\left(\frac{y}{x}\right)+\left(\frac{1}{3}+2m+6m^2\right)=0$$

所以
$$k_1+k_2=-\frac{2n+4m+12mn}{1+4n+6n^2} \qquad ③$$

又因为平移后点 $M'(-2,-2)$ 在直线 $l_{A'B'}$ 上,所以
$$-2m-2n=1 \Rightarrow m=-\frac{1+2n}{2}$$

代入③得
$$k_1+k_2=-\frac{2n+4\left(\frac{1+2n}{-2}\right)+12\left(\frac{1+2n}{-2}\right)n}{1+4n+6n^2}=\frac{2+8n+12n^2}{1+4n+6n^2}=2$$

所以 $k_{AN}+k_{BN}=2$.

法三:极点极线的斜率恒等式(请参考极点极线章节).

【例7】 如图 8.1 所示,已知分别过椭圆 E: $\frac{x^2}{3}+\frac{y^2}{2}=1$ 的左、右焦点的动直线 l_1、l_2 相交于 P 点,且 l_1、l_2 与椭圆 E 分别交于点 A、B 和点 C、D,直线 OA、OB、OC、OD 的斜率分别为 k_1、k_2、k_3、k_4,满足 $k_1+k_2=k_3+k_4$,请问是否存在定点 M、N,使得 $|PM|+|PN|$ 为定值? 若存在,求出点 M、N 坐标;若不存在,请说明理由.

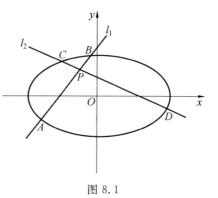

图 8.1

解:设 $A(x_1,y_1)$, $B(x_2,y_2)$, $C(x_3,y_3)$, $D(x_4,y_4)$.

设 $P(x_0,y_0)$, $l_1:m_1x+n_1y=1$,将左焦点 $(-1,0)$ 代入可得 $m_1=-1$,故直线 l_1 方程为

$$-x+n_1y=1$$

且

$$n_1=\frac{1+x_0}{y_0} \qquad ①$$

椭圆方程为

$$2x^2+3y^2-6=0$$

即

$$2x^2+3y^2-6(n_1y-x)^2=0$$

整理为

$$(3-6n_1^2)y^2+12n_1xy-4x^2=0$$

左右两边同除以 x^2 得

$$(3-6n_1^2)\left(\frac{y}{x}\right)^2+12n_1\frac{y}{x}-4=0$$

所以

$$k_1+k_2=\frac{y_1}{x_1}+\frac{y_2}{x_2}=-\frac{12n_1}{3-6n_1^2}=-\frac{4n_1}{1-2n_1^2}$$

同理,设 $l_2:m_2x+n_2y=1$,将 $(1,0)$ 和 $m_2=1$ 代入得 $l_2:x+n_2y=1$,且

$$n_2=\frac{1-x_0}{y_0} \qquad ②$$

同理可得

$$k_3+k_4=\frac{y_3}{x_3}+\frac{y_4}{x_4}=-\frac{-12n_2}{3-6n_2^2}=\frac{4n_2}{1-2n_2^2}$$

又 $k_1+k_2=k_3+k_4$,即

$$-\frac{4n_1}{1-2n_1^2}=\frac{4n_2}{1-2n_2^2}$$

整理得

$$(1-2n_1n_2)(n_2+n_1)=0$$

又 $n_2+n_1\neq 0$,所以

$$1-2n_1n_2=1-2\frac{1+x_0}{y_0}\cdot\frac{1-x_0}{y_0}=0$$

即

$$\frac{y_0^2}{2}+x_0^2=1 \quad (x\neq\pm 1)$$

所以点 $P(x,y)$ 在椭圆 $\frac{y^2}{2}+x^2=1$ 上,所以存在点 M、N 使得 $|PM|+|PN|$ 为定值 $2\sqrt{2}$,其坐标分别为 $(0,-1)$,$(0,1)$.

【例8】 如图 8.2 所示,设点 A 和点 B 分别为抛物线 $y^2=4x$ 上原点以外的两个动

点,已知 $OA \perp OB$,$OM \perp AB$,求点 M 的轨迹方程,并说明其为什么曲线.

解:设 $AB: mx+ny=1$,代入抛物线方程即为
$$y^2 = 4x(mx+ny)$$
整理可得
$$y^2 - 4nxy - 4mx^2 = 0$$
化简为
$$\left(\frac{y}{x}\right)^2 - 4n\left(\frac{y}{x}\right) - 4m = 0$$
故 $k_1 \cdot k_2 = -4m = -1$,得到 $m = \frac{1}{4}$,即直线为
$$x + 4ny = 4 \qquad ①$$
由于 $OM \perp AB$,故设直线 OM 方程为
$$y = 4nx \qquad ②$$
由①②可得
$$x + \frac{y}{x} \cdot y = 4$$
即 M 的轨迹为圆
$$(x-2)^2 + y^2 = 4 \quad (x \neq 0)$$

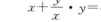

图 8.2

本题实质为直线过定点,相似题目为 2020 年高考山东卷,对于直线 $x+4ny=4$,恒过 $(4,0)$ 点,由圆的定义,过两定点作互相垂直的两直线交点轨迹为圆,故可得 M 的轨迹为 $(x-2)^2+y^2=4(x \neq 0)$.

【例 9】 (2010 山东文)如图 8.3 所示,已知椭圆 $\frac{x^2}{a^2}+\frac{y^2}{b^2}=1(a>b>0)$ 过点 $\left(1,\frac{\sqrt{2}}{2}\right)$,离心率为 $\frac{\sqrt{2}}{2}$,左、右焦点分别为 F_1、F_2,点 P 为直线 $l: x+y=2$ 上且不在 x 轴上的任意一点,直线 PF_1、PF_2 与椭圆的交点分别为 A、B 和 C、D,O 为坐标原点.

(1)求椭圆的标准方程.

(2)设 PF_1、PF_2 的斜率分别为 k_1、k_2.

①证明:$\frac{1}{k_1} - \frac{3}{k_2} = 2$;

②是否存在点 P,使得直线 OA、OB、OC、OD 的斜率 k_{OA}、k_{OB}、k_{OC}、k_{OD} 满足 $k_{OA}+k_{OB}+k_{OC}+k_{OD}=0$?若存在,求出所有点 P 坐标,若不存在,说明理由.

解:(1)易求得椭圆的标准方程为
$$\frac{x^2}{2} + y^2 = 1$$

(2)①设 $P(x_0, y_0)$,$F_1(-1,0)$,$F_2(1,0)$,则

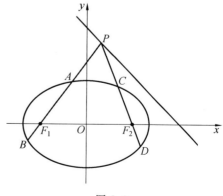

图 8.3

$$k_1 = \frac{y_0}{x_0+1}, \quad k_2 = \frac{y_0}{x_0-1}$$

$$\frac{1}{k_1} - \frac{3}{k_2} = \frac{x_0+1}{y_0} - \frac{3x_0-3}{y_0} = \frac{-2x_0+4}{2-x_0} = 2$$

②设 AB 直线方程为

$$y = k_1(x+1) \Rightarrow \frac{y}{k_1} - x = 1$$

将其与椭圆方程进行齐次化联立得

$$\left(\frac{1}{k_1^2} - 1\right)\left(\frac{y}{x}\right)^2 - 2\left(\frac{1}{k_1}\right)\left(\frac{y}{x}\right) + \frac{1}{2} = 0$$

此方程为关于 $\frac{y}{x}$ 的一元二次方程. 对应的两解分别代表 k_{OA}、k_{OB}，故

$$k_{OA} + k_{OB} = \frac{2k_1}{1-k_1^2} = 0$$

设 CD 直线方程为

$$y = k_2(x-1) \Rightarrow x - \frac{y}{k_2} = 1$$

将其与椭圆方程进行齐次化联立得

$$\left(\frac{1}{k_2^2} - 1\right)\left(\frac{y}{x}\right)^2 - 2\left(\frac{1}{k_2}\right)\left(\frac{y}{x}\right) + \frac{1}{2} = 0$$

此方程为关于 $\frac{y}{x}$ 的一元二次方程，对应的两解分别代表 k_{OC}、k_{OD}，故

$$k_{OC} + k_{OD} = \frac{2k_2}{1-k_2^2} = 0$$

所以

$$k_{OA} + k_{OB} + k_{OC} + k_{OD} = 0$$

即为

$$\frac{2k_1}{1-k_1^2} + \frac{2k_2}{1-k_2^2} = 0$$

整理为

$$(1-k_1k_2)(k_1+k_2) = 0$$

得到 $k_1k_2 = 1$，或 $k_1 + k_2 = 0$.

若 $k_1k_2 = 1$，又 $\frac{1}{k_1} - \frac{3}{k_2} = 2$，整理可得

$$k_2^2 - 2k_2 - 3 = 0$$

解得 $k_2 = 3$ 或 $k_2 = -1$.

当 $k_2 = -1$ 时，$k_1 = -1$，不满足题意舍去，故 $k_2 = 3$. 所以

$$\begin{cases} \dfrac{y_0}{x_0-1} = 3 \\ x_0 + y_0 = 2 \end{cases} \Rightarrow \begin{cases} x_0 = \dfrac{5}{4} \\ y_0 = \dfrac{3}{4} \end{cases}$$

当 $k_1+k_2=0$ 时，P 点在 y 轴上，即 $P(0,2)$.

综上所述 $P(0,2)$ 或 $P\left(\dfrac{5}{4},\dfrac{3}{4}\right)$.

8.2 齐次化的知识纵横与迁移

【例 10】（2020 全国 1 理）如图 8.4 所示，已知 A、B 分别为椭圆 $E:\dfrac{x^2}{a^2}+y^2=1$ ($a>1$) 的左、右顶点，G 为椭圆的上顶点，$\overrightarrow{AG}\cdot\overrightarrow{GB}=8$，$P$ 为直线 $x=6$ 上的动点，PA 与 E 的另一交点为 C，PB 与 E 的另一交点为 D.

(1) 求椭圆 E 的方程.
(2) 证明：直线 CD 过定点.

解：(1) 设 $A(-a,0)$，$B(a,0)$，$G(0,1)$，则
$$\overrightarrow{AG}\cdot\overrightarrow{GB}=(a,1)\cdot(a,-1)=a^2-1=8$$
故 $a^2=9$，椭圆方程 $E:\dfrac{x^2}{9}+y^2=1$.

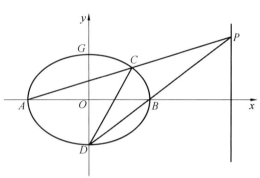

图 8.4

(2) 设 $P(6,m)$，则 $k_{PA}=\dfrac{m}{9}$，$k_{PB}=\dfrac{m}{3}$，故
$$3k_{PA}=k_{PB}$$

由椭圆第三定义得
$$k_{AC}\cdot k_{BC}=-\dfrac{1}{9}$$

故可得
$$k_{BC}\cdot k_{BD}=-\dfrac{1}{3}$$

将椭圆向左平移 3 个单位长度得到
$$\dfrac{(x+3)^2}{9}+y^2=1$$

化简为
$$x^2+6x+9y^2=0$$

设平移后的直线 $C'D':mx+ny=1$，与平移后的椭圆方程进行齐次化联立可得
$$9y^2+6nxy+(1+6m)x^2=0$$

左右同时除以 x^2 得到
$$9\left(\dfrac{y}{x}\right)^2+6n\dfrac{y}{x}+(1+6m)=0$$

故 $k_1k_2=\dfrac{1+6m}{9}=-\dfrac{1}{3}$，解得 $m=-\dfrac{2}{3}$，代入直线 $C'D':mx+ny=1$ 方程中，得直线恒过定点 $\left(-\dfrac{3}{2},0\right)$，将图像平移回原来位置，得直线 CD 过定点 $\left(\dfrac{3}{2},0\right)$.

【注意】此处用到了椭圆第三定义,即对于椭圆 $\dfrac{x^2}{a^2}+\dfrac{y^2}{b^2}=1(a\neq b,a>0,b>0)$,若存在两点 $A(x_1,y_1)$、$B(-x_1,-y_1)$ 和一点 $P(x_2,y_2)$,则有

$$k_{PA}k_{PB}=\dfrac{y_2-y_1}{x_2-x_1}\cdot\dfrac{y_2+y_1}{x_2+x_1}=\dfrac{y_2^2-y_1^2}{x_2^2-x_1^2}=\dfrac{b^2\left(1-\dfrac{x_2^2}{a^2}\right)-b^2\left(1-\dfrac{x_1^2}{a^2}\right)}{x_2^2-x_1^2}=-\dfrac{b^2}{a^2}$$

【例 11】 如图 8.5 所示,已知椭圆 $C:\dfrac{x^2}{4}+\dfrac{y^2}{3}=1$,右焦点为 F,直线 l 经过 F 交椭圆于 A、B 两点,交 $x=4$ 于点 M,椭圆上有点 $P\left(1,\dfrac{3}{2}\right)$,连接 PA、PB、PM,斜率分别为 k_1、k_2、k_3,求证:$k_1+k_2=2k_3$.

证明: 将椭圆向左平移 1 个单位,向下平移 $\dfrac{3}{2}$ 个单位得到方程

$$\dfrac{(x+1)^2}{4}+\dfrac{\left(y+\dfrac{3}{2}\right)^2}{3}=1$$

化简可得

$$3x^2+6x+4y^2+12y=0$$

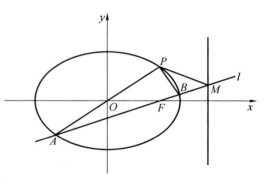

图 8.5

设原直线(没平移前)$l:y=k(x-1)$,得 $M(4,3k)$,将其向左平移 1 个单位,向下平移 $\dfrac{3}{2}$ 个单位后可得 $l':y+\dfrac{3}{2}=kx$,继续化简为

$$\dfrac{y-kx}{-\dfrac{3}{2}}=1, M'\left(3,3k-\dfrac{3}{2}\right).$$

将直线与椭圆方程进行齐次化联立可得

$$3x^2+6x\left(\dfrac{y-kx}{-\dfrac{3}{2}}\right)+4y^2+12y\left(\dfrac{y-kx}{-\dfrac{3}{2}}\right)=0$$

化简为

$$-\dfrac{9}{2}x^2+6xy-6kx^2-6y^2+12y^2-12kxy=0$$

整理为

$$6y^2+(6-12k)xy-\left(\dfrac{9}{2}+6k\right)x^2=0$$

左右两边同时除以 x^2 可得

$$6\left(\dfrac{y}{x}\right)^2+(6-12k)\dfrac{y}{x}-\left(\dfrac{9}{2}+6k\right)=0$$

由韦达定理可得

$$k_1+k_2=\dfrac{12k-6}{6}=2k-1, \quad k_3=\dfrac{3k-\dfrac{3}{2}}{3}=k-\dfrac{1}{2}$$

故 $k_1+k_2=2k_3$.

【例 12】 如图 8.6 所示,已知椭圆 $\dfrac{x^2}{4}+y^2=1$,上顶点为 A,过 A 作圆 $M:(x+1)^2+y^2=r^2(0<r<1)$ 的两条切线分别与椭圆 C 相交于点 B、D(不同于点 A),当 r 变化时,试问 BD 是否过某个定点? 若是,求出该定点;若不是,请说明理由.

解:设过 A 的直线方程为 $y=kx+1$,由于直线与圆相切,故由点到直线距离公式可得
$$\frac{|-k+1|}{\sqrt{k^2+1}}=r$$
化简为
$$(1-r^2)k^2-2k+1-r^2=0$$
其中,k_1、k_2 分别代表 AB、AD 的斜率,即
$$k_1k_2=1$$
将椭圆向下平移一个单位可得
$$\frac{x^2}{4}+(y+1)^2=1$$

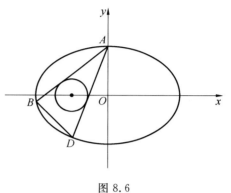

图 8.6

即化简为
$$x^2+4y^2+8y=0$$
设平移后直线 $B'D'$ 方程为 $mx+ny=1$,与椭圆方程进行齐次化联立可得
$$x^2+4y^2+8y(mx+ny)=0$$
化简为
$$(4+8n)y^2+8mxy+x^2=0$$
左右同时除以 x^2 化简为
$$(4+8n)\left(\frac{y}{x}\right)^2+8m\frac{y}{x}+1=0$$
即
$$\frac{y_1}{x_1}\cdot\frac{y_2}{x_2}=\frac{1}{4+8n}=1$$
即 $n=-\dfrac{3}{8}$.

直线 $B'D'$ 方程为 $mx-\dfrac{3}{8}y=1$,直线恒过 $\left(0,-\dfrac{8}{3}\right)$,平移回原坐标系后 BD 恒过 $\left(0,-\dfrac{5}{3}\right)$.

【例 13】 (2009 江西理)已知圆 $C_1:(x-2)^2+y^2=\dfrac{4}{9}$,椭圆 $C_2:\dfrac{x^2}{16}+y^2=1$,过点 $M(0,1)$ 作圆 C_1 的两条切线交椭圆于 E、F 两点,证明:EF 与圆 C_1 相切.

证明:设经过点 M 的直线 $y=kx+1$ 与圆 $C_1:(x-2)^2+y^2=\dfrac{4}{9}$ 相切,由点到直线距离公式可得

$$\frac{|2k+1|}{\sqrt{k^2+1}} = \frac{2}{3}$$

整理可得

$$32k^2 + 36k + 5 = 0$$

二次方程的解 k 表示直线 ME、MF 的斜率.

将图像向下平移一个单位得

$$\frac{x^2}{16} + (y+1)^2 = 1$$

整理可得

$$x^2 + 16y^2 + 32y = 0 \qquad ①$$

设平移后的直线 $E'F'$ 为

$$mx + ny = 1$$

将其与椭圆进行齐次化联立可得

$$x^2 + 16y^2 + 32y(mx+ny) = 0$$

整理为

$$(3n+16)\left(\frac{y}{x}\right)^2 + 32m\left(\frac{y}{x}\right) + 1 = 0$$

$\frac{y}{x}$ 表示 E'、F' 与 M' 组成直线的斜率,即

$$(3n+16)k^2 + 32k + 1 = 0 \qquad ②$$

①②式进行对比,由于表示为同解方程,故有

$$\frac{32}{3n+16} = \frac{36}{32m} = \frac{5}{1}$$

解得 $m = \frac{9}{40}$,$n = -\frac{9}{10}$,代入到直线 $E'F'$ 中,即为

$$9x - 12y - 28 = 0$$

即

$$d_{G-EF} = \frac{10}{\sqrt{12^2 + 9^2}} = \frac{2}{3}$$

所以 EF 与圆 C_1 相切.

【例 14】 如图 8.7 所示,已知椭圆 $E: \frac{x^2}{a^2} + \frac{y^2}{b^2} = 1(a>b>0)$ 的离心率为 $\frac{\sqrt{2}}{2}$,点 $A(0,-1)$ 是椭圆 E 短轴的一个四等分点.

(1)求椭圆 E 的标准方程.

(2)设过点 A 且斜率为 k_1 的动直线与椭圆 E 交于 M、N 两点,且点 $B(0,2)$,直线 BM、BN 分别交 $C: x^2 + (y-1)^2 = 1$ 于异于点 B 的点 P、Q,设直线 PQ 的斜率为 k_2,求实数 λ,使得 $k_2 = \lambda k_1$ 恒成立.

解:(1)$b = 2$,$c = 2$,$a = 2\sqrt{2}$,故椭圆方程为 $\frac{x^2}{8} + \frac{y^2}{4} = 1$.

(2)齐次化处理:设 $MN: y = k_1 x - 1$,向下平移一个单位后为

即 $\dfrac{k_1 x - y}{3} = 1$,将其与椭圆方程

$$\dfrac{x^2}{8} + \dfrac{(y+2)^2}{4} = 1$$

即

$$x^2 + 2y^2 + 8y = 0$$

进行齐次化联立得

$$x^2 + 2y^2 + 8y\left(\dfrac{k_1 x - y}{3}\right) = 0$$

整理可得

$$x^2 - \dfrac{2}{3}y^2 + 8k_1 xy = 0 \Rightarrow 2\left(\dfrac{y}{x}\right)^2 - 8k_1\left(\dfrac{y}{x}\right) - 3 = 0$$

即

$$k_{BM} \cdot k_{BN} = -\dfrac{3}{2}, \quad k_{BM} + k_{BN} = 4k_1$$

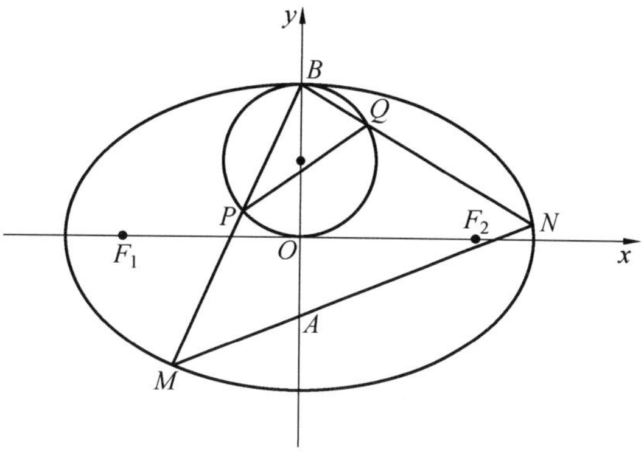

图 8.7

设平移后的 $PQ: y = k_2 x + b \Rightarrow \dfrac{y - k_2 x}{b} = 1$,将其与圆的方程

$$x^2 + (y+1)^2 = 1 \Rightarrow x^2 + y^2 + 2y = 0$$

进行齐次化联立可得

$$x^2 + y^2 + 2y\left(\dfrac{y - k_2 x}{b}\right) = 0 \Rightarrow bx^2 + by^2 + 2y^2 - 2k_2 xy = 0 \Rightarrow (b+2)y^2 - 2k_2 xy + bx^2 = 0$$

$$(b+2)\left(\dfrac{y}{x}\right)^2 - 2k_2 \dfrac{y}{x} + b = 0 \Rightarrow \dfrac{b}{b+2} = -\dfrac{3}{2} \Rightarrow -2b = 3b + 6 \Rightarrow -5b = 6 \Rightarrow b = -\dfrac{6}{5}$$

故

$$k_{BM} + k_{BN} = \dfrac{2k_2}{\dfrac{4}{5}} = \dfrac{5k_2}{2}$$

故 $4k_1 = \dfrac{5k_2}{2}$,故 $k_2 = \dfrac{8}{5}k_1$.

【例 15】(2021 浙江)如图 8.8 所示,已知抛物线 $y^2 = 4x$ 的焦点为 F,$M(-1, 0)$,设过 F 的直线交抛物线于 A、B 两点,若斜率为 2 的直线 l 与直线 MA、MB、AB、x 轴分别交于点 P、Q、R、N,且满足 $|RN|^2 = |PN| \cdot |QN|$,求直线 l 在 x 轴上截距的取值范围.

思路分析:本题动直线非常多,寻找几个直线斜率间关系为本题解题关键.

解:设 $AB: x = ky + 1$,$MA: x = k_1 y - 1$,$MB: x = k_2 y - 1$,$l: x = \dfrac{1}{2}y + m$.

将图像向右平移一个单位,此时 $A'B': x = ky + 2$,$M'A': x = k_1 y$,$M'B': x = k_2 y$.

将 AB 方程与抛物线方程 $y^2 = 4(x-1)$ 进行齐次化联立得

$$\begin{cases} \dfrac{x - ky}{2} = 1 \\ y^2 = 4(x-1) \end{cases}$$

整理可得
$$y^2 - 4k\left(\frac{x-ky}{2}\right)y + 4\left(\frac{x-ky}{2}\right)^2 = 0$$

即
$$x^2 = y^2(1+k^2), \quad \left(\frac{x}{y}\right)^2 = 1+k^2$$

即
$$k_1 + k_2 = 0, \quad k_1 k_2 = -(1+k^2)$$

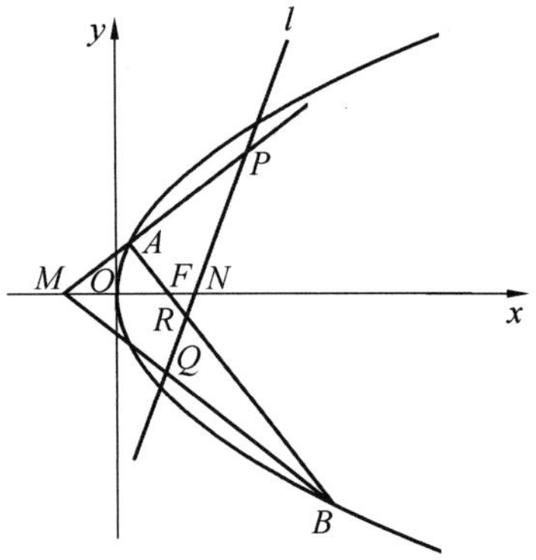

返回原图像后,将 MA、l 联立可得
$$\begin{cases} x = k_1 y - 1 \\ x = \dfrac{1}{2}y + m \end{cases}$$

图 8.8

解得
$$y_P = \frac{m+1}{k_1 - \dfrac{1}{2}}$$

同理可得
$$y_Q = \frac{m+1}{k_2 - \dfrac{1}{2}}$$

将 AB、l 进行联立得
$$\begin{cases} x = \dfrac{1}{2}y + m \\ x = ky + 1 \end{cases}$$

解得
$$y_R = \frac{m-1}{k - \dfrac{1}{2}}$$

由 $|RN|^2 = |PN| \cdot |QN|$ 可得 $y_R^2 = -y_Q y_P$,即为
$$\left(\frac{m-1}{k-\dfrac{1}{2}}\right)^2 = -\left(\frac{m+1}{k_1 - \dfrac{1}{2}}\right)\left(\frac{m+1}{k_2 - \dfrac{1}{2}}\right)$$

整理为
$$\frac{(m+1)^2}{(m-1)^2} = -\frac{k_1 k_2 - \dfrac{1}{2}(k_1 + k_2) + \dfrac{1}{4}}{\left(k - \dfrac{1}{2}\right)^2} = \frac{k^2 - \dfrac{3}{4}}{\left(k - \dfrac{1}{2}\right)^2}$$

令 $t = k - \dfrac{1}{2}$,代入整理可得
$$\frac{(m+1)^2}{(m-1)^2} = \frac{t^2 + t + 1}{t^2} = \left(\frac{1}{t}\right)^2 + \frac{1}{t} + 1 \geqslant \frac{3}{4}$$

即

$$\frac{(m+1)^2}{(m-1)^2} \geqslant \frac{3}{4} \Rightarrow -\frac{\sqrt{3}}{2} \leqslant \frac{m+1}{m-1} \leqslant \frac{\sqrt{3}}{2}$$

解得 $m \in (-\infty, -7-4\sqrt{3}) \cup (-7+4\sqrt{3}, 1) \cup (1, +\infty)$.

【例 16】 （2022 浙江）如图 8.9 所示，已知椭圆 $\frac{x^2}{12} + y^2 = 1$. 设 A、B 是椭圆上异于 $P(0,1)$ 的两点，且点 $Q\left(0, \frac{1}{2}\right)$ 在线段 AB 上，直线 PA、PB 分别交直线 $y = -\frac{1}{2}x + 3$ 于 C、D 两点.

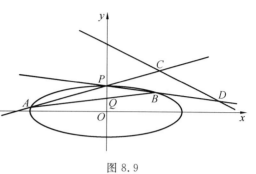

图 8.9

(1) 求点 P 到椭圆上点的距离的最大值.
(2) 求 $|CD|$ 的最小值.

解：(1) 设 $H(2\sqrt{3}\cos\theta, \sin\theta)$ 是椭圆上任意一点，则

$$|PH|^2 = 12\cos^2\theta + (1-\sin\theta)^2 = 13 - 11\sin^2\theta - 2\sin\theta = -11\left(\sin\theta + \frac{1}{11}\right)^2 + \frac{144}{11} \leqslant \frac{144}{11}$$

当且仅当 $\sin\theta = -\frac{1}{11}$ 时取等号，故 $|PH|$ 的最大值是 $\frac{12\sqrt{11}}{11}$.

(2) 法一（曲直联立）.

设直线 $AB: y = kx + \frac{1}{2}$，将直线 AB 方程与椭圆 $\frac{x^2}{12} + y^2 = 1$ 联立，可得

$$\left(k^2 + \frac{1}{12}\right)x^2 + kx - \frac{3}{4} = 0$$

设 $A(x_1, y_1)$，$B(x_2, y_2)$，则

$$\begin{cases} x_1 + x_2 = -\dfrac{k}{k^2 + \dfrac{1}{12}} \\ x_1 x_2 = -\dfrac{3}{4\left(k^2 + \dfrac{1}{12}\right)} \end{cases}$$

因为直线 $PA: y = \frac{y_1 - 1}{x_1}x + 1$ 与直线 $y = -\frac{1}{2}x + 3$ 交于点 C，所以

$$x_C = \frac{4x_1}{x_1 + 2y_1 - 2} = \frac{4x_1}{(2k+1)x_1 - 1}$$

同理可得

$$x_D = \frac{4x_2}{x_2 + 2y_2 - 2} = \frac{4x_2}{(2k+1)x_2 - 1}$$

则

$$|CD| = \sqrt{1 + \frac{1}{4}}|x_C - x_D| = \frac{\sqrt{5}}{2}\left|\frac{4x_1}{(2k+1)x_1 - 1} - \frac{4x_2}{(2k+1)x_2 - 1}\right|$$

$$= 2\sqrt{5}\left|\frac{x_1 - x_2}{[(2k+1)x_1 - 1][(2k+1)x_2 - 1]}\right| = 2\sqrt{5}\left|\frac{x_1 - x_2}{(2k+1)^2 x_1 x_2 - (2k+1)(x_1 + x_2) + 1}\right|$$

$$=\frac{3\sqrt{5}}{2}\cdot\frac{\sqrt{16k^2+1}}{|3k+1|}=\frac{6\sqrt{5}}{5}\cdot\frac{\sqrt{16k^2+1}\sqrt{\frac{9}{16}+1}}{|3k+1|}\geqslant\frac{6\sqrt{5}}{5}\cdot\frac{\sqrt{\left(4k\times\frac{3}{4}+1\times1\right)^2}}{|3k+1|}=\frac{6\sqrt{5}}{5}$$

当且仅当 $k=\frac{3}{16}$ 时取等号,故 $|CD|$ 的最小值为 $\frac{6\sqrt{5}}{5}$.

法二(齐次化法).

将 P 向下平移一个单位,椭圆变为

$$\frac{x^2}{12}+(y+1)^2=1 \Rightarrow x^2+24y+12y^2=0$$

设平移后的直线 $AB:y=kx-\frac{1}{2}\Rightarrow 2kx-2y=1$,齐次化联立可得

$$x^2+12y^2+24y(2kx-2y)=0$$

整理得 $36y^2-48kxy-x^2=0$,即

$$36\left(\frac{y}{x}\right)^2-48k\left(\frac{y}{x}\right)-1=0$$

设直线 PA、PB 的斜率分别为 k_1、k_2,则

$$k_1k_2=-\frac{1}{36}$$

平移回原坐标系,得直线 PA 的方程为

$$y=k_1x+1$$

与 $y=-\frac{1}{2}x+3$ 联立可得

$$x_C=\frac{2}{k_1+\frac{1}{2}}$$

同理可得

$$x_D=\frac{2}{k_2+\frac{1}{2}}$$

则

$$|CD|=\sqrt{1+\frac{1}{4}}\,|x_C-x_D|=\frac{\sqrt{5}}{2}\left|\frac{2}{k_1+\frac{1}{2}}-\frac{2}{k_2+\frac{1}{2}}\right|=\sqrt{5}\left|\frac{k_2-k_1}{k_1k_2+\frac{1}{2}(k_1+k_2)+\frac{1}{4}}\right|$$

$$=\sqrt{5}\left|\frac{\sqrt{(k_2+k_1)^2+\frac{1}{9}}}{\frac{2}{9}+\frac{1}{2}(k_1+k_2)}\right|$$

令 $\frac{2}{9}+\frac{1}{2}(k_1+k_2)=m$,代入上式可得

$$|CD|=\sqrt{5}\left|\frac{\sqrt{\left(2m-\frac{4}{9}\right)^2+\frac{1}{9}}}{m}\right|=\sqrt{5}\sqrt{\frac{4m^2-\frac{16}{9}m+\frac{25}{81}}{m^2}}$$

$$=\sqrt{5}\sqrt{\frac{25}{81}\left(\frac{1}{m}\right)^2-\frac{16}{9}\left(\frac{1}{m}\right)+4}$$

当 $\frac{1}{m}=\frac{72}{25}$ 时,$|CD|_{\min}=\frac{6\sqrt{5}}{5}$.

8.3 中点弦问题

【例 17】 如图 8.10 所示,已知椭圆 $\frac{x^2}{4}+\frac{y^2}{3}=1$ 的右焦点为 F,过 F 分别作弦 AB、CD. 点 M、N 分别为 AB、CD 的中点. AB、CD 的斜率分别为 k_1、k_2.

(1)若 $k_1 \cdot k_2=1$,求证:MN 过定点.
(2)若 $k_1 \cdot k_2=k_1+k_2$,求证:MN 过定点.
(3)若 $AB \perp CD$,求证:MN 过定点.

证明:设 $M(x_1,y_1)$,$N(x_2,y_2)$,由点差法结论得 $k_{OM} \cdot k_{AB}=-\frac{3}{4}$.

由于 A、B、M、F 四点共线,故 $k_{MF}=\frac{y_1}{x_1-1}$,即

$$\frac{y_1}{x_1} \cdot \frac{y_1}{x_1-1}=-\frac{3}{4}$$

化简为

$$-4y_1^2=3x_1^2-3x_1$$

即

$$3x_1^2-3x_1+4y_1^2=0$$

同理可得

$$3x_2^2-3x_2+4y_2^2=0$$

即 M、N 满足轨迹轨迹方程

$$3x^2-3x+4y^2=0$$

将其向左平移一个单位得到方程

$$3(x+1)^2-3(x+1)+4y^2=0$$

化简可得

$$3x^2+3x+4y^2=0$$

设平移后的直线 $M'N'$ 的直线方程为

$$mx+ny=1$$

将其与椭圆方程齐次化联立可得

$$3x^2+3x(mx+ny)+4y^2=0$$

整理为

$$(3+3m)x^2+3nxy+4y^2=0$$

左右两边同时除以 x^2 可得

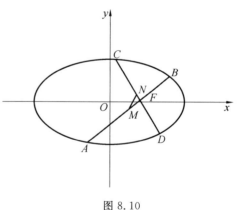

图 8.10

$$4\left(\frac{y}{x}\right)^2+3n\frac{y}{x}+3+3m=0$$

(1)若 $k_1 \cdot k_2 = 1$, 即 $\frac{3+3m}{4}=1$, $m=\frac{1}{3}$, $M'N'$ 直线方程为 $\frac{x}{3}+ny=1$, 恒过 $(3,0)$, 平移回原坐标系恒过 $(4,0)$.

(2)若 $k_1 \cdot k_2 = k_1+k_2$, 则 $-\frac{3n}{4}=\frac{3+3m}{4}$, 即 $-m-n=1$.

通过对比方程 $mx+ny=1$, 得到 $M'N'$ 恒过 $(-1,-1)$, 平移回原坐标系恒过 $(0,-1)$.

(3)若 $k_1 \cdot k_2 = -1$ 则 $\frac{3+3m}{4}=-1$, $m=-\frac{7}{3}$, $M'N'$ 直线方程为 $-\frac{7x}{3}+ny=1$, 恒过 $\left(-\frac{3}{7},0\right)$, 平移回原坐标系恒过 $\left(\frac{4}{7},0\right)$.

【课后练习】

1.(2009 辽宁改)已知椭圆 $C:\frac{x^2}{4}+\frac{y^2}{3}=1$, 点 $A\left(1,\frac{3}{2}\right)$ 在椭圆上, E、F 是椭圆上的两个动点, 若 $k_{AE}+k_{AF}=0$, 证明:直线 EF 的斜率为定值.

2.已知椭圆的中心为 O, 方程为 $\frac{x^2}{4}+\frac{y^2}{3}=1$, P、Q 为椭圆上两点, 且 $OP \perp OQ$, 求证: $\frac{1}{|OP|^2}+\frac{1}{|OQ|^2}$ 为定值.

3.(江苏 2021 百校联盟)如图 8.11 所示,已知椭圆 $C_1:\frac{x^2}{4}+\frac{y^2}{3}=1$, $C_2:\frac{y^2}{9}+\frac{x^2}{4}=1$, $A(-2,0)$, $B(2,0)$, P 为椭圆 C_2 上一动点且在第一象限内, 直线 PA、PB 分别交椭圆 C_1 于 E、F 两点, 连接 EF 交 x 轴于 Q 点. 过 B 点作 $BH \parallel PA$, 且 BH 交椭圆 C_1 于点 G.

(1)求证:直线 GF 过定点,并求出该定点.

(2)若记 P、Q 点的横坐标分别为 x_P、x_Q, 求 $x_P+\frac{1}{2}x_Q$ 的取值范围.

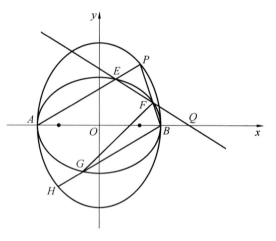

图 8.11

4.如图 8.12 所示,已知椭圆 $C:\frac{x^2}{4}+\frac{y^2}{3}=1$ 的左、右顶点分别为 A、B, O 为坐标原点, 直线 $l:x=1$, 圆 E 过 O、B, 交 l 于点 M、N, 直线 AM、AN 分别交 C 于点 P、Q, 求证:直线 PQ 过定点.

5.如图 8.13 所示,已知抛物线 $y^2=4x$ 和抛物线外一点 $M(12,8)$, 过 M 分别作弦 AB、CD. 点 G、H 分别为 AB、CD 的中点. AB、CD 的斜率分别为 k_1、k_2. 若 $k_1 \cdot k_2 = 1$, 求证:GH 过定点.

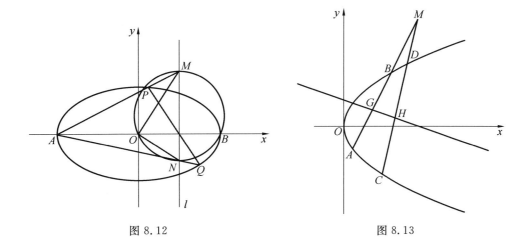

图 8.12 图 8.13

【答案与解析】

1. 证明:将点 A 平移到原点得椭圆方程为

$$3(x+1)^2+4\left(y+\frac{3}{2}\right)^2=12$$

化简得

$$4y^2+12y+6x+3x^2=0 \qquad ①$$

设平移后直线为

$$l': mx+ny=1 \qquad ②$$

联立①②即

$$4y^2+12y(mx+ny)+6x(mx+ny)+3x^2=0$$

整理得

$$(4+12n)y^2+(12m+6n)xy+(3+6m)x^2=0$$

同除以 x^2 得

$$(4+12n)\left(\frac{y}{x}\right)^2+(12m+6n)\left(\frac{y}{x}\right)+(3+6m)=0$$

由 $k_1+k_2=\dfrac{y_1}{x_1}+\dfrac{y_2}{x_2}=0$ 得

$$\frac{12m+6n}{4+12n}=0 \Rightarrow 2m+n=0 \Rightarrow -\frac{m}{n}=\frac{1}{2}$$

对比 $mx+ny=1$ 可得

$$k=k_{EF}=\frac{1}{2}$$

所以直线 EF 的斜率为定值 $\dfrac{1}{2}$.

如果用第六章点差法结论可以快速得到斜率为 $\dfrac{b^2 x_0}{a^2 y_0}=\dfrac{3\times 1}{4\times \frac{3}{2}}=\dfrac{1}{2}$.

2. 证明： 设 $PQ: mx+ny=1$，代入椭圆方程可得
$$3x^2+4y^2-12(mx+ny)^2=0$$
整理可得
$$(3-12m^2)x^2-24mnxy+(4-12n^2)y^2=0$$
左右同时除以 x^2 可得
$$(4-12n^2)\left(\frac{y}{x}\right)^2-24mn\frac{y}{x}+(3-12m^2)=0$$
故可得
$$k_1k_2=\frac{3-12m^2}{4-12n^2}=-1$$
即 $m^2+n^2=\frac{7}{12}$，故 $d_{O-PQ}=\frac{1}{\sqrt{m^2+n^2}}$.

在 $\mathrm{Rt}\triangle OPQ$ 中，有
$$\frac{1}{|OP|^2}+\frac{1}{|OQ|^2}=\frac{1}{d_{O-PQ}^2}=m^2+n^2=\frac{7}{12}$$

3. 解： (1) 设 $P(x_0,y_0)$，则
$$k_{PA}k_{PB}=\frac{y_0}{x_0+2}\cdot\frac{y_0}{x_0-2}=\frac{y_0^2}{x_0^2-4}=\frac{9\left(1-\frac{1}{4}x_0^2\right)}{x_0^2-4}=-\frac{9}{4}$$

因为 $AP/\!/BH$，故
$$k_{BP}k_{BH}=-\frac{9}{4}$$

将椭圆 C_1 向左平移 2 个单位得到方程
$$\frac{(x+2)^2}{4}+\frac{y^2}{3}=1$$
化简可得
$$3x^2+4y^2+12x=0$$
设平移后的直线 $F'Q': mx+ny=1$，将其与椭圆 C_1 进行齐次化联立可得
$$3x^2+4y^2+12x(mx+ny)=0$$
整理为
$$(3+12m)x^2+12nxy+4y^2=0$$
即为
$$4\left(\frac{y}{x}\right)^2+12n\cdot\frac{y}{x}+(3+12m)=0$$
故 $k_1k_2=\frac{3+12m}{4}=-\frac{9}{4}$，整理可得 $m=-1$，即直线 $F'G'$ 过点 $(-1,0)$，直线 FG 过点 $(1,0)$.

(2) 此问重点考查非对称韦达定理，非对称韦达定理方法很多，这里选用先猜后证法.

设 $Q(m,0)$，设过点 Q 的直线 $EF: x=ty+m$，将其与椭圆 C_1 方程进行联立得

$$\begin{cases} x = ty + m \\ \dfrac{x^2}{4} + \dfrac{y^2}{3} = 1 \end{cases}$$

整理可得
$$3(ty+m)^2 + 4y^2 = 12$$
即为
$$3(t^2y^2 + 2tmy + m^2) + 4y^2 = 12$$
所以
$$(3t^2+4)y^2 + 6tmy + 3m^2 - 12 = 0$$

由韦达定理可得
$$y_1 + y_2 = \dfrac{-6tm}{3t^2+4}, \quad y_1 y_2 = \dfrac{3m^2-12}{3t^2+4}$$

直线 $AE: y = \dfrac{y_1}{x_1+2}(x+2)$，$BF: y = \dfrac{y_2}{x_2-2}(x-2)$，两式相比可得
$$\dfrac{y_1(x_2-2)}{y_2(x_1+2)} = \dfrac{x-2}{x+2}$$

即为
$$\dfrac{y_1(ty_2+m-2)}{y_2(ty_1+m+2)} = \dfrac{x-2}{x+2}$$

所以
$$\dfrac{ty_1y_2 + my_1 - 2y_1}{ty_1y_2 + my_2 + 2y_2} = \dfrac{x-2}{x+2}$$

整理为
$$4ty_1y_2 + (mx - 2x + 2m - 4)y_1 + (2m+4-mx-2x)y_2 = 0$$

猜测
$$mx - 2x + 2m - 4 = 2m + 4 - mx - 2x$$

解得 $mx = 4$. 再将 $mx = 4$ 代入上式可得
$$4ty_1y_2 + \left(-\dfrac{8}{m} + 2m\right)y_1 + \left(-\dfrac{8}{m} + 2m\right)y_2 = 0$$

将 $y_1 + y_2$, $y_1 y_2$ 代入此式,满足题意,说明 $mx = 4$,即为 $x_P x_Q = 4$.

注意到 $0 < x_P < 2$, $x_P + \dfrac{1}{2}x_Q = x_P + \dfrac{2}{x_P}$, $x_P \in (0,2)$,由对勾函数性质可得
$$x_P + \dfrac{2}{x_P} \geqslant 2\sqrt{2}$$

4. **证明**：设 $M(1,m)$, $N(1,n)$.

因为 M、N 为直径两端，O 在圆上，故 $k_{OM}k_{ON} = -1$，即 $mn = -1$. 所以
$$k_{AM}k_{AN} = k_{AP}k_{AQ} = \dfrac{m}{3} \cdot \dfrac{n}{3} = \dfrac{mn}{9} = -\dfrac{1}{9}$$

将椭圆向右平移两个单位得到
$$\dfrac{(x-2)^2}{4} + \dfrac{y^2}{3} = 1$$

化简可得
$$3x^2 - 12x + 4y^2 = 0$$
设平移后的直线 $P'Q'$ 为 $mx + ny = 1$,将其与椭圆方程齐次化联立可得
$$3x^2 - 12x(mx + ny) + 4y^2 = 0$$
整理为
$$4y^2 - 12nxy + (3 - 12m)x^2 = 0$$
左右同时除以 x^2,即为
$$4\left(\frac{y}{x}\right)^2 - 12n\frac{y}{x} + 3 - 12m = 0$$
即
$$\frac{y_1}{x_1} \cdot \frac{y_2}{x_2} = \frac{3 - 12m}{4} = -\frac{1}{9}$$

解得 $m = \frac{31}{108}$. 将其代入直线 $P'Q'$ 后可得直线 $\frac{31}{108}x + ny = 1$,恒过定点 $\left(\frac{108}{31}, 0\right)$.

图像平移回原来的位置后,直线 PQ 恒过定点 $\left(\frac{46}{31}, 0\right)$.

5. 证明:设 $G(x_1, y_1) H(x_2, y_2)$,由
$$y_A^2 = 4x_A, \quad y_B^2 = 4x_B$$
两式相减作差可得
$$(y_A - y_B)(y_A + y_B) = 4(x_A - x_B)$$
即为
$$k_{AB} \cdot 2y_1 = 4 \qquad \qquad ①$$
由于 A、B、G、M 四点共线,故
$$k_{AB} = k_{GM} = \frac{y_1 - 8}{x_1 - 12}$$
代入①中可得
$$\frac{y_1 - 8}{x_1 - 12} \cdot 2y_1 = 4$$
化简为
$$y_1^2 - 8y_1 = 2x_1 - 24$$
同理可得
$$y_2^2 - 8y_2 = 2x_2 - 24$$
即过 G、H 两点的轨迹方程为 $y^2 - 8y = 2x - 24$.

将上述曲线向左平移 12 个单位,向下平移 8 个单位得到
$$(y + 8)^2 - 8(y + 8) = 2(x + 12) - 24$$
化简为
$$y^2 + 8y - 2x = 0 \qquad \qquad ②$$
设 $G'H'$ 直线方程为 $mx + ny = 1$,将其与②进行齐次化联立可得
$$y^2 + 8y(mx + ny) - 2x(mx + ny) = 0$$

化简为
$$(1+8n)y^2+(8m-2n)xy-2mx^2=0$$
$$(1+8n)\left(\frac{y}{x}\right)^2+(8m-2n)\frac{y}{x}-2m=0$$

由韦达定理可得
$$k_1k_2=-\frac{2m}{1+8n}=1$$

化简可得
$$-2m-8n=1$$

对比 $mx+ny=1$ 可得直线恒过$(-2,-8)$,将其平移回原坐标系可知 GH 恒过 $(10,0)$.

第九章 定比点差法与定比分点问题

9.1 定比点差的理论

首先我们来回忆一下中点弦问题的处理方法——点差法.

标准方程为 $\dfrac{x^2}{a^2}+\dfrac{y^2}{b^2}=1$ 的椭圆上有 $A(x_1,y_1)$、$B(x_2,y_2)$ 两点（A、B 既不关于坐标轴对称也不关于原点对称）,设线段 AB 中点为 $M(x_0,y_0)$,则有 $k_{AB}\cdot k_{OM}=-\dfrac{b^2}{a^2}$.

证明：A、B 满足

$$\dfrac{x_1^2}{a^2}+\dfrac{y_1^2}{b^2}=1 \qquad ①$$

$$\dfrac{x_2^2}{a^2}+\dfrac{y_2^2}{b^2}=1 \qquad ②$$

两式相减,利用平方差公式得到

$$\dfrac{(x_1+x_2)(x_1-x_2)}{a^2}+\dfrac{(y_1+y_2)(y_1-y_2)}{b^2}=0$$

移项得

$$\dfrac{y_1-y_2}{x_1-x_2}\cdot\dfrac{y_1+y_2}{x_1+x_2}=-\dfrac{b^2}{a^2}$$

即 $k_{AB}\cdot k_{OM}=-\dfrac{b^2}{a^2}$.

点差法在处理中点问题的时候往往能够大大简化计算,是每个学生都必须掌握的方法,在实际考试中碰到的大题往往都不会是线段 AB 的中点这么简单,但是只要是同一条直线上的点,都可以利用向量的比例来求得它们的坐标关系,这类问题我们称之为定比分点问题,作为处理定比分点问题的主要方法,点差法的升级版——定比点差法便应运而生了.

1. 定比分点的坐标公式

若点 P 分有向线段 AB（A 为始点,B 为终点）的比为 λ,即 $\overrightarrow{AP}=\lambda\overrightarrow{PB}$,则称点 P 为点 A、B 的定比分点.

设 $A(x_1,y_1)$,$B(x_2,y_2)$,$P(x_0,y_0)$,利用向量的线性关系不难求出

$$x_0=\dfrac{x_1+\lambda x_2}{1+\lambda},\quad y_0=\dfrac{y_1+\lambda y_2}{1+\lambda} \qquad ①$$

即 P 的坐标为 $\left(\dfrac{x_1+\lambda x_2}{1+\lambda},\dfrac{y_1+\lambda y_2}{1+\lambda}\right)$.

①式便是定比分点公式.显然当$\lambda=1$时,定比分点公式就变成了中点坐标公式,这也说明了中点坐标公式是定比分点的一种特殊情况.

其实也可以用几何形式去理解此公式,如图 9.1 所示,有
$$\overrightarrow{OP}=\frac{\overrightarrow{OA}+\lambda\overrightarrow{OB}}{1+\lambda}$$

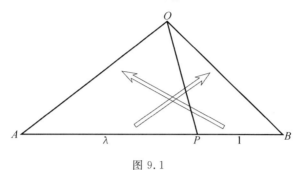

图 9.1

2. 调和分割和调和点列

如图 9.2 所示,若$\overrightarrow{AM}=\lambda\overrightarrow{MB}$,$\overrightarrow{AN}=-\lambda\overrightarrow{NB}$,则称 M、N 调和分割 A、B,此时 A、M、B、N 构成调和点列.

图 9.2

调和点列的性质如下:

(1)调和性:$\dfrac{1}{AM}+\dfrac{1}{AN}=\dfrac{2}{AB}$.

(2)共轭性:①若 A、M、B、N 构成调和点列,则 N、B、M、A 也构成调和点列.

②$\dfrac{1}{AM}+\dfrac{1}{AN}=\dfrac{2}{AB}$成立,$\dfrac{1}{NB}+\dfrac{1}{NA}=\dfrac{2}{NM}$也成立.

(3)等比性:若 P 为 AB 中点,则有 $PA^2=PB^2=PM\cdot PN$.

(4)阿氏圆:对于平面上两定点 A、B,若动点 P 满足$\dfrac{PA}{PB}=\lambda(\lambda\neq 1)$,则点 P 的轨迹为圆.设该圆与直线 AB 的交点为 M、N,则 A、M、B、N 构成调和点列.

3. 定比点差法

若点 $A(x_1,y_1)$、$B(x_2,y_2)$ 在有心二次曲线$\dfrac{x^2}{a^2}\pm\dfrac{y^2}{b^2}=1$上,且直线 AB 恒过点 $M(x_M,y_M)$、$N(x_N,y_N)$,则有
$$\frac{|AM|}{|MB|}=\frac{|AN|}{|NB|}$$

首先设$\overrightarrow{AM}=\lambda\overrightarrow{MB}(\lambda\neq\pm 1)$,则由定比分点坐标公式可得$\begin{cases}x_M=\dfrac{x_1+\lambda x_2}{1+\lambda}\\ y_M=\dfrac{y_1+\lambda y_2}{1+\lambda}\end{cases}$.

设 $\overrightarrow{AN} = -\lambda \overrightarrow{NB}$，则由定比分点坐标公式可得 $\begin{cases} x_N = \dfrac{x_1 - \lambda x_2}{1-\lambda} \\ y_N = \dfrac{y_1 - \lambda y_2}{1-\lambda} \end{cases}$.

当 $\lambda \neq \pm 1$ 时，将 $A(x_1, y_1)$、$B(x_2, y_2)$ 代入曲线，有

$$\begin{cases} \dfrac{x_1^2}{a^2} \pm \dfrac{y_1^2}{b^2} = 1 & ① \\ \dfrac{x_2^2}{a^2} \pm \dfrac{y_2^2}{b^2} = 1 & ② \end{cases}$$

② $\times \lambda^2$ 得到

$$\dfrac{\lambda^2 x_2^2}{a^2} \pm \dfrac{\lambda^2 y_2^2}{b^2} = \lambda^2 \qquad ③$$

③ 和 ① 作差整理可得

$$\dfrac{(x_1 + \lambda x_2)(x_1 - \lambda x_2)}{a^2(1+\lambda)(1-\lambda)} \pm \dfrac{(y_1 + \lambda y_2)(y_1 - \lambda y_2)}{b^2(1+\lambda)(1-\lambda)} = 1$$

将前式代入整理得

$$\dfrac{x_M x_N}{a^2} \pm \dfrac{y_M y_N}{b^2} = 1$$

于是我们得到一个核心结论：

在有心二次曲线 $\dfrac{x^2}{a^2} \pm \dfrac{y^2}{b^2} = 1$ 上有 $A(x_1, y_1)$、$B(x_2, y_2)$ 两点，若 $\overrightarrow{AM} = \lambda \overrightarrow{MB}(\lambda \neq \pm 1)$ 且 $\overrightarrow{AN} = -\lambda \overrightarrow{NB}$（也称为 M、N 调和分割 A、B），则有

$$\dfrac{x_M x_N}{a^2} \pm \dfrac{y_M y_N}{b^2} = 1$$

本命题的逆命题也成立，同时此结论与极点极线有着紧密的联系.

相对于常规解法，定比点差在处理定比分点问题细化下的三点共线、相交弦、定点问题、比例问题、调和点列问题中均具有优势.

为了更加了解定比点差的妙处，我们来看看它到底可以解决哪些问题吧.

9.2 椭圆和双曲线中的定比点差

1. 求交点坐标

【例 1】 (2018 浙江) 如图 9.3 所示，已知点 $P(0, 1)$，椭圆 $\dfrac{x^2}{4} + y^2 = m(m > 1)$ 上两点 A、B 满足 $\overrightarrow{AP} = 2\overrightarrow{PB}$，则当 $m = $ _____ 时，点 B 横坐标的绝对值最大.

解：设 $A(x_1,y_1)$，$B(x_2,y_2)$，由 $\overrightarrow{AP}=2\overrightarrow{PB}$ 和定比分点坐标公式得

$$\begin{cases} 0=\dfrac{x_1+2x_2}{3} & ① \\ 1=\dfrac{y_1+2y_2}{3} & ② \end{cases}$$

将 A、B 代入到椭圆方程得

$$\begin{cases} \dfrac{x_1^2}{4}+y_1^2=m \\ \dfrac{4x_2^2}{4}+4y_2^2=4m \end{cases}$$

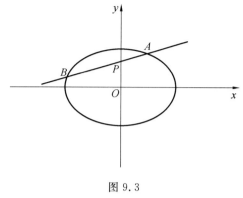

图 9.3

两式相减得到

$$\dfrac{(x_1-2x_2)(x_1+2x_2)}{4}+(y_1-2y_2)(y_1+2y_2)=-3m$$

将①②代入上式得

$$y_1-2y_2=-m \qquad ③$$

③和②进行联立，得

$$y_2=\dfrac{3+m}{4}$$

又由于点 B 在椭圆上，将点 B 坐标代入可得

$$x_2^2=4m-4y_2^2=4m-\dfrac{(3+m)^2}{4}=\dfrac{-(m-5)^2+16}{4}$$

故当 $m=5$ 时，点 B 的横坐标的绝对值最大。

【**例 2**】 如图 9.4 所示，已知椭圆 $\dfrac{x^2}{a^2}+\dfrac{y^2}{b^2}=1(a>b>0)$，过椭圆的左焦点 F 且斜率为 $\sqrt{3}$ 的直线 l 与椭圆交于 A、B 两点（A 点在 B 点的上方），若有 $\overrightarrow{AF}=2\overrightarrow{FB}$，求椭圆的离心率。

解：因为 $\overrightarrow{AF}=2\overrightarrow{FB}$，设 $A(x_1,y_1)$、$B(x_2,y_2)$。

由定比分点坐标公式可得 $\begin{cases} c=\dfrac{x_1+2x_2}{3} \\ 0=\dfrac{y_1+2y_2}{3} \end{cases}$。

将 A、B 两点坐标代入椭圆方程可得

$$\begin{cases} \dfrac{x_1^2}{a^2}+\dfrac{y_1^2}{b^2}=1 & ① \\ \dfrac{4x_2^2}{a^2}+\dfrac{4y_2^2}{b^2}=4 & ② \end{cases}$$

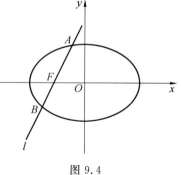

图 9.4

①－②得

$$\dfrac{(x_1+2x_2)(x_1-2x_2)}{a^2}+\dfrac{(y_1+2y_2)(y_1-2y_2)}{b^2}=-3$$

将①②代入可得

$$x_1 - 2x_2 = \frac{a^2}{c} \qquad ③$$

故由 $\begin{cases} x_1 + 2x_2 = 3c \\ x_1 - 2x_2 = \dfrac{a^2}{c} \end{cases}$，解得

$$x_1 = \frac{1}{2}\left(\frac{a^2}{c} - 3c\right) = \frac{a^2 - 3c^2}{2c}$$

因为 $\dfrac{y_1}{x_1 + c} = \sqrt{3}$，所以

$$y_1 = \sqrt{3}\left(\frac{a^2 - 3c^2}{2c} + c\right) = \frac{\sqrt{3}\,b^2}{2c}$$

将 A 代入椭圆方程整理得

$$4a^4 - 13a^2c^2 + 9c^4 = 0$$

所以 $4a^2 = 9c^2$ 或 $a^2 = c^2$（舍），故 $e = \dfrac{c}{a} = \dfrac{2}{3}$.

【例3】 已知椭圆 $C: \dfrac{x^2}{16} + \dfrac{y^2}{4} = 1$，直线 l 过点 $M(0,1)$，且与椭圆相交于 A、B 两点，若 $\overrightarrow{AM} = 2\overrightarrow{MB}$，求直线 l 的方程.

解：设 $A(x_1, y_1), B(x_2, y_2)$，因为 $\overrightarrow{AM} = 2\overrightarrow{MB}$，所以

$$\begin{cases} 0 = \dfrac{x_1 + 2x_2}{1 + 2} \\ 1 = \dfrac{y_1 + 2y_2}{1 + 2} \end{cases}$$

有

$$\begin{cases} \dfrac{x_1^2}{16} + \dfrac{y_1^2}{4} = 1 & ① \\ \dfrac{2^2 \cdot x_1^2}{16} + \dfrac{2^2 \cdot y_1^2}{4} = 1 \cdot 2^2 & ② \end{cases}$$

①－②得

$$\frac{(x_1 + 2x_2)(x_1 - 2x_2)}{16} + \frac{(y_1 + 2y_2)(y_1 - 2y_2)}{4} = 1 - 2^2$$

即

$$\frac{(x_1 + 2x_2)(x_1 - 2x_2)}{16(1 + 2)(1 - 2)} + \frac{(y_1 + 2y_2)(y_1 - 2y_2)}{4(1 + 2)(1 - 2)} = 1$$

所以

$$\frac{(y_1 - 2y_2)}{4(1 - 2)} = 1 \Rightarrow y_1 - 2y_2 = -4$$

又

$$1 = \frac{y_1 + 2y_2}{1 + 2} \Rightarrow y_1 + 2y_2 = 3$$

由 $\begin{cases} y_1 - 2y_2 = -4 \\ y_1 + 2y_2 = 3 \end{cases} \Rightarrow y_1 = -\dfrac{1}{2}$ 代入椭圆方程得 $x_1 = \pm\sqrt{15}$，所以

$$k_{AB} = \dfrac{1+\dfrac{1}{2}}{0\pm\sqrt{15}} = \pm\dfrac{\sqrt{15}}{10}$$

所以 $l: y = \pm\dfrac{\sqrt{15}}{10}x + 1$.

【例 4】 如图 9.5 所示，已知椭圆 $\Gamma: \dfrac{x^2}{10} + \dfrac{y^2}{6} = 1$ 和点 $M(1,0)$，直线 l 过椭圆 Γ 的左焦点 F_1，且与椭圆 Γ 分别交于点 A、B，AM 与 BM 与椭圆 Γ 的另一个交点为 C、D，若 $\dfrac{|MA|}{|MC|} + \dfrac{|MB|}{|MD|} = 3$，求直线 l 的斜率.

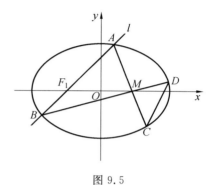

图 9.5

解：设 $\overrightarrow{AM} = \lambda\overrightarrow{MC}$，$\overrightarrow{BM} = \mu\overrightarrow{MD}$，则 $\lambda + \mu = 3$.

设 $A(x_1, y_1)$，$B(x_2, y_2)$，$C(x_3, y_3)$，$D(x_4, y_4)$，由 $\overrightarrow{AM} = \lambda\overrightarrow{MC}$，得

$$\begin{cases} 1 = \dfrac{x_1 + \lambda x_3}{1+\lambda} \\ 0 = \dfrac{y_1 + \lambda y_3}{1+\lambda} \end{cases}$$

即

$$\begin{cases} x_1 + \lambda x_3 = 1 + \lambda & \text{①} \\ y_1 + \lambda y_3 = 0 & \text{②} \end{cases}$$

又 $\dfrac{x_1^2}{10} + \dfrac{y_1^2}{6} = 1$，$\dfrac{\lambda^2 x_3^2}{10} + \dfrac{\lambda^2 y_3^2}{6} = \lambda^2$，两式相减得

$$\dfrac{(x_1+\lambda x_3)(x_1-\lambda x_3)}{10} + \dfrac{(y_1+\lambda y_3)(y_1-\lambda y_3)}{6} = 1 - \lambda^2 \qquad \text{③}$$

①②式代入③式，整理得

$$x_1 - \lambda x_3 = 10 - 10\lambda$$

由 $\begin{cases} x_1 + \lambda x_3 = 1+\lambda \\ x_1 - \lambda x_3 = 10 - 10\lambda \end{cases}$，解得 $x_1 = \dfrac{11-9\lambda}{2}$.

同理可得 $x_2 = \dfrac{11-9\mu}{2}$，即

$$x_1 + x_2 = 11 - \dfrac{9}{2}(\lambda + \mu) = -\dfrac{5}{2}$$

当直线 AB 斜率不存在时，$x_1 + x_2 = -4$，不成立；

当直线斜率存在时，$l_{AB}: y = k(x+2)$.

联立 $\begin{cases} y = k(x+2) \\ \dfrac{x^2}{10} + \dfrac{y^2}{6} = 1 \end{cases}$，整理得

$$(3+5k^2)x^2+20k^2x+20k^2-30=0$$

则 $x_1+x_2=-\dfrac{20k^2}{5k^2+3}=-\dfrac{5}{2}$，解得 $k=\pm 1$. 故直线 AB 的方程为 $y=x+2$ 或 $y=-x-2$.

【点评】 本题利用定比点差法求出 x_1+x_2 的值，再结合常规联立的韦达定理，大大减少了计算量.

【例5】 (2018 北京文) 如图 9.6 所示，已知椭圆 $M:\dfrac{x^2}{a^2}+\dfrac{y^2}{b^2}=1(a>b>0)$ 的离心率为 $\dfrac{\sqrt{6}}{3}$，焦距为 $2\sqrt{2}$，斜率为 k 的直线 l 与椭圆 M 有两个不同的交点 A、B.

(1) 求椭圆 M 的方程.

(2) 若 $k=1$，求 $|AB|$ 的最大值.

(3) 设 $P(-2,0)$，直线 PA 与椭圆 M 的另一个交点为 C，直线 PB 与椭圆 M 的另一个交点为 D，若 C、D 和点 $Q\left(-\dfrac{7}{4},\dfrac{1}{4}\right)$ 共线，求 k 的值.

解：(1) 由题得 $\begin{cases}\dfrac{c}{a}=\dfrac{\sqrt{6}}{3}\\ 2c=2\sqrt{2}\\ a^2=b^2+c^2\end{cases}$，解得 $\begin{cases}a^2=3\\ b^2=1\end{cases}$，则椭圆的方程为 $\dfrac{x^2}{3}+y^2=1$.

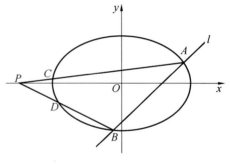

图 9.6

(2) 设 $l:y=x+m$，设 $A(x_1,y_1),B(x_2,y_2)$.

联立 $\begin{cases}y=x+m\\ \dfrac{x^2}{3}+y^2=1\end{cases}$，整理得

$$4x^2+6mx+3m^2-3=0,\quad \Delta=48-12m^2>0,\ -2<m<2$$

$$|AB|=\sqrt{1+k^2}\,|x_1-x_2|=\sqrt{2}\cdot\dfrac{\sqrt{48-12m^2}}{4}\leqslant\sqrt{6}$$

当且仅当 $m=0$ 时取等.

(3) 设 $\overrightarrow{AP}=\lambda\overrightarrow{PC},\overrightarrow{BP}=\mu\overrightarrow{PD},A(x_1,y_1),B(x_2,y_2),C(x_3,y_3),D(x_4,y_4)$.

由于 $\overrightarrow{AP}=\lambda\overrightarrow{PC}$，则由定比分点坐标公式可得

$$\begin{cases}-2=\dfrac{x_1+\lambda x_3}{1+\lambda}\\ 0=\dfrac{y_1+\lambda y_3}{1+\lambda}\end{cases}\Rightarrow\begin{cases}x_1+\lambda x_3=-2-2\lambda\\ y_1+\lambda y_3=0\end{cases}$$

又 $\dfrac{x_1^2}{3}+y_1^2=1,\dfrac{\lambda^2 x_3^2}{3}+\lambda^2 y_3^2=\lambda^2$，两式相减得

$$\dfrac{(x_1+\lambda x_3)(x_1-\lambda x_3)}{3}+(y_1+\lambda y_3)(y_1-\lambda y_3)=1-\lambda^2$$

整理得

$$\dfrac{-2(x_1-\lambda x_3)}{3(1-\lambda)}=1\Rightarrow x_1-\lambda x_3=-\dfrac{3}{2}(1-\lambda)$$

由 $\begin{cases} x_1+\lambda x_3=-2(1+\lambda) \\ x_1-\lambda x_3=-\dfrac{3}{2}(1-\lambda) \end{cases}$,解得 $\begin{cases} x_1=-\dfrac{7}{4}-\dfrac{\lambda}{4} \\ x_3=-\dfrac{1}{4\lambda}-\dfrac{7}{4} \end{cases}.$

同理可得 $\begin{cases} x_2=-\dfrac{7}{4}-\dfrac{\mu}{4} \\ x_4=-\dfrac{1}{4\mu}-\dfrac{7}{4} \end{cases}$,$y_2+\mu y_4=0$,则

$$x_1-x_2=\dfrac{\mu}{4}-\dfrac{\lambda}{4}$$

由 C、D、Q 三点共线,得

$$\dfrac{y_3-\dfrac{1}{4}}{x_3+\dfrac{7}{4}}=\dfrac{y_4-\dfrac{1}{4}}{x_4+\dfrac{7}{4}}$$

即

$$\dfrac{\dfrac{y_1}{-\lambda}-\dfrac{1}{4}}{-\dfrac{1}{4\lambda}}=\dfrac{\dfrac{y_2}{-\mu}-\dfrac{1}{4}}{-\dfrac{1}{4\mu}}$$

整理得 $y_1-y_2=\dfrac{\mu}{4}-\dfrac{\lambda}{4}$,则 $k=\dfrac{y_1-y_2}{x_1-x_2}=1.$

【点评】本题利用定比点差求出 A、B、C、D 四点的横坐标(用 λ,μ 表示)再结合它们纵坐标的关系进而求得斜率.

2. 定点

【例 6】 (2020 全国 1 卷)如图 9.7 所示,已知 A、B 分别为椭圆 $E:\dfrac{x^2}{a^2}+y^2=1(a>1)$ 的左、右顶点,G 为椭圆的上顶点,$\overrightarrow{AG}\cdot\overrightarrow{GB}=8$,$P$ 为直线 $x=6$ 上的动点,PA 与 E 的另一交点为 C,PB 与 E 的另一交点为 D.

(1)求椭圆 E 的方程.

(2)证明:直线 CD 过定点.

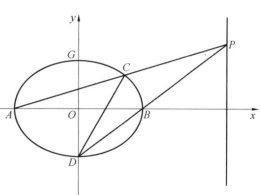

图 9.7

解:(1)设 $A(-a,0)$,$B(a,0)$,$G(0,1)$,则

$$\overrightarrow{AG}\cdot\overrightarrow{GB}=(a,1)\cdot(a,-1)=a^2-1=8$$

故 $a^2=9$,椭圆方程 $E:\dfrac{x^2}{9}+y^2=1.$

(2)设 $P(6,t)$,$A(-3,0)$,$B(3,0)$,$k_{PA}=\dfrac{t}{6}$,$k_{PB}=\dfrac{t}{2}$,故 $3k_{PA}=k_{PB}.$

由椭圆对称性可知:若 CD 过定点,则定点坐标必在 x 轴上,并设定点为 $T(m,0)$.
设 $C(x_1,y_1)$、$D(x_2,y_2)$,$\overrightarrow{CT}=\lambda\overrightarrow{TD}$.
由定比分点公式得

$$m=\frac{x_1+\lambda x_2}{1+\lambda} \qquad ①$$

$$0=\frac{y_1+\lambda y_2}{1+\lambda} \qquad ②$$

将 C、D 两点代入椭圆方程可得

$$\begin{cases}\dfrac{x_1^2}{9}+y_1^2=1 & ③\\ \dfrac{\lambda^2 x_2^2}{9}+\lambda^2 y_2^2=\lambda^2 & ④\end{cases}$$

由④-③合并整理可得

$$\frac{(x_1+\lambda x_2)(x_1-\lambda x_2)}{9(1-\lambda)(1+\lambda)}+\frac{(y_1+\lambda y_2)(y_1-\lambda y_2)}{(1-\lambda)(1+\lambda)}=1 \qquad ⑤$$

将①②代入到⑤中,整理可得

$$mx_1-m\lambda x_2=9-9\lambda$$

与①联立组成方程组即

$$\begin{cases}mx_1-m\lambda x_2=9-9\lambda\\ x_1+\lambda x_2=m+\lambda m\end{cases}$$

得到

$$x_1=\frac{9+m^2+(m^2-9)\lambda}{2m} \qquad ⑥$$

$$x_2=\frac{m^2-9+(m^2+9)}{2m\lambda} \qquad ⑦$$

$$y_1=-\lambda y_2 \qquad ⑧$$

由 $\dfrac{k_{AC}}{k_{BD}}=\dfrac{1}{3}=\dfrac{y_1}{x_1+3}\cdot\dfrac{x_2-3}{y_2}$,将⑥⑦⑧代入得

$$\frac{1}{3}=-\lambda\frac{\dfrac{m^2-9+(m^2+9)}{2m\lambda}-3}{\dfrac{9+m^2+(m^2-9)\lambda}{2m}+3}$$

整理得

$$2m^2+3m-9+(2m^2-9m+9)\lambda=0$$

令 $\begin{cases}2m^2+3m-9=0\\ 2m^2-9m+9=0\end{cases}$,取公共解得 $m=\dfrac{3}{2}$. 故恒过定点坐标 $T\left(\dfrac{3}{2},0\right)$.

【例7】 如图 9.8 所示,已知椭圆 $E:\dfrac{x^2}{4}+\dfrac{y^2}{3}=1$,斜率为 1 的直线 l 与椭圆交于 A、B 两点,点 $M(4,0)$,直线 AM 与椭圆 E 交于点 C,直线 BM 与椭圆 E 交于点 D,求证:直线 CD 恒过定点.

证明：设 $\overrightarrow{MA} = \lambda \overrightarrow{MC}$，$A(x_1, y_1)$，$B(x_2, y_2), C(x_3, y_3), D(x_4, y_4)$.

由于
$\overrightarrow{MA} = \lambda \overrightarrow{MC}$，$(x_1 - 4, y_1) = \lambda(x_3 - 4, y_3)$
则

$$\begin{cases} \lambda x_3 - x_1 = 4(\lambda - 1) & \text{①} \\ \lambda y_3 = y_1 & \text{②} \end{cases}$$

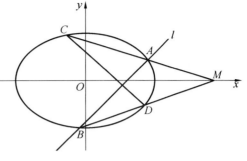

图 9.8

又

$$\frac{x_1^2}{4} + \frac{y_1^2}{3} = 1, \quad \frac{\lambda^2 x_3^2}{4} + \frac{\lambda^2 y_3^2}{3} = \lambda^2$$

两式相减得

$$\frac{(x_1 + \lambda x_3)(x_1 - \lambda x_3)}{4} + \frac{(y_1 + \lambda y_3)(y_1 - \lambda y_3)}{3} = 1 - \lambda^2 \quad \text{③}$$

①②式代入③式，整理得

$$\lambda x_3 + x_1 = 1 + \lambda$$

由 $\begin{cases} \lambda x_3 - x_1 = 4(\lambda - 1) \\ \lambda x_3 + x_1 = 1 + \lambda \end{cases}$，解得 $\begin{cases} x_1 = \dfrac{5}{2} - \dfrac{3}{2}\lambda \\ x_3 = \dfrac{5}{2} - \dfrac{3}{2\lambda} \end{cases}$，同理可得 $\begin{cases} x_2 = \dfrac{5}{2} - \dfrac{3}{2}\mu \\ x_4 = \dfrac{5}{2} - \dfrac{3}{2\mu} \end{cases}$，$\mu y_4 = y_2$.

设 $l_{CD}: y = kx + m$，则

$$k_{AB} = \frac{y_2 - y_1}{x_2 - x_1} = \frac{\mu y_4 - \lambda y_3}{\left(\dfrac{5}{2} - \dfrac{3}{2}\mu\right) - \left(\dfrac{5}{2} - \dfrac{3}{2}\lambda\right)} = \frac{\mu(kx_4 + m) - \lambda(kx_3 + m)}{\dfrac{3}{2}(\lambda - \mu)}$$

$$= \frac{\mu\left[k\left(\dfrac{5}{2} - \dfrac{3}{2\mu}\right) + m\right] - \lambda\left[k\left(\dfrac{5}{2} - \dfrac{3}{2\lambda}\right) + m\right]}{\dfrac{3}{2}(\lambda - \mu)} = \frac{\dfrac{5}{2}k(\mu - \lambda) + m(\mu - \lambda)}{\dfrac{3}{2}(\lambda - \mu)} = 1$$

则

$$\frac{5}{2}k + m = -\frac{3}{2}, \quad m = -\frac{5}{2}k - \frac{3}{2}$$

即 $l_{CD}: y = kx - \dfrac{5}{2}k - \dfrac{3}{2}$ 恒过定点 $\left(\dfrac{5}{2}, -\dfrac{3}{2}\right)$.

【例8】 如图 9.9 所示，已知椭圆 $\dfrac{x^2}{4} + \dfrac{y^2}{3} = 1$，点 $P(4, 0)$，过点 P 作椭圆的割线 PB，交椭圆于点 A, C 为 B 关于 x 轴的对称点. 求证：直线 AC 恒过定点.

证明：设 $A(x_1, y_1), B(x_2, y_2)$，则 $C(x_2, -y_2)$.

设 AC 与 x 轴的交点为 $M(m, 0), \overrightarrow{AP} = \lambda \overrightarrow{PB}, \overrightarrow{AM} = \mu \overrightarrow{MC}$.

由定比分点坐标公式得

$$\begin{cases} 4 = \dfrac{x_1 + \lambda x_2}{1 + \lambda} \\ 0 = \dfrac{y_1 + \lambda y_2}{1 + \lambda} \end{cases}, \quad \begin{cases} m = \dfrac{x_1 + \mu x_2}{1 + \mu} \\ 0 = \dfrac{y_1 - \mu y_2}{1 + \mu} \end{cases}$$

149

即
$$x_1 + \lambda x_2 = 4(1+\lambda) \quad ①$$
$$y_1 + \lambda y_2 = 0 \quad ②$$
$$x_1 + \mu x_2 = m(1+\mu) \quad ③$$
$$y_1 - \mu y_2 = 0 \quad ④$$

由②④得
$$\lambda = -\mu \quad ⑤$$

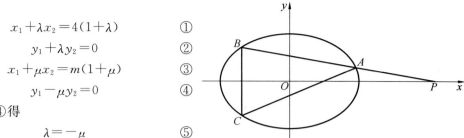

图 9.9

因为点 A、B 在椭圆上,得
$$\begin{cases} \dfrac{x_1^2}{4} + \dfrac{y_1^2}{3} = 1 \\ \dfrac{\lambda^2 x_2^2}{4} + \dfrac{\lambda^2 y_2^2}{3} = \lambda^2 \end{cases}$$

两式相减得
$$\frac{(x_1+\lambda x_2)(x_1-\lambda x_2)}{4} + \frac{(y_1+\lambda y_2)(y_1-\lambda y_2)}{3} = 1-\lambda^2$$

将①②代入上式得
$$x_1 - \lambda x_2 = 1 - \lambda \quad ⑥$$

对比③⑤⑥得 $m=1$,故直线 AC 恒过定点 $(1,0)$.

【例 9】 如图 9.10 所示,已知椭圆 $C: \dfrac{x^2}{3} + y^2 = 1$,过点 $M(1,0)$ 的直线与椭圆交于 A、B 两点,过点 A 作直线 $x=3$ 的垂线,垂足为 D,证明:直线 BD 过 x 轴的定点.

证明:设 $A(x_1, y_1)$,$B(x_2, y_2)$,则点 $D(3, y_1)$,BD 与 x 轴的交点为 $T(t, 0)$.

当 $\overrightarrow{AM} = \overrightarrow{MB}$ 时,AB 垂直于 x 轴,与直线 $x=3$ 无交点,所以设 $\overrightarrow{AM} = \lambda \overrightarrow{MB}(\lambda \neq \pm 1)$,由定比分点公式得

$$\begin{cases} x_M = \dfrac{x_1 + \lambda x_2}{1+\lambda} \\ y_M = \dfrac{y_1 + \lambda y_2}{1+\lambda} \end{cases}$$

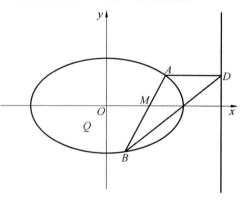

因为 $AD \parallel x$ 轴,所以 $\overrightarrow{DT} = \lambda \overrightarrow{TB}$,同理可得
$$t = \frac{3 + \lambda x_2}{1+\lambda}$$

图 9.10

设直线 AB 上一点 Q 满足 $\overrightarrow{AQ} = -\lambda \overrightarrow{BQ}(\lambda \neq \pm 1)$,同理可得
$$\begin{cases} x_Q = \dfrac{x_1 - \lambda x_2}{1-\lambda} \\ y_Q = \dfrac{y_1 - \lambda y_2}{1-\lambda} \end{cases}$$

因为 AB 在椭圆上,所以

$$\frac{x_1^2}{3}+y_1^2=1 \qquad ①$$

$$\frac{x_2^2}{3}+y_2^2=1 \qquad ②$$

①$-$(②$\times\lambda^2$)得

$$\frac{(x_1+\lambda x_2)(x_1-\lambda x_2)}{3}+(y_1+\lambda y_2)(y_1-\lambda y_2)=1-\lambda^2$$

即

$$\frac{(x_1+\lambda x_2)(x_1-\lambda x_2)}{3(1+\lambda)(1-\lambda)}+\frac{(y_1+\lambda y_2)(y_1-\lambda y_2)}{(1+\lambda)(1-\lambda)}=1$$

即

$$\frac{x_M x_Q}{3}+y_M y_Q=1$$

代入 $x_M=1,y_M=0$，解得 $x_Q=3$，所以

$$\begin{cases}\dfrac{x_1+\lambda x_2}{1+\lambda}=1\\[2mm]\dfrac{x_1-\lambda x_2}{1-\lambda}=3\end{cases}$$

解得 $x_2=\dfrac{2\lambda-1}{\lambda}$，所以 $t=\dfrac{3+\lambda x_2}{1+\lambda}=2$，即 $T(2,0)$. 所以直线 BD 过 x 轴的定点 $(2,0)$.

3. 定直线

【**例 10**】 如图 9.11 所示，已知椭圆 $C:\dfrac{x^2}{4}+\dfrac{y^2}{2}=1$，过点 $P(4,1)$ 的动直线 l 交椭圆 C 于 A、B 两点，在线段 AB 上取点 Q 满足 $|AP||QB|=|AQ||PB|$，证明：点 Q 在某条定直线上.

证明：设 $\dfrac{|AP|}{|PB|}=\dfrac{|AQ|}{|BQ|}=\lambda$，即
$$\overrightarrow{AP}=\lambda\overrightarrow{PB},\quad \overrightarrow{AQ}=-\lambda\overrightarrow{QB}$$
设 $A(x_1,y_1),B(x_2,y_2),Q(x,y)$.
由于 $\overrightarrow{AP}=\lambda\overrightarrow{PB}$，所以
$$\begin{cases}4=\dfrac{x_1+\lambda x_2}{1+\lambda}\\[2mm]1=\dfrac{y_1+\lambda y_2}{1+\lambda}\end{cases}$$

①
②

又

$$\frac{x_1^2}{4}+\frac{y_1^2}{2}=1,\quad \frac{\lambda^2 x_2^2}{4}+\frac{\lambda^2 y_2^2}{2}=\lambda^2$$

两式相减得

$$\frac{(x_1+\lambda x_2)(x_1-\lambda x_2)}{4}+\frac{(y_1+\lambda y_2)(y_1-\lambda y_2)}{2}=1-\lambda^2 \qquad ③$$

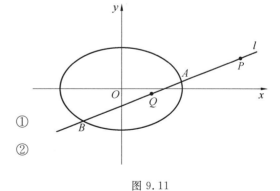

图 9.11

①②式代入③式,得

$$\frac{x_1-\lambda x_2}{1-\lambda}+\frac{y_1-\lambda y_2}{2(1-\lambda)}=1 \qquad ④$$

又由于 $\overrightarrow{AQ}=-\lambda\overrightarrow{QB}$,则

$$\begin{cases} x=\dfrac{x_1-\lambda x_2}{1-\lambda} & ⑤ \\ y=\dfrac{y_1-\lambda y_2}{1-\lambda} & ⑥ \end{cases}$$

⑤⑥式代入④式,得

$$x+\frac{1}{2}y=1$$

即点 Q 在定直线 $2x+y-2=0$ 上.

【点评】本题本质是调和为调和点列.

4. 定值

【例 11】 如图 9.12 所示,已知椭圆 $C:\dfrac{x^2}{4}+\dfrac{y^2}{3}=1$,$F_1$、$F_2$ 为其左、右焦点,P 为椭圆 C 上一动点,直线 PF_1 交椭圆于点 A,直线 PF_2 交椭圆于点 B,设 $\overrightarrow{PF_1}=\lambda\overrightarrow{F_1A}$,$\overrightarrow{PF_2}=\mu\overrightarrow{F_2B}$.求证:$\lambda+\mu$ 为定值.

证明:设 $A(x_1,y_1)$,$B(x_2,y_2)$,$P(x_0,y_0)$.

由于

$$\overrightarrow{PF_1}=\lambda\overrightarrow{F_1A}$$

因此

$$\begin{cases} -1=\dfrac{x_0+\lambda x_1}{1+\lambda} & ① \\ 0=\dfrac{y_0+\lambda y_1}{1+\lambda} & ② \end{cases}$$

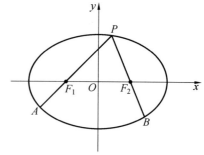

图 9.12

又

$$\frac{x_0^2}{4}+\frac{y_0^2}{3}=1,\quad \frac{\lambda^2 x_1^2}{4}+\frac{\lambda^2 y_1^2}{3}=\lambda^2$$

两式相减得

$$\frac{(x_0+\lambda x_1)(x_0-\lambda x_1)}{4}+\frac{(y_0+\lambda y_1)(y_0-\lambda y_1)}{3}=1-\lambda^2 \qquad ③$$

①②式代入③式,整理得

$$x_0-\lambda x_1=4\lambda-4$$

由 $\begin{cases} x_0+\lambda x_1=-\lambda-1 \\ x_0-\lambda x_1=4\lambda-4 \end{cases}$,解得

$$2x_0=3\lambda-5 \qquad ④$$

由于 $\overrightarrow{PF_2}=\mu\overrightarrow{F_2B}$,因此

$$\begin{cases} 1 = \dfrac{x_0 + \mu x_2}{1+\mu} & \text{⑤} \\ 0 = \dfrac{y_0 + \mu y_2}{1+\mu} & \text{⑥} \end{cases}$$

又

$$\frac{x_0^2}{4} + \frac{y_0^2}{3} = 1, \quad \frac{\mu^2 x_2^2}{4} + \frac{\mu^2 y_2^2}{3} = \mu^2$$

两式相减得

$$\frac{(x_0+\mu x_2)(x_0-\mu x_2)}{4} + \frac{(y_0+\mu y_2)(y_0-\mu y_2)}{3} = 1-\mu^2 \quad \text{⑦}$$

⑤⑥式代入⑦式，整理得

$$x_0 - \lambda x_2 = 4 - 4\mu$$

由 $\begin{cases} x_0 + \mu x_2 = \mu + 1 \\ x_0 - \mu x_2 = 4 - 4\mu \end{cases}$，解得

$$2x_0 = 5 - 3\mu \quad \text{⑧}$$

④－⑧得

$$0 = (3\lambda - 5) - (5 - 3\mu)$$

即 $\lambda + \mu = \dfrac{10}{3}$.

其实本题有一个小技巧，我们可以得到一般性的结论（特殊值法）：当点 P 在 x 轴上时，A 与 B 重合，如图 9.13 所示. 有

$$\lambda = \frac{PF_1}{F_1 A} = \frac{a+c}{a-c}, \quad \mu = \frac{PF_2}{F_2 B} = \frac{a-c}{a+c}$$

所以

$$\lambda + \mu = \frac{a+c}{a-c} + \frac{a-c}{a+c}$$
$$\Rightarrow \lambda + \mu = \frac{2(a^2+c^2)}{b^2}$$

这就是这类题的一般性结论.

本题推导过程很多，也可以强行解点，或者利用参数方程，还可利用焦点弦与焦半径的公式.

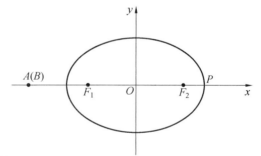

图 9.13

【**例 12**】（2019 模拟改）已知椭圆 $C: \dfrac{x^2}{6} + \dfrac{y^2}{2} = 1$，$F_1$、$F_2$ 为其左、右焦点，P 为椭圆 C 上一动点，过焦点 F_1、F_2 的弦分别为 PM、PN，设 $\overrightarrow{PF_1} = \lambda \overrightarrow{F_1 M}$，$\overrightarrow{PF_2} = \mu \overrightarrow{F_2 N}$，求证：$\lambda + \mu$ 为定值.

证明：这题与上一题类似，这里就不赘述了，可以利用上面的一般性结论计算结果，有兴趣的读者可以自行书写过程并检验答案.

由 $\lambda + \mu = \dfrac{2(a^2+c^2)}{b^2}$，得 $\lambda + \mu = \dfrac{2(6+4)}{2} = 10$.

【例 13】 如图 9.14 所示,已知椭圆 $C: \dfrac{x^2}{a^2} + \dfrac{y^2}{b^2} = 1 (a > b > 0)$ 的离心率为 $\dfrac{2}{3}$,半焦距为 $c(c > 0)$,且 $a - c = 1$,经过椭圆的左焦点 F,斜率为 $k_1(k_1 \neq 0)$ 直线与椭圆交于 A、B 两点,O 为坐标原点.

(1) 求椭圆 C 的方程.

(2) 设 $R(1,0)$,延长 AR、BR 分别与椭圆交于 C、D 两点,直线 CD 的斜率为 k_2,求证:$\dfrac{k_1}{k_2}$ 为定值.

解: (1) 由题得 $\begin{cases} \dfrac{c}{a} = \dfrac{2}{3} \\ a - c = 1 \\ a^2 = b^2 + c^2 \end{cases}$,解得 $\begin{cases} a^2 = 9 \\ b^2 = 5 \end{cases}$,则椭圆的方程为 $\dfrac{x^2}{9} + \dfrac{y^2}{5} = 1$.

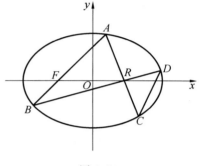

图 9.14

(2) 设 $\overrightarrow{AR} = \lambda \overrightarrow{RC}$, $\overrightarrow{BR} = \mu \overrightarrow{RD}$, $A(x_1, y_1)$, $B(x_2, y_2)$, $C(x_3, y_3)$, $D(x_4, y_4)$.

由于 $\overrightarrow{AR} = \mu \overrightarrow{RC}$,则 $\begin{cases} 1 = \dfrac{x_1 + \lambda x_3}{1 + \lambda} \\ 0 = \dfrac{y_1 + \lambda y_3}{1 + \lambda} \end{cases}$,即

$$x_1 + \lambda x_3 = 1 + \lambda \qquad ①$$
$$y_1 + \lambda y_3 = 0 \qquad ②$$

又

$$\dfrac{x_1^2}{9} + \dfrac{y_1^2}{5} = 1, \quad \dfrac{\lambda^2 x_3^2}{9} + \dfrac{\lambda^2 y_3^2}{5} = \lambda^2$$

两式相减得

$$\dfrac{(x_1 + \lambda x_3)(x_1 - \lambda x_3)}{9} + \dfrac{(y_1 + \lambda y_3)(y_1 - \lambda y_3)}{5} = 1 - \lambda^2 \qquad ③$$

①②式代入③式,整理得

$$x_1 - \lambda x_3 = 9 - 9\lambda$$

由 $\begin{cases} x_1 + \lambda x_3 = 1 + \lambda \\ x_1 - \lambda x_3 = 9 - 9\lambda \end{cases}$,解得 $x_1 = 5 - 4\lambda$,则

$$x_3 = \dfrac{1 + \lambda - x_1}{\lambda} = 5 - \dfrac{4}{\lambda}, \quad y_1 = -\lambda y_3$$

同理可得

$$x_2 = 5 - 4\mu, \quad x_4 = 5 - \dfrac{4}{\mu}, \quad y_2 = -\mu y_4$$

由于 A、F、B 三点共线,所以

$$\dfrac{y_1}{x_1 + 2} = \dfrac{y_2}{x_2 + 2}$$

即 $\dfrac{\lambda y_3}{7-4\lambda}=\dfrac{\mu y_4}{7-4\mu}$,整理得

$$\dfrac{\lambda y_3-\mu y_4}{\lambda\mu(y_3-y_4)}=\dfrac{4}{7}$$

则

$$\dfrac{k_1}{k_2}=\dfrac{y_1-y_2}{x_1-x_2}\cdot\dfrac{x_3-x_4}{y_3-y_4}=\dfrac{\mu y_4-\lambda y_3}{(5-4\lambda)-(5-4\mu)}\cdot\dfrac{\left(5-\dfrac{4}{\lambda}\right)-\left(5-\dfrac{4}{\mu}\right)}{y_3-y_4}$$

$$=\dfrac{\lambda y_3-\mu y_4}{\lambda\mu(y_3-y_4)}=\dfrac{4}{7}.$$

其实本题条件下直线 CD 过定点,证明如下:

设 $l_{CD}:y=k_2x+m$,则

$$y_3=k_2x_3+m,\quad -\dfrac{y_1}{\lambda}=k_2\left(5-\dfrac{4}{\lambda}\right)+m$$

则 $y_1=k_2(4-5\lambda)-\lambda m$.

同理可得 $y_2=k_2(4-5\mu)-\mu m$,则

$$y_1-y_2=[k_2(4-5\lambda)-\lambda m]-[k_2(4-5\mu)-\mu m]=(5k_2+m)(\mu-\lambda)$$

即

$$k_2=\dfrac{7}{4}k_1=\dfrac{7}{4}\dfrac{y_1-y_2}{x_1-x_2}=\dfrac{7}{4}\cdot\dfrac{(5k_2+m)(\mu-\lambda)}{4(\mu-\lambda)}=\dfrac{7}{4}\cdot\dfrac{5k_2+m}{4}$$

解得 $m=-\dfrac{19}{7}k_2$,则 $l_{CD}:y=k_2x-\dfrac{19}{7}k_2$,过定点 $\left(\dfrac{19}{7},0\right)$.

【点评】 此题本质为极点极线,18.2 节有一般化结论和详细介绍.

【例 14】 如图 9.15 所示,在平面直角坐标系 xOy 中,设椭圆 $E:\dfrac{x^2}{a^2}+\dfrac{y^2}{b^2}=1(a>b>0)$,其中 $b=\dfrac{\sqrt{3}}{2}a$,过 E 内一点 $P(1,1)$ 的两条直线分别与椭圆交于点 A、C 和 B、D,且满足 $\overrightarrow{AP}=\lambda\overrightarrow{PC}$,$\overrightarrow{BP}=\lambda\overrightarrow{PD}$,其中 λ 为正常数,当点 C 恰为椭圆右顶点时,对应的 $\lambda=\dfrac{5}{7}$.

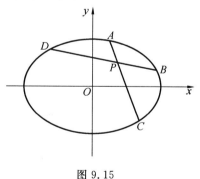

图 9.15

(1)求椭圆 E 的离心率.

(2)求 a 与 b 的值.

(3)当 λ 变化时,k_{AB} 是否为定值?若是,请求出此定值;若不是,请说明理由.

解: (1) $e=\sqrt{\dfrac{c^2}{a^2}}=\sqrt{1-\dfrac{b^2}{a^2}}=\dfrac{1}{2}$.

(2) 由题知 $C(a,0)$,由 $\overrightarrow{AP}=\lambda\overrightarrow{PC}$ 可得 $A\left(\dfrac{12-5a}{7},\dfrac{12}{7}\right)$,则

$$\frac{(12-5a)}{49a^2}+\frac{144}{49\cdot\frac{3}{4}a^2}=1$$

解得 $a=2$，则 $b=\frac{\sqrt{3}}{2}a=\sqrt{3}$，即椭圆 E 的方程为 $\frac{x^2}{4}+\frac{y^2}{3}=1$.

(3) 设 $A(x_1,y_1),B(x_2,y_2),C(x_3,y_3),D(x_4,y_4)$.

由于 $\overrightarrow{AP}=\lambda\overrightarrow{PC}$，则

$$\begin{cases}1=\dfrac{x_1+\lambda x_3}{1+\lambda}\\1=\dfrac{y_1+\lambda y_3}{1+\lambda}\end{cases}$$

即

$$\begin{cases}x_1+\lambda x_3=1+\lambda & \text{①}\\y_1+\lambda y_3=1+\lambda & \text{②}\end{cases}$$

又

$$\frac{x_1^2}{4}+\frac{y_1^2}{3}=1,\quad \frac{\lambda^2 x_3^2}{4}+\frac{\lambda^2 y_3^2}{3}=\lambda^2$$

两式相减得

$$\frac{(x_1+\lambda x_3)(x_1-\lambda x_3)}{4}+\frac{(y_1+\lambda y_3)(y_1-\lambda y_3)}{3}=1-\lambda^2 \qquad \text{③}$$

①②式代入③式，得

$$\frac{x_1-\lambda x_3}{4}+\frac{y_1-\lambda y_3}{3}=1-\lambda,\quad \frac{x_1-(1+\lambda-x_1)}{4}+\frac{y_1-(1+\lambda-y_1)}{3}=1-\lambda$$

整理得

$$\frac{2x_1-(1+\lambda)}{4}+\frac{2y_1-(1+\lambda)}{3}=1-\lambda \qquad \text{④}$$

同理可得

$$\frac{2x_2-(1+\lambda)}{4}+\frac{2y_2-(1+\lambda)}{3}=1-\lambda \qquad \text{⑤}$$

④－⑤得

$$\frac{2(x_1-x_2)}{4}+\frac{2(y_1-y_2)}{3}=0$$

即 $\dfrac{y_1-y_2}{x_1-x_2}=-\dfrac{3}{4}$，即 $k_{AB}=-\dfrac{3}{4}$.

【点评】此题本质为共轭直径，对于共轭直径第二十八章有详细介绍.

【例 15】 如图 9.16 所示，已知椭圆 $C:x^2+3y^2=3$，过点 $D(1,0)$ 且不过点 $E(2,1)$ 的直线与椭圆 C 交于点 A、B，直线 AE 与直线 $x=3$ 交于点 M. 判断直线 BM 和 DE 的位置关系，并说明理由.

解：设 $A(x_1,y_1),B(x_2,y_2)$，设 $\overrightarrow{AD}=\lambda\overrightarrow{DB}$.

由定比分点坐标公式可得

$$\begin{cases} 1 = \dfrac{x_1 + \lambda x_2}{1+\lambda} \\ 0 = \dfrac{y_1 + \lambda y_2}{1+\lambda} \end{cases}$$

得到方程

$$\begin{cases} x_1^2 + 3y_1^2 = 3 \\ \lambda^2 x_2^2 + 3\lambda^2 y_2^2 = 3\lambda^2 \end{cases}$$

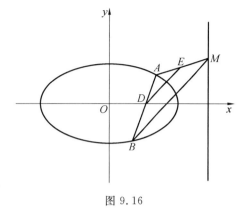

图 9.16

两式作差可得

$$\dfrac{(x_1-\lambda x_2)(x_1+\lambda x_2)}{3(1-\lambda)(1+\lambda)} + \dfrac{(y_1-\lambda y_2)(y_1+\lambda y_2)}{(1-\lambda)(1+\lambda)} = 1$$

即为

$$x_1 - \lambda x_2 = 3(1-\lambda)$$

和上式组成方程组为

$$\begin{cases} x_1 - \lambda x_2 = 3(1-\lambda) \\ x_1 + \lambda x_2 = 1+\lambda \end{cases}$$

解得 $x_1 = 2-\lambda$. ①

设 $\overrightarrow{AE} = \mu \overrightarrow{EM}$，由定比分点坐标公式可得 $2 = \dfrac{x_1 + 3\mu}{1+\mu}$，即

$$x_1 = 2 - \mu \qquad ②$$

由①②对比可得 $\lambda = \mu$，即 $BM \parallel DE$.

【点评】利用定比点差结合三角形相似可有效处理平行问题.

5. 范围

【例 16】 如图 9.17 所示，已知椭圆 $C: \dfrac{x^2}{a^2} + \dfrac{y^2}{b^2} = 1 (a>b>0)$ 的离心率 $e = \dfrac{1}{2}$，且定点 $Q(1,0)$ 与短轴端点连线所得三角形面积为 $\sqrt{3}$.

(1) 求椭圆 C 的方程.

(2) 设经过定点 $P(-1,0)$ 的直线 l 与椭圆 C 交于 A、B 两点，直线 AQ、BQ 分别与椭圆 C 交于 E、F 两点，设 $\overrightarrow{AQ} = \lambda \overrightarrow{QE}$, $\overrightarrow{BQ} = \mu \overrightarrow{QF}$，求 $\lambda + \mu$ 的取值范围.

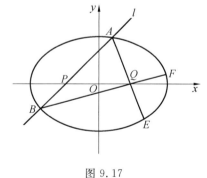

图 9.17

解：(1) 由题得 $\begin{cases} \dfrac{c}{a} = \dfrac{1}{2} \\ \dfrac{1}{2} \cdot 2b \cdot 1 = \sqrt{3} \\ a^2 = b^2 + c^2 \end{cases}$，解得 $\begin{cases} a^2 = 4 \\ b^2 = 3 \end{cases}$

则椭圆的方程为 $\dfrac{x^2}{4} + \dfrac{y^2}{3} = 1$.

(2) 设 $A(x_1,y_1),B(x_2,y_2),E(x_3,y_3),F(x_4,y_4)$.

由于 $\overrightarrow{AQ}=\lambda\overrightarrow{QE}$,则

$$\begin{cases} 1=\dfrac{x_1+\lambda x_3}{1+\lambda} \\ 0=\dfrac{y_1+\lambda y_3}{1+\lambda} \end{cases}$$

即

$$\begin{cases} x_1+\lambda x_3=1+\lambda & ① \\ y_1+\lambda y_3=0 & ② \end{cases}$$

又

$$\dfrac{x_1^2}{4}+\dfrac{y_1^2}{3}=1, \quad \dfrac{\lambda^2 x_3^2}{4}+\dfrac{\lambda^2 y_3^2}{3}=\lambda^2$$

两式相减得

$$\dfrac{(x_1+\lambda x_3)(x_1-\lambda x_3)}{4}+\dfrac{(y_1+\lambda y_3)(y_1-\lambda y_3)}{3}=1-\lambda^2 \quad ③$$

①②式代入③式,整理得

$$x_1-\lambda x_3=4-4\lambda$$

由 $\begin{cases} x_1+\lambda x_3=1+\lambda \\ x_1-\lambda x_3=4-4\lambda \end{cases}$,解得 $x_1=\dfrac{5-3\lambda}{2}$,同理可得 $x_2=\dfrac{5-3\mu}{2}$,则

$$x_1+x_2=5-\dfrac{3}{2}(\lambda+\mu)$$

当直线 AB 斜率存在时,设 $l_{AB}:y=k(x+1)$.

联立 $\begin{cases} y=k(x+1) \\ \dfrac{x^2}{4}+\dfrac{y^2}{3}=1 \end{cases}$,整理得

$$(3+4k^2)x^2+8k^2x+4k^2-12=0$$

则

$$x_1+x_2=-\dfrac{8k^2}{4k^2+3}$$

当 $k^2=0$ 时,$x_1+x_2=0$;当 $k^2\neq 0$ 时,$x_1+x_2=-\dfrac{8}{4+\dfrac{3}{k^2}}\in(-2,0)$. 则 $x_1+x_2\in(-2,0]$,即

$$5-\dfrac{3}{2}(\lambda+\mu)\in(-2,0]$$

解得 $\lambda+\mu\in\left[\dfrac{10}{3},\dfrac{14}{3}\right)$.

当直线 AB 斜率不存在时,$x_1+x_2=-2$,此时 $\lambda+\mu=\dfrac{14}{3}$.

综上所述,$\lambda+\mu\in\left[\dfrac{10}{3},\dfrac{14}{3}\right]$.

【点评】 本题将定比点差与曲直联立两种经典解法结合在了一起,非常精妙.

【例17】（2021 内蒙古竞赛）如图 9.18 所示,在平面直角坐标系中,椭圆 $\Gamma: \dfrac{x^2}{2} + y^2 = 1$ 的左、右焦点分别为 F_1、F_2,设 P 是第一象限内椭圆上的一点,PF_1、PF_2 的延长线分别交椭圆于点 $Q_1(x_1, y_1)$、$Q_2(x_2, y_2)$,求 $y_1 - y_2$ 的最大值.

解: 设 $P(x_0, y_0)$,设 $\overrightarrow{PF_1} = \lambda \overrightarrow{F_1Q_1}$,$\overrightarrow{PF_2} = \mu \overrightarrow{F_2Q_2}$.

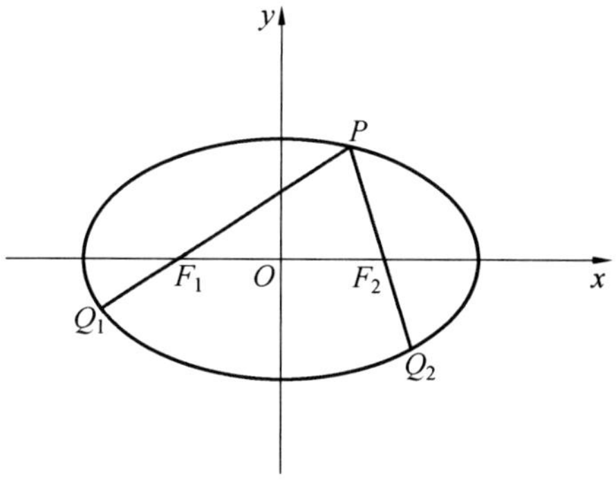

由定比分点坐标公式可得

$$\begin{cases} -1 = \dfrac{x_0 + \lambda x_1}{1+\lambda} \\ 0 = \dfrac{y_0 + \lambda y_1}{1+\lambda} \end{cases}$$

即可得到

$$\begin{cases} \lambda x_1 + x_0 = -1 - \lambda & \text{①} \\ y_0 = -\lambda y_1 & \text{②} \end{cases}$$

图 9.18

将 P、Q_1 代入椭圆方程可得

$$\dfrac{x_0^2}{2} + y_0^2 = 1, \quad \dfrac{\lambda^2 x_1^2}{2} + \lambda^2 y_1^2 = \lambda^2$$

两式作差可得

$$\dfrac{(x_0 - \lambda x_1)(x_0 + \lambda x_1)}{2(1-\lambda)(1+\lambda)} + \dfrac{(y_0 - \lambda y_1)(y_0 + \lambda y_1)}{(1-\lambda)(1+\lambda)} = 1$$

将定比分点坐标代入可得

$$-\dfrac{(x_0 - \lambda x_1)}{1-\lambda} = 1$$

即

$$\lambda x_1 - x_0 = 2 - 2\lambda \qquad \text{③}$$

由①③可得 $2x_0 = \lambda - 3$,即 $\lambda = 3 + 2x_0$.

同理由 $\overrightarrow{PF_2} = \mu \overrightarrow{F_2Q_2}$ 可得 $2x_0 = 3 - \mu$,即 $\mu = 3 - 2x_0$.

由

$$y_1 - y_2 = \dfrac{y_0}{-\lambda} - \dfrac{y_0}{-\mu} = \dfrac{y_0(\lambda - \mu)}{\lambda \mu} = \dfrac{4x_0 y_0}{9 - 4x_0^2}$$

设 $x_0 = \sqrt{2} \cos \alpha$,$y_0 = \sin \alpha$,代入上式可得

$$y_1 - y_2 = \dfrac{4\sqrt{2} \sin \alpha \cos \alpha}{9 - 8\cos^2 \alpha} = \dfrac{4\sqrt{2} \sin \alpha \cos \alpha}{9 \sin^2 \alpha + \cos^2 \alpha} \leqslant \dfrac{4\sqrt{2} \sin \alpha \cos \alpha}{6 \sin \alpha \cos \alpha} = \dfrac{2\sqrt{2}}{3}$$

此时等号成立条件为 $9 \sin^2 \alpha = \cos^2 \alpha$,此时 $\sin \alpha = \dfrac{\sqrt{10}}{10}$,$\cos \alpha = \dfrac{3\sqrt{10}}{10}$.

【例 18】 如图 9.19 所示,已知椭圆 $\dfrac{x^2}{9}+\dfrac{y^2}{4}=1$,过定点 $P(0,3)$ 的直线与椭圆交于两点 A、B(可重合),求 $\dfrac{\overrightarrow{PA}}{\overrightarrow{PB}}$ 的取值范围.

解:设 $A(x_1,y_1)$,$B(x_2,y_2)$,$\overrightarrow{AP}=\lambda\overrightarrow{PB}$,则 $\dfrac{\overrightarrow{PA}}{\overrightarrow{PB}}=-\lambda$,$P\left(\dfrac{x_1+\lambda x_2}{1+\lambda},\dfrac{y_1+\lambda y_2}{1+\lambda}\right)=(0,3)$. 所以

$$x_1+\lambda x_2=0,\quad y_1+\lambda y_2=3(1+\lambda)$$

即

$$\begin{cases}\dfrac{x_1^2}{9}+\dfrac{y_1^2}{4}=1 & \text{①}\\ \dfrac{\lambda^2 x_2^2}{9}+\dfrac{\lambda^2 y_2^2}{4}=\lambda^2 & \text{②}\end{cases}$$

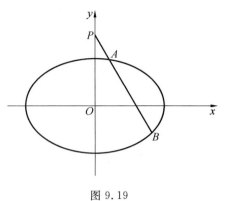

图 9.19

①-②得

$$\dfrac{(x_1+\lambda x_2)(x_1-\lambda x_2)}{9}+\dfrac{(y_1+\lambda y_2)(y_1-\lambda y_2)}{4}=1-\lambda^2$$

$$y_1-\lambda y_2=\dfrac{4}{3}(1-\lambda)$$

所以

$$y_1=\dfrac{3}{2}(1+\lambda)+\dfrac{2}{3}(1-\lambda)=\dfrac{13}{6}+\dfrac{5}{6}\lambda\in[-2,2]$$

所以 $\lambda\in\left[-5,-\dfrac{1}{5}\right]$,所以 $\dfrac{\overrightarrow{PA}}{\overrightarrow{PB}}\in\left[\dfrac{1}{5},5\right]$.

【例 19】 如图 9.20 所示,已知梯形 $ABCD$ 中 $|AB|=2|CD|$,点 E 满足 $\overrightarrow{AE}=\lambda\overrightarrow{EC}$,双曲线过 C、D、E 三点,且以 A、B 为焦点. 当 $\dfrac{2}{3}\leqslant\lambda\leqslant\dfrac{3}{4}$ 时,求双曲线离心率 e 的取值范围.

解:以 AB 中点 O 点为坐标原点,建立直角坐标系,$A(-c,0)$,$B(c,0)$.

由于 $|AB|=2|CD|$,故设 $C\left(\dfrac{c}{2},y_C\right)$,$E(x_0,y_0)$.

由 $\overrightarrow{AE}=\lambda\overrightarrow{EC}$,得

$$\overrightarrow{AE}=\lambda(\overrightarrow{AC}-\overrightarrow{AE})\Rightarrow -\lambda CA=(1+\lambda)AE$$

设 $\dfrac{1+\lambda}{-\lambda}=\mu$,则有 $\dfrac{\overrightarrow{CA}}{\overrightarrow{AE}}=\mu$,因为 $\dfrac{2}{3}\leqslant\lambda\leqslant\dfrac{3}{4}$,故

$$\mu\in\left[-\dfrac{5}{2},-\dfrac{7}{3}\right].$$

由定比分点坐标公式可得

$$\begin{cases} -c = \dfrac{\dfrac{c}{2}+\mu x_0}{1+\mu} \\ 0 = \dfrac{y_C+\mu y_0}{1+\mu} \end{cases}$$

E、C 点代入双曲线方程,则有

$$\begin{cases} \dfrac{\left(\dfrac{c}{2}\right)^2}{a^2}-\dfrac{y_C^2}{b^2}=1 \\ \dfrac{\mu^2 x_0^2}{a^2}-\dfrac{\mu^2 y_0^2}{b^2}=\mu^2 \end{cases}$$

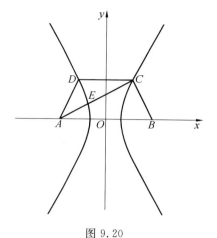

图 9.20

两式作差可得

$$\dfrac{\left(\dfrac{c}{2}-\mu x_0\right)\left(\dfrac{c}{2}+\mu x_0\right)}{a^2(1-\mu)(1+\mu)}-\dfrac{(y_C-\mu y_0)(y_C+\mu y_0)}{b^2(1-\mu)(1+\mu)}=1$$

将分点坐标代入可得

$$\dfrac{-c}{a^2}\cdot\dfrac{\dfrac{c}{2}-\mu x_0}{1-\mu}=1$$

将其与分点坐标公式联立得

$$\begin{cases} \dfrac{c}{2}-\mu x_0 = -\dfrac{a^2}{c}(1-\mu) \\ \dfrac{c}{2}+\mu x_0 = -c(1+\mu) \end{cases}$$

两式相加可得

$$c = -\dfrac{a^2}{c}+\dfrac{a^2}{c}\mu - c - c\mu$$

整理可得

$$\mu = \dfrac{2c+\dfrac{a^2}{c}}{\dfrac{a^2}{c}-c}$$

即 $-\dfrac{5}{2} \leqslant \dfrac{2c+\dfrac{a^2}{c}}{\dfrac{a^2}{c}-c} \leqslant -\dfrac{7}{3}$,可整理为

$$\begin{cases} 6c^2+3a^2 \geqslant 7c^2-7a^2 \\ -5(a^2-c^2) \geqslant 4c^2+2a^2 \end{cases}$$

解得 $\sqrt{7} \leqslant e \leqslant \sqrt{10}$.

9.3 抛物线的定比点差

1. 抛物线定比点差的基本步骤

若点 $A(x_1,y_1)$、$B(x_2,y_2)$ 在抛物线 $y^2=2px$ 上,且直线 AB 恒过点 $M(x_M,y_M)$,$N(x_N,y_N)$,则

$$\left|\frac{AM}{MB}\right|=\left|\frac{AN}{NB}\right|$$

首先设 $\overrightarrow{AM}=\lambda\overrightarrow{MB}$,则由定比分点坐标公式可得

$$\begin{cases} x_M=\dfrac{x_1+\lambda x_2}{1+\lambda} \\ y_M=\dfrac{y_1+\lambda y_2}{1+\lambda} \end{cases}$$

设 $\overrightarrow{AN}=-\lambda\overrightarrow{NB}$,则由定比分点坐标公式可得

$$\begin{cases} x_N=\dfrac{x_1-\lambda x_2}{1-\lambda} \\ y_N=\dfrac{y_1-\lambda y_2}{1-\lambda} \end{cases}$$

由方程 $\begin{cases} y_1^2=2px_1 \\ \lambda^2 y_2^2=2p\lambda^2 x_2 \end{cases}$,两式作差可得

$$(y_1+\lambda y_2)(y_1-\lambda y_2)=2p(x_1-\lambda^2 x_2)=p(x_1-\lambda^2 x_2+x_1-\lambda^2 x_2)$$

此处注意等号右边要填项,即

$$(y_1+\lambda y_2)(y_1-\lambda y_2)=p[(x_1+\lambda x_2-\lambda x_1-\lambda^2 x_2)+(x_1-\lambda x_2+\lambda x_1-\lambda^2 x_2)]$$

即为

$$(y_1+\lambda y_2)(y_1-\lambda y_2)=p[(1-\lambda)(x_1+\lambda x_2)+(1+\lambda)(x_1-\lambda x_2)]$$

左右同时除以 $(1+\lambda)(1-\lambda)$ 得到

$$\frac{(y_1+\lambda y_2)(y_1-\lambda y_2)}{(1+\lambda)(1-\lambda)}=p\left[\frac{(x_1+\lambda x_2)}{(1+\lambda)}+\frac{(x_1-\lambda x_2)}{(1-\lambda)}\right]$$

将上述坐标公式代入即得

$$y_M y_N=p(x_M+x_N)$$

对于抛物线 $x^2=2py$,若也有直线 AB 恒过点 $M(x_M,y_M)$,$N(x_N,y_N)$,则

$$\left|\frac{AM}{MB}\right|=\left|\frac{AN}{NB}\right|$$

则可推导出 $x_M x_N=p(y_M+y_N)$.

【备注】 我们之前推导过椭圆的定比点差法与极点极线联系非常紧密,而抛物线的定比点差结论类似.

2. 抛物线对称轴上的对偶坐标公式

设过点 $M(m,0)$ 的直线 l 交抛物线 $y^2=2px$ 于 A、B 两点,且满足 $\overrightarrow{AM}=\lambda\overrightarrow{MB}$.

由定比分点坐标公式可得
$$\begin{cases} m = \dfrac{x_1 + \lambda x_2}{1+\lambda} & \text{①}\\ 0 = y_1 + \lambda y_2 & \text{②} \end{cases}$$

由定比点差法结论可得
$$\dfrac{(y_1+\lambda y_2)(y_1-\lambda y_2)}{(1+\lambda)(1-\lambda)} = p\left[\dfrac{(x_1+\lambda x_2)}{(1+\lambda)} + \dfrac{(x_1-\lambda x_2)}{(1-\lambda)}\right]$$

将①②代入即可得
$$\dfrac{x_1 - \lambda x_2}{1-\lambda} = -m \quad \text{③}$$

将①③进行联立可得
$$\begin{cases} x_1 + \lambda x_2 = m(1+\lambda) & \text{④}\\ x_1 - \lambda x_2 = -m(1-\lambda) & \text{⑤} \end{cases}$$

④+⑤可得 $x_1 = m\lambda$；④-⑤可得 $x_2 = \dfrac{m}{\lambda}$. 将上述两坐标相乘可以得到
$$x_1 x_2 = m^2$$

此即抛物线的平均性质.

【例 20】 （2006 全国 2 理）如图 9.21 所示，已知抛物线 $x^2 = 4y$ 的焦点为 F，A、B 是抛物线上的两动点，且 $\overrightarrow{AF} = \lambda \overrightarrow{FB}(\lambda > 0)$. 过 A、B 两点分别作抛物线的切线，设其交点为 M.

(1) 证明：$\overrightarrow{FM} \cdot \overrightarrow{AB}$ 为定值.

(2) 设 $\triangle ABM$ 的面积为 S，写出 $S = f(\lambda)$ 的表达式，并求 S 的最小值.

【注】 本题背景结合阿基米德三角形诸多性质，实属难题.

解：(1) 设 $A\left(x_1, \dfrac{x_1^2}{4}\right)$，$B\left(x_2, \dfrac{x_2^2}{4}\right)$，$M(x_0, y_0)$.

将抛物线方程变形为 $y = \dfrac{x^2}{4}$，求导得 $y' = \dfrac{x}{2}$，故可得在点 A 处的切线方程为
$$\dfrac{x_1}{2}(x - x_1) = y - \dfrac{x_1^2}{4}$$

由于 M 满足此方程，将其坐标代入可得
$$\dfrac{x_1}{2}(x_0 - x_1) = y_0 - \dfrac{x_1^2}{4}$$

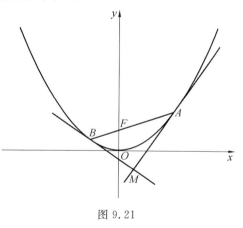

图 9.21

将其化简为
$$x_1^2 - 2x_0 x_1 + 4y_0 = 0$$

同理可得
$$x_2^2 - 2x_0 x_2 + 4y_0 = 0$$

故 x_1、x_2 可以看作 $x^2 - 2x_0 x + 4y_0 = 0$ 的两个根，即由韦达定理可得

$$x_1x_2=4y_0, \quad x_1+x_2=2x_0$$

设经过 F 的直线为 $y=kx+1$,与抛物线方程联立有 $\begin{cases}x^2=4y\\y=kx+1\end{cases}$,可得

$$x^2-4kx-4=0$$

即由韦达定理可得

$$x_1x_2=-4, \quad x_1+x_2=4k$$

对比上述韦达定理可得 $x_0=2k, y_0=-1$,若直线 FM 斜率存在,可得 $k_{FM}\cdot k=-1$,即 $FM\perp AB$,所以 $\overrightarrow{FM}\cdot\overrightarrow{AB}=0$.

若 FM 斜率不存在,此时直线 AB 平行于 x 轴,即 $FM\perp AB$,所以 $\overrightarrow{FM}\cdot\overrightarrow{AB}=0$.

(2) 由 $\overrightarrow{AF}=\lambda\overrightarrow{FB}(\lambda>0)$,由定比分点坐标公式可得

$$\begin{cases}0=\dfrac{x_1+\lambda x_2}{1+\lambda} & \text{①}\\ 1=\dfrac{y_1+\lambda y_2}{1+\lambda} & \text{②}\end{cases}$$

所以 $\begin{cases}x_1^2=4y_1\\ \lambda^2 x_2^2=4\lambda^2 y_2\end{cases}$,两式作差可得

$$(x_1-\lambda x_2)(x_1+\lambda x_2)=4(y_1-\lambda^2 y_2)$$

化简为

$$\dfrac{(x_1-\lambda x_2)(x_1+\lambda x_2)}{(1-\lambda)(1+\lambda)}=2\left(\dfrac{y_1-\lambda y_2}{1-\lambda}+\dfrac{y_1+\lambda y_2}{1+\lambda}\right)$$

将①②代入上式可得

$$\dfrac{y_1-\lambda y_2}{1-\lambda}=-1 \qquad \text{③}$$

将②③组成方程组可得

$$\begin{cases}y_1=\lambda\\ y_2=\dfrac{1}{\lambda}\end{cases}$$

故可得 $x_1=2\sqrt{\lambda}, x_2=-\dfrac{2}{\sqrt{\lambda}}$,由(1)知

$$x_0=\dfrac{x_1+x_2}{2}=\sqrt{\lambda}-\dfrac{1}{\sqrt{\lambda}}$$

即 $M\left(\sqrt{\lambda}-\dfrac{1}{\sqrt{\lambda}},-1\right)$,故

$$|FM|=\sqrt{\left(\sqrt{\lambda}-\dfrac{1}{\sqrt{\lambda}}\right)^2+4}=\sqrt{\lambda}+\dfrac{1}{\sqrt{\lambda}}, \quad |AB|=y_1+y_2+2=\lambda+\dfrac{1}{\lambda}+2$$

此时由于 $FM\perp AB$,故

$$S_{\triangle ABM}=\dfrac{1}{2}|FM|\cdot|AB|=\dfrac{1}{2}\left(\sqrt{\lambda}+\dfrac{1}{\sqrt{\lambda}}\right)\left(\lambda+\dfrac{1}{\lambda}+2\right)=\dfrac{1}{2}\left(\sqrt{\lambda}+\dfrac{1}{\sqrt{\lambda}}\right)^3$$

由基本不等式 $\sqrt{\lambda}+\dfrac{1}{\sqrt{\lambda}} \geqslant 2$,此时 $\lambda=1$,代入可得 $S_{\triangle ABM} \geqslant 4$.

【例 21】 已知抛物线 $y=ax^2$ 上一点 $M(x_0,5)$ 到焦点的距离为 $\dfrac{21}{4}$,过 $P(-1,0)$ 作两条互相垂直的直线 l_1 和 l_2,其中斜率为 $k(k>0)$,l_1 与抛物线交于 A、B,l_2 与 y 轴交于点 C,点 Q 满足:$\overrightarrow{AP}=\lambda \overrightarrow{PB}$,$\overrightarrow{QA}=\lambda \overrightarrow{QB}$.

(1)求抛物线的方程.

(2)求 $\triangle PQC$ 面积的最小值.

解:(1) $5+\dfrac{p}{2}=\dfrac{21}{4}$,故可得 $p=\dfrac{1}{2}$,即抛物线方程为 $x^2=y$.

(2)由于 $\overrightarrow{AP}=\lambda \overrightarrow{PB}$,$\overrightarrow{QA}=\lambda \overrightarrow{QB}$. 即 $\overrightarrow{AP}=\lambda \overrightarrow{PB}$,$\overrightarrow{AQ}=-\lambda \overrightarrow{QB}$. 设 $A(x_1,y_1)$,$B(x_2,y_2)$.

由定比分点坐标公式可得

$$\begin{cases} -1=\dfrac{x_1+\lambda x_2}{1+\lambda} \\ 0=\dfrac{y_1+\lambda y_2}{1+\lambda} \end{cases}, \quad \begin{cases} x_Q=\dfrac{x_1-\lambda x_2}{1-\lambda} \\ y_Q=\dfrac{y_1-\lambda y_2}{1-\lambda} \end{cases}$$

由方程 $\begin{cases} x_1^2=y_1 \\ \lambda^2 x_2^2=\lambda^2 y_2 \end{cases}$,两式作差为

$$(x_1-\lambda x_2)(x_1+\lambda x_2)=y_1-\lambda^2 y_2$$

整理可得

$$\dfrac{(x_1-\lambda x_2)(x_1+\lambda x_2)}{(1-\lambda)(1+\lambda)}=\dfrac{1}{2}\left(\dfrac{y_1+\lambda y_2}{1+\lambda}+\dfrac{y_1-\lambda y_2}{1-\lambda}\right)$$

将上述定比分点坐标代入可得

$$-1 \cdot x_Q=\dfrac{1}{2}(0+y_Q)$$

即 $y_Q=-2x_Q$,即 Q 点坐标满足 $y=-2x$.

设 $l_1:y=k(x+1)$,$l_2:y=-\dfrac{1}{k}(x+1)$,则得 $C\left(0,-\dfrac{1}{k}\right)$.

将 l_1 与直线 OQ 联立 $\begin{cases} y=k(x+1) \\ y=-2x \end{cases}$,可得

$$x_Q=\dfrac{-k}{k+2}, \quad y_Q=\dfrac{2k}{k+2}$$

故

$$|PQ|=\sqrt{1+\left(\dfrac{1}{k}\right)^2}|y_Q-0|=\sqrt{1+\left(\dfrac{1}{k}\right)^2} \cdot \dfrac{2k}{k+2}=\dfrac{\sqrt{k^2+1}}{k+2}$$

$$|PC|=\sqrt{1+k^2}\left|-\dfrac{1}{k}-0\right|=\sqrt{1+\dfrac{1}{k^2}} \quad (k>0)$$

故

$$S_{\triangle PQC} = \frac{1}{2} \cdot |PQ| \cdot |PC| = \frac{1+k^2}{k^2+2k}$$

令 $g(k) = \frac{1+k^2}{k^2+2k}, k>0$ 则

$$g'(k) = \frac{2(k^2-k-1)}{(k^2+2k)^2} = \frac{2\left(k-\frac{1-\sqrt{5}}{2}\right)\left(k-\frac{1+\sqrt{5}}{2}\right)}{(k^2+2k)^2}$$

则 $g(k)$ 在 $\left(0, \frac{1+\sqrt{5}}{2}\right)$ 递减，在 $\left(\frac{1+\sqrt{5}}{2}, +\infty\right)$ 递增. 故当 $k = \frac{1+\sqrt{5}}{2}$ 时，$g(k)$ 的最小值为

$$g\left(\frac{1+\sqrt{5}}{2}\right) = \frac{\sqrt{5}-1}{2}$$

故 $\triangle PQC$ 面积的最小值为 $\frac{\sqrt{5}-1}{2}$.

【例 22】（2020 浙江模拟）如图 9.22 所示，已知抛物线 $y^2 = 2x$，过点 $P(1,0)$ 作两条直线分别交抛物线于点 A、B 和 C、D，直线 AC、BD 交于点 Q，求证：Q 在定直线上.

证明：设 $A(x_1, y_1), B(x_2, y_2), C(x_3, y_3), D(x_4, y_4)$.

设 $\overrightarrow{AP} = \lambda \overrightarrow{PB}, \overrightarrow{CP} = \mu \overrightarrow{PD}$，由定比分点坐标公式可得

$$\begin{cases} 1 = \frac{x_1 + \lambda x_2}{1+\lambda} \\ 0 = \frac{y_1 + \lambda y_2}{1+\lambda} \end{cases}, \begin{cases} 1 = \frac{x_3 + \mu x_4}{1+\mu} \\ 0 = \frac{y_3 + \mu y_4}{1+\mu} \end{cases}$$

由方程 $\begin{cases} y_1^2 = 2x_1 \\ \lambda^2 y_2^2 = \lambda^2 \cdot 2x_2 \end{cases}$，两式作差整理可得

$$\frac{y_1 - \lambda y_2}{1-\lambda} \cdot \frac{y_1 + \lambda y_2}{1+\lambda} = \frac{x_1 + \lambda x_2}{1+\lambda} + \frac{x_1 - \lambda x_2}{1-\lambda}$$

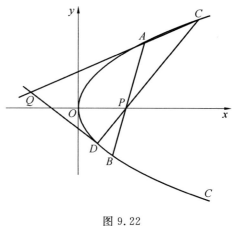

图 9.22

将定比分点坐标代入可得 $\frac{x_1 - \lambda x_2}{1-\lambda} = -1$，结合定比分点坐标公式组成方程组，可得

$$\begin{cases} \frac{x_1 + \lambda x_2}{1+\lambda} = 1 \\ \frac{x_1 - \lambda x_2}{1-\lambda} = -1 \end{cases}$$

解得 $x_1 = \lambda, x_2 = \frac{1}{\lambda}$，故可得

$$y_1 = \sqrt{2\lambda}, \quad y_2 = -\frac{\sqrt{2}}{\sqrt{\lambda}}$$

同理可得

$$y_3 = \sqrt{2\mu}, \quad y_4 = -\frac{\sqrt{2}}{\sqrt{\mu}}$$

由抛物线两点式方程可得直线 $AC:2x=(y_1+y_3)y-y_1y_3$,化简为
$$2x=(\sqrt{2\lambda}+\sqrt{2\mu})y-2\sqrt{\lambda\mu}$$
直线 $BD:2x=(y_2+y_4)y-y_2y_4$,化简为
$$2x=\left(-\frac{\sqrt{2}}{\sqrt{\lambda}}-\frac{\sqrt{2}}{\sqrt{\mu}}\right)y-\frac{2}{\sqrt{\lambda\mu}}$$
两式联立得
$$\begin{cases}2x=(\sqrt{2\lambda}+\sqrt{2\mu})y-2\sqrt{\lambda\mu}\\2x=\left(-\frac{\sqrt{2}}{\sqrt{\lambda}}-\frac{\sqrt{2}}{\sqrt{\mu}}\right)y-\frac{2}{\sqrt{\lambda\mu}}\end{cases}$$
可得
$$\frac{x+\sqrt{\lambda\mu}}{x+\frac{1}{\sqrt{\lambda\mu}}}=-\frac{\sqrt{\lambda}+\sqrt{\mu}}{\frac{1}{\sqrt{\lambda}}+\frac{1}{\sqrt{\mu}}}$$
解得 $x=-1$,即点 Q 在直线 $x=-1$ 上.

【例 23】 如图 9.23 所示,已知抛物线 $x^2=4y$ 的焦点为 F,过点 F 的直线交抛物线于 A、B 两点,A 在 y 轴左侧且 AB 的斜率大于 0.已知 $P(1,0)$ 为 x 轴上的一点,弦 AB 过抛物线的焦点 F,且斜率 $k>0$,若直线 PA、PB 交抛物线于 C、D 两点,问是否存在实数 λ,使得 $\overrightarrow{AB}=\lambda\overrightarrow{CD}$?若存在,求出 λ 的值;若不存在,说明理由.

解:设 $A(x_1,y_1),B(x_2,y_2),C(x_3,y_3),D(x_4,y_4)$.

若 $\overrightarrow{AB}=\lambda\overrightarrow{CD}$,则 $\triangle PAB\backsim\triangle PCD$,故

由定比分点坐标公式可得
$$\begin{cases}1=\dfrac{x_1-\lambda x_3}{1-\lambda} & \text{①}\\0=\dfrac{y_1-\lambda y_3}{1+\lambda} & \text{②}\end{cases}$$

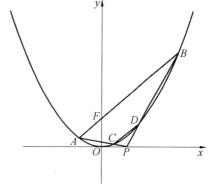

图 9.23

化简可得
$$\begin{cases}-\lambda x_3=1-\lambda-x_1 & \text{③}\\\lambda y_3=y_1 & \text{④}\end{cases}$$
将 A、B 代入抛物线方程可得
$$\begin{cases}x_1^2=4y_1\\\lambda^2x_3^2=4\lambda^2y_3\end{cases}$$
作差整理可得
$$\frac{x_1-\lambda x_3}{1-\lambda}\cdot\frac{x_1+\lambda x_3}{1+\lambda}=2\left(\frac{y_1-\lambda y_3}{1-\lambda}+\frac{y_1+\lambda y_3}{1+\lambda}\right) \quad\text{⑤}$$
将①②代入⑤式可得
$$x_1+\lambda x_3=2(y_1+\lambda y_3) \quad\text{⑥}$$

将③④代入⑤式可得
$$2x_1-(1-\lambda)=4y_1 \qquad ⑦$$

同理可得
$$2x_2-(1-\lambda)=4y_2 \qquad ⑧$$

⑦⑧作差可得
$$x_1-x_2=2(y_1-y_2)\Rightarrow k_{AB}=\frac{y_1-y_2}{x_1-x_2}=\frac{1}{2}$$

则直线 AB 方程为
$$y=\frac{1}{2}x+1$$

将其与抛物线方程联立 $\begin{cases} x^2=4y \\ y=\frac{1}{2}x+1 \end{cases}$,解得

$$\begin{cases} x_1=1-\sqrt{5} \\ y_1=\frac{3}{2}-\frac{\sqrt{5}}{2} \end{cases} \text{ 或 } \begin{cases} x_1=1+\sqrt{5} \\ y_1=\frac{3}{2}+\frac{\sqrt{5}}{2} \end{cases}$$

代入⑥可得 $\lambda=5$.

9.4 非定比点差的定比分点问题

由前面的例题我们知道定比点差在处理定比分点的题目中独占鳌头,然而所有定比分点的题目定比点差都能比较好地解决吗?答案是否定的,我们来看下面的一些例子,对比一下其与之前的题有什么不同,以及选择用定比点差的要点在哪.

【例 24】 已知椭圆 $C:\dfrac{x^2}{4}+\dfrac{y^2}{3}=1$,直线 l 过点 $M(-1,0)$,与椭圆交于 A、B 两点,交 y 轴于点 N.

(1)若 MN 的中点恰在椭圆 C 上,求直线 l 的方程.
(2)设 $\overrightarrow{NA}=\lambda\overrightarrow{AM},\overrightarrow{NB}=\mu\overrightarrow{BM}$,试探索 $\lambda+\mu$ 是否为定值,若是,求出该定值;若不是,请说明理由.

解:(1)显然直线 l 的斜率存在,设 $l:y=k(x+1)$.

令 $x=0$,得 $y=k$,则 $N(k,0)$,所以 MN 的中点为 $\left(-\dfrac{1}{2},\dfrac{k}{2}\right)$,代入椭圆方程得

$$\frac{1}{16}+\frac{k^2}{12}=1\Rightarrow k=\pm\frac{3\sqrt{5}}{2}$$

故直线 l 的方程为
$$y=\pm\frac{3\sqrt{5}}{2}(x+1)$$

(2)设 $A(x_1,y_1),B(x_2,y_2),N(0,y_N)$.

因为 $\overrightarrow{NA}=\lambda\overrightarrow{AM}\Rightarrow\begin{cases}x_1=\dfrac{0-\lambda}{1+\lambda}\\ y_1=\dfrac{y_N+\lambda\cdot 0}{1+\lambda}\end{cases}$，又点 A 在椭圆 C 上，所以

$$\dfrac{\left(\dfrac{-\lambda}{1+\lambda}\right)^2}{4}+\dfrac{\left(\dfrac{y_N}{1+\lambda}\right)^2}{3}=1\Rightarrow\dfrac{\lambda^2}{4}+\dfrac{y_N^2}{3}=(1+\lambda)^2 \qquad ①$$

同理，由 $\overrightarrow{NB}=\mu\overrightarrow{BM}\Rightarrow\begin{cases}x_2=\dfrac{0-\mu}{1+\mu}\\ y_2=\dfrac{y_N+\mu\cdot 0}{1+\mu}\end{cases}$ 可得

$$\dfrac{\mu^2}{4}+\dfrac{y_N^2}{3}=(1+\mu)^2 \qquad ②$$

由①－②得

$$\dfrac{(\lambda+\mu)(\lambda-\mu)}{4}=(\lambda+\mu+2)(\lambda-\mu)$$

所以

$$\lambda+\mu=4(\lambda+\mu)+8\Rightarrow\lambda+\mu=-\dfrac{8}{3}$$

故 $\lambda+\mu$ 为定值 $-\dfrac{8}{3}$.

这里教给大家一个小技巧：如图 9.24 所示，当 A、B 在顶点时，N 在原点. 此时有

$$-\lambda=\dfrac{NA}{AM}=\dfrac{a}{a-c},\quad -\mu=\dfrac{NB}{BM}=\dfrac{a}{a+c}$$

所以

$$-\lambda-\mu=\dfrac{a}{a-c}+\dfrac{a}{a+c}=\dfrac{a(a-c)+a(a-c)}{(a-c)(a+c)}=\dfrac{2a^2}{b^2}$$

所以

$$\lambda+\mu=-\dfrac{2a^2}{b^2}$$

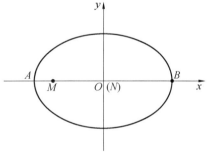

图 9.24

【例 25】 已知椭圆 $C:\dfrac{x^2}{8}+\dfrac{y^2}{4}=1$ 的左焦点为 F，动点 $P(0,m)$，直线 PF 与椭圆交于 A、B 两点，若 $\overrightarrow{PA}=\lambda\overrightarrow{AF}$，$\overrightarrow{PB}=\mu\overrightarrow{BF}$，求证：$\lambda+\mu$ 为定值.

证明：这题与上一题是类似的题目，所以解答过程一致，我们利用上诉结论可以得出答案，即

$$\lambda+\mu=-\dfrac{2a^2}{b^2}=-\dfrac{2\times 8}{4}=-4$$

（具体过程请读者自主完成吧.）

【例 26】 如图 9.25 所示，已知椭圆 $C:\dfrac{x^2}{a^2}+\dfrac{y^2}{b^2}=1(a>b>0)$ 的离心率 $e=\dfrac{\sqrt{2}}{2}$，右焦点为 F，点 $A(0,1)$ 在椭圆 C 上.

(1)求椭圆 C 的方程.

(2)过点 F 的直线交椭圆 C 于 M、N 两点,交直线 $x=2$ 于点 P,设 $\overrightarrow{PM}=\lambda\overrightarrow{MF}$,$\overrightarrow{PN}=\mu\overrightarrow{NF}$,求证:$\lambda+\mu$ 为定值.

解:(1)由题得 $\begin{cases} \dfrac{c}{a}=\dfrac{\sqrt{2}}{2} \\ b=1 \\ a^2=b^2+c^2 \end{cases}$,解得 $\begin{cases} a^2=2 \\ b^2=1 \end{cases}$,则

椭圆的方程为 $\dfrac{x^2}{2}+y^2=1$.

(2)设 $M(x_1,y_1)$,$N(x_2,y_2)$,$P(2,y_0)$.

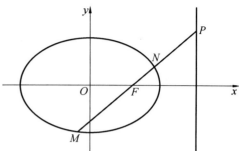

图 9.25

由于 $\overrightarrow{PM}=\lambda\overrightarrow{MF}$,则 $\begin{cases} x_1=\dfrac{2+\lambda\cdot 1}{1+\lambda} \\ y_1=\dfrac{y_0+\lambda\cdot 0}{1+\lambda} \end{cases}$,所以

$$\dfrac{\left(\dfrac{2+\lambda}{1+\lambda}\right)^2}{2}+\left(\dfrac{y_0}{1+\lambda}\right)^2=1$$

即

$$\dfrac{(2+\lambda)^2}{2}+y_0^2=(1+\lambda)^2 \qquad ①$$

同理可得

$$\dfrac{(2+\mu)^2}{2}+y_0^2=(1+\mu)^2 \qquad ②$$

①-②得

$$\dfrac{(2+\lambda)^2-(2+\mu)^2}{2}=(1+\lambda)^2-(1+\mu)^2$$

即 $\dfrac{(\lambda-\mu)(4+\lambda+\mu)}{2}=(\lambda-\mu)(2+\lambda+\mu)$,$\lambda+\mu=0$.

【**例27**】 已知椭圆 $C:\dfrac{x^2}{a^2}+\dfrac{y^2}{b^2}=1(a>b>0)$ 过点 $M(2,0)$,离心率 $e=\dfrac{1}{2}$,A、B 是椭圆 C 上两点,且直线 OA、OB 的斜率之积为 $-\dfrac{3}{4}$,O 为坐标原点.

(1)求椭圆 C 的方程.

(2)若射线 OA 上的点 P 满足 $|PO|=3|OA|$,且 PB 与椭圆交于点 Q,如图 9.26 所示,求 $\dfrac{|BP|}{|BQ|}$ 的值.

解:(1)由题得 $\begin{cases} \dfrac{c}{a}=\dfrac{1}{2} \\ a=2 \\ a^2=b^2+c^2 \end{cases}$,解得 $\begin{cases} a^2=4 \\ b^2=3 \end{cases}$,则椭圆的方程为 $\dfrac{x^2}{4}+\dfrac{y^2}{3}=1$.

(2)设 $A(x_1,y_1)$,$B(x_2,y_2)$,$Q(x_3,y_3)$,$P(3x_1,3y_1)$,设 $\overrightarrow{BP}=\lambda\overrightarrow{BQ}$,则

$$(3x_1-x_2, 3y_1-y_2) = \lambda(x_3-x_2, y_3-y_2)$$

则

$$\begin{cases} x_3 = \dfrac{3}{\lambda}x_1 + \dfrac{\lambda-1}{\lambda}x_2 \\ y_3 = \dfrac{3}{\lambda}y_1 + \dfrac{\lambda-1}{\lambda}y_2 \end{cases}$$

由于 $\dfrac{x_3^2}{4} + \dfrac{y_3^2}{3} = 1$,因此

$$\dfrac{\left(\dfrac{3}{\lambda}x_1 + \dfrac{\lambda-1}{\lambda}x_2\right)^2}{4} + \dfrac{\left(\dfrac{3}{\lambda}y_1 + \dfrac{\lambda-1}{\lambda}y_2\right)^2}{3} = 1$$

整理得

$$\left(\dfrac{3}{\lambda}\right)^2\left(\dfrac{x_1^2}{4}+\dfrac{y_1^2}{3}\right) + \left(\dfrac{1-\lambda}{\lambda}\right)^2\left(\dfrac{x_2^2}{4}+\dfrac{y_2^2}{3}\right) - 6 \cdot \dfrac{1-\lambda}{\lambda^2}\left(\dfrac{x_1 x_2}{4}+\dfrac{y_1 y_2}{3}\right) = 1 \quad ①$$

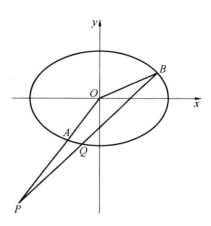

图 9.26

易知

$$\dfrac{x_1^2}{4}+\dfrac{y_1^2}{3}=1, \quad \dfrac{x_2^2}{4}+\dfrac{y_2^2}{3}=1$$

又

$$k_{OA} \cdot k_{OB} = -\dfrac{3}{4}, \quad \dfrac{y_1 y_2}{x_1 x_2} = -\dfrac{3}{4}$$

即 $\dfrac{x_1 x_2}{4}+\dfrac{y_1 y_2}{3}=0$,代入①式得

$$\left(\dfrac{3}{\lambda}\right)^2 + \left(\dfrac{1-\lambda}{\lambda}\right)^2 = 1$$

解得 $\lambda = 5$,则 $\dfrac{|BP|}{|BQ|} = \lambda = 5$.

【例 28】 如图 9.27 所示,已知椭圆 $C: \dfrac{x^2}{2} + y^2 = 1, F(1,0)$. 过 F 的直线交椭圆于 M、N 两点,交 y 轴于点 $Q(0,t)$,设 $\overrightarrow{QM} = \lambda_1 \overrightarrow{MF}, \overrightarrow{QN} = \lambda_2 \overrightarrow{NF}$,求证:$\lambda_1 + \lambda_2$ 为定值.

证明: 设 $M(x_1, y_1), N(x_2, y_2)$.

将 M、N 两点代入椭圆方程得

$$\dfrac{x_1^2}{9} + \dfrac{y_1^2}{8} = 1 \quad ①$$

$$\dfrac{x_2^2}{9} + \dfrac{y_2^2}{8} = 1 \quad ②$$

由于 $\overrightarrow{QM} = \lambda_1 \overrightarrow{MF}$,且 $Q(0,t), F(1,0)$,由定比分点坐标公式得

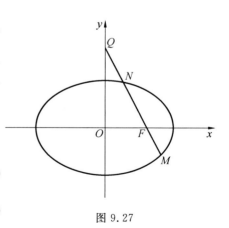

图 9.27

$$\begin{cases} x_1 = \dfrac{\lambda_1}{1+\lambda_1} \\ y_1 = \dfrac{t}{1+\lambda_1} \end{cases}$$

代入到①整理得

$$\frac{\lambda_1^2}{9} + \frac{t^2}{8} = (1+\lambda_1)^2 \qquad ③$$

同理由 $\overrightarrow{QN} = \lambda_2 \overrightarrow{NF}$ 可得

$$\frac{\lambda_2^2}{9} + \frac{t^2}{8} = (1+\lambda_2)^2 \qquad ④$$

③-④得

$$\frac{(\lambda_1-\lambda_2)(\lambda_1+\lambda_2)}{9} = (\lambda_1-\lambda_2)(\lambda_1+\lambda_2+2)$$

即 $\lambda_1 + \lambda_2 = -\dfrac{9}{4}$.

【例29】 如图 9.28 所示,已知椭圆 $C: \dfrac{x^2}{4} + y^2 = 1$ 的左、右顶点分别为 A、B,点 P 是直线 $x=1$ 上的动点,直线 PA 与椭圆的另一交点为 M,直线 PB 与椭圆的另一交点为 N,证明:直线 MN 过定点.

证明: $A(-2,0)$,$B(2,0)$,设 $M(x_1, y_1)$,$N(x_2, y_2)$,$P(1, y_P)$.

设 $\overrightarrow{AM} = \lambda \overrightarrow{MP}$,$\overrightarrow{BN} = \mu \overrightarrow{NP}$,由定比分点公式得

$$\begin{cases} x_1 = \dfrac{-2+\lambda}{1+\lambda} \\ y_1 = \dfrac{0+\lambda y_P}{1+\lambda} \end{cases}, \quad \begin{cases} x_2 = \dfrac{2+\mu}{1+\mu} \\ y_2 = \dfrac{0+\mu y_P}{1+\mu} \end{cases}$$

因为点 M 在椭圆上,所以

$$\frac{\left(\dfrac{\lambda-2}{1+\lambda}\right)^2}{4} + \left(\frac{\lambda y_P}{1+\lambda}\right)^2 = 1$$

$$\Rightarrow \frac{1}{4}(\lambda-2)^2 + \lambda^2 y_P^2 = (1+\lambda)^2$$

$$\Rightarrow \frac{1}{4}\left(\frac{\lambda-2}{\lambda}\right)^2 + y_P^2 = \left(\frac{1+\lambda}{\lambda}\right)^2 \qquad ①$$

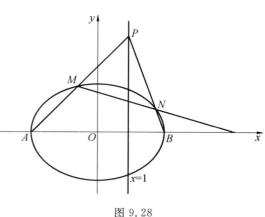

图 9.28

同理有

$$\frac{1}{4}\left(\frac{\mu+2}{\mu}\right)^2 + y_P^2 = \left(\frac{1+\mu}{\mu}\right)^2 \qquad ②$$

①×4-②×4得

$$\left(\frac{\lambda-2}{\lambda}\right)^2 - \left(\frac{\mu+2}{\mu}\right)^2 = 4\left(\frac{1+\lambda}{\lambda}\right)^2 - 4\left(\frac{1+\mu}{\mu}\right)^2$$

$$\Rightarrow \left(\frac{\lambda-2}{\lambda}\right)^2 - \left(\frac{2+2\lambda}{\lambda}\right)^2 = \left(\frac{\mu+2}{\mu}\right)^2 - \left(\frac{2+2\mu}{\mu}\right)^2$$

$$\Rightarrow 3\frac{\lambda+4}{\lambda} = \frac{3\mu+4}{\mu} \Rightarrow \mu = 3\lambda$$

因为
$$l_{MN}:(y_2-y_1)x-(x_2-x_1)y=x_2y_1-x_1y_2$$

所以
$$\left(\frac{\mu}{1+\mu}-\frac{\lambda}{1+\lambda}\right)y_P \cdot x-(x_2-x_1)\cdot y=\frac{2+\mu}{1+\mu}\cdot\frac{\lambda y_P}{1+\lambda}-\frac{\lambda-2}{1+\lambda}\cdot\frac{\mu y_P}{1+\mu}$$

令 $y=0$,则
$$[\mu(1+\lambda)-\lambda(1+\mu)]x=\lambda(2+\mu)-\mu(\lambda-2)$$
$$\Rightarrow (\mu-\lambda)x=2(\lambda+\mu)$$
$$\Rightarrow x=2\frac{\lambda+\mu}{\mu-\lambda}=4$$

所以 MN 恒过定点 $(4,0)$.

这里也可以利用极点极线解决,$x=1$ 为 x 轴上定点对应的极线,所以定点的横坐标为 $\frac{a^2}{1}=4$,即 $(4,0)$.

【例30】 (2009 陕西)如图 9.29 所示,已知双曲线 $C:\frac{y^2}{a^2}-\frac{x^2}{b^2}=1(a>0,b>0)$,离心率 $e=\frac{\sqrt{5}}{2}$,顶点到渐近线的距离为 $\frac{2\sqrt{5}}{5}$.

(1)求双曲线 C 的方程.

(2)P 是双曲线 C 上的一点,A,B 两点在双曲线 C 的两条渐近线上,且分别位于第一、第二象限,若 $\overrightarrow{AP}=\lambda\overrightarrow{PB}$,$\lambda\in\left[\frac{1}{3},2\right]$,求 $\triangle AOB$ 面积的取值范围.

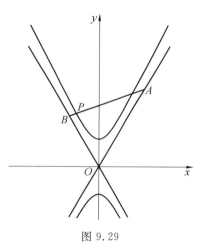

图 9.29

解:(1)顶点到渐近线的距离为
$$\frac{ab}{c}=\frac{2\sqrt{5}}{5}$$

且
$$\frac{c}{a}=\frac{\sqrt{5}}{2},\quad a^2+b^2=c^2$$

解得 $a=2,b=1,c=\sqrt{5}$,双曲线的方程为
$$\frac{y^2}{4}-x^2=1$$

(2)设 $P(x_0,y_0)$,$A(x_1,y_1)$,$B(x_2,y_2)$,渐近线方程分别为 $y=2x$,$y=-2x$,所以
$$y_1=2x_1 \qquad \qquad ①$$
$$y_2=-2x_2 \qquad \qquad ②$$

由三角形行列式面积公式得
$$S_{\triangle ABO}=\frac{1}{2}|x_1y_2-x_2y_1|=\frac{1}{2}|-2x_1x_2-2x_2x_1|=2|x_1x_2| \qquad ③$$

由于 $\overrightarrow{AP}=\lambda\overrightarrow{PB}$，由定比分点坐标公式得
$$\begin{cases} x_0=\dfrac{x_1+\lambda x_2}{1+\lambda} \\ y_0=\dfrac{y_1+\lambda y_2}{1+\lambda} \end{cases}$$

由于点 P 在椭圆上，故满足 $\dfrac{y_0^2}{4}-x_0^2=1$，即为
$$\frac{\left(\dfrac{y_1+\lambda y_2}{1+\lambda}\right)^2}{4}-\left(\frac{x_1+\lambda x_2}{1+\lambda}\right)^2=1 \qquad ④$$

将①②代入④中，即为
$$\left(\frac{x_1-\lambda x_2}{1+\lambda}\right)^2-\left(\frac{x_1+\lambda x_2}{1+\lambda}\right)^2=1$$

化简为
$$-4\lambda x_1x_2=1+2\lambda+\lambda^2$$

即为
$$-4x_1x_2=\lambda+\frac{1}{\lambda}+2,\quad \lambda\in\left[\frac{1}{3},2\right]$$

故 $-4x_1x_2\in\left[4,\dfrac{16}{3}\right]$. 所以 $S_{\triangle ABO}=2|x_1x_2|\in\left[2,\dfrac{8}{3}\right]$.

【例31】 如图 9.30 所示，已知 F_1、F_2、A 分别为椭圆 $\dfrac{x^2}{a^2}+\dfrac{y^2}{b^2}=1(a>b>0)$ 的左、右焦点及上顶点，$\triangle AF_1F_2$ 的面积为 $4\sqrt{3}$ 且椭圆的离心率等于 $\dfrac{\sqrt{3}}{2}$，过点 $M(0,4)$ 的直线 l 与椭圆相交于不同的两点 P、Q，点 N 在线段 PQ 上.

(1) 求椭圆的标准方程.

(2) 设 $\dfrac{|\overrightarrow{PM}|}{|\overrightarrow{PN}|}=\dfrac{|\overrightarrow{MQ}|}{|\overrightarrow{NQ}|}=\lambda$，求：

① N 的轨迹方程；

② λ 的取值范围.

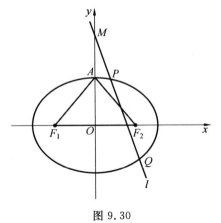

图 9.30

解：(1) $\begin{cases} \dfrac{c}{a}=\dfrac{\sqrt{3}}{2} \\ 2c\cdot b\cdot\dfrac{1}{2}=4\sqrt{3} \\ a^2=b^2+c^2 \end{cases}$，解得 $a=4,b=2,c=2\sqrt{3}$. 椭圆方程为 $\dfrac{x^2}{16}+\dfrac{y^2}{4}=1$.

(2) ① 设 $P(x_1,y_1),Q(x_2,y_2)$.

由 $\dfrac{|\overrightarrow{PM}|}{|\overrightarrow{PN}|}=\dfrac{|\overrightarrow{MQ}|}{|\overrightarrow{NQ}|}=\lambda$，$\dfrac{|\overrightarrow{PM}|}{|\overrightarrow{MQ}|}=\dfrac{|\overrightarrow{PN}|}{|\overrightarrow{NQ}|}=\lambda$，即化简为

$$\dfrac{\overrightarrow{PM}}{\overrightarrow{MQ}}=-\lambda,\quad \dfrac{\overrightarrow{PN}}{\overrightarrow{NQ}}=\lambda$$

已知 $M(0,4)$，设 $N(x_0,y_0)$．
由定比分点坐标公式得

$$\begin{cases}0=\dfrac{x_1-\lambda x_2}{1-\lambda}\\ 4=\dfrac{y_1-\lambda y_2}{1-\lambda}\end{cases},\quad \begin{cases}x_0=\dfrac{x_1+\lambda x_2}{1+\lambda}\\ y_0=\dfrac{y_1+\lambda y_2}{1+\lambda}\end{cases}$$

将 P、Q 两点代入到椭圆方程可得

$$\begin{cases}\dfrac{x_1^2}{16}+\dfrac{y_1^2}{4}=1\\ \dfrac{\lambda^2 x_2^2}{16}+\dfrac{\lambda^2 y_2^2}{4}=\lambda^2\end{cases}$$

两式作差可得

$$\dfrac{(x_1-\lambda x_2)(x_1+\lambda x_2)}{16(1-\lambda)(1+\lambda)}+\dfrac{(y_1-\lambda y_2)(y_1+\lambda y_2)}{4(1-\lambda)(1+\lambda)}=1$$

即得 $y_0=1$（此处证明 N 在定直线 $y=1$ 上）．

②设 $PQ:x=m(y-4)$，将其与椭圆方程进行联立得

$$\begin{cases}x-my+4m=0\\ \dfrac{x^2}{16}+\dfrac{y^2}{4}=1\end{cases}$$

由判别式 $\Delta=16-12m^2>0$，即得

$$0<m^2<\dfrac{4}{3}$$

解得 $\begin{cases}x_1+x_2=\dfrac{-32m}{4+m^2}\\ x_1x_2=\dfrac{48m^2}{4+m^2}\end{cases}$．

令 $tx_1=x_2(t>1)$，由韦达定理恒等式可得

$$\dfrac{(x_1+x_2)^2}{x_1x_2}=t+\dfrac{1}{t}+2$$

即

$$\dfrac{64}{3(4+m^2)}=t+\dfrac{1}{t}+2$$

将 $0<m^2<\dfrac{4}{3}$ 代入可得 $1<t<3$．

由 $\dfrac{|\overrightarrow{PM}|}{|\overrightarrow{PN}|}=\dfrac{|\overrightarrow{MQ}|}{|\overrightarrow{NQ}|}=\lambda$，化简可得

$$\overrightarrow{PM}=-\lambda\overrightarrow{PN},\quad \overrightarrow{MQ}=\lambda\overrightarrow{NQ}$$

即得
$$\begin{cases} x_1 = \lambda(x_0 - x_1) \\ x_2 = \lambda(x_2 - x_0) \end{cases}$$

即为
$$x_0 = \frac{x_1}{\lambda} + x_1, \quad x_0 = x_2 - \frac{x_2}{\lambda}$$

整理可得
$$\lambda = \frac{x_1 + x_2}{x_2 - x_1} = \frac{1 + \frac{x_2}{x_1}}{\frac{x_2}{x_1} - 1} = \frac{1+t}{1-t} = 1 + \frac{2}{t-1} \in (2, +\infty)$$

【例 32】 如图 9.31 所示,已知椭圆 $C: \frac{x^2}{a^2} + \frac{y^2}{b^2} = 1 (a > b > 0)$ 的离心率为 $\frac{\sqrt{2}}{2}$,且经过点 $H(-2,1)$.

(1)求椭圆 C 的方程.

(2)过点 $P(-3,0)$ 的直线与椭圆 C 相交于 A、B 两点,直线 HA、HB 分别交 x 轴于 M、N 两点,点 $G(-2,0)$,若 $\overrightarrow{PM} = \lambda \overrightarrow{PG}$,$\overrightarrow{PN} = \mu \overrightarrow{PG}$,求证:$\frac{1}{\lambda} + \frac{1}{\mu}$ 为定值.

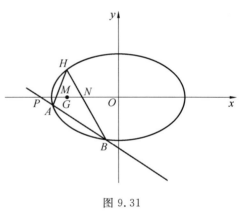

图 9.31

解:(1)由题意可知
$$\begin{cases} \frac{c}{a} = \frac{\sqrt{2}}{2} \\ \frac{4}{a^2} + \frac{1}{b^2} = 1 \\ a^2 = b^2 + c^2 \end{cases}$$

解得 $a^2 = 6, b^2 = 3$,故椭圆方程为 $\frac{x^2}{6} + \frac{y^2}{3} = 1$.

(2)设 $A(x_1, y_1), B(x_2, y_2)$,设过点 P 的直线 $x = my - 3$,将其与椭圆方程进行联立得
$$\begin{cases} x = my - 3 \\ \frac{x^2}{6} + \frac{y^2}{3} = 1 \end{cases}$$

整理得
$$(m^2 + 2)y^2 - 6my + 3 = 0$$

由韦达定理可得
$$y_1 + y_2 = \frac{6m}{m^2 + 2}, \quad y_1 y_2 = \frac{3}{m^2 + 2}$$

因为点 $H(-2,1)$,由两点间截距公式可得
$$x_M = \frac{x_1 + 2y_1}{1 - y_1}, \quad x_N = \frac{x_2 + 2y_2}{1 - y_2}$$

第九章　定比点差法与定比分点问题

若 $\overrightarrow{PM}=\lambda\overrightarrow{PG},\overrightarrow{PN}=\mu\overrightarrow{PG}$，则有

$$x_M+3=\lambda,\quad x_N+3=\mu$$

故

$$\frac{1}{\lambda}+\frac{1}{\mu}=\frac{1}{x_M+3}+\frac{1}{x_N+3}=\frac{y_1-1}{y_1-x_1-3}+\frac{y_2-1}{y_2-x_2-3}$$

$$=\frac{y_1-1}{y_1-my_1}+\frac{y_2-1}{y_2-my_2}=\frac{2y_1y_2-(y_1+y_2)}{y_1y_2(1-m)}$$

将韦达定理代入可得

$$\frac{1}{\lambda}+\frac{1}{\mu}=\frac{\dfrac{6}{m^2+2}-\dfrac{6m}{m^2+2}}{\dfrac{3}{m^2+2}(1-m)}=2$$

【总结】当圆锥曲线的题目出现定比分点的特征时,例如 $\overrightarrow{AM}=\lambda\overrightarrow{MP}$,这里的内分点 M 如果是一个确定的点,如 $(0,1),(m,0)$ 之类的点,就可以用定比点差法解决;当内分点 M 不是定点而是曲线上的动点时,则可以利用定比分点的坐标公式表示出该点,然后代入曲线方程化简得到一些等量关系.

【课后练习】

1. 如图 9.32 所示,已知椭圆 $\dfrac{x^2}{a^2}+\dfrac{y^2}{b^2}=1(a>0,b>0)$,过 F_1 的直线交椭圆于 A、B 两点,过 F_2 的直线交椭圆于 B、M 两点,当 B 为上顶点时,$|AB|=|AF_2|$.

(1)求离心率.

(2)求 $\dfrac{S_{\triangle BF_1F_2}}{S_{\triangle BAM}}$ 最大值.

2. (2006 山东理)已知双曲线 C 与椭圆 $\dfrac{x^2}{8}+\dfrac{y^2}{4}=1$ 有相同的焦点,直线 $y=\sqrt{3}x$ 为 C 的一条渐近线.

(1)求双曲线 C 的方程.

(2)过 $P(0,4)$ 的直线 l 交双曲线 C 于不同的两点 A、B,交 x 轴于点 Q(Q 与 C 的顶点不重合),若 $\overrightarrow{PQ}=\lambda_1\overrightarrow{QA}=\lambda_2\overrightarrow{QB}$,且 $\lambda_1+\lambda_2=-\dfrac{8}{3}$,求 Q 点坐标.

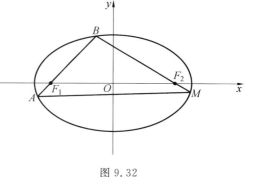

图 9.32

3. 已知椭圆 $C:\dfrac{x^2}{a^2}+\dfrac{y^2}{b^2}=1(a>b>0)$ 过点 $(0,1)$,其长轴、焦距和短轴的长的平方依次为等差数列,直线 l 与 x 轴正半轴和 y 轴正半轴分别交于点 Q、P,与椭圆交于点 M、N,各点均不重合且满足 $\overrightarrow{PM}=\lambda_1\overrightarrow{MQ},\overrightarrow{PN}=\lambda_2\overrightarrow{NQ}$.

(1)求椭圆的方程.

(2)若 $\lambda_1+\lambda_2=-3$,证明:l 过定点,并求出该定点.

4. 如图 9.33 所示,已知椭圆 $C: \dfrac{x^2}{a^2} + \dfrac{y^2}{b^2} = 1$ $(a>b>0)$ 的左、右焦点分别为 F_1、F_2,过 F_1 的动直线与椭圆 C 交于 P、M 两点,直线 PF_2 与椭圆 C 交于 P、N 两点,且 $\overrightarrow{PF_1} = \lambda \overrightarrow{F_1M}$, $\overrightarrow{PF_2} = \mu \overrightarrow{F_2N}$,当 $\triangle F_1PF_2$ 的面积最大时,$\triangle MPN$ 为等边三角形.

(1)求椭圆的离心率.

(2)若 $b > \dfrac{1}{2}$,直线 $\lambda x + \mu y = 1$ 与椭圆是否有公共点?若有,有多少个公共点?若没有,请说明理由.

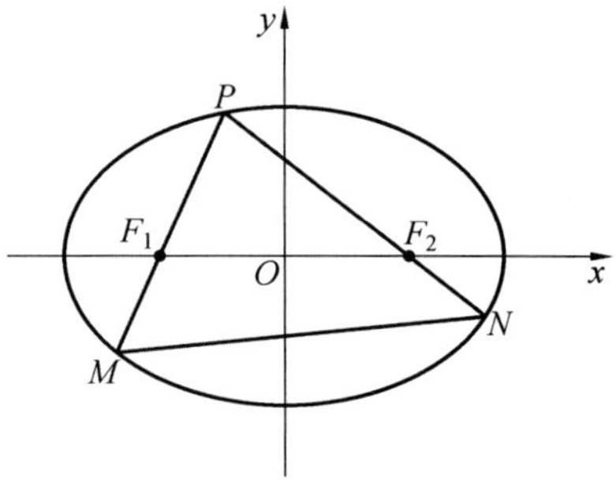

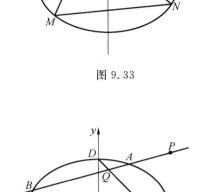

图 9.33

5. 如图 9.34 所示,已知离心率为 $\dfrac{\sqrt{2}}{2}$ 的椭圆 $C: \dfrac{x^2}{a^2} + \dfrac{y^2}{b^2} = 1 (a>b>0)$ 上顶点为 D,右焦点为 F,点 $P(4,2)$,$|PF| = |DF|$.

(1)求椭圆 C 的方程.

(2)过点 P 作直线 l 交椭圆 C 于 A、B 两点(A 在 P 和 B 之间),与直线 DF 交于点 Q,记为 $\overrightarrow{PA} = \lambda_1 \overrightarrow{PB}$,$\overrightarrow{QA} = \lambda_2 \overrightarrow{BQ}$,求 $\lambda_1 - \lambda_2$ 的值.

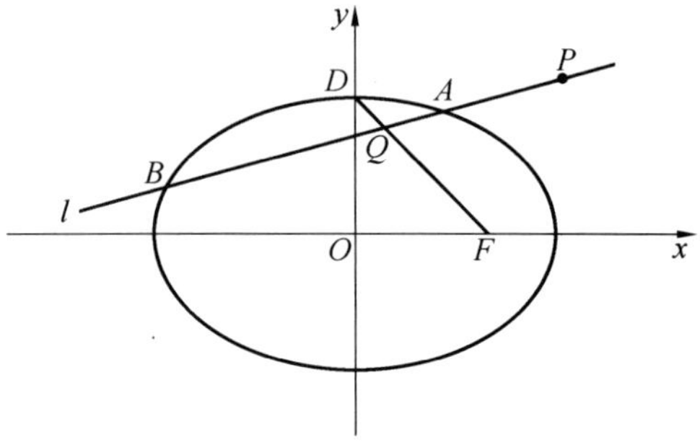

图 9.34

6. 已知椭圆 $C: \dfrac{x^2}{a^2} + \dfrac{y^2}{b^2} = 1 (a>b>0)$ 的两个焦点为 F_1、F_2,焦距为 $2\sqrt{2}$,直线 $l: y = x - 1$ 与椭圆 C 相交于 A、B 两点,$P\left(\dfrac{3}{4}, -\dfrac{1}{4}\right)$ 为弦 AB 的中点.

(1)求椭圆的标准方程.

(2)若直线 $l: y = kx + m$ 与椭圆 C 相交于不同的两点 M、N,点 $Q(0, m)$,如图 9.35 所示,若 $\overrightarrow{OM} + \lambda \overrightarrow{ON} = 3\overrightarrow{OQ}$($O$ 为坐标原点),求 m 的取值范围.

7. 已知椭圆 $C: \dfrac{x^2}{4} + \dfrac{y^2}{3} = 1$,若直线 l 过点 $P(0, m)$,且与椭圆相交于 A、B 两点,且 $\overrightarrow{AP} = 3\overrightarrow{PB}$,求实数 m 的范围.

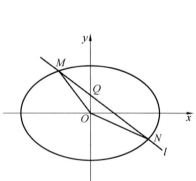

8. 已知 F_1、F_2 分别为椭圆 $C_1: \dfrac{y^2}{a^2} + \dfrac{x^2}{b^2} = 1 (a>b>0)$ 的上、下焦点,其中 F_1 也是抛物线 $C_2: x^2 = 4y$ 的焦点,点 M 是 C_1、C_2 在第二象限的交点,且 $|MF_1| = \dfrac{5}{3}$.

(1)求椭圆 C_1 的方程.

图 9.35

(2)已知点 $P(1,3)$ 和圆 $O: x^2 + y^2 = b^2$,过点 P 的动直线 l 与圆 O 相交于不同的两点

A、B，在线段 AB 上取一点 Q，满足 $\overrightarrow{AP}=-\lambda\overrightarrow{PB}$，$\overrightarrow{AQ}=\lambda\overrightarrow{QB}$，$(\lambda\neq 0$ 且 $\lambda\neq\pm 1)$．求证：点 Q 总在某定直线上．

9．如图 9.36 所示，已知过 $R(3,0)$ 的直线与椭圆 $\dfrac{x^2}{6}+\dfrac{y^2}{2}=1$ 交于点 P、Q，过 P 作 $PN\perp x$ 轴且与椭圆交于另一点 N，F 为椭圆的右焦点，若 $\overrightarrow{RP}=\lambda\overrightarrow{RQ}(\lambda>1)$，求证：$\overrightarrow{NF}=\lambda\overrightarrow{FQ}$．

10．如图 9.37 所示，过点 $M(1,0)$ 的直线 l 交椭圆 $E:\dfrac{x^2}{4}+\dfrac{y^2}{2}=1$ 于 A、B 两点，若 $\overrightarrow{AM}=\lambda\overrightarrow{MB}$，求 λ 的取值范围．

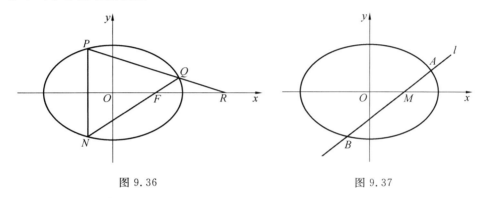

图 9.36　　　　　　　　　图 9.37

11．(2013 全国 2 改编)设抛物线 $C:y^2=4x$ 的焦点为 F，直线 l 过点 F 与 C 交于 A、B 两点，若 $|AF|=3|FB|$，求直线 l 的方程．

12．如图 9.38 所示，已知 F 为抛物线 $C:x^2=4y$ 的焦点，直线 $l:y=2x+1$ 与 C 交于点 A、B 两点，若直线 $m:y=2x+t(t\neq 1)$ 与 C 交于 M、N，且 AM、BN 相交于 T，证明：点 T 在定直线上．

13．如图 9.39 所示，已知椭圆 $\dfrac{x^2}{2}+y^2=1$，F_1、F_2 分别为其左、右焦点，设 P 是第一象限内一点，PF_1、PF_2 延长线交于椭圆于点 Q_1、Q_2，r_1、r_2 分别为 $\triangle PF_1Q_2$、$\triangle PF_2Q_1$ 的内切圆半径，求 r_1-r_2 的最大值．

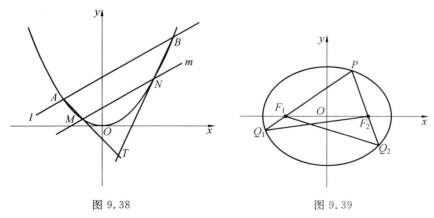

图 9.38　　　　　　　　　图 9.39

14.已知椭圆 $\dfrac{x^2}{2}+y^2=1$,F_1、F_2 分别为其左、右焦点,A 是椭圆上一点,PF_1、PF_2 延长线交椭圆于 B、D 两点,证明:$k_{OA} \cdot k_{BD}$ 为定值.

【答案与解析】

1.解:(1)设 $BF_1=m$,$AF_1=n$,由椭圆定义有

$$|BF_1|+|BF_2|=|AF_1|+|AF_2|$$

可得

$$|AF_2|=2m-n$$

由

$$|AF_2|=|AB|=m+n$$

可得 $m=2n=a$.

因为

$$\angle BF_1F_2+\angle AF_1F_2=\pi$$

故

$$\cos\angle BF_1F_2+\cos\angle AF_1F_2=0$$

故由余弦定理可得

$$\dfrac{m^2+4c^2-m^2}{4mc}+\dfrac{n^2+4c^2-(2m-n)^2}{4nc}=0$$

将 $m=2n$ 代入,整理可得 $6c^2=8n^2$,即 $3c^2=a^2$,$e=\dfrac{\sqrt{3}}{3}$.

(2)由(1)知,设椭圆方程为 $\dfrac{x^2}{3c^2}+\dfrac{y^2}{2c^2}=1$.

设 $\overrightarrow{BF_1}=\lambda\overrightarrow{F_1A}$,$\overrightarrow{BF_2}=\mu\overrightarrow{F_2M}$,$B(x_0,y_0)$,$A(x_1,y_1)$,$M(x_2,y_2)$.

由定比分点坐标公式可得

$$\begin{cases}-c=\dfrac{x_0+\lambda x_1}{1+\lambda}\\ 0=\dfrac{y_0+\lambda y_1}{1+\lambda}\end{cases} \Rightarrow \begin{cases}\lambda x_1+x_0=-c(1+\lambda)\\ y_0+\lambda y_1=0\end{cases}$$

由 $\begin{cases}\dfrac{x_0^2}{3c^2}+\dfrac{y_0^2}{2c^2}=1\\ \dfrac{\lambda^2 x_1^2}{3c^2}+\dfrac{\lambda^2 y_1^2}{2c^2}=\lambda^2\end{cases}$ 作差整理可得

$$\dfrac{(x_0-\lambda x_1)(x_0+\lambda x_1)}{3c^2(1-\lambda)(1+\lambda)}+\dfrac{(y_0-\lambda y_1)(y_0+\lambda y_1)}{2c^2(1-\lambda)(1+\lambda)}=1$$

将定比分点公式代入可得

$$\dfrac{-(x_0-\lambda x_1)}{3c(1-\lambda)}=1 \Rightarrow x_0-\lambda x_1=3c(\lambda-1)$$

可以解得

$$x_0=c\lambda-2c$$

同理由 $\overrightarrow{BF_2}=\mu\overrightarrow{F_2M}$ 解得

①

第九章 定比点差法与定比分点问题

$$x_0 = 2c - c\mu \quad ②$$

将①②联立可得

$$c\lambda - 2c = 2c - c\mu$$

即解得

$$\lambda + \mu = 4$$

$$\frac{S_{\triangle BF_1F_2}}{S_{\triangle BAM}} = \frac{\frac{1}{2}|BF_1| \cdot |BF_2|\sin B}{\frac{1}{2}|BA| \cdot |BM|\sin B} = \frac{|BF_1|}{|BF_1| + |AF_1|} \cdot \frac{|BF_2|}{|BF_2| + |MF_2|}$$

$$= \frac{\lambda\mu}{(1+\lambda)(1+\mu)} = \frac{\lambda\mu}{1+\lambda+\mu+\lambda\mu}$$

$$= \frac{\lambda\mu}{5+\lambda\mu} = \frac{1}{\frac{5}{\lambda\mu}+1}$$

因为 $\lambda\mu \leq \left(\frac{\lambda+\mu}{2}\right)^2 = 4$，故

$$\frac{S_{\triangle BF_1F_2}}{S_{\triangle BAM}} \leq \frac{1}{\frac{5}{4}+1} = \frac{4}{9}$$

2. 解：(1)已知 $c^2 = 4$，又 $\frac{b}{a} = \sqrt{3}$，$a^2 + b^2 = c^2$，解得 $b = \sqrt{3}$，$a = 1$，故双曲线方程为 $x^2 - \frac{y^2}{3} = 1$.

(2)设 $A(x_1, y_1)$，$B(x_2, y_2)$.

设 l 的方程为 $y = kx - 4$，将其与双曲线方程进行联立可得

$$(3-k^2)y^2 - 24y + 48 - 3k^2 = 0$$

由韦达定理得

$$y_1 + y_2 = \frac{24}{3-k^2}, \quad y_1 y_2 = \frac{48-3k^2}{3-k^2}$$

由定比分点坐标公式可得

$$0 = \frac{4 + \lambda_1 y_1}{1+\lambda_1}, \quad 0 = \frac{4 + \lambda_2 y_2}{1+\lambda_2}$$

即可得到

$$\lambda_1 = \frac{-4}{y_1}, \quad \lambda_2 = \frac{-4}{y_2}$$

由 $\lambda_1 + \lambda_2 = -\frac{8}{3}$，得

$$-4\left(\frac{1}{y_1} + \frac{1}{y_2}\right) = -\frac{8}{3}$$

即 $\frac{y_1 + y_2}{y_1 y_2} = \frac{2}{3}$.

将上述韦达定理代入可得

$$\frac{24}{48-3k^2}=\frac{2}{3}$$

解得 $k=\pm 2$,故 l 的方程为 $y=2x+4$ 或 $y=-2x+4$,其在 x 轴的交点为 $Q(2,0)$ 或 $(-2,0)$.

3. **解**:(1)由题 $(2a)^2+(2b)^2=2(2c)^2 \Rightarrow a^2+b^2=2c^2$.

又 $a^2=b^2+c^2$,且 $b=1$,解得 $a^2=3,c^2=2$,故椭圆方程为 $\frac{x^2}{3}+y^2=1$.

(2)设 $M(x_1,y_1)N(x_2,y_2)$,设 l 方程为
$$y=kx+m$$
则 $P(0,m),Q(x_Q,0)$.

将直线方程与椭圆方程联立可得
$$\begin{cases}\frac{x^2}{3}+y^2=1\\y=kx+m\end{cases}\Rightarrow(3k^2+1)y^2-2my+m^2-3k^2=0$$

由韦达定理可得
$$y_1+y_2=\frac{2m}{3k^2+1},\quad y_1y_2=\frac{m^2-3k^2}{3k^2+1}$$

又由于 $\overrightarrow{PM}=\lambda_1\overrightarrow{MQ},\overrightarrow{PN}=\lambda_2\overrightarrow{NQ}$,由定比分点公式可得
$$\begin{cases}y_1=\frac{m}{1+\lambda_1}\\y_2=\frac{m}{1+\lambda_2}\end{cases}\Rightarrow\begin{cases}1+\lambda_1=\frac{m}{y_1}\\1+\lambda_2=\frac{m}{y_2}\end{cases}$$

将上述两式相加可得
$$2+\lambda_1+\lambda_2=\frac{m(y_1+y_2)}{y_1y_2}$$

又 $\lambda_1+\lambda_2=-3$,代入整理可得
$$3k^2-m^2=2m^2\Rightarrow3k^2=3m^2$$

解得 $m=k$(舍去)或 $m=-k$.代入直线方程可得
$$y=kx-k\Rightarrow y=k(x-1)$$

故直线 l 恒过 $(1,0)$.

4. **解**:(1) $\tan 60°=\frac{b}{c},b=\sqrt{3}c,e=\frac{c}{a}=\sqrt{\frac{c^2}{b^2+c^2}}=\frac{1}{2}$.

(2)设 $P(x_0,y_0),M(x_1,y_1),N(x_2,y_2)$,由(1)可设椭圆方程为 $\frac{x^2}{4}+\frac{y^2}{3}=t$.则
$$\overrightarrow{PF_1}=\lambda\overrightarrow{F_1M}$$

即
$$(-c-x_0,-y_0)=\lambda(x_1+c,y_1)$$

得到

$$\begin{cases} x_0+\lambda x_1=-c(\lambda+1) \\ y_0+\lambda y_1=0 \end{cases}, \quad \begin{cases} \dfrac{x_0^2}{4}+\dfrac{y_0^2}{3}=t \\ \dfrac{\lambda^2 x_1^2}{4}+\dfrac{\lambda^2 y_1^2}{3}=t\cdot\lambda^2 \end{cases}$$

所以

$$\frac{(x_0+\lambda x_1)(x_0-\lambda x_1)}{4}=t(1-\lambda^2)$$

得 $x_0-\lambda x_1=\dfrac{4(\lambda-1)t}{c}$,与 $x_0+\lambda x_1=-c(\lambda+1)$ 联立,可得

$$2x_0=\frac{4(\lambda-1)t}{c}-c(\lambda+1) \qquad ①$$

同理由 $\overrightarrow{PF_2}=\mu\overrightarrow{F_2N}$,得到

$$\begin{cases} x_0+\mu x_2=c(\mu+1) \\ y_0+\mu y_2=0 \end{cases}, \quad \begin{cases} \dfrac{x_0^2}{4}+\dfrac{y_0^2}{3}=t \\ \dfrac{\mu^2 x_2^2}{4}+\dfrac{\mu^2 y_2^2}{3}=t\cdot\mu^2 \end{cases}$$

所以

$$\frac{(x_0+\mu x_2)(x_0-\mu x_2)}{4}=t(1-\mu^2)$$

得 $x_0+\mu x_2=\dfrac{4(1-\mu)t}{c}$,与 $x_0+\mu x_2=c(\mu+1)$ 联立,同理可得

$$2x_0=\frac{4(1-\mu)t}{c}+c(\mu+1) \qquad ②$$

令①②两式相等,得

$$\frac{4(\lambda-1)t}{c}-c(\lambda+1)=\frac{4t(1-\mu)}{c}+c(\mu+1)$$

$$\frac{4t(\lambda+\mu-2)}{c}-c(\lambda+\mu+2)=0$$

因为 $a^2=4t,b^2=3t$,所以

$$4t(\lambda+\mu-2)-t(\lambda+\mu+2)=0$$

则 $\dfrac{3}{10}\lambda+\dfrac{3}{10}\mu=1$.

直线 $\lambda x+\mu y=1$ 恒过 $\left(\dfrac{3}{10},\dfrac{3}{10}\right)$,在椭圆内部,故直线与椭圆相交,有两个公共点.

5. **解**:(1)由已知 $\dfrac{c}{a}=\dfrac{\sqrt{2}}{2}$,$|PF|=|DF|$,得

$$\sqrt{(4-c)^2+4}=a, \quad a^2=b^2+c^2$$

可得 $a=2\sqrt{2},b=2$,故椭圆方程为 $\dfrac{x^2}{8}+\dfrac{y^2}{4}=1$.

(2)设 $A(x_1,y_1),B(x_2,y_2)$,由于 $\overrightarrow{PA}=\lambda_1\overrightarrow{PB}$,即 $\overrightarrow{AP}=-\lambda_1\overrightarrow{PB}$.
由定比分点坐标公式得

$$\begin{cases} \dfrac{x_1-\lambda_1 x_2}{1-\lambda_1}=4 \\ \dfrac{y_1-\lambda_1 y_2}{1-\lambda_1}=2 \end{cases}$$
①
②

将 A、B 两点代入椭圆方程 $\begin{cases} \dfrac{x_1^2}{8}+\dfrac{y_1^2}{4}=1 \\ \dfrac{\lambda_1^2 x_2^2}{8}+\dfrac{\lambda_1^2 y_2^2}{4}=\lambda_1^2 \end{cases}$,两式作差可得

$$\dfrac{1}{8}\cdot\dfrac{x_1+\lambda_1 x_2}{1+\lambda_1}\cdot\dfrac{x_1-\lambda_1 x_2}{1-\lambda_1}+\dfrac{1}{4}\cdot\dfrac{y_1+\lambda_1 y_2}{1+\lambda_1}\cdot\dfrac{y_1-\lambda_1 y_2}{1-\lambda_1}=1 \qquad ③$$

将①②代入③中,得

$$\dfrac{x_1+\lambda_1 x_2}{1+\lambda_1}+\dfrac{y_1+\lambda_1 y_2}{1+\lambda_1}=2 \qquad ④$$

同理可得 $\overrightarrow{QA}=\lambda_2\overrightarrow{BQ}$,则 $\overrightarrow{AQ}=\lambda_2\overrightarrow{QB}$.

设 $Q(x_0,y_0)$,由定比分点坐标可得

$$\begin{cases} x_0=\dfrac{x_1+\lambda_2 x_2}{1+\lambda_2} \\ y_0=\dfrac{y_1+\lambda_2 y_2}{1+\lambda_2} \end{cases}$$

设直线 $DF:\dfrac{x}{2}+\dfrac{y}{2}=1$,故有

$$x_0+y_0=2$$

即

$$\dfrac{x_1+\lambda_2 x_2}{1+\lambda_2}+\dfrac{y_1+\lambda_2 y_2}{1+\lambda_2}=2 \qquad ⑤$$

④⑤对比可得 $\lambda_1=\lambda_2$,$\lambda_1=\lambda_2$,即 $\lambda_1-\lambda_2=0$.

6.解:(1)设 $A(x_1,y_1)$,$B(x_2,y_2)$,代入椭圆方程可得

$$\begin{cases} \dfrac{x_1^2}{a^2}+\dfrac{y_1^2}{b^2}=1 \\ \dfrac{x_2^2}{a^2}+\dfrac{y_2^2}{b^2}=1 \end{cases}$$

由点差法可得

$$\dfrac{x_1^2-x_2^2}{a^2}+\dfrac{y_1^2-y_2^2}{b^2}=0$$

即为

$$-\dfrac{b^2}{a^2}=\dfrac{y_1-y_2}{x_1-x_2}\cdot\dfrac{y_1+y_2}{x_1+x_2}$$

由于 $\dfrac{y_1-y_2}{x_1-x_2}=1$,$\begin{cases} y_1+y_2=-\dfrac{1}{2} \\ x_1+x_2=\dfrac{3}{2} \end{cases}$,代入上式可得

$$\frac{b^2}{a^2}=\frac{1}{3}$$

又 $2c=2\sqrt{2}$, $a^2=b^2+c^2$, 解得 $a^2=3$, $b^2=1$, 故椭圆的方程为 $\frac{x^2}{3}+y^2=1$.

(2)当 $m=0$ 时，点 O 和点 Q 重合，点 M 和点 N 关于原点对称. 易知 $\lambda=-1$，显然成立.

当 $m\neq 0$ 时，有

$$\overrightarrow{OM}+\lambda\overrightarrow{ON}=3\overrightarrow{OQ}\Rightarrow\overrightarrow{OQ}=\frac{1}{3}\overrightarrow{OM}+\frac{\lambda}{3}\overrightarrow{ON}$$

因为 M、N、Q 三点共线，所以 $\lambda=2$，则

$$3\overrightarrow{OQ}=\overrightarrow{OM}+2\overrightarrow{ON},\quad 2(\overrightarrow{OQ}-\overrightarrow{ON})=\overrightarrow{OM}-\overrightarrow{OQ}$$

故 $\overrightarrow{MQ}=2\overrightarrow{QN}$.

设 $M(x_1,y_1)$, $N(x_2,y_2)$, Q 为 MN 的定比分点, Q 的坐标为 $(0,m)$.

由定比分点坐标公式得

$$\frac{x_1+2x_2}{1+2}=0,\quad \frac{y_1+2y_2}{1+2}=m$$

即

$$x_1+2x_2=0 \qquad\qquad ①$$
$$y_1+2y_2=3m \qquad\qquad ②$$

又因为点 M 和点 N 在椭圆上，有

$$\frac{x_1^2}{3}+y_1^2=1,\quad \frac{4x_2^2}{3}+4y_2^2=4$$

两式相减得

$$\frac{(x_1+2x_2)(x_1-2x_2)}{3}+(y_1+2y_2)(y_1-2y_2)=-3 \qquad ③$$

将①②式代入③可得

$$y_1-2y_2=-\frac{1}{m} \qquad\qquad ④$$

由②④式可得

$$2y_1=-\frac{1}{m}+3m \qquad\qquad ⑤$$

又 $y_1\in[-1,1]$, 则 $-\frac{1}{m}+3m\in[-2,2]$, 解得 $m\in\left[-1,-\frac{1}{3}\right]\cup\left[\frac{1}{3},1\right]$.

当 $m=\pm 1$ 时，代入④和⑤，可得 $y_1=1$, $y_2=1$.

由 $\overrightarrow{MQ}=2\overrightarrow{QN}$ 可得 $x_1=0$, $x_2=0$. 此时点 M、N、Q 三点重合，与题意不符.

综上所述，m 的取值范围为 $\left(-1,-\frac{1}{3}\right]\cup\left[\frac{1}{3},1\right)\cup\{0\}$.

7. **解**：设 $A(x_1,y_1)$, $B(x_2,y_2)$, 因为 $\overrightarrow{AP}=3\overrightarrow{PB}$, 所以

$$\begin{cases}0=\dfrac{x_1+3x_2}{1+3}\\[2mm] m=\dfrac{y_1+3y_2}{1+3}\end{cases}$$

由
$$\begin{cases} \dfrac{x_1^2}{4}+\dfrac{y_1^2}{3}=1 & ① \\ \dfrac{3^2\cdot x_2^2}{4}+\dfrac{3^2\cdot y_2^2}{3}=3^2 & ② \end{cases}$$

①－②得
$$\dfrac{(x_1+3x_2)(x_1-3x_2)}{4}+\dfrac{(y_1+3y_2)(y_1-3y_2)}{3}=1-3^2$$

即
$$\dfrac{(x_1+3x_2)(x_1-3x_2)}{4(1+3)(1-3)}+\dfrac{(y_1+3y_2)(y_1-3y_2)}{3(1+3)(1-3)}=1$$

所以
$$\dfrac{m(y_1-3y_2)}{3(1-3)}=1\Rightarrow y_1-3y_2=\dfrac{-6}{m}$$

又
$$m=\dfrac{y_1+3y_2}{1+3}\Rightarrow y_1+3y_2=4m$$

由 $\begin{cases} y_1-3y_2=\dfrac{-6}{m} \\ y_1+3y_2=4m \end{cases}\Rightarrow y_1=2m-\dfrac{3}{m}.$

又因为
$$|y_1|\leqslant\sqrt{3}\Rightarrow\left|2m-\dfrac{3}{m}\right|\leqslant\sqrt{3}$$

所以
$$4m^2-12+\dfrac{9}{m^2}\leqslant 3\Rightarrow(4m^2-3)(m^2-3)\leqslant 0$$

$$\dfrac{3}{4}\leqslant m^2\leqslant 3,且\ m\neq\pm\sqrt{3}$$

解得 $\dfrac{\sqrt{3}}{2}\leqslant m\leqslant\sqrt{3}$ 或 $-\sqrt{3}\leqslant m\leqslant-\dfrac{\sqrt{3}}{2}.$

【点评】 本题通过定比点差求出点 A 的纵坐标,结合其范围从而求出 m 的范围.

8. 解:(1)由题意: $c=\dfrac{p}{2}=1$, $|MF_1|=y_M+1=\dfrac{5}{3}\Rightarrow y_M=\dfrac{2}{3}$,且 $F_1(0,1).$

由 $\begin{cases} |MF_1|=\sqrt{(x_M-0)^2+(y_M-1)^2} \\ \dfrac{y_M^2}{a^2}+\dfrac{x_M^2}{b^2}=1 \end{cases}\Rightarrow|MF_1|=a+\dfrac{c}{a}y_M=a+\dfrac{1}{a}\cdot\dfrac{2}{3}=\dfrac{5}{3}$,所以

$$a=2,\ b^2=3$$

故椭圆方程为 $\dfrac{x^2}{4}+\dfrac{y^2}{3}=1.$

(2)由(1)知圆 O 的方程为 $x^2+y^2=3$,设 $A(x_1,y_1),B(x_2,y_2),Q(x,y).$

因为 $\overrightarrow{AP}=-\lambda\overrightarrow{PB},\overrightarrow{AQ}=\lambda\overrightarrow{QB}(\lambda\neq 0$ 且 $\lambda\neq\pm 1)$,由定比分点公式得

第九章 定比点差法与定比分点问题

$$\begin{cases} 1 = \dfrac{x_1 - \lambda x_2}{1-\lambda} \\ 3 = \dfrac{y_1 - \lambda y_2}{1-\lambda} \end{cases}, \quad \begin{cases} x = \dfrac{x_1 + \lambda x_2}{1+\lambda} \\ y = \dfrac{y_1 + \lambda y_2}{1+\lambda} \end{cases}$$

因为 A、B 在圆 O 上，所以

$$\begin{cases} x_1^2 + y_1^2 = 3 \\ \lambda^2 \cdot x_2^2 + \lambda^2 \cdot y_2^2 = 3 \cdot \lambda^2 \end{cases} \qquad \begin{array}{l} ① \\ ② \end{array}$$

① - ② 得

$$(x_1 + \lambda x_2)(x_1 - \lambda x_2) + (y_1 + \lambda y_2)(y_1 - \lambda y_2) = 3(1+\lambda)(1-\lambda)$$

即

$$\dfrac{(x_1 + \lambda x_2)(x_1 - \lambda x_2)}{(1+\lambda)(1-\lambda)} + \dfrac{(y_1 + \lambda y_2)(y_1 - \lambda y_2)}{(1+\lambda)(1-\lambda)} = 3$$

所以有

$$1 \cdot x + 3 \cdot y = 3$$

故点 Q 总在直线 $x + 3y = 3$ 上.

9. 证明：设 NQ 与 x 轴相交于点 $M(x_3, 0)$，$N(x_1, -y_1)$，由题设知

$$\overrightarrow{RP} = \lambda \overrightarrow{RQ}$$

所以

$$3 = \dfrac{x_1 - \lambda x_2}{1-\lambda}, \quad 0 = \dfrac{y_1 - \lambda y_2}{1-\lambda}$$

即

$$3 = \dfrac{x_1 - \lambda x_2}{1-\lambda}, \quad y_1 = \lambda y_2 \qquad ①$$

设 $\overrightarrow{NM} = \mu \overrightarrow{MQ}$，则

$$x_3 = \dfrac{x_1 + \mu x_2}{1+\mu}, \quad 0 = \dfrac{-y_1 + \mu y_2}{1+\mu}$$

即

$$x_3 = \dfrac{x_1 + \mu x_2}{1+\mu}, \quad y_1 = \mu y_2 \qquad ②$$

比较 ①② 得

$$x_3 = \dfrac{x_1 + \lambda x_2}{1+\lambda}, \quad \lambda = \mu$$

又

$$\begin{cases} \dfrac{x_1^2}{6} + \dfrac{y_1^2}{2} = 1 \\ \dfrac{\lambda^2 x_2^2}{6} + \dfrac{\lambda^2 y_2^2}{2} = \lambda^2 \end{cases}$$

两式作差得

$$\dfrac{(x_1 + \lambda x_2)(x_1 - \lambda x_2)}{6} = 1 - \lambda^2$$

得到
$$\frac{x_1+\lambda x_2}{1+\lambda} \cdot \frac{x_1-\lambda x_2}{1-\lambda}=6$$

解得 $x_0=2$,即 M 和 F 重合.所以 $\overrightarrow{NF}=\lambda\overrightarrow{FQ}$.

10. **解**:设 $A(x_1,y_1),B(x_2,y_2)$,因为 $\overrightarrow{AM}=\lambda\overrightarrow{MB},M(1,0)$,由定比分点坐标公式得

$$x_1+\lambda x_2=1+\lambda \qquad ①$$
$$y_1+\lambda y_2=0 \qquad ②$$

将 A、B 代入椭圆方程为
$$\begin{cases}\dfrac{x_1^2}{4}+\dfrac{y_1^2}{2}=1\\ \dfrac{\lambda^2 x_2^2}{4}+\dfrac{\lambda^2 y_2^2}{2}=\lambda^2\end{cases}$$

两式相减得
$$\frac{(x_1+\lambda x_2)(x_1-\lambda x_2)}{4}+\frac{(y_1+\lambda y_2)(y_1-\lambda y_2)}{2}=(1-\lambda)(1+\lambda)$$

将①②代入得
$$x_1-\lambda x_2=4(1-\lambda) \qquad ③$$

对比①③得 $\begin{cases}x_1+\lambda x_2=1+\lambda\\ x_1-\lambda x_2=4(1-\lambda)\end{cases}$,解得 $2x_1=5-3\lambda$.

由 $-2\leqslant x_1\leqslant 2$ 得 $-4\leqslant 5-3\lambda\leqslant 4$,解得 $\dfrac{1}{3}\leqslant\lambda\leqslant 3$,所以 λ 的取值范围为 $\left[\dfrac{1}{3},3\right]$.

11. **解**:已知 $F(1,0)$,由定比点差结论 $x_1=1\times 3=3$,$y_1=\pm 2\sqrt{3}$,故直线 AB 的斜率为 $\pm\sqrt{3}$,故直线 l 的方程为 $y=\pm\sqrt{3}(x-1)$.

12. **证明**:由于 $MN/\!/AB$,故有
$$\overrightarrow{MT}=\lambda\overrightarrow{TA},\qquad \overrightarrow{NT}=\lambda\overrightarrow{TB}$$

设 $A(x_2,y_2),M(x_1,y_1),T(x_0,y_0)$,由定比分点坐标公式可得
$$\begin{cases}x_0=\dfrac{x_1+\lambda x_2}{1+\lambda}\\ y_0=\dfrac{y_1+\lambda y_2}{1+\lambda}\end{cases}$$

也可化为
$$\begin{cases}\lambda x_2=(1+\lambda)x_0-x_1\\ \lambda y_2=(1+\lambda)y_0-y_1\end{cases} \qquad ①$$

将 A、M 两点代入抛物线得
$$\begin{cases}x_1^2=4y_1\\ \lambda^2 x_2^2=4\lambda^2 y_2\end{cases}$$

两式作差可得
$$(x_1-\lambda x_2)(x_1+\lambda x_2)=2(2y_1-2\lambda^2 y_2)$$

添项即为

第九章 定比点差法与定比分点问题

$$(x_1-\lambda x_2)(x_1+\lambda x_2)=2[(y_1-\lambda y_1+\lambda y_2-\lambda^2 y_2)+(y_1-\lambda y_2+\lambda y_1-\lambda^2 y_2)]$$

即为

$$(x_1-\lambda x_2)(x_1+\lambda x_2)=2[(y_1-\lambda y_1+\lambda y_2-\lambda^2 y_2)+(y_1+\lambda y_1-\lambda y_2-\lambda^2 y_2)]$$

$$(x_1-\lambda x_2)(x_1+\lambda x_2)=2[(1-\lambda)(y_1+\lambda y_2)+(1+\lambda)(y_1-\lambda y_2)]$$

$$\frac{x_1-\lambda x_2}{1-\lambda}\cdot\frac{x_1+\lambda x_2}{1+\lambda}=2\left(\frac{y_1+\lambda y_2}{1+\lambda}+\frac{y_1-\lambda y_2}{1-\lambda}\right)$$

将定比分点坐标公式代入可得

$$\frac{x_1-\lambda x_2}{1-\lambda}\cdot x_0=2\left(\frac{y_1-\lambda y_2}{1-\lambda}+y_0\right)$$

将①代入整理可得

$$\frac{2x_1-(1+\lambda)x_0}{1-\lambda}x_0=2\left[\frac{2y_1-(1+\lambda)y_0}{1-\lambda}+y_0\right] \qquad ②$$

同理设 $B(x_4,y_4)$，$N(x_3,y_3)$，可得

$$\frac{2x_3-(1+\lambda)x_0}{1-\lambda}x_0=2\left[\frac{2y_3-(1+\lambda)y_0}{1-\lambda}+y_0\right] \qquad ③$$

将②③相减可得 $x_0=\dfrac{2(y_1-y_3)}{x_1-x_3}=4$，故点 T 在定直线 $x=4$ 上．

13. **解**：设 $P(x_0,y_0)$，$Q_1(x_1,y_1)$，$Q_2(x_2,y_2)$．

设 $\overrightarrow{PF_1}=\lambda\overrightarrow{F_1Q_1}$，则有

$$\begin{cases}-1=\dfrac{x_0+\lambda x_1}{1+\lambda}\\ 0=\dfrac{y_0+\lambda y_1}{1+\lambda}\end{cases}$$

即

$$\begin{cases}x_0+\lambda x_1=-1-\lambda\\ y_1=\dfrac{-y_0}{\lambda}\end{cases}$$

将 P、Q_1 两点均代入椭圆方程可得

$$\begin{cases}\dfrac{x_0^2}{2}+y_0^2=1\\ \dfrac{\lambda^2 x_1^2}{2}+\lambda^2 y_1^2=\lambda^2\end{cases}$$

两式作差整理可得

$$\frac{(x_0-\lambda x_1)(x_0+\lambda x_1)}{2(1-\lambda)(1+\lambda)}+\frac{(y_0-\lambda y_1)(y_0+\lambda y_1)}{(1-\lambda)(1+\lambda)}=1$$

将上述定比分点坐标代入可得

$$x_0-\lambda x_1=2(\lambda-1)=2\lambda-2$$

因为 $x_0+\lambda x_1=-1-\lambda$，故联立解得

$$\begin{cases}2x_0=\lambda-3\\ x_1=\dfrac{1}{2\lambda}-\dfrac{3}{2}\end{cases}$$

189

设 $\overrightarrow{PF_2} = \mu \overrightarrow{F_2Q}$,则有
$$\begin{cases} x_0 + \mu x_2 = 1 + \mu \\ y_2 = \dfrac{-y_0}{\mu} \end{cases}$$

同理可得
$$\begin{cases} 2x_0 = 3 - \mu \\ x_2 = \dfrac{-1}{2\mu} + \dfrac{3}{2} \end{cases}$$

由内切圆半径公式可得
$$r_1 = \dfrac{2S_{\triangle PQ_1F_2}}{L_{\triangle PQ_1F_2}} = \dfrac{2 \times 2 \times \dfrac{1}{2}|y_0 - y_1|}{4\sqrt{2}}, \quad r_2 = \dfrac{2S_{\triangle PQ_2F_1}}{L_{\triangle PQ_2F_1}} = \dfrac{2 \times 2 \times \dfrac{1}{2}|y_0 - y_2|}{4\sqrt{2}}$$

则
$$r_1 - r_2 = \dfrac{1}{2\sqrt{2}}(y_1 - y_2) = \dfrac{1}{2\sqrt{2}}\left(\dfrac{-y_0}{\lambda} - \dfrac{-y_0}{\mu}\right)$$
$$= \dfrac{y_0}{2\sqrt{2}}\left(\dfrac{1}{3 - 2x_0} - \dfrac{1}{2x_0 + 3}\right) = \dfrac{\sqrt{2}x_0 y_0}{9 - 4x_0^2}$$

令 $x_0 = \sqrt{2}\cos\alpha, y_0 = \sin\alpha$,代入上式可得
$$r_1 - r_2 = \dfrac{2\cos\alpha\sin\alpha}{9 - 8\cos^2\alpha} = \dfrac{2\cos\alpha\sin\alpha}{\cos^2\alpha + 9\sin^2\alpha} \leqslant \dfrac{2\cos\alpha\sin\alpha}{6\sin\alpha\cos\alpha} = \dfrac{1}{3}$$

此时等号成立条件为
$$\cos\alpha = 3\sin\alpha \Rightarrow \tan\alpha = \dfrac{1}{3}$$

14. 证明: 设 $A(x_0, y_0), F_1(x_1, y_1), F_2(x_2, y_2)$.

设 $\overrightarrow{PF_1} = \lambda \overrightarrow{F_1B}$,则有 $\begin{cases} -1 = \dfrac{x_0 + \lambda x_1}{1 + \lambda} \\ 0 = \dfrac{y_0 + \lambda y_1}{1 + \lambda} \end{cases}$,即 $\begin{cases} x_0 + \lambda x_1 = -1 - \lambda \\ y_1 = \dfrac{-y_0}{\lambda} \end{cases}$.

将 A、F_1 两点均代入椭圆方程可得
$$\begin{cases} \dfrac{x_0^2}{2} + y_0^2 = 1 \\ \dfrac{\lambda^2 x_1^2}{2} + \lambda^2 y_1^2 = \lambda^2 \end{cases}$$

两式作差整理可得
$$\dfrac{(x_0 - \lambda x_1)(x_0 + \lambda x_1)}{2(1-\lambda)(1+\lambda)} + \dfrac{(y_0 - \lambda y_1)(y_0 + \lambda y_1)}{(1-\lambda)(1+\lambda)} = 1$$

将上述定比分点坐标代入可得
$$x_0 - \lambda x_1 = 2(\lambda - 1) = 2\lambda - 2$$

因为 $x_0 + \lambda x_1 = -1 - \lambda$,故联立解得

$$\begin{cases} 2x_0 = \lambda - 3 \\ x_1 = \dfrac{1}{2\lambda} - \dfrac{3}{2} \end{cases}$$

设 $\overrightarrow{AF_2} = \mu \overrightarrow{F_2D}$，则有 $\begin{cases} x_0 + \mu x_2 = 1 + \mu \\ y_2 = \dfrac{-y_0}{\mu} \end{cases}$，同理可得

$$\begin{cases} 2x_0 = 3 - \mu \\ x_2 = \dfrac{-1}{2\mu} + \dfrac{3}{2} \end{cases}$$

故可得 $\lambda + \mu = 6$，且 $x_0 = \dfrac{\lambda - \mu}{4}$，则

$$k_{BD} \cdot k_{OA} = \dfrac{y_0}{x_0} \cdot \dfrac{y_2 - y_1}{x_2 - x_1} = \dfrac{y_0}{x_0} \cdot \dfrac{-\dfrac{y_0}{\mu} + \dfrac{y_0}{\lambda}}{\dfrac{-1}{2\mu} + \dfrac{3}{2} - \left(\dfrac{1}{2\lambda} - \dfrac{3}{2}\right)}$$

$$= \dfrac{1 - \dfrac{1}{2}x_0^2}{x_0} \cdot \dfrac{\dfrac{\mu - \lambda}{\lambda \mu}}{\dfrac{-\mu + \lambda}{\lambda \mu} + 3} = \dfrac{2 - x_0^2}{2x_0} \cdot \dfrac{\mu - \lambda}{-3 + 3\lambda\mu}$$

$$= \dfrac{-2\left[2 - \left(\dfrac{\lambda - \mu}{4}\right)^2\right]}{-3 + 3\lambda\mu} = \dfrac{-2\left[2 - \dfrac{(\lambda + \mu)^2 - 4\lambda\mu}{16}\right]}{3 - 3\lambda\mu}$$

$$= \dfrac{2\left(-\dfrac{1}{4} + \dfrac{1}{4}\lambda\mu\right)}{3 - 3\lambda\mu} = -\dfrac{1}{6}$$

第十章 非对称韦达定理

在圆锥曲线中,有时会遇到一些用传统韦达定理不好处理的关系式,如 $\dfrac{y_1y_2-y_1}{x_1x_2-2x_2}$、$\dfrac{my_1y_2-6y_1}{my_1y_2-2y_2}$ 这类式子,针对这样的式子,可以应用非对称韦达定理进行处理. 以下主要介绍三种处理技巧:点带平方,先猜后证,和积转换.

【例 1】 (2020 全国 1 理)如图 10.1 所示,已知 A、B 分别为椭圆 $E:\dfrac{x^2}{a^2}+y^2=1(a>1)$ 的左、右顶点,G 为椭圆的上顶点,$\overrightarrow{AG}\cdot\overrightarrow{GB}=8$,$P$ 为直线 $x=6$ 上的动点,PA 与 E 的另一交点为 C,PB 与 E 的另一交点为 D.

(1)求椭圆 E 的方程.

(2)证明:直线 CD 过定点.

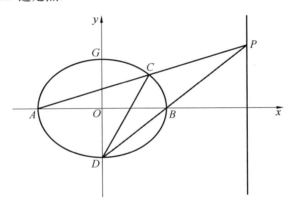

图 10.1

解:(1)设 $A(-a,0),B(a,0),G(0,1)$,则
$$\overrightarrow{AG}\cdot\overrightarrow{GB}=(a,1)\cdot(a,-1)=a^2-1=8$$
故 $a^2=9$,椭圆方程 $E:\dfrac{x^2}{9}+y^2=1$.

(2)法一:第三定义转换.

设 $P(6,m),A(-3,0),B(3,0),k_{PA}=\dfrac{m}{6},k_{PB}=\dfrac{m}{2}$,故
$$3k_{PA}=k_{PB} \qquad\qquad ①$$

设 $C(x_1,y_1),D(x_2,y_2)$,设 CD 所在直线方程为 $x=ny+t$. 将其与椭圆方程进行联立 $\begin{cases}\dfrac{x^2}{9}+y^2=1\\ x=ny+t\end{cases}$,得

$$(n^2+9)y^2+2ny+t^2-9=0$$

由韦达定理得到

$$y_1+y_2=\frac{-2n}{n^2+9} \qquad ②$$

$$y_1y_2=\frac{t^2-9}{n^2+9} \qquad ③$$

$$x_1+x_2=ny_1+t+ny_2+t=n(y_1+y_2)+2t=\frac{18t}{9+n^2} \qquad ④$$

$$x_1x_2=(ny_1+t)\cdot(ny_2+t)=n^2y_1y_2+n(y_1+y_2)+t^2=\frac{9(t^2-n^2)}{9+n^2} \qquad ⑤$$

因为

$$k_{AC}\cdot k_{BC}=\frac{y_1}{x_1-3}\cdot\frac{y_1}{x_1+3}=\frac{y_1^2}{x_1^2-9}=\frac{1-\frac{x_1^2}{9}}{x_1^2-9}=-\frac{1}{9} \qquad ⑥$$

所以由①⑥得

$$\frac{k_{DB}}{3}\cdot k_{BC}=-\frac{1}{9}$$

即

$$k_{BD}\cdot k_{BC}=-\frac{1}{3}$$

所以

$$\frac{y_1}{x_1-3}\cdot\frac{y_2}{x_2-3}=-\frac{1}{3}$$

即

$$-3y_1y_2=x_1x_2-3(x_1+x_2)+9$$

将③④⑤代入上式,得 $2t^2-9t+9=0$,解得 $t=\frac{3}{2}$ 或 $t=3$(与 B 重合,舍去).

直线 CD 方程为 $x=ny+\frac{3}{2}$. 故 CD 恒过定点 $\left(\frac{3}{2},0\right)$.

法二:点代平方差.

设 $P(6,m)$,$A(-3,0)$,$B(3,0)$,$k_{PA}=\frac{m}{6}$,$k_{PB}=\frac{m}{2}$,故

$$3k_{PA}=k_{PB} \qquad ①$$

设 $C(x_1,y_1)$,$D(x_2,y_2)$,设 CD 所在直线方程为 $x=ny+t$.

由 $3k_{PA}=k_{PB}$ 得到

$$3\frac{y_1}{x_1+3}=\frac{y_2}{x_2-3}$$

即

$$\frac{y_1(x_2-3)}{y_2(x_1+3)}=\frac{1}{3} \qquad ②$$

因为 $\frac{x_1^2}{9}+y_1^2=1$,所以 $y_1^2=1-\frac{x_1^2}{9}$,所以 $y_1^2=\frac{9-x_1^2}{9}$,即

$$\frac{y_1}{x_1+3}=\frac{(3-x_1)}{9y_1} \qquad ③$$

将③代入②中,得到

$$\frac{(3-x_1)(x_2-3)}{9y_1y_2}=\frac{1}{3}$$

化简后续做法与法一相同,即

$$-3y_1y_2=x_1x_2-3(x_1+x_2)+9$$

得到 $t=3$,CD 直线方程为 $x=ny+\frac{3}{2}$,故 CD 恒过定点 $\left(\frac{3}{2},0\right)$.

法三:强配韦达定理,先猜后证.

设 $CD:x=my+n$,$P(6,t)$,设 $C(x_1,y_1)$,$D(x_2,y_2)$.

将直线方程和椭圆方程进行联立可得

$$\begin{cases}\dfrac{x^2}{9}+y^2=1\\ x=my+n\end{cases}$$

化简可得

$$(m^2+9)y^2+2mny+n^2-9=0$$

由韦达定理可得

$$y_1+y_2=\frac{-2mn}{m^2+9} \qquad ①$$

$$y_1y_2=\frac{n^2-9}{m^2+9} \qquad ②$$

由于 A、C、P 三点共线,所以

$$\frac{y_1}{x_1+3}=\frac{t}{9} \qquad ③$$

由于 D、B、P 三点共线,所以

$$\frac{y_2}{x_2-3}=\frac{t}{3} \qquad ④$$

将③④两式相除可得

$$\frac{y_1(x_2-3)}{y_2(x_1+3)}=\frac{1}{3}$$

即

$$\frac{y_1(my_2+n-3)}{y_2(my_1+n+3)}=\frac{1}{3}$$

将其展开可得

$$2my_1y_2=y_2(n+3)-3y_1(n-3) \qquad ⑤$$

强配韦达定理:令 $n+3=-3(n-3)$,解得 $n=\frac{3}{2}$,将 $n=\frac{3}{2}$ 代入⑤中进行验证,即为

$$2my_1y_2=\frac{9}{2}(y_1+y_2)$$

再将①②代入使得等式成立,综上所述 $n=\dfrac{3}{2}$. 故 CD 恒过定点 $\left(\dfrac{3}{2},0\right)$.

【点评】本题还可利用普通曲直联立解题,亦可利用平移坐标系齐次化、参数方程,以及曲线系解题,请各位读者在相应章节查阅,此处不再赘述.

【例 2】 (2011 四川理)如图 10.2 所示,已知椭圆有两顶点 $A(-1,0)$、$B(1,0)$,过其焦点 $F(0,1)$ 的直线 l 与椭圆交于 C、D 两点,并与 x 轴交于点 P,直线 AC 与直线 BD 交于点 Q.

(1)当 $|CD|=\dfrac{3\sqrt{2}}{2}$ 时,求直线 l 的方程.

(2)当点 P 异于 A、B 两点时,求证:$\overrightarrow{OP} \cdot \overrightarrow{OQ}$ 为定值.

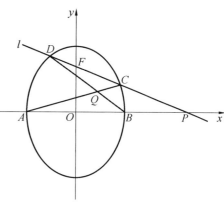

图 10.2

解:(1)由题意得
$$c=1, \quad b=1, \quad a^2=b^2+c^2=2$$
所以椭圆方程为 $x^2+\dfrac{y^2}{2}=1$.

设 $C(x_1,y_1),D(x_2,y_2),y=kx+1$,将直线方程与椭圆方程进行联立得
$$\begin{cases} x^2+\dfrac{y^2}{2}=1 \\ y=kx+1 \end{cases}$$
所以
$$(k^2+2)x^2+2kx-1=0$$
得到
$$x_1+x_2=\dfrac{-2k}{k^2+2}, \quad x_1 \cdot x_2=\dfrac{-1}{k^2+2}$$

由两点间距离公式得
$$|CD|=\sqrt{1+k^2}\,|x_1-x_2|=\sqrt{1+k^2}\sqrt{(x_1+x_2)^2-4x_1 \cdot x_2}$$
$$=\sqrt{1+k^2}\sqrt{\left(\dfrac{-2k}{k^2+2}\right)^2+4\,\dfrac{1}{k^2+2}}=\dfrac{3\sqrt{2}}{2}$$

解得 $k=\pm\sqrt{2}$,故直线 l 方程为 $y=\sqrt{2}x+1$ 或者 $y=-\sqrt{2}x+1$.

(2)设 $C(x_1,y_1),D(x_2,y_2)$,则直线 AC 方程为
$$\dfrac{y_1}{x_1+1}=\dfrac{y}{x+1} \qquad ①$$
直线 BD 的方程为
$$\dfrac{y_2}{x_2-1}=\dfrac{y}{x-1} \qquad ②$$

设 $l:y=kx+1$,将直线方程与椭圆方程进行联立得

$$\begin{cases} x^2 + \dfrac{y^2}{2} = 1 \\ y = kx + 1 \end{cases}$$

得到

$$x_1 + x_2 = \frac{-2k}{k^2 + 2} \qquad ③$$

$$x_1 x_2 = \frac{-1}{k^2 + 2} \qquad ④$$

$$y_1 y_2 = \frac{2(1 - k^2)}{k^2 + 2} \qquad ⑤$$

①除以②得到

$$\frac{y_1(x_2 - 1)}{y_2(x_1 + 1)} = \frac{x - 1}{x + 1} \qquad ⑥$$

因为 $x_1^2 + \dfrac{y_1^2}{2} = 1$,所以 $y_1^2 = 2(1 - x_1^2)$,即

$$\frac{y_1}{1 + x_1} = 2 \cdot \frac{1 - x_1}{y_1} \qquad ⑦$$

将⑦代入⑥得到

$$\frac{2(1 - x_1)(x_2 - 1)}{y_1 y_2} = \frac{x - 1}{x + 1}$$

即

$$\frac{-2[x_1 x_2 - (x_1 + x_2) + 1]}{y_1 y_2} = \frac{x - 1}{x + 1}$$

将③④⑤代入上式得

$$\frac{-2\left[\dfrac{-1}{k^2 + 2} - \left(\dfrac{-2k}{k^2 + 2}\right) + 1\right]}{\dfrac{2(1 - k^2)}{k^2 + 2}} = \frac{x - 1}{x + 1}$$

计算得 $x = -k$,即 Q 的横坐标为 $x = -k$.

由 $y = kx + 1$ 得到 $P\left(-\dfrac{1}{k}, 0\right)$,故

$$\overrightarrow{OP} \cdot \overrightarrow{OQ} = \left(-\frac{1}{k}, 0\right) \cdot (-k, y_Q) = 1$$

证明完毕.

【点评】本题作为 2011 年高考题,难度不低,涉及参数较多,计算量较大,利用点带平方差的方法能很好地处理非对称韦达定理问题,此为本题亮点.

【例3】 如图 10.3 所示,已知椭圆 $C: \dfrac{x^2}{4} + \dfrac{y^2}{3} = 1$,$M$、$N$ 为其左、右顶点,直线 $l: x = ty + 1$ 与椭圆 C 交于 A、B 两点,A 在 x 轴上方,设 AM、BN 交于一点 T,求证:点 T 在定直线上,并求出该定直线.

证明:法一(点代平方差).

设 $A(x_1,y_1), B(x_2,y_2), M(-2,0), N(2,0)$.

设 AM 所在直线方程为
$$\frac{y_1}{x_1+2}=\frac{y}{x+2}$$
设 BN 所在直线方程为
$$\frac{y_2}{x_2-2}=\frac{y}{x-2}$$

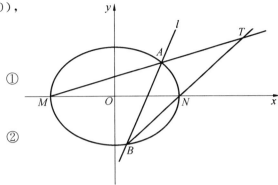

图 10.3

①除以②得到
$$\frac{y_1(x_2-2)}{y_2(x_1+2)}=\frac{x-2}{x+2}$$

因为
$$\frac{x_1^2}{4}+\frac{y_1^2}{3}=1$$

所以
$$y_1^2=3\left(1-\frac{x_1^2}{4}\right)=\frac{3}{4}(2-x_1)(2+x_1)$$

即 $\dfrac{y_1}{2+x_1}=\dfrac{3}{4}\cdot\dfrac{2-x_1}{y_1}$，代入上式得

$$\frac{-3(x_1-2)(x_2-2)}{4y_1y_2}=\frac{x-2}{x+2} \qquad ③$$

将 l 与椭圆方程进行联立 $\begin{cases}\dfrac{x^2}{4}+\dfrac{y^2}{3}=1\\ x=ty+1\end{cases}$，得

$$(3t^2+4)y^2+6ty-9=0$$

得到
$$y_1+y_2=\frac{-6t}{3t^2+4},\quad y_1y_2=\frac{-9}{3t^2+4}$$
$$x_1=ty_1+1,\quad x_2=ty_2+1$$

均代入到③中得到
$$\frac{-3(ty_1-1)(ty_2-1)}{4y_1y_2}=\frac{x-2}{x+2}$$

即
$$\frac{-3(t^2y_1y_2-t(y_1+y_2)+1)}{4y_1y_2}=\frac{x-2}{x+2}$$

即
$$\frac{-3\left[t^2\dfrac{-9}{3t^2+4}-t\left(\dfrac{-6t}{3t^2+4}\right)+1\right]}{4\cdot\dfrac{-9}{3t^2+4}}=\frac{x-2}{x+2}$$

经计算得 $x=4$. 故 T 在定直线 $x=4$ 上.

法二（和积转换）.

设 $A(x_1,y_1), B(x_2,y_2), M(-2,0), N(2,0)$.

设 AM 所在直线方程为
$$\frac{y_1}{x_1+2}=\frac{y}{x+2} \quad ①$$

设 BN 所在直线方程为
$$\frac{y_2}{x_2-2}=\frac{y}{x-2} \quad ②$$

①除以②得到
$$\frac{y_1(x_2-2)}{y_2(x_1+2)}=\frac{x-2}{x+2}$$

将 $x_1=ty_1+1, x_2=ty_2+1$ 代入到上式得到
$$\frac{y_1(ty_2-1)}{y_2(ty_1+3)}=\frac{x-2}{x+2}$$

即
$$\frac{ty_1y_2-y_1}{ty_2y_1+3y_2}=\frac{x-2}{x+2} \quad ③$$

将 l 与椭圆方程进行联立 $\begin{cases}\dfrac{x^2}{4}+\dfrac{y^2}{3}=1 \\ x=ty+1\end{cases}$，得
$$(3t^2+4)y^2+6ty-9=0$$

得到
$$y_1+y_2=\frac{-6t}{3t^2+4}, \quad y_1y_2=\frac{-9}{3t^2+4}$$

即
$$\frac{2t}{3}(y_1y_2)=y_1+y_2 \Rightarrow ty_1y_2=\frac{3}{2}(y_1+y_2) \quad ④$$

代入到③中得到
$$\frac{\dfrac{3}{2}(y_1+y_2)-y_1}{\dfrac{3}{2}(y_1+y_2)+3y_2}=\frac{x-2}{x+2}$$

即
$$\frac{\dfrac{1}{2}y_1+\dfrac{3}{2}y_2}{\dfrac{3}{2}y_1+\dfrac{9}{2}y_2}=\frac{x-2}{x+2}$$

解得 $x=4$. 故 T 在定直线 $x=4$ 上.

【点评】 相比点带平方差，和积转换在处理非对称韦达定理问题时，计算量更小，可大幅节约运算时间. 本题本质为极点极线，读者可自行翻阅相关章节.

【例4】 已知点 A、B 坐标分别为 $(-2\sqrt{2},0),(2\sqrt{2},0)$，直线 AP、BP 相交于点 P，且

它们斜率之积为 $-\dfrac{1}{2}$.

(1)试求点 P 的轨迹 E 的方程.

(2)已知直线 $l: x=-4$,过点 $F(-2,0)$ 的直线(不与 x 轴重合)与轨迹 E 相交于 M、N 两点,过点 M 作 $MD \perp l$ 于点 D,如图 10.4 所示,求证:直线 ND 过定点,并求出定点的坐标.

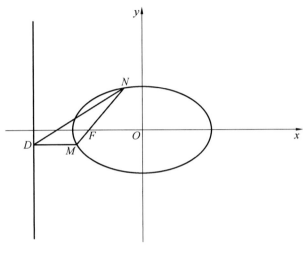

图 10.4

解:法一(先猜后证).

(1)设点 $P(x,y)$,则

$$k_{PA} \cdot k_{PB} = \dfrac{y}{x+2\sqrt{2}} \cdot \dfrac{y}{x-2\sqrt{2}} = -\dfrac{1}{2}$$

即 $\dfrac{y^2}{x^2-8}=-\dfrac{1}{2}$,即 $\dfrac{x^2}{8}+\dfrac{y^2}{4}=1$.

(2)过点 F 的直线 $x=my-2$,设 $M(x_1,y_1)$,$N(x_2,y_2)$,$D(-4,y_1)$.

将直线方程与椭圆方程联立 $\begin{cases} x-my+2=0 \\ \dfrac{x^2}{8}+\dfrac{y^2}{4}=1 \end{cases}$,得

$$(2+m^2)x^2+8x+8(1-m^2)=0$$

由韦达定理得

$$x_1+x_2=\dfrac{-8}{2+m^2} \qquad ①$$

$$x_1 x_2=\dfrac{8(1-m^2)}{2+m^2} \qquad ②$$

由图像的对称性,ND 所在直线所过定点必在 x 轴上,设定点坐标为 $T(t,0)$,由两点式得

$$\dfrac{y-y_2}{x-x_2}=\dfrac{y-y_1}{x+4}$$

将 T 点坐标代入得
$$t=\frac{-4y_2-x_2y_1}{y_2-y_1}=\frac{4my_2+x_2my_1}{my_1-my_2}=\frac{4(x_2+2)+x_2(x_1+2)}{x_1-x_2}$$
整理得
$$tx_1-(t+6)x_2=8+x_1x_2 \quad \text{③}$$
强配韦达定理,令 $t=-(t+6)$,得 $t=-3$. 将 $t=-3$ 代入③得
$$-3(x_1+x_2)=8+x_1x_2$$
再将①②代入进行验证满足题意,综上所述,定点坐标为 $T(-3,0)$.

法二(和积转换).

过点 F 的直线 $x=my-2$,设 $M(x_1,y_1),N(x_2,y_2),D(-4,y_1)$.

将直线方程与椭圆方程联立 $\begin{cases}x-my+2=0\\ \dfrac{x^2}{8}+\dfrac{y^2}{4}=1\end{cases}$,得
$$(2+m^2)y^2-4my-4=0$$

由韦达定理得
$$y_1+y_2=\frac{4m}{2+m^2} \quad \text{①}$$
$$y_1y_2=\frac{-4}{2+m^2} \quad \text{②}$$

观察①②满足
$$my_1y_2=-(y_1+y_2)$$

由图像的对称性,ND 所在直线所过定点必在 x 轴上,设定点坐标为 $T(t,0)$,由两点式得
$$\frac{y-y_2}{x-x_2}=\frac{y-y_1}{x+4}$$

所以
$$t=\frac{-4y_2-x_2y_1}{y_2-y_1}=\frac{-4y_2-(my_2-2)y_1}{y_2-y_1}=\frac{-4y_2-my_1y_2+2y_1}{y_2-y_1}$$
$$t=\frac{-4y_2+y_1+y_2+2y_1}{y_2-y_1}=\frac{-3y_2+3y_1}{y_2-y_1}=-3$$

故定点坐标为 $T(-3,0)$.

【点评】两种方法处理非对称韦达定理各有优势,和积转化能够降低计算量,而先猜后证则无须过多考虑,对于韦达定理直接强配,充分必要两全即可.

【例5】 如图10.5所示,已知椭圆 $\dfrac{x^2}{4}+y^2=1$,点 A、B 分别为椭圆的左、右顶点,点 $P(1,0)$,直线 MN 为过点 P 的一条弦,弦中点为 R,直线 OR 交 $x=4$ 于点 Q,求证:$k_{BN}(k_{AM}-k_{PQ})$ 为定值.

证明:设 MN 直线方程为
$$x=my+1$$
设 $A(-2,0),B(2,0),M(x_1,y_1),N(x_2,y_2)$.

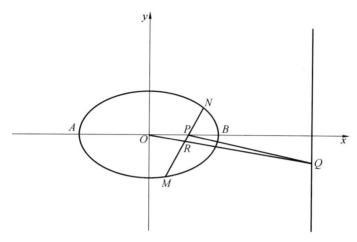

图 10.5

将直线方程与椭圆方程进行联立得

$$\begin{cases} x = my + 1 \\ \dfrac{x^2}{4} + y^2 = 1 \end{cases}$$

整理得

$$(m^2 + 4)y^2 + 2my - 3 = 0$$

所以

$$y_1 + y_2 = \frac{-2m}{4 + m^2} \qquad ①$$

$$y_1 y_2 = \frac{-3}{4 + m^2} \qquad ②$$

$$k_{AM} = \frac{y_1}{x_1 + 2}, \quad k_{BN} = \frac{y_2}{x_2 - 2}$$

因为 M、N 两点在椭圆上,故 $\begin{cases} \dfrac{x_1^2}{4} + y_1^2 = 1 \\ \dfrac{x_2^2}{4} + y_2^2 = 1 \end{cases}$,两式相减得

$$\frac{x_1^2 - x_2^2}{4} + y_1^2 - y_2^2 = 0$$

即

$$-\frac{1}{4} = \frac{y_1 - y_2}{x_1 - x_2} \cdot \frac{y_1 + y_2}{x_1 + x_2}$$

因为

$$y_1 + y_2 = 2y_R, \quad x_1 + x_2 = 2x_R$$

所以

$$\frac{y_1 + y_2}{x_1 + x_2} = \frac{y_R}{x_R} = k_{OR}$$

即
$$k_{OR} \cdot \frac{1}{m} = -\frac{1}{4}$$

将此式与 $x=-4$ 联立,得 $Q(4,-m)$,故
$$k_{PQ} = \frac{m}{1-4} = -\frac{m}{3}$$

令
$$\lambda = k_{BN}(k_{AM} - k_{PQ}) = \frac{y_2}{x_2-2}\left(\frac{y_1}{x_1+2} + \frac{m}{3}\right)$$

即
$$y_2 y_1(3+m^2) + 3m y_2 = 3\lambda(m^2 y_1 y_2 + 3m y_2 - m y_1 - 3)$$

化简得
$$(3\lambda m^2 - 3 - m^2)y_1 y_2 + (3m - 9\lambda m)y_2 + 3\lambda m y_1 + 9\lambda = 0 \qquad ③$$

先猜后证,强配韦达定理:令 $3m - 9\lambda m = 3\lambda m$,得到 $\lambda = \frac{1}{4}$,将 $\lambda = \frac{1}{4}$ 和①②代入③得
$$\left(\frac{3}{4}m^2 - 3 - m^2\right)y_1 y_2 + \frac{3}{4}m(y_1 + y_2) + \frac{9}{4}$$
$$= \left(\frac{3}{4}m^2 - 3 - m^2\right)\frac{-3}{m^2+4} + \frac{3}{4}m \frac{-2m}{m^2+4} + \frac{9}{4}$$
$$= 0$$

满足题意,综上所述,$\lambda = \frac{1}{4}$. 即 $k_{BN}(k_{AM} - k_{PQ})$ 为定值 $\frac{1}{4}$.

【例6】 (2020 北京) 如图 10.6 所示,已知椭圆 $C: \frac{x^2}{a^2} + \frac{y^2}{b^2} = 1$ 过点 $A(-2,-1)$,且 $a = 2b$.

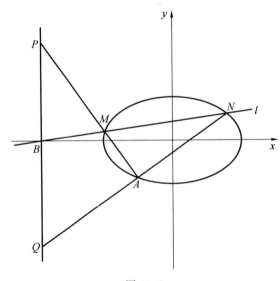

图 10.6

(1)求椭圆 C 的方程.

(2)过点 $B(-4,0)$ 的直线 l 交椭圆于点 M、N,直线 MA、NA 分别交直线 $x=-4$ 于点 P、Q. 求 $\left|\dfrac{PB}{BQ}\right|$ 的值.

解:(1)由题意得
$$\frac{4}{a^2}+\frac{1}{b^2}=1, \quad a=2b$$

得到
$$a=2\sqrt{2}, \quad b=\sqrt{2}$$

故椭圆 C 的方程为 $\dfrac{x^2}{8}+\dfrac{y^2}{2}=1$.

(2)法一(先猜后证).

设 $M(x_1,y_1), N(x_2,y_2)$,设 $l:x=my-4$,将直线方程和椭圆方程进行联立有
$$\begin{cases} x=my-4 \\ \dfrac{x^2}{8}+\dfrac{y^2}{2}=1 \end{cases}$$

整理得
$$(8+2m^2)y^2-16m+16=0$$

由韦达定理得
$$y_1+y_2=\frac{8m}{4+m^2} \qquad ①$$
$$y_1y_2=\frac{8}{4+m^2} \qquad ②$$

由两点式 AM 所在直线方程为
$$\frac{y+1}{x+2}=\frac{y_1+1}{x_1+2}$$

将其与 $x=4$ 联立,得
$$y_P=\frac{-2(y_1+1)}{x_1+2}-1=\frac{-2(y_1+1)}{(my_1-4)+2}-1=\frac{2y_1+my_1}{my_1-2}$$

同理可得
$$y_Q=\frac{2y_2+my_2}{my_2-2}$$

设 $\dfrac{y_P}{y_Q}=\lambda$,即
$$\left|\frac{PB}{BQ}\right|=\left|\frac{y_P}{y_Q}\right|=|\lambda|, \quad y_P=\lambda y_Q$$

即
$$\frac{2y_1+my_1}{my_1-2}=\lambda\frac{2y_2+my_2}{my_2-2}$$
$$(2y_1+my_1)(my_2-2)=\lambda(2y_2+my_2)(my_1-2)$$

重新整理合并得

$$(2m+m^2-2\lambda m-\lambda m^2)y_1 y_2 = (4+2m)y_1 - (2\lambda m+4\lambda)y_2 \qquad ③$$

强配韦达定理,先猜后证:令 $4+2m = -(2\lambda m+4\lambda)$,则 $\lambda = -1$,将 $\lambda = -1$ 代入③式即

$$my_1 y_2 = y_1 + y_2$$

①②代入满足条件.

综上所述,$\lambda = -1$,即 $\left|\dfrac{PB}{BQ}\right| = 1$.

法二(和积转换).

(2)设直线 $l: y = k(x+4)$,$M(x_1, y_1)$,$N(x_2, y_2)$.

将直线方程与椭圆方程进行联立可得

$$(4k^2+1)y^2 - 8ky + 8k^2 = 0$$

由韦达定理可得

$$y_1 + y_2 = \frac{8k}{4k^2+1}, \quad y_1 y_2 = \frac{8k^2}{4k^2+1}$$

即有

$$y_1 y_2 = k(y_1 + y_2) \qquad ①$$

设 $P(-4, y_P)$,$Q(-4, y_Q)$. 由 P、M、A 三点共线可得

$$\frac{y_P + 1}{-4+2} = \frac{y_1 + 1}{x_1 + 2}$$

解得 $y_P = \dfrac{-2y_1 - 4 - x_1}{x_1 + 2}$.

同理可得

$$y_Q = \frac{-2y_2 - 4 - x_2}{x_2 + 2}$$

$$\frac{y_P}{y_Q} = \frac{2y_1 + 4 + x_1}{x_1 + 2} \cdot \frac{x_2 + 2}{2y_2 + 4 + x_2}$$

又由于

$$y_1 = k(x_1 + 4), \quad y_2 = k(x_2 + 4)$$

代入上式可得

$$\frac{y_P}{y_Q} = \frac{2y_1 + \dfrac{y_1}{k}}{\dfrac{y_1}{k} - 2} \cdot \frac{\dfrac{y_2}{k} - 2}{2y_2 + \dfrac{y_2}{k}} = \frac{y_1(2k+1)}{y_1 - 2k} \cdot \frac{y_2 - 2k}{y_2(2k+1)}$$

$$= \frac{y_1(y_2 - 2k)}{(y_1 - 2k)y_2} = \frac{y_1 y_2 - 2k y_1}{y_1 y_2 - 2k y_2}$$

将①式代入可得

$$\frac{y_P}{y_Q} = \frac{k(y_1 + y_2) - 2k y_1}{k(y_1 + y_2) - 2k y_2} = \frac{y_2 - y_1}{y_1 - y_2} = -1$$

故 $\left|\dfrac{PB}{BQ}\right| = 1$.

【感悟】本题本质为极点极线,在 18.2 节有详细说明.

第十章 非对称韦达定理

【例7】 已知椭圆 $\dfrac{x^2}{4}+y^2=1$，A 为椭圆右顶点，B 为上顶点，如图 10.7 所示，CD 为弦，且 $AB/\!/CD$，记直线 AD、BC 的斜率分别为 k_1、k_2，求证：k_1k_2 为定值.

证明：法一（韦达转换）.

设 $D(x_1,y_1)$，$C(x_2,y_2)$，由 $AB/\!/CD$ 得
$$k_{CD}=k_{AB}=-\dfrac{1}{2}$$

设直线 CD：$y=-\dfrac{1}{2}x+m$，与椭圆进行联立有
$$\begin{cases} y=-\dfrac{1}{2}x+m \\ \dfrac{x^2}{4}+y^2=1 \end{cases}$$

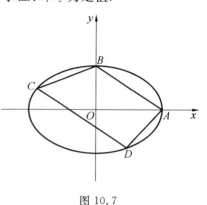

图 10.7

整理可得
$$x^2-2mx+2m^2-2=0$$

由韦达定理可得
$$x_1+x_2=2m,\quad x_1x_2=2m^2-2$$

$$\begin{aligned}
k_1k_2 &= \dfrac{y_1}{x_1-2}\cdot\dfrac{y_2-1}{x_2}=\dfrac{y_1y_2-y_1}{x_1x_2-2x_2} \\
&= \dfrac{\left(-\dfrac{1}{2}x_1+m\right)\left(-\dfrac{1}{2}x_2+m\right)-\left(-\dfrac{1}{2}x_1+m\right)}{x_1x_2-2x_2} \\
&= \dfrac{\dfrac{1}{4}x_1x_2-\dfrac{1}{2}m(x_1+x_2)+\dfrac{1}{2}x_1+m^2-m}{x_1x_2-2x_2} \\
&= \dfrac{\dfrac{1}{4}(2m^2-2)-\dfrac{1}{2}m\cdot 2m+\dfrac{1}{2}(2m-x_2)+m^2-m}{2m^2-2-2x_2} \\
&= \dfrac{\dfrac{1}{2}m^2-\dfrac{1}{2}-\dfrac{1}{2}x_2}{2m^2-2-2x_2}=\dfrac{1}{4}
\end{aligned}$$

法二（点差法）.

设 $D(x_1,y_1)$，$C(x_2,y_2)$，由 $AB/\!/CD$，得
$$k_{CD}=k_{AB}=-\dfrac{1}{2}$$

即
$$y_1-y_2=-\dfrac{1}{2}(x_1-x_2) \qquad ①$$

将 $D(x_1,y_1)$、$C(x_2,y_2)$ 代入椭圆方程中得
$$\begin{cases} \dfrac{x_1^2}{4}+y_1^2=1 \\ \dfrac{x_2^2}{4}+y_2^2=1 \end{cases}$$

两式作差整理可得
$$(y_1+y_2)(y_1-y_2)=-\frac{1}{4}(x_1+x_2)(x_1-x_2) \qquad ②$$

将①代入②中整理可得
$$y_1+y_2=\frac{1}{2}(x_1+x_2) \qquad ③$$

将①③进行联立 $\begin{cases}y_1+y_2=\frac{1}{2}(x_1+x_2)\\ y_1-y_2=-\frac{1}{2}(x_1-x_2)\end{cases}$,解得 $\begin{cases}y_1=\frac{x_2}{2}\\ y_2=\frac{x_1}{2}\end{cases}$,故

$$k_1k_2=\frac{y_1}{x_1-2}\cdot\frac{y_2-1}{x_2}=\frac{\frac{1}{2}x_2}{x_1-2}\cdot\frac{\frac{1}{2}x_1-1}{x_2}=\frac{1}{4}$$

【例 8】 (2022 全国乙卷理 20,文 21)如图 10.8 所示,已知椭圆 $E:\frac{y^2}{4}+\frac{x^2}{3}=1$,$A(0,-2)$,$B\left(\frac{3}{2},-1\right)$,过点 $P(1,-2)$ 的直线交 E 于 M、N 两点,过 M 且平行于 x 轴的直线与线段 AB 交于 T,点 H 满足 $\overrightarrow{MT}=\overrightarrow{TH}$,证明:直线 HN 过定点.

证明:法一(强行匹配韦达定理再证明).

设直线 $MN:k(x-1)=y+2$,$M(x_1,y_1)$,$N(x_2,y_2)$.将直线 MN 方程与椭圆方程联立有
$$\begin{cases}k(x-1)=y+2\\ \frac{y^2}{4}+\frac{x^2}{3}=1\end{cases}$$

整理得
$$(3k^2+4)x^2-(6k^2+12k)x+3(k^2+4k)=0$$
由韦达定理得
$$x_1+x_2=\frac{6k^2+12k}{3k^2+4},\quad x_1x_2=\frac{3(k^2+4k)}{3k^2+4}$$

也可将联立后的方程整理为
$$(3k^2+4)y^2+8(k+2)y+4[(k+2)^2-3k^2]=0$$
由韦达定理得
$$y_1+y_2=\frac{-8(k+2)}{3k^2+4},\quad y_1y_2=\frac{4[(k+2)^2-3k^2]}{3k^2+4}$$

其中
$$x_1y_2+x_2y_1=x_1[k(x_2-1)-2]+x_2[k(x_1-1)-2]=2kx_1x_2-(k+2)(x_1+x_2)=\frac{-24k}{3k^2+4}$$

直线 AB 的方程为 $x=\frac{3}{2}y+3$,将其与 $y=y_1$ 联立可得 $T\left(\frac{3}{2}y_1+3,y_1\right)$.

由于 T 为 HM 中点,故可得 $H(3y_1+6-x_1,y_1)$.

设直线 HN 的方程为 $\frac{y-y_2}{x-x_2}=\frac{y_1-y_2}{3y_1+6-x_1-x_2}$,整理得

$$3yy_1+6y-x_1y-x_2y-3y_1y_2-6y_2+x_1y_2+x_2y_2=xy_1-xy_2-x_2y_1+x_2y_2$$

即

$$(3y-x)y_1+(x-6)y_2+x_1y_2+x_2y_1+(6-x_1-x_2)y-3y_1y_2=0$$

$$(3y-x)y_1+(x-6)y_2-\frac{24k}{3k^2+4}+\frac{12k^2-12k+24}{3k^2+4}y-\frac{12(-2k^2+4k+4)}{3k^2+4}=0 \quad ①$$

先猜后证：若

$$3y-x=x-6=m \quad ②$$

则

$$m(y_1+y_2)-\frac{24k}{3k^2+4}+\frac{12k^2-12k+24}{3k^2+4}y-\frac{12(-2k^2+4k+4)}{3k^2+4}=0$$

$$-\frac{8m(k+2)}{3k^2+4}-\frac{24k}{3k^2+4}+\frac{12k^2-12k+24}{3k^2+4}y-\frac{12(-2k^2+4k+4)}{3k^2+4}=0$$

$$-8mk-16m-24k+12yk^2-12ky+24y+24k^2-48-48k=0$$

$$(3y+6)k^2+(-2m-18-3y)k+6y-4m-12=0$$

由于无论 k 为何值上式均成立，故令

$$\begin{cases}3y+6=0\\-2m-18-3y=0\\6y-4m-12=0\end{cases}$$

解得

$$\begin{cases}m=-6\\y=-2\end{cases}$$

将 $m=-6$ 代入②中，可得 $x=0$，即此时直线恒过点 $(0,-2)$，将 $(0,-2)$ 再代回①中进行验证，即

$$-6(y_1+y_2)-\frac{8m(k+2)}{3k^2+4}-\frac{24k}{3k^2+4}+\frac{12k^2-12k+24}{3k^2+4}y-\frac{12(-2k^2+4k+4)}{3k^2+4}=0$$

故

$$\frac{48(k+2)}{3k^2+4}-\frac{24k}{3k^2+4}+\frac{12k^2-12k+24}{3k^2+4}y-\frac{12(-2k^2+4k+4)}{3k^2+4}=0$$

此式子恒成立．

综上所述，直线 HN 过定点 $(0,-2)$．

若过点 $P(1,-2)$ 的直线斜率不存在，将 $x=1$ 代入 $\dfrac{x^2}{3}+\dfrac{y^2}{4}=1$，可得 $M\left(1,-\dfrac{2\sqrt{6}}{3}\right)$，$N\left(1,\dfrac{2\sqrt{6}}{3}\right)$，将 $y=-\dfrac{2\sqrt{6}}{3}$ 代入直线 AB 方程 $y=\dfrac{2}{3}x-2$，可得 $T\left(-\sqrt{6}+3,-\dfrac{2\sqrt{6}}{3}\right)$．

由 $\overrightarrow{MT}=\overrightarrow{TH}$ 可得 $H\left(-2\sqrt{6}+5,-\dfrac{2\sqrt{6}}{3}\right)$，求得 HN 方程为

$$y=\left(2+\frac{2\sqrt{6}}{3}\right)x-2$$

过点 $(0,-2)$．

综上所述,直线 HN 过定点$(0,-2)$.

法二(求纵截距法(统一变量法)).

若直线 MN 斜率存在,设直线 MN 的方程为 $k(x-1)=y+2$, $M(x_1,y_1)$, $N(x_2,y_2)$.

将直线 MN 方程与椭圆方程联立有

$$\begin{cases} k(x-1)=y+2 \\ \dfrac{y^2}{4}+\dfrac{x^2}{3}=1 \end{cases}$$

整理可得

$$(3k^2+4)x^2-(6k^2+12k)x+3(k^2+4k)=0$$

由韦达定理得

$$x_1+x_2=\frac{6k^2+12k}{3k^2+4},\quad x_1x_2=\frac{3(k^2+4k)}{3k^2+4}$$

也可将联立后的方程整理为

$$(3k^2+4)y^2+8(k+2)y+4[(k+2)^2-3k^2]=0$$

由韦达定理得

$$y_1+y_2=\frac{-8(k+2)}{3k^2+4},\quad y_1y_2=\frac{4[(k+2)^2-3k^2]}{3k^2+4}$$

其中

$$x_1y_2+x_2y_1=x_1[k(x_2-1)-2]+x_2[k(x_1-1)-2]=2kx_1x_2-(k+2)(x_1+x_2)=\frac{-24k}{3k^2+4}$$

直线 AB 的方程为 $x=\dfrac{3}{2}y+3$,将其与 $y=y_1$ 联立可得 $T\left(\dfrac{3}{2}y_1+3,y_1\right)$.

由于 T 为 HM 中点,故可得 $H(3y_1+6-x_1,y_1)$.

设直线 HN 的方程为

$$\frac{y-y_2}{x-x_2}=\frac{y_1-y_2}{3y_1+6-x_1-x_2}$$

可以化为

$$y=\frac{y_1-y_2}{3y_1+6-x_1-x_2}x-\frac{x_2(y_1-y_2)}{3y_1+6-x_1-x_2}+y_2$$

即

$$y=\frac{y_1-y_2}{3y_1+6-x_1-x_2}x+\frac{3y_1y_2-(x_1y_2+x_2y_1)+6y_2}{3y_1+6-x_1-x_2}$$

注意到

$$\frac{3y_1y_2-(x_1y_2+x_2y_1)+6y_2}{3y_1+6-x_1-x_2}=\frac{\dfrac{12[(k+2)^2-3k^2]}{3k^2+4}-\dfrac{-24k}{3k^2+4}+6y_2}{3y_1+6-\dfrac{6k^2+12k}{3k^2+4}}$$

$$=\frac{4[-2k^2+4k+4]+8k+2(3k^2+4)y_2}{(3k^2+4)(y_1+2)-2k^2-4k}$$

$$=\frac{-8k^2+24k+16+(6k^2+8)y_2}{(3k^2+4)y_1-2k^2-4k}$$

且 $y_1+y_2=\dfrac{-8(k+2)}{3k^2+4}$,变形可得

$$(3k^2+4)y_1=-8(k+2)-(3k^2+4)y_2 \quad (\text{此处考虑统一变量})$$

代入上式得

$$\dfrac{3y_1y_2-(x_1y_2+x_2y_1)+6y_2}{3y_1+6-x_1-x_2}=\dfrac{-8k^2+24k+16+(6k^2+8)y_2}{-8k-16-(3k^2+4)y_2-2k^2-4k+6k^2+8}$$

$$=\dfrac{-8k^2+24k+16+(6k^2+8)y_2}{4k^2-12k-8-(3k^2+4)y_2}=-2$$

故直线 HN 的方程为 $y=\dfrac{y_1-y_2}{3y_1+6-x_1-x_2}x-2$.

综上所述,直线 HN 过定点 $(0,-2)$.

若过点 $P(1,-2)$ 的直线斜率不存在,将 $x=1$ 代入 $\dfrac{x^2}{3}+\dfrac{y^2}{4}=1$,可得 $M\left(1,-\dfrac{2\sqrt{6}}{3}\right)$,$N\left(1,\dfrac{2\sqrt{6}}{3}\right)$,将 $y=-\dfrac{2\sqrt{6}}{3}$ 代入直线 AB 方程 $y=\dfrac{2}{3}x-2$,可得 $T\left(-\sqrt{6}+3,-\dfrac{2\sqrt{6}}{3}\right)$.

由 $\overrightarrow{MT}=\overrightarrow{TH}$ 得到 $H\left(-2\sqrt{6}+5,-\dfrac{2\sqrt{6}}{3}\right)$,求得 HN 方程为

$$y=\left(2+\dfrac{2\sqrt{6}}{3}\right)x-2$$

过点 $(0,-2)$.

综上所述,直线 HN 过定点 $(0,-2)$.

法三(非对称处理(和积转换)).

设 $M(x_1,y_1),N(x_2,y_2)$,直线 AB 的方程为 $x=\dfrac{3}{2}y+3$,将其与 $y=y_1$ 联立可得 $T\left(\dfrac{3}{2}y_1+3,y_1\right)$.

由于 T 为 HM 中点,故可得 $H(3y_1+6-x_1,y_1)$.

设

$$HN:\dfrac{y-y_2}{x-x_2}=\dfrac{y_1-y_2}{3y_1+6-x_1-x_2}$$

$$MN:m(y+2)=x-1$$

将其与椭圆方程联立可得

$$(4m^2+3)y^2+8m(2m+1)y+4(2m+1)^2-12=0$$

由韦达定理可得

$$y_1+y_2=\dfrac{-8m(2m+1)}{4m^2+3}=-4+\dfrac{4(3-2m)}{4m^2+3},\quad y_1y_2=\dfrac{4(2m+1)^2-12}{4m^2+3}=4+\dfrac{4(4m-5)}{4m^2+3}$$

则有

$$(4m-5)(y_1+y_2)+8(m-1)=(3-2m)y_1y_2$$

故 HN 方程为

$$y=\dfrac{y_1-y_2}{3y_1+6-x_1-x_2}x+\dfrac{3y_1y_2-(x_1y_2+x_2y_1)+6y_2}{3y_1+6-x_1-x_2}$$

其纵截距为
$$\frac{3y_1y_2-(x_1y_2+x_2y_1)+6y_2}{3y_1+6-x_1-x_2}=\frac{(2m-3)y_1y_2+(2m+1)(y_1+y_2)-6y_2}{(m-3)(y_1+y_2)+4(m-1)+3y_2}$$
$$=\frac{-(4m-5)(y_1+y_2)-8(m-1)+(2m+1)(y_1+y_2)-6y_2}{(m-3)(y_1+y_2)+4(m-1)+3y_2}$$
$$=\frac{-2(m-3)(y_1+y_2)-8(m-1)-6y_2}{(m-3)(y_1+y_2)+4(m-1)+3y_2}=-2$$

综上所述,直线 HN 过定点 $(0,-2)$.

【课后练习】

1. 已知 A、B 分别为椭圆 $\frac{x^2}{a^2}+\frac{y^2}{b^2}=1(a>b>0)$ 的上、下顶点,P 为直线 $y=2$ 上的动点,当 P 位于点 $(1,2)$ 时,$\triangle ABP$ 的面积 $S_{\triangle ABP}=1$,椭圆 C 上任意一点到椭圆左焦点 F_1 的最短距离为 $\sqrt{2}-1$.

(1)求椭圆 C 的方程.

(2)连接 PA、PB,直线 PA、PB 分别交椭圆于 M、N 两点,证明:MN 过定点.

2. 已知椭圆 $C:\frac{x^2}{a^2}+\frac{y^2}{b^2}=1(a>b>0)$ 过点 $P(2,\sqrt{2})$,且离心率为 $\frac{\sqrt{2}}{2}$.

(1)求椭圆 C 的方程.

(2)记椭圆 C 的上、下顶点为 A、B,过点 $(0,4)$ 且斜率为 k 的直线与椭圆 C 交于 M、N 两点,证明:直线 BM 与 AN 的交点在定直线上,并求出该定直线的方程.

3. 已知 A、B 分别为双曲线 $C:x^2-\frac{y^2}{3}=1$ 的左、右顶点,过双曲线的右焦点 F 作直线 PQ 交双曲线于 P、Q 两点(异于 A、B),则直线 AP、BQ 的斜率之比 $\frac{k_{AP}}{k_{BQ}}=$ _____.

4. $x=1$ 与 x 轴交于点 C,以 C 为圆心作圆交 x 轴于 A、F 两点,在直径 AF 上取一点 B,满足 $|AB|=2|BF|$,以 A、B 为顶点,F 为焦点作双曲线 $D:\frac{x^2}{a^2}-\frac{y^2}{b^2}=1(a>0,b>0)$,与圆在第一象限交于点 E,则 E 为圆弧 AF 的三等分点,即 CE 为 $\angle ACF$ 的三等分线.

(1)求双曲线 D 的标准方程,并证明 CE 与双曲线 D 只有一个公共点.

(2)过 F 的直线与双曲线 D 交于 P、Q 两点,过 Q 作 l 的垂线,垂足为 R,试判断 RP 是否过定点.

【答案与解析】

1. 解:(1)由题
$$S_{\triangle ABP}=\frac{1}{2}\times 2b=1$$

解得
$$b=1,\quad a-c=\sqrt{2}-1$$

又 $a^2=1+c^2$,解得
$$a=\sqrt{2},\quad c=1$$

第十章 非对称韦达定理

故椭圆方程为 $\dfrac{x^2}{2}+y^2=1$.

(2)设 $M(x_1,y_1),N(x_2,y_2),A(0,1),B(0,-1),P(t,2)$.

设 MN 的直线方程为 $y=kx+m$,将其与椭圆方程联立可得

$$\begin{cases} y=kx+m \\ \dfrac{x^2}{2}+y^2=1 \end{cases}$$

整理可得

$$(1+2k^2)x^2+4kmx+2m^2-2=0$$

由韦达定理可得

$$x_1x_2=\dfrac{2m^2-2}{1+2k^2}$$

同理可得

$$(1+2k^2)y^2-2my+m^2-2k^2=0$$

由韦达定理可得

$$y_1+y_2=\dfrac{2m}{1+2k^2},\quad y_1y_2=\dfrac{m^2-2k^2}{1+2k^2}$$

由 M、P、A 三点共线可得

$$\dfrac{y_1-1}{x_1}=\dfrac{1}{t} \qquad ①$$

由 N、P、B 三点共线可得

$$\dfrac{y_2+1}{x_2}=\dfrac{3}{t} \qquad ②$$

①②两式相比可得

$$\dfrac{x_2(y_1-1)}{x_1(y_2+1)}=\dfrac{1}{3} \qquad ③$$

由于

$$\dfrac{x_1^2}{2}+y_1^2=1\Rightarrow\dfrac{y_1-1}{x_1}=\dfrac{-x_1}{2(1+y_1)}$$

代入③式可得

$$\dfrac{-x_1x_2}{2(1+y_1)(1+y_2)}=\dfrac{1}{3}$$

即

$$\dfrac{-x_1x_2}{2(1+y_1+y_2+y_1y_2)}=\dfrac{1}{3}$$

将上述韦达定理代入整理可得

$$2m^2+m-1=0$$

解得 $m=\dfrac{1}{2}$ 或者 $m=-1$(与 B 点重合,舍去),故 $m=\dfrac{1}{2}$.

当直线 MN 斜率不存在时,MN 与 y 轴重合,也必然经过 $\left(0,\dfrac{1}{2}\right)$.

综上所述，MN 过定点 $\left(0,\dfrac{1}{2}\right)$.

2.解：(1)由题 $\begin{cases}\dfrac{4}{a^2}+\dfrac{2}{b^2}=1\\\dfrac{c}{a}=\dfrac{\sqrt{2}}{2}\\a^2=b^2+c^2\end{cases}$，解得 $a^2=8,b^2=4$，故椭圆方程为 $\dfrac{x^2}{8}+\dfrac{y^2}{4}=1$.

(2)设过点 $(0,4)$ 的直线方程为 $y=kx+4$，$A(0,2),B(0,-2),M(x_1,y_1),N(x_2,y_2)$.

将直线方程与椭圆方程进行联立 $\begin{cases}y=kx+4\\\dfrac{x^2}{8}+\dfrac{y^2}{4}=1\end{cases}$，整理可得

$$(1+2k^2)x^2+16kx+24=0$$

由韦达定理可得

$$x_1+x_2=\dfrac{-16k}{1+2k^2},\quad x_1x_2=\dfrac{24}{1+2k^2}$$

由此可得

$$kx_1x_2=-\dfrac{3}{2}(x_1+x_2)$$

设 BM、AN 的交点为 $P(x,y)$，由 A、N、P 三点共线可得

$$\dfrac{y-2}{x}=\dfrac{y_2-2}{x_2} \qquad ①$$

由 B、M、P 三点共线可得

$$\dfrac{y+2}{x}=\dfrac{y_1+2}{x_1} \qquad ②$$

①除以②可得

$$\dfrac{y-2}{y+2}=\dfrac{(y_2-2)x_1}{(y_1+2)x_2}=\dfrac{(kx_2+2)x_1}{(kx_1+6)x_2}=\dfrac{kx_1x_2+2x_1}{kx_1x_2+6x_2}=\dfrac{-\dfrac{3}{2}(x_1+x_2)+2x_1}{-\dfrac{3}{2}(x_1+x_2)+6x_2}=-\dfrac{1}{3}$$

解得 $y=1$，即 P 在直线 $y=1$ 上.

3.解：设过右焦点的直线为 $x=my+2$，$P(x_1,y_1),Q(x_2,y_2),A(-1,0),B(1,0)$.

将直线方程与双曲线方程联立有

$$\begin{cases}x^2-\dfrac{y^2}{3}=1\\x=my+2\end{cases}\Rightarrow(3m^2-1)y^2+12my+9=0$$

由韦达定理可得

$$y_1y_2=\dfrac{9}{3m^2-1},\quad y_1+y_2=\dfrac{-12m}{3m^2-1}$$

即有

$$my_1y_2=-\dfrac{3}{4}(y_1+y_2)$$

所以
$$\frac{k_{AP}}{k_{BQ}}=\frac{\dfrac{y_1}{x_1+1}}{\dfrac{y_2}{x_2-1}}=\frac{y_1}{x_1+1}\cdot\frac{x_2-1}{y_2}=\frac{y_1(my_2+1)}{y_2(my_1+3)}=\frac{my_1y_2+y_1}{my_1y_2+3y_2}$$
$$=\frac{-\dfrac{3}{4}(y_1+y_2)+y_1}{-\dfrac{3}{4}(y_1+y_2)+3y_2}=-\frac{1}{3}$$

【点评】 利用和积转换可以大幅减少计算量,本题还可利用第三定义转换、点代平方,以及参数方程求解.

4. 解: (1) 由 $|AB|=2|BF|$,即 $2a=2(c-a)$ 得
$$\frac{-a+c}{2}=1$$
解得
$$a=2,\quad c=4,\quad b^2=12$$
故双曲线标准方程为 $\dfrac{x^2}{4}-\dfrac{y^2}{12}=1$.

因为 $\angle ECF=60°$,所以点 $E\left(\dfrac{5}{2},\dfrac{3\sqrt{3}}{2}\right)$,即 $k_{CE}=\sqrt{3}$,直线 CE 与渐近线平行,故其与双曲线只有一个公共点.

(2) 设过点 F 的直线 $x=my+4$,$P(x_1,y_1)$,$Q(x_2,y_2)$,$R(1,y_2)$.

由双曲线的对称性可知,PR 所过定点必在 x 轴上,记为 $M(m,0)$.

由 P、Q、R 三点共线可得
$$m=\frac{x_1y_2-y_1}{y_2-y_1}$$

将直线方程与双曲线方程联立有
$$\begin{cases}x=my+4\\ \dfrac{x^2}{4}-\dfrac{y^2}{12}=1\end{cases}$$

整理可得
$$(3m^2-1)y^2+24my+36=0$$

由韦达定理得
$$y_1+y_2=\frac{-24m}{3m^2-1},\quad y_1y_2=\frac{36}{3m^2-1}$$

由此可得
$$my_1y_2=-\frac{3}{2}(y_1+y_2)$$

故
$$m=\frac{x_1y_2-y_1}{y_2-y_1}=\frac{(my_1+4)y_2-y_1}{y_2-y_1}=\frac{my_1y_2+4y_2-y_1}{y_2-y_1}$$

$$=\frac{-\frac{3}{2}y_1-\frac{3}{2}y_2+4y_2-y_1}{y_2-y_1}=\frac{\frac{5}{2}y_2-\frac{5}{2}y_1}{y_2-y_1}=\frac{5}{2}$$

故 PR 过定点,定点为 $\left(\frac{5}{2},0\right)$.

【点评】本题还可以利用先猜后证或者参数方程解题,这里不再赘述.

第十一章 非联立设点问题

11.1 设点的一般形式与技巧

【例1】 (2015 北京)如图 11.1 所示,已知椭圆 $C:\dfrac{x^2}{a^2}+\dfrac{y^2}{b^2}=1(a>b>0)$ 的离心率为 $\dfrac{\sqrt{2}}{2}$,点 $P(0,1)$ 和点 $A(m,n)(m\neq 0)$ 都在椭圆上,直线 PA 交 x 轴于点 M.

(1)求椭圆方程,并求点 M 的坐标(用 m、n 表示).

(2)设 O 为原点,点 B 与点 A 关于 x 轴对称,直线 PB 交 x 轴于点 N,问:y 轴上是否存在点 Q,使得 $\angle OQM=\angle ONQ$? 若存在,请求出点 Q 的坐标;若不存在,请说明理由.

解:(1)由题意 $b=1$,$\dfrac{c}{a}=\dfrac{\sqrt{2}}{2}$,且 $a^2=b^2+c^2$,解得

$$a=\sqrt{2},\quad b=c=1$$

所以 $C:\dfrac{x^2}{2}+y^2=1$.

直线 PA 的斜率为 $\dfrac{n-1}{m}$,所以 l_{PA}:$y=\dfrac{n-1}{m}x+1$.

令 $y=0$,解得 $x=\dfrac{m}{1-n}$,所以点 M 坐标为 $\left(\dfrac{m}{1-n},0\right)$.

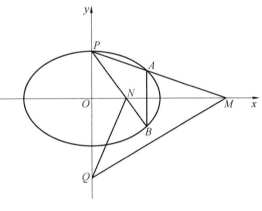

图 11.1

(2)设 $B(m,-n)$,由(1)可得点 $N\left(\dfrac{m}{1+n},0\right)$,且

$$\tan\angle OQM=\dfrac{1}{k_{QM}},\quad \tan\angle ONQ=k_{QN}$$

因为 $\angle OQM=\angle ONQ$,所以

$$\tan\angle OQM=\tan\angle ONQ$$

即

$$\dfrac{1}{k_{QM}}=k_{QN}\Rightarrow k_{QM}\cdot k_{QN}=1$$

设点 $Q(0,t)$,则有

$$\frac{\dfrac{t}{m}}{-1+n} \cdot \frac{\dfrac{t}{m}}{-1-n} = 1 \Rightarrow t^2 = \frac{m^2}{1-n^2}$$

由点 A 在 C 上，所以

$$\frac{m^2}{2} + n^2 = 1$$

即

$$\frac{m^2}{1-n^2} = 2$$

所以 $t = \pm\sqrt{2}$，故存在点 $Q(0, \pm\sqrt{2})$ 使得 $\angle OQM = \angle ONQ$.

【例 2】（2016 北京）如图 11.2 所示，椭圆 $C: \dfrac{x^2}{a^2} + \dfrac{y^2}{b^2} = 1 (a > b > 0)$ 的离心率为 $\dfrac{\sqrt{3}}{2}$，$A(a, 0)$，$B(0, b)$，$O(0, 0)$，$\triangle OAB$ 的面积为 1.

(1) 求椭圆方程.

(2) 设点 P 是椭圆上一点，直线 PA 与 y 轴交于点 M，直线 PB 与 x 轴交于点 N，求证：$|AN| \cdot |BM|$ 为定值.

解：(1) 由题意 $\dfrac{1}{2}ab = 1$，$\dfrac{c}{a} = \dfrac{\sqrt{2}}{2}$，且 $a^2 = b^2 + c^2$，解得

$$a = 2, \quad b = 1$$

所以 $C: \dfrac{x^2}{4} + y^2 = 1$.

(2) 法一：设点.

由(1)知 $A(2, 0)$，$B(0, 1)$，设点 $P(x_0, y_0)$，则 $x_0^2 + y_0^2 = 4$.

当 $x_0 \neq 0$ 时，直线 PA 的方程为

$$y = \frac{y_0}{x_0 - 2}(x - 2)$$

令 $x = 0$ 时，得 $y_M = -\dfrac{2y_0}{x_0 - 2}$，所以

$$|BM| = |1 - y_M| = \left|1 + \frac{2y_0}{x_0 - 2}\right|$$

直线 PB 的方程为

$$y = \frac{y_0 - 1}{x_0}x + 1$$

令 $y = 0$，得 $x_N = -\dfrac{x_0}{y_0 - 1}$，所以

$$|AN| = |2 - x_N| = \left|2 + \frac{x_0}{y_0 - 1}\right|$$

所以

$$|AN| \cdot |BM| = \left|2 + \frac{x_0}{y_0 - 1}\right| \cdot \left|1 + \frac{2y_0}{x_0 - 2}\right|$$

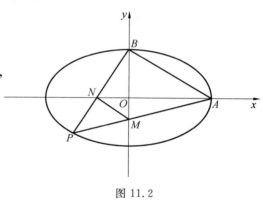

图 11.2

$$= \left| \frac{x_0^2 + 4y_0^2 + 4x_0 y_0 - 4x_0 - 8y_0 + 4}{x_0 y_0 - x_0 - 2y_0 + 2} \right|$$

$$= \left| \frac{4x_0 y_0 - 4x_0 - 8y_0 + 8}{x_0 y_0 - x_0 - 2y_0 + 2} \right| = 4$$

当 $x_0 = 0$ 时,$y_0 = -1$,$|AN| = |BM| = 2$,所以 $|AN| \cdot |BM| = 4$.

综上,$|AN| \cdot |BM| = 4$.

法二:参数方程. 详见 15.2 节参数方程.

【点评】本题也可推出一般化结论:对于椭圆 $\frac{x^2}{a^2} + \frac{y^2}{b^2} = 1$,$A(a,0)$,$B(0,b)$,设点 P 是椭圆上一点,直线 PA 与 y 轴交于点 M,直线 PB 与 x 轴交于点 N,求证:$|AN| \cdot |BM|$ 为定值 $2ab$. 证明方法同上,不再赘述.

【例3】 (2011 四川文)如图 11.3 所示,过点 $C(0,1)$ 的椭圆 $\frac{x^2}{a^2} + \frac{y^2}{b^2} = 1 (a > b > 0)$ 的离心率为 $\frac{\sqrt{3}}{2}$,椭圆与 x 轴交于 $A(a,0)$、$B(-a,0)$ 两点,过点 C 的直线 l 与椭圆交于另一点 D,并与 x 轴交于点 P,直线 AC 与 BD 交于点 Q.

(1)当直线 l 过椭圆右焦点时,求线段 CD 的长.
(2)当点 P 异于点 B 时,求证:$\overrightarrow{OP} \cdot \overrightarrow{OQ}$ 为定值.

解:(1)由已知得

$$b = 1, \quad e = \frac{\sqrt{3}}{2}$$

解得 $a = 2$,所以椭圆方程为

$$\frac{x^2}{4} + y^2 = 1$$

则其右焦点为 $(\sqrt{3}, 0)$,所以直线方程为

$$y = -\frac{\sqrt{3}}{3} x + 1$$

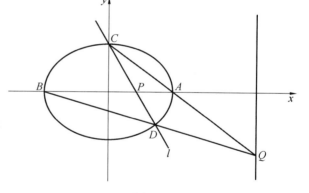

图 11.3

将其与椭圆方程联立求解得到

$$7x^2 - 8\sqrt{3} x = 0$$

解得 $x_1 = 0$,$x_2 = \frac{8\sqrt{3}}{7}$,则

$$CD = \sqrt{1 + \left(\frac{-\sqrt{3}}{3}\right)^2} \times \left(\frac{8\sqrt{3}}{7} - 0\right) = \frac{16}{7}$$

(2)设点 $D(x_0, y_0)$,BD 所在直线方程为

$$\frac{y_0}{x_0 + 2} = \frac{y}{x + 2}$$

AC 所在直线方程为

$$\frac{x}{2} + y = 1$$

将两直线进行联立得到
$$\begin{cases} x_Q = \dfrac{2x_0+4-4y_0}{x_0+2+2y_0} \\ y_Q = \dfrac{4y_0}{x_0+2+2y_0} \end{cases}$$

CD 所在直线方程为
$$\dfrac{y-1}{x} = \dfrac{y_0-1}{x_0}$$

得 $P\left(\dfrac{-x_0}{y_0-1},0\right)$.

因为 P 在椭圆上,所以
$$\dfrac{x_0^2}{4}+y_0^2=1$$
$$\vec{OP}\cdot\vec{OQ}=\dfrac{2x_0+4-4y_0}{x_0+2+2y_0}\cdot\dfrac{-x_0}{y_0-1}=\dfrac{-(2x_0+4-4y_0)x_0}{x_0y_0+2y_0^2-x_0-2}$$
$$=\dfrac{-(2x_0+4-4y_0)x_0}{x_0y_0-\dfrac{x_0^2}{2}-x_0}=4$$

【例 4】 已知圆 $O:x^2+y^2=4$ 与坐标轴交于 A_1、A_2、B_1、B_2,如图 11.4 所示,点 P 是圆 O 上除 A_1、A_2、B_1、B_2 外的任意点,直线 B_2P 交 x 轴于点 F,直线 A_1B_2 交 A_2P 于点 E.设 A_2P 的斜率为 k,EF 的斜率为 m,求证:$2m-k$ 为定值.

证明:设 $P(x_0,y_0)$,则 $k=\dfrac{y_0}{x_0-2}$,同时 A_2P 方程为
$$y=k(x-2)$$
A_1B_2 的方程为
$$x-y+2=0$$

将两方程进行联立 $\begin{cases} y=k(x-2) \\ x-y+2=0 \end{cases}$,解得 $E\left(\dfrac{2k+2}{k-1},\dfrac{4k}{k-1}\right)$,即 $E\left(\dfrac{2y_0+2x_0-4}{y_0-x_0+2},\dfrac{4y_0}{y_0-x_0+2}\right)$.

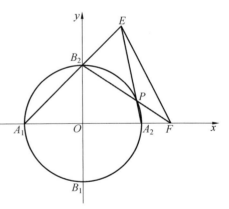

图 11.4

B_2P 的方程为
$$\dfrac{y-2}{x} = \dfrac{y_0-2}{x_0}$$

得 $F\left(\dfrac{-2x_0}{y_0-2},0\right)$,所以

$$m = \frac{\dfrac{4y_0}{y_0-x_0+2}}{\dfrac{2y_0+2x_0-4}{y_0-x_0+2}-\dfrac{2x_0}{y_0-2}}$$

由于 $P(x_0,y_0)$ 在圆上,即 $x_0^2+y_0^2=4$,则

$$m = \frac{y_0^2-2y_0}{y_0^2+x_0y_0-2y_0}$$

则

$$2m-k = \frac{y_0^2-2y_0}{y_0^2+x_0y_0-2y_0}-\frac{y_0}{x_0-2} = \frac{x_0y_0^2-2y_0^2-y_0^3-4x_0y_0+8y_0}{x_0y_0^2-2y_0^2-y_0^3-4x_0y_0+8y_0}=1$$

【例5】 已知椭圆 $C:\dfrac{x^2}{a^2}+\dfrac{y^2}{b^2}=1(a>b>0)$ 的离心率为 $\dfrac{\sqrt{2}}{2}$,以原点为圆心,椭圆的短半轴长为半径的圆与直线 $x-y-2=0$ 相切.

(1)求椭圆的方程.

(2)设 A、B 分别为椭圆 C 的左、右顶点,动点 M 满足 $MB \perp AB$,直线 AM 与椭圆交于点 P(与点 A 不重合),以 MP 为直径的圆交线段 BP 于点 N,求证:直线 MN 过定点.

解:(1)$e=\dfrac{\sqrt{2}}{2}$,原点到 $x-y-2=0$ 的距离为 $b=\sqrt{2}$,由 $a^2=b^2+c^2$ 得 $a=2$.故椭圆方程为 $\dfrac{x^2}{4}+\dfrac{y^2}{2}=1$.

(2)设 $P(x_0,y_0)$,则直线 $AP:\dfrac{y_0}{x_0+2}=\dfrac{y}{x+2}$,与 $x=2$ 联立,得到 $M\left(2,\dfrac{4y_0}{x_0+2}\right)$.所以

$$k_{BP}=\frac{y_0}{x_0-2}$$

因为以 MP 为直径的圆交线段 BP 于点 N,故 $MB \perp AB$,所以

$$k_{MN}=\frac{2-x_0}{y_0}$$

故直线 MN 的方程为

$$(x-2)\cdot\frac{2-x_0}{y_0}=y-\frac{4y_0}{x_0+2}$$

因为 P 在椭圆上,满足 $\dfrac{x_0^2}{4}+\dfrac{y_0^2}{2}=1$,变形为

$$\frac{x_0-2}{y_0}=\frac{-2y_0}{x_0+2}$$

代入上式得

$$(x-2)\cdot\frac{2-x_0}{y_0}=y-\frac{2(x_0-2)}{y_0}$$

化简为 $y=\dfrac{2-x_0}{y_0}x$,故 MN 必过点 $(0,0)$.

【例6】 如图11.5所示,已知椭圆 $C:\dfrac{x^2}{9}+\dfrac{y^2}{b^2}=1(0<b<3)$ 的左、右焦点分别为 E、

F,过点 F 作直线交椭圆于 A、B 两点,若 $\overrightarrow{AF}=2\overrightarrow{BF}$,且 $\overrightarrow{AE}\cdot\overrightarrow{AB}=0$.

(1)求椭圆 C 的方程.

(2)已知 O 为原点,圆 $D:(x-3)^2+y^2=r^2$ 与椭圆交于 M、N 两点,点 P 为椭圆 C 上一动点,若直线 PM、PN 与 x 轴分别交于点 R、S,如图 11.6 所示,求证:$|OR|\cdot|OS|$ 为定值.

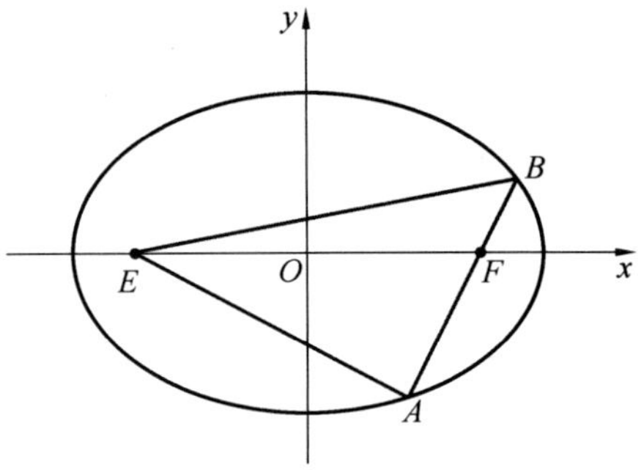

证明:(1)由题意 $a=3$,设 $|BF|=m$,所以
$$|AF|=2m, \quad |BE|=6-m$$
$$|AE|=6-2m, \quad |AB|=3m$$
又因为 $AE\perp AB$,所以
$$(6-2m)^2+(3m)^2=(6-m)^2$$

图 11.5

解得 $m=1$,所以
$$|AF|=2, \quad |AE|=4$$
所以
$$|EF|=2c=\sqrt{|AF|^2+|AE|^2}=2\sqrt{5}$$
所以
$$c=\sqrt{5}, \quad b^2=9-c^2=4$$
故椭圆方程为 $\dfrac{x^2}{9}+\dfrac{y^2}{4}=1$.

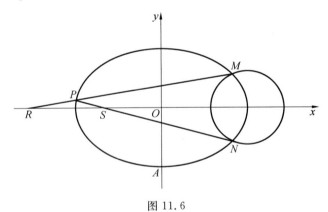

图 11.6

(2)设点 $M(x_1,y_1)$,$N(x_1,-y_1)$,$P(x_0,y_0)$.设直线
$$l_{PM}:y-y_0=\dfrac{y_1-y_0}{x_1-x_0}(x-x_0)$$
令
$$y=0\Rightarrow x_R=\dfrac{-y_0(x_1-x_0)}{y_1-y_0}+x_0=\dfrac{x_1y_0-x_0y_1}{y_1-y_0}$$
$$l_{PN}:y-y_0=\dfrac{-y_1-y_0}{x_1-x_0}(x-x_0)$$
令

$$y=0 \Rightarrow x_S = \frac{-y_0(x_1-x_0)}{-y_1-y_0} + x_0 = \frac{x_1 y_0 + x_0 y_1}{y_1+y_0}$$

所以

$$|OR| \cdot |OS| = \left|\frac{x_1 y_0 - x_0 y_1}{y_0 - y_1} \cdot \frac{x_1 y_0 + x_0 y_1}{y_0 + y_1}\right| = \left|\frac{x_1^2 y_0^2 - x_0^2 y_1^2}{y_0^2 - y_1^2}\right|$$

$$= \left|\frac{y_0^2 \cdot 9\left(1-\frac{y_1^2}{4}\right) - y_1^2 \cdot 9\left(1-\frac{y_0^2}{4}\right)}{y_0^2 - y_1^2}\right| = \left|\frac{9y_0^2 - 9y_1^2}{y_0^2 - y_1^2}\right| = 9$$

所以 $|OR| \cdot |OS|$ 为定值 9.

【点评】 本题本质为等角定理.

【例 7】 已知椭圆 $C: \frac{x^2}{a^2} + \frac{y^2}{b^2} = 1(0 < b < a)$ 过点 $(0,1)$ 且离心率为 $\frac{\sqrt{3}}{2}$.

(1) 求椭圆 C 的方程.

(2) A_1、A_2 为椭圆的左、右顶点，直线 $l: x = 2\sqrt{2}$ 与 x 轴交于点 D，点 P 为椭圆 C 上异于点 A_1、A_2 的一动点，若直线 A_1P、A_2P 与 l 分别交于点 E、F，求证：$|DE| \cdot |DF|$ 为定值.

解：(1) 由题意 $\begin{cases} b=1 \\ \frac{c}{a} = \frac{\sqrt{3}}{2} \\ a^2 = b^2 + c^2 \end{cases} \Rightarrow a = 2$，所以椭圆方程为 $\frac{x^2}{4} + y^2 = 1$.

(2) 由(1)易知 $A_1(-2,0)$，$A_2(2,0)$，设点 $P(x_0, y_0)$.

因为点 P 在 C 上，所以

$$\frac{x_0^2}{4} + y_0^2 = 1 \Rightarrow x_0^2 - 4 = -4y_0^2$$

$$l_{A_1P}: y = \frac{y_0}{x_0+2}(x+2)$$

令

$$x = 2\sqrt{2} \Rightarrow y_E = \frac{(2+2\sqrt{2})y_0}{x_0+2}$$

$$l_{A_2P}: y = \frac{y_0}{x_0-2}(x-2)$$

令

$$x = 2\sqrt{2} \Rightarrow y_F = \frac{(2\sqrt{2}-2)y_0}{x_0-2}$$

所以

$$|DE| \cdot |DF| = |y_E y_F| = \left|\frac{4y_0^2}{x_0^2-4}\right| = \left|\frac{4y_0^2}{-4y_0^2}\right| = 1$$

【例 8】 已知 A、B、C 是椭圆 $\frac{x^2}{a^2} + \frac{y^2}{b^2} = 1(0 < b < a)$ 上三个不同的点，$A\left(3\sqrt{2}, \frac{3\sqrt{2}}{2}\right)$，$B(-3,-3)$，点 C 在第三象限，线段 BC 的中点在直线 OA 上.

(1)求椭圆的标准方程.

(2)设动点 P 在椭圆上(异于点 A、B、C),且直线 PB、PC 分别交直线 OA 于 M、N 两点,如图 11.7 所示,求证:$\overrightarrow{OM} \cdot \overrightarrow{ON}$ 为定值.

解:(1)由题意 $\begin{cases} \dfrac{18}{a^2} + \dfrac{\frac{9}{2}}{b^2} = 1 \\ \dfrac{9}{a^2} + \dfrac{9}{b^2} = 1 \end{cases}$,解得 $\begin{cases} a^2 = 27 \\ b^2 = \dfrac{27}{2} \end{cases}$,所

以椭圆方程为
$$\frac{x^2}{27} + \frac{y^2}{\frac{27}{2}} = 1$$

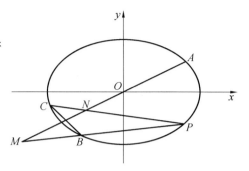

图 11.7

(2)设点 $C(m,n)$,$m<0$,$n<0$,则 BC 中点为 $\left(\dfrac{m-3}{2}, \dfrac{n-3}{2}\right)$,易知 $l_{OA}:x=2y$.

BC 的中点在直线 OA 上,所以
$$\frac{m-3}{2} = 2\frac{n-3}{2} \Rightarrow m = 2n-3$$

联立 $\begin{cases} \dfrac{m^2}{27} + \dfrac{n^2}{\frac{27}{2}} = 1 \\ m = 2n-3 \end{cases} \Rightarrow m^2 + 2m - 15 = 0$,解得 $m=-5$ 或 $m=3$(舍),所以 $n=-1$.

设点 $P(x_0, y_0)$,因为 P 在椭圆上,所以
$$\frac{x_0^2}{27} + \frac{y_0^2}{\frac{27}{2}} = 1 \Rightarrow x_0^2 = 27 - 2y_0^2$$

$$l_{AP}: y+3 = \frac{y_0+3}{x_0+3}(x+3)$$

联立直线 OA 与直线 AP 得
$$\begin{cases} y+3 = \dfrac{y_0+3}{x_0+3}(x+3) \\ x = 2y \end{cases} \Rightarrow y_M = \frac{3(y_0-x_0)}{x_0 - 2y_0 - 3}$$

$$l_{CP}: y+1 = \frac{y_0+1}{x_0+5}(x+5)$$

联立直线 OA 与直线 CP 得
$$\begin{cases} y+1 = \dfrac{y_0+1}{x_0+5}(x+5) \\ x = 2y \end{cases} \Rightarrow y_N = \frac{5y_0 - x_0}{x_0 - 2y_0 + 3}$$

所以
$$\overrightarrow{OM} \cdot \overrightarrow{ON} = x_M x_N + y_M y_N = 2y_M \cdot 2y_N + y_M y_N = 5y_M y_N$$
$$= 5 \cdot \frac{3(y_0-x_0)}{x_0-2y_0-3} \cdot \frac{5y_0-x_0}{x_0-2y_0+3}$$

$$=5\times\frac{3}{2}\cdot\frac{3y_0^2-6x_0y_0+27}{y_0^2-2x_0y_0+9}=\frac{45}{2}$$

所以 $\overrightarrow{OM}\cdot\overrightarrow{ON}$ 为定值 $\frac{45}{2}$.

【例9】 (2017 全国2)设 O 为坐标原点,动点 M 在椭圆 $C:\frac{x^2}{2}+y^2=1$ 上,过点 M 作 x 轴的垂线,垂足为 N,点 P 满足 $\overrightarrow{NP}=\sqrt{2}\overrightarrow{NM}$.

(1)求点 P 的轨迹方程.

(2)设点 Q 在直线 $x=-3$ 上,且 $\overrightarrow{OP}\cdot\overrightarrow{PQ}=1$.证明:过点 P 且垂直于 OQ 的直线 l 过定点.

解:(1)设 $P(x,y),M(x,y_M)$,则 $\overrightarrow{NP}=(0,y),\overrightarrow{NM}=(0,y_M)$.

又 $\overrightarrow{NP}=\sqrt{2}\overrightarrow{NM}$,所以 $y=\sqrt{2}y_M$.

由 $\begin{cases}\frac{x^2}{2}+y_M^2=1\\y=\sqrt{2}y_M\end{cases}$ 得 $x^2+y^2=2$.故点 P 轨迹方程为 $x^2+y^2=2$.

(2)设点 $Q(-3,y_Q),P(x_0,y_0)$,则

$$\overrightarrow{OP}=(x_0,y_0),\quad \overrightarrow{PQ}=(-3-x_0,y_Q-y_0)$$
$$\overrightarrow{OP}\cdot\overrightarrow{PQ}=(x_0,y_0)\cdot(-3-x_0,y_Q-y_0)$$
$$=-3x_0-x_0^2-y_0^2+y_0y_Q=1\Rightarrow y_0y_Q-3x_0=3$$

所以

$$y_Q=\frac{3(x_0+1)}{y_0}$$

又因为直线 l 与 OQ 垂直,所以

$$k_l=-\frac{1}{k_{OQ}}=\frac{3}{y_Q}$$

所以

$$l:y-y_0=\frac{3}{y_Q}(x-x_0)=\frac{3(x_0+1)}{y_0}(x-x_0)$$

化简得

$$y=\frac{y_0}{x_0+1}(x+1)$$

故直线 l 恒过定点 $(-1,0)$.

【例10】 如图11.8所示,已知双曲线 $C:\frac{x^2}{a^2}-y^2=1(a>0)$ 的右焦点为 F,点 A、B 分别在 C 的两条渐近线上,AF 垂直于 x 轴,$AB\perp OB$,$BF\parallel OA$.

(1)求双曲线 C 的方程.

(2)过 C 上一点 $P(x_0,y_0)(y_0\neq 0)$ 的直线 $l:\frac{x_0x}{a^2}-y_0y=1$ 与直线 AF 相交于点 M,与直线 $x=\frac{3}{2}$ 相交于点 N,证明:点 P 在 C 上移动时,$\left|\frac{MF}{NF}\right|$ 恒为定值.

解:(1)设 $F(c,0)$,易知 $b=1$,所以
$$c=\sqrt{a^2+1}$$
$$l_{OB}:y=-\frac{1}{a}x, \quad l_{BF}:y=\frac{1}{a}(x-c)$$
联立可得 $B\left(\dfrac{c}{2},-\dfrac{c}{2a}\right)$.

由 $l_{OA}:y=\dfrac{1}{a}x$,则 $A\left(c,\dfrac{c}{a}\right)$,所以
$$k_{AB}=\frac{\dfrac{c}{a}+\dfrac{c}{2a}}{c-\dfrac{c}{2}}=\frac{3}{a}$$

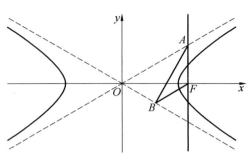

图 11.8

又 $AB\perp OB$,所以
$$\frac{3}{a}\cdot\left(-\frac{1}{a}\right)=-1\Rightarrow a^2=3$$

故双曲线的方程为 $\dfrac{x^2}{3}-y^2=1$.

(2)由(1)知 $a^2=3,c=2$,所以
$$l:\frac{x_0x}{3}-y_0y=1\Leftrightarrow y=\frac{x_0x-3}{3y_0}, \quad l_{AF}:x=2$$

令 $x=2$,得 $M\left(2,\dfrac{2x_0-3}{3y_0}\right)$,令 $x=\dfrac{3}{2}$,得 $N\left(\dfrac{3}{2},\dfrac{\dfrac{3}{2}x_0-3}{3y_0}\right)$,所以

$$\left(\frac{|MF|}{|NF|}\right)^2=\frac{\left(\dfrac{2x_0-3}{3y_0}\right)^2}{\dfrac{1}{4}+\left(\dfrac{\dfrac{3}{2}x_0-3}{3y_0}\right)^2}=\frac{(2x_0-3)^2}{\dfrac{9}{4}y_0^2+\dfrac{9}{4}(x_0-2)^2}=\frac{4}{3}\cdot\frac{(2x_0-3)^2}{3y_0^2+3(x_0-2)^2}$$

又因为点 P 在曲线 C 上,所以
$$\frac{x_0^2}{3}-y_0^2=1\Rightarrow 3y_0^2=x_0^2-3$$

所以
$$\left(\frac{|MF|}{|NF|}\right)^2=\frac{4}{3}\cdot\frac{(2x_0-3)^2}{3y_0^2+3(x_0-2)^2}=\frac{4}{3}\cdot\frac{4x_0^2-12x_0+9}{4x_0^2-12x_0+9}=\frac{4}{3}$$

所以
$$\frac{|MF|}{|NF|}=\frac{2\sqrt{2}}{3}$$

【例 11】 已知椭圆 $C:x^2+2y^2=4$,设 O 为坐标原点,若点 A 在椭圆上,点 B 在直线 $y=2$ 上,且 $OA\perp OB$,求直线 AB 与圆 $x^2+y^2=2$ 的位置关系,并证明你的结论.

解:直线 AB 与圆 $x^2+y^2=2$ 相切.

证明如下:设 $A(x_0,y_0),B(t,0)(x_0\neq 0)$.

因为 $OA\perp OB$,所以

$$\vec{OA} \cdot \vec{OB} = 0$$

即

$$tx_0 + 2y_0 = 0 \Rightarrow t = -\frac{2y_0}{x_0}$$

当 $x_0 = t$ 时,$y_0 = -\frac{t^2}{2}$,代入 C 得

$$t = \pm\sqrt{2}$$

所以此时 $l_{AB}: x = \pm\sqrt{2}$,圆心到直线的距离为

$$d = \sqrt{2} = r$$

即直线 AB 与圆 $x^2 + y^2 = 2$ 相切.

当 $x_0 \neq t$ 时,有

$$l_{AB}: y - 2 = \frac{y_0 - 2}{x_0 - t}(x - t) \Leftrightarrow (y_0 - 2)x - (x_0 - t)y + 2x_0 - ty_0 = 0$$

圆心到直线的距离为

$$d = \frac{|2x_0 - ty_0|}{\sqrt{(y_0 - 2)^2 + (x_0 - t)^2}}$$

又 $x_0^2 + 2y_0^2 = 4$,且 $t = -\frac{2y_0}{x_0}$,故

$$d = \frac{\left|2x_0 + \frac{2y_0^2}{x_0}\right|}{\sqrt{x_0^2 + y_0^2 + \frac{4y_0^2}{x_0^2} + 4}} = \frac{\left|\frac{4 + x_0^2}{x_0}\right|}{\sqrt{\frac{x_0^4 + 8x_0^2 + 16}{x_0^2}}} = \sqrt{2}$$

即直线 AB 与圆 $x^2 + y^2 = 2$ 相切.

综上,直线 AB 与圆 $x^2 + y^2 = 2$ 相切.

【例 12】 已知椭圆 $C: \frac{x^2}{a^2} + \frac{y^2}{b^2} = 1(0 < b < a)$ 上的点到两焦点距离之和为 4,以椭圆 C 的短轴为直径的圆 O 经过两个焦点,点 A、B 分别是椭圆的左、右顶点.

(1)求圆 O 与椭圆 C 的方程.

(2)已知 P、Q 分别是椭圆 C 和圆 O 上的动点(P、Q 分别位于 y 轴两侧),且直线 PQ 与 x 轴平行,直线 AP、BP 与 y 轴分别交于点 M、N,求证:$\angle MQN$ 为定值.

解:(1)由题意 $\begin{cases} 2a = 4 \\ b = c \\ a^2 = b^2 + c^2 \end{cases} \Rightarrow a = 2, b = c = \sqrt{2}$,所以椭圆方程为 $\frac{x^2}{4} + \frac{y^2}{2} = 1$.

(2)设点 $P(x_0, y_0)$,$Q(x_Q, y_0)$.

因为点 P 在 C 上,所以

$$\frac{x_0^2}{4} + \frac{y_0^2}{2} = 1 \Rightarrow x_0^2 - 4 = -2y_0^2 \Rightarrow x_0^2 = 4 - 2y_0^2$$

因为点 Q 在圆上,所以

$$x_Q^2 + y_0^2 = 2 \Rightarrow x_Q^2 = 2 - y_0^2$$

所以
$$x_Q^2 = \frac{x_0^2}{2}$$
$$l_{AP}: y = \frac{y_0}{x_0+2}(x+2)$$

令 $x=0$，得
$$y_M = \frac{2y_0}{x_0+2}$$
$$l_{BP}: y = \frac{y_0}{x_0-2}(x-2)$$

令 $x=0$，得
$$y_N = \frac{-2y_0}{x_0-2}$$
$$\overrightarrow{QM} = (-x_Q, y_M - y_0), \overrightarrow{QN} = (-x_Q, y_N - y_0)$$

所以
$$\begin{aligned}
\overrightarrow{QM} \cdot \overrightarrow{QN} &= (-x_Q, y_M - y_0)(-x_Q, y_N - y_0) \\
&= x_Q^2 + (y_M - y_0)(y_N - y_0) \\
&= x_Q^2 + \left(\frac{2y_0}{x_0+2} - y_0\right)\left(\frac{-2y_0}{x_0-2} - y_0\right) \\
&= x_Q^2 + \frac{x_0^2 y_0^2}{x_0^2 - 4} = x_Q^2 + \frac{x_0^2 y_0^2}{x_0^2 - 4} \\
&= x_Q^2 + \frac{x_0^2 y_0^2}{-2y_0^2} = x_Q^2 - \frac{x_0^2}{2} = 0
\end{aligned}$$

所以 $\overrightarrow{QM} \perp \overrightarrow{QN}$，即 $\angle MQN$ 为定值 $90°$.

【例 13】 椭圆 $C: \dfrac{x^2}{a^2} + \dfrac{y^2}{b^2} = 1 (a>b>0)$ 的左、右焦点分别为 F_1、F_2，M 在椭圆上，$\triangle MF_1F_2$ 的周长为 $2\sqrt{5}+4$，面积的最大值为 2.

(1) 求椭圆 C 的方程.

(2) 直线 $y=kx(k>0)$ 与椭圆 C 交于 A、B 两点，连接 AF_2、BF_2 并延长交椭圆 C 于 D、E 两点，如图 11.9 所示，探索 AB 与 DE 的斜率之比是否为定值，并说明理由.

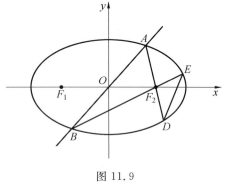

图 11.9

解：(1) 由已知得
$$2a + 2c = 2\sqrt{5} + 4$$
$$S = \frac{1}{2} \cdot 2c \cdot b = bc = 2$$
$$a^2 = b^2 + c^2$$

得到 $a=\sqrt{5}, c=2, b=1$,所以 $C: \dfrac{x^2}{5}+y^2=1$.

(2)设 $A(x_0, y_0)$,则 $B(-x_0, -y_0)$.设 $D(x_1, y_1), E(x_2, y_2)$.

直线 $AD: x=\dfrac{x_0-2}{y_0}y+2$ 代入到 $C: \dfrac{x^2}{5}+y^2=1$ 得到

$$[(x_0-2)^2+5y_0^2]y^2+4(x_0-2)y_0 y-y_0^2=0$$

由于 A 点满足 $\dfrac{x_0^2}{5}+y_0^2=1$,代入上式得

$$(9-4x_0)y^2+4(x_0-2)y_0 y-y_0^2=0$$

由韦达定理得 $y_0 y_1=\dfrac{-y_0^2}{9-4x_0}$,即

$$y_1=\dfrac{-y_0}{9-4x_0}, \quad x_1=\dfrac{x_0-2}{y_0}y_1+2$$

将直线 $BE: x=\dfrac{x_0+2}{y_0}y+2$ 代入到 $\dfrac{x^2}{5}+y^2=1$,得

$$y_2=\dfrac{y_0}{9+4x_0}, \quad x_2=\dfrac{x_0+2}{y_0}y_2+2$$

所以

$$k_{DE}=\dfrac{y_1-y_2}{x_1-x_2}=\dfrac{y_1-y_2}{\dfrac{x_0-2}{y_0}y_1-\dfrac{x_0+2}{y_0}y_2}=\dfrac{y_1-y_2}{\dfrac{x_0}{y_0}\cdot(y_1-y_2)-2\dfrac{y_1+y_2}{y_0}}$$

$$=\dfrac{1}{\dfrac{x_0}{y_0}-\dfrac{2}{y_0}\cdot\dfrac{y_1+y_2}{y_1-y_2}}=\dfrac{1}{\dfrac{x_0}{y_0}-\dfrac{2}{y_0}\cdot\dfrac{\dfrac{-y_0}{9-4x_0}+\dfrac{y_0}{9+4x_0}}{\dfrac{-y_0}{9-4x_0}-\dfrac{y_0}{9+4x_0}}}=\dfrac{9y_0}{x_0}=9k_{AB}$$

所以 $\dfrac{k_{AB}}{k_{DE}}=\dfrac{1}{9}$.

【例 14】 (2018 北京文)已知椭圆 $M: \dfrac{x^2}{a^2}+\dfrac{y^2}{b^2}=1(a>b>0)$ 的离心率是 $\dfrac{\sqrt{6}}{3}$,焦距为 $2\sqrt{2}$,斜率为 k 的直线 l 与椭圆 M 有两个不同的交点 A、B.

(1)求椭圆 M 的方程.

(2)若 $k=1$,求 $|AB|$ 的最大值.

(3)设 $P(-2, 0)$,直线 PA 与椭圆 M 的另一个交点为 C,直线 PB 与椭圆 M 的另一个交点为 D,如图 11.10 所示,若 C、D 与点 $Q\left(-\dfrac{7}{4}, \dfrac{1}{4}\right)$ 共线,求 k.

解:(1)由题 $e=\dfrac{c}{a}=\dfrac{\sqrt{6}}{3}, 2c=2\sqrt{2}, a^2=b^2+c^2$,得到 $a=\sqrt{3}, b=1$,所以椭圆方程为 $\dfrac{x^2}{3}+y^2=1$.

(2)设 AB 的方程为 $y=x+m, A(x_1, y_1)、B(x_2, y_2)$,将其与椭圆方程联立得

$$\begin{cases} \dfrac{x^2}{3}+y^2=1 \\ y=x+m \end{cases}$$

即
$$4x^2+6mx+3m^2-3=0$$

因为
$$\Delta=-12m^2+48>0$$

所以
$$0\leqslant b^2<4$$

由韦达定理得

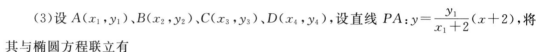

图 11.10

$$x_1+x_2=-\dfrac{3m}{2},\quad x_1x_2=\dfrac{3m^2-3}{4}$$

$$|AB|=\sqrt{1+1^2}\cdot\sqrt{(x_1+x_2)^2-4x_1x_2}=\sqrt{-\dfrac{3m^2}{2}+6}\leqslant\sqrt{6}$$

(3) 设 $A(x_1,y_1)$、$B(x_2,y_2)$、$C(x_3,y_3)$、$D(x_4,y_4)$,设直线 $PA:y=\dfrac{y_1}{x_1+2}(x+2)$,将其与椭圆方程联立有

$$\begin{cases} y=\dfrac{y_1}{x_1+2}(x+2) \\ \dfrac{x^2}{3}+y^2=1 \end{cases}$$

得到

$$[(x_1+2)^2+3y_1^2]x^2+12y_1^2x+12y_1^2=3(x_1+2)^2 \qquad ①$$

由于 $\dfrac{x_1^2}{3}+y_1^2=1$,即 $y_1^2=1-\dfrac{x_1^2}{3}$,将其代入①整理得

$$(4x_1+7)x^2+(12-4x_1^2)x-(7x_1^2+12x_1)=0$$

由韦达定理得

$$x_1x_3=\dfrac{-(7x_1^2+12x_1)}{4x_1+7}$$

所以

$$x_3=\dfrac{-(7x_1+12)}{4x_1+7}$$

将其代入

$$y_3=\dfrac{y_1}{x_1+2}(x_3+2)=\dfrac{y_1}{4x_1+7}$$

即 $C\left(\dfrac{-(7x_1+12)}{4x_1+7},\dfrac{y_1}{4x_1+7}\right)$. 同理可得 $D\left(\dfrac{-(7x_2+12)}{4x_2+7},\dfrac{y_2}{4x_2+7}\right)$.

由于 C、D、Q 三点共线,因此 $k_{CQ}=k_{DQ}$,即

$$\dfrac{\dfrac{y_1}{4x_1+7}-\dfrac{1}{4}}{\dfrac{-(7x_1+12)}{4x_1+7}+\dfrac{7}{4}}=\dfrac{\dfrac{y_2}{4x_2+7}-\dfrac{1}{4}}{\dfrac{-(7x_2+12)}{4x_2+7}+\dfrac{7}{4}}$$

化简得
$$4y_1-4x_1-7=4y_2-4x_2-7$$
解得 $k=\dfrac{y_1-y_2}{x_1-x_2}=1$.

【例 15】 已知圆 $x^2+y^2=4$, 直线 $l:x=4$, 圆 O 与 x 轴交于 A、B 两点, M 是圆 O 上异于 A、B 的任意一点, 直线 AM 交 l 于点 P, 直线 BM 交直线 l 于点 Q, 如图 11.11 所示. 求证: 以 PQ 为直径的圆 C 过定点, 并求出定点坐标.

证明: 设 $M(x_0,y_0)$, 则 $AM:\dfrac{y_0}{x_0+2}=\dfrac{y}{x+2}$, $BM:\dfrac{y_0}{x_0-2}=\dfrac{y}{x-2}$, 分别与 $x=4$ 联立可得

$$P\left(4,\dfrac{6y_0}{x_0+2}\right),\quad Q\left(4,\dfrac{2y_0}{x_0-2}\right)$$

则由直径式方程得

$$(x-4)(x-4)+\left(y-\dfrac{6y_0}{x_0+2}\right)\left(y-\dfrac{2y_0}{x_0-2}\right)=0$$

$$x^2-8x+16+y^2-\left(\dfrac{6y_0}{x_0+2}+\dfrac{2y_0}{x_0-2}\right)y+\dfrac{6y_0}{x_0+2}\cdot\dfrac{2y_0}{x_0-2}=0$$

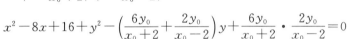

图 11.11

由于 M 在圆上, 代入得 $x_0^2+y_0^2=4$, 将此式代入上式进行整理可得

$$x^2-8x+16+y^2+\dfrac{2x_0-2}{y_0}y-12=0$$

令 $y=0$, 得 $x^2-8x+4=0$, 可得定点为 $(4\pm2\sqrt{3},0)$.

【点评】 在圆锥曲线中我们常常用到两点式方程 $\dfrac{y-y_1}{y-y_2}=\dfrac{x-x_1}{x-x_2}$, 将其化成一般式为 $(x_1-x_2)y+(y_2-y_1)x=x_1y_2-x_2y_1$, 此式在 x 轴、y 轴上的截距分别记作 a、b, 其中 $a=\dfrac{x_1y_2-x_2y_1}{y_2-y_1}$, $b=\dfrac{x_1y_2-x_2y_1}{x_1-x_2}$, 截距式在处理动点问题和方程问题中发挥巨大作用.

【例 16】 (2021 内蒙古竞赛) 如图 11.12 所示, 在平面直角坐标系中, 椭圆 $E:\dfrac{x^2}{2}+y^2=1$ 的左、右焦点分别为 F_1、F_2, 设 P 是第一象限内椭圆 E 上的一点, PF_1、PF_2 的延长线分别交椭圆于点 $Q_1(x_1,y_1)$、$Q_2(x_2,y_2)$, 求 y_1-y_2 的最大值.

解: 设 $P(x_0,y_0)$, 由 P、F_1、Q_1 三点共线可得

$$\dfrac{y_0-0}{x_0-1}=\dfrac{y_2-0}{x_2-1}\Leftrightarrow x_2=\dfrac{x_0-1}{y_0}y_2+1$$

与椭圆方程 $\dfrac{x^2}{2}+y^2=1$ 联立可得

$$\left(\dfrac{x_0-1}{y_0}\right)^2y_2^2+2y_2\dfrac{x_0-1}{y_0}+1+2y_2^2=2\Leftrightarrow\left[\left(\dfrac{x_0-1}{y_0}\right)^2+2\right]y_2^2+2\dfrac{x_0-1}{y_0}=0$$

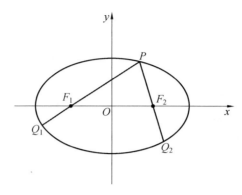

图 11.12

$$y_2 = -\frac{2(x_0-1)y_0}{(x_0-1)^2+2y_0^2}$$

同理可得

$$\left(\frac{x_0+1}{y_0}\right)^2 y_1^2 - 2y_1\frac{x_0+1}{y_0}+1+2y_1^2=1 \Leftrightarrow y_1=\frac{2(x_0+1)y_0}{(x_0+1)^2+2y_0^2}$$

则

$$\begin{aligned}y_1-y_2 &= \frac{2(x_0+1)y_0}{(x_0+1)^2+2y_0^2}+\frac{2(x_0-1)y_0}{(x_0-1)^2+2y_0^2}\\&=\frac{2(x_0+1)y_0}{3+2x_0}+\frac{2(x_0-1)y_0}{3-2x_0}=2y_0\frac{2x_0}{(3+2x_0)(3-2x_0)}\\&=\frac{4x_0y_0}{9-4x_0^2}\leqslant\sqrt{\frac{16x_0^2y_0^2}{(9-4x_0^2)^2}}=\sqrt{\frac{32y_0^2(1-y_0^2)}{(1+8y_0^2)^2}}\end{aligned}$$

设 $m=1+8y_0^2\in(1,9]$，则

$$\frac{32y_0^2(1-y_0^2)}{(1+8y_0^2)^2}=\frac{(m-1)(9-m)}{2m^2}=\frac{-m^2+10m-9}{2m^2}=-\frac{1}{2}+5t-\frac{9}{2}t^2$$

其中，$t=\frac{1}{m}\in\left[\frac{1}{9},1\right)$，对称轴 $t=\frac{5}{9}$．故

$$y_1-y_2\leqslant\sqrt{-\frac{1}{2}+5\times\frac{5}{9}-\frac{9}{2}\times\frac{5^2}{9^2}}=\sqrt{\frac{16}{18}}=\frac{2\sqrt{2}}{3}$$

【例 17】 如图 11.13 所示，已知椭圆 $C:\frac{x^2}{5}+y^2=1$ 的右焦点为 F，原点为 O，椭圆的动弦 AB 过焦点 F 且不垂直于坐标轴，弦 AB 的中点为 N，椭圆 C 在点 A、B 处的两条切线的交点为 M．

(1) 求证：O、M、N 三点共线．

(2) 求 $\dfrac{|AB|\cdot|FM|}{|FN|}$ 的最小值．

解：(1) 设直线 AB 方程为 $y=k(x-2)$，在 x 轴和 y 轴的截距分别为 2 和 $-2k$．

设 $A(x_1,y_1)$，$B(x_2,y_2)$，则直线 AB 可以写成

$$(x_1-x_2)y+(y_2-y_1)x=x_1y_2-x_2y_1$$

故

$$\frac{x_1y_2-x_2y_1}{y_2-y_1}=2 \qquad ①$$

$$\frac{x_1y_2-x_2y_1}{x_1-x_2}=-2k \qquad ②$$

由切点弦方程得直线 AM：$\frac{x_1x}{5}+y_1y=1$，直线 BM：$\frac{x_2x}{5}+y_2y=1$，联立后得到

$$M\left(\frac{5(y_2-y_1)}{x_1y_2-x_2y_1},\frac{x_1-x_2}{x_1y_2-x_2y_1}\right)$$

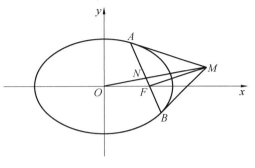

图 11.13

将①和②代入，得到 $M\left(\frac{5}{2},-\frac{1}{2k}\right)$，得 $k_{OM}=-\frac{1}{5k}$.

将圆锥曲线方程和直线 AB 进行联立得

$$\begin{cases} y=k(x-2) \\ \dfrac{x^2}{5}+y^2=1 \end{cases}$$

即

$$(5k^2+1)x^2-20k^2x+(20k^2-5)=0$$

由韦达定理得

$$x_1+x_2=\frac{20k^2}{5k^2+1},\quad \frac{x_1+x_2}{2}=\frac{10k^2}{5k^2+1}$$

$$\frac{y_1+y_2}{2}=\frac{k(x_1-2)+k(x_2-2)}{2}=\frac{k(x_1+x_2)-4k}{2}=\frac{k\cdot\frac{20k^2}{5k^2+1}-4k}{2}=\frac{-2k}{5k^2+1}$$

故 $N\left(\dfrac{20k^2}{5k^2+1},\dfrac{-2k}{5k^2+1}\right)$，得 $k_{ON}=-\dfrac{1}{5k}$.

由于 $k_{OM}=k_{ON}$，所以 O、M、N 三点共线.

(2)由(1)知

$$|AB|=\sqrt{1+k^2}\,|x_1-x_2|=\frac{2\sqrt{5}(1+k^2)}{5k^2+1}$$

$$|FM|=\sqrt{1+\frac{1}{k^2}}\left|\frac{5}{2}-2\right|=\frac{\sqrt{1+k^2}}{2|k|}$$

$$|FN|=\sqrt{1+k^2}\left|\frac{10k^2}{5k^2+1}-2\right|=\frac{2\sqrt{1+k^2}}{5k^2+1}$$

所以

$$\frac{|AB|\cdot|FM|}{|FN|}=\frac{\sqrt{5}}{2}\cdot\frac{k^2+1}{|k|}=\frac{\sqrt{5}}{2}\cdot\left(\frac{1}{|k|}+|k|\right)\geqslant\sqrt{5}$$

当 $|k|=1$ 时，等号成立.

11.2 抛物线设点

前面讨论过直线与椭圆或者抛物线联立的时候用正设直线 $y=kx+m$，以及用反设直线 $x=ky+m$ 的优劣，实际上对于抛物线的问题，借助其参数方程的特点，抛物线设点是一个非常好的选择. 为了更好地研究下面的问题，先来梳理一下开口向右和开口向上的抛物线设点及其与直线相交情况.

当抛物线方程为 $y^2=2px(p>0)$ 时，若直线 l 与抛物线交于 A、B 两点，则可设点 $A(2pt_1^2,2pt_1)$，$B(2pt_2^2,2pt_2)$，则直线 $l_{AB}:x=(t_1+t_2)y-2pt_1t_2$.

当抛物线方程为 $x^2=2py(p>0)$ 时，若直线 l 与抛物线交于 A、B 两点，则可设点 $A(2pt_1,2pt_1^2)$，$B(2pt_2,2pt_2^2)$，则直线 $l_{AB}:y=(t_1+t_2)x-2pt_1t_2$.

在此背景下一些常用结论如下：

如图 11.14 所示，已知抛物线 $y^2=2px$，点 $A(2pt_1^2,2pt_1)$、$B(2pt_2^2,2pt_2)$ 在抛物线上.

结论 1：若直线 AB 过焦点，则有 $t_1t_2=-\dfrac{1}{4}$（不建议直接使用）.

结论 2：过点 A 的切线方程为 $x=2t_1y-2pt_1^2$（熟悉极点极线的读者应该很容易写出）.

结论 3：若过点 A 的切线与 y 轴和 x 轴分别交于 C、D 两点，则 C 是线段 AD 中点.

结论 4：过 AB 两点的切线交于点 E，则点 E 坐标为 $(2pt_1t_2,p(t_1+t_2))$.

结论 5：$\triangle ABC$ 中，若 $\overrightarrow{AB}=(x_1,y_1)$，$\overrightarrow{AC}=(x_2,y_2)$，则 $S_{\triangle ABC}=\dfrac{1}{2}|x_1y_2-x_2y_1|$.

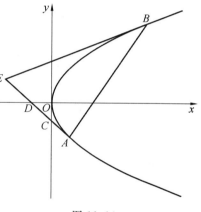

图 11.14

结论 6：由结论 5，若在抛物线 $y^2=2px$ 上的三点分别为 $A(2pt_1^2,2pt_1)$、$B(2pt_2^2,2pt_2)$、$C(2pt_3^2,2pt_3)$，则 $S_{\triangle ABC}=2p^2|(t_1-t_2)(t_2-t_3)(t_3-t_1)|$.

【例 18】 如图 11.15 所示，已知抛物线 $C:y^2=x$ 上有一点 $A(1,1)$，过点 $P(3,-1)$ 的直线与抛物线 C 交于 M、N 两个不同的点（均异于点 A），设直线 AM、AN 的斜率分别为 k_1、k_2，求证：$k_1 \cdot k_2$ 为定值.

证明：设 $M(t_1^2,t_1)$，$N(t_2^2,t_2)$，则
$$l_{MN}:x=(t_1+t_2)y-t_1t_2$$

因为点 P 在直线上，所以
$$3=-(t_1+t_2)-t_1t_2$$

所以
$$k_1 \cdot k_2 = \dfrac{1}{t_1+1} \cdot \dfrac{1}{t_2+1} = \dfrac{1}{t_1t_2+t_1+t_2+1} = -\dfrac{1}{2}$$

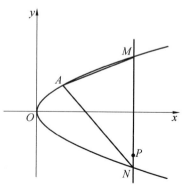

图 11.15

第十一章 非联立设点问题

证毕.

【点评】作为设点的第一题,此题非常简单,即使用常规方法也不难,但设点处理起来会更加简便。

【例 19】 如图 11.16 所示,已知点 $Q(1,2)$ 在抛物线 $E:y^2=4x$ 上,过抛物线焦点 F 且不垂直于坐标轴的直线交 E 于 A、B 两点,动点 P 满足 $\triangle PAB$ 的垂心为原点 O.

(1)求证:点 P 在定直线上.

(2)求 $\dfrac{S_{\triangle PAB}}{S_{\triangle QAB}}$ 的最小值.

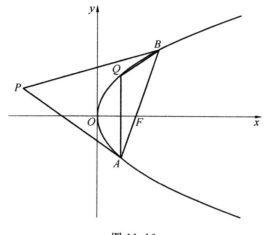

图 11.16

解:(1)设 $A(4t_1^2,4t_1)$,$B(4t_2^2,4t_2)$,$l_{AB}:x=(t_1+t_2)y-4t_1t_2$.

因为 AB 过点 F,所以代入得

$$t_1t_2=-\dfrac{1}{4}$$

又 $AO\perp BP$,$BO\perp AP$,所以

$$k_{BP}=\dfrac{-1}{k_{AO}}=-t_1,\quad k_{AP}=\dfrac{-1}{k_{BO}}=-t_2$$

所以

$$l_{AP}:y=-t_2(x-4t_1^2)+4t_1,\quad l_{BP}:y=-t_1(x-4t_2^2)+4t_2$$

联立可得

$$(t_1-t_2)x=4(t_2-t_1)+4t_2t_1(t_2-t_1)\Rightarrow x=-4+4t_2t_1=-3$$

所以点 P 在定值线 $x=3$ 上.

(2)由(1)知当 $x_P=-3$ 时,有 $y_P=3(t_1+t_2)$.

令 $t=t_1+t_2$,则有

$$l_{AB}:x=ty+1$$

所以点 Q 到直线 AB 的距离为

$$d_1=\dfrac{|2t|}{\sqrt{t^2+1}}$$

点 P 到直线 AB 的距离为

$$d_2 = \frac{|3t^2+4|}{\sqrt{t^2+1}}$$

所以
$$\frac{S_{\triangle PAB}}{S_{\triangle QAB}} = \frac{d_2}{d_1} = \left|\frac{3t^2+4}{2t}\right| = \left|\frac{3}{2}t + \frac{2}{t}\right| \geqslant 2\sqrt{3}$$

当且仅当 $t = \pm\frac{2\sqrt{3}}{3}$ 时取等. 所以最小值为 $2\sqrt{3}$.

【例20】 (2019 全国 1)已知抛物线 $C: y^2 = 3x$ 的焦点为 F,斜率为 $\frac{3}{2}$ 的直线 l 与 C 交于 A、B 两点,与 x 轴交点为 P.

(1)若 $|AF| + |BF| = 4$,求 l 的方程.

(2)若 $\overrightarrow{AP} = 3\overrightarrow{PB}$,求 $|AB|$.

解:(1)设 $A(3t_1^2, 3t_1), B(3t_2^2, 3t_2)$,则
$$l: x = (t_1+t_2)y - 3t_1t_2$$

所以
$$t_1 + t_2 = \frac{1}{k_l} = \frac{2}{3}$$

所以
$$|AF| + |BF| = 4 = x_A + x_B + \frac{3}{2} = \frac{3}{2} + 3(t_1^2 + t_2^2)$$
$$\Rightarrow t_1^2 + t_2^2 = \frac{5}{6}$$

所以
$$t_1 t_2 = -\frac{7}{36}$$

则 $l: x = \frac{2}{3}y + \frac{7}{12} \Leftrightarrow 12x - 8y + 7 = 0$.

(2)因为 $\overrightarrow{AP} = 3\overrightarrow{PB}$,所以
$$y_A - y_P = 3(y_P - y_B)$$

故有
$$t_1 = -3t_2$$

所以
$$t_1 = 1, \quad t_2 = -\frac{1}{3}$$

所以 $A(3,3), B\left(\frac{1}{3}, -1\right)$,则
$$|AB| = \sqrt{\left(\frac{8}{3}\right)^2 + 4^2} = \frac{4\sqrt{13}}{3}$$

【例21】 (2019 全国 3)已知曲线 $C: y = \frac{x^2}{2}$,D 为直线 $y = -\frac{1}{2}$ 上一动点,过 D 作 C 的两条切线,切点分别为 A、B.

第十一章 非联立设点问题

(1)证明:直线 AB 过定点.

(2)若以 $E\left(0,\dfrac{5}{2}\right)$ 为圆心的圆与直线 AB 相切,且切点为线段 AB 的中点,求该圆的方程,并求此时四边形 $ADBE$ 的面积.

解:(1)设 $A(2t_1^2,2t_1),B(2t_2^2,2t_2)$,$l_{AB}:y=(t_1+t_2)x-2t_1t_2$,故由结论 4 知 $D(t_1+t_2,2t_1t_2)$.

又点 D 在直线 $y=-\dfrac{1}{2}$ 上,所以 AB 过定点 $F\left(0,\dfrac{1}{2}\right)$.

(2)设 AB 中点 $M(t_1+t_2,t_1^2+t_2^2)$,则 EM 为圆的半径.

因为圆与 AB 相切,所以 $EM\perp AB$,所以

$$\overrightarrow{EM}\cdot\overrightarrow{AB}=0$$

即

$$(2t_2-2t_1)(t_2+t_1)+(2t_2^2-2t_1^2)\left(t_2^2+t_1^2-\dfrac{5}{2}\right)=0$$

化简得

$$(t_2+t_1)\left(t_2^2+t_1^2-\dfrac{3}{2}\right)=0$$

故 $t_2+t_1=0$ 或 $t_2^2+t_1^2-\dfrac{3}{2}=0$.

当 $t_2+t_1=0$ 时,有

$$t_2^2+t_1^2=(t_1+t_2)^2-2t_1t_2=\dfrac{1}{2}$$

故 $M\left(0,\dfrac{1}{2}\right)$,此时 $|EM|=2$,所以圆方程为

$$x^2+\left(y-\dfrac{5}{2}\right)^2=4$$

则

$$\begin{aligned}S_{ADBE}&=S_{\triangle ABD}+S_{\triangle AEB}\\&=\dfrac{1}{2}\left|(t_2-t_1)(2t_1t_2-2t_2^2)-(t_1-t_2)(2t_1t_2-2t_1^2)\right|+\\&\quad\dfrac{1}{2}\left|2t_1\left(2t_2^2-\dfrac{5}{2}\right)-2t_2\left(2t_1^2-\dfrac{5}{2}\right)\right|\\&=|t_1-t_2|^3+\dfrac{1}{2}|(t_2-t_1)(t_1t_2+5)|\end{aligned}$$

其中

$$|t_1-t_2|=\sqrt{(t_1+t_2)^2-4t_1t_2}=1$$

所以

$$S_{ADBE}=S_{\triangle ABD}+S_{\triangle AEB}=1+\dfrac{1}{2}\times 4=3$$

当 $t_2^2+t_1^2-\dfrac{3}{2}=0$ 时,有

$$(t_1+t_2)^2 = t_2^2 + t_1^2 + 2t_1t_2 = 1$$

此时 $M\left(\pm 1, \dfrac{3}{2}\right)$，所以

$$|EM| = \sqrt{2}$$

所以圆方程为

$$x^2 + \left(y - \dfrac{5}{2}\right)^2 = 2$$

又

$$|t_1 - t_2| = \sqrt{(t_1+t_2)^2 - 4t_1t_2} = \sqrt{2}$$

同理

$$S_{ADBE} = S_{\triangle ABD} + S_{\triangle AEB} = |t_1-t_2|^3 + \dfrac{1}{2}|(t_2-t_1)(t_1t_2+5)| = 4\sqrt{2}$$

综上，圆方程为 $x^2 + \left(y - \dfrac{5}{2}\right)^2 = 4$ 或 $x^2 + \left(y - \dfrac{5}{2}\right)^2 = 2$，四边形 $ADBE$ 的面积为 3 或 $\sqrt{2}$.

【例 22】 如图 11.17 所示，过点 $P\left(0, \dfrac{1}{2}\right)$ 作直线 l 交抛物线 $C: y^2 = x$ 于 A、B 两点（A 在 PB 之间），设点 A、B 纵坐标分别为 y_1、y_2，过点 A 作 x 轴的垂线交 OB 于点 D.

(1) 求证：$\dfrac{1}{y_1} + \dfrac{1}{y_2} = 2$.

(2) 求 $S_{\triangle OAD}$ 的最大值.

解：(1) 设点 $A(y_1^2, y_1)$，$B(y_2^2, y_2)$，则

$$l_{AB}: x = (y_1+y_2)y - y_1y_2$$

因为 P 在直线 AB 上，所以有

$$0 = (y_1+y_2)\dfrac{1}{2} - y_1y_2 \Rightarrow \dfrac{1}{y_1} + \dfrac{1}{y_2} = 2$$

$$l_{OB}: x = y_2 y$$

令 $x = x_A = y_1^2 \Rightarrow y_D = \dfrac{y_1^2}{y_2}$，所以

$$S_{\triangle OAD} = \dfrac{1}{2} d \cdot |AD| = \dfrac{1}{2} y_1^2 |y_A - y_D| = \dfrac{1}{2} y_1^2 \left| y_1 - \dfrac{y_1^2}{y_2} \right|$$

由 $\dfrac{1}{y_1} + \dfrac{1}{y_2} = 2 \Rightarrow \dfrac{1}{y_2} = 2 - \dfrac{1}{y_1}$，所以

$$S_{\triangle OAD} = \dfrac{1}{2} y_1^2 \left| y_1 - y_1^2\left(2 - \dfrac{1}{y_1}\right)\right| = y_1^2 |y_1 - y_1^2|$$

又点 A 在点 B 左侧，所以 $x_B > x_A$，即

$$y_2^2 > y_1^2 \Leftrightarrow \left|\dfrac{y_1}{y_2}\right| < 1 \Leftrightarrow \left|y_1\left(2 - \dfrac{1}{y_1}\right)\right| \Rightarrow y_1 \in \left(0, \dfrac{1}{2}\right) \cup \left(\dfrac{1}{2}, 1\right)$$

所以

$$S_{\triangle OAD} = y_1^2(y_1 - y_1^2)$$

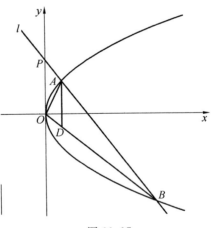

图 11.17

因为 $y_1 \in \left(0, \dfrac{1}{2}\right) \cup \left(\dfrac{1}{2}, 1\right)$（求导可得当 $y_1 = \dfrac{3}{4}$ 时，$S_{\triangle OAD \max} = \dfrac{27}{256}$），所以

$$S_{\triangle OAD} = y_1^2(y_1 - y_1^2) = \dfrac{1}{3} y_1 \cdot y_1 \cdot y_1 (3 - 3y_1) \leqslant \dfrac{1}{3}\left(\dfrac{y_1 + y_1 + y_1 + 3 - 3y_1}{4}\right)^4 = \dfrac{27}{256}$$

当且仅当 $y_1 = 3 - 3y_1 \Rightarrow y_1 = \dfrac{3}{4}$ 时，$S_{\triangle OAD \max} = \dfrac{27}{256}$.

【例 23】（2020 浙江）如图 11.18 所示，已知椭圆 $C_1: \dfrac{x^2}{2} + y^2 = 1$，抛物线 $C_2: y^2 = 2px(p > 0)$，点 A 是椭圆与抛物线的交点，过点 A 的直线 l 与椭圆交于点 B，与抛物线交于点 M，若存在不过原点的直线 l 使得 M 为线段 AB 的中点，求 p 的最大值.

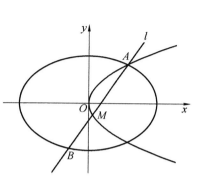

图 11.18

解：设 $A(2pt^2, 2pt)$，$M(2pt_1^2, 2pt_1)$，$B(x_0, y_0)$，则 A 在椭圆上，则有

$$\dfrac{(2pt^2)^2}{2} + (2pt)^2 = 1 \Rightarrow \dfrac{1}{2p^2} = t^4 + 2t^2 \quad ①$$

因为 M 为线段 AB 的中点，所以

$$\begin{cases} x_0 + 2pt^2 = 4pt_1^2 \\ y_0 + 2pt = 4pt_1 \end{cases} \Rightarrow \begin{cases} x_0 + 2pt^2 = 4pt_1^2 - 2pt^2 = 2p(2t_1^2 - t^2) \\ y_0 + 2pt = 4pt_1 - 2pt = 2p(2t_1 - t) \end{cases}$$

又因为点 B 在椭圆上，所以

$$\dfrac{4p^2(2t_1^2 - t^2)^2}{2} + 4p^2(2t_1 - t)^2 = 1 \Rightarrow \dfrac{1}{2p^2} = (2t_1^2 - t^2)^2 + 2(2t_1 - t)^2 \quad ②$$

①－②得

$$2t_1^2(2t^2 - 2t_1^2) + 4t_1(2t - 2t_1) = 4t_1^2(t^2 - t_1^2) + 4t_1 \cdot 2(t - t_1) = 0$$
$$\Rightarrow 4t_1(t - t_1)[t_1(t + t_1) + 2] = 0$$

即 $t_1^2 + tt_1 + 2 = 0$（即此关于 t_1 的方程有解），所以

$$\Delta = t^2 - 8 \geqslant 0 \Rightarrow t^2 \geqslant 8$$

所以

$$p^2 = \dfrac{1}{2t^4 + 4t^2} \leqslant \dfrac{1}{160}$$

即 $p \leqslant \dfrac{\sqrt{10}}{40}$.

【例 24】（2011 浙江理）如图 11.19 所示，已知抛物线 $C_1: x^2 = y$，圆 $C_2: x^2 + (y-4)^2 = 1$ 的圆心为点 M，点 P 是抛物线 C_1 上异于原点的一点，过 P 作圆 C_2 的两条切线，交抛物线于 A、B 两点，若过 M、P 两点的直线 l 垂直于 AB，求直线 l 的方程.

解：设 $P(t_0, t_0^2)$，$A(t_1, t_1^2)$，$B(t_2, t_2^2)$，则

$$l_{PA}: y = (t_0 + t_1)x - t_0 t_1, \quad l_{PB}: y = (t_0 + t_2)x - t_0 t_2$$

因为 PA 与圆相切，所以

$$d = \dfrac{|4 + t_0 t_1|}{\sqrt{(t_0 + t_1)^2 + 1^2}} = r = 1$$

化简得
$$(t_0^2-1)t_1^2+6t_0t_1+15-t_0^2=0$$
同理有
$$(t_0^2-1)t_2^2+6t_0t_2+15-t_0^2=0$$
所以 t_1、t_2 为方程 $(t_0^2-1)t^2+6t_0t+15-t_0^2=0$ 的两个解,由韦达定理得
$$t_1+t_2=-\frac{6t_0}{t_0^2-1}, \quad t_1t_2=\frac{15-t_0^2}{t_0^2-1}$$

因为 $PM \perp AB$,所以 $\overrightarrow{PM} \cdot \overrightarrow{AB}=0$,即
$$t_0(t_2-t_1)+(t_0^2-4)(t_2^2-t_1^2)=0 \Rightarrow$$
$$t_0+(t_0^2-4)(t_2+t_1)=0$$
即
$$t_0+(t_0^2-4)\left(-\frac{6t_0}{t_0^2-1}\right)=0 \Rightarrow t_0^2=\frac{23}{5}$$
$$t_0=\pm\frac{\sqrt{115}}{5}$$

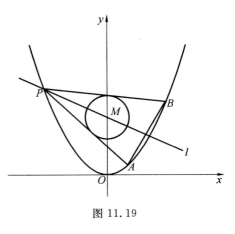

图 11.19

所以直线 l 的方程为 $y=\pm\frac{3\sqrt{115}}{115}x+4$.

【例 25】 (2012 浙江文)如图 11.20 所示,已知点 $M(1,1)$ 在抛物线 $C:y^2=x$ 上,A、B 是抛物线上两个动点,且线段 AB 被线段 OM 平分,若点 $P\left(1,\frac{1}{2}\right)$,求 $S_{\triangle PAB}$ 的最大值.

解:设点 $A(t_1^2,t_1)$,$B(t_2^2,t_2)$,$l_{OM}:y=x$,AB 中点为 $\left(\frac{t_1^2+t_2^2}{2},\frac{t_1+t_2}{2}\right)$.

因为 AB 中点在 OM 上,所以有
$$t_1^2+t_2^2=t_1+t_2$$
所以
$$S_{\triangle PAB}=\frac{1}{2}\left|(t_1^2-1)\left(t_2-\frac{1}{2}\right)-(t_2^2-1)\left(t_1-\frac{1}{2}\right)\right|$$
$$=\frac{1}{2}|t_1-t_2|\cdot\left|t_1t_2-\frac{1}{2}(t_1+t_2)+1\right|$$

令 $t_1^2+t_2^2=t_1+t_2=m$,所以
$$t_1t_2=\frac{(t_1+t_2)^2-(t_1^2+t_2^2)}{2}=\frac{m^2-m}{2}$$
$$|t_1-t_2|=\sqrt{(t_1+t_2)^2-4t_1t_2}=\sqrt{2m-m^2} \quad (0<m<2)$$

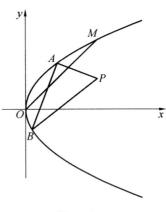

图 11.20

所以
$$S_{\triangle PAB}=\frac{1}{2}\sqrt{2m-m^2}\left|\frac{m^2+m}{2}-\frac{m}{2}+1\right|$$
$$=\frac{1}{2}\sqrt{2m-m^2}\left|\frac{m^2-2m}{2}+1\right|$$

令 $n=\sqrt{2m-m^2}\in(0,1]$,所以
$$S_{\triangle PAB}=\frac{1}{2}n\left|1-\frac{n^2}{2}\right|=\frac{1}{2}(2n-n^3)=f(n)$$
所以
$$f'(n)=\frac{1}{4}(2-3n^2)$$
易知 $f(n)$ 在 $\left(0,\frac{\sqrt{6}}{3}\right)$ 上递增,在 $\left(\frac{\sqrt{6}}{3},1\right)$ 上单调递减,所以
$$f(n)_{\max}=f\left(\frac{\sqrt{6}}{3}\right)=\frac{\sqrt{6}}{9}$$
所以
$$S_{\triangle PAB\max}=\frac{\sqrt{6}}{9}$$

【例 26】 (2014 浙江文)如图 11.21 所示,已知 $\triangle ABP$ 的三个顶点都在抛物线 C: $x^2=y$ 上,点 F 为抛物线的焦点,点 M 为 AB 的中点,且 $\overrightarrow{PF}=3\overrightarrow{FM}$.

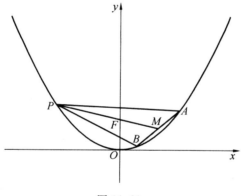

图 11.21

(1)若 $|PF|=3$,求点 M 的坐标.
(2)求 $S_{\triangle ABP}$ 的最大值.

解:(1)设点 $A(4t_1^2,4t_1),B(4t_2^2,4t_2),P(4t_3^2,4t_3)$,则
$$PF=4t_3^2+1=3\Rightarrow t_3=\pm\frac{\sqrt{2}}{2}$$
所以 $P(\pm 2\sqrt{2},2)$.
又 $F(0,1)$,所以
$$\overrightarrow{PF}=(\mp 2\sqrt{2},1)\Rightarrow\overrightarrow{FM}=\left(\mp\frac{2\sqrt{2}}{3},-\frac{1}{3}\right)\Rightarrow M\left(\mp\frac{2\sqrt{2}}{3},\frac{2}{3}\right)$$

(2)由(1)知 AB 中点 $M(2t_1+2t_2,2t_1^2+2t_2^2)$,所以 $\overrightarrow{FM}=(2t_1+2t_2,2t_1^2+2t_2^2-1)$.
又 $\overrightarrow{PF}=(-4t_3,1-4t_3^2)$,所以

$$\begin{cases}-4t_3=3(2t_1+2t_2)\\1-4t_3^2=3(2t_1^2+2t_2^2)\end{cases}\Rightarrow\begin{cases}t_1+t_2=-\dfrac{2t_3}{3}\\t_1^2+t_2^2=\dfrac{2-2t_3^2}{3}\end{cases}$$

所以

$$\begin{cases}t_1t_2=\dfrac{(t_1+t_2)^2-(t_1^2+t_2^2)}{2}=\dfrac{5}{9}t_3^2-\dfrac{1}{3}\\|t_1-t_2|=\sqrt{(t_1+t_2)^2-4t_1t_2}=\sqrt{-\dfrac{16}{9}t_3^2+\dfrac{3}{4}}\end{cases}$$

由结论 6 得

$$\begin{aligned}S_{\triangle ABP}&=8|(t_1-t_2)(t_2-t_3)(t_3-t_1)|\\&=8|t_2-t_1|\cdot|-t_2t_1-t_3^2+(t_2+t_1)t_3|\\&=8\sqrt{-\dfrac{16}{9}t_3^2+\dfrac{3}{4}}\cdot\left|\dfrac{20}{9}t_3^2-\dfrac{1}{3}\right|\end{aligned}$$

令 $m=\sqrt{-\dfrac{16}{9}t_3^2+\dfrac{3}{4}}\in\left[0,\dfrac{2\sqrt{3}}{3}\right]$,所以

$$S_{\triangle ABP}=8m\left|\dfrac{5}{4}m^2-\dfrac{4}{3}\right|=8\left|\dfrac{5}{4}m^3-\dfrac{4}{3}m\right|$$

令 $f(m)=\dfrac{5}{4}m^3-\dfrac{4}{3}m$,求导后不难发现

$$f(m)\leqslant f\left(\dfrac{4\sqrt{5}}{15}\right)=\dfrac{32\sqrt{5}}{135}$$

所以 $S_{\triangle ABP\max}=\dfrac{256\sqrt{5}}{135}$.

【例 27】 (2013 浙江文)如图 11.21 所示,已知抛物线 $C:x^2=4y$ 的焦点为 F,过 F 作直线交抛物线于 A、B 两点,若直线 OA、OB 分别交直线 $l:y=x-2$ 于 M、N 两点,求 $|MN|$ 的最小值.

解:设 $A(4t_1,4t_1^2),B(4t_2,4t_2^2),l_{AB}:y=(t_1+t_2)x-4t_1t_2$.

因为点 F 在 AB 上,所以代入得

$$t_1t_2=-\dfrac{1}{4}$$

将 $l_{OA}:y=t_1x$ 与 $l:y=x-2$ 联立得

$$x_M=-\dfrac{2}{t_1-1}$$

同理有

$$x_N=-\dfrac{2}{t_2-1}$$

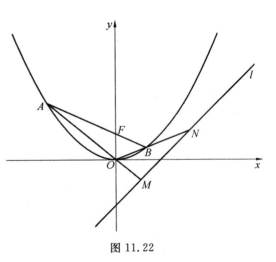

图 11.22

所以
$$|MN| = \sqrt{1+k^2} \cdot |x_M - x_N|$$
$$= \sqrt{2} \left| \frac{2}{t_2-1} - \frac{2}{t_1-1} \right|$$
$$= 2\sqrt{2} \left| \frac{t_1-t_2}{t_1 t_2 - (t_1+t_2) + 1} \right|$$
$$= 8\sqrt{2} \left| \frac{t_1-t_2}{-4t_1-4t_2+3} \right|$$

令 $t_1 + t_2 = m$，则
$$|t_1 - t_2| = \sqrt{(t_1+t_2)^2 - 4t_1 t_2} = \frac{1}{4}\sqrt{m^2 - 6m + 25}$$

所以
$$|MN| = 2\sqrt{2} \frac{\sqrt{m^2-6m+25}}{|m|}$$
$$= 2\sqrt{2} \sqrt{\frac{m^2-6m+25}{m^2}}$$
$$= 2\sqrt{2} \sqrt{\left(\frac{5}{m} - \frac{3}{5}\right)^2 + \frac{16}{25}}$$
$$\geq 2\sqrt{2} \sqrt{\frac{16}{25}}$$
$$= \frac{8\sqrt{2}}{5}$$

当 $m = \frac{25}{3}$ 时取等，故 $|MN|$ 的最小值为 $\frac{8\sqrt{2}}{5}$.

【例 28】 （2016 浙江文）如图 11.23 所示，抛物线 $y^2 = 4x$ 的焦点为 F，若直线 AF 交抛物线于另一点 B，过点 B 与 x 轴的平行线和过点 F 与 AB 垂直的直线交于点 N，AN 与 x 轴交于点 M，求 M 横坐标的取值范围.

解：已知 $F(1,0)$，设 $A(4t_1^2, 4t_1)$，$B(4t_2^2, 4t_2)$，$l_{AB}: x = (t_1+t_2)y - 4t_1 t_2$.

因为点 F 在 AB 上，所以代入得
$$t_1 t_2 = -\frac{1}{4}$$

易知
$$k_{FN} = -(t_1+t_2)$$

所以
$$l_{FN}: y = -(t_1+t_2)(x-1)$$

将其与 $y = 4t_2$ 联立，得 $N\left(\dfrac{t_1 - 3t_2}{t_1 + t_2}, 4t_2\right)$.

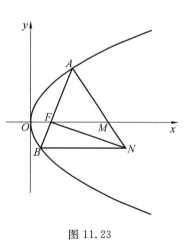

图 11.23

设 $M(m,0)$,由 $\overrightarrow{MA}/\!/\overrightarrow{MN}$ 得

$$(4t_1^2-m)\cdot 4t_2=\left(\frac{t_1-3t_2}{t_1+t_2}-m\right)4t_1$$

化简得

$$m=\frac{\dfrac{t_1-3t_2}{t_1+t_2}\cdot t_1-4t_1^2 t_2}{t_1-t_2}$$

又 $t_1 t_2=-\dfrac{1}{4}$,所以

$$m=\frac{\dfrac{t_1-3t_2}{t_1+t_2}\cdot t_1+t_1}{t_1-t_2}=\frac{\dfrac{t_1-2t_2}{t_1+t_2}\cdot t_1}{t_1-t_2}=\frac{2t_1}{t_1+t_2}=\frac{2}{1+\dfrac{t_2}{t_1}}$$

因为 $\dfrac{t_2}{t_1}<0$,所以 $1+\dfrac{t_2}{t_1}<1$,所以 $m\in(-\infty,0)\cup(2,+\infty)$.

【例 29】(2017 浙江)如图 11.24 所示,已知抛物线 $x^2=y$ 和点 $A\left(-\dfrac{1}{2},\dfrac{1}{4}\right)$, $B\left(\dfrac{3}{2},\dfrac{9}{4}\right)$,抛物线上的一动点 $P(x,y)$ $\left(-\dfrac{1}{2}<x<\dfrac{3}{2}\right)$,过点 B 作直线 AP 的垂线,垂足为 Q.

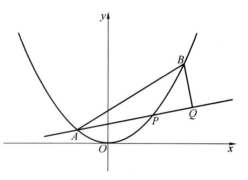

图 11.24

(1)求直线 AP 斜率的取值范围.

(2)求 $|PA|\cdot|PQ|$ 的最大值.

解:(1)设 $P(t,t^2)\left(-\dfrac{1}{2}<t<\dfrac{3}{2}\right)$,所以

$$k_{AP}=\frac{t^2-\dfrac{1}{4}}{t+\dfrac{1}{2}}=t-\dfrac{1}{2}\in[-1,1]$$

(2)法一:由已知得

$$l_{AQ}:y=k\left(x+\frac{1}{2}\right)+\frac{1}{4},\quad l_{BQ}:x=-k\left(y-\frac{9}{4}\right)+\frac{3}{2}$$

联立可得

$$x_Q=\frac{-k^2+4k+3}{2(k^2+1)}$$

所以

$$|PA|=\sqrt{1+k^2}\,|x_A-x_P|=\sqrt{1+k^2}\cdot(k+1)$$

$$|PQ|=\sqrt{1+k^2}\cdot\left|\frac{-k^2+4k+3}{2(k^2+1)}-k-\frac{1}{2}\right|=\left|\frac{-k^3-k^2+k+1}{\sqrt{1+k^2}}\right|=\left|\frac{(k+1)^2(1-k)}{\sqrt{1+k^2}}\right|$$

所以

$$|PA| \cdot |PQ| = (1-k)(k+1)^3 = \frac{1}{3}(3-3k)(k+1)(k+1)(k+1)$$

$$\leqslant \frac{1}{3}\left(\frac{3-3k+k+1+k+1+k+1}{4}\right)^4 = \frac{27}{16}$$

当且仅当 $k=\frac{1}{2}$ 时取等,故 $|PA| \cdot |PQ|$ 的最大值为 $\frac{27}{16}$.

法二:因为

$$|PA| \cdot |PQ| = \overrightarrow{PA} \cdot \overrightarrow{PQ}$$
$$\overrightarrow{PA} \cdot \overrightarrow{PB} = \overrightarrow{PA} \cdot (\overrightarrow{PQ}+\overrightarrow{QB}) = \overrightarrow{PA} \cdot \overrightarrow{PQ}$$

所以

$$\overrightarrow{PA} \cdot \overrightarrow{PQ} = \overrightarrow{PA} \cdot \overrightarrow{PB}$$
$$= \left|\left(-\frac{1}{2}-t\right)\left(\frac{3}{2}-t\right)+\left(\frac{1}{4}-t^2\right)\left(\frac{9}{4}-t^2\right)\right|$$
$$= \left(\frac{3}{2}-t\right)\left(\frac{1}{2}+t\right)^3$$
$$= \frac{1}{3}\left(\frac{9}{2}-3t\right)\left(\frac{1}{2}+t\right)\left(\frac{1}{2}+t\right)\left(\frac{1}{2}+t\right)$$
$$\leqslant \frac{1}{3}\left(\frac{\frac{9}{2}-3t+\frac{1}{2}+t+\frac{1}{2}+t+\frac{1}{2}+t}{4}\right)^4 = \frac{27}{16}$$

当且仅当 $t=\frac{1}{2}$ 时取等.

【例 30】 (2018 浙江)如图 11.25 所示,已知点 P 是 y 轴左侧的一点,抛物线 $C:y^2=4x$ 上存在不同的两个点 A、B,满足 PA 和 PB 的中点均在 C 上.

(1)设 AB 中点为 M,证明:PM 垂直于 y 轴.

(2)若 P 是半椭圆 $x^2+\frac{y^2}{4}=1(x<0)$ 上的动点,求 $S_{\triangle PAB}$ 的取值范围.

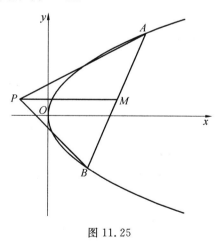

图 11.25

解:(1)设点 $P(x_0,y_0)(x_0<0)$,$A(4t_1^2,4t_1)$,$B(4t_2^2,4t_2)$,$M(2t_1^2+2t_2^2,2t_1+2t_2)$.

PA 中点坐标为 $\left(2t_1^2+\frac{x_0}{2},2t_1+\frac{y_0}{2}\right)$,在抛物线上,所以

$$4\left(2t_1^2+\frac{x_0}{2}\right)=\left(2t_1+\frac{y_0}{2}\right)^2 \Rightarrow$$
$$4t_1^2-2y_0t_1+2x_0-\frac{y_0^2}{4}=0$$

同理,PB 中点坐标在抛物线上,有

$$4t_2^2-2y_0t_2+2x_0-\frac{y_0^2}{4}=0$$

所以 t_1、t_2 是关于 t 的方程
$$4t^2 - 2y_0 t + 2x_0 - \frac{y_0^2}{4} = 0$$
的两个根，由韦达定理得
$$t_1 + t_2 = \frac{y_0}{2}, \quad t_1 t_2 = \frac{x_0}{2} - \frac{y_0^2}{16}$$
所以 $y_M = 2(t_1 + t_2) = y_0$，所以 $PM \perp y$ 轴.

(2) 由已知得
$$S_{\triangle PAB} = \frac{1}{2} |PM| \cdot |y_A - y_B| = \frac{1}{2} (2t_1^2 + 2t_2^2 - x_0) \cdot 4|t_1 - t_2|$$

由 $\begin{cases} t_1 + t_2 = \dfrac{y_0}{2} \\ t_1 t_2 = \dfrac{x_0}{2} - \dfrac{y_0^2}{16} \\ x_0^2 + \dfrac{y_0^2}{4} = 1 \end{cases}$，得

$$\begin{cases} t_1^2 + t_2^2 = (t_1+t_2)^2 - 2t_1 t_2 = -x_0 + \dfrac{3y_0^2}{8} \\ |t_1 - t_2| = \sqrt{(t_1+t_2)^2 - 4t_1 t_2} = \sqrt{-2x_0 + \dfrac{y_0^2}{2}} \end{cases}$$

所以
$$S_{\triangle PAB} = 2\left(-2x_0 + \frac{3y_0^2}{4} - x_0\right) \cdot \sqrt{-2x_0 + \frac{y_0^2}{2}}$$
$$= 3\left(-2x_0 + \frac{y_0^2}{2}\right) \cdot \sqrt{-2x_0 + \frac{y_0^2}{2}} = 3\left(-2x_0 + \frac{y_0^2}{2}\right)^{\frac{3}{2}}$$

又因为 $x_0^2 + \dfrac{y_0^2}{4} = 1$，所以
$$-2x_0 + \frac{y_0^2}{2} = -2x_0 + 2 - 2x_0^2 = -2\left(x_0 + \frac{1}{2}\right)^2 + \frac{5}{2} \in \left[2, \frac{5}{2}\right]$$
$$S_{\triangle PAB} = 3\left(-2x_0 + \frac{y_0^2}{2}\right)^{\frac{3}{2}} \in \left[6\sqrt{2}, \frac{15\sqrt{10}}{4}\right]$$

【例 31】 (2012 江西理) 如图 11.26 所示，已知抛物线 $C: x^2 = y$，若 $Rt\triangle PAB$ 的三个顶点都在抛物线上，且直角顶点 P 的横坐标为 1，过点 A、B 分别作抛物线的切线，两切线交于点 Q.

(1) 若直线 AB 经过点 $(0,3)$，求点 Q 的纵坐标.

(2) 求 $\dfrac{S_{\triangle PAB}}{S_{\triangle QAB}}$ 的最大值及此时点 Q 的坐标.

解：(1) 由已知点 $P(1,1)$，设 $A(t_1, t_1^2)$，$B(t_2, t_2^2)$，$l_{AB}: y = (t_1 + t_2)x - t_1 t_2$.
易得 A 处切线方程为
$$t_1 x = \frac{y + t_1^2}{2}$$

同理,B 处切线方程为
$$t_2 x = \frac{y + t_2^2}{2}$$

联立可得 $Q\left(\frac{t_1+t_2}{2}, t_1 t_2\right)$(此处由结论 4 可快速得出).

因为 $PA \perp PB$,所以
$$\overrightarrow{PA} \cdot \overrightarrow{PB} = 0 \Rightarrow t_1 t_2 + (t_1 + t_2) + 2 = 0$$
又 AB 过点 $(0,3)$,所以 $t_1 t_2 = -3$,即 $y_Q = -3$.

(2)设点 P 和点 Q 到 AB 的距离分别为 d_1、d_2,所以
$$d_1 = \frac{|t_1 + t_2 - t_1 t_2 - 1|}{\sqrt{(t_1+t_2)^2+1}}, \quad d_2 = \frac{\left|\frac{(t_1+t_2)^2}{2} - 2 t_1 t_2\right|}{\sqrt{(t_1+t_2)^2+1}}$$

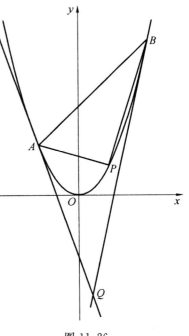

图 11.26

所以
$$\frac{S_{\triangle PAB}}{S_{\triangle QAB}} = \frac{d_1}{d_2} = \frac{|t_1+t_2-t_1 t_2-1|}{\left|\frac{(t_1+t_2)^2}{2}-2t_1 t_2\right|} = \frac{2|t_1+t_2-t_1 t_2-1|}{|(t_1+t_2)^2-4t_1 t_2|}$$

令 $t_1+t_2=m, t_1 t_2=n$,因为
$$t_1 t_2 + (t_1+t_2) + 2 = 0$$
所以
$$m+n+2=0 \Rightarrow t_1 t_2 = n = -2-m$$
又
$$t_1+t_2 \geqslant 4 t_1 t_2 \Rightarrow m^2 \geqslant 4n \Leftrightarrow m^2 \geqslant 4(-2-m)$$

解得 $m \in \mathbf{R}$. 所以
$$\frac{S_{\triangle PAB}}{S_{\triangle QAB}} = 2\left|\frac{2m+1}{m^2+4m+8}\right|$$

令 $t=2m+1$,则
$$\frac{S_{\triangle PAB}}{S_{\triangle QAB}} = \left|\frac{8t}{t^2+6t+25}\right| = \frac{8}{\left|t+\frac{25}{t}+6\right|} \leqslant 2$$

当且仅当 $\left|t+\frac{25}{t}+6\right|=4$,即 $t=-5$ 时取等,此时
$$t_1+t_2=m=-3, \quad t_1 t_2=n=1$$
所以点 $Q\left(-\frac{3}{2}, 1\right)$.

【例 32】 已知圆 C 与抛物线 $E: y^2=4x$ 仅有一个公共点,且圆 C 与 x 轴切于 E 的焦点 F. 求圆 C 的半径.

解:设圆与椭圆的公共点为 $A(4t^2, 4t)$,则圆与抛物线在 A 处有公切线,易得切线方程为
$$x = 2ty - 4t^2$$

令 $y=0$，得点 $B(-4t^2,0)$，则线段 BA 和 BF 都是圆 C 的切线段，由切线长相等知
$$|BA|=|BF|$$
即
$$(8t^2)^2+(4t)^2=(4t+1)^2 \Rightarrow 48t^4+8t^2-1=0$$
解得
$$t^2=\frac{1}{12} \Rightarrow t=\pm\frac{\sqrt{3}}{6} \Rightarrow k_{AB}=\frac{1}{2t}=\pm\sqrt{3}$$
所以 $\angle ABF=\frac{\pi}{3}$，由几何关系不难得出
$$r=|BF|\cdot\tan\frac{\pi}{6}=\frac{4\sqrt{3}}{9}$$

【例 33】 （2018 全国联赛）已知 AB 是抛物线 $y^2=4x$ 的焦点弦，且焦点为 F，$\triangle AOB$ 的外接圆交抛物线于点 P（P 异于点 A、B），若 PF 平分 $\angle APB$，求 $|PF|$ 的所有可能值.

解：设 $A(4t_1^2,4t_1)$，$B(4t_2^2,4t_2)$，$P(4t_3^2,4t_3)$，则
$$l_{AB}:x=(t_1+t_2)y-4t_1t_2$$
因为 F 在直线 AB 上，所以代入可得
$$t_1t_2=-\frac{1}{4}$$
设外接圆方程为
$$(x-a)^2+(y-b)^2=r^2$$
与 $y^2=4x$ 联立得
$$\left(\frac{y^2}{4}-a\right)^2+(y-b)^2=r^2$$
因为 A、O、B、P 均在圆上，所以 0、$4t_1$、$4t_2$、$4t_3$ 为上面四次方程的四根，由韦达定理得
$$0+4t_1+4t_2+4t_3=0 \Rightarrow t_1+t_2+t_3=0$$
又因为 PF 平分 $\angle APB$，由角平分线定理得
$$\frac{|PA|}{|PB|}=\frac{|FA|}{|FB|} \Rightarrow \frac{|PA|^2}{|PB|^2}=\frac{|FA|^2}{|FB|^2}$$
即
$$\frac{(t_1-t_3)^2[(t_1+t_3)^2+1]}{(t_2-t_3)^2[(t_2+t_3)^2+1]}=\frac{t_1^2}{t_2^2}$$
消去 t_3，且由 $t_1t_2=-\frac{1}{4} \Rightarrow -4t_1t_2=1$ 得
$$\frac{(2t_1+t_2)^2(t_2^2-4t_1t_2)}{(2t_2+t_1)^2(t_1^2-4t_1t_2)}=\left(\frac{t_1}{t_2}\right)^2$$
令 $t=\frac{t_1}{t_2}\neq\pm 1$，有
$$\frac{(2t+1)^2(1-4t)}{(2+t)^2(t^2-4t)}=t^2 \Rightarrow (t^2-1)(t^4-11t^2+1)=0$$
所以

$$t^4-11t^2+1=0 \Rightarrow t^2+\frac{1}{t^2}=11 \Rightarrow t+\frac{1}{t}=\pm\sqrt{13}$$

又

$$\frac{t_1^2+t_2^2}{t_1 t_2}=t+\frac{1}{t}=\pm\sqrt{13} \Rightarrow t_1^2+t_2^2=|\sqrt{13}\,t_1 t_2|=\frac{\sqrt{13}}{4}$$

所以

$$(t_1+t_2)^2=t_1^2+t_2^2+2t_1 t_2=\frac{\sqrt{13}}{4}-\frac{1}{2}$$

所以

$$|PF|=4t_3^2+1=4(t_1+t_2)^2+1=4\left(\frac{\sqrt{13}}{4}-\frac{1}{2}\right)+1=\sqrt{13}-1$$

【例 34】 如图 11.27 所示,在平面直角坐标系中,P 是一个不在 x 轴上的动点,已知过点 P 可作抛物线 $y^2=4x$ 的两条切线,切点为 A、B(A 在第一象限),两切点连线 AB 与直线 PO 垂直,垂足为 Q,设直线 AB 与 x 轴的交点为 R.

(1)证明:R 是一个定点.

(2)求 $\dfrac{|PQ|}{|QR|}$ 的最小值.

解:(1)设 $A(4t_1^2,4t_1)$,$B(4t_2^2,4t_2)$,则直线 AB 方程为

$$x=(t_1+t_2)y-4t_1 t_2$$

易得抛物线在 A、B 两处切线方程为

$$\begin{cases} l_A:x=2t_1 y-2pt_1^2 \\ l_B:x=2t_2 y-2pt_2^2 \end{cases}$$

联立可得点 $P(4t_1 t_2, 2t_1+2t_2)$($t_1+t_2\ne 0$).

因为 $AB\perp OP$,所以 $k_{OP}\cdot k_l=-1$,即

$$\frac{2(t_1+t_2)}{4t_1 t_2}\cdot\frac{1}{t_1+t_2}=-1 \Rightarrow 4t_1 t_2=-2$$

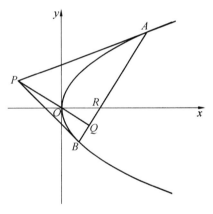

图 11.27

所以直线 AB 恒过 x 轴上定点 $(2,0)$,即 R 为定点 $(2,0)$.

(2)设 $t_1+t_2=m$,所以点 $P(-2,2m)$,直线 AB 方程为

$$x=my+2$$

所以

$$|PR|^2=(-2-2)^2+(2m-0)^2=4m^2+16$$

因为 $AB\perp OP$,所以 $|PQ|$ 为点 P 到直线 AB 的距离 d,所以

$$|PQ|^2=d^2=\frac{(2m^2+4)^2}{m^2+1}$$

所以

$$|QR|^2=|PR|^2-|PQ|^2=4m^2+16-\frac{(2m^2+4)^2}{m^2+1}=\frac{4m^2}{m^2+1}$$

所以

$$\left|\frac{PQ}{QR}\right| = \sqrt{\frac{(2m^2+4)^2}{m^2+1} \cdot \frac{m^2+1}{4m^2}}$$

$$= \sqrt{\frac{4m^4+16m^2+16}{4m^2}}$$

$$= \sqrt{m^2 + \frac{4}{m^2} + 4}$$

$$\geqslant \sqrt{2\sqrt{m^2 \cdot \frac{4}{m^2}} + 4}$$

$$= 2\sqrt{2}$$

当且仅当 $m^2=2$ 即 $m=\pm\sqrt{2}$ 时取等,所以 $\left|\dfrac{PQ}{QR}\right|$ 的最小值为 $2\sqrt{2}$.

【课后练习】

1. 已知椭圆 $C: \dfrac{x^2}{a^2} + \dfrac{y^2}{b^2} = 1(a>b>0)$ 的离心率为 $\dfrac{\sqrt{3}}{2}$,过椭圆的焦点且与长轴垂直的弦长为 1.

(1)求椭圆 C 的方程.

(2)如图 11.28 所示,设点 M 为椭圆上位于第一象限内一动点,A、B 分别为椭圆的左顶点和下顶点,直线 MB 与 x 轴交于点 C,直线 MA 与 y 轴交于点 D,求证:四边形 $ABCD$ 的面积为定值.

2. 如图 11.29 所示,已知椭圆 $E: \dfrac{x^2}{4} + y^2 = 1$.斜率为 k 的直线 l 与椭圆有两个不同的公共点 A、B,若 $k=1$,$P(-4,0)$,直线 PA 与椭圆 E 的另一个交点为 C,直线 PB 与椭圆 E 的另一个交点为 D,求证:直线 CD 过定点,并求出此定点坐标.

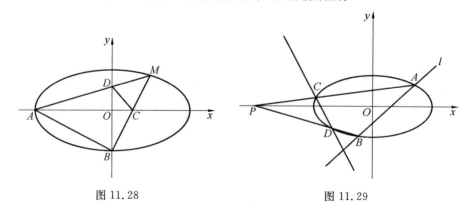

图 11.28　　　　　图 11.29

3. 已知椭圆 $E: \dfrac{x^2}{a^2} + \dfrac{y^2}{b^2} = 1(0<b<a)$ 的短轴端点分别为 $A(0,1)$、$B(0,-1)$,且离心率为 $\dfrac{\sqrt{2}}{2}$.

(1)求椭圆 E 的方程.

(2)若 C、D 分别为椭圆上两个关于 y 轴对称的点,直线 AC、BD 与 x 轴分别交于点 M、N,试判断以 MN 为直径的圆是否经过定点.

4.如图 11.30 所示,已知点 F 是抛物线 $C:y^2=4x$ 的焦点,直线 l 与抛物线 C 切于点 $P(x_0,y_0)(y_0>0)$,连接 PF 交抛物线于另一点 A,过点 P 作 l 的垂线交抛物线 C 于另一点 B.

(1)若 $y_0=1$,求直线 l 的方程.

(2)求 $S_{\triangle PAB}$ 的最小值.

5.如图 11.31 所示,不垂直于坐标轴的直线 l 与抛物线 $y^2=2px(p>0)$ 有且只有一个公共点 M,若直线 l 与圆 $x^2+y^2=1$ 相切于点 N,求 $|MN|$ 的最小值.

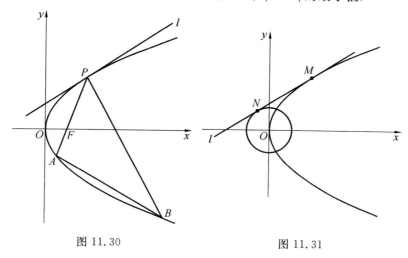

图 11.30　　　　　　图 11.31

6.已知抛物线 $C:y^2=4x$,圆 $E:(x-4)^2+y^2=8$,过 C 上一点 P 作倾斜角为 $45°$ 的直线 l,与圆 E 交于两个不同的点 Q、R,求 $|PQ|\cdot|PR|$ 的取值范围.

【答案与解析】

1.**解**:(1)由已知可得

$$\begin{cases} \dfrac{c}{a}=\dfrac{\sqrt{3}}{2} \\ \dfrac{2b^2}{a}=1 \\ a^2=b^2+c^2 \end{cases}$$

解得

$$\begin{cases} a=2 \\ b=1 \end{cases}$$

所以椭圆 C 的方程为 $\dfrac{x^2}{4}+y^2=1$.

(2)因为椭圆 C 的方程为 $\dfrac{x^2}{4}+y^2=1$,所以 $A(-2,0)$,$B(0,-1)$.

设 $M(m,n)(m>0,n>0)$,则

即
$$\frac{m^2}{4}+n^2=1$$

$$m^2+4n^2=4$$

则直线 BM 的方程为
$$y=\frac{n+1}{m}x-1$$

令 $y=0$,得
$$x_C=\frac{m}{n+1}$$

同理,直线 AM 的方程为
$$y=\frac{n}{m+2}(x+2)$$

令 $x=0$,得
$$y_D=\frac{2n}{m+2}$$

所以
$$S_{ABCD}=\frac{1}{2}\cdot|AC|\cdot|BD|=\frac{1}{2}\cdot\left|\frac{m}{n+1}+2\right|\cdot\left|\frac{2n}{m+2}+1\right|=\frac{1}{2}\cdot\frac{(m+2n+2)^2}{(m+2)(n+1)}$$
$$=\frac{1}{2}\cdot\frac{m^2+4n^2+4+4mn+4m+8n}{mn+m+2n+2}=\frac{1}{2}\cdot\frac{4mn+4m+8n+8}{mn+m+2n+2}=2$$

即四边形 $ABCD$ 的面积为定值 2.

2. 证明:设 $A(x_1,y_1)$、$B(x_2,y_2)$、$C(x_3,y_3)$、$D(x_4,y_4)$.

设直线 $PA:y=\frac{y_1}{x_1+4}(x+4)$,与椭圆方程进行联立得

$$\begin{cases}y=\dfrac{y_1}{x_1+4}(x+4)\\\dfrac{x^2}{4}+y^2=1\end{cases}$$

即
$$\frac{x^2}{4}+\frac{y_1^2}{(x_1+4)^2}(x+4)^2=1$$

由于点 A 在椭圆上,所以将 $y_1^2=1-\frac{x_1^2}{4}$ 代入上式得到
$$(2x_1+5)x^2+2(4-x_1^2)x-x_1(5x_1+8)=0$$

由韦达定理得
$$x_1x_3=\frac{-x_1(5x_1+8)}{2x_1+5}$$

即
$$x_3=\frac{-(5x_1+8)}{2x_1+5},\quad y_3=\frac{y_1}{x_1+4}(x_3+4)=\frac{3y_1}{2x_1+5}$$

即得到 $C\left(\dfrac{-(5x_1+8)}{2x_1+5}, \dfrac{3y_1}{2x_1+5}\right)$,同理得到 $D\left(\dfrac{-(5x_2+8)}{2x_2+5}, \dfrac{3y_2}{2x_2+5}\right)$.

设 CD 直线方程为 $y=k_1x+m$,将 C、D 两点代入,得

$$\begin{cases} \dfrac{3y_1}{5+2x_1}=\dfrac{-k_1(5x_1+8)}{2x_1+5}+m \\ \dfrac{3y_2}{5+2x_2}=\dfrac{-k_1(5x_2+8)}{2x+5}+m \end{cases}$$

即

$$\begin{cases} 3y_1=-k_1(5x_1+8)+m(2x_1+5) \\ 3y_2=-k_1(5x_2+8)+m(2x_2+5) \end{cases}$$

两式相减得到

$$3(y_1-y_2)=k(5x_2-5x_1)+m(2x_1-2x_2)$$

整理得

$$3\dfrac{y_1-y_2}{x_1-x_2}=-5k+2m$$

因为 $k=1$,所以 $3=-5k_1+2m$,即

$$\dfrac{3}{2}=-\dfrac{5}{2}k_1+m$$

对比 CD 直线方程 $y=k_1x+m$,故 CD 恒过 $\left(-\dfrac{5}{2},\dfrac{3}{2}\right)$.

3. **解**:(1)由题意 $\begin{cases} b=1 \\ \dfrac{c}{a}=\dfrac{\sqrt{2}}{2} \\ a^2=b^2+c^2 \end{cases} \Rightarrow a=\sqrt{2}$,所以椭圆方程为 $\dfrac{x^2}{2}+y^2=1$.

(2)设点 $C(x_0,y_0)$,$D(-x_0,y_0)$.

因为点 C 在 E 上,所以

$$\dfrac{x_0^2}{2}+y_0^2=1 \Rightarrow x_0^2=2-2y_0^2$$

$$l_{AC}: y-1=\dfrac{y_0-1}{x_0}x$$

令

$$y=0 \Rightarrow x_M=\dfrac{-x_0}{y_0-1}$$

$$l_{BD}: y+1=\dfrac{y_0+1}{-x_0}x$$

令

$$y=0 \Rightarrow x_N=\dfrac{-x_0}{y_0+1}$$

由对称性可知,定点若存在必在 y 轴.设点 $P(0,t)$,则
$$\overrightarrow{MP}=(x_M,t), \quad \overrightarrow{NP}=(x_N,t)$$

所以
$$\overrightarrow{MP} \cdot \overrightarrow{NP} = (x_M, t) \cdot (x_N, t) = x_M x_N + t^2 = \frac{x_0^2}{y_0^2 - 1} + t^2 = -2 + t^2 = 0$$

解得 $t = \pm\sqrt{2}$,所以存在定点 $(0, \pm\sqrt{2})$ 满足题意.

4.解:(1)设点 $P(4t_1^2, 4t_1), A(4t_2^2, 4t_2), B(4t_3^2, 4t_3)$.

由 $y_0 = 1$ 得 $t_1 = \frac{1}{4}$.

由结论 2 得
$$l: x = \frac{1}{2}y - \frac{1}{4} \Leftrightarrow 4x - 2y + 1 = 0$$

(2)因为 PA 过焦点,所以
$$t_1 t_2 = -\frac{1}{4}$$
$$l: x = 2t_1 y - 4t_1^2, \quad l_{PB}: x = (t_1 + t_3)y - 2pt_1 t_3$$

因为 $PB \perp PA$,所以
$$2t_1(t_1 + t_3) = -1$$

由上述条件可得
$$t_2 = -\frac{1}{4t_1}, \quad t_3 = -\frac{1}{2t_1} - t_1$$

所以
$$S_{\triangle ABP} = 2p^2 |(t_1 - t_2)(t_2 - t_3)(t_3 - t_1)| = 8\left|\left(t_1 + \frac{1}{4t_1}\right)\left(t_1 + \frac{1}{4t_1}\right)\left(2t_1 + \frac{1}{2t_1}\right)\right|$$
$$= 16\left|\left(t_1 + \frac{1}{4t_1}\right)\right|^3 \geqslant 16 \times \left(2\sqrt{t_1 \times \frac{1}{4t_1}}\right)^3 = 16$$

当且仅当 $t_1 = \frac{1}{4t_1}$,即 $t_1 = \frac{1}{2}$ 时取等,所以 $S_{\triangle PAB}$ 的最小值为 16.

5.解:设 $N(\cos\theta, \sin\theta)$,则
$$l: x\cos\theta + y\sin\theta = 1$$

则 l 与坐标轴的交点为 $D\left(\frac{1}{\cos\theta}, 0\right), E\left(0, \frac{1}{\sin\theta}\right)$.

设点 $M(2pt^2, 2pt)$,则切线方程还可以表示为
$$l: x = 2ty - 2pt^2$$

其与 x 轴、y 轴的交点分别为 $D(-2pt^2, 0), E(0, 2pt)$,所以 E 为 DM 中点,可得 $M\left(-\frac{1}{\cos\theta}, \frac{2}{\sin\theta}\right)$,于是
$$|MN|^2 = \left(\cos\theta + \frac{1}{\cos\theta}\right)^2 + \left(\sin\theta - \frac{2}{\sin\theta}\right)^2$$
$$= \cos^2\theta + \frac{1}{\cos^2\theta} + 2 + \sin^2\theta + \frac{4}{\sin^2\theta} - 4$$
$$= \frac{1}{\cos^2\theta} + \frac{4}{\sin^2\theta} - 1$$

$$= \left(\frac{1}{\cos^2\theta}+\frac{4}{\sin^2\theta}\right)(\sin^2\theta+\cos^2\theta)-1$$
$$=\frac{\sin^2\theta}{\cos^2\theta}+\frac{4\cos^2\theta}{\sin^2\theta}+4$$
$$\geqslant 2\sqrt{\frac{\sin^2\theta}{\cos^2\theta}\cdot\frac{4\cos^2\theta}{\sin^2\theta}}+4$$
$$=8$$

当且仅当

$$\frac{\sin^2\theta}{\cos^2\theta}=\frac{4\cos^2\theta}{\sin^2\theta}\Leftrightarrow\sin^2\theta=2\cos^2\theta\Leftrightarrow\sin^2\theta=\frac{2}{3}$$

即 $\cos^2\theta=\frac{1}{3}$ 时取等,所以 $|MN|$ 的最小值为 $2\sqrt{2}$.

6. **解**:设 $P(4t^2,4t),A(4,0)$,则 $l:y=-x+4t^2+4t$.

因为 l 与圆交于两个不同的点,所以圆心到直线的距离 d 小于半径,即

$$\frac{|4t^2+4t-4|}{\sqrt{2}}<2\sqrt{2}\Rightarrow t\in(-2,-1)\cup(0,1)$$

根据圆幂定理有

$$|PQ|\cdot|PR|=||PA|^2-r^2|$$
$$=|(4t^2-4)^2+16t^2-8|$$
$$=|16t^4-16t^2+8|$$
$$=4(2t^2-1)^2+4$$

又 $t\in(-2,-1)\cup(0,1)$,所以

$$(2t^2-1)^2\in[0,1)\cup(1,49)$$

所以 $|PQ|\cdot|PR|\in[4,8)\cup(8,200)$.

第十二章 抛物线的非联立技巧

上一章的最后讲解了抛物线的设点，本章通过对抛物线参数方程的研究，总结出以下一些抛物线解题技巧，其中抛物线的两点式和平均性质尤为重要．

12.1 抛物线的两点式

两点式为抛物线上任意两点连成的直线形式，不同于平面直角坐标系中的两点式，抛物线中的两点式只由一个方向上的变量表示（x 或者 y），使用起来已然具备减少参数的作用．

定义 1：已知 $y^2=2px$，$A(x_1,y_1)$，$B(x_2,y_2)$，则

$$k_{AB}=\frac{y_1-y_2}{x_1-x_2}=\frac{y_1-y_2}{\frac{y_1^2}{4}-\frac{y_2^2}{4}}=\frac{2p}{y_1+y_2}$$

直线 AB 由两点式 $\frac{y_1-y}{x_1-x}=\frac{y_2-y}{x_2-x}$ 化简为

$$(y_1+y_2)y=2px+y_1y_2$$

或

$$y=\frac{2p}{y_1+y_2}x+\frac{y_1y_2}{y_1+y_2}$$

把上式称作抛物线的两点式．

对于 $x^2=2py$，$A(x_1,y_1)$，$B(x_2,y_2)$，则

$$k_{AB}=\frac{x_1+x_2}{2p}$$

其两点式方程为

$$(x_1+x_2)x=2py+x_1x_2$$

或

$$y=\frac{x_1+x_2}{2p}x-\frac{x_1x_2}{2p}$$

【例 1】 如图 12.1 所示，已知点 $E(m,0)$ 为抛物线 $y^2=4x$ 内的一定点，过 E 作斜率分别为 k_1、k_2 的两条直线分别交抛物线于点 A、B、C、D，且 M、N 分别是线段 AB、CD 的中点，若 $k_1+k_2=1$，求证：直线 MN 过定点．

证明：设 $A(a^2,2a)$，$B(b^2,2b)$，$C(c^2,2c)$，$D(d^2,2d)$，则

$$l_{AB}:y=\frac{2}{a+b}x+\frac{2ab}{a+b}$$

则
$$k_1=\frac{2}{a+b}, \quad m=-ab$$

同理可得
$$k_2=\frac{2}{c+d}, \quad m=-cd$$

令
$$s=a+b, \quad t=c+d$$
$$k_1+k_2=\frac{2}{s}+\frac{2}{t}=1$$

则
$$2s+2t=st$$
$$a^2+b^2=(a+b)^2-2ab=s^2+2m$$

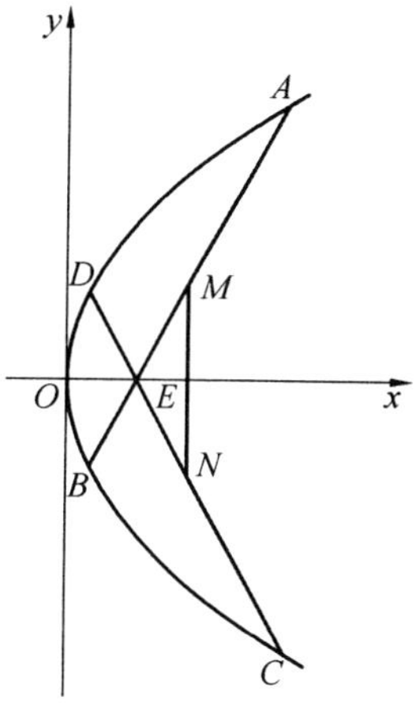

同理可得
$$c^2+d^2=t^2+2m$$
$$M\left(\frac{s^2+2m}{2},s\right), \quad N\left(\frac{t^2+2m}{2},t\right)$$
$$k_{MN}=\frac{s-t}{\frac{s^2+2m}{2}-\frac{t^2+2m}{2}}=\frac{2}{s+t}$$

则
$$l_{MN}:y=\frac{2}{s+t}\left(x-\frac{s^2+2m}{2}\right)+s=\frac{2}{s+t}x+\frac{st-2m}{s+t}$$
$$=\frac{2}{s+t}x+\frac{2(s+t)-2m}{s+t}=\frac{2x-2m}{s+t}+2$$

即直线 MN 过定点 $(m,2)$.

图 12.1

【例 2】 (2018 北京理)如图 12.2 所示,已知抛物线 $C:y^2=2px$ 经过点 $P(1,2)$,过点 $Q(0,1)$ 的直线 l 与抛物线 C 有两个不同的交点 A、B,且直线 PA 交 y 轴于点 M,直线 PB 交 y 轴于点 N.

(1)求直线 l 斜率的取值范围.

(2)设 O 为坐标原点,$\overrightarrow{QM}=\lambda\overrightarrow{QO}$,$\overrightarrow{QN}=\mu\overrightarrow{QO}$,求证: $\frac{1}{\lambda}+\frac{1}{\mu}$ 为定值.

解:(1)已知抛物线 $C:y^2=4x$.

由题设易知直线 l 的斜率存在且不为 0,设
$$l:y=kx+1$$

联立 $\begin{cases} y=kx+1 \\ y^2=4x \end{cases}$,得
$$k^2x^2+(2k-4)x+1=0$$

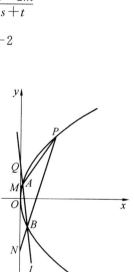

图 12.2

则
$$\Delta=(2k-4)^2-4k^2>0 \quad (k\neq 0)$$
解得 $k<0$ 或 $0<k<1$.

又 PA、PB 与 y 轴相交,故直线 l 不过点 $(1,-2)$,从而 $k\neq 3$.

综上直线 l 斜率 k 的取值范围为 $(-\infty,-3)\cup(-3,0)\cup(0,1)$.

(2)设 $A\left(\dfrac{y_1^2}{4},y_1\right),B\left(\dfrac{y_2^2}{4},y_2\right)$.

$l_{AB}:(y_1+y_2)y=4x+y_1y_2$,过点 $Q(0,1)$,则 $y_1+y_2=y_1y_2$.

$l_{PA}:(y_1+2)y=4x+2y_1$,令 $x=0$,则 $y_M=\dfrac{2y_1}{y_1+2}$.

由于 $\overrightarrow{QM}=\lambda\overrightarrow{QO}$,$\dfrac{2y_1}{y_1+2}-1=-\lambda$,则 $\lambda=\dfrac{2-y_1}{y_1+2}$,同理可得 $\mu=\dfrac{2-y_2}{y_2+2}$,则

$$\dfrac{1}{\lambda}+\dfrac{1}{\mu}=\dfrac{y_1+2}{2-y_1}+\dfrac{y_2+2}{2-y_2}=\dfrac{8-2y_1y_2}{4-2(y_1+y_2)+y_1y_2}=\dfrac{8-2y_1y_2}{4-2y_1y_2+y_1y_2}=2$$

【例3】 如图 12.3 所示,已知点 $A(-1,0)$,$B(1,-1)$,抛物线 $C:y^2=4x$,过点 A 的动直线 l 交抛物线 C 于 M、P 两点,直线 MB 交抛物线 C 于另一点 Q,O 为坐标原点.

(1) 求 $\overrightarrow{OM}\cdot\overrightarrow{OP}$ 的值.

(2) 求证:直线 PQ 恒过定点.

解:(1) 由于直线 MP 过点 $A(-1,0)$,$x_Mx_P=1$,$y_My_P=\sqrt{16x_Mx_P}=4$,则

$$\overrightarrow{OM}\cdot\overrightarrow{OP}=x_Mx_P+y_My_P=5$$

(2) 设 $M(x_1,y_1)$,$P(x_2,y_2)$,$Q(x_3,y_3)$,由(1)知

$$x_1x_2=1,\quad y_1y_2=4$$

因为 $l_{MQ}:(y_1+y_3)y=4x+y_1y_3$ 过点 $B(1,-1)$,则

$$-(y_1+y_3)=4+y_1y_3$$

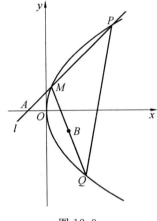

图 12.3

则
$$-\left(\dfrac{4}{y_2}+y_3\right)=4+\dfrac{4y_3}{y_2},\quad y_2+y_3=-1-\dfrac{1}{4}y_2y_3$$

$l_{PQ}:(y_2+y_3)y=4x+y_2y_3,\quad \left(-1-\dfrac{1}{4}y_2y_3\right)y=4x+y_2y_3$

即
$$4x+y+y_2y_3\left(1+\dfrac{1}{4}y\right)=0$$

令 $\begin{cases}4x+y=0\\1+\dfrac{1}{4}y=0\end{cases}$,得 $\begin{cases}x=1\\y=-4\end{cases}$,即直线 PQ 过定点 $(1,-4)$.

【例4】 如图 12.4 所示,已知抛物线 $\Gamma:y^2=2px(p>0)$ 的焦点为 F,P 是抛物线 Γ 上一点,且在第一象限,满足 $\overrightarrow{FP}=(2,2\sqrt{3})$.

(1) 求抛物线 Γ 的方程.

(2) 已知经过点 $A(3,-2)$ 的直线交抛物线 Γ 于 M、N 两点，经过定点 $B(3,-6)$ 和 M 的直线与抛物线 Γ 交于另一点 L，求直线 NL 是否恒过定点．如果过点，求出该定点；如果不过定点，请说明理由．

解：(1) 易知 $P\left(2+\dfrac{p}{2},2\sqrt{3}\right)$，代入抛物线解得 $p=2$，则抛物线 Γ 的方程为 $y^2=4x$．

(2) 设 $M(x_1,y_1),N(x_2,y_2),L(x_3,y_3)$．

因为 $l_{MN}:(y_1+y_2)y=4x+y_1y_2$ 过点 $A(3,-2)$，则
$$-2(y_1+y_2)=12+y_1y_2$$
即 $y_1=-\dfrac{2y_2+12}{y_2+2}$．

因为 $l_{ML}:(y_1+y_3)y=4x+y_1y_3$ 过点 $B(3,-6)$，则
$$-6(y_1+y_3)=12+y_1y_3$$
即 $y_1=-\dfrac{6y_3+12}{y_3+6}$，则
$$\dfrac{2y_2+12}{y_2+2}=\dfrac{6y_3+12}{y_3+6}$$
整理得 $y_2y_3=12$．所以
$$l_{NL}:(y_2+y_3)y=4x+y_2y_3$$
即 $(y_2+y_3)y=4x+12$，过定点 $(-3,0)$．

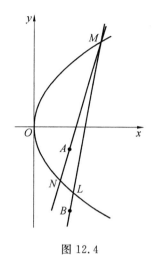

图 12.4

【例 5】 如图 12.5 所示，已知抛物线 $y^2=2x$，过点 $P(1,1)$ 分别作斜率为 k_1、k_2 的抛物线动弦 AB、CD，设 M、N 分别为线段 AB、CD 的中点．

(1) 若 P 为线段 AB 的中点，求直线 AB 的方程．

(2) 若 $k_1+k_2=1$，求证：直线 MN 恒过定点，并求出定点坐标．

解：(1) 设 $A(x_1,y_2),B(x_2,y_2),y_1+y_2=2$，则 $k_{AB}=\dfrac{2}{y_1+y_2}=1$，则 $l_{AB}:y=x$．

(2) $l_{AB}:y=k_1(x-1)+1=k_1x+k_2$，联立
$$\begin{cases} y^2=2x \\ y=k_1x+k_2 \end{cases}, 得$$
$$k_1^2x^2+(2k_1k_2-2)x+k_2^2=0$$
则
$$x_1+x_2=-\dfrac{2k_1k_2-2}{k_1^2}$$
则

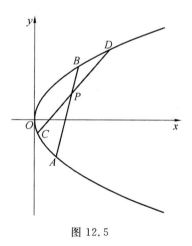

图 12.5

$$x_M = \frac{1-k_1k_2}{k_1^2}, \quad y_M = k_1 \cdot \frac{1-k_1k_2}{k_1^2} + k_2 = \frac{1}{k_1}$$

同理

$$x_N = \frac{1-k_1k_2}{k_2^2}, \quad y_N = \frac{1}{k_2}$$

则

$$k_{MN} = \frac{\dfrac{1}{k_1} - \dfrac{1}{k_2}}{\dfrac{1-k_1k_2}{k_1^2} - \dfrac{1-k_1k_2}{k_2^2}} = \frac{k_1k_2}{1-k_1k_2}$$

所以

$$l_{MN}: y = \frac{k_1k_2}{1-k_1k_2}\left(x - \frac{1-k_1k_2}{k_1^2}\right) + \frac{1}{k_1} = \frac{k_1k_2}{1-k_1k_2}x + 1$$

则其过定点$(0,1)$.

【例6】 如图12.6所示,已知抛物线$C: y^2 = 2px(p>0)$的焦点为F,若平面上一点$A(2,3)$到焦点F与到准线$l: x = -\dfrac{p}{2}$的距离之和等于7.

(1)求抛物线C的方程.

(2)已知点P为抛物线C上任一点,直线PA交抛物线C于另一点M,过M作斜率为$k = \dfrac{4}{3}$的直线MN交抛物线C于另一点N,求直线PN是否过定点.如果经过定点,则求出该定点;否则,说明理由.

解:(1)由题设有

$$2 + \frac{p}{2} + \sqrt{\left(2-\frac{p}{2}\right)^2 + 9} = 7$$

解得$p=4$,则$C: y^2 = 8x$.

(2)设$M\left(\dfrac{y_1^2}{8}, y_1\right), N\left(\dfrac{y_2^2}{8}, y_2\right), P\left(\dfrac{y_3^2}{8}, y_3\right)$. 则

$$l_{PM}: (y_1+y_3)y = 8x + y_1y_3$$

代入$A(2,3)$,则

$$3(y_1+y_3) = 16 + y_1y_3$$

所以

$$y_1 = \frac{16-3y_3}{3-y_3} \qquad ①$$

因为

$$k_{MN} = \frac{8}{y_1+y_2} = \frac{4}{3}, \quad y_1+y_2 = 6$$

所以

$$y_1 = 6 - y_2 \qquad ②$$

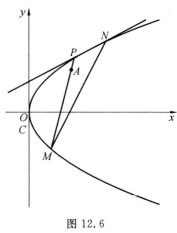

图12.6

由①和②得

$$6-y_2=\frac{16-3y_3}{3-y_3}$$

即
$$3(y_2+y_3)=2+y_2y_3$$

又 $l_{PN}:(y_2+y_3)y=8x+y_2y_3$，则直线 PN 过定点 $\left(\frac{1}{4},3\right)$.

【例7】 （2009 浙江文）如图 12.7 所示，已知抛物线 $C:x^2=2py(p>0)$ 上一点 $A(m,4)$ 到其焦点距离为 $\frac{17}{4}$.

(1) 求 p 与 m.

(2) 设抛物线 C 上一点 P 横坐标为 $t,t>0$，过 P 的直线交 C 于另一点 Q，交 x 轴于点 M，过 Q 作 PQ 的垂线交 C 于另一点 N，若 MN 是 C 的切线，求 t 的最小值.

解：(1) 由焦半径公式得 $4+\frac{p}{2}=\frac{17}{4}$，解得 $p=\frac{1}{2}$.

故抛物线方程为
$$x^2=y$$

将 A 点坐标代入得
$$m^2=4$$

解得 $m=\pm 2$.

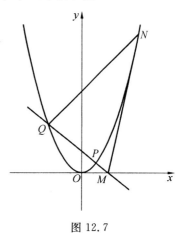

图 12.7

(2) 设 $P(t,t^2),Q(s,s^2),N(r,r^2)$.

由抛物线两点式可得直线 PQ 方程为
$$y=(t+s)x-ts$$

即可得 $x_M=\frac{ts}{t+s}$.

又 $k_{PQ}=t+s,k_{NQ}=s+r$，且 $NQ、QM$ 相互垂直，故
$$(t+s)(s+r)=-1$$

即
$$r=\frac{-1}{t+s}-s \qquad\qquad ①$$

由 $C:y=x^2 \Rightarrow y'=2x$，故在 N 点处的切线方程为
$$2r(x-r)=y-r^2$$

令 $y=0$，可得
$$x_M=\frac{r}{2}$$

所以 $\frac{ts}{t+s}=\frac{r}{2}$，将①式代入进行整理可得
$$s^2+3st+1=0$$

分离参数得
$$-3t=\frac{s^2+1}{s}\quad(s<0)$$

因为 $\frac{s^2+1}{s} \leqslant -2$，所以 $-3t \leqslant -2$，即 $t \geqslant \frac{2}{3}$. 所以 t 的最小值为 $\frac{2}{3}$.

【例 8】 如图 12.8 所示，已知直线 $y=x-2$ 与抛物线 $y^2=2px$ 相交于 A、B 两点，满足 $OA \perp OB$，定点 $C(4,2)$，$D(-4,0)$，M 是抛物线上一动点，设直线 CM、DM 与抛物线的另一个交点分别是 E、F.

(1) 求抛物线的方程.

(2) 求证：当 M 点在抛物线上变动时（只要点 E、F 存在且不重合），直线 EF 恒过一个定点，并求出这个定点的坐标.

解：(1) 法一. 由题知
$$x_1 x_2 = 2^2 = 4, \quad y_1 y_2 = -\sqrt{4p^2 x_1 x_2} = -4p$$
则
$$x_1 x_2 + y_1 y_2 = 4 - 4p = 0$$
解得 $p=1$，即抛物线方程为 $y^2 = 2x$.

法二. 将直线方程与抛物线方程齐次化联立得
$$y^2 = 2px \cdot \frac{x-y}{2}$$
化简为
$$y^2 = px^2 - pxy$$
即
$$y^2 + pxy - px^2 = 0$$

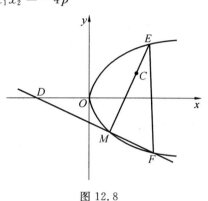

图 12.8

左右同时除以 x^2 得
$$\left(\frac{y}{x}\right)^2 + p \cdot \frac{y}{x} - p = 0$$
即 $k_1 k_2 = -p = -1$，故得 $p=1$. 所以抛物线方程为 $y^2 = 2x$.

(2) 因为 $l_{FM}:(y_M + y_F)y = 2x + y_M y_F$，代入点 $D(-4,0)$ 得
$$y_M = \frac{8}{y_F}$$
因为 $l_{EM}:(y_M + y_E)y = 2x + y_M y_E$，代入点 $C(4,2)$ 得
$$(y_M + y_E) \times 4 = 4 + y_M y_E$$
则
$$\left(\frac{8}{y_F} + y_E\right) \times 4 = 4 + \frac{8 y_E}{y_F}$$
即
$$4(y_E + y_F) = 8 + y_E y_F$$
又 $l_{EF}:(y_E + y_F)y = 2x + y_E y_F$，两式对比可得直线 EF 过定点 $(4,4)$.

【例 9】 如图 12.9 所示，已知抛物线 $C:y^2 = 2px(p>0)$ 的焦点为 F，点 $A(x_0, 2\sqrt{2})$ 为抛物线上一点，若 $B(-2,0)$ 满足 $(\overrightarrow{FA} + \overrightarrow{FB}) \cdot \overrightarrow{AB} = 0$.

(1) 求抛物线 C 的方程.

(2) 过点 B 的直线 l 交 C 于点 M、N，直线 MA、NA 分别交直线 $x=-2$ 于点 P、Q，求

$\dfrac{|PB|}{|BQ|}$ 的值.

解:(1)由已知 $A\left(\dfrac{4}{p},2\sqrt{2}\right)$, $F\left(\dfrac{p}{2},0\right)$,则

$(\overrightarrow{FA}+\overrightarrow{FB})\cdot\overrightarrow{AB}$

$=\left(\dfrac{4}{p}-p-2,2\sqrt{2}\right)\cdot\left(-2-\dfrac{4}{p},-2\sqrt{2}\right)$

$=0$

解得 $p=2$,则 $y^2=4x$, $A(2,2\sqrt{2})$.

(2)因为

$$x_M x_N = x_B^2 = 4, \quad y_M y_N = \sqrt{16 x_M x_N} = 8$$

所以

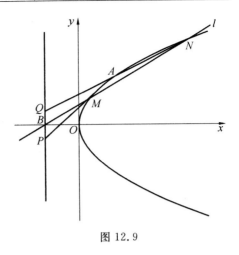

图 12.9

$$l_{AM}:(2\sqrt{2}+y_M)y=4x+2\sqrt{2}\,y_M$$

则 $P\left(-2,\dfrac{2\sqrt{2}\,y_M-8}{2\sqrt{2}+y_M}\right)$,同理 $Q\left(-2,\dfrac{2\sqrt{2}\,y_N-8}{2\sqrt{2}+y_N}\right)$,则

$$\dfrac{|PB|}{|BQ|}=\dfrac{-y_P}{y_Q}=-\dfrac{\dfrac{2\sqrt{2}\,y_M-8}{2\sqrt{2}+y_M}}{\dfrac{2\sqrt{2}\,y_N-8}{2\sqrt{2}+y_N}}=-\dfrac{8y_M-8y_N+2\sqrt{2}\,y_My_N-16\sqrt{2}}{8y_N-8y_M+2\sqrt{2}\,y_My_N-16\sqrt{2}}=-\dfrac{8y_M-8y_N}{8y_N-8y_M}=1$$

【例 10】 已知 F 为抛物线 $y^2=mx$ 的焦点,直线 l 交抛物线于 P、Q 两点,$M(x_0,y_0)$ 为 PQ 的中点,且 $|FP|+|FQ|=2(x_0+1)$.

(1)求抛物线的方程.

(2)如图 12.10 所示,经过点 $(12,8)$ 的两条直线 l_1、l_2 的斜率分别为 k_1、k_2,且 $k_1k_2=1$,若直线 l_1 交抛物线于点 A、B,直线 l_2 交抛物线于点 C、D,线段 AB 和 CD 的中点分别为 E、G,试判断直线 EG 是否经过定点.若经过,求出定点;若不经过,说明理由.

解:(1)由题意得

$$|FP|+|FQ|=x_P+x_Q+p=2x_0+p=2x_0+2$$

解得 $p=2$,则抛物线方程为 $y^2=4x$.

(2)设 $l_{AB}:y=k_1(x-12)+8$,联立

$\begin{cases} y=k_1(x-12)+8 \\ y^2=4x \end{cases}$,可得

$$x_E=\dfrac{x_A+x_B}{2}=\dfrac{12k_1^2-8k_1+2}{k_1^2}, \quad y_E=\dfrac{2}{k_1}$$

同理可得

$$x_G=\dfrac{12k_2^2-8k_2+2}{k_2^2}, \quad y_G=\dfrac{2}{k_2}$$

则

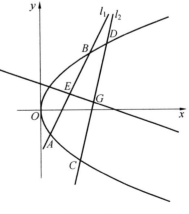

图 12.10

$$k_{MN}=\dfrac{\dfrac{2}{k_1}-\dfrac{2}{k_2}}{\dfrac{12k_1^2-8k_1+2}{k_1^2}-\dfrac{12k_2^2-8k_2+2}{k_2^2}}=\dfrac{1}{k_1+k_2-4}$$

则
$$l_{MN}:y=\dfrac{1}{k_1+k_2-4}\left(x-\dfrac{12k_1^2-8k_1+2}{k_1^2}\right)+\dfrac{2}{k_1}$$

即 $(k_1+k_2-4)y=x-10$，故直线 EG 过定点 $(10,0)$.

【例 11】 如图 12.11 所示，已知抛物线 $C: y^2=x$，$P(1,2)$，Q 为不在抛物线上的一点，若过点 Q 的直线 l 与抛物线 C 交于 A、B 两点，直线 PA 与抛物线 C 交于另一点 M，直线 PB 与抛物线 C 交于另一点 N，直线 MB 与 NA 交于点 R.

(1) 已知点 A 的坐标为 $(9,3)$，求点 M 的坐标.

(2) 是否存在点 Q，使得对动直线 l，点 R 是定点？若存在，求出所有点 Q 组成的集合；若不存在，请说明理由.

解：(1) 设 $A(a^2,a)$，$B(b^2,b)$，$M(m^2,m)$，$N(n^2,n)$.

因为 A、P、M 三点共线，所以
$$\dfrac{m-3}{m^2-9}=\dfrac{3-2}{9-1}$$

解得 $m=5$，所以点 $M(25,5)$.

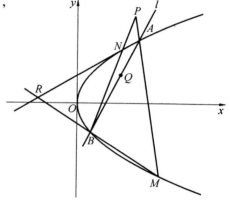

图 12.11

(2) 由抛物线两点式可得直线 AM 的方程为
$$(a+m)y-am=x$$

将点 P 代入可得
$$2(a+m)-am=1$$

解得 $m=\dfrac{2a-1}{a-2}$，同理可得 $n=\dfrac{2b-1}{b-2}$.

再将直线 AN 和 BM 的方程联立得
$$\begin{cases}(a+n)y-an=x\\(b+m)y-bm=x\end{cases}$$

解得 $y_R=\dfrac{an-bm}{a-b+n-m}$，将 m、n 表达式代入得

$$y_R=\dfrac{a\times\dfrac{2b-1}{b-2}-b\times\dfrac{2a-1}{a-2}}{a-b+\dfrac{2b-1}{b-2}-\dfrac{2a-1}{a-2}}=\dfrac{2ab-(a+b)+2}{ab-2a-2b+7}=\dfrac{(2a-1)b-a+2}{(a-2)b-2a+7}$$

令 $y_R=k$，即 $k=\dfrac{(2a-1)b-a+2}{(a-2)b-2a+7}$，得

$$(2-k)ab=b(1-2k)+a(1-2k)+7k-2 \qquad ①$$

直线 AB 的方程为 $(a+b)y-ab=x$，且过点 $Q(s,t)$，将其代入可得

$$(a+b)t-s=ab \qquad ②$$

① 与 ② 对比可得

$$\frac{2-k}{1}=\frac{1-2k}{t}=\frac{7k-2}{-s}$$

即得到 $\begin{cases} t=\dfrac{1-2k}{2-k} \\ s=\dfrac{7k-2}{k-2} \end{cases}$,化简为 $s=4t-1$,即 Q 所在直线方程为 $x-4y+1=0$.

【例 12】 已知抛物线 $y^2=2px(p>0)$,过点 $M(2,0)$ 作直线与抛物线交于 B、C 两点,若两点纵坐标之积为 -8.

(1) 求抛物线的方程.

(2) 斜率为 1 的直线 l 不经过 $P(2,2)$ 且与抛物线交于点 A、B.

① 求直线 l 在 y 轴上截距的取值范围;

② 若 AP、BP 分别与抛物线交于另一点 C、D,如图 12.12 所示,证明:AD、BC 交于一定点 M.

解:(1)法一. 设直线 $y=k(x-2)$,将其与抛物线方程联立可得

$$y^2-\frac{2p}{k}y-4p=0$$

由韦达定理可得

$$y_1 y_2=-4p=-8$$

解得 $p=2$,即抛物线方程为 $y^2=4x$.

法二. 由抛物线平均性质得

$$y_1^2 y_2^2=4p^2 x_1 x_2, \quad x_1 x_2=4$$

即得 $64=4p^2 \cdot 4$,可得 $p=2$,即抛物线方程为 $y^2=4x$.

(2)① 设直线 $l:y=x+b$,由于直线不过点 P,故 $b\neq 0$,将其与抛物线方程进行联立可得

$$x^2+(2b-4)x+b^2=0$$

由 $\Delta>0$ 可得

$$(2b-4)^2-4b^2>0$$

即 $b\in(-\infty,0)\cup(0,1)$.

② 设 $A(x_1,y_1), B(x_2,y_2), C(x_3,y_3), D(x_4,y_4)$.

由抛物线两点式可得直线 AB 的方程为

$$4x=(y_1+y_2)y-y_1 y_2$$

因为 AB 斜率为 1,则

$$y_1+y_2=4 \qquad ①$$

直线 $AC:4x=(y_1+y_3)y-y_1 y_3$,将点 P 坐标代入可得

$$8=2(y_1+y_3)-y_1 y_3$$

即

$$y_1=\frac{2y_3-8}{y_3-2} \qquad ②$$

将②代入①中可得

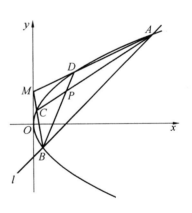

图 12.12

$$y_2 + \frac{2y_3 - 8}{y_3 - 2} = 4$$

化简可得
$$2(y_3 + y_2) - y_2 y_3 = 0 \qquad ③$$

由于直线 BC 的方程为
$$4x = (y_2 + y_3)y - y_2 y_3 \qquad ④$$

将③与④进行对比可知 BC 恒过 $(0,2)$,同理可得 AD 也恒过 $(0,2)$,故 AD、BC 交于一定点 $M(0,2)$.

【例 13】 如图 12.13 所示,已知点 $M(1,1)$,$N(2,1)$,$Q(4,1)$,抛物线 $y^2 = 2px$ 过点 M,过 Q 的直线与抛物线交于 A、B 两点,直线 AN、BN 与抛物线的另一交点分别为 C、D,记 $\triangle ABN$ 和 $\triangle CDN$ 的面积分别为 S_1、S_2.

(1) 求抛物线的方程.

(2) 判断 $\dfrac{S_1}{S_2}$ 是否为定值,并说明理由.

解:(1) 将 $M(1,1)$ 代入抛物线方程可知 $y^2 = x$.

(2) 设 $A(x_1, y_1)$, $B(x_2, y_2)$, $C(x_3, y_3)$, $D(x_4, y_4)$.

由抛物线两点式方程可得直线 $AB: x = (y_1 + y_2)y - y_1 y_2$,将 Q 点坐标代入可得
$$4 = (y_1 + y_2) - y_1 y_2 \qquad ①$$

直线 $AC: x = (y_1 + y_3)y - y_1 y_3$,将 $N(2,1)$ 代入可得
$$2 = (y_1 + y_3) - y_1 y_3$$

所以
$$y_1 = \frac{y_3 - 2}{y_3 - 1} \qquad ②$$

同理可得
$$2 = (y_2 + y_4) - y_2 y_4$$

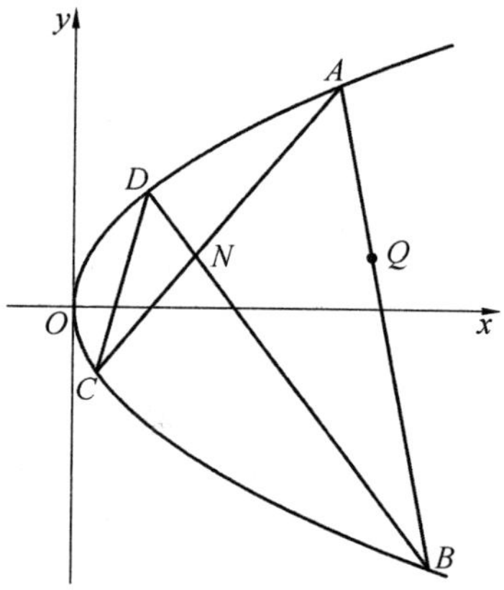

所以
$$y_2 = \frac{y_4 - 2}{y_4 - 1} \qquad ③$$

将②和③代入①中可得
$$4 = \frac{y_3 - 2}{y_3 - 1} + \frac{y_4 - 2}{y_4 - 1} - \frac{y_3 - 2}{y_3 - 1} \cdot \frac{y_4 - 2}{y_4 - 1}$$

化简可得
$$(y_3 + y_4) - y_3 y_4 = \frac{4}{3} \qquad ④$$

$$\frac{S_1}{S_2} = \frac{\frac{1}{2}|AN| \cdot |BN| \sin\angle ANB}{\frac{1}{2}|CN| \cdot |DN| \sin\angle CND} = \frac{|AN| \cdot |BN|}{|CN| \cdot |DN|}$$

由相似三角形性质可得

图 12.13

$$\frac{|AN|}{|CN|}=\left|\frac{y_1-1}{1-y_3}\right|, \quad \frac{|BN|}{|DN|}=\left|\frac{y_2-1}{1-y_4}\right|$$

则

$$\frac{S_1}{S_2}=\left|\frac{(y_1-1)(y_2-1)}{(y_3-1)(y_4-1)}\right|=\left|\frac{y_1y_2-(y_1+y_2)+1}{y_3y_4-(y_3+y_4)+1}\right|=\left|\frac{-4+1}{-\frac{4}{3}+1}\right|=9$$

【**例 14**】 如图 12.14 所示,在平面直角坐标系中,已知抛物线 $x^2=2y$,过点 $M(4,0)$ 作抛物线的切线 MA,切点为 A,直线 l 过点 M 与抛物线交于两点 P、Q,与直线 OA 交于点 N. 试求 $\left|\frac{MN}{MP}\right|+\left|\frac{MN}{MQ}\right|$ 的值是否为定值. 若是,求出定值;若不是,说明理由.

解:由于 $y'=x$,故直线 MA 方程为

$$k_{MA}(x-x_A)=y-y_A$$

化简为

$$x_A(x-x_A)=y-\frac{x_A^2}{2}$$

将 $M(4,0)$ 代入可得

$$4x_A-x_A^2=-\frac{x_A^2}{2}$$

解得 $x_A=8$,故 $A(8,32)$,可得直线 $OA:y=4x$.

由两点式方程,设直线 PQ 为

$$2y=(x_1+x_2)x-x_1x_2$$

将 $M(4,0)$ 点代入可得

$$4(x_1+x_2)=x_1x_2$$

将直线 PQ、OA 进行联立得

$$\begin{cases} 2y=(x_1+x_2)x-x_1x_2 \\ y=4x \end{cases}$$

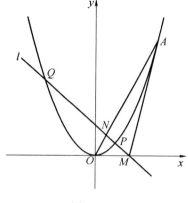

图 12.14

解得

$$y_N=\frac{4x_1x_2}{(x_1+x_2)-8}$$

$$\left|\frac{MN}{MP}\right|+\left|\frac{MN}{MQ}\right|=y_N\left(\frac{1}{y_1}+\frac{1}{y_2}\right)=y_N\left(\frac{y_1+y_2}{y_1y_2}\right)=\frac{4x_1x_2}{(x_1+x_2)-8}\cdot\frac{\frac{x_1^2}{2}+\frac{x_2^2}{2}}{\frac{x_1^2x_2^2}{4}}$$

$$=\frac{4x_1x_2}{\frac{x_1x_2}{4}-8}\cdot\frac{2\left(\frac{x_1^2x_2^2}{16}-2x_1x_2\right)}{x_1^2x_2^2}=\frac{16x_1x_2}{x_1x_2-32}\cdot\frac{2(x_1x_2-32)}{16x_1x_2}=2$$

【**例 15**】 如图 12.15 所示,已知抛物线 $y^2=2px$ 的内接三角形有两边与抛物线 $x^2=2py$ 相切,证明:内接三角形的第三边也与 $x^2=2py$ 相切.

证明:设 $y^2=2px$ 的内接三角形的 3 个顶点为 $A(x_1,y_1),B(x_2,y_2),C(x_3,y_3)$.

由抛物线两点式方程可得直线 AB 的方程为

$$2px = (y_1+y_2)y - y_1y_2$$

直线 AC 的方程为
$$2px = (y_1+y_3)y - y_1y_3$$

直线 BC 的方程为
$$2px = (y_2+y_3)y - y_2y_3$$

设 AB、AC 与抛物线 $x^2=2py$ 相切,将直线 AB 与抛物线 $x^2=2py$ 进行联立得
$$\begin{cases} 2px=(y_1+y_2)y-y_1y_2 \\ x^2=2py \end{cases}$$

整理可得
$$(y_1+y_2)x^2 - 4p^2x - 2py_1y_2 = 0$$

令判别式为 0,则
$$4p^4 + py_1y_2(y_1+y_2) = 0 \qquad ①$$

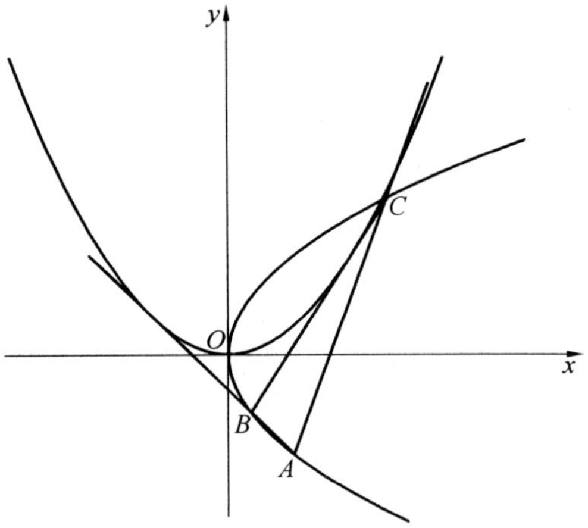

图 12.15

同理可得
$$4p^4 + py_1y_3(y_1+y_3) = 0 \qquad ②$$

①－②可得
$$y_1y_2(y_1+y_2) = y_1y_3(y_1+y_3)$$

整理可得
$$y_1(y_2-y_3) = (y_3-y_2)(y_3+y_2)$$

即为 $-y_1 = y_2 + y_3$,也可化为
$$y_1 + y_2 = -y_3 \qquad ③$$

将③代入②中可得
$$4p^4 + py_1y_2y_3 = 0 \qquad ④$$

将直线 BC 和抛物线 $x^2=2py$ 进行联立可得判别式为
$$\Delta = 16p^4 + 4y_2y_3(y_2+y_3) = 16p^4 - 4y_2y_3y_1 = 0$$

故直线 BC 与 $x^2=2py$ 相切.

12.2 抛物线的平均性质

定义 2:设抛物线 $y^2=2px$ 上有两点 $A(x_1,y_1)$、$B(x_2,y_2)$,且直线 AB 与 x 轴交于 $M(x_0,0)$,由抛物线两点式可得直线 $AB:2px=(y_1+y_2)y-y_1y_2$,将 M 点坐标代入可得
$$y_1y_2 = -2px_0 \qquad ①$$

将①式左右平方可得
$$y_1^2 y_2^2 = 4p^2 x_0^2$$

由于 $\begin{cases} y_1^2=2px_1 \\ y_2^2=2px_2 \end{cases}$,代入上式可得
$$x_1 x_2 = x_0^2 \qquad ②$$

把①式和②式称为抛物线的平均性质.

同理,若 $x^2=2py$ 上有两点 $A(x_1,y_1)$、$B(x_2,y_2)$,且直线 AB 与 y 轴交于 $M(0,y_0)$,则有
$$x_1x_2=-2py_0, \quad y_1y_2=y_0^2$$

【例 16】 如图 12.16 所示,已知抛物线 $y^2=4x$,AC 和 BD 为过焦点的两条弦,且 $k_{CD}=2k_{AB}$,求证:直线 AB、CD 均过定点.

证明:设 $A(x_1,y_1)$,$B(x_2,y_2)$,$C(x_3,y_3)$,$D(x_4,y_4)$.

由于直线 AC 过点 $F(1,0)$,则
$$x_1x_3=1, \quad y_1y_3=-\sqrt{16x_1x_3}=-4$$

由于直线 BD 过点 $F(1,0)$,则
$$x_2x_4=1, \quad y_2y_4=-\sqrt{16x_2x_4}=-4$$

所以
$$k_{AB}=\frac{y_1-y_2}{x_1-x_2}=\frac{y_1-y_2}{\frac{y_1^2}{4}-\frac{y_2^2}{4}}=\frac{4}{y_1+y_2}$$

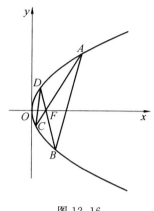

图 12.16

同理 $k_{CD}=\dfrac{4}{y_3+y_4}$. 由于
$$k_{CD}=2k_{AB}, \quad \frac{4}{y_3+y_4}=\frac{8}{y_1+y_2}, \quad \frac{4}{-\frac{4}{y_1}-\frac{4}{y_2}}=\frac{8}{y_1+y_2}$$

整理得
$$y_1y_2=-8$$

即 $x_1x_2=\dfrac{y_1^2y_2^2}{16}=4$,所以直线 AB 过定点 $(2,0)$,有
$$y_3y_4=\left(-\frac{4}{y_1}\right)\cdot\left(-\frac{4}{y_2}\right)=-2$$

即 $x_3x_4=\dfrac{y_3^2y_4^2}{16}=\dfrac{1}{4}$,所以直线 CD 过定点 $\left(\dfrac{1}{2},0\right)$.

【例 17】 如图 12.17 所示,已知抛物线的标准方程为 $y^2=2px(p>0)$,其中 O 为坐标原点,抛物线的焦点坐标为 $F(1,0)$,A 为抛物线上任意一点(坐标原点除外),直线 AB 过焦点 F 交抛物线于 B 点,直线 AC 过点 $M(3,0)$ 交抛物线于 C 点,连接并延长 CF 交抛物线于 D 点.

(1)若弦 $|AB|=8$,求 $\triangle OAB$ 的面积.

(2)求 $|AB|\cdot|CD|$ 的最小值.

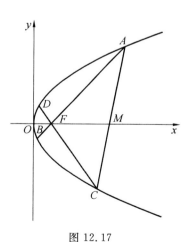

图 12.17

解:(1)已知抛物线方程为 $y^2=4x$,设直线 AB 的倾斜角为 θ,则
$$|AB|=\frac{2p}{\sin^2\theta}=\frac{4}{\sin^2\theta}=8, \quad \sin\theta=\frac{\sqrt{2}}{2}$$

则

$$S_{\triangle OAB} = \frac{p^2}{2\sin\theta} = \frac{4}{\frac{\sqrt{2}}{2}} = 2\sqrt{2}$$

(2)设 $A(x_1, y_1), B(x_2, y_2), C(x_3, y_3), D(x_4, y_4)$.

由于直线 AB 过点 $F(1,0)$,则 $x_1 x_2 = 1$;

由于直线 AC 过点 $M(3,0)$,则 $x_1 x_3 = 9$;

由于直线 CD 过点 $F(1,0)$,则 $x_3 x_4 = 1$. 所以

$$|AB| = x_1 + x_2 + 2 = x_1 + \frac{1}{x_1} + 2 = \left(\sqrt{x_1} + \frac{1}{\sqrt{x_1}}\right)^2$$

$$|CD| = x_3 + x_4 + 2 = x_3 + \frac{1}{x_3} + 2 = \frac{9}{x_1} + \frac{x_1}{9} + 2$$

$$= \left(\frac{\sqrt{x_1}}{3} + \frac{3}{\sqrt{x_1}}\right)^2$$

则

$$|AB| \cdot |CD| = \left(\sqrt{x_1} + \frac{1}{\sqrt{x_1}}\right)^2 \left(\frac{\sqrt{x_1}}{3} + \frac{3}{\sqrt{x_1}}\right)^2 = \left(3 + \frac{1}{3} + \frac{3}{x_1} + \frac{x_1}{3}\right)^2 \geq \frac{256}{9}$$

当且仅当 $x_1 = 3$ 时取等.

【例18】 如图 12.18 所示,已知抛物线 C 的顶点 $(0,0)$,焦点 $F(0,1)$.

(1)求抛物线 C 的方程.

(2)过 F 作直线交抛物线于 A、B 两点,若直线 OA、OB 分别交直线 $l: y = x - 2$ 于 M、N 两点,求 $|MN|$ 的最小值.

解:(1)设抛物线 C 的方程为 $x^2 = 2py$,则 $\frac{p}{2} = 1, p = 2$,即抛物线 C 的方程为 $x^2 = 4y$.

(2)设 $A(x_1, y_1), B(x_2, y_2)$.

由于直线 AB 过点 $F(0,1)$,则

$$y_1 y_2 = 1, \quad x_1 x_2 = -\sqrt{16 y_1 y_2} = -4$$

$$l_{OA}: y = \frac{y_1}{x_1} x = \frac{x_1}{4} x$$

联立 $\begin{cases} y = \frac{x_1}{4} x \\ y = x - 2 \end{cases}$,得 $x_M = \frac{8}{4 - x_1}$,同理可得 $x_N = \frac{8}{4 - x_2}$,则

$$|MN| = \sqrt{2} |x_M - x_N| = \sqrt{2} \left|\frac{8}{4 - x_1} - \frac{8}{4 - x_2}\right|$$

$$= 8\sqrt{2} \left|\frac{x_1 - x_2}{16 - 4(x_1 + x_2) + x_1 x_2}\right|$$

$$=2\sqrt{2}\left|\frac{x_1^2+4}{-x_1^2+3x_1+4}\right|$$

令 $t=\dfrac{x_1^2+4}{-x_1^2+3x_1+4}$,即

$$(t+1)x_1^2-3tx_1+4-4t=0$$

当 $t=-1$ 时,$x_1=-\dfrac{8}{3}$,成立;

当 $t\ne -1$ 时,$\Delta=9t^2-4(t+1)(4-4t)\geqslant 0$,解得 $t^2\geqslant \dfrac{16}{25}$ 且 $t\ne -1$.

综上可知

$$|MN|=\left|\frac{x_1^2+4}{-x_1^2+3x_1+4}\right|=2\sqrt{2}|t|\geqslant \frac{8\sqrt{2}}{5}$$

【例 19】 如图 12.19 所示,已知动圆 M 过定点 $P(0,m)(m>0)$,且与直线 $l_1:y=-m$ 相切,动圆圆心 M 的轨迹方程为 C,直线 l_2 过点 P 交曲线 C 于 A、B 两点,若 l_2 交 x 轴于点 S,求 $\dfrac{|SP|}{|SA|}+\dfrac{|SP|}{|SB|}$ 的取值范围.

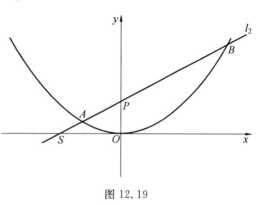

图 12.19

解:由题易知 C 的方程为 $x^2=4my$.

由于直线 AB 过点 $P(0,m)$,则

$$y_A y_B=m^2$$

$$\frac{|SP|}{|SA|}+\frac{|SP|}{|SB|}=\frac{m}{y_A}+\frac{m}{y_B}=\frac{m}{y_A}+\frac{y_A}{m}\geqslant 2$$

当且仅当 $y_A=m$ 时取等.

【例 20】 (2009 湖北理)如图 12.20 所示,过抛物线 $y^2=2px(p>0)$ 的对称轴上一点 $A(a,0)(a>0)$ 的直线与抛物线交于点 M、N,由点 M、N 向直线 $l:x=-a$ 作垂线,垂足分别为 M_1、N_1.

(1)当 $a=\dfrac{p}{2}$ 时,求证:$AM_1\perp AN_1$.

(2)记 $\triangle AMM_1$、$\triangle AM_1 N_1$、$\triangle ANN_1$ 的面积分别为 S_1、S_2、S_3,是否存在 λ,使得对于任意 $a>0$,都有 $S_2^2=\lambda S_1 S_3$ 成立?若存在,求出 λ;若不存在,说明理由.

解:(1)由抛物线平均性质设 $M(x_1,y_1)$,$N(x_2,y_2)$,则

$$x_1 x_2=\frac{p^2}{4},\qquad y_1 y_2=-p^2$$

所以

$$M_1\left(-\frac{p}{2},y_1\right),\qquad N_1\left(-\frac{p}{2},y_2\right)$$

$$k_{M_1 A}=\frac{y_1}{-p},\qquad k_{N_1 A}=\frac{y_2}{-p}$$

所以

$$k_{M_1A} \cdot k_{N_1A} = \frac{y_1 y_2}{p^2} = -1$$

故 $AM_1 \perp AN_1$.

(2)由抛物线平均性质得

$$x_1 x_2 = a^2, \quad y_1 y_2 = -2pa$$

故

$$S_1 = \frac{1}{2}|y_1|(x_1+a), S_3 = \frac{1}{2}|y_2|(x_2+a)$$

$$S_2 = \frac{1}{2}|y_1 - y_2||2a| = a|y_1 - y_2|$$

所以

$$S_1 S_3 = \frac{1}{4}|y_1 y_2|[x_1 x_2 + a(x_1 + x_2) + a^2]$$

$$= \frac{1}{4} \times 2pa[2a^2 + a(x_1 + x_2)]$$

$$= \frac{1}{2}pa^2[2a + (x_1 + x_2)]$$

$$= \frac{1}{4}a^2[4ap + y_1^2 + y_2^2]$$

$$S_2^2 = a^2(y_1^2 - 2y_1 y_2 + y_2^2)$$

$$= a^2(y_1^2 + 4pa + y_2^2)$$

$$\lambda = \frac{S_2^2}{S_1 S_3} = 4$$

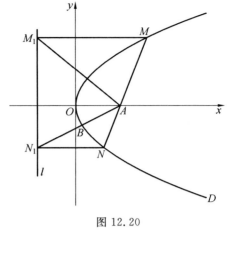

图 12.20

【例21】(2019 北京)如图 12.21 所示,已知抛物线 $C: x^2 = -2py(p>0)$ 经过点 $(2,-1)$.

(1)求抛物线 C 的方程及其准线方程.

(2)设 O 为原点,过抛物线 C 的焦点作斜率不为0的直线 l 交抛物线 C 于 M、N 两点,直线 $y=-1$ 分别交直线 OM、ON 于点 A 和点 B,求证:以 AB 为直径的圆经过 y 轴上的两个定点.

解:(1)将点 $(2,-1)$ 代入抛物线方程可得 $p=2$,故抛物线方程为 $x^2 = -4y$.

(2)设 $M(x_1, y_1), N(x_2, y_2)$,由抛物线平均性质可得

$$y_1 y_2 = 1, \quad \begin{cases} x_1^2 = -4y_1 \\ x_2^2 = -4y_2 \end{cases}$$

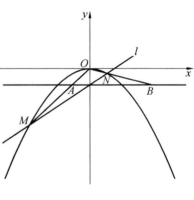

图 12.21

两式相乘可得

$$x_1 x_2 = -4$$

OM 直线方程为

$$y = \frac{y_1}{x_1} x = \frac{-\frac{x_1^2}{4}}{x_1} x = -\frac{x_1}{4} x$$

可得 $A\left(\frac{4}{x_1}, -1\right)$,同理可得 $B\left(\frac{4}{x_2}, -1\right)$.

以 A、B 两点为直径两端作圆可得

$$\left(x - \frac{4}{x_1}\right)\left(x - \frac{4}{x_2}\right) + (y+1)(y+1) = 0$$

化简可得

$$x^2 - \left(\frac{4}{x_1} + \frac{4}{x_2}\right)x + \frac{16}{x_1 x_2} + y^2 + 2y + 1 = 0$$

即

$$x^2 + (x_1 + x_2)x - 4 + y^2 + 2y + 1 = 0$$

令 $x = 0$,方程为

$$y^2 + 2y - 3 = 0$$

解得 $y = -3$, $y = 1$,故圆恒过点 $(0, -3)$,$(0, 1)$.

【**例 22**】 如图 12.22 所示,已知抛物线 $C: y^2 = 4x$ 的焦点为 F,过点 F 的直线 l 与抛物线交于 A、B 两点,与 y 轴的交点为 D,且 $\overrightarrow{DA} = \lambda \overrightarrow{AF}$,$\overrightarrow{DB} = \mu \overrightarrow{BF}$,求证:$\lambda + \mu$ 为定值.

证明:设 $A(x_1, y_1)$,$B(x_2, y_2)$.
由 $\overrightarrow{DA} = \lambda \overrightarrow{AF}$,$\overrightarrow{DB} = \mu \overrightarrow{BF}$ 得到

$$\begin{cases} x_1 = \lambda(1 - x_1) \\ x_2 = \lambda(1 - x_2) \end{cases}$$

即

$$\lambda = \frac{x_1}{1 - x_1}, \quad \mu = \frac{x_2}{1 - x_2}$$

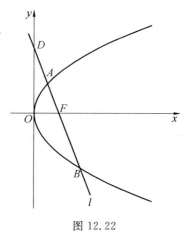

图 12.22

由于 A、B、F 三点共线,故有

$$x_1 x_2 = 1$$

故

$$\lambda + \mu = \frac{x_1(1 - x_2) + x_2(1 - x_1)}{(1 - x_1)(1 - x_2)} = \frac{x_1 + x_2 - 2x_1 x_2}{1 - (x_1 + x_2) + x_1 x_2} = \frac{x_1 + x_2 - 2}{2 - (x_1 + x_2)} = -1$$

【**例 23**】 如图 12.23 所示,在平面直角坐标系中,已知抛物线 $y^2 = 4x$,过点 $E(2, 0)$ 的直线 l 与抛物线交于 A、B 两点,点 D 是在抛物线上异于 A、B 的一点,直线 AD、BD 分别与 x 轴交于点 M、N,且 $\overrightarrow{AD} = 3\overrightarrow{AM}$,求 $\triangle BMN$ 面积的最小值.

解:设 $A(x_1, y_1)$,$B(x_2, y_2)$,$D(x_0, y_0)$.
由抛物线平均性质可得

$$\begin{cases} x_1 x_2 = 4 \\ x_1 x_0 = x_M^2 \\ x_2 x_0 = x_N^2 \end{cases}$$

由于
$$y_1^2 y_2^2 = 16 x_1 x_2 = 64$$
故 $y_1 y_2 = -8$.

由 $\overrightarrow{AD} = 3\overrightarrow{AM}$，得到
$$x_0 - x_1 = 3(x_M - x_1)$$
即
$$x_0 = 3x_M - 2x_1$$

联立 $\begin{cases} x_1 x_0 = x_M^2 \\ x_0 = 3x_M - 2x_1 \end{cases}$，即得到
$$x_0^2 - 5x_1 x_0 + 4x_1^2 = 0$$
即
$$(x_0 - 4x_1)(x_0 - x_1) = 0$$

得到 $x_0 = 4x_1$ 或 $x_0 = x_1$（舍），则
$$|x_M - x_N| = \sqrt{x_1 x_0} + \sqrt{x_2 x_0} = \sqrt{x_0}(\sqrt{x_1} + \sqrt{x_2}) = \sqrt{4x_1}\left(\sqrt{x_1} + \sqrt{\frac{4}{x_1}}\right) = 2x_1 + 4$$

$$S_{\triangle BMN} = \left| \frac{1}{2} |MN| y_2 \right| = \left| (x_1 + 2) \cdot \frac{8}{y_1} \right| = \left| \left(\frac{y_1^2}{4} + 2\right) \cdot \frac{8}{y_1} \right| = \left| y_1 + \frac{8}{y_1} \right| \geq 8\sqrt{2}$$

所以 $\triangle BMN$ 面积的最小值为 $8\sqrt{2}$.

【例 24】 如图 12.24 所示，过点 $F(1,0)$ 和点 $E(4,0)$ 的两条平行线 l_1、l_2 分别交抛物线 $y^2 = 4x$ 于点 A、B 和点 C、D（其中 A、C 在 x 轴的上方），AD 交 x 轴于点 G. 分别记 $\triangle ABG$ 和 $\triangle CDG$ 的面积为 S_1、S_2，当 $\dfrac{S_1}{S_2} = \dfrac{1}{4}$ 时，求直线 AD 的方程.

解：设 $A(x_1, y_1), B(x_2, y_2), C(x_3, y_3), D(x_4, y_4)$.

因为 A、F、B，C、E、D 和 A、G、D 分别三点共线，所以由抛物线平均性质可得
$$x_1 x_2 = 1 \qquad ①$$
$$x_3 x_4 = 16 \qquad ②$$
$$x_G^2 = x_1 x_4 \qquad ③$$
$$k_{AB} = \frac{y_1 - y_2}{x_1 - x_2} = \frac{y_1 - y_2}{\frac{y_1^2}{4} - \frac{y_2^2}{4}} = \frac{4}{y_1 + y_2}$$

同理
$$k_{CD} = \frac{4}{y_3 + y_4}$$

由于 $l_1 \parallel l_2$，所以 $k_{AB} = k_{CD}$，即

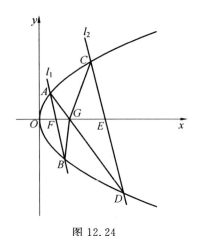

图 12.24

$$y_1+y_2=y_3+y_4$$

故 $\sqrt{x_1}-\sqrt{x_2}=\sqrt{x_3}-\sqrt{x_4}$,即为

$$\sqrt{x_3}-\sqrt{x_1}=\sqrt{x_4}-\sqrt{x_2} \qquad ④$$

$$\frac{S_1}{S_2}=\frac{\frac{1}{2}|y_1-y_2|(x_G-x_F)}{\frac{1}{2}|y_3-y_4|(x_E-x_G)}=\frac{(\sqrt{x_1}+\sqrt{x_2})(\sqrt{x_1x_4}-\sqrt{x_1x_2})}{(\sqrt{x_3}+\sqrt{x_4})(\sqrt{x_3x_4}-\sqrt{x_1x_4})}$$

$$=\frac{(\sqrt{x_1}+\sqrt{x_2})\sqrt{x_1}(\sqrt{x_4}-\sqrt{x_2})}{(\sqrt{x_3}+\sqrt{x_4})\sqrt{x_4}(\sqrt{x_3}-\sqrt{x_1})}$$

将④代入上式可得

$$\frac{S_1}{S_2}=\frac{x_1+\sqrt{x_1x_2}}{x_4+\sqrt{x_3x_4}}=\frac{1}{4}$$

将①②代入上式可得 $\dfrac{x_1+1}{x_4+4}=\dfrac{1}{4}$,化简为

$$4x_1=x_4 \qquad ⑤$$

将①②④⑤进行联立 $\begin{cases} x_1x_2=1 \\ x_3x_4=16 \\ \sqrt{x_3}-\sqrt{x_1}=\sqrt{x_4}-\sqrt{x_2} \\ 4x_1=x_4 \end{cases}$,整理得

$$\sqrt{\frac{4}{x_1}}-\sqrt{x_1}=\sqrt{4x_1}-\sqrt{\frac{1}{x_1}}$$

左右平方可得

$$\frac{4}{x_1}+x_1=4x_1+\frac{1}{x_1}$$

解得 $x_1=1$.故可得 $A(1,2),D(4,-4)$.

由两点式得直线 $AD:2x+y-4=0$.

【例 25】 （2009 大纲卷 1）如图 12.25 所示,已知抛物线 $E:y^2=x$ 与圆 $M:(x-4)^2+y^2=r^2(r>0)$ 交于 A、B、C、D 四个点.

(1)求 r 的取值范围.

(2)当四边形 $ABCD$ 的面积最大时,求对角线 AC、BD 的交点 P 的坐标.

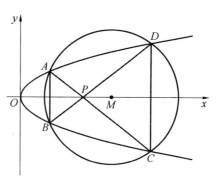

图 12.25

解:(1)将抛物线方程与椭圆方程进行联立有

$$\begin{cases} y^2=x \\ (x-4)^2+y^2=r^2 \end{cases}$$

整理可得

$$x^2-7x+16-r^2=0$$

联立方程组 $\begin{cases} \Delta=(-7)^2-4(16-r^2)>0 \\ x_1+x_2=7>0 \\ x_1x_2=16-r^2>0 \end{cases}$,解得 $\dfrac{15}{4}<r^2<16$,即 $r\in\left(\dfrac{\sqrt{15}}{2},4\right)$.

(2) 设 $A(x_1,y_1),D(x_2,y_2),C(x_2,-y_2),P(x_0,0)$.

由抛物线平均性质可得
$$x_1x_2=x_0^2$$

四边形 $ABCD$ 的面积可表示为

$S=\dfrac{1}{2}(2y_2+2y_1)(x_2-x_1)=(y_1+y_2)(x_2-x_1)=(\sqrt{x_1}+\sqrt{x_2})(x_2-x_1)$

$=\sqrt{x_1+x_2+2\sqrt{x_1x_2}}\cdot\sqrt{(x_1+x_2)^2-4x_1x_2}$

$=\sqrt{(7+2x_0)(49-4x_0^2)}=\sqrt{(7+2x_0)^2(7-2x_0)}$

由均值不等式,上式化为

$\sqrt{(7+2x_0)^2(7-2x_0)}=\sqrt{4\left(\dfrac{7}{2}+x_0\right)\left(\dfrac{7}{2}+x_0\right)(7-2x_0)}$

$\leqslant\sqrt{4\left[\dfrac{\dfrac{7}{2}+x_0+\dfrac{7}{2}+x_0+7-2x_0}{3}\right]^3}=\sqrt{4\left(\dfrac{14}{3}\right)^3}$

当 $\dfrac{7}{2}+x_0=7-2x_0$ 时等号成立,即 $x_0=\dfrac{7}{6}$.

【例 26】(2022 甲卷理)设抛物线 $C:y^2=2px(p>0)$ 的焦点为 F,点 $D(p,0)$,过 F 的直线交 C 于 M、N 两点,当直线 MD 垂直于 x 轴时,$|MF|=3$.

(1) 求 C 的方程.

(2) 如图 12.26 所示,设直线 MD、ND 与 C 的另一个交点分别为 A、B,记直线 MN、AB 的倾斜角分别为 α、β,当 $\alpha-\beta$ 取得最大值时,求直线 AB 的方程.

解:(1) 当 MD 垂直于 x 轴时,$x_D=p$,由焦半径公式得
$$p+\dfrac{p}{2}=3$$
解得 $p=2$,故抛物线 C 的方程为 $y^2=4x$.

(2) 法一(抛物线平均性质法).

首先推导抛物线的平均性质.

设 $M(x_1,y_1),N(x_2,y_2),A(x_3,y_3),B(x_4,y_4)$.

因为 $\overrightarrow{MF}\parallel\overrightarrow{NF},\overrightarrow{MF}=(1-x_1,-y_1),\overrightarrow{NF}=(1-x_2,-y_2)$,所以

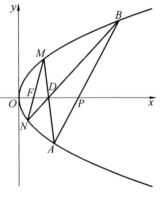

图 12.26

$(1-x_1)y_2=(1-x_2)y_1\Rightarrow y_2-y_1=x_1y_2-x_2y_1$

$\Rightarrow y_2-y_1=\dfrac{y_1^2}{4}y_2-\dfrac{y_2^2}{4}y_1\Rightarrow\dfrac{y_1y_2(y_1-y_2)}{4}$

$\Rightarrow y_1y_2=-4$

同理可得
$$y_1 y_3 = -8, \quad y_2 y_4 = -8$$
故 $y_1 y_2 y_3 y_4 = 64$,即 $y_3 y_4 = -16$,显然直线 AB 经过 $(4,0)$.

至此抛物线的平均性质($y_1 y_2 = -2px_0$)得证.

又有
$$k_{MN} = \frac{y_2 - y_1}{x_2 - x_1} = \frac{y_2 - y_1}{\frac{y_2^2 - y_1^2}{4}} = \frac{4}{y_2 + y_1}$$

同理可得
$$k_{AB} = \frac{4}{y_3 + y_4} = \frac{4}{\frac{-8}{y_1} + \frac{-8}{y_2}} = \frac{y_1 y_2}{-2(y_1 + y_2)} = \frac{-4}{-2(y_1 + y_2)} = \frac{2}{y_1 + y_2}$$

注意到 $k_{MN} = 2k_{AB}$,故 α、β 同为锐角或同为钝角,有
$$\tan(\alpha - \beta) = \frac{k_{MN} - k_{AB}}{1 + k_{MN} k_{AB}} = \frac{k_{AB}}{1 + 2k_{AB}^2} = \frac{1}{\frac{1}{k_{AB}} + 2k_{AB}} \leqslant \frac{1}{2\sqrt{2}}$$

由于要求最大值,故 $\tan \alpha$ 必为正数,否则为最小值,此时 $k_{AB} = \frac{1}{\sqrt{2}}$,故直线 AB 的方程由点斜式可以写成
$$x - \sqrt{2} y - 4 = 0$$

法二(极点极线法(斜率等差模型)).

如图 12.27 所示,补全自极三角形 DTS,连接 AT、BT、AS、NS,D 点所对应极线即为 $TS:x = -2$,T 点所对应极线为 ES,故 T、M、E、B 成调和点列,ST、SF、SD、SP 成调和线束,因此满足斜率等差模型,有
$$2k_{DS} = k_{SF} + k_{SP}$$
即 $2RD = RF + RP$,解得 $P(4,0)$.

因为 $\dfrac{k_{MN}}{k_{AB}} = \dfrac{RP}{RF} = \dfrac{6}{3} = 2$,即 $k_{MN} = 2k_{AB}$,

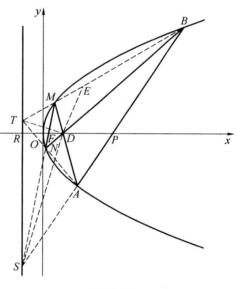

图 12.27

故 α、β 同为锐角或同为钝角,所以
$$\tan(\alpha - \beta) = \frac{k_{MN} - k_{AB}}{1 + k_{MN} k_{AB}} = \frac{k_{AB}}{1 + 2k_{AB}^2} = \frac{1}{\frac{1}{k_{AB}} + 2k_{AB}} \leqslant \frac{1}{2\sqrt{2}}$$

由于要求最大值,故 $\tan \alpha$ 必为正数,否则为最小值,此时 $k_{AB} = \dfrac{1}{\sqrt{2}}$,故直线 AB 的方程由点斜式可以写成
$$x - \sqrt{2} y - 4 = 0$$

【课后练习】

1. 如图 12.28 所示,已知抛物线 $y^2=2x$,和点 $P(-2,0)$,设直线 $m:y=\dfrac{1}{2}x+t(t\neq 0)$ 与抛物线交于点 A、B,射线 PA、PB 与抛物线的另一个交点分别为 C、D,求证:直线 CD 经过定点.

2. 如图 12.29 所示,已知抛物线 $y^2=4x$,直线 AB 过焦点 F 交抛物线于 A、B 两点,点 B 在准线 l 上的正投影为 E,D 是 C 上一点,且 $AD\perp EF$,求 $\triangle ABD$ 面积的最小值及此时直线 AD 的方程.

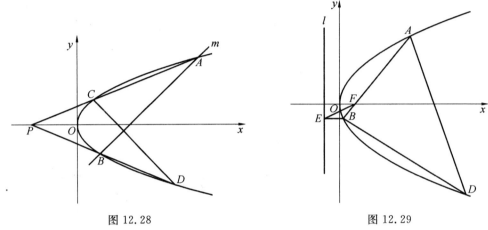

图 12.28   图 12.29

3. 已知椭圆 $C:\dfrac{x^2}{a^2}+\dfrac{y^2}{b^2}=1(a>b>0)$ 的长轴长为 $2\sqrt{2}$,焦距为 2,抛物线 $M:y^2=2px$ $(p>0)$ 的准线经过 C 的左焦点 F.

(1)求 C 与 M 的方程.

(2)直线 l 经过 C 的上顶点且 l 与 M 交于 P、Q 两点,直线 FP、FQ 与 M 分别交于点 D(异于点 P)、E(异于点 Q),证明:直线 DE 的斜率为定值.

4. 在平面直角坐标系 xOy 中,已知点 $A(-1,1)$,P 是动点,且直线 OP 的斜率与直线 OA 的斜率之和等于直线 PA 的斜率.

(1)求动点 P 的轨迹 C 的方程.

(2)过 A 作斜率为 2 的直线与轨迹 C 相交于点 B,点 $T(0,t)(t>0)$,直线 AT 与 BT 分别交轨迹 C 于点 E、F,设直线 EF 的斜率为 k,是否存在实数 λ,使得 $t=\lambda k$?若存在,求出 λ 的值;若不存在,请说明理由.

【答案与解析】

1. 证明:设 $A(x_1,y_1)$,$B(x_2,y_2)$,$C(x_3,y_3)$,$D(x_4,y_4)$.

由抛物线平均性质可得

$$y_1 y_3=4,\quad y_2 y_4=4$$

则

$$k_{AB}=\dfrac{2}{y_1+y_2}=\dfrac{1}{2}$$

整理可得
$$y_3 y_4 = y_3 + y_4 \qquad ①$$

由 CD 的两点式方程可得
$$2x = (y_3 + y_4)y - y_3 y_4$$

将①式代入可得
$$2x = (y_3 y_4)(y - 1)$$

故直线 CD 恒过 $(0, 1)$.

2. **解**:设 $A(x_1, y_1), B(x_2, y_2), C(x_3, y_3)$.

已知抛物线准线方程为 $x = -1, F(1, 0), E(-1, y_2)$,故 $k_{EF} = \dfrac{y_2}{-2}$.

由于 $AD \perp EF$,所以 $k_{AD} = \dfrac{2}{y_2}$.

由 AD 的两点式方程,即
$$4x - (y_1 + y_3)y + y_1 y_3 = 0$$

得其斜率为 $\dfrac{4}{y_1 + y_3}$,故
$$\dfrac{4}{y_1 + y_3} = \dfrac{2}{y_2}$$

即
$$y_1 + y_3 = 2y_2 \Rightarrow y_3 = 2y_2 - y_1$$

由抛物线平均性质 $y_1 y_2 = -4$ 即 $y_1 = \dfrac{-4}{y_2}$,得
$$y_1 y_3 = \dfrac{-4}{y_2}\left(2y_2 + \dfrac{4}{y_2}\right) = -8 - \dfrac{16}{y_2^2}$$

所以直线 AD 方程为
$$4x - 2y_2 y + \left(2y_2 + \dfrac{4}{y_2}\right) \cdot \dfrac{-4}{y_2} = 0$$

即
$$2x - y_2 y + 2 + \dfrac{4}{y_2^2} = 0 \qquad ①$$

$$|AD| = \sqrt{1 + \dfrac{1}{k_{AD}^2}}\,|y_1 - y_3| = \sqrt{1 + \dfrac{y_2^2}{4}}\sqrt{(y_1 + y_3)^2 - 4y_1 y_3}$$
$$= \sqrt{1 + \dfrac{y_2^2}{4}}\sqrt{4y_2^2 + 4\left(8 + \dfrac{16}{y_2^2}\right)}$$

由于 $B\left(\dfrac{y_2^2}{4}, y_2\right)$,故

$$d_{B-AD} = \dfrac{\left|\dfrac{y_2^2}{2} - y_2^2 - 4 - \dfrac{8}{y_2^2}\right|}{\sqrt{4 + y_2^2}} = \dfrac{\left|\dfrac{y_2^2}{2} + 4 + \dfrac{8}{y_2^2}\right|}{\sqrt{4 + y_2^2}}$$

$$S_{\triangle ABD} = \dfrac{1}{2}|AD| \cdot d_{B-AD} = \left(y_2^2 + 8 + \dfrac{16}{y_2^2}\right)^{\frac{3}{2}} = \left(|y_2| + \dfrac{4}{|y_2|}\right)^3$$

显然当$|y_2|=2$时，$\triangle ABD$面积取得最大值，即$y_2=2$或者$y_2=-2$，分别代入①式可得此时直线AD的方程为$x-y-3=0$或$x+y-3=0$.

3. **解**：(1) $C: \dfrac{x^2}{2}+y^2=1$，$M: y^2=4x$.

(2) $F(-1,0)$，易知l过点$(0,1)$.

$l_{PQ}: (y_P+y_Q)y=4x+y_P y_Q$，代入点$(0,1)$得
$$y_P+y_Q=y_P y_Q$$

即$\dfrac{1}{y_P}+\dfrac{1}{y_Q}=1$.

$l_{PD}: (y_P+y_D)y=4x+y_P y_D$，代入点$(-1,0)$得
$$y_D=\dfrac{4}{y_P}$$

同理可得
$$y_E=\dfrac{4}{y_Q}$$

则
$$k_{DE}=\dfrac{4}{y_D+y_E}=\dfrac{4}{\dfrac{4}{y_P}+\dfrac{4}{y_Q}}=1$$

4. **解**：(1) 设$P(x,y)$，由于$k_{OP}+k_{OA}=k_{PA}$，$\dfrac{y}{x}-1=\dfrac{y-1}{x+1}$，整理得$C: x^2=y$（$x\neq 0$，$-1$）.

(2) 如图12.30所示，设$B(b,b^2)$，$E(e,e^2)$，$F(f,f^2)$，则
$$k_{AB}=\dfrac{b^2-1}{b+1}=b-1=2, \quad b=3$$

则$B(3,9)$.

由于直线AE过点$T(0,t)$，则$1\cdot c^2=t^2$，显然$c>0$，所以$c=t$.

由于直线BF过点$T(0,t)$，则$9\cdot f^2=t^2$，显然$f<0$，所以$f=-\dfrac{t}{3}$. 所以
$$k_{EF}=\dfrac{f^2-e^2}{f-e}=f+e=\dfrac{2}{3}t$$

则$\lambda=\dfrac{3}{2}$.

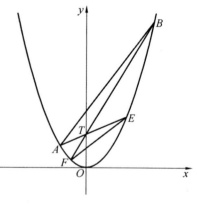

图12.30

第十三章 双切与同构

13.1 切 点 弦

近些年无论是高考还是竞赛,双切与同构的题目一直都是考查重点,在这一章中,我们将详细介绍双切线与同构式.

1. 圆的切点弦

过圆外一点 $P(x_0,y_0)$,作圆 $(x-a)^2+(y-b)^2=r^2$ 的两条切线,则经过两切点的直线方程为
$$(x_0-a)(x-a)+(y_0-b)(y-b)=r^2$$
若圆心在原点,则切点弦方程为
$$x_0x+y_0y=r^2$$

证明:以点 P 和圆心 (a,b) 为直径两端的圆的方程为
$$\left(x-\frac{a+x_0}{2}\right)^2+\left(y-\frac{b+y_0}{2}\right)^2=\frac{1}{4}\left[(a-x_0)^2+(b-y_0)^2\right]$$
即
$$x^2-(a+x_0)x+ax_0+y^2-(b+y_0)y+by_0=0$$
与圆 $(x-a)^2+(y-b)^2=r^2$ 相比,两式作差得
$$x_0x-ax-ax_0+a^2+y_0y-by-by_0+b^2=r^2$$
即
$$(x_0-a)(x-a)+(y_0-b)(y-b)=r^2$$
证明完毕.

2. 椭圆的切点弦

如图 13.1 所示,过椭圆 $C:\dfrac{x^2}{a^2}+\dfrac{y^2}{b^2}=1(a>b>0)$ 外一点 $P(x_0,y_0)$ 作椭圆的两条切线,分别切椭圆于点 A、B,则切点弦 AB 所在直线方程为
$$\frac{x_0x}{a^2}+\frac{y_0y}{b^2}=1$$

证明:设 $A(x_1,y_1)$,$B(x_2,y_2)$,设 AP:$k_1(x-x_1)=y-y_1$,将其与椭圆方程联立,即

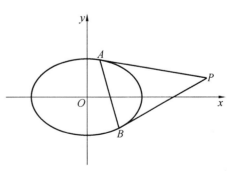

图 13.1

$$\begin{cases} k_1 x - y + y_1 - k x_1 = 0 \\ \dfrac{x^2}{a^2} + \dfrac{y^2}{b^2} = 1 \end{cases}$$

可得
$$\Delta = k_1^2 a^2 + b^2 - (y_1 - k x_1)^2 = 0$$

化简为
$$(a^2 - x_1^2) k_1^2 + 2 x_1 y_1 k + b^2 - y_1^2 = 0 \qquad ①$$

因为
$$\dfrac{x_1^2}{a^2} + \dfrac{y_1^2}{b^2} = 1 \qquad ②$$

将②代入①式化简可得
$$\dfrac{a^2 y_1^2}{b^2} k_1^2 + 2 x_1 y_1 k + \dfrac{b^2 x_1^2}{a^2} = 0$$

即 $\left(\dfrac{a y_1 k_1}{b} + \dfrac{b x_1}{a}\right)^2 = 0$，可得

$$k_1 = -\dfrac{b^2 x_1}{a^2 y_1} \qquad ③$$

将其代入至直线 AP，化简可得
$$\dfrac{x_1 x}{a^2} + \dfrac{y_1 y}{b^2} = 1 \qquad ③$$

此式即为在 A 处的切线方程.

同理可得在 B 处的切线方程为
$$\dfrac{x_2 x}{a^2} + \dfrac{y_2 y}{b^2} = 1 \qquad ④$$

由于③④两式均经过点 $P(x_0, y_0)$，即有
$$\begin{cases} \dfrac{x_1 x_0}{a^2} + \dfrac{y_1 y_0}{b^2} = 1 \\ \dfrac{x_2 x_0}{a^2} + \dfrac{y_2 y_0}{b^2} = 1 \end{cases} \qquad ⑤$$

注意到直线 AB 经过 A、B 两点，也可表示为⑤式，故 AB 方程为
$$\dfrac{x_0 x}{a^2} + \dfrac{y_0 y}{b^2} = 1$$

此为点 P 对应椭圆 $C: \dfrac{x^2}{a^2} + \dfrac{y^2}{b^2} = 1 (a > b > 0)$ 的切点弦方程.

3. 双曲线的切点弦

在双曲线 $C: \dfrac{x^2}{a^2} - \dfrac{y^2}{b^2} = 1$ 中，切点弦有非常相似的性质，其证明过程和椭圆切点弦相似，我们在这里直接给出对应结论，即

$$\dfrac{x_0 x}{a^2} - \dfrac{y_0 y}{b^2} = 1$$

此为点 P 对应双曲线 $C: \dfrac{x^2}{a^2} - \dfrac{y^2}{b^2} = 1 (a > b > 0)$ 的切点弦方程. 在点 $A(x_1, y_1)$ 处的切线方程为

$$\dfrac{x_1 x}{a^2} - \dfrac{y_1 y}{b^2} = 1$$

椭圆和双曲线的切点弦还可以利用高等数学中的隐函数求导法则求得,但并不在高中学习范围内,所以在此我们并不讨论.

4. 抛物线的切点弦

在抛物线的切点弦推导中,由于涉及二次函数的切线问题,同时还涉及阿基米德三角形等相关问题,我们要格外重视推导过程.

如图 13.2 所示,设过抛物线 $x^2 = 2py (p > 0)$ 外一点 $P(x_0, y_0)$,作抛物线的两条切线,切点分别为 $A(x_1, y_1), B(x_2, y_2)$,则切点弦 AB 的直线方程为

$$p(y + y_0) = x_0 x$$

证明 设 $AP: k_1(x - x_1) = y - y_1$,因为

$$y = \dfrac{x^2}{2p}, \quad k_1 = y'|_{x = x_1} = \dfrac{x_1}{p}$$

故

$$AP: \dfrac{x_1}{p}(x - x_1) = y - \dfrac{x_1^2}{2p}$$

整理可得

$$x_1^2 - 2xx_1 + 2py = 0 \qquad ①$$

同理可得

$$x_2^2 - 2xx_2 + 2py = 0 \qquad ②$$

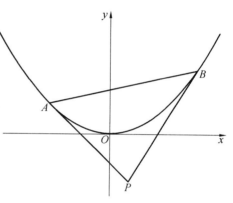

图 13.2

由于①②两式均经过 $P(x_0, y_0)$,故满足

$$x^2 - 2x_0 x + 2py_0 = 0$$

设 x_1、x_2 为上式的两个根,由韦达定理有

$$x_1 + x_2 = 2x_0 \qquad ③$$
$$x_1 x_2 = 2py_0 \qquad ④$$

因为已知 $A(x_1, y_1), B(x_2, y_2)$,即 $A\left(x_1, \dfrac{x_1^2}{2p}\right), B\left(x_2, \dfrac{x_2^2}{2p}\right)$,则经过 A、B 的两点式表示为

$$2py = (x_1 + x_2)x - x_1 x_2$$

将③④代入可得

$$2py = 2x_0 x - 2py_0$$

即

$$p(y + y_0) = x_0 x$$

此为点 $P(x_0, y_0)$ 对应抛物线 $x^2 = 2py (p > 0)$ 的切点弦方程.

同理可得过抛物线 $y^2 = 2px (p > 0)$ 外一点 $P(x_0, y_0)$ 作抛物线的两条切线,切点分别为 $A(x_1, y_1), B(x_2, y_2)$,切点弦 AB 的直线方程为 $p(x + x_0) = y_0 y$.

【例1】 已知椭圆 $C: \dfrac{x^2}{9} + \dfrac{y^2}{4} = 1$ 和直线 $l: x - y - 4 = 0$，点 P 在直线 l 上，过点 P 作椭圆 C 的两条切线 PA、PB，A、B 为切点。求证：当点 P 在直线上运动时，直线 AB 过定点。

证明： 设 $P(x_0, y_0)$，满足直线
$$l: x_0 - y_0 - 4 = 0$$
得直线 AB 的方程为
$$\dfrac{xx_0}{9} + \dfrac{yy_0}{4} = 1$$
即
$$x_0(4x + 9y) - 36(y + 1) = 0$$
显然当点 P 运动时，即 x_0 变化时，直线 AB 恒过定点为 $4x + 9y = 0$ 和 $y = -1$ 的公共解 $\left(\dfrac{9}{4}, -1\right)$。

【例2】 已知抛物线 $x^2 = 4y$，Q 是直线 $y = x - 4$ 上任意一点，过点 Q 作抛物线的两条切线 QA、QB，其中 A、B 为切点，试证明：AB 恒过定点，并求出该定点。

证明： 设 $Q(x_0, y_0)$，满足
$$y_0 = x_0 - 4 \qquad ①$$
由切点弦方程可得直线 AB 方程为
$$x_0 x = 2(y + y_0) \qquad ②$$
将①代入②化简为
$$x_0(x - 2) = 2y - 8$$
故 AB 恒过 $(2, 4)$ 点。

【例3】 已知抛物线 $y = \dfrac{1}{4}x^2$ 内有一定点 $C(1, 2)$，过 C 作直线 l 交抛物线于 A、B 两点，过 A、B 作切线交于点 P，当 l 旋转时，求点 P 的轨迹方程。

解： 设点 $P(x_0, y_0)$，则直线 AB 的方程为
$$x_0 x = 2(y + y_0)$$
由于 AB 经过 $(1, 2)$，代入可得
$$x_0 = 2(2 + y_0)$$
化简可得
$$x_0 - 2y_0 - 4 = 0$$
即点 P 的轨迹方程为 $x - 2y - 4 = 0$。

【例4】（2013 辽宁理）如图 13.3 所示，已知抛物线 $C_1: x^2 = 4y$，$C_2: x^2 = -2py$（$p > 0$），点 $M(x_0, y_0)$ 在抛物线 C_2 上，过 M 作 C_1 的切线，切点分别为 A、B（当点 M 为原点 O 时，点 A、B 重合于点 O）。当 $x_0 = 1 - \sqrt{2}$ 时，切线 MA 的斜率为 $-\dfrac{1}{2}$。

(1) 求 p 的值。

(2) 当点 M 在 C_2 上运动时，求线段 AB 的中点 N 的轨迹方程（点 A、B 重合于 O 时，中点为 O）。

第十三章 双切与同构

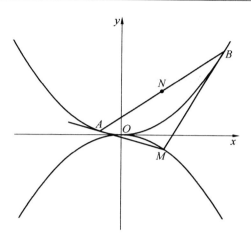

图 13.3

解：(1) $\begin{cases} -\dfrac{1}{2}(x-1-\sqrt{2})=y-\dfrac{1-2\sqrt{2}}{-2p} \\ x^2=4y \end{cases}$，由于直线与抛物线为相切关系，判别式等于 0，故可得 $p=2$.

(2) 设点 $M(x_0,y_0), A(x_1,y_1), B(x_2,y_2), N(x,y)$.

因为 $y=\dfrac{x^2}{4}, y'=\dfrac{x}{2}$，所以直线 MA 方程为

$$k_1(x-x_1)=y-y_1$$

即

$$\dfrac{x_1}{2}(x-x_1)=y-\dfrac{x_1^2}{4}$$

整理可得

$$x_1^2-2x_1x+4y=0$$

将 M 点坐标代入可得

$$x_1^2-2x_1x_0+4y_0=0$$

同理将 M 点坐标代入直线 MB 方程可得

$$x_2^2-2x_2x_0+4y_0=0$$

所以 $x_1、x_2$ 为方程 $x^2-2x_0x+4y_0=0$ 的两个根.

由韦达定理可得

$$x_1+x_2=2x_0, \quad x_1x_2=4y_0$$

因为 N 为 AB 中点，故

$$\begin{cases} x=\dfrac{x_1+x_2}{2}=x_0 \\ y=\dfrac{y_1+y_2}{2}=\dfrac{x_1^2+x_2^2}{8}=\dfrac{(x_1+x_2)^2-2x_1x_2}{8}=\dfrac{x_0^2}{2}-y_0 \end{cases}$$

即 $\begin{cases} x_0=x \\ y_0=\dfrac{x_0^2}{2}-y \end{cases}$，由于 $x_0^2=-4y_0$，故代入化简为 $y=\dfrac{3}{4}x^2$，此即为 N 点轨迹方程.

【感悟】本题并没有用到切点弦相关结论,完全是中规中矩的推导,这也是为什么要强调在关注结论的同时,一定要知道结论是怎么来的.

【例 5】 如图 13.4 所示,设抛物线 $C:y=x^2$ 的焦点为 F,动点 P 在直线 $l:x-y-2=0$ 上运动,过点 P 作抛物线 C 的两条切线 PA、PB,且与抛物线 C 分别相切于 A、B 两点.

(1)求 $\triangle APB$ 的重心 G 的轨迹方程.

(2)证明:$\angle PFA=\angle PFB$.

解:(1)设 $P(x_0,y_0)$,满足直线方程
$$x_0-y_0-2=0$$
设 $A(x_1,y_1),B(x_2,y_2)$,则
$$y_1=x_1^2, \quad y_2=x_2^2$$
由于 $y'=2x$,故直线 AP 方程为
$$k_1(x-x_1)=y-y_1$$
即
$$2x_1(x-x_1)=y-x_1^2$$
化简为
$$x_1^2-2x_1x+y=0$$

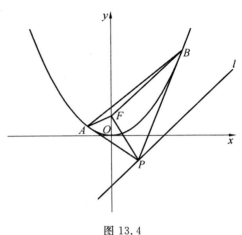

图 13.4

将 P 点坐标代入得
$$x_1^2-2x_1x_0+y_0=0$$
同理可得
$$x_2^2-2x_2x_0+y_0=0$$
故 x_1、x_2 为上述两式的根,即均满足
$$x^2-2x_0x+y_0=0$$
由韦达定理得
$$x_1+x_2=2x_0, \quad x_1x_2=y_0$$
设 $G(x,y)$ 满足重心公式,则
$$\begin{cases} x=\dfrac{x_1+x_2+x_0}{3}=x_0 \\ y=\dfrac{y_1+y_2+y_0}{3}=\dfrac{x_1^2+x_2^2+y_0}{3}=\dfrac{(x_1+x_2)^2-2x_1x_2+y_0}{3}=\dfrac{4x_0^2-y_0}{3} \end{cases}$$
化简可得
$$\begin{cases} x_0=x \\ y_0=4x_0^2-3y \end{cases}$$
将其代入直线方程 $x_0-y_0-2=0$,化简可得
$$y=\dfrac{4x^2-x+2}{3}$$
即为 G 点轨迹方程.

(2)由(1)知 $F\left(0,\dfrac{1}{4}\right)$,$A(x_1,y_1)$,$B(x_2,y_2)$,$P\left(\dfrac{x_1+x_2}{2},x_1x_2\right)$,则

$$\vec{FA}=\left(x_1,x_1^2-\frac{1}{4}\right),\quad \vec{FB}=\left(x_2,x_2^2-\frac{1}{4}\right),\quad \vec{FP}=\left(\frac{x_1+x_2}{2},x_1x_2-\frac{1}{4}\right)$$

$$\cos\angle AFP=\frac{\vec{FP}\cdot\vec{FA}}{|\vec{FP}|\cdot|\vec{FA}|}=\frac{\dfrac{x_1+x_2}{2}\cdot x_1+\left(x_1x_2-\dfrac{1}{4}\right)\left(x_1^2-\dfrac{1}{4}\right)}{|\vec{FP}|\cdot\sqrt{x_1^2+\left(x_1^2-\dfrac{1}{4}\right)^2}}=\frac{x_1x_2+\dfrac{1}{4}}{|\vec{FP}|}$$

同理可得

$$\cos\angle BFP=\frac{\vec{FP}\cdot\vec{FB}}{|\vec{FP}|\cdot|\vec{FB}|}=\frac{\dfrac{x_1+x_2}{2}\cdot x_2+\left(x_1x_2-\dfrac{1}{4}\right)\left(x_2^2-\dfrac{1}{4}\right)}{|\vec{FP}|\cdot\sqrt{x_2^2+\left(x_2^2-\dfrac{1}{4}\right)^2}}=\frac{x_1x_2+\dfrac{1}{4}}{|\vec{FP}|}$$

故 $\cos\angle AFP=\cos\angle BFP$，所以 $\angle PFA=\angle PFB$.

【例 6】 如图 13.5 所示，设抛物线 $y=x^2$ 的动弦 AB 所在的直线与圆 $x^2+y^2=1$ 相切，过点 A、B 的抛物线的两条切线相交于点 M，求点 M 的轨迹方程.

解：设 $A(x_1,y_1),B(x_2,y_2),M(x_0,y_0)$，则
$$y_1=x_1^2,\quad y_2=x_2^2$$

由于 $y'=2x$，故直线 AM 方程为
$$k_1(x-x_1)=y-y_1$$

即
$$2x_1(x-x_1)=y-x_1^2$$

化简为
$$x_1^2-2x_1x+y=0$$

将 M 点坐标代入得
$$x_1^2-2x_1x_0+y_0=0$$

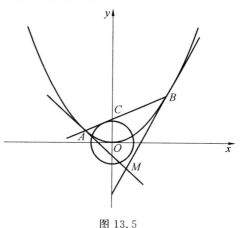

图 13.5

同理可得
$$x_2^2-2x_2x_0+y_0=0$$

故 x_1、x_2 为上述两式的根，即均满足
$$x^2-2x_0x+y_0=0$$

由韦达定理得
$$x_1+x_2=2x_0,\quad x_1x_2=y_0$$

由两点式设直线 AB 方程为
$$y=(x_1+x_2)x-x_1x_2$$

即
$$2x_0x-y-y_0=0$$

由于直线 AB 与圆 $x^2+y^2=1$ 相切，由点到直线距离公式可得
$$\frac{|y_0|}{\sqrt{4x_0^2+1}}=1$$

即 $y_0^2-4x_0^2=1$，即 $y^2-4x^2=1$.

【例 7】 已知抛物线 $C:y=x^2$，动点 A、B（点 B 在点 A 的右边）在直线 $l:y=x-2$

上,且 $AB=\sqrt{2}$. 现过点 A 作曲线 C 的切线,取左边的切点为 M;过点 B 作曲线 C 的切线,取右边的切点为 N. 当 $MN // AB$ 时,求点 A 的横坐标 t 的值.

解:设点 $A(t, t-2), B(t+1, t-1), M(x_1, y_1), N(x_2, y_2)$.
由于 $y=x^2, y'=2x$,因此
$$k_1=2x_1, \quad k_2=2x_2$$
由于 M、N 在抛物线 C 上,则有
$$y_1=x_1^2, \quad y_2=x_2^2$$
直线 $MA: k_1(x-x_1)=y-y_1$,将上式代入整理为
$$2x_1(x-x_1)=y-x_1^2$$
将 $A(t, t-2)$ 代入化简可得
$$x_1^2-2tx_1+t-2=0 \qquad ①$$
直线 $MB: k_2(x-x_2)=y-y_2$,同理可化简为
$$x_2^2-2x_2t-2x_2+t-1=0 \qquad ②$$
$$k_{MN}=\frac{y_1-y_2}{x_1-x_2}=\frac{x_1^2-x_2^2}{x_1-x_2}=x_1+x_2$$
由于 $MN // AB$,故 $k_{MN}=1$,即
$$x_1+x_2=1 \qquad ③$$
① $-$ ② 可得
$$x_1^2-x_2^2-2t(x_1-x_2)+2x_2-1=0$$
即得
$$(x_1-x_2)(x_1+x_2)-2t(x_1-x_2)+2x_2-1=0$$
将 ③ 代入可得
$$x_1-x_2-2t(x_1-x_2)+2x_2-1=0$$
即
$$x_1+x_2-1=2t(x_1-x_2)$$
即 $2t(x_1-x_2)=0$,所以 $t=0$.

13.2 二次曲线与圆的交汇问题

【例8】 (2011 浙江理)如图 13.6 所示,已知抛物线 $C_1: x^2=y$,圆 $C_2: x^2+(y-4)^2=1$ 的圆心为点 M,已知点 P 是抛物线 C_1 上一点(异于原点),过点 P 作圆 C_2 的两条切线,交抛物线 C_1 于 A、B 两点,若过 M、P 两点的直线 l 垂直于 AB,求直线 l 的方程.

解:设 $A(x_1, x_1^2), B(x_2, x_2^2), P(x_0, x_0^2)$.
由两点式方程可得直线 AP 方程为
$$y=(x_0+x_1)x+x_0x_1$$
即
$$(x_0+x_1)x-y+x_0x_1=0$$
同理可得直线 BP 方程为

$$(x_0+x_2)x-y+x_0x_2=0$$

由于 AP 和 C_2 相切,因此

$$\frac{|-4+x_0x_1|}{\sqrt{(x_0+x_1)^2+1}}=1$$

化简可得

$$(x_0^2-1)x_1^2-10x_0x_1+15-x_0^2=0$$

由于 BP 和 C_2 相切,同理可得

$$(x_0^2-1)x_2^2-10x_0x_2+15-x_0^2=0$$

即以上两式可看为

$$(x_0^2-1)x^2-10x_0x+15-x_0^2=0$$

的两根,由韦达定理可得

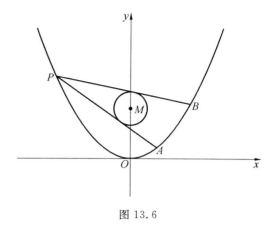

图 13.6

$$x_1+x_2=\frac{10x_0}{x_0^2-1}$$

由两点式方程可得直线 AB 方程为

$$y=(x_1+x_2)x+x_1x_2$$

即 $k_{AB}=\dfrac{10x_0}{x_0^2-1}$.

由于 $k_{PM}=\dfrac{4-x_0^2}{-x_0}$,且 $AB\perp PM$,故

$$\frac{4-x_0^2}{-x_0}\cdot\frac{10x_0}{x_0^2-1}=-1$$

解得 $P\left(\pm\sqrt{\dfrac{41}{11}},\dfrac{41}{11}\right)$,得直线 $l:y=\pm\dfrac{3\sqrt{451}}{451}x+4$.

【例 9】 如图 13.7 所示,已知 $P(x_0,y_0)(x_0\geqslant0)$ 是椭圆 $\dfrac{x^2}{4}+\dfrac{y^2}{3}=1$ 上的一点,过点 P 作圆 $(x+1)^2+y^2=1$ 的两条切线,切线与 y 轴交于 A、B 两点,求 $|AB|$ 的取值范围.

解:设过点 P 与圆相切的直线方程为

$$l:y-y_0=k(x-x_0)$$

利用点到直线距离公式得

$$\frac{|-k+y_0-kx_0|}{\sqrt{1+k^2}}=1$$

整理可得

$$(x_0^2+2x_0)k^2-2(x_0+1)y_0k+y_0^2-1=0$$

由韦达定理得

$$k_1+k_2=\frac{2(x_0+1)y_0}{x_0^2+2x_0},\quad k_1k_2=\frac{y_0^2-1}{x_0^2+2x_0}$$

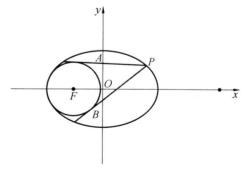

图 13.7

其中,k_1、k_2 分别为 PA、PB 的斜率.

PA 在 y 轴上的截距为

$$y_1=y_0-k_1x_0$$

PB 在 y 轴上的截距为
$$y_2 = y_0 - k_2 x_0$$
则
$$|AB| = |y_1 - y_2| = x_0|k_1 - k_2| = x_0\sqrt{(k_1+k_2)^2 - 4k_1k_2}$$
$$= \frac{\sqrt{4y_0^2(x_0+1)^2 - (4y_0^2-4)(x_0^2+2x_0)}}{x_0+2}$$

由于点 P 在椭圆上,满足 $4y_0^2 = 12 - 3x_0^2$,代入上式进行整理得
$$|AB| = \sqrt{\frac{x_0+6}{x_0+2}} = \sqrt{1 + \frac{4}{x_0+2}}$$

由于 $0 \leqslant x_0 \leqslant 2$,所以 $|AB| \in [\sqrt{2}, \sqrt{3}]$.

【变式】 如图 13.8 所示,已知抛物线 $y^2 = x$ 和圆 $C:(x+1)^2 + y^2 = 1$,过抛物线上的点 $P(x_0, y_0)(y_0 \geqslant 1)$ 作圆 C 的两条切线,与 y 轴分别交于 A、B 两点,求 $\triangle ABP$ 面积的最小值.

解:设过点 P 与圆相切的直线方程为
$$l: y - y_0 = k(x - x_0)$$
利用点到直线距离公式得
$$\frac{|-k + y_0 - kx_0|}{\sqrt{1+k^2}} = 1$$
整理可得
$$(x_0^2 + 2x_0)k^2 - 2(x_0+1)y_0 k + y_0^2 - 1 = 0$$
由韦达定理得
$$k_1 + k_2 = \frac{2(x_0+1)y_0}{x_0^2 + 2x_0}, \quad k_1 k_2 = \frac{y_0^2 - 1}{x_0^2 + 2x_0}$$

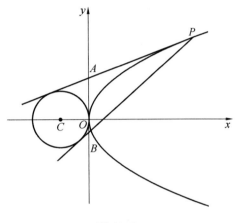

图 13.8

其中,k_1、k_2 分别为 PA、PB 的斜率.

PA 在 y 轴上的截距为
$$y_1 = y_0 - k_1 x_0$$
PB 在 y 轴上的截距为
$$y_2 = y_0 - k_2 x_0$$
$$|AB| = |y_1 - y_2| = x_0|k_1 - k_2| = x_0\sqrt{(k_1+k_2)^2 - 4k_1k_2}$$
$$= \frac{\sqrt{4y_0^2(x_0+1)^2 - (4y_0^2-4)(x_0^2+2x_0)}}{x_0+2}$$

由于点 P 在抛物线上满足 $y_0^2 = x_0$,代入整理可得
$$|AB| = 2\sqrt{\frac{x_0^2 + 3x_0}{(x_0+2)^2}}$$
$$S_{\triangle ABP} = \frac{1}{2}|AB|x_0 = \sqrt{\frac{x_0^2(x_0^2+3x_0)}{(x_0+2)^2}} \quad (x_0 \geqslant 1)$$

记函数 $g(x)=\dfrac{x^2(x^2+3x)}{(x+2)^2}(x\geqslant 1)$,则

$$g'(x)=\dfrac{x^2(2x^2+11x+18)}{(x+2)^3}>0$$

所以

$$g(x)_{\min}=g(1)=\dfrac{4}{9}$$

所以$\triangle ABP$面积的最小值为$\dfrac{2}{3}$.

【例10】 如图 13.9 所示,已知 $R(x_0,y_0)$ 是椭圆 $\dfrac{x^2}{a^2}+\dfrac{y^2}{b^2}=1(a>b>0)$ 上任意一点,从原点 O 向圆 $R:(x-x_0)^2+(y-y_0)^2=r^2$ 作两条切线,分别交椭圆于 P、Q 两点. 若 $k_{OP}\cdot k_{OQ}=-\dfrac{b^2}{a^2}$,且 $x_0^2\neq r^2$,求证:$\dfrac{1}{a^2}+\dfrac{1}{b^2}=\dfrac{1}{r^2}$.

证明: 设过原点的圆的切线方程为 $y=kx$,由点到直线的距离公式可得

$$r=\dfrac{|kx_0-y_0|}{\sqrt{1+k^2}}$$

化简可得

$$(x_0^2-r^2)k^2-2x_0y_0k+y_0^2-r^2=0$$

故由韦达定理可得

$$k_{OP}\cdot k_{OQ}=k_1k_2=\dfrac{y_0^2-r^2}{x_0^2-r^2}=-\dfrac{b^2}{a^2}$$

化简可得

$$(a^2+b^2)r^2=b^2x_0^2+a^2y_0^2$$

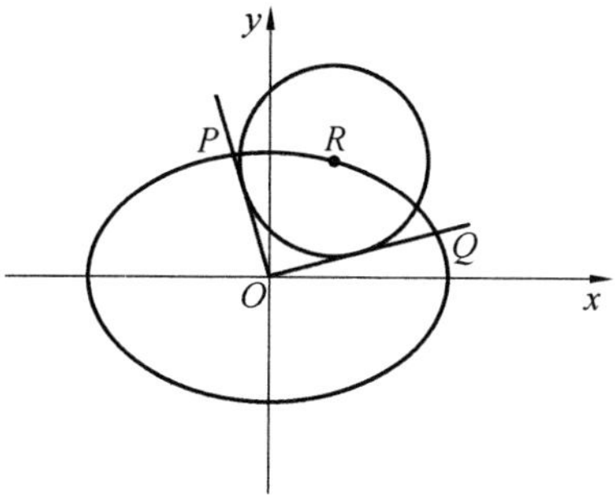

左右同时除以 a^2b^2,即

$$\left(\dfrac{1}{a^2}+\dfrac{1}{b^2}\right)r^2=\dfrac{x_0^2}{a^2}+\dfrac{y_0^2}{b^2}$$

图 13.9

由于 R 在椭圆上满足 $\dfrac{x_0^2}{a^2}+\dfrac{y_0^2}{b^2}=1$,代入上式可得 $\dfrac{1}{a^2}+\dfrac{1}{b^2}=\dfrac{1}{r^2}$,证明完毕.

【例11】 (2011 浙江文)设 P 为抛物线 $C_1:x^2=y$ 上一动点,过点 P 作圆 $C_2:x^2+(y+3)^2=1$ 的两条切线 l_1、l_2,交 $y=-3$ 于 A、B 两点.

(1)求 C_2 圆心 M 到抛物线 C_1 准线的距离.

(2)是否存在点 P,使得线段 AB 被抛物线 C_1 在点 P 处的切线平分?若存在,求出点 P 的坐标;若不存在,请说明理由.

解:(1)准线方程为 $y=-\dfrac{1}{4}$,C_2 圆心为 $(0,-3)$,则 C_2 圆心 M 到抛物线 C_1 准线的距离为 $\dfrac{11}{4}$.

(2)设点 $P(x_0,y_0)$,过点 P 且与 C_2 相切的直线方程为

$$k(x-x_0)=y-y_0$$

即为
$$kx - y + y_0 - kx_0 = 0$$

由点到直线距离公式得
$$\frac{|3 + y_0 - kx_0|}{\sqrt{k^2+1}} = 1$$

整理为
$$k^2(x_0^2 - 1) - (6x_0 + 2x_0 y_0)k + 8 + y_0^2 + 6y_0 = 0$$

由韦达定理可得
$$k_1 + k_2 = \frac{6x_0 + 2x_0 y_0}{x_0^2 - 1} \qquad ①$$
$$k_1 k_2 = \frac{8 + y_0^2 + 6y_0}{x_0^2 - 1} \qquad ②$$

其中,k_1、k_2 即为 l_1、l_2 的斜率.

l_1 方程为 $k_1(x - x_0) = y - y_0$,其与 $y = -3$ 联立可得
$$x_A = \frac{-3 - y_0}{k_1} + x_0$$

同理可得
$$x_B = \frac{-3 - y_0}{k_2} + x_0$$

由 $y' = 2x$,故在 P 处的切线方程为
$$2x_0(x - x_0) = y - y_0$$

又有 $y_0 = x_0^2$,即
$$2x_0(x - x_0) = y - x_0^2$$

将其与 $y = -3$ 联立可得 $x_N = \dfrac{-3 + x_0^2}{2x_0}$.

由题意 $x_A + x_B = 2x_N$,即
$$(-3 - x_0^2)\left(\frac{k_1 + k_2}{k_1 k_2}\right) = 2\left(\frac{-3 + x_0^2}{2x_0}\right)$$

将①②两式代入可得
$$\frac{2(3 + x_0^2)x_0}{(x_0^2 + 3)^2 - 1} = \frac{1}{x_0}$$

解得 $x_0 = \pm\sqrt[4]{8}$,故可得 $P(\pm\sqrt[4]{8}, 2\sqrt{2})$.

当 l_1 与 x 轴垂直时,$x_0 = 1$,$x_B = 1$,$P(1, 1)$,设过点 P 且与 C_2 相切的切线方程为
$$y - 1 = k(x - 1)$$
即
$$kx - y + 1 - k = 0$$

由点到直线距离公式 $\dfrac{|-2-k|}{\sqrt{k^2+1}} = 1$,解得 $k = \dfrac{15}{8}$. 故 l_1 方程为
$$y - 1 = \frac{15}{8}(x - 1)$$

将其与 $y=-3$ 联立可得 $x_A=-\dfrac{17}{15}$.

在 P 点处的切线方程为
$$y-1=2(x-1)$$
将其与 $y=-3$ 联立可得
$$x_N=-\dfrac{17}{15}$$
不满足 $x_A+x_B=2x_N$,不符合题意,舍去.

$x_0=-1$ 时,由对称性可得情况同上,也不满足题意,舍去.

综上所述 P 点为 $(\pm\sqrt[4]{8},2\sqrt{2})$.

13.3 彭赛列闭合定理

平面上给定两条圆锥曲线,若存在一封闭多边形外切其中一条圆锥曲线且内接另一条圆锥曲线,则此封闭多边形内接的圆锥曲线上每一个点都是满足这样(切、内外接)性质的封闭多边形的顶点,且所有满足此性质的封闭多边形的边数相同.

最简明的彭赛列闭合定理表示为:一个三角形外接于一个圆,内切一个圆,则外接圆可以有无数个内接三角形满足其内切圆为上述的同一个.

彭赛列闭合定理展示了基于圆锥曲线关系上的一种"群结构"(group structure)关系——"彭赛列结构"(Poncelet type),表示为:有一个满足一种结构的关系存在,则所有满足这种结构的关系都存在,可以扩展为更高维的概念,彭赛列闭合定理只是这种结构关系的其中一种.

【例 12】 已知抛物线 $C_1:y^2=2px(p>0)$,圆 $C_2:(x-1)^2+y^2=r^2(r>0)$,抛物线上点到准线的距离的最小值为 $\dfrac{1}{4}$.

(1)求抛物线 C_1 的方程.

(2)如图 13.10 所示,点 $P(2,y_0)$ 是抛物线 C_1 在第一象限内的一点,过点 P 作圆 C_2 的两条切线分别交抛物线于 A、B 两点(异于 P 点),问是否存在圆 C_2 使得 AB 恰为其切线?若存在,求出 r 的值;若不存在,说明理由.

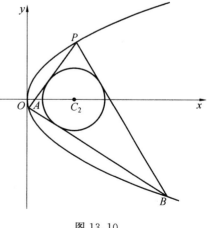

图 13.10

解:(1)$\dfrac{p}{2}=\dfrac{1}{4}$,$p=\dfrac{1}{2}$,抛物线方程为 $y^2=x$.

(2)设 $P(2,\sqrt{2})$,$A(x_1,y_1)$,$B(x_2,y_2)$,由抛物线两点式可得
$$AP:x=(\sqrt{2}+y_1)y-\sqrt{2}y_1$$
由于 AP 与圆相切,由点到直线距离公式可得

$$\frac{|1+\sqrt{2}y_1|}{\sqrt{1+(\sqrt{2}+y_1)^2}}=r$$

化简可得
$$(2-r^2)y_1^2+(2\sqrt{2}-2\sqrt{2}r^2)y_1+1-3r^2=0$$

同理可得
$$(2-r^2)y_2^2+(2\sqrt{2}-2\sqrt{2}r^2)y_2+1-3r^2=0$$

即 y_1、y_2 为方程 $(2-r^2)y^2+(2\sqrt{2}-2\sqrt{2}r^2)y+1-3r^2=0$ 的两个根.

由于 $y^2=x$,故得直线 AB 方程为
$$(2-r^2)x+(2\sqrt{2}-2\sqrt{2}r^2)y+1-3r^2=0$$

由于 AB 与圆相切,由点到直线距离公式可得
$$\frac{|2-r^2+1-3r^2|}{\sqrt{(2-r^2)^2+(2\sqrt{2}-2\sqrt{2}r^2)^2}}=r$$

令 $r^2=t$,上式可以化简为
$$(4t-3)^2=t[(t-2)^2+8(1-t)^2]$$

整理为
$$t^3-4t^2+4t-1=0$$

此处猜根 $t=1$,故将上式化为
$$t^3-t^2-3t^2+4t-1=0$$

即为
$$t^2(t-1)-(3t-1)(t-1)=0$$
$$(t-1)(t^2-3t+1)=0$$

解得 $t=1$,此时 $r=1$,不能被抛物线包含,不符题意,舍去.故只有 $t^2-3t+1=0$,此时解得 $t=\frac{3-\sqrt{5}}{2}$,即 $r^2=\frac{3-\sqrt{5}}{2}$,$r=\frac{\sqrt{5}-1}{2}$.

综上所述 $r=\frac{\sqrt{5}-1}{2}$.

【例 13】 (2021高考甲卷改编)已知抛物线 $C:y^2=x$,圆 $M:(x-2)^2+y^2=1$,若 A_1、A_2、A_3 是 C 上的三个点,直线 A_1A_2、A_1A_3 均与圆 M 相切,判断直线 A_2A_3 与圆 M 的位置关系,并说明理由.

解:设 $A_1(x_1,y_1)$,$A_2(x_2,y_2)$,$A_3(x_3,y_3)$.

由抛物线两点式可得直线 A_1A_2 方程为
$$x=(y_1+y_2)y-y_1y_2$$

由于其与圆 M 相切,由点到直线距离公式可得
$$\frac{|2+y_1y_2|}{\sqrt{1+(y_1+y_2)^2}}=1$$

整理为
$$(y_1^2-1)y_2^2+2y_1y_2+3-y_1^2=0$$

设直线 A_1A_3 方程为
$$x=(y_1+y_3)y-y_1y_3$$
同理可得
$$(y_1^2-1)y_3^2+2y_1y_3+3-y_1^2=0$$
故 y_2,y_3 为方程 $(y_1^2-1)y^2+2y_1y+3-y_1^2=0$ 的两个根,即由韦达定理可得
$$y_2+y_3=\frac{-2y_1}{y_1^2-1},\quad y_2y_3=\frac{3-y_1^2}{y_1^2-1}$$
则
$$d_{M-A_2A_3}=\frac{|2+y_2y_3|}{\sqrt{1+(y_2+y_3)^2}}=\frac{\left|2+\frac{3-y_1^2}{y_1^2-1}\right|}{\sqrt{1+\frac{4y_1^2}{(y_1^2-1)^2}}}=\frac{|y_1^2+1|}{\sqrt{(y_1^2-1)^2+4y_1^2}}=\frac{|y_1^2+1|}{|y_1^2+1|}=1=r$$
故直线 A_2A_3 与圆 M 相切.

【例 14】 (2012 年湖南理改编)已知曲线 $C_1:y^2=2x$,$C_2:(x-5)^2+y^2=9$,P 为 $x=-4$ 上的一个动点,过点 P 作 C_2 的两条切线,分别交抛物线于点 A、B 和点 C、D,求证:A、B、C、D 的纵坐标之积为定值.

证明:法一. 设 $P(-4,y_0),A(x_1,y_1),B(x_2,y_2),C(x_3,y_3),D(x_4,y_4)$.

由抛物线两点式方程可设直线 AB 方程为
$$2x=(y_1+y_2)y-y_1y_2$$
将点 P 坐标代入可得
$$-8=(y_1+y_2)y_0-y_1y_2$$
即
$$y_1+y_2=\frac{y_1y_2-8}{y_0}$$
由于 AB 与圆相切,由点到直线距离公式可得
$$\frac{|10+y_1y_2|}{\sqrt{4+(y_1+y_2)^2}}=3$$
即
$$100+y_1^2y_2^2+20y_1y_2=36+9(y_1+y_2)^2$$
即
$$100+y_1^2y_2^2+20y_1y_2=36+9\left(\frac{y_1^2y_2^2-16y_1y_2+64}{y_0^2}\right)$$
整理可得
$$\left(1-\frac{9}{y_0^2}\right)y_1^2y_2^2+\left(20+\frac{144}{y_0^2}\right)y_1y_2+64-\frac{9\times 64}{y_0^2}=0$$
同理可得
$$\left(1-\frac{9}{y_0^2}\right)y_3^2y_4^2+\left(20+\frac{144}{y_0^2}\right)y_3y_4+64-\frac{9\times 64}{y_0^2}=0$$
故 y_1y_2、y_3y_4 为方程 $\left(1-\frac{9}{y_0^2}\right)y_i^2y_j^2+\left(20+\frac{144}{y_0^2}\right)y_iy_j+64-\frac{9\times 64}{y_0^2}=0$ 的两根,故有

$y_1y_2y_3y_4=64.$

法二. 设直线 AB 方程为
$$y-y_0=k_1(x+4)$$
即
$$k_1x-y+y_0+4k_1=0$$
由于直线 AB 与圆相切,由点到直线距离公式可得
$$\frac{|5k_1+y_0+4k_1|}{\sqrt{k_1^2+1}}=3$$
化简可得
$$72k_1^2+18y_0k_1+y_0^2-9=0$$
同理设 $CD:y-y_0=k_2(x+4)$,可以得到
$$72k_2^2+18y_0k_2+y_0^2-9=0$$
故 k_1、k_2 为方程 $72k^2+18y_0k+y_0^2-9=0$ 的两个根,故有
$$k_1k_2=\frac{y_0^2-9}{72},\quad k_1+k_2=-\frac{y_0}{4}$$
将直线方程与抛物线方程进行联立可得
$$\begin{cases}k_1x-y+y_0+4k_1=0\\ y^2=2x\end{cases}$$
整理为
$$k_1y^2-2y+2(y_0+4k_1)=0$$
故有
$$y_1y_2=\frac{2(y_0+4k_1)}{k_1}$$
同理可得
$$y_3y_4=\frac{2(y_0+4k_2)}{k_2}$$
故
$$y_1y_2y_3y_4=\frac{4(y_0+4k_1)(y_0+4k_2)}{k_1k_2}=\frac{4[y_0^2+4(k_1+k_2)y_0+16k_1k_2]}{k_1k_2}$$
即为
$$y_1y_2y_3y_4=\frac{4\left[y_0^2-4\dfrac{y_0^2}{4}+\dfrac{2(y_0^2-9)}{9}\right]}{\dfrac{y_0^2-9}{72}}=64$$

【例 15】 如图 13.11 所示,已知点 P 是抛物线 $C_1:y^2=2x$ 上的动点,过点 P 作圆 $C_2:(x-2)^2+y^2=1$ 的切线 PA、PB,两条切线分别与抛物线 C_1 交于点 C、D,若 $CD\parallel AB$,求点 P 的坐标.

解: 设 $P(x_0,y_0),C(x_1,y_1),D(x_2,y_2)$,设直线 $PC:2x=(y_0+y_1)y-y_0y_1$,即
$$2x-(y_0+y_1)y+y_0y_1=0$$

由于 PC 与圆相切,由点到直线距离公式可得

$$\frac{|4+y_0 y_1|}{\sqrt{4+(y_0+y_1)^2}}=1$$

化简整理可得

$$(y_0^2-1)y_1^2+6y_0 y_1+12-y_0^2=0$$

同理可得

$$(y_0^2-1)y_2^2+6y_0 y_2+12-y_0^2=0$$

即 y_1、y_2 分别为方程 $(y_0^2-1)y^2+6y_0 y+12-y_0^2=0$ 的两根,即有

$$y_1+y_2=\frac{-6y_0}{y_0^2-1}$$

所以

$$k_{CD}=\frac{2}{y_1+y_2}=\frac{y_0^2-1}{-3y_0}$$

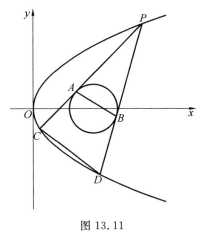

图 13.11

由切点弦方程可得直线 AB:$(x-2)(x_0-2)+yy_0=1$,$k_{AB}=-\frac{x_0-2}{y_0}$.

由 $CD \parallel AB$,故

$$\frac{y_0^2-1}{-3y_0}=-\frac{x_0-2}{y_0}$$

又由 $y_0^2=2x_0$,解得 $x_0=5$,$y_0=\pm\sqrt{10}$,即为对应 P 点坐标.

13.4 双切线与向量

【例 16】 如图 13.12 所示,已知 P 是函数 $f(x)=x^2$ 图像上的一点,过点 P 作圆 $x^2+y^2-4y+3=0$ 的两条切线,切点分别为 A、B,求出 $\overrightarrow{PA} \cdot \overrightarrow{PB}$ 的最小值.

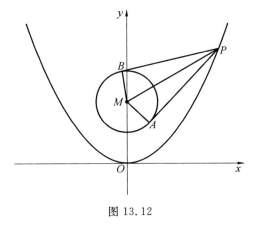

图 13.12

解:由题

$$\overrightarrow{PA} \cdot \overrightarrow{PB}=|PA||PB|\cos\angle APB=(PM^2-1)\cos\angle APB$$

$$\cos\angle APB=1-2\sin^2\angle BPM, \quad \sin\angle BPM=\frac{1}{PM}$$

所以

$$\overrightarrow{PA}\cdot\overrightarrow{PB}=(PM^2-1)\left(1-\frac{2}{PM^2}\right)=PM^2+\frac{2}{PM^2}-3$$

设 $P(x,x^2)$，因为

$$PM^2=x^2+(x^2-2)^2=\left(x^2-\frac{3}{2}\right)^2+\frac{7}{4}\geqslant\frac{7}{4}$$

所以 $PM^2+\dfrac{2}{PM^2}-3$ 在 $\left[\dfrac{7}{4},+\infty\right)$ 上单调递增，所以

$$\overrightarrow{PA}\cdot\overrightarrow{PB}\geqslant-\frac{3}{28}$$

【例 17】 如图 13.13 所示，已知 P 为椭圆 $\dfrac{x^2}{4}+\dfrac{y^2}{3}=1$ 上的一个动点，过 P 作圆 $(x-1)^2+y^2=1$ 的两条切线，切点为 A、B，则 $\overrightarrow{PA}\cdot\overrightarrow{PB}$ 的取值范围为_____．

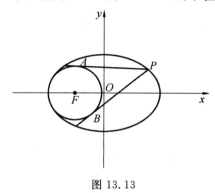

图 13.13

解：由题

$$\overrightarrow{PA}\cdot\overrightarrow{PB}=|PA||PB|\cos\angle APB$$
$$=(PF^2-1)\cos\angle APB$$
$$\cos\angle APB=1-2\sin^2\angle BPF, \quad \sin\angle BPF=\frac{1}{PF}$$

所以

$$\overrightarrow{PA}\cdot\overrightarrow{PB}=(PF^2-1)\left(1-\frac{2}{PF^2}\right)=PF^2+\frac{2}{PF^2}-3$$

由椭圆的焦半径范围可知 $PF\in[1,3]$，$PF^2\in[1,9]$，所以结合对勾函数性质，当 $PF^2=\sqrt{2}$ 时，取得最小值 $2\sqrt{2}-3$；当 $PF^2=9$ 时，取得最大值 $\dfrac{56}{9}$．

13.5 蒙 日 圆

蒙日圆是由法国数学家加斯帕尔·蒙日发现,与椭圆 $\dfrac{x^2}{a^2}+\dfrac{y^2}{b^2}=1$ 相切的两条互相垂直的切线的交点的轨迹方程为 $x^2+y^2=a^2+b^2$. 这一结论称为蒙日圆,也称为椭圆的外准圆.

如图 13.14 所示,过椭圆 $\dfrac{x^2}{a^2}+\dfrac{y^2}{b^2}=1$ 外一点 P 作圆的两条切线 l_1、l_2,使得 $l_1 \perp l_2$,则点 P 的轨迹方程为
$$x^2+y^2=a^2+b^2$$

证明:设过点 $P(x_0,y_0)$ 的切线方程为
$$y-y_0=k(x-x_0)$$
将其与椭圆方程进行联立有
$$\begin{cases} y-y_0=k(x-x_0) \\ \dfrac{x^2}{a^2}+\dfrac{y^2}{b^2}=1 \end{cases}$$

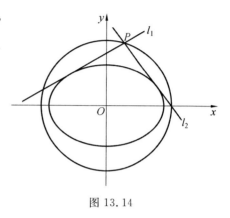

图 13.14

可得
$$(a^2k^2+b^2)x^2-2ka^2(kx_0-y_0)x+a^2(kx_0-y_0)^2-a^2b^2=0$$
令判别式为 0,即
$$(x_0^2-a^2)k^2-2x_0y_0k+y_0^2-b^2=0$$
由于 $l_1 \perp l_2$,故可得
$$k_1k_2=\dfrac{y_0^2-b^2}{x_0^2-a^2}=-1$$
化简为
$$x_0^2+y_0^2=a^2+b^2$$
故 P 点的轨迹方程为 $x^2+y^2=a^2+b^2$.

推广 1:双曲线 $\dfrac{x^2}{a^2}-\dfrac{y^2}{b^2}=1$ 的两条互相垂直的切线的交点的轨迹是圆 $x^2+y^2=a^2-b^2$.

推广 2:抛物线 $y^2=2px$ 的两条互相垂直的切线的交点是该抛物线的准线.

性质 1:过圆 $x^2+y^2=a^2+b^2$ 上一动点 P 作椭圆 $\dfrac{x^2}{a^2}+\dfrac{y^2}{b^2}=1$ 的两条切线 l_1、l_2,则有 $l_1 \perp l_2$.

证明:设过点 $P(x_0,y_0)$ 的切线方程为 $y-y_0=k(x-x_0)$,将其与椭圆方程进行联立,有
$$\begin{cases} y-y_0=k(x-x_0) \\ \dfrac{x^2}{a^2}+\dfrac{y^2}{b^2}=1 \end{cases}$$

可得
$$(a^2k^2+b^2)x^2-2ka^2(kx_0-y_0)x+a^2(kx_0-y_0)^2-a^2b^2=0$$
令判别式为 0，即
$$(x_0^2-a^2)k^2-2x_0y_0k+y_0^2-b^2=0$$
即
$$k_1k_2=\frac{y_0^2-b^2}{x_0^2-a^2}$$
由于 $x_0^2+y_0^2=a^2+b^2$，故代入上式可得
$$k_1k_2=-1$$
即 $l_1\perp l_2$.

性质 2：过圆 $x^2+y^2=a^2+b^2$ 上一动点 P 作椭圆 $\frac{x^2}{a^2}+\frac{y^2}{b^2}=1$ 的两条切线 l_1、l_2，分别切椭圆于 A、B 两点，则 PO 平分椭圆的切点弦.

证明：设 l_1、l_2 分别与椭圆相切于 $A(x_1,y_1)$、$B(x_2,y_2)$.

由切点弦方程可得 $AB:\frac{x_0x}{a^2}+\frac{y_0y}{b^2}=1$，将其与椭圆方程联立有
$$\begin{cases}\frac{x_0x}{a^2}+\frac{y_0y}{b^2}=1\\\frac{x^2}{a^2}+\frac{y^2}{b^2}=1\end{cases}$$

整理可得
$$\left(\frac{x_0^2}{a^2}+\frac{y_0^2}{b^2}\right)x^2-2x_0x+a^2\left(1-\frac{y_0^2}{b^2}\right)=0$$

得到
$$x_1+x_2=\frac{2x_0}{\frac{x_0^2}{a^2}+\frac{y_0^2}{b^2}}$$

同理可得
$$y_1+y_2=\frac{2y_0}{\frac{x_0^2}{a^2}+\frac{y_0^2}{b^2}}$$

设 AB 中点为 $C(x_3,y_3)$，故 $k_{OC}=\frac{y_0}{x_0}=k_{OP}$，故 O、C、P 三点共线，即 PO 平分椭圆的切点弦.

性质 3：过圆 $x^2+y^2=a^2+b^2$ 上一动点 P 作椭圆 $\frac{x^2}{a^2}+\frac{y^2}{b^2}=1$ 的两条切线 l_1、l_2，分别切椭圆于 A、B 两点，l_1、l_2 与圆交于点 C、D，则 $AB/\!/CD$.

证明：如图 13.15 所示，由性质 1 可知 $l_1\perp l_2$，故 CD 为圆 $x^2+y^2=a^2+b^2$ 的直径.

设 AB、OP 交点为 M，由性质 2 可知 M 为 AB 中点. 由蒙日圆性质可知
$$\angle APB=90°$$

所以
$$MA=MB=MP$$
同理 $OP=OC=OD$,因此有
$$\angle PAM=\angle APM=\angle CPO=\angle PCO$$
所以 $AB\parallel CD$.

性质 4:过圆 $x^2+y^2=a^2+b^2$ 上一动点 P 作椭圆 $\dfrac{x^2}{a^2}+\dfrac{y^2}{b^2}=1$ 的两条切线 l_1、l_2,分别切椭圆于 A、B 两点,则 $S_{\triangle OAB}$ 面积的最大值为 $\dfrac{ab}{2}$,最小值为 $\dfrac{a^2b^2}{a^2+b^2}$.

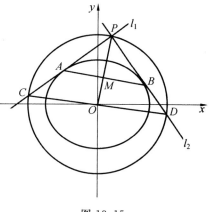

图 13.15

证明:设 $P(x_0,y_0)$,由切点弦方程可得直线 AB 方程为
$$\frac{x_0 x}{a^2}+\frac{y_0 y}{b^2}=1$$
将其与椭圆方程联立有
$$\begin{cases}\dfrac{x_0 x}{a^2}+\dfrac{y_0 y}{b^2}=1\\ \dfrac{x^2}{a^2}+\dfrac{y^2}{b^2}=1\end{cases}$$
整理可得
$$\left(\frac{x_0^2}{a^2}+\frac{y_0^2}{b^2}\right)x^2-2x_0 x+a^2\left(1-\frac{y_0^2}{b^2}\right)=0$$
得到
$$x_1+x_2=\frac{2x_0}{\dfrac{x_0^2}{a^2}+\dfrac{y_0^2}{b^2}},\quad x_1 x_2=\frac{a^2\left(1-\dfrac{y_0^2}{b^2}\right)}{\dfrac{x_0^2}{a^2}+\dfrac{y_0^2}{b^2}}$$
则
$$|AB|=\sqrt{\left(1+\frac{\dfrac{x_0^2}{a^4}}{\dfrac{y_0^2}{b^4}}\right)\left[\left(\frac{2x_0}{\dfrac{x_0^2}{a^2}+\dfrac{y_0^2}{b^2}}\right)^2-4\frac{a^2\left(1-\dfrac{y_0^2}{b^2}\right)}{\dfrac{x_0^2}{a^2}+\dfrac{y_0^2}{b^2}}\right]},\quad d_{O-AB}=\frac{1}{\sqrt{\dfrac{y_0^2}{b^4}+\dfrac{x_0^2}{a^4}}}$$
$$S_{\triangle OAB}=\frac{1}{2}\cdot|AB|\cdot d_{O-AB}=\frac{a^2b^2\sqrt{c^2y_0^2+b^4}}{(c^2y_0^2+b^4)+a^2b^2}$$
令 $\sqrt{c^2y_0^2+b^4}=t$,因为 $y_0^2\in[0,b^2]$,所以 $t\in[b^2,ab]$.设
$$S_{\triangle OAB}=f(t)=\frac{a^2b^2 t}{t^2+a^2b^2}=\frac{a^2b^2}{t+\dfrac{a^2b^2}{t}},\quad t\in[b^2,ab]$$
$f(t)$ 在定义域内单调递增,故

$$f(t)_{\min}=f(b^2)=\frac{a^2b^2}{a^2+b^2}, \quad f(t)_{\max}=f(ab)=\frac{ab}{2}$$

【例 18】 (2016 贵州预赛)如图 13.16 所示,已知椭圆 $C:\frac{x^2}{2}+y^2=1$,M 是圆 $x^2+y^2=3$ 上的任意一点,MA、MB 分别与椭圆切于 A、B 两点,求 $\triangle AOB$ 面积的取值范围.

解: 设 $M(x_0,y_0)$,由切线弦方程可得直线 $AB:\frac{x_0x}{2}+y_0y=1$,且满足 $x_0^2+y_0^2=3$.

将直线 AB 方程与椭圆方程进行联立有

$$\begin{cases}\frac{x_0x}{2}+y_0y=1\\ \frac{x^2}{2}+y^2=1\end{cases}$$

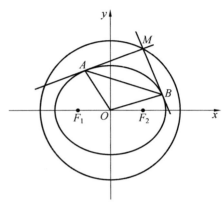

图 13.16

可得

$$(y_0^2+3)x^2-4x_0x-4y_0^2+4=0$$

由韦达定理得

$$x_1+x_2=\frac{4x_0}{y_0^2+3}, \quad x_1x_2=\frac{4-4y_0^2}{y_0^2+3}$$

故

$$|AB|=\sqrt{1+\left(-\frac{x_0}{2y_0}\right)^2}\sqrt{(x_1+x_2)^2-4x_1x_2}=\frac{2\sqrt{3}(y_0^2+1)}{y_0^2+3}$$

$$d_{O-AB}=\frac{1}{\sqrt{\frac{x_0^2}{4}+y_0^2}}=\frac{2\sqrt{3}}{3\sqrt{y_0^2+1}}$$

故

$$S_{\triangle OAB}=\frac{1}{2}|AB|\cdot d_{O-AB}=2\cdot\frac{\sqrt{y_0^2+1}}{y_0^2+3}$$

令 $t=\sqrt{y_0^2+1}$,由于 $0\leqslant y_0^2\leqslant 3$,故 $t\in[1,2]$,所以

$$S_{\triangle OAB}=2\cdot\frac{t}{t^2+3}=2\cdot\frac{1}{t+\frac{2}{t}}\in\left[\frac{2}{3},\frac{\sqrt{2}}{2}\right]$$

【例 19】 (2017 年河北高中数学联赛预赛)如图 13.17 所示,设椭圆 $\frac{x^2}{5}+\frac{y^2}{4}=1$ 的两条互相垂直的切线的交点轨迹为 C,椭圆的两条切线 PA、PB 交于点 P,且与椭圆分别切于 A、B 两点,求 $\overrightarrow{PA}\cdot\overrightarrow{PB}$ 的最小值.

解: 由蒙日圆定义可知 P 点轨迹为 $x^2+y^2=9$,设 $P(x_0,y_0)$.

令 $|PA|=|PB|=m$,$\angle APO=\alpha$,$\angle APB=\beta$,其中 O 为圆心,则

$$\sin\alpha=\frac{3}{\sqrt{9+m^2}}, \quad \cos\beta=\cos2\alpha=\frac{m^2-9}{m^2+9}$$

所以

$$\vec{PA} \cdot \vec{PB} = m^2 \times \frac{m^2-9}{m^2+9}$$

设 $m^2+9=t(t>9)$，则

$$\vec{PA} \cdot \vec{PB} = \frac{(t-9)(t-18)}{t}$$
$$= t + \frac{162}{t} - 27 \geqslant 18\sqrt{2} - 27$$

当且仅当 $t=9\sqrt{2}>9$ 时取等号，从而 $\vec{PA} \cdot \vec{PB}$ 的最小值为 $18\sqrt{2}-27$.

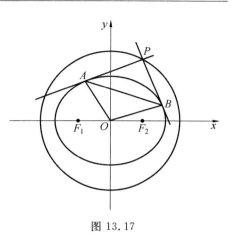

图 13.17

【例 20】 已知圆 $O: x^2+y^2=5$，椭圆 $\frac{x^2}{a^2}+\frac{y^2}{b^2}=1(a>b>0)$ 的左、右焦点分别为 F_1、F_2，过 F_1 且垂直于 x 轴的直线被椭圆和圆截得的弦长分别为 $1, 2\sqrt{2}$.

(1) 求椭圆的标准方程.

(2) 如图 13.18 所示，P 为圆上任意一点，过 P 分别作椭圆的两条切线切椭圆于点 A、B.

(i) 若直线 PA 的斜率为 2，求直线 PB 的斜率；

(ii) 作 $PQ \perp AB$ 于点 Q，求证：$|QF_1|+|QF_2|$ 为定值.

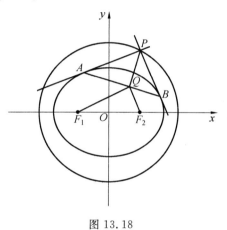

图 13.18

解：(1) 由题意得 $\begin{cases} \frac{2b^2}{a}=1 \\ c^2+2=5 \\ a^2=b^2+c^2 \end{cases}$，解得

$$a=2, \quad b=1, \quad c=\sqrt{3}$$

故椭圆方程为 $\frac{x^2}{4}+y^2=1$.

(2)(i) 设 $P(x_0, y_0), A(x_1, y_1), B(x_2, y_2)$.

过 P 的切线方程为

$$k(x-x_0)=y-y_0$$

将其与椭圆方程联立有

$$\begin{cases} k(x-x_0)=y-y_0 \\ \frac{x^2}{4}+y^2=1 \end{cases}$$

可得

$$(4k^2+1)x^2-8k(kx_0-y_0)x+4(kx_0-y_0)^2-4=0$$

令判别式为 0，即

$$(x_0^2-4)k^2-2x_0 y_0 k+y_0^2-1=0$$

即
$$k_1 k_2 = \frac{y_0^2 - 1}{x_0^2 - 4}$$

由于 $x_0^2 + y_0^2 = 5$,故代入上式可得 $k_1 k_2 = -1$,即 $PA \perp PB$,故 PA 的斜率为 2,PB 的斜率为 $-\frac{1}{2}$.

(ii)设 $AP: k_1(x - x_1) = y - y_1$,将其与椭圆方程联立有
$$\begin{cases} k_1 x - y + y_1 - k x_1 = 0 \\ \dfrac{x^2}{4} + y^2 = 1 \end{cases}$$

令判别式为 0,即
$$(4 - x_1^2)k_1^2 + 2x_1 y_1 k_1 + 1 - y_1^2 = 0 \qquad ①$$

因为
$$\frac{x_1^2}{4} + y_1^2 = 1 \qquad ②$$

将②式代入①式化简可得
$$4y_1^2 k_1^2 + 2x_1 y_1 k_1 + \frac{x_1^2}{4} = 0$$

即
$$\left(2y_1 k_1 + \frac{x_1}{2}\right)^2 = 0$$

可得
$$k_1 = -\frac{x_1}{4y_1} \qquad ③$$

将其代入直线 AP,化简可得
$$\frac{x_1 x}{4} + y_1 y = 1 \qquad ③$$

此式即为在 A 处的切线方程.

同理可得在 B 处的切线方程为
$$\frac{x_2 x}{4} + y_2 y = 1 \qquad ④$$

由于③④两式均经过点 $P(x_0, y_0)$,即有 $\begin{cases} \dfrac{x_1 x_0}{4} + y_1 y_0 = 1 \\ \dfrac{x_2 x_0}{4} + y_2 y_0 = 1 \end{cases}$,注意到直线 AB 经过 A、B 两点也可表示为上面两式,故直线 AB 方程为
$$\frac{x_0 x}{4} + y_0 y = 1$$

设直线 PQ 的方程为
$$y - y_0 = \frac{4y_0}{x_0}(x - x_0)$$

其中 $x_0^2+y_0^2=5$，联立上述两式解得

$$\begin{cases} x=\dfrac{4x_0(1+3y_0^2)}{x_0^2+16y_0^2}=\dfrac{4}{5}x_0 \\ y=\dfrac{y_0(1+3y_0^2)}{x_0^2+16y_0^2}=\dfrac{1}{5}y_0 \end{cases}$$

即 $\begin{cases} x_0=\dfrac{5}{4}x \\ y_0=5y \end{cases}$，代入至 $x_0^2+y_0^2=5$，整理可得

$$\frac{5x^2}{16}+5y^2=1$$

其焦点与 F_1、F_2 重合，故

$$|QF_1|+|QF_2|=\frac{8\sqrt{5}}{5}$$

【例 21】 已知椭圆 $E:\dfrac{x^2}{a^2}+\dfrac{y^2}{b^2}=1(a>b>0)$ 的离心率为 $\dfrac{\sqrt{3}}{2}$，且过点 $(2,0)$.

(1)求椭圆 E 的方程.

(2)若矩形 $ABCD$ 的四边均与椭圆相切(图 13.19)，求矩形 $ABCD$ 面积的取值范围.

解：(1) $\begin{cases} a^2=b^2+c^2 \\ a=2 \\ \dfrac{c}{a}=\dfrac{\sqrt{3}}{2} \end{cases}$，解得 $\begin{cases} a=2 \\ b=1 \\ c=\sqrt{3} \end{cases}$. 所以椭圆方程为 $\dfrac{x^2}{4}+y^2=1$.

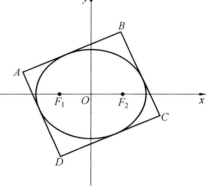

图 13.19

(2)设直线 $AB:mx+ny=1$(表示不经过原点的任意直线，不用讨论斜率)；直线 $BC:nx-my=p$.

将直线 AB 与椭圆方程联立有

$$\begin{cases} mx+ny=1 \\ \dfrac{x^2}{4}+y^2=1 \end{cases}$$

即为

$$(4m^2+n^2)x^2-8mx+4(1-n^2)=0$$

令判别式为 0，即为

$$4m^2+n^2-1=0 \qquad ①$$

$$d_{O-AB}=\frac{1}{\sqrt{m^2+n^2}}$$

将直线 BC 与椭圆方程联立有

$$\begin{cases} nx-my=p \\ \dfrac{x^2}{4}+y^2=1 \end{cases}$$

即为
$$(4n^2+m^2)-8nx+4(p^2-4n^2)=0$$
令判别式为 0,即为
$$4n^2+m^2-p^2=0 \quad ②$$
$$d_{O-BC}=\frac{|p|}{\sqrt{m^2+n^2}}$$
$$S=2d_{O-AB}\cdot 2d_{O-BC}=\frac{4|p|}{m^2+n^2}$$
①②联立可得
$$\begin{cases} m^2+n^2=\dfrac{p^2+1}{5} \\ 15m^2=4-p^2 \\ 15n^2=4p^2-1 \end{cases}$$

即 $\begin{cases} 4-p^2\geqslant 0 \\ 4p^2-1\geqslant 0 \end{cases}$,所以 $|p|\in\left[\dfrac{1}{2},2\right]$,代入上式可得

$$S=\frac{20|p|}{p^2+1}=\frac{20}{\dfrac{1}{|p|}+|p|}\in[8,10]$$

【点评】本题实质为蒙日圆内接矩形面积范围.

13.6　阿基米德三角形

过圆锥曲线上任意两点 A、B 分别作两条切线相交于点 P(图 13.20),则称 $\triangle PAB$ 为阿基米德三角形.其中 AB 称作底边,P 为定点,阿基米德三角形与二次曲线涉及诸多相切问题,前面提到的切点弦在此用处很大.

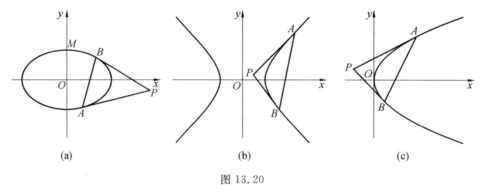

图 13.20

特殊地,当直线 AB 经过圆锥曲线的焦点时,我们称其为阿基米德焦点三角形,相关性质在极点极线这一章(第十八章)中有具体阐述,这里不再赘述,请读者自行翻阅.

【例 22】 如图 13.21 所示,已知椭圆 $\Gamma:\dfrac{x^2}{a^2}+\dfrac{y^2}{b^2}=1$ 的离心率为 $\dfrac{\sqrt{2}}{2}$,左、右焦点为 F_1、

F_2. 直线 l 经过点 F_2 且与椭圆 Γ 交于点 A、B. 当 l 经过点 F_1 时，$|AB|=2\sqrt{2}$.

(1) 求椭圆 Γ 的方程.

(2) 当直线 l 的斜率不为 0 时，记椭圆 Γ 在 A、B 处的切线相交于点 P.

① 证明：P 在定直线上；

② 求 $\triangle PAB$ 面积的最小值.

解：(1) 由已知 $2a=2\sqrt{2}$，$\dfrac{c}{a}=\dfrac{\sqrt{2}}{2}$，$a^2=b^2+c^2$，可得

$$a=\sqrt{2}, \quad b=1$$

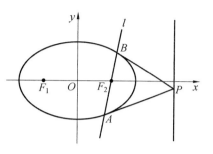

图 13.21

故椭圆方程为 $\dfrac{x^2}{2}+y^2=1$.

(2) ① 设直线 l 的方程为 $x=my+1$，设 $A(x_1,y_1)$，$B(x_2,y_2)$，将其与椭圆方程联立可得

$$\begin{cases} x=my+1 \\ \dfrac{x^2}{2}+y^2=1 \end{cases}$$

即

$$(m^2+2)y^2+2my-1=0$$

由韦达定理可得

$$y_1+y_2=-\dfrac{2m}{m^2+2}, \quad y_1 y_2=\dfrac{-1}{m^2+2}$$

设 PA 直线方程为 $k_1(x-x_1)=y-y_1$，将其与椭圆方程进行联立可得

$$\begin{cases} k_1(x-x_1)=y-y_1 \\ \dfrac{x^2}{2}+y^2=1 \end{cases}$$

令判别式为 0，可得

$$2k_1^2+1-(y_1-k_1 x_1)^2=0$$

即为

$$(2-x_1^2)k_1^2+2k_1 x_1 y_1+1-y_1^2=0$$

由于 $\dfrac{x_1^2}{2}+y_1^2=1$，代入上式可得

$$2y_1^2 k_1^2+2k_1 x_1 y_1+\dfrac{x_1^2}{2}=0$$

即

$$4y_1^2 k_1^2+4k x_1 y_1+x_1^2=0$$

即 $(2y_1 k_1+x_1)^2=0$，$k_1=-\dfrac{x_1}{2y_1}$，所以在 A 点处切线方程为 $\dfrac{x_1 x}{2}+y_1 y=1$.

同理在 B 点处切线方程为

$$\dfrac{x_2 x}{2}+y_2 y=1$$

设 $P(x_0, y_0)$，由于 P 点满足直线 PA、PB 方程，故有

$$\begin{cases} \dfrac{x_1 x_0}{2} + y_1 y_0 = 1 \\ \dfrac{x_2 x_0}{2} + y_2 y_0 = 1 \end{cases}$$

上述方程可以看作 $\dfrac{x_0 x}{2} + y_0 y = 1$ 经过 A、B 两点，故直线 l 方程也可表示为

$$\dfrac{x_0 x}{2} + y_0 y = 1$$

由于 l 经过 F_2，将其坐标代入可得 $x_0 = 2$，即 P 点轨迹为 $x = 2$.

② 将直线 PA、PB 方程进行联立 $\begin{cases} \dfrac{x_1 x}{2} + y_1 y = 1 \\ \dfrac{x_2 x}{2} + y_2 y = 1 \end{cases}$，解得 $P\left(\dfrac{2(y_2 - y_1)}{x_1 y_2 - x_2 y_1}, \dfrac{x_1 - x_2}{x_1 y_2 - x_2 y_1}\right)$.

由于 l 的直线方程为 $x = my + 1$，在 x 轴和 y 轴的截距分别为 1、$-\dfrac{1}{m}$，直线 AB 的两点式方程为

$$(x_1 - x_2) y + (y_2 - y_1) x = x_1 y_2 - x_2 y_1$$

故

$$\dfrac{x_1 y_2 - x_2 y_1}{y_2 - y_1} = 1 \qquad ①$$

$$\dfrac{x_1 y_2 - x_2 y_1}{x_1 - x_2} = -\dfrac{1}{m} \qquad ②$$

将①②代入 P 点坐标可得 $P(2, -m)$，故 $k_{PF} \cdot k_{AB} = -1$，即 $PF_2 \perp AB$. 所以

$$|AB| = \sqrt{1+m^2}\, |y_1 - y_2| = \sqrt{1+m^2} \sqrt{(y_1+y_2)^2 - 4 y_1 y_2} = 2\sqrt{2} \cdot \dfrac{m^2-1}{m^2+2}$$

$$|PF_2| = \sqrt{1+m^2}$$

$$S_{\triangle PAB} = \dfrac{1}{2} |AB| \cdot |PF_2| = \sqrt{2} \cdot \dfrac{(m^2+1)^{\frac{3}{2}}}{m^2+2}$$

令 $t = \sqrt{m^2+1} \geqslant 1$，即

$$S_{\triangle PAB} = \sqrt{2} \cdot \dfrac{t^3}{t^2+1} = f(t), \quad f'(t) = \sqrt{2} \cdot \dfrac{t^4 + 3t^2}{(t^2+1)^2} > 0$$

所以 $f(t)$ 在 $[1, +\infty)$ 单调递增，故 $S_{\triangle PAB}$ 的最小值为 $f(1) = \dfrac{1}{2}$.

特殊地，当阿基米德三角形的顶角为直角时，此时顶点轨迹即为上述的蒙日圆.

1. 抛物线阿基米德三角形

抛物线的弦与过弦的端点的两条切线所围成的三角形，称作阿基米德三角形，因为阿基米德最早利用逼近思想证明了抛物线的弦与抛物线所围成的封闭图形的面积等于阿基米德三角形面积的 $\dfrac{2}{3}$.

2. 阿基米德三角形的性质

我们以抛物线 $x^2=2py(p>0)$ 为例来对阿基米德三角形进行讨论和分析,抛物线上两个不同的点 A、B 的坐标分别为 $A(x_1,y_1)$、$B(x_2,y_2)$,分别以 A、B 为切点作抛物线的切线 PA、PB 相交于点 P,则称弦 AB 为阿基米德三角形 PAB 的底边.

抛物线阿基米德三角形具备如下性质:

性质 1:点 P 的坐标为 $\left(\dfrac{x_1+x_2}{2},\dfrac{x_1x_2}{2p}\right)$,若 AB 中点为 Q,则 PQ 平行于抛物线对称轴.

证明:设 $P(x_0,y_0)$,原抛物线方程可化作 $y=\dfrac{x^2}{2p}$,对其求导可得

$$y'=\dfrac{x}{p}$$

故过点 A 的切线方程为

$$y-\dfrac{x_1^2}{2p}=\dfrac{x_1}{p}(x-x_1)$$

将 P 点坐标代入可得

$$y_0-\dfrac{x_1^2}{2p}=\dfrac{x_1}{p}(x_0-x_1)$$

化简为

$$x_1^2-2x_0x_1+2py_0=0$$

同理可得

$$x_2^2-2x_0x_2+2py_0=0$$

即 x_1、x_2 为方程 $x^2-2x_0x+2py_0=0$ 的两根,由韦达定理可得

$$x_1+x_2=2x_0,\quad x_1x_2=2py_0$$

即点 P 的坐标为 $\left(\dfrac{x_1+x_2}{2},\dfrac{x_1x_2}{2p}\right)$.

性质 2:$\triangle PAB$ 的面积为 $S_{\triangle PAB}=\dfrac{|x_1-x_2|^3}{8p}$.

证明:由抛物线两点式方程可得底边 AB 所在直线方程为 $(x_1+x_2)x-x_1x_2=2py$,则点 P 到直线 AB 的距离为

$$d=\dfrac{\left|(x_1+x_2)\cdot\dfrac{x_1+x_2}{2}-2p\cdot\dfrac{x_1x_2}{2p}-x_1x_2\right|}{\sqrt{(x_1+x_2)^2+4p^2}}=\dfrac{(x_1-x_2)^2}{2\sqrt{(x_1+x_2)^2+4p^2}}$$

$$|AB|=\sqrt{1+\left(\dfrac{x_1+x_2}{2p}\right)^2}|x_1-x_2|=\dfrac{\sqrt{(x_1+x_2)^2+4p^2}}{2p}|x_1-x_2|$$

故 $\triangle PAB$ 的面积为

$$S_{\triangle PAB}=\dfrac{1}{2}|AB|\cdot d$$

$$=\dfrac{1}{2}\cdot\dfrac{\sqrt{(x_1+x_2)^2+4p^2}}{2p}\cdot|x_1-x_2|\cdot\dfrac{(x_1-x_2)^2}{2\sqrt{(x_1+x_2)^2+4p^2}}$$

$$= \frac{|x_1-x_2|^3}{8p}$$

性质 3：若阿基米德三角形底边所在直线经过定点 $C(x_0,y_0)$，则顶点 P 必在定直线 $x_0x=p(y_0+y)$ 上（极点极线，满足极配原则）．

证明：参见第十五章极点极线．

性质 4：若阿基米德三角形的弦 AB 过抛物线的焦点 $F\left(0,\dfrac{p}{2}\right)$，则有如下性质：

①顶点 P 必然在抛物线的准线 $y=-\dfrac{p}{2}$ 上；

②两条切线 PA、PB 互相垂直；

③顶点与焦点的连线 PF 垂直底边 AB，故对比②又可得出 $|PA|\cdot|PB|=|PF|^2$；

④阿基米德三角形 PAB 的最小面积为 p^2．

证明：由性质 2 可知 x_1、x_2 为方程 $x^2-2x_0x+2py_0=0$ 的两根．由韦达定理可得
$$x_1+x_2=2x_0, \quad x_1x_2=2py_0$$

设直线 AB 方程为 $y=mx+\dfrac{p}{2}$，将其与抛物线方程进行联立有
$$\begin{cases} y=mx+\dfrac{p}{2} \\ x^2=2py \end{cases}$$

得到
$$x^2-2pmx-p^2=0$$

由韦达定理可得
$$x_1+x_2=2pm, \quad y_1y_2=-p^2$$

故可得
$$x_0=pm, \quad y_0=-\dfrac{p}{2}$$

即点 P 在抛物线的准线上．此时
$$k_{PF}=\frac{-\dfrac{p}{2}-\dfrac{p}{2}}{pm}=-\dfrac{1}{m}$$

故 $k_{PF}\cdot k_{AB}=-1$，即 $PF\perp AB$．

由性质 1 可知
$$k_{PA}k_{PB}=\frac{x_1}{p}\cdot\frac{x_2}{p}=\frac{-p^2}{p^2}=-1$$

则 $PA\perp PB$．

由性质 2 可知 $\triangle PAB$ 的面积为
$$S_{\triangle PAB}=\frac{|x_1-x_2|^3}{8p}$$

可知
$$x_1x_2=-p^2$$

故 $|x_1-x_2|=\left|x_1+\dfrac{p^2}{x_1}\right|\geqslant 2p$，故 $S_{\triangle PAB}\geqslant p^2$.

性质 5：若阿基米德三角形的顶点 P 在抛物线的准线上，从 P 出发作抛物线的两条切线 PA、PB，弦 AB 必过焦点．其他性质和性质 4 相同．

证明：过程同性质 4，略．

性质 6：在阿基米德三角形中，$\angle PFA=\angle PFB$（证明过程请在二级结论抛物线第三十一章中进行查阅）．

性质 7：抛物线上任取一点 I（与 A、B 不重合），过 I 作抛物线切线交 PA、PB 于点 S、T，则 $\triangle PST$ 的垂心在准线上；连接 AI、BI，则 $\triangle ABI$ 的面积是 $\triangle PST$ 面积的 2 倍（证明过程请在二级结论抛物线（第三十一章）中进行查阅）．

【例 23】 （2008 江西理）如图 13.22 所示，设点 $P(x_0,y_0)$ 在直线 $x=m(y\neq\pm m,0<m<1)$ 上，过点 P 作双曲线 $x^2-y^2=1$ 的两条切线 PA、PB，切点为 A、B，定点 $M\left(\dfrac{1}{m},0\right)$.

(1) 过点 A 作直线 $x-y=0$ 的垂线，垂足为 N，试求 $\triangle AMN$ 的重心 G 所在的曲线方程．

(2) 求证：A、M、B 三点共线．

解：(1) 设 $A(x_1,y_1)$，过 A 垂直于 $x=y$ 的方程为
$$-(x-x_1)=y-y_1$$
即
$$x+y=x_1+y_1$$
将其与 $y=x$ 联立解得 $N\left(\dfrac{x_1+y_1}{2},\dfrac{x_1+y_1}{2}\right)$.

设重心 $G(x,y)$，则
$$\begin{cases}x=\dfrac{1}{3}\left(\dfrac{x_1+y_1}{2}+x_1+\dfrac{1}{m}\right)\\ y=\dfrac{1}{3}\left(\dfrac{x_1+y_1}{2}+y_1\right)\end{cases}$$

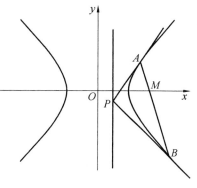

图 13.22

解得
$$\begin{cases}x_1=\dfrac{9x-3y-\dfrac{3}{m}}{4}\\ y_1=\dfrac{9y-3x+\dfrac{1}{m}}{4}\end{cases}$$

又 $x_1^2-y_1^2=1$，代入整理可得
$$\left(x-\dfrac{1}{3m}\right)^2-y^2=\dfrac{2}{9}$$
即为 $\triangle AMN$ 的重心 G 所在的曲线方程．

(2) 设 $A(x_1,y_1)$ 在 x 轴上方，即满足
$$y_1=(x_1^2-1)^{\frac{1}{2}}$$

$B(x_2,y_2)$ 在 x 轴下方,即满足
$$y_2=-(x_2^2-1)^{\frac{1}{2}}$$
由
$$y=(x^2-1)^{\frac{1}{2}}\Rightarrow y'=\frac{1}{2}(x^2-1)^{-\frac{1}{2}}$$
故
$$y'|_{x=x_1}=\frac{1}{2}(x_1^2-1)^{-\frac{1}{2}}=\frac{x_1}{y_1}$$
同理可得
$$y'|_{x=x_2}=\frac{x_2}{y_2}$$
故在 $x=x_1$ 处切线方程为
$$\frac{x_1}{y_1}(x-x_1)=y-y_1$$
将 $P(m,y_0)$ 代入上述切线方程可得
$$mx_1-y_0y_1=x_1^2-y_1^2$$
即 $mx_1-y_0y_1=1$. 同理可得
$$mx_2-y_0y_2=1$$
故直线 AB 的方程为 $mx-y_0y=1$,必然经过点 $M\left(\frac{1}{m},0\right)$,故 A、M、N 三点共线.

【例 24】 (2008 山东理)如图 13.23 所示,设抛物线方程为 $x^2=2py(p>0)$,M 为直线 $y=-2p$ 上任意一点,过 M 引抛物线的切线,切点分别为 A、B.

(1)求证:A、M、B 三点的横坐标成等差数列.

(2)已知当 M 点的坐标为 $(2,-2p)$ 时,$|AB|=4\sqrt{10}$,求此时抛物线的方程.

(3)是否存在点 M,使得点 C 关于直线 AB 的对称点 D 在抛物线 $x^2=2py(p>0)$ 上?其中,点 C 满足 $\overrightarrow{OC}=\overrightarrow{OA}+\overrightarrow{OB}$($O$ 为坐标原点). 若存在,求出所有符合题意的点 M 的坐标;若不存在,请说明理由.

解:(1)由题意设 $A\left(x_1,\dfrac{x_1^2}{2p}\right)$,$B\left(x_2,\dfrac{x_2^2}{2p}\right)$,$x_1<x_2$,$M(x_0,-2p)$.

由 $x^2=2py$ 得 $y=\dfrac{x^2}{2p}$,则 $y'=\dfrac{x}{p}$,所以
$$k_{MA}=\frac{x_1}{p},\quad k_{MB}=\frac{x_2}{p}$$
因此直线 MA 的方程为
$$y+2p=\frac{x_1}{p}(x-x_0)$$

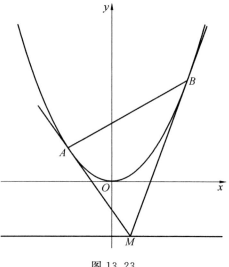

图 13.23

直线 MB 的方程为
$$y+2p=\frac{x_2}{p}(x-x_0)$$
所以
$$\frac{x_1^2}{2p}+2p=\frac{x_1}{p}(x_1-x_0) \qquad ①$$
$$\frac{x_2^2}{2p}+2p=\frac{x_2}{p}(x_2-x_0) \qquad ②$$

由①、②两式得
$$\frac{x_1+x_2^2}{2}=x_1+x_2-x_0$$

因此 $x_0=\frac{x_1+x_2^2}{2}$,即
$$2x_0=x_1+x_2$$

所以 A、M、B 三点的横坐标成等差数列.

(2)由(1)知,$x_1+x_2=2x_0=4$,将其代入①、②并整理得
$$x_1^2-4x_1-4p^2=0, \quad x_2^2-4x_2-4p^2=0$$
所以 x_1、x_2 是方程 $x^2-4x-4p^2=0$ 的两根,因此
$$x_1+x_2=4, \quad x_1x_2=-4p^2$$
又
$$k_{AB}=\frac{\frac{x_2^2}{2p}-\frac{x_1^2}{2p}}{x_2-x_1}=\frac{x_1+x_2}{2p}=\frac{x_0}{p}$$

所以 $k_{AB}=\frac{2}{p}$. 由弦长公式得
$$|AB|=\sqrt{1+k^2}\sqrt{(x_1+x_2)^2-4x_1x_2}=\sqrt{1+\frac{4}{p^2}}\sqrt{16+16p^2}$$

又 $|AB|=4\sqrt{10}$,所以 $p=1$ 或 $p=2$,因此所求抛物线方程为 $x^2=2y$ 或 $x^2=4y$.

(3) 设 $D(x_3,y_3)$,由题意得 $C(x_1+x_2,y_1+y_2)$,则 CD 的中点坐标为 $Q\left(\frac{x_1+x_2+x_3}{2},\frac{y_1+y_2+y_3}{2}\right)$.

设直线 AB 的方程为 $y-y_1=\frac{x_0}{p}(x-x_1)$,由点 Q 在直线 AB 上,并注意到点 $\left(\frac{x_1+x_2}{2},\frac{y_1+y_2}{2}\right)$ 也在直线 AB 上,代入得
$$y_3=\frac{x_0}{p}x_3$$

若 $D(x_3,y_3)$ 在抛物线上,则
$$x_3^2=2py_3=2x_0x_3$$

因此 $x_3=0$ 或 $x_3=2x_0$,即 $D(0,0)$ 或 $D\left(2x_0,\frac{2x_0^2}{p}\right)$.

① 当 $x_0=0$ 时,则 $x_1+x_2=2x_0=0$,此时,点 $M(0,-2p)$ 符合题意.

② 当 $x_0\neq 0$ 时,对于 $D(0,0)$,此时 $C\left(2x_0,\dfrac{x_1^2+x_2^2}{2p}\right)$,则

$$k_{CD}=\dfrac{\dfrac{x_1^2+x_2^2}{2p}}{2x_0}=\dfrac{x_1^2+x_2^2}{4px_0}$$

又 $k_{AB}=\dfrac{x_0}{p}$,$AB\perp CD$,所以

$$k_{AB}\cdot k_{CD}=\dfrac{x_0}{p}\cdot\dfrac{x_1^2+x_2^2}{4px_0}=\dfrac{x_1^2+x_2^2}{4p^2}=-1$$

即 $x_1^2+x_2^2=-4p^2$,矛盾.

对于 $D\left(2x_0,\dfrac{2x_0^2}{p}\right)$,因为 $C\left(2x_0,\dfrac{x_1^2+x_2^2}{2p}\right)$,此时直线 CD 平行于 y 轴.

又 $k_{AB}=\dfrac{x_0}{p}\neq 0$,所以直线 AB 与直线 CD 不垂直,与题设矛盾,所以 $x_0\neq 0$ 时,不存在符合题意的 M 点.

综上所述,仅存在一点 $M(0,-2p)$ 符合题意.

[例 25] 如图 13.24 所示,已知抛物线 $y^2=4x$,AB 是抛物线的弦,M 为线段 AB 的中点,过点 A、B 分别作抛物线的切线,两条切线交于一点 P,连接 PM,交抛物线于点 Q.

(1)过点 Q 作抛物线的切线 l,证明:$l\parallel AB$.

(2)若直线 AB 过定点 $(2,-1)$,求点 P 的轨迹方程.

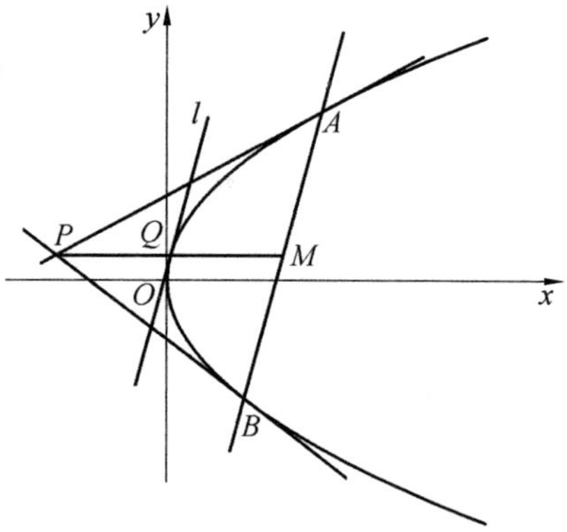

解:(1)由题可设直线 AB 的方程为 $x=ty+m$,$A(x_1,y_1)$,$B(x_1,y_1)$,则 $M\left(\dfrac{x_1+x_2}{2},\dfrac{y_1+y_2}{2}\right)$.

联立 $\begin{cases} y^2=4x \\ x=ty+m \end{cases}$,得

$$y^2-4ty-4m=0$$

由

$$\Delta=16t^2+16m>0$$

图 13.24

得

$$m>-t^2$$

所以

$$y_1+y_2=4t,\quad y_1y_2=-4m$$

又过点 A、B 分别作抛物线的切线,两条切线交于一点 P,所以直线 PA 方程为

$$y_1y=2(x+x_1)$$

直线 PB 方程为

$$y_2y=2(x+x_2)$$

两式相减得

$$(y_1-y_2)y=2(x_1-x_2)$$

所以
$$y_P = \frac{2(x_1-x_2)}{y_1-y_2} = 2t = \frac{y_1+y_2}{2}$$

所以 $y_P = y_M$. 故 $PM // x$ 轴, $y_Q = y_P = \frac{y_1+y_2}{2} = 2t$, 代入 $y^2 = 4x$, 得 $x_Q = t^2$. 则直线 l 的方程为
$$y_P y = 2(x+x_Q)$$
即 $2ty = 2(x+t^2)$, 即 $x = ty - t^2$, 所以 $l // AB$.

(2) 若直线 AB 过定点 $(2,-1)$, 则由 (1) 可得
$$2 = -t + m$$
$$y_P = y_M = \frac{y_1+y_2}{2} = 2t$$

所以 $\frac{y_P}{2} = t$.

由 (1) 可得直线 PA 的方程为
$$y_1 y = 2(x+x_1)$$
则
$$y_1 y_P = 2(x_P + x_1)$$
则
$$\frac{y_1^2 + y_1 y_2}{2} = 2x_P + \frac{y_1^2}{2}$$
所以
$$y_1 y_2 = 4x_P$$
所以 $x_P = -m$.

又 $2 = -t + m$, 所以
$$2 = -\frac{y_P}{2} + (-x_P)$$
得
$$2x_P + y_P + 4 = 0$$
所以点 P 的轨迹方程为 $2x + y + 4 = 0$.

【例 26】 (2021 乌兰察布二模) 已知点 M 是抛物线 $x^2 = 4y$ 准线上的任意一点, 过点 M 作抛物线的两条切线, 切点分别为 P、Q.

(1) 证明: 直线 PQ 过定点, 并求出定点坐标.

(2) 若 PQ 交椭圆 $\frac{x^2}{4} + \frac{y^2}{5} = 1$ 于 A、B 两点, 求 $\frac{S_{\triangle MPQ}}{S_{\triangle MAB}}$ 的最小值.

解: (1) 准线方程为 $y = -1$, 设 $P\left(x_1, \frac{x_1^2}{4}\right), Q\left(x_2, \frac{x_2^2}{4}\right), M(x_0, -1)$.

由于 $y = \frac{x^2}{4}, y' = \frac{x}{2}$, 故直线 MP 方程为

$$\frac{x_1}{2}(x-x_1)=y-\frac{x_1^2}{4}$$

将 M 坐标代入直线 MP 化简可得
$$x_1^2-2x_0x_1-4=0$$

直线 MQ 方程为
$$\frac{x_2}{2}(x-x_2)=y-\frac{x_2^2}{4}$$

同理可得
$$x_2^2-2x_0x_2-4=0$$

故 x_1、x_2 为方程 $x^2-2x_0x-4=0$ 的两个根,即
$$x_1+x_2=2x_0,\quad x_1x_2=-4$$

设直线 $PQ:y=kx+m$,将其与抛物线方程联立可得 $\begin{cases}y=kx+m\\y=\dfrac{1}{4}x^2\end{cases}$,即
$$x^2-4kx-4m=0$$

由韦达定理得
$$x_1x_2=-4m=-4$$

解得 $m=1$,故 $PQ:y=kx+1$,故 PQ 恒过点 $N(0,1)$.

(2)由(1)知
$$x_1+x_2=4k=2x_0$$

即 $x_0=2k$,故 $M(2k,-1)$,故
$$k_{MN}=\frac{-1-1}{2k}=-\frac{1}{k}$$

故 $k_{MN}\cdot k=-1$,即 $MN\perp PQ$.

将 $PQ:y=kx+1$ 分别与椭圆方程和抛物线方程进行联立,即
$$\begin{cases}y=kx+1\\x^2=4y\end{cases}$$

由弦长公式可得
$$|PQ|=4(k^2+1)$$

由 $\begin{cases}y=kx+1\\\dfrac{x^2}{4}+\dfrac{y^2}{5}=1\end{cases}$,同理可得
$$|AB|=\frac{8\sqrt{5}(k^2+1)}{5+4k^2}$$

故
$$\frac{S_{\triangle MPQ}}{S_{\triangle MAB}}=\frac{\dfrac{1}{2}|MN|\cdot|PQ|}{\dfrac{1}{2}|MN|\cdot|AB|}=\frac{|PQ|}{|AB|}=\frac{5+4k^2}{2\sqrt{5}}\geqslant\frac{\sqrt{5}}{2}$$

【例 27】 (2021 浙江台州一中高三月考)已知抛物线 $C:x^2=2py(p>0)$ 的焦点到原

点的距离等于直线 $l:x-4y-4=0$ 的斜率.

(1)求抛物线 C 的方程及其准线方程.

(2)点 P 是直线 l 上的动点,过点 P 作抛物线 C 的两条切线,切点分别为 A、B,如图 13.25 所示,求 $\triangle PAB$ 面积的最小值.

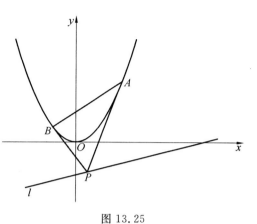

图 13.25

解:(1)由题意,$\dfrac{p}{2}=k_l=\dfrac{1}{4}$,即 $p=\dfrac{1}{2}$,可知抛物线方程为
$$x^2=y$$
其准线方程为
$$y=-\dfrac{p}{2}=-\dfrac{1}{4}$$

(2)设 $A(x_1,y_1)$,$B(x_2,y_2)$,$P(x_0,y_0)$,由于
$$y=x^2,\quad y'=2x$$
故切线 PA 方程为
$$y-y_1=k_{PA}(x-x_1)$$
即
$$y_0-x_1^2=2x_1(x_0-x_1)$$
化简为
$$x_1^2-2x_0x_1+y_0=0$$
同理可得
$$x_2^2-2x_0x_2+y_0=0$$
故 x_1、x_2 为方程 $x^2-2x_0x+y_0=0$ 的两个根,由韦达定理可得
$$x_1+x_2=2x_0,\quad x_1x_2=y_0$$
故
$$|x_1-x_2|=\sqrt{(x_1+x_2)^2-4x_1x_2}=2\sqrt{x_0^2-y_0}$$
联立 PA、PB 方程为
$$\begin{cases} y_1-2x_0x_1+y_0=0 \\ y_2-2x_0x_2+y_0=0 \end{cases}$$
即直线 AB 方程为
$$2x_0x-y-y_0=0$$
点 $P(x_0,y_0)$ 到直线 AB 的距离为
$$d=\dfrac{2|x_0^2-y_0|}{\sqrt{1+4x_0^2}}$$
因此
$$S_{\triangle PAB}=\dfrac{1}{2}\times\sqrt{1+k^2}\,|x_1-x_2|d$$

$$= \frac{1}{2}\sqrt{1+4x_0^2} \cdot 2\sqrt{x_0^2-y_0} \cdot \frac{2|x_0^2-y_0|}{\sqrt{1+4x_0^2}} = 2(x_0^2-y_0)^{\frac{3}{2}}$$

而

$$x_0^2 - y_0 = x_0^2 - \left(\frac{x_0}{4}-1\right) = \left(x_0-\frac{1}{8}\right)^2 + \frac{63}{64} \geqslant \frac{63}{64}$$

故

$$S_{\triangle PAB} = 2(x_0^2-y_0)^{\frac{3}{2}} \geqslant 2 \times \left(\frac{63}{64}\right)^{\frac{3}{2}} = \frac{189\sqrt{7}}{256}$$

当且仅当 $x_0 = \frac{1}{8}$,即 $P\left(\frac{1}{8}, -\frac{31}{32}\right)$时,$S_{\triangle PAB}$的最小值为$\frac{189\sqrt{7}}{256}$.

【例 28】（2006 重庆文）如图 13.26 所示,对每个正整数 n,$A_n(x_n, y_n)$ 是抛物线 $x^2 = 4y$ 上的点,过焦点 F 的直线 FA_n 交抛物线于另一点 $B_n(s_n, t_n)$.

(1) 试证：$x_n s_n = -4 (n \geqslant 1)$.

(2) 取 $x_n = 2^n$,并记 C_n 为抛物线上分别以 A_n 与 B_n 为切点的两条切线的交点.试证：$|FC_1| + |FC_2| + \cdots + |FC_n| = 2^n - 2^{-n+1} + 1$.

证明：(1) 设经过 F 的直线 $y = kx + 1$,将其与抛物线方程联立可得

$$x^2 - 4kx - 4 = 0$$

由韦达定理可得

$$x_n s_n = -4 (n \geqslant 1)$$

证毕.

(2) 记 $A(x_n, y_n)$,$B(s_n, t_n)$,则

$$y = \frac{x^2}{4} \Rightarrow y' = \frac{x}{2}$$

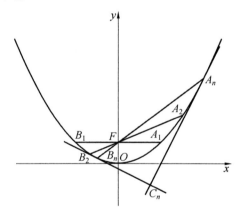

图 13.26

故在 A 处的切线方程为

$$\frac{x_n}{2}(x-x_n) = y - \frac{x_n^2}{4} \Rightarrow x_n^2 - 2xx_n + 4y = 0$$

由于在 A 处的切线经过 $C_n(x_{C_n}, y_{C_n})$,代入可得

$$x_n^2 - 2x_{C_n}x_n + 4y_{C_n} = 0$$

同理可得在 B 处的切线方程为

$$s_n^2 - 2x_{C_n}s_n + 4y_{C_n} = 0$$

故 x_n、s_n 为方程 $x^2 - 2x_{C_n}x + 4y_{C_n} = 0$ 的两个解.由韦达定理可得

$$x_n + s_n = 2x_{C_n}, \quad x_n s_n = 4y_{C_n} = -4$$

解得

$$x_{C_n} = \frac{x_n + s_n}{2}, \quad y_n = -1$$

即 $C_n\left(\frac{x_n + s_n}{2}, -1\right)$.

因为 $F(0, 1)$,所以

$$|FC_n| = \sqrt{4 + \left(\frac{x_n + s_n}{2}\right)^2} = \sqrt{4 + \left(\frac{x_n - \frac{4}{x_n}}{2}\right)^2}$$

$$= \frac{x_n + \frac{4}{x_n}}{2} = 2^{n-1} + \frac{1}{2^{n-1}}$$

其和为

$$S_n = \frac{1-2^n}{1-2} + \frac{1-2^{-n}}{1-\frac{1}{2}} = 2^n - 2^{-n+1} + 1$$

证毕.

【例29】 如图13.27所示,已知椭圆 $C_1: \frac{x^2}{a^2} + \frac{y^2}{b^2} = 1 (a>b>0)$ 的离心率为 $\frac{1}{2}$,过点 $E(\sqrt{7}, 0)$ 的椭圆 C_1 的两条切线互相垂直.

(1)求椭圆 C_1 的方程.

(2)在椭圆 C_1 上是否存在这样的点 P,使得过点 P 引抛物线 $C_2: x^2 = 4y$ 的两条切线 l_1、l_2,切点分别为 B、C,且直线 BC 过点 $A(1,1)$? 若存在,指出这样的点 P 有几个(不必求出点的坐标);若不存在,说明理由.

解:(1)由于点 E 在 x 轴上,由对称关系可得切线的斜率为 ± 1.

设过点 E 的直线方程为

$$y = x - \sqrt{7}$$

将其与椭圆方程进行联立可得

$$\begin{cases} y = x - \sqrt{7} \\ \frac{x^2}{a^2} + \frac{y^2}{b^2} = 1 \end{cases}$$

令判别式为 0,解得

$$a^2 + b^2 - 7 = 0$$

又 $\frac{c}{a} = \frac{1}{2}$, $a^2 = b^2 + c^2$,解得

$$a^2 = 4, \quad b^2 = 3$$

故椭圆方程为 $\frac{x^2}{4} + \frac{y^2}{3} = 1$.

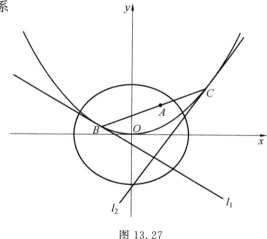

图 13.27

(2)设 $B(x_1, y_1)$, $C(x_2, y_2)$, $P(x_0, y_0)$,由 $y = \frac{x^2}{4}$ 可得

$$y' = \frac{x}{2}$$

故可得直线 PB 方程为

$$y - y_1 = k_{PB}(x - x_1)$$

即为

$$y - \frac{x_1^2}{4} = \frac{x_1}{2}(x - x_1)$$

则
$$x_1^2 - 2xx_1 + 4y = 0$$

将 P 代入可得
$$x_1^2 - 2x_0 x_1 + 4y_0 = 0$$

同理可得
$$x_2^2 - 2x_0 x_2 + 4y_0 = 0$$

即 x_1、x_2 为方程 $x^2 - 2x_0 x + 4y_0 = 0$ 的两个根,即由韦达定理可得
$$x_1 + x_2 = 2x_0, \quad x_1 x_2 = 4y_0 \qquad ①$$

设直线 $BC: y - 1 = k(x - 1)$,将其与抛物线进行联立可得
$$\begin{cases} x^2 = 4y \\ y - 1 = k(x - 1) \end{cases}$$

即为
$$x^2 - 4kx + 4k - 4 = 0$$

由韦达定理可得
$$x_1 + x_2 = 4k, \quad x_1 x_2 = 4k - 4 \qquad ②$$

将①②进行对比可知
$$\begin{cases} 2x_0 = 4k \\ 4y_0 = 4k - 4 \end{cases}$$

故可得到
$$2y_0 = x_0 - 2$$

即 P 点的轨迹方程为
$$x - 2y - 2 = 0$$

将其与椭圆方程进行联立可得判别式 $\Delta > 0$,故 P 点轨迹和椭圆有两个交点,满足条件的 P 点有两个.

【例 30】 (2021 全国乙) 如图 13.28 所示,已知抛物线 $C: x^2 = 4y$,圆 $M: x^2 + (y+4)^2 = 1$,P 为 M 上任意一点,过 P 作抛物线的两条切线分别切抛物线于点 A、B,求 $\triangle PAB$ 面积的最大值.

解:设 $P(x_0, y_0)$,$A\left(x_1, \frac{x_1^2}{4}\right)$,$B\left(x_2, \frac{x_2^2}{4}\right)$,满足方程
$$x_0^2 + (y_0 + 4)^2 = 1$$

由于 $y = \frac{x^2}{4}$,故 $y' = \frac{x}{2}$.

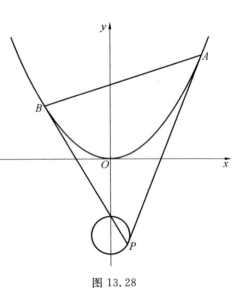

图 13.28

由 $k_{PA}=\dfrac{y_0-y_1}{x_0-x_1}$，即 $\dfrac{x_1}{2}=\dfrac{y_0-\dfrac{x_1^2}{4}}{x_0-x_1}$，整理可得

$$x_1^2-2x_0x_1+4y_0=0$$

同理由 $k_{PB}=\dfrac{y_0-y_2}{x_0-x_2}$ 可得

$$x_2^2-2x_0x_2+4y_0=0$$

即 x_1、x_2 为方程 $x^2-2x_0x+4y_0=0$ 的两个根，由韦达定理可得

$$x_1+x_2=2x_0,\quad x_1x_2=4y_0 \qquad ①$$

设直线 $AB:y=kx+m$，将其与抛物线方程进行联立 $\begin{cases} y=kx+m \\ x^2=4y \end{cases}$，可得

$$x^2-4kx-4m=0$$

由韦达定理可得

$$x_1+x_2=4k,\quad x_1x_2=-4m \qquad ②$$

①②相对比可得

$$k=\dfrac{x_0}{2},\quad m=-y_0$$

故直线 $AB:y=\dfrac{x_0}{2}x-y_0$，则

$$|AB|=\sqrt{1+k^2}\cdot\sqrt{(x_1+x_2)^2-4x_1x_2}=\sqrt{4+x_0^2}\cdot\sqrt{x_0^2-4y_0}$$

$$d_{P-AB}=\dfrac{|x_0^2-2y_0-2y_0|}{\sqrt{x_0^2+4}}=\dfrac{|x_0^2-4y_0|}{\sqrt{x_0^2+4}}$$

$$S_{\triangle PAB}=\dfrac{1}{2}|AB|\cdot d_{P-AB}=\dfrac{1}{2}(x_0^2-4y_0)^{\frac{3}{2}}$$

$$=\dfrac{1}{2}[1-(y_0+4)^2-4y_0]^{\frac{3}{2}}=\dfrac{1}{2}(-y_0^2-12y_0-15)^{\frac{3}{2}}$$

因为 $y_0\in[-5,-3]$，故当 $y_0=-5$ 时有最大值 $S_{\triangle PAB}=20\sqrt{5}$.

【例 31】 如图 13.29 所示，过点 $P(0,2)$ 作直线 l 交抛物线 $G:x^2=4y$ 于 A、B 两点，分别过 A、B 点作抛物线 G 的切线，设两切线交于点 Q.

(1) 求证：点 Q 在一条定直线 m 上.

(2) 设直线 AO、BO 分别交直线 m 于点 C、D.

(i) 求证：$S_{\triangle AOB}=S_{\triangle COD}$；

(ii) 设 $S_{\triangle AOD}$ 面积为 S_1，$S_{\triangle BOC}$ 面积为 S_2，记 $P=S_1+S_2$，求 P 的最小值.

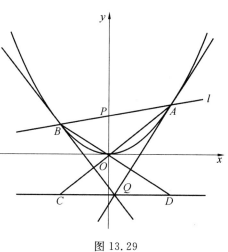

图 13.29

解:(1)设直线 $AB:y=kx+2$,$A\left(x_1,\dfrac{x_1^2}{4}\right)$,$B\left(x_2,\dfrac{x_2^2}{4}\right)$,$Q(x_0,y_0)$.

将直线方程与抛物线方程联立 $\begin{cases}y^2=4x\\y=kx+2\end{cases}$,整理可得

$$x^2-4kx-8=0$$

由韦达定理可得

$$x_1+x_2=4k,\quad x_1x_2=-8$$

由 $y=\dfrac{1}{4}x^2\Rightarrow y'=\dfrac{1}{2}x$,故在 A 处的切线方程为

$$y-\dfrac{x_1^2}{4}=\dfrac{x_1}{2}(x-x_1)$$

整理可得

$$x_1^2-2xx_1+4y=0$$

将 Q 点坐标代入即为

$$x_1^2-2x_0x_1+4y_0=0$$

同理可得

$$x_2^2-2x_0x_2+4y_0=0$$

故 x_1、x_2 为方程 $x^2-2x_0x+4y_0=0$ 的两根,则对应

$$2x_0=x_1+x_2=4k,\quad 4y_0=x_1x_2=-8$$

解得 $x_0=2k,y_0=-2$,故 Q 点坐标在 $y=-2$ 上.

(2)(i)设 $BO:y=\dfrac{x_2}{4}x$,联立 $\begin{cases}y=\dfrac{x_2}{4}x\\y=-2\end{cases}$ 可得 $D\left(\dfrac{-8}{x_2},-2\right)$,同理可得 $C\left(\dfrac{-8}{x_1},-2\right)$,所以

$$|x_C-x_D|=\left|\dfrac{8(x_1-x_2)}{x_1x_2}\right|$$

由(1)可得 $x_1x_2=-8$,代入上式可得

$$|x_C-x_D|=|x_1-x_2|$$

设 m 与 y 轴交点为 M,则

$$S_{\triangle AOB}=\dfrac{1}{2}|OP|\cdot|x_1-x_2|,\quad S_{\triangle COD}=\dfrac{1}{2}|OM||x_C-x_D|$$

又 $|OP|=|OM|$,故 $S_{\triangle AOB}=S_{\triangle COD}$.

(ii)连接 AD、BC,如图 13.30 所示.

由(i)可知

$$x_D=x_1,\quad x_C=x_2$$

所以 $AD\perp x$ 轴,且

$$S_1=\left|\dfrac{1}{2}\cdot x_1\cdot|AD|\right|=\left|\dfrac{x_1}{2}\cdot(y_1+2)\right|=\left|\dfrac{x_1}{2}\left(\dfrac{x_1^2}{4}+2\right)\right|$$

同理可得

$$S_2=\left|\dfrac{x_2}{2}\left(\dfrac{x_2^2}{4}+1\right)\right|$$

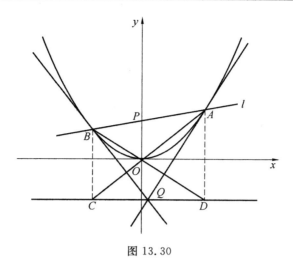

图 13.30

由于 x_1、x_2 异号,故

$$P = S_1 + S_2 = \left| \frac{x_1}{2}\left(\frac{x_1^2}{4}+2\right) - \frac{x_2}{2}\left(\frac{x_2^2}{4}+2\right) \right| = \frac{1}{8}|x_1^3 - x_2^3 + 8(x_1 - x_2)|$$

$$= \frac{1}{8}|(x_1 - x_2)(x_1^2 + x_1 x_2 + x_2^2) + 8(x_1 - x_2)|$$

$$= \frac{1}{8}|x_1 - x_2| \cdot |x_1^2 + x_1 x_2 + x_2^2 + 8|$$

$$= \frac{1}{8}\sqrt{(x_1+x_2)^2 - 4 x_1 x_2} \cdot |(x_1+x_2)^2 - x_1 x_2 + 8|$$

由(1)得

$$x_1 + x_2 = 4k, \quad x_1 x_2 = -8$$

代入上式整理可得

$$P = 8\sqrt{k^2 + 2} \cdot (k^2 + 1)$$

令 $t = \sqrt{k^2+2}\,(t \geqslant \sqrt{2})$,设

$$f(t) = P = 8t(t^2 - 1) \quad (t \geqslant \sqrt{2})$$

$$f'(t) = 8(3t^2 - 1) > 0 \quad (t \geqslant \sqrt{2})$$

故 $f'(t)$ 在 $[\sqrt{2}, +\infty)$ 单调递增,P 最小值为 $f(\sqrt{2}) = 8\sqrt{2}$.

【课后练习】

1. 如图 13.31 所示,已知双曲线 $C: \dfrac{x^2}{a^2} - \dfrac{y^2}{b^2} = 1\,(a > b > 0)$ 和圆 $O: x^2 + y^2 = b^2$(其中 O 为圆心),过双曲线上的一点 $P(x_0, y_0)$ 引圆的两条切线,切点分别为 A、B.

(1)若双曲线 C 上存在点 P,使得 $\angle APB = 90°$,求双曲线离心率 e 的取值范围.

(2)求直线 AB 的方程.

(3)求 $\triangle OAB$ 面积的最大值.

2. (2018 浙江)如图 13.32 所示,已知点 P 是 y 轴左侧(不含 y 轴)一点,抛物线 $C: y^2 = 4x$ 上存在不同的两点 A、B 满足 PA、PB 的中点均在 C 上.

(1)设 AB 中点为 M,证明:PM 垂直于 y 轴.

(2)若 P 是半椭圆 $x^2+\dfrac{y^2}{4}=1(x<0)$ 上的动点,求 $\triangle PAB$ 面积的取值范围.

3.已知抛物线 $y^2=4x$,过抛物线上一动点 E,作两条直线分别与圆 $(x-t)^2+y^2=4$ 相切,分别交抛物线于 B、C 两点,请求出 t.

4.(2009 江西文)已知圆 $C_1:(x-2)^2+y^2=\dfrac{4}{9}$,椭圆 $C_2:\dfrac{x^2}{16}+y^2=1$,过点 $M(0,1)$ 作圆 C_1 的两条切线交椭圆于 E、F 两点,证明:EF 与圆 C_1 相切.

5.已知抛物线 $C:y^2=2px(p>0)$ 的焦点为 F,点 $Q(t,-2t)(t\neq 0)$ 在抛物线 C 上,$|QF|=2$.

(1)求抛物线 C 的标准方程.

(2)P 为抛物线 C 的准线上任一点,过点 P 作抛物线 C 的切线 PA、PB,切点分别为 A、B,直线 $x=0$ 与直线 PA、PB 分别交于 M、N 两点,点 M、N 的纵坐标分别为 m、n,求 mn 的值.

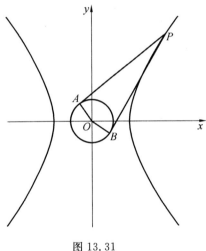

图 13.31

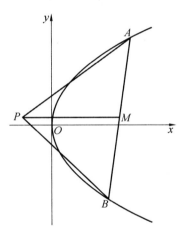

图 13.32

6.如图 13.33 所示,以原点 O 为顶点,以 y 轴为对称轴的抛物线 E 的焦点为 $F(0,1)$,点 M 是直线 $l:y=m(m<0)$ 上任意一点,过点 M 引抛物线 E 的两条切线分别交 x 轴于点 S、T,切点分别为 B、A.

(1)求抛物线 E 的方程.

(2)求证:点 S、T 在以 FM 为直径的圆上.

(3)若当点 M 在直线 l 上移动时,直线 AB 恒过焦点 F,求 m 的值.

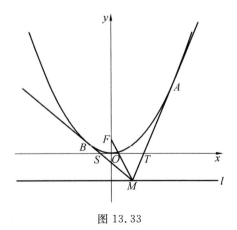

图 13.33

7.(2007 辽宁)已知正三角形 OAB 的三个顶点都在抛物线 $y^2=2x$ 上,其中 O 为坐标原点，C 为 $\triangle OAB$ 的外心.

(1)求 $\triangle OAB$ 外接圆的方程.

(2)设圆 $M:(x-4-7\cos\theta)^2+(y-7\sin\theta)^2=1$，过圆 M 上任意一点 P 分别作圆 C 的两条切线 PE、PF，切点为 E、F，求 $\overrightarrow{CE}\cdot\overrightarrow{CF}$ 的最大值与最小值.

8. 如图 13.34 所示，过抛物线 $x^2=y$ 上一点 $P(-2,4)$ 作圆 $x^2+(y-2)^2=1$ 的两条切线分别交抛物线于点 A、B，求直线 AB 的方程.

9. 如图 13.35 所示，已知椭圆 $C_1:\dfrac{x^2}{4}+y^2=1$，P 为圆 $C_2:x^2+y^2=5$ 上一动点，PA、PB 为椭圆 C_1 的两条切线，切椭圆于 A、B 两点，求 $\triangle PAB$ 面积的最小值.

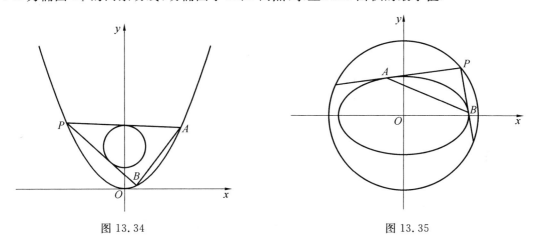

图 13.34   图 13.35

10. (2012 湖南文)在直角坐标系中，已知中心在原点、离心率为 $\dfrac{1}{2}$ 的椭圆 E 的一个焦点为圆 $C:x^2+y^2-4x+2=0$ 的圆心.

(1)求椭圆 E 的方程.

(2)设 P 是椭圆 E 上的一点，过 P 作两条斜率之积为 $\dfrac{1}{2}$ 的直线 l_1、l_2，当 l_1、l_2 都与 C 相切时，求点 P 的坐标.

【答案与解析】

1. 解：(1) $\begin{cases}b<a\\OP=\sqrt{2}b\geqslant a\end{cases}\Rightarrow e\in\left[\dfrac{\sqrt{6}}{2},\sqrt{2}\right)$.

(2)设 $P(x_0,y_0)$，以 OP 为直径的圆为
$$(x-x_0)x+(y-y_0)y=0$$
则
$$\begin{cases}x^2+y^2=b^2\\(x-x_0)x+(y-y_0)y=0\end{cases}$$
相减得
$$x_0x+y_0y=b^2$$

即为 AB 方程.

(3)由题 $d_{O-AB}=\dfrac{b^2}{\sqrt{x_0^2+y_0^2}}$,则

$$S=\sqrt{b^2-\dfrac{b^4}{x_0^2+y_0^2}}\cdot\dfrac{b^2}{\sqrt{x_0^2+y_0^2}}=b^3\dfrac{\sqrt{x_0^2+y_0^2-b^2}}{x_0^2+y_0^2}$$

令

$$t=\sqrt{x_0^2+y_0^2-b^2}=\sqrt{\left(1+\dfrac{b^2}{a^2}\right)x_0^2-2b^2}\geqslant\sqrt{a^2-b^2}$$

则

$$S=\dfrac{b^3}{t+\dfrac{b^2}{t}}$$

① $b<a<\sqrt{2}b,S_{\max}=\dfrac{1}{2}b^2$;

② $a>\sqrt{2}b,S_{\max}=\dfrac{b^3\sqrt{a^2-b^2}}{a^2}$.

2. 解:(1)设 $P(m,n)$,$A\left(\dfrac{y_1^2}{4},y_1\right)$,$B\left(\dfrac{y_2^2}{4},y_2\right)$.则 AB 中点 M 的坐标为 $\left(\dfrac{y_1^2+y_2^2}{8},\dfrac{y_1+y_2}{2}\right)$.

抛物线 $C:y^2=4x$ 上存在不同的两点 A、B,满足 PA、PB 的中点均在 C 上,可得

$$\left(\dfrac{n+y_1}{2}\right)^2=4\cdot\dfrac{m+\dfrac{y_1^2}{4}}{2},\quad\left(\dfrac{n+y_2}{2}\right)^2=4\cdot\dfrac{m+\dfrac{1}{4}y_2^2}{2}$$

化简可得 y_1、y_2 为关于 y 的方程

$$y^2-2ny+8m-n^2=0$$

的两根,由韦达定理得

$$y_1+y_2=2n,\quad y_1y_2=8m-n^2$$

故 $n=\dfrac{y_1+y_2}{2}$.

(2)若 P 是半椭圆 $x^2+\dfrac{y^2}{4}=1(x<0)$ 上的动点,可得

$$m^2+\dfrac{n^2}{4}=1,\quad -1\leqslant m<0,-2<n<2$$

由(1)可得

$$y_1+y_2=2n,\quad y_1y_2=8m-n^2$$

由 $PM\perp y$ 轴,可得 $\triangle PAB$ 的面积为

$$S=\dfrac{1}{2}|PM|\cdot|y_1-y_2|=\dfrac{1}{2}\left(\dfrac{y_1^2+y_2^2}{8}-m\right)\cdot\sqrt{(y_1+y_2)^2-4y_1y_2}$$

$$=\left[\dfrac{1}{16}\cdot(4n^2-16m+2n^2)-\dfrac{1}{2}m\right]\cdot\sqrt{4n^2-32m+4n^2}$$

$$=\frac{3\sqrt{2}}{4}(n^2-4m)\sqrt{n^2-4m}=\frac{3\sqrt{2}}{4}(n^2-4m)^{\frac{3}{2}}$$

可令

$$t=\sqrt{n^2-4m}=\sqrt{4-4m^2-4m}=\sqrt{-4\left(m+\frac{1}{2}\right)^2+5}$$

可得 $m=-\frac{1}{2}$ 时，t 取得最大值 $\sqrt{5}$；$m=-1$ 时，t 取得最小值 2，即 $2\leqslant t\leqslant\sqrt{5}$，则 $S=\frac{3\sqrt{2}}{4}t^3$

在 $[2,\sqrt{5}]$ 递增，可得 $S\in\left[6\sqrt{2},\frac{15}{4}\sqrt{10}\right]$. 所以 $\triangle PAB$ 面积的取值范围为 $\left[6\sqrt{2},\frac{15}{4}\sqrt{10}\right]$.

3. **解**：设 $E(x_1,y_1)$，$B(x_2,y_2)$，$C(x_3,y_3)$.

由抛物线两点式方程，设直线 EB 方程为

$$4x=(y_1+y_2)y-y_1y_2$$

直线 EC 方程为

$$4x=(y_1+y_3)y-y_1y_3$$

直线 BC 方程为

$$4x=(y_2+y_3)y-y_2y_3$$

由于 EB 与圆相切，故有

$$\frac{|4t+y_1y_2|}{\sqrt{16+(y_1+y_2)^2}}=2$$

整理可得

$$(y_1^2-4)y_2^2+(8ty_1-8y_1)y_2+16t^2-64-4y_2^2=0$$

同理可得

$$(y_1^2-4)y_3^2+(8ty_1-8y_1)y_3+16t^2-64-4y_2^2=0$$

故 y_2、y_3 为方程

$$(y_1^2-4)y^2+(8ty_1-8y_1)y+16t^2-64-4y_2^2=0$$

的两根，将 $y^2=4x$ 代入上式可得 BC 方程为

$$(y_1^2-4)x+(2ty_1-2y_1)y+4t^2-16-y_2^2=0$$

由于 BC 与圆相切，故可得

$$\frac{|(y_1^2-4)t+4t^2-16-y_1^2|}{\sqrt{(y_1^2-4)^2+(2ty_1-2y_1)^2}}=2$$

整理为

$$y_1^4(t-1)^2+2y_1^2(t-1)(4t^2-16-4t)+(4t^2-16-4t)^2=4y_1^4+[(t-1)^2-32]y_1^2+64$$

考虑到上式的解和 y_1 无关，左右项系数相同，有

$$\begin{cases}(t-1)^2=4\\2(t-1)(4t^2-16-4t)=[16(t-1)^2-32]\\(4t^2-16-4t)^2=64\\t>0\end{cases}$$

解得 $t=3$.

4. 证明：设 $E(x_1,y_1), F(x_2,y_2)$.

由于 $M(0,1)$，故直线 ME 的方程为

$$\frac{y-1}{x}=\frac{y_1-1}{x_1} \Rightarrow (y_1-1)x-x_1y+x_1=0$$

由于 ME 与圆 C_1 相切，由点到直线距离公式可得

$$\frac{|2(y_1-1)+x_1|}{\sqrt{(y_1-1)^2+x_1^2}}=\frac{2}{3}$$

整理为

$$\frac{32}{9}(y_1-1)^2+4(y_1-1)x_1+\frac{5}{9}x_1^2=0$$

由于 $\frac{x_1^2}{16}+y_1^2=1 \Rightarrow x_1^2=16-16y_1^2$，代入上式可得

$$\frac{32}{9}(y_1-1)^2+4(y_1-1)x_1+\frac{5}{9}(16-16y_1^2)=0$$

即

$$\frac{32}{9}(y_1-1)^2+4(y_1-1)x_1+\frac{80}{9}(1+y_1)(1-y_1)=0$$

即

$$\frac{32}{9}(y_1-1)+4x_1-\frac{80}{9}(1+y_1)=0$$

整理可得

$$12y_1-9x_1+28=0$$

同理可得

$$12y_2-9x_2+28=0$$

故直线 EF 方程为

$$9x-12y-28=0$$

故

$$d_{G-EF}=\frac{10}{\sqrt{12^2+9^2}}=\frac{2}{3}$$

即 EF 与圆 C_1 相切.

5. 解：(1) 由焦半径公式得 $t+\frac{p}{2}=2$，将 Q 点坐标代入可得

$$4t^2=2pt$$

解得 $p=2, t=1$，即抛物线方程为 $y^2=4x$.

(2) 设 $P(-1,s)$，设过 P 点与抛物线相切的直线方程为 $y-s=k(x+1)$，将其与抛物线联立得

$$\begin{cases} y-s=k(x+1) \\ y^2=4x \end{cases}$$

整理可得

$$ky^2-4y+4s+4k=0$$

令 $\Delta=0$,即
$$k^2+sk-1=0$$
故
$$k_1k_2=-1, \quad k_1+k_2=-s$$
所以 k_1、k_2 分别代表直线 PA、PB 的斜率.

PA、PB 在 y 轴的截距分别为
$$m=k_1+s, \quad n=k_2+s$$
故
$$mn=k_1k_2+s(k_1+k_2)+s^2=-1$$

6.解:(1)设抛物线 E 的方程为 $x^2=2py(p>0)$,依题意 $\frac{p}{2}=1$,得 $p=2$,所以抛物线 E 的方程为 $x^2=4y$.

(2)设点 $A(x_1,y_1)$,$B(x_2,y_2)$,则 $x_1x_2\neq 0$,否则切线不过点 M.

因为
$$y=\frac{1}{4}x^2, \quad y'=\frac{1}{2}x$$
所以切线 AM 的斜率为
$$k_{AM}=\frac{1}{2}x_1$$
方程为
$$y-y_1=\frac{1}{2}x_1(x-x_1)$$
其中 $y_1=\frac{x_1^2}{4}$.

令 $y=0$,得 $x=\frac{1}{2}x_1$,点 T 的坐标为 $\left(\frac{1}{2}x_1,0\right)$,所以直线 FT 的斜率为
$$k_{FT}=-\frac{2}{x_1}$$
因为
$$k_{AM}\cdot k_{FT}=\frac{1}{2}x_1\cdot\left(-\frac{2}{x_1}\right)=-1$$
所以 $AM\perp FT$,即点 T 在以 FM 为直径的圆上.

同理可证点 S 在以 FM 为直径的圆上,所以 S,T 在以 FM 为直径的圆上.

(3)抛物线 $x^2=4y$ 的焦点为 $F(0,1)$,可设直线 AB:$y=kx+1$.

由 $\begin{cases}y=\frac{1}{4}x^2\\y=kx+1\end{cases}$ 得 $x^2-4kx-4=0$,则 $x_1x_2=-4$.

由(2)得切线 AM 的方程为
$$y=\frac{1}{2}x_1x-\frac{1}{4}x_1^2$$

将点 $M(x_0,m)$ 代入得
$$x_1^2-2x_0x_1+4m=0$$
同理
$$x_2^2-2x_0x_2+4m=0$$
即 $x^2-2x_0x+4m=0$ 的两根分别为 x_1、x_2.

因为 $x_1\neq x_2$,由上 $x_1x_2=-4$,所以 $m=\dfrac{1}{4}x_1x_2=-1$,即 m 的值为 -1.

7. **解**:(1)设 AO 直线方程为 $y=\dfrac{\sqrt{3}}{3}x$,将其与 $y^2=2x$ 联立可得 $A(6,2\sqrt{3})$.

由于圆心在 x 轴上,设圆心为 $(a,0)$,故
$$|CO|=|AC|$$
即有
$$a^2=(6-a)^2+12$$
解得 $a=4$,且
$$r=a=4$$
故外接圆方程为 $(x-4)^2+y^2=16$.

(2)圆 M 的圆心的参数方程表示为 $\begin{cases}x=4+7\cos\alpha\\y=7\sin\alpha\end{cases}$,即圆 M 是以 $(4,0)$ 为圆心、7 为半径的圆.

设 $\angle ECP=\beta$,则
$$\overrightarrow{CE}\cdot\overrightarrow{CF}=|CE|\cdot|CF|\cos\angle ECF=16\cos 2\beta=16(2\cos^2\beta-1)$$
又 $\cos\beta=\dfrac{|EC|}{|PC|}=\dfrac{4}{|PC|}$,且 $|PC|\in[6,8]$,所以
$$\cos\beta\in\left[\dfrac{1}{2},\dfrac{2}{3}\right]$$
所以
$$\overrightarrow{CE}\cdot\overrightarrow{CF}\in\left[-8,-\dfrac{16}{9}\right]$$

8. **解**:由抛物线两点式方程设直线 PA 方程为
$$y=(-2+x_1)x+2x_1$$
由于其与圆相切,将其化为一般式为
$$(2-x_1)x+y-2x_1=0$$
由点到直线距离公式可得
$$\dfrac{|2-2x_1|}{\sqrt{(2-x_1)^2+1}}=1$$
化简为
$$3x_1^2-4x_1-1=0$$
同理可得直线 PB 方程为
$$y=(-2+x_2)x+2x_2$$

第十三章 双切与同构

由其与圆相切可化简为
$$3x_2^2-4x_2-1=0$$
故 x_1、x_2 看作 $3x^2-4x-1=0$ 的两根，又 $x^2=y$，故直线 AB 方程为
$$4x-3y+1=0$$

9.**解**：设 $P(x_0,y_0)$ 为圆 C_2 上一点，满足
$$x_0^2+y_0^2=5$$
其对应椭圆的切点弦方程为
$$\frac{x_0 x}{4}+y_0 y=1$$
将其与椭圆方程联立可得
$$\begin{cases}\dfrac{x^2}{4}+y^2=1\\[6pt]\dfrac{x_0 x}{4}+y_0 y=1\end{cases}$$
整理得
$$(x_0^2+4y_0^2)x^2-8x_0 x+16-16y_0^2=0$$
由韦达定理得
$$x_1+x_2=\frac{8x_0}{x_0^2+4y_0^2},\quad x_1 x_2=\frac{16y_0^2}{x_0^2+4y_0^2}$$
则有弦长公式可得
$$|AB|=\sqrt{1+\frac{x_0^2}{16y_0^2}}|x_1-x_2|=\frac{2\sqrt{x_0^2+16y_0^2}\sqrt{x_0^2+4y_0^2-4}}{x_0^2+4y_0^2}$$
$$d=\frac{|x_0^2+4y_0^2-4|}{\sqrt{x_0^2+16y_0^2}}$$
$$S=\frac{(x_0^2+4y_0^2-4)^{\frac{3}{2}}}{x_0^2+4y_0^2}$$
令 $t=\sqrt{x_0^2+4y_0^2-4}\in[1,4]$，$S=\dfrac{t^3}{t^2+4}=\dfrac{1}{\dfrac{1}{t}+\dfrac{4}{t^3}}$ 单调递增，所以 $S_{\min}=\dfrac{1}{5}$。

10.**解**：(1)圆可以化为 $(x-2)^2+y^2=2$，故 $c=2$，由 $\dfrac{c}{a}=\dfrac{1}{2}\Rightarrow a=4$，$b^2=a^2-c^2=12$，故椭圆方程为 $\dfrac{x^2}{16}+\dfrac{y^2}{12}=1$。

(2)设 $P(x_0,y_0)$，过 P 的切线方程为 $k(x-x_0)=y-y_0$，由于其与圆相切，故由点到直线距离公式可得
$$\frac{|2k+y_0-kx_0|}{\sqrt{1+k^2}}=\sqrt{2}$$
整理为
$$[(2-x_0)^2-2]k^2+2y_0(2-x_0)k+y_0^2-2=0$$
即 l_1、l_2 的斜率为 k_1、k_2。由韦达定理可得

$$k_1 k_2 = \frac{y_0^2 - 2}{(2-x_0)^2 - 2} = \frac{1}{2}$$

整理为
$$5x_0^2 - 8x_0 - 36 = 0$$

又由于 P 在椭圆上,固有
$$\frac{x_0^2}{16} + \frac{y_0^2}{4} = 1$$

联立解得点 P 坐标为 $(-2,3)$ 或 $(-2,-3)$ 或 $\left(\frac{18}{5}, \frac{\sqrt{57}}{5}\right)$ 或 $\left(\frac{18}{5}, \frac{-\sqrt{57}}{5}\right)$.

第十四章 对称作差求定点定值

14.1 定点模型

通过本章的学习,可将直线的两点式 $\dfrac{y-y_1}{x-x_1}=\dfrac{y_2-y_1}{x_2-x_1}$ 化简为

$$x_1y_2-x_2y_1=x(y_2-y_1)+y(x_1-x_2)$$

同时要注意到其在 x 轴的截距为 $\dfrac{x_1y_2-x_2y_1}{y_2-y_1}$,在 y 轴的截距为 $\dfrac{x_1y_2-x_2y_1}{x_1-x_2}$.

在下面的问题中,首先要对圆锥曲线的直径性质以及点差法结论了解熟悉,即对于椭圆 $\dfrac{x^2}{a^2}+\dfrac{y^2}{b^2}=1$,若 A、B 两点关于原点对称,则椭圆上任意一点(不与 A、B 重合)P 满足 $k_{PA}k_{PB}=-\dfrac{b^2}{a^2}$;对于双曲线 $\dfrac{x^2}{a^2}-\dfrac{y^2}{b^2}=1$,若 A、B 两点关于原点对称,则双曲线上任意一点(不与 A、B 重合)P 满足 $k_{PA}k_{PB}=\dfrac{b^2}{a^2}$.

本章还要用到点差法等的相关结论,处理这类问题一定要注意斜率的两种表示方法,从而代入到已知条件,构造对称形式,进行对比,从而解题. 我们一起来看下面的例题.

【例 1】 (2020 全国 1 理)如图 14.1 所示,已知 A、B 分别为椭圆 $E:\dfrac{x^2}{a^2}+y^2=1$ ($a>1$)的左、右顶点,G 为椭圆的上顶点,$\overrightarrow{AG}\cdot\overrightarrow{GB}=8$,$P$ 为直线 $x=6$ 上的动点,PA 与 E 的另一交点为 C,PB 与 E 的另一交点为 D.

(1)求椭圆 E 的方程.
(2)证明:直线 CD 过定点.

解:(1)$\dfrac{x^2}{9}+y^2=1$.

(2)易知 $\dfrac{k_{AC}}{k_{BD}}=\dfrac{1}{3}$,设 $C(x_1,y_1)$,$D(x_2,y_2)$,即

$$\dfrac{\dfrac{y_1}{x_1+3}}{\dfrac{y_2}{x_2-3}}=\dfrac{1}{3}$$

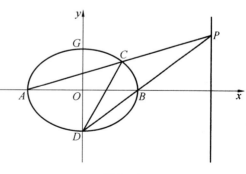

图 14.1

整理可得

$$3x_2y_1-9y_1=x_1y_2+3y_2 \qquad ①$$

同理由 $\dfrac{k_{AD}}{k_{BC}}=\dfrac{1}{3}$,得

$$\dfrac{\dfrac{y_2}{x_2+3}}{\dfrac{y_1}{x_1-3}}=\dfrac{1}{3}$$

整理可得
$$3x_1y_2-9y_2=x_2y_1+3y_1 \qquad ②$$

(提示:此处由椭圆对称性可得)

①-②得
$$2(x_2y_1-x_1y_2)=3(y_1-y_2)$$

对比直线 CD 两点式
$$x_1y_2-x_2y_1=(x_1-x_2)y+(y_2-y_1)x$$

得 CD 恒过 $\left(\dfrac{3}{2},0\right)$.

【例 2】 如图 14.2 所示,已知抛物线 $C:y^2=2px(p>0)$,$M(12,8)$,点 N 在抛物线上,且满足 $\overrightarrow{ON}=\dfrac{3}{4}\overrightarrow{OM}$,O 为坐标原点.

(1)求抛物线的方程.

(2)以 M 为起点的任意两条射线 l_1、l_2 的斜率乘积等于 1,l_1 与抛物线 C 交于点 A、B,l_2 与抛物线 C 交于点 E、D,线段 AB、DE 中点分别为 G、H,求证:直线 GH 过定点,并求出该点坐标.

解:(1)由于 $M(12,8)$,且 $\overrightarrow{ON}=\dfrac{3}{4}\overrightarrow{OM}$,可得 $N(9,6)$.代入抛物线方程得 $p=2$,故抛物线方程为 $y^2=4x$.

(2)设 $G(x_1,y_1)$,$H(x_2,y_2)$.

由点差法可得
$$k_{AB}\cdot y_1=2,\quad k_{AB}\cdot k_{ED}=1,\quad k_{ED}=\dfrac{y_2-8}{x_2-12}$$

(此处注意斜率的两种表示方法,即 $k_{AB}=\dfrac{x_2-12}{y_2-8}$)

将上式整理可得
$$\dfrac{x_2-12}{y_2-8}\cdot y_1=2$$

化简可得
$$x_2y_1-12y_1=2y_2-16 \qquad ①$$

同理可得
$$x_1y_2-12y_2=2y_1-16 \qquad ②$$

①-②得
$$x_2y_1-x_1y_2=10(y_1-y_2)$$

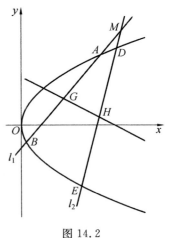

图 14.2

对比直线 GH 方程
$$x_1y_2-x_2y_1=(x_1-x_2)y+(y_2-y_1)x$$
故 GH 恒过 $(10,0)$.

【例3】 如图 14.3 所示,过椭圆 $\dfrac{x^2}{4}+\dfrac{y^2}{3}=1$ 右焦点 F 作两条互相垂直的直线 l_1、l_2,分别交椭圆于点 A、B 和点 C、D,M、N 分别为弦 AB、CD 的中点,求证:MN 过定点,并求出定点坐标.

证明:设 $M(x_1,y_1)$,$N(x_2,y_2)$,由点差法可得
$$k_{AB}\cdot\dfrac{y_1}{x_1}=-\dfrac{3}{4}$$
即
$$k_{AB}=-\dfrac{3}{4}\cdot\dfrac{x_1}{y_1}$$
由 A、M、F、B 四点共线得
$$k_{AB}=k_{MF}=\dfrac{y_1}{x_1-1}$$
同理可得
$$k_{CD}=\dfrac{y_2}{x_2-1}$$
同时还可表示为
$$k_{CD}=-\dfrac{3}{4}\cdot\dfrac{x_2}{y_2}$$

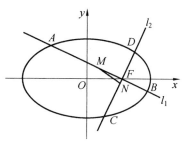

图 14.3

由于 AB、CD 相互垂直,故 $k_{AB}\cdot k_{CD}=-1$,故可得
$$\begin{cases}-\dfrac{3}{4}\cdot\dfrac{x_1}{y_1}\cdot\dfrac{y_2}{x_2-1}=-1\\ -\dfrac{3}{4}\cdot\dfrac{x_2}{y_2}\cdot\dfrac{y_1}{x_1-1}=-1\end{cases}$$
整理为
$$\begin{cases}3x_1y_2=4x_2y_1-4y_1\\ 3x_2y_1=4x_1y_2-4y_2\end{cases}$$
将上述两式作差可得
$$7(x_1y_2-x_2y_1)=4(y_2-y_1)$$
对比 MN 的两点式方程可得
$$x_1y_2-x_2y_1=x(y_2-y_1)+y(x_1-x_2)$$
故直线 MN 恒过 $\left(\dfrac{4}{7},0\right)$.

【例4】 如图 14.4 所示,过椭圆 $C:\dfrac{x^2}{4}+\dfrac{y^2}{3}=1$ 的右顶点 P 作弦 PA、PB,且 $k_{PA}+k_{PB}=1$,证明:直线 AB 过定点.

证明:设 $A(x_1,y_1)$,$B(x_2,y_2)$,$P(2,0)$.

由已知得
$$k_{PA}=\frac{y_1}{x_1-2}$$
设左顶点为 $Q(-2,0)$,由椭圆第三定义可得
$$k_{PA}\cdot k_{QA}=-\frac{3}{4}$$
即
$$k_{PA}=-\frac{4}{3}\cdot\frac{x_1+2}{y_1}$$
同理可得
$$k_{PB}=\frac{y_2}{x_2-2}$$
也可表示为
$$k_{PB}=-\frac{4}{3}\cdot\frac{x_2+2}{y_2}$$

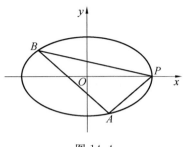

图 14.4

故由 $k_{PA}+k_{PB}=1$,得
$$\begin{cases}\dfrac{y_1}{x_1}-\dfrac{4}{3}\cdot\dfrac{x_2+2}{y_2}=1\\ \dfrac{y_2}{x_2}-\dfrac{4}{3}\cdot\dfrac{x_1+2}{y_1}=1\end{cases}$$
化简为
$$\begin{cases}3y_1y_2-4(x_2+2)\cdot x_1=3x_1y_2\\ 3y_1y_2-4(x_1+2)\cdot x_2=3x_2y_1\end{cases}$$
两式作差可得
$$-3(x_1-x_2)+2(y_2-y_1)=x_1y_2-x_2y_1$$
与直线 AB:$(x_1-x_2)y+(y_2-y_1)x=x_1y_2-x_2y_1$ 对比可得直线 AB 恒过 $(2,-3)$.

14.2 定值模型

【例5】 如图 14.5 所示,过椭圆 $C:\dfrac{x^2}{4}+\dfrac{y^2}{3}=1$ 上的点 $P\left(1,\dfrac{3}{2}\right)$ 作两条倾斜角互补的弦 PA、PB,证明:直线 AB 的斜率为定值.

证明: 设 $A(x_1,y_1),B(x_2,y_2)$,直线 PA、PB 的斜率分别为 k_1、k_2,由已知可得
$$k_1=\frac{y_1-\dfrac{3}{2}}{x_1-1}$$

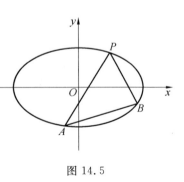

图 14.5

由于 $\dfrac{x_1^2}{4}+\dfrac{y_1^2}{3}=1$,变形为

$$\dfrac{x_1^2-1+1}{4}+\dfrac{y_1^2-\dfrac{9}{4}+\dfrac{9}{4}}{3}=1$$

即为

$$\dfrac{(x_1-1)(x_1+1)}{4}+\dfrac{\left(y_1-\dfrac{3}{2}\right)\left(y_1+\dfrac{3}{2}\right)}{3}=0$$

即可得

$$\dfrac{y_1-\dfrac{3}{2}}{x_1-1}=-\dfrac{3}{4}\cdot\dfrac{x_1+1}{y_1+\dfrac{3}{2}}$$

即

$$k_1=-\dfrac{3}{4}\cdot\dfrac{x_1+1}{y_1+\dfrac{3}{2}}$$

同理可得

$$k_2=\dfrac{y_2-\dfrac{3}{2}}{x_2-1}$$

同时也可化作

$$k_2=-\dfrac{3}{4}\cdot\dfrac{x_2+1}{y_2+\dfrac{3}{2}}$$

由已知 $k_1+k_2=0$,即整理为

$$\begin{cases}\dfrac{y_1-\dfrac{3}{2}}{x_1-1}-\dfrac{3}{4}\cdot\dfrac{x_2+1}{y_2+\dfrac{3}{2}}=0\\[2ex]\dfrac{y_2-\dfrac{3}{2}}{x_2-1}-\dfrac{3}{4}\cdot\dfrac{x_1+1}{y_1+\dfrac{3}{2}}=0\end{cases}$$

继续整理为

$$\begin{cases}4y_1y_2+6(y_1-y_2)-9=3x_1x_2+3(x_1-x_2)-3\\4y_1y_2+6(y_2-y_1)-9=3x_1x_2+3(x_2-x_1)-3\end{cases}$$

两式作差整理得

$$k_{AB}=\dfrac{y_2-y_1}{x_2-x_1}=\dfrac{1}{2}$$

【例 6】 如图 14.6 所示,已知椭圆 $E:\dfrac{x^2}{a^2}+\dfrac{y^2}{b^2}=1(a>b>0)$ 的离心率为 $\dfrac{\sqrt{2}}{2}$,直线 $l:y=$

$\frac{1}{2}x$ 与椭圆 E 相交于 A、B 两点,$|AB|=2\sqrt{5}$,C、D 是椭圆上异于 A、B 的任意两点,且直线 AC、BD 相交于点 M,直线 AD、BC 相交于点 N,连 MN.

(1)求椭圆 E 的方程.

(2)求证:直线 MN 的斜率为定值.

解:(1)由 $\begin{cases} \dfrac{c}{a}=\dfrac{\sqrt{2}}{2} \\ a^2=b^2+c^2 \end{cases}$ 化简得到 $a=\sqrt{2}b$.

将直线与椭圆方程联立 $\begin{cases} y=\dfrac{1}{2}x \\ \dfrac{x^2}{2b^2}+\dfrac{y^2}{b^2}=1 \end{cases}$,解得

$B\left(\dfrac{2\sqrt{3}}{3}b,\dfrac{\sqrt{3}}{3}b\right)$,即 $OB=\sqrt{5}$.

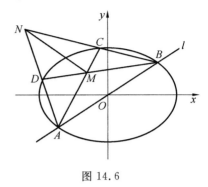

图 14.6

由两点间距离公式可得

$$\frac{4}{3}b^2+\frac{b^2}{3}=5$$

解得 $b=\sqrt{3}$,故椭圆方程为 $\dfrac{x^2}{6}+\dfrac{y^2}{3}=1$.

(2)设 $M(x_1,y_1)$,$N(x_2,y_2)$,$B(2,1)$,$A(-2,-1)$.

由椭圆第三定义可知

$$k_{AM}\cdot k_{BN}=\frac{y_1+1}{x_1+1}\cdot\frac{y_2-1}{x_2-1}=-\frac{1}{2}$$

同理可得

$$k_{BM}\cdot k_{AN}=\frac{y_1-1}{x_1-2}\cdot\frac{y_2+1}{x_2+2}=-\frac{1}{2}$$

分别化简为

$$\begin{cases} y_1y_2-y_2+y_1-1=-\dfrac{1}{2}(x_1x_2-2x_2+2x_1-4) \\ y_1y_2-y_1+y_2-1=-\dfrac{1}{2}(x_1x_2-2x_1+2x_2-4) \end{cases}$$

上述两式作差可得

$$-2y_2+2y_1=-\frac{1}{2}(-4x_2+4x_1)$$

化简为

$$k_{MN}=\frac{y_2-y_1}{x_2-x_1}=-1$$

【课后练习】

1.如图 14.7 所示,已知椭圆 $\dfrac{x^2}{4}+\dfrac{y^2}{3}=1$ 的长轴的两个端点分别为 A、B,过点 $(0,1)$ 的直线 l 交椭圆于点 C、D,设直线 AD、CB 的斜率分别为 k_1、k_2,若 $k_1:k_2=1:2$,求直线 l

的斜率.

2.(2020 新高考)已知椭圆 $C:\dfrac{x^2}{a^2}+\dfrac{y^2}{b^2}=1(a>b>0)$ 的离心率为 $\dfrac{\sqrt{2}}{2}$,且过点 $A(2,1)$.

(1)求 C 的方程.

(2)点 M、N 在 C 上,且 $AM\perp AN$,$AD\perp MN$,D 为垂足.证明:存在定点 Q,使得 $|DQ|$ 为定值.

3.如图 14.8 所示,已知椭圆 $\dfrac{x^2}{4}+y^2=1$,点 P 为椭圆 C 上非顶点的动点,点 A_1、A_2 分别为椭圆 C 的左、右顶点,过 A_1、A_2 分别作 $l_1\perp PA_1$,$l_2\perp PA_2$,直线 l_1、l_2 相交于点 G,连接 OG,线段 OG 与椭圆 C 交于点 Q,若直线 OP、OQ 的斜率分别为 k_1、k_2,求 $\dfrac{k_1}{k_2}$.

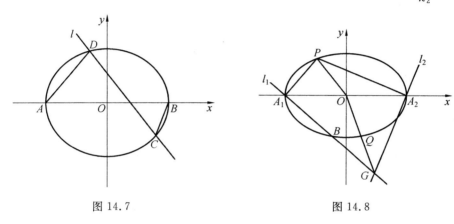

图 14.7　　　　　　图 14.8

【答案与解析】

1.解:设 $D(x_1,y_1)$,$C(x_2,y_2)$,则 $k_{AD}=\dfrac{y_1}{x_1+2}$,由椭圆第三定义可得

$$k_{AD}\cdot k_{BD}=-\dfrac{3}{4}$$

即

$$k_{AD}=-\dfrac{3}{4}\cdot\dfrac{x_1-2}{y_1}$$

同理可得

$$k_{BC}=\dfrac{y_2}{x_2-2}$$

也可表示为

$$k_{BD}=-\dfrac{3}{4}\cdot\dfrac{x_2+2}{y_2}$$

由已知 $k_1:k_2=1:2$,即

$$\dfrac{\dfrac{y_1}{x_1+2}}{\dfrac{y_2}{x_2-2}}=\dfrac{1}{2},\quad \dfrac{-\dfrac{3}{4}\cdot\dfrac{x_1-2}{y_1}}{-\dfrac{3}{4}\cdot\dfrac{x_2+2}{y_2}}=\dfrac{1}{2}$$

两式分别可整理为
$$\begin{cases} 2y_1x_2-4y_1=y_2x_1+2y_2 \\ 2y_2x_1-4y_2=y_1x_2+2y_1 \end{cases}$$

两式作差可得
$$3(x_1y_2-x_2y_1)=2(y_2-y_1) \quad ①$$

由于直线 $CD:x_1y_2-x_2y_1=x(y_2-y_1)+y(x_1-x_2)$,且经过点$(0,1)$,代入得到
$$x_1y_2-x_2y_1=x_1-x_2 \quad ②$$

①②两式相比可得
$$k_l=\frac{y_2-y_1}{x_2-x_1}=-\frac{3}{2}$$

2.解:(1)由题意可得
$$\frac{c}{a}=\frac{\sqrt{2}}{2}, \quad \frac{4}{a^2}+\frac{1}{b^2}=1$$

因为 $a^2=b^2+c^2$,解得
$$a^2=6, \quad b^2=3$$

可得椭圆方程为 $\frac{x^2}{6}+\frac{y^2}{3}=1$.

(2)如图14.9所示,设 $M(x_1,y_1),N(x_2,y_2)$,椭圆上点满足
$$\frac{x^2-4+4}{6}+\frac{y^2-1+1}{3}=1$$

即
$$\frac{(x-2)(x+2)}{6}+\frac{(y-1)(y+1)}{3}=0$$

化简为
$$-\frac{1}{2}=\frac{y-1}{x-2}\cdot\frac{y+1}{x+2}$$

即
$$k_{MA}=\frac{y_1-1}{x_1-2}=-\frac{1}{2}\frac{x_1+2}{y_1+1}$$
$$k_{NA}=\frac{y_2-1}{x_2-2}=-\frac{1}{2}\frac{x_2+2}{y_2+1}$$

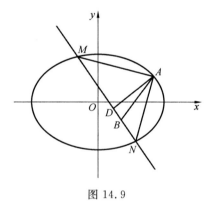

图 14.9

由于 $AM\perp AN$,故 $k_{AM}\cdot k_{AN}=-1$. 将斜率的两种表达形式交叉代入可得
$$\begin{cases} -\dfrac{1}{2}\dfrac{x_2+2}{y_2+1}\cdot\dfrac{y_1-1}{x_1-2}=-1 \\ -\dfrac{1}{2}\dfrac{x_1+2}{y_1+1}\cdot\dfrac{y_2-1}{x_2-2}=-1 \end{cases}$$

化简为
$$\begin{cases} y_1x_2+2y_1-x_2-2=2x_1y_2-4y_2+2x_1-4 \\ y_2x_1+2y_2-x_1-2=2x_2y_1-4y_1+2x_2-4 \end{cases}$$

将两式作差可得

第十四章　对称作差求定点定值

即
$$3y_1x_2 - 3y_2x_1 = 2y_1 - 2y_2 + x_1 - x_2$$

即
$$x_1y_2 - x_2y_1 = \frac{2}{3}(y_2 - y_1) - \frac{1}{3}(x_1 - x_2)$$

对比直线 MN 的两点式方程
$$x_1y_2 - x_2y_1 = x(y_2 - y_1) + y(x_1 - x_2)$$

可得 MN 恒过 $B\left(\dfrac{2}{3}, -\dfrac{1}{3}\right)$.

因为 $AD \perp MN$,所以点 D 在以 AB 为直径的圆上,故当点 Q 为 AB 的中点,即 $Q\left(\dfrac{4}{3}, \dfrac{1}{3}\right)$ 时,$|DQ| = \dfrac{2\sqrt{2}}{3}$,为定值.

3.**解**:设 $P(x_1, y_1), Q(x_2, y_2)$.

由椭圆第三定义可得
$$\frac{y_1}{x_1 - 2} \cdot \frac{y_1}{x_1 + 2} = -\frac{1}{4}$$

即
$$k_{PA_1} = \frac{-(x_1 - 2)}{4y_1}, \quad k_{PA_2} = \frac{-(x_2 + 2)}{4y_2}$$

由
$$k_{PA_1} k_{GA_1} = -1 \Rightarrow \frac{-(x_1 - 2)}{4y_1} \cdot \frac{y_2}{x_2 + 2} = -1 \Rightarrow x_1y_2 - 4x_2y_1 = 8y_1 + 2y_2 \qquad ①$$

$$k_{PA_2} k_{GA_2} = -1 \Rightarrow \frac{-(x_1 + 2)}{4y_1} \cdot \frac{y_2}{x_2 - 2} = -1 \Rightarrow x_1y_2 - 4y_2x_1 = -8y_1 - 2y_2 \qquad ②$$

①+②可得
$$x_1y_2 = 4x_2y_1$$

即 $\dfrac{k_1}{k_2} = \dfrac{1}{4}$.

第十五章 参数方程

15.1 圆与圆锥曲线的参数方程

(一)基础知识

(1)圆.

圆心在(a,b)、半径为r的圆的参数方程是$\begin{cases} x=a+r\cos\varphi \\ y=b+r\sin\varphi \end{cases}$($\varphi$是参数),$\varphi$是动半径所在的直线与$x$轴正向的夹角,$\varphi\in\left[0,\dfrac{\pi}{2}\right]$.

(2)椭圆.

椭圆$\dfrac{x^2}{a^2}+\dfrac{y^2}{b^2}=1(a>b>0)$的参数方程是$\begin{cases} x=a\cos\theta \\ y=b\sin\theta \end{cases}$($\theta$是参数),$\theta$是椭圆所对应辅助圆$x^2+y^2=a^2$动半径所在的直线与$x$轴正向的夹角,如图15.1所示.

(3)双曲线.

双曲线$\dfrac{x^2}{a^2}-\dfrac{y^2}{b^2}=1$的参数方程为$\begin{cases} x=a\sec\varphi \\ y=b\tan\varphi \end{cases}$($\varphi$是参数),$\varphi$是双曲线上一点$M$所对应$OP$的旋转角(其中$MA\perp x$轴,直线$AP$与圆$x^2+y^2=a^2$相切于点$P$),如图15.2所示.

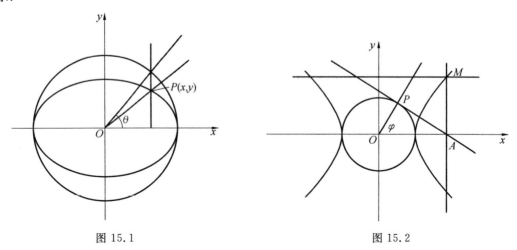

图15.1 图15.2

双曲线参数方程的第二种表示形式为 $\begin{cases} x=\dfrac{a}{2}\left(t+\dfrac{1}{t}\right) \\ y=\dfrac{b}{2}\left(t-\dfrac{1}{t}\right) \end{cases}$ (t 为参数).

(4)抛物线.

抛物线 $y^2=2px$ 的参数方程为 $\begin{cases} x=2pt^2 \\ y=2pt \end{cases}$ (t 为参数),t 表示抛物线上除顶点外任意一点与原点连线斜率的倒数.

(二)技术准备

1. 半角的三角函数

半角的三角函数关系主要是指正切函数与正余弦函数之间的关系(正余弦的半角关系其实就是二倍角关系),其公式如下:

(1) $\tan\dfrac{\alpha}{2}=\dfrac{\sin\dfrac{\alpha}{2}}{\cos\dfrac{\alpha}{2}}=\dfrac{\sin\dfrac{\alpha}{2}\cdot\cos\dfrac{\alpha}{2}}{\cos^2\dfrac{\alpha}{2}}=\dfrac{\sin\alpha}{1+\cos\alpha}$;

(2) $\tan\dfrac{\alpha}{2}=\dfrac{\sin\dfrac{\alpha}{2}}{\cos\dfrac{\alpha}{2}}=\dfrac{\sin^2\dfrac{\alpha}{2}}{\sin\dfrac{\alpha}{2}\cdot\cos\dfrac{\alpha}{2}}=\dfrac{1-\cos\alpha}{\sin\alpha}$.

2. 三角函数的积化和差公式

(1) $\sin\alpha\sin\beta=\dfrac{1}{2}[\cos(\alpha-\beta)-\cos(\alpha+\beta)]$;

$\cos\alpha\cos\beta=\dfrac{1}{2}[\cos(\alpha-\beta)+\cos(\alpha+\beta)]$.

(2) $\sin\alpha\cos\beta=\dfrac{1}{2}[\sin(\alpha+\beta)+\sin(\alpha-\beta)]$;

$\cos\alpha\sin\beta=\dfrac{1}{2}[\sin(\alpha+\beta)-\sin(\alpha-\beta)]$.

(3) $\tan\alpha\tan\beta=\dfrac{\tan\alpha+\tan\beta}{\cot\alpha+\cot\beta}$;

$\tan\alpha\cot\beta=\dfrac{\tan\alpha+\cot\beta}{\cot\alpha+\tan\beta}$.

3. 三角函数的和差化积公式

(1) $\sin\alpha+\sin\beta=2\sin\dfrac{\alpha+\beta}{2}\cos\dfrac{\alpha-\beta}{2}$;

$\sin\alpha-\sin\beta=2\cos\dfrac{\alpha+\beta}{2}\sin\dfrac{\alpha-\beta}{2}$.

(2) $\cos\alpha+\cos\beta=2\cos\dfrac{\alpha+\beta}{2}\cos\dfrac{\alpha-\beta}{2}$;

$\cos\alpha-\cos\beta=-2\sin\dfrac{\alpha+\beta}{2}\sin\dfrac{\alpha-\beta}{2}$.

二次曲线的参数方程在处理定值问题、定点问题和轨迹问题中都发挥着巨大优势.

1. 定值问题

【例1】 如图15.3所示,已知椭圆方程为$\frac{x^2}{a^2}+\frac{y^2}{b^2}=1$,点$A$为椭圆右顶点,点$B$为椭圆上顶点,点$C$为椭圆上第三象限的一个动点,直线$BC$交$x$轴于点$M$,直线$AC$交$y$轴于点$N$,求证:四边形$ABMN$的面积为定值.

证明:设$A(a,0)$,$B(0,b)$,$C(a\cos\theta,b\sin\theta)$,则

$$k_{BC}=\frac{b\sin\theta-b}{a\cos\theta}, \quad k_{AC}=\frac{b\sin\theta}{a\cos\theta-a}$$

直线BC的方程为

$$y=\frac{b\sin\theta-b}{a\cos\theta}x+b$$

令$y=0$,得$x_M=\frac{a\cos\theta}{1-\sin\theta}$.

直线AC的方程为

$$y=\frac{b\sin\theta}{a\cos\theta-a}(x-a)$$

令$x=0$,得$y_N=\frac{b\sin\theta}{1-\cos\theta}$. 故

$$|BN|=b-\frac{b\sin\theta}{1-\cos\theta}=b\left(1-\frac{\sin\theta}{1-\cos\theta}\right)$$

$$=b\left(1-\frac{2\sin\frac{\theta}{2}\cos\frac{\theta}{2}}{2\sin^2\frac{\theta}{2}}\right)$$

$$=\frac{b\left(\tan\frac{\theta}{2}-1\right)}{\tan\frac{\theta}{2}}$$

$$|AM|=a-\frac{a\cos\theta}{1-\sin\theta}=a\left[1-\frac{\left(\cos\frac{\theta}{2}-\sin\frac{\theta}{2}\right)\left(\cos\frac{\theta}{2}+\sin\frac{\theta}{2}\right)}{\left(\cos\frac{\theta}{2}-\sin\frac{\theta}{2}\right)^2}\right]$$

$$=a\left[1-\frac{\left(\cos\frac{\theta}{2}+\sin\frac{\theta}{2}\right)}{\left(\cos\frac{\theta}{2}-\sin\frac{\theta}{2}\right)}\right]=a\left(1-\frac{1+\tan\frac{\theta}{2}}{1-\tan\frac{\theta}{2}}\right)=\frac{2a\tan\frac{\theta}{2}}{\tan\frac{\theta}{2}-1}$$

即$S_{ABMN}=\frac{1}{2}|BN|\cdot|AM|=ab$.

【例2】 如图15.4所示,设M为双曲线$\frac{x^2}{a^2}-\frac{y^2}{b^2}=1(a,b>0)$上任意一点,$O$为原点,过点$M$作双曲线两渐近线的平行线,分别与两渐近线交于点$A$、$B$. 探求平行四边形

$MAOB$ 的面积是否为定值,若为定值,请求出该定值.

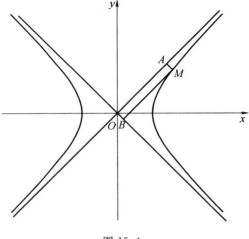

图 15.4

解:双曲线的渐近线方程为 $y = \pm\dfrac{b}{a}x$.

不妨设 M 为双曲线右支上一点,其坐标为 $(a\sec\varphi, b\tan\varphi)$,则直线 MA 的方程为

$$y - b\tan\varphi = -\dfrac{b}{a}(x - a\sec\varphi)$$

将 $y = \dfrac{b}{a}x$ 代入上式,解得点 A 的横坐标为

$$x_A = \dfrac{a}{2}(\sec\varphi + \tan\varphi)$$

同理可得,点 B 的横坐标为

$$x_B = \dfrac{a}{2}(\sec\varphi - \tan\varphi)$$

设 $\angle AOx = \alpha$,则 $\tan\alpha = \dfrac{b}{a}$. 因此,平行四边形 $MAOB$ 的面积为

$$S_{MAOB} = |OA| \cdot |OB| \sin 2\alpha = \dfrac{x_A}{\cos\alpha} \cdot \dfrac{x_B}{\cos\alpha} \cdot \sin 2\alpha$$

$$= \dfrac{a^2(\sec^2\varphi - \tan^2\varphi)}{4\cos^2\alpha} \cdot \sin 2\alpha$$

$$= \dfrac{a^2}{2} \cdot \tan\alpha = \dfrac{a^2}{2} \cdot \dfrac{b}{a} = \dfrac{ab}{2}$$

由此可见,平行四边形 $MAOB$ 的面积恒为定值,与点 M 在双曲线上的位置无关.

【例 3】 如图 15.5 所示,设 F 为椭圆 $C:\dfrac{x^2}{2} + y^2 = 1$ 的右焦点,过点 $(2,0)$ 的直线与椭圆 C 交于 A、B 两点.

(1)若点 B 为椭圆 C 的上顶点,求直线 AF 的方程.

(2)设直线 AF、BF 的斜率分别为 k_1、k_2($k_2 \neq 0$),求证:$\dfrac{k_1}{k_2}$ 为定值.

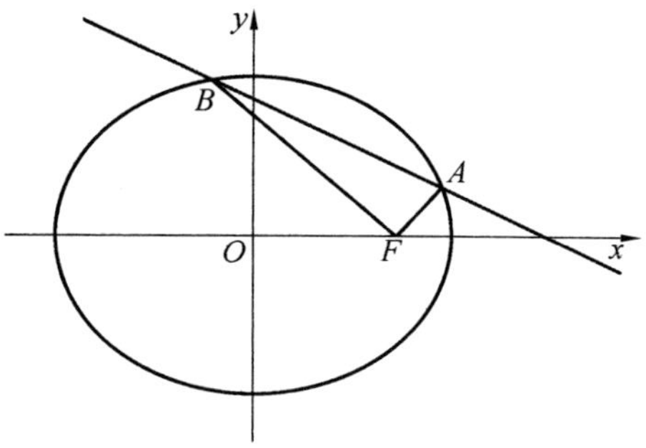

解:(1)若 B 为椭圆的上顶点,则 $B(0,1)$.
又 AB 过点 $(2,0)$,故直线 AB 方程为
$$x+2y-2=0$$
将其与椭圆 $C:\dfrac{x^2}{2}+y^2=1$ 联立,可得
$$3y^2-4y+1=0$$
解得
$$y_1=1, \quad y_2=\dfrac{1}{3}$$
即点 $A\left(\dfrac{4}{3},\dfrac{1}{3}\right)$,从而直线 $AF:y=x-1$.

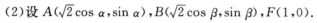

图 15.5

(2)设 $A(\sqrt{2}\cos\alpha,\sin\alpha)$,$B(\sqrt{2}\cos\beta,\sin\beta)$,$F(1,0)$.
因为点 $(2,0)$、A、B 三点共线,所以
$$\dfrac{\sin\alpha}{\sqrt{2}\cos\alpha-2}=\dfrac{\sin\beta}{\sqrt{2}\cos\beta-2}$$
即
$$\sqrt{2}\sin\alpha\cos\beta-2\sin\alpha=\sqrt{2}\cos\alpha\sin\beta-2\sin\beta$$
$$\sqrt{2}\sin(\alpha-\beta)=2(\sin\alpha-\sin\beta)$$
$$2\sqrt{2}\sin\dfrac{\alpha-\beta}{2}\cos\dfrac{\alpha-\beta}{2}=4\cos\dfrac{\alpha+\beta}{2}\sin\dfrac{\alpha-\beta}{2}$$
$$\cos\dfrac{\alpha-\beta}{2}=\sqrt{2}\cos\dfrac{\alpha+\beta}{2}$$
$$\cos\dfrac{\alpha}{2}\cos\dfrac{\beta}{2}+\sin\dfrac{\alpha}{2}\sin\dfrac{\beta}{2}=\sqrt{2}\left(\cos\dfrac{\alpha}{2}\cos\dfrac{\beta}{2}-\sin\dfrac{\alpha}{2}\sin\dfrac{\beta}{2}\right)$$
$$1+\tan\dfrac{\alpha}{2}\tan\dfrac{\beta}{2}=\sqrt{2}\left(1-\tan\dfrac{\alpha}{2}\tan\dfrac{\beta}{2}\right)$$
$$(1+\sqrt{2})\tan\dfrac{\alpha}{2}\tan\dfrac{\beta}{2}=\sqrt{2}-1$$
$$\tan\dfrac{\alpha}{2}\tan\dfrac{\beta}{2}=\dfrac{\sqrt{2}-1}{\sqrt{2}+1}=\dfrac{(\sqrt{2}-1)^2}{1}=3-2\sqrt{2}$$

而
$$k_1=\dfrac{\sin\alpha-0}{\sqrt{2}\cos\alpha-1}=\dfrac{2\sin\dfrac{\alpha}{2}\cos\dfrac{\alpha}{2}}{\sqrt{2}\left(\cos^2\dfrac{\alpha}{2}-\sin^2\dfrac{\alpha}{2}\right)-\left(\cos^2\dfrac{\alpha}{2}+\sin^2\dfrac{\alpha}{2}\right)}$$
$$=\dfrac{2\sin\dfrac{\alpha}{2}\cos\dfrac{\alpha}{2}}{(\sqrt{2}-1)\cos^2\dfrac{\alpha}{2}-(\sqrt{2}+1)\sin^2\dfrac{\alpha}{2}}=\dfrac{2\tan\dfrac{\alpha}{2}}{(\sqrt{2}-1)-(\sqrt{2}+1)\tan^2\dfrac{\alpha}{2}}$$

同理可得

$$k_2 = \frac{2\tan\frac{\beta}{2}}{(\sqrt{2}-1)-(\sqrt{2}+1)\tan^2\frac{\beta}{2}}$$

则

$$\frac{k_1}{k_2} = \frac{2\tan\frac{\alpha}{2}}{(\sqrt{2}-1)-(\sqrt{2}+1)\tan^2\frac{\alpha}{2}} \cdot \frac{(\sqrt{2}-1)-(\sqrt{2}+1)\tan^2\frac{\beta}{2}}{2\tan\frac{\beta}{2}}$$

$$= \frac{(\sqrt{2}-1)\tan\frac{\alpha}{2}-(\sqrt{2}+1)\tan\frac{\alpha}{2}\tan^2\frac{\beta}{2}}{(\sqrt{2}-1)\tan\frac{\beta}{2}-(\sqrt{2}+1)\tan^2\frac{\alpha}{2}\tan\frac{\beta}{2}}$$

$$= \frac{(\sqrt{2}-1)\tan\frac{\alpha}{2}-(\sqrt{2}+1)(3-2\sqrt{2})\tan\frac{\beta}{2}}{(\sqrt{2}-1)\tan\frac{\beta}{2}-(\sqrt{2}+1)(3-2\sqrt{2})\tan\frac{\alpha}{2}}$$

上下同时除以 $\sqrt{2}+1$ 得

$$\frac{(3-2\sqrt{2})\tan\frac{\alpha}{2}-(3-2\sqrt{2})\tan\frac{\beta}{2}}{(3-2\sqrt{2})\tan\frac{\beta}{2}-(3-2\sqrt{2})\tan\frac{\alpha}{2}} = -1$$

【例 4】 如图 15.6 所示,已知椭圆 $C: \frac{x^2}{a^2}+\frac{y^2}{b^2}=1(a>b>0)$ 的离心率为 $\frac{\sqrt{3}}{2}$,过点 $M(1,-1)$ 的动直线 l 与 C 分别交于 A、B 两点,当直线 $l \perp x$ 轴时,$|AB|=\sqrt{3}$.

(1)求椭圆 C 的方程.

(2)已知 N 为椭圆 C 的上顶点,证明:$k_{NA}+k_{NB}$ 为定值.

解:(1)因为当直线 l 垂直于 x 轴时,$|AB|=\sqrt{3}$,所以点 $\left(1,\frac{\sqrt{3}}{2}\right)$ 在椭圆上,即

$$\frac{1}{a^2}+\frac{3}{4b^2}=1$$

又因为离心率为 $\frac{\sqrt{3}}{2}$,即 $\frac{c}{a}=\frac{\sqrt{3}}{2}$.

由椭圆可知 $a^2=b^2+c^2$,即 $a=2,b=1,c=\sqrt{3}$.

故椭圆方程为

$$\frac{x^2}{4}+y^2=1$$

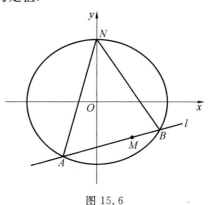

图 15.6

(2)设 $A(2\cos\alpha,\sin\alpha)$,$B(2\cos\beta,\sin\beta)$,$M(1,-1)$.

因为 A、B、M 三点共线,所以

$$\frac{\sin\alpha+1}{2\cos\alpha-1}=\frac{\sin\beta+1}{2\cos\beta-1}$$

即
$$2\sin\alpha\cos\beta+2\cos\beta-\sin\alpha=2\cos\alpha\sin\beta+2\cos\alpha-\sin\beta$$
$$2\sin(\alpha-\beta)=2\cos\alpha-2\cos\beta+\sin\alpha-\sin\beta$$
$$4\sin\frac{\alpha-\beta}{2}\cos\frac{\alpha-\beta}{2}=-4\sin\frac{\alpha+\beta}{2}\sin\frac{\alpha-\beta}{2}+2\cos\frac{\alpha+\beta}{2}\sin\frac{\alpha-\beta}{2}$$
$$2\cos\frac{\alpha-\beta}{2}+2\sin\frac{\alpha+\beta}{2}=\cos\frac{\alpha+\beta}{2}$$
$$\cos\frac{\alpha}{2}\cos\frac{\beta}{2}+3\sin\frac{\alpha}{2}\sin\frac{\beta}{2}+2\sin\frac{\alpha}{2}\cos\frac{\beta}{2}+2\cos\frac{\alpha}{2}\sin\frac{\beta}{2}=0$$
$$1+3\tan\frac{\alpha}{2}\tan\frac{\beta}{2}+2\tan\frac{\alpha}{2}+2\tan\frac{\beta}{2}=0$$

而
$$k_{NA}=\frac{\sin\alpha-1}{2\cos\alpha}=-\frac{1}{2}\left(\frac{1-\sin\alpha}{\cos\alpha}\right)=-\frac{1}{2}\cdot\frac{\left(\cos\frac{\alpha}{2}-\sin\frac{\alpha}{2}\right)^2}{\cos^2\frac{\alpha}{2}-\sin^2\frac{\alpha}{2}}$$
$$=-\frac{1}{2}\cdot\frac{\cos\frac{\alpha}{2}-\sin\frac{\alpha}{2}}{\cos\frac{\alpha}{2}+\sin\frac{\alpha}{2}}=-\frac{1}{2}\cdot\frac{1-\tan\frac{\alpha}{2}}{1+\tan\frac{\alpha}{2}}$$

同理可得
$$k_{NB}=-\frac{1}{2}\cdot\frac{1-\tan\frac{\beta}{2}}{1+\tan\frac{\beta}{2}}$$

即
$$k_{NA}+k_{NB}=\frac{1}{2}\left(\frac{\tan\frac{\alpha}{2}-1}{1+\tan\frac{\alpha}{2}}+\frac{\tan\frac{\beta}{2}-1}{1+\tan\frac{\beta}{2}}\right)$$
$$=\frac{1}{2}\frac{\tan\frac{\alpha}{2}-1+\tan\frac{\alpha}{2}\tan\frac{\beta}{2}-\tan\frac{\beta}{2}+\tan\frac{\beta}{2}-1+\tan\frac{\alpha}{2}\tan\frac{\beta}{2}-\tan\frac{\alpha}{2}}{1+\tan\frac{\alpha}{2}+\tan\frac{\beta}{2}+\tan\frac{\alpha}{2}\tan\frac{\beta}{2}}$$
$$=\frac{\tan\frac{\alpha}{2}\tan\frac{\beta}{2}-1}{1-\frac{1}{2}-\frac{3}{2}\tan\frac{\alpha}{2}\tan\frac{\beta}{2}+\tan\frac{\alpha}{2}\tan\frac{\beta}{2}}$$
$$=\frac{\tan\frac{\alpha}{2}\tan\frac{\beta}{2}-1}{\frac{1}{2}-\frac{1}{2}\tan\frac{\alpha}{2}\tan\frac{\beta}{2}}=-2$$

【例5】 如图 15.7 所示,已知 $A(0,3)$、B、C 为圆 $O: x^2+y^2=9$ 上三点. 若 D 为曲线 $x^2+(y+1)^2=4(y\neq-3)$ 上的动点,且 $\overrightarrow{AD}=\overrightarrow{AB}+\overrightarrow{AC}$,试问直线 AB 和直线 AC 的斜率之积是否为定值? 若是,求出该定值;若不是,说明理由.

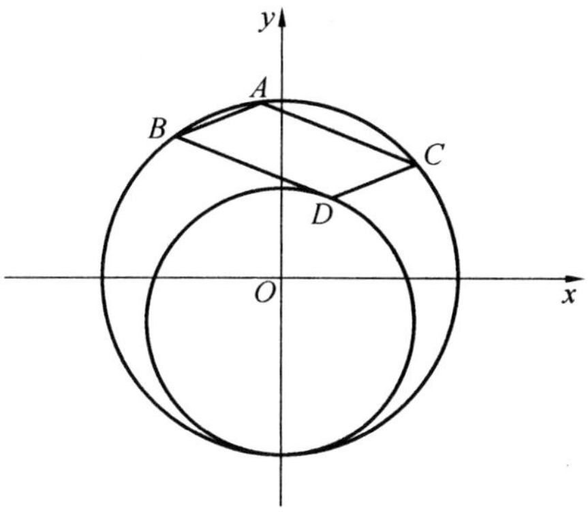

解:设 $B(3\cos\alpha,3\sin\alpha)$,$C(3\cos\beta,3\sin\beta)$,$D(x,y)$.

因为 $\overrightarrow{AD}=\overrightarrow{AB}+\overrightarrow{AC}$,所以

$(x,y-3)=(3\cos\alpha,3\sin\alpha-3)+(3\cos\beta,3\sin\beta-3)$

$$\begin{cases} x=3\cos\alpha+3\cos\beta \\ y=3\sin\alpha+3\sin\beta-3 \end{cases}$$

图 15.7

代入 $x^2+(y+1)^2=4$ 得

$$(3\cos\alpha+3\cos\beta)^2+(3\sin\alpha+3\sin\beta-2)^2=4$$

$$9\cos^2\alpha+18\cos\alpha\cos\beta+9\cos^2\beta+9\sin^2\alpha+18\sin\alpha\sin\beta+9\sin^2\beta-12\sin\alpha-12\sin\beta=0$$

$$18+18\cos(\alpha-\beta)-12(\sin\alpha+\sin\beta)=0$$

$$3[1+\cos(\alpha-\beta)]=2(\sin\alpha+\sin\beta)$$

$$3\times 2\cos^2\frac{\alpha-\beta}{2}=2\times 2\sin\frac{\alpha+\beta}{2}\cos\frac{\alpha-\beta}{2}$$

$$3\cos\frac{\alpha-\beta}{2}=2\sin\frac{\alpha+\beta}{2}$$

$$k_{AB}\cdot k_{AC}=\frac{3\sin\alpha-3}{3\cos\alpha}\cdot\frac{3\sin\beta-3}{3\cos\beta}=\frac{\sin\alpha-1}{\cos\alpha}\cdot\frac{\sin\beta-1}{\cos\beta}$$

$$=\frac{\left(\cos\frac{\alpha}{2}-\sin\frac{\alpha}{2}\right)^2}{\cos^2\frac{\alpha}{2}-\sin^2\frac{\alpha}{2}}\cdot\frac{\left(\cos\frac{\beta}{2}-\sin\frac{\beta}{2}\right)^2}{\cos^2\frac{\beta}{2}-\sin^2\frac{\beta}{2}}$$

$$=\frac{\cos\frac{\alpha}{2}-\sin\frac{\alpha}{2}}{\cos\frac{\alpha}{2}+\sin\frac{\alpha}{2}}\cdot\frac{\cos\frac{\beta}{2}-\sin\frac{\beta}{2}}{\cos\frac{\beta}{2}+\sin\frac{\beta}{2}}$$

$$=\frac{\cos\frac{\alpha}{2}\cos\frac{\beta}{2}-\sin\frac{\alpha}{2}\cos\frac{\beta}{2}-\cos\frac{\alpha}{2}\sin\frac{\beta}{2}+\sin\frac{\alpha}{2}\sin\frac{\beta}{2}}{\cos\frac{\alpha}{2}\cos\frac{\beta}{2}+\sin\frac{\alpha}{2}\cos\frac{\beta}{2}+\cos\frac{\alpha}{2}\sin\frac{\beta}{2}+\sin\frac{\alpha}{2}\sin\frac{\beta}{2}}$$

$$=\frac{\cos\frac{\alpha-\beta}{2}-\sin\frac{\alpha+\beta}{2}}{\cos\frac{\alpha-\beta}{2}+\sin\frac{\alpha+\beta}{2}}=-\frac{1}{5}$$

【例6】 已知点 F 为椭圆 $\frac{x^2}{a^2}+\frac{y^2}{b^2}=1(a>b>0)$ 的一个焦点,点 A 为椭圆的右顶点,点 B 为椭圆的下顶点,椭圆上任意一点到点 F 距离的最大值为 3,最小值为 1.

(1)求椭圆的标准方程.

(2)若 M、N 在椭圆上但不在坐标轴上,且 $AM/\!/BN$,如图 15.8 所示,直线 AN、BM 的斜率分别为 k_1、k_2,求证:$k_1 \cdot k_2 = e^2 - 1$(e 为椭圆的离心率).

解:(1)由题意可知 $\begin{cases} a+c=3 \\ a-c=1 \end{cases}$,解得 $\begin{cases} a=2 \\ c=1 \end{cases}$,所以
$$b^2 = a^2 - c^2 = 3$$
所以椭圆的标准方程为
$$\frac{x^2}{4} + \frac{y^2}{3} = 1$$

(2)由(1)可知 $A(2,0)$,$B(0,-\sqrt{3})$.
设 $N(2\cos\alpha, \sqrt{3}\sin\alpha)$,$M(2\cos\beta, \sqrt{3}\sin\beta)$.
因为 $AM/\!/BN$,所以

$$\frac{\sqrt{3}\sin\beta}{2\cos\beta - 2} = \frac{\sqrt{3}\sin\alpha + \sqrt{3}}{2\cos\alpha}$$

$$\frac{\sin\beta}{\cos\beta - 1} = \frac{\sin\alpha + 1}{\cos\alpha}$$

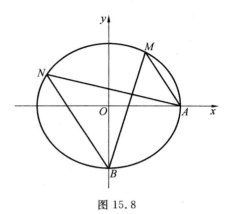

图 15.8

$$\frac{2\sin\frac{\beta}{2}\cos\frac{\beta}{2}}{-2\sin^2\frac{\beta}{2}} = \frac{\left(\sin\frac{\alpha}{2}+\cos\frac{\alpha}{2}\right)^2}{\cos^2\frac{\alpha}{2}-\sin^2\frac{\alpha}{2}}$$

$$-\frac{\cos\frac{\beta}{2}}{\sin\frac{\beta}{2}} = \frac{\sin\frac{\alpha}{2}+\cos\frac{\alpha}{2}}{\cos\frac{\alpha}{2}-\sin\frac{\alpha}{2}}$$

$$\sin\frac{\alpha}{2}\sin\frac{\beta}{2} + \cos\frac{\alpha}{2}\sin\frac{\beta}{2} + \cos\frac{\alpha}{2}\cos\frac{\beta}{2} - \sin\frac{\alpha}{2}\cos\frac{\beta}{2} = 0$$

$$\cos\frac{\alpha-\beta}{2} = \sin\frac{\alpha-\beta}{2}$$

不妨设 $\frac{\alpha-\beta}{2} = \frac{\pi}{4}$,即 $\alpha - \beta = \frac{\pi}{2}$,则

$$k_1 \cdot k_2 = \frac{\sqrt{3}\sin\alpha}{2\cos\alpha - 2} \cdot \frac{\sqrt{3}\sin\beta + \sqrt{3}}{2\cos\beta} = \frac{3}{4} \cdot \frac{\sin\alpha}{\cos\alpha - 1} \cdot \frac{\sin\beta + 1}{\cos\beta}$$

$$= \frac{3}{4} \cdot \frac{\sin\left(\beta+\frac{\pi}{2}\right)}{\cos\left(\beta+\frac{\pi}{2}\right) - 1} \cdot \frac{\sin\beta + 1}{\cos\beta}$$

$$= \frac{3}{4} \cdot \frac{\cos\beta}{-\sin\beta - 1} \cdot \frac{\sin\beta + 1}{\cos\beta} = -\frac{3}{4} = e^2 - 1$$

【例 7】 如图 15.9 所示,已知椭圆 $\frac{x^2}{2} + y^2 = 1$,F_1、F_2 分别为椭圆的左、右焦点,A 为椭圆上任意一点,延长 AF_1 交椭圆于点 B,延长 AF_2 交椭圆于点 D,证明:$k_{OA} \cdot k_{BD}$ 为定值.

证明:设 $A(\sqrt{2}\cos\alpha, \sin\alpha)$,$B(\sqrt{2}\cos\beta, \sin\beta)$,$D(\sqrt{2}\cos\gamma, \sin\gamma)$,$F_1(-1,0)$,$F_2(1,$

0).

由 A、F_1、B 三点共线可得

$$\frac{\sin\alpha}{\sqrt{2}\cos\alpha+1}=\frac{\sin\beta}{\sqrt{2}\cos\beta+1}$$

$$\sqrt{2}\sin\alpha\cos\beta+\sin\alpha=\sqrt{2}\sin\beta\cos\alpha+\sin\beta$$

$$\sqrt{2}\sin(\alpha-\beta)=\sin\beta-\sin\alpha$$

$$2\sqrt{2}\sin\frac{\alpha-\beta}{2}\cos\frac{\alpha-\beta}{2}=2\cos\frac{\beta+\alpha}{2}\sin\frac{\beta-\alpha}{2}$$

$$\sqrt{2}\cos\frac{\alpha-\beta}{2}=-\cos\frac{\alpha+\beta}{2}$$

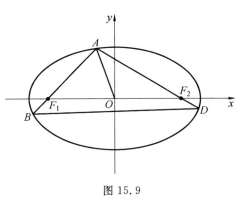

图 15.9

$$\sqrt{2}\left(\cos\frac{\beta}{2}\cos\frac{\alpha}{2}-\sin\frac{\beta}{2}\sin\frac{\alpha}{2}\right)=\sin\frac{\beta}{2}\sin\frac{\alpha}{2}-\cos\frac{\beta}{2}\cos\frac{\alpha}{2}$$

整理可得

$$\tan\frac{\alpha}{2}\tan\frac{\beta}{2}=-(3+2\sqrt{2}) \qquad ①$$

由 A、F_2、D 三点共线,同理可得

$$\tan\frac{\alpha}{2}\tan\frac{\gamma}{2}=-(3-2\sqrt{2}) \qquad ②$$

①×②可得

$$\tan^2\frac{\alpha}{2}\tan\frac{\beta}{2}\tan\frac{\gamma}{2}=1 \qquad ③$$

$$k_{BD}=\frac{\sin\beta-\sin\gamma}{\sqrt{2}\cos\beta-\sqrt{2}\cos\gamma}=\frac{2\cos\frac{\beta+\gamma}{2}\sin\frac{\beta-\gamma}{2}}{-2\sqrt{2}\sin\frac{\beta+\gamma}{2}\sin\frac{\beta-\gamma}{2}}$$

$$=\frac{\cos\frac{\beta}{2}\cos\frac{\gamma}{2}-\sin\frac{\beta}{2}\sin\frac{\gamma}{2}}{-\sqrt{2}\left(\sin\frac{\beta}{2}\cos\frac{\gamma}{2}+\cos\frac{\beta}{2}\sin\frac{\gamma}{2}\right)}$$

$$k_{BD}=-\frac{1}{\sqrt{2}}\left(\frac{1-\tan\frac{\alpha}{2}\tan\frac{\beta}{2}}{\tan\frac{\alpha}{2}+\tan\frac{\beta}{2}}\right)$$

则

$$k_{OA}k_{BD}=-\frac{1}{2}\cdot\frac{\tan\alpha}{\frac{\tan\frac{\alpha}{2}\tan\frac{\beta}{2}+\tan\frac{\alpha}{2}\tan\frac{\gamma}{2}}{\tan\frac{\gamma}{2}-\tan\frac{\beta}{2}\tan\frac{\gamma}{2}\tan\frac{\alpha}{2}}}=-\frac{1}{2}\cdot\frac{\tan\alpha}{\frac{-3-2\sqrt{2}-3+2\sqrt{2}}{\tan\frac{\alpha}{2}-\frac{1}{\tan\frac{\alpha}{2}}}}$$

$$= -\frac{1}{12} \cdot \frac{\dfrac{2\tan\dfrac{\alpha}{2}}{1-\tan^2\dfrac{\alpha}{2}}}{\dfrac{\tan\dfrac{\alpha}{2}}{1-\tan^2\dfrac{\alpha}{2}}} = -\frac{1}{6}$$

【例 8】 如图 15.10 所示,已知椭圆 $\dfrac{x^2}{4}+y^2=1$,点 A、B 分别为椭圆的左、右顶点,过点 $P(1,0)$ 的直线 l 交椭圆于 M、N 两点,MN 中点为 R,直线 OR 交直线 $x=4$ 于点 Q. 求证:$k_{BN} \cdot (k_{AM} - k_{PQ})$ 为定值.

证明:设 $M(2\cos\alpha, \sin\alpha)$,$N(2\cos\beta, \sin\beta)$,则 $R\left(\cos\alpha+\cos\beta, \dfrac{\sin\alpha+\sin\beta}{2}\right)$.

直线 OR 方程为

$$y = \frac{\sin\alpha+\sin\beta}{2(\cos\alpha+\cos\beta)}x = \frac{\tan\dfrac{\alpha+\beta}{2}}{2}x$$

则 $Q\left(4, 2\tan\dfrac{\alpha+\beta}{2}\right)$,$P(1,0)$.

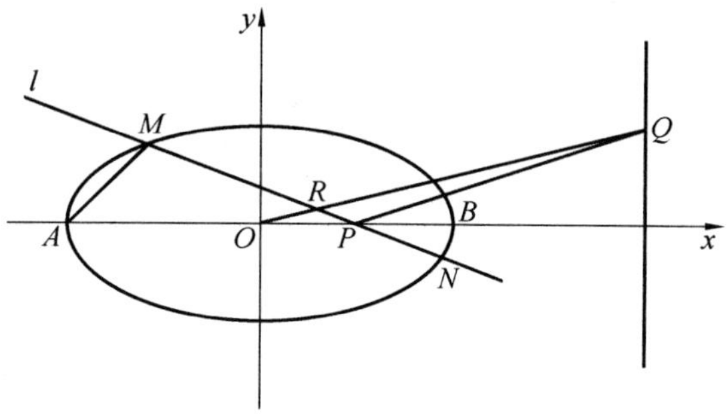

因为 M、N、P 三点共线,所以

$$\frac{\sin\alpha}{2\cos\alpha-1} = \frac{\sin\beta}{2\cos\beta-1}$$

$$2\sin\alpha\cos\beta - \sin\alpha = 2\cos\alpha\sin\beta - \sin\beta$$

$$2\sin(\alpha-\beta) = \sin\alpha - \sin\beta$$

$$2\sin\frac{\alpha-\beta}{2}\cos\frac{\alpha-\beta}{2} = \cos\frac{\alpha+\beta}{2}\sin\frac{\alpha-\beta}{2}$$

$$2\cos\frac{\alpha-\beta}{2} = \cos\frac{\alpha+\beta}{2}$$

$$2\cos\frac{\alpha}{2}\cos\frac{\beta}{2} + 2\sin\frac{\alpha}{2}\sin\frac{\beta}{2} = \cos\frac{\alpha}{2}\cos\frac{\beta}{2} - \sin\frac{\alpha}{2}\sin\frac{\beta}{2}$$

$$\cos\frac{\alpha}{2}\cos\frac{\beta}{2} = -3\sin\frac{\alpha}{2}\sin\frac{\beta}{2}$$

$$\tan\frac{\alpha}{2}\tan\frac{\beta}{2} = -\frac{1}{3}$$

$$k_{AM} = \frac{\sin\alpha}{2\cos\alpha+2} = \frac{1}{2} \cdot \frac{2\sin\dfrac{\alpha}{2}\cos\dfrac{\alpha}{2}}{2\cos^2\dfrac{\alpha}{2}} = \frac{\tan\dfrac{\alpha}{2}}{2}$$

$$k_{BN} = \frac{\sin\beta}{2\cos\beta-2} = \frac{1}{2} \cdot \frac{2\sin\dfrac{\beta}{2}\cos\dfrac{\beta}{2}}{-2\sin^2\dfrac{\alpha}{2}} = -\frac{1}{2\tan\dfrac{\beta}{2}}$$

图 15.10

$$k_{PQ} = \frac{2\tan\frac{\alpha+\beta}{2}}{4-1} = \frac{2}{3} \cdot \tan\frac{\alpha+\beta}{2} = \frac{2}{3} \frac{\tan\frac{\alpha}{2}+\tan\frac{\beta}{2}}{1-\tan\frac{\alpha}{2}\tan\frac{\beta}{2}} = \frac{1}{2}\left(\tan\frac{\alpha}{2}+\tan\frac{\beta}{2}\right)$$

则

$$k_{BN} \cdot (k_{AM} - k_{PQ}) = -\frac{1}{2\tan\frac{\beta}{2}} \left[\frac{1}{2}\tan\frac{\alpha}{2} - \frac{1}{2}\left(\tan\frac{\alpha}{2}+\tan\frac{\beta}{2}\right)\right]$$

$$= -\frac{1}{2\tan\frac{\beta}{2}} \cdot \left(-\frac{1}{2}\tan\frac{\beta}{2}\right) = \frac{1}{4}$$

【点评】 本题也在非对称韦达定理这一章（第十章）出现.

【例9】 如图 15.11 所示，已知 $R(x_0, y_0)$ 是椭圆 $\frac{x^2}{24} + \frac{y^2}{12} = 1$ 上任意一点，从原点出发引圆 $R: (x-x_0)^2 + (y-y_0)^2 = 8$ 的两条切线，分别交椭圆于点 P、Q，求证：$|OP|^2 + |OQ|^2$ 为定值.

证明： 设 $P(2\sqrt{6}\cos\alpha, 2\sqrt{3}\sin\alpha)$，$Q(2\sqrt{6}\cos\beta, 2\sqrt{3}\sin\beta)$.

设过点 O 的切线方程为 $y = kx$，由点到直线距离公式可得

$$\frac{|kx_0 - y_0|}{\sqrt{k^2+1}} = 2\sqrt{2}$$

整理可得

$$(x_0^2 - 8)k^2 - 2x_0 y_0 k + y_0^2 - 8 = 0$$

由韦达定理可得

$$k_1 k_2 = \frac{y_0^2 - 8}{x_0^2 - 8} \qquad ①$$

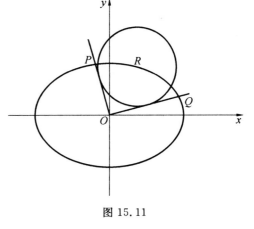

图 15.11

因为

$$\frac{x_0^2}{24} + \frac{y_0^2}{12} = 1$$

所以 $x_0^2 + 2y_0^2 = 24$，即

$$x_0^2 - 8 = 16 - 2y_0^2$$

代入①式可得

$$k_1 k_2 = -\frac{1}{2} \qquad ②$$

因为

$$k_1 = \frac{2\sqrt{3}\sin\alpha}{2\sqrt{6}\cos\alpha} = \frac{\sqrt{2}}{2}\tan\alpha$$

同理 $k_2 = \frac{\sqrt{2}}{2}\tan\beta$，代入②式可得

$$\tan \alpha \cdot \tan \beta = -1$$

即 $\beta = \dfrac{\pi}{2} + \alpha$，则

$$|OP|^2 + |OQ|^2 = 24\cos^2\alpha + 12\sin^2\alpha + 24\cos^2\beta + 12\sin^2\beta$$
$$= 24\sin^2\beta + 12\cos^2\beta + 24\cos^2\beta + 12\sin^2\beta$$

即 $|OP|^2 + |OQ|^2 = 24 + 12 = 36$.

【例 10】 (2016 山东文) 已知椭圆 $C: \dfrac{x^2}{a^2} + \dfrac{y^2}{b^2} = 1(a>b>0)$ 的长轴长为 4，焦距为 $2\sqrt{2}$.

(1) 求椭圆 C 的方程.

(2) 如图 15.12 所示，过动点 $M(0,m)(m>0)$ 的直线交 x 轴于点 N，交 C 于点 A、P (P 在第一象限)，且 M 是线段 PN 的中点. 过点 P 作 x 轴的垂线交 C 于另一点 Q，延长 QM 交 C 于点 B.

①设直线 PM、QM 的斜率分别为 k_1、k_2，证明：$\dfrac{k_2}{k_1}$ 为定值；

②求直线 AB 的斜率的最小值.

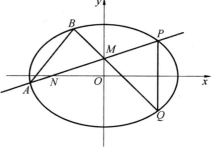

图 15.12

解：(1) 设椭圆的半焦距为 c. 由题意知

$$2a = 4, \quad 2c = 2\sqrt{2}$$

所以

$$a = 2, \quad b = \sqrt{a^2 - c^2} = \sqrt{2}$$

所以椭圆 C 的方程为 $\dfrac{x^2}{4} + \dfrac{y^2}{2} = 1$.

(2) ①设 $P(2\cos\theta, \sqrt{2}\sin\theta)$，$M\left(0, \dfrac{\sqrt{2}}{2}\sin\theta\right)$，$Q(2\cos\theta, -\sqrt{2}\sin\theta)$.

因为

$$k_{PM} = \dfrac{\dfrac{\sqrt{2}}{2}\sin\theta}{2\cos\theta} = \dfrac{\sqrt{2}}{4}\tan\theta$$

$$k_{QM} = \dfrac{-\dfrac{3\sqrt{2}}{2}\sin\theta}{2\cos\theta} = -\dfrac{3\sqrt{2}}{4}\tan\theta$$

所以

$$\dfrac{k_2}{k_1} = -3$$

②设 $A(2\cos\alpha, \sqrt{2}\sin\alpha)$，$B(2\cos\beta, \sqrt{2}\sin\beta)$，则

$$k_{AP}=\frac{\sqrt{2}\sin\alpha-\sqrt{2}\sin\theta}{2\cos\alpha-2\cos\theta}=\frac{\sqrt{2}}{2}\cdot\frac{\cos\frac{\alpha+\theta}{2}\sin\frac{\alpha-\theta}{2}}{-\sin\frac{\alpha+\theta}{2}\sin\frac{\alpha-\theta}{2}}=-\frac{\sqrt{2}}{2}\cdot\frac{1}{\tan\frac{\alpha+\theta}{2}}$$

用 β 替换 α,用 $-\theta$ 替换 θ,同理可得

$$k_{BQ}=\frac{\sqrt{2}\sin\beta+\sqrt{2}\sin\theta}{2\cos\beta-2\cos\theta}=-\frac{\sqrt{2}}{2}\cdot\frac{1}{\tan\frac{\beta-\theta}{2}}$$

因为 $k_{BQ}=-3k_{AP}$,所以

$$\tan\frac{\alpha+\theta}{2}=-3\tan\frac{\beta-\theta}{2}$$

$$k_{AB}=\frac{\sqrt{2}\sin\alpha-\sqrt{2}\sin\beta}{2\cos\alpha-2\cos\beta}=\frac{\sqrt{2}}{2}\cdot\frac{2\cos\frac{\alpha+\beta}{2}\sin\frac{\alpha-\beta}{2}}{-2\sin\frac{\alpha+\beta}{2}\sin\frac{\alpha-\beta}{2}}$$

$$=-\frac{\sqrt{2}}{2}\cdot\frac{1}{\tan\frac{\alpha+\beta}{2}}=-\frac{\sqrt{2}}{2}\cdot\frac{1}{\tan\left(\frac{\alpha+\theta}{2}+\frac{\beta-\theta}{2}\right)}$$

$$=-\frac{\sqrt{2}}{2}\cdot\frac{1-\tan\frac{\alpha+\theta}{2}\tan\frac{\beta-\theta}{2}}{\tan\frac{\alpha+\theta}{2}+\tan\frac{\beta-\theta}{2}}=-\frac{\sqrt{2}}{2}\cdot\frac{1+3\tan^2\frac{\beta-\theta}{2}}{-2\tan\frac{\beta-\theta}{2}}$$

$$=\frac{\sqrt{2}}{4}\left(3\tan\frac{\beta-\theta}{2}+\frac{1}{\tan\frac{\beta-\theta}{2}}\right)\geqslant\frac{\sqrt{2}}{4}\times 2\sqrt{3}=\frac{\sqrt{6}}{2}$$

即 $k_{AB}\geqslant\frac{\sqrt{6}}{2}$.

2. 定点问题

【例 11】 如图 15.13 所示,在平面直角坐标系 xOy 中,椭圆 $\frac{x^2}{a^2}+\frac{y^2}{b^2}=1(a>b>0)$ 的离心率为 $\frac{\sqrt{2}}{2}$,过原点 O 的直线交该椭圆于 A、B 两点(点 A 在 x 轴上方),点 $E(4,0)$.当直线 AB 垂直于 x 轴时,$|AE|=2\sqrt{5}$.

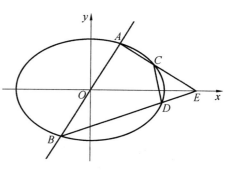

图 15.13

(1)求 a、b 的值.

(2)设直线 AE 与椭圆的另一交点为 C,直线 BE 与椭圆的另一交点为 D.

①若 $OC/\!/BE$,求 $\triangle ABE$ 的面积.

②是否存在 x 轴上的一定点 T,使得直线 CD 恒过点 T? 若存在,求出 T 的坐标;若不存在,请说明理由.

解:(1)设椭圆的焦距为 $2c$,则 $\begin{cases}\dfrac{c}{a}=\dfrac{\sqrt{2}}{2}\\ b^2=a^2-c^2\\ \sqrt{b^2+16}=2\sqrt{5}\end{cases}$,解得 $\begin{cases}a=2\sqrt{2}\\ b=2\end{cases}$

(2)①设 $A(x_0,y_0),y_0>0$,则 $B(-x_0,-y_0)$.

因为 O 为 AB 的中点,$OC\parallel BE$,所以 C 是 AE 的中点,则 $C\left(\dfrac{x_0+4}{2},\dfrac{y_0}{2}\right)$,可得

$$\begin{cases}x_0^2+2y_0^2=8\\ \dfrac{(x_0+4)^2}{4}+\dfrac{y_0^2}{2}=8\\ y_0>0\end{cases}$$

解得

$$\begin{cases}x_0=1\\ y_0=\sqrt{\dfrac{7}{2}}\end{cases}$$

所以

$$S_{\triangle ABE}=\dfrac{1}{2}\times 4\times 2y_0=4y_0=2\sqrt{14}$$

②设定点 $T(m,0)$,$A(2\sqrt{2}\cos\alpha,2\sin\alpha)$,$B(-2\sqrt{2}\cos\alpha,-2\sin\alpha)$,$C(2\sqrt{2}\cos\beta,2\sin\beta)$,$D(2\sqrt{2}\cos\gamma,2\sin\gamma)$.

因为 C、D、T 三点共线,所以

$$\dfrac{2\sin\beta}{2\sqrt{2}\cos\beta-m}=\dfrac{2\sin\gamma}{2\sqrt{2}\cos\gamma-m}$$

$$2\sqrt{2}\sin\beta\cos\gamma-m\sin\beta=2\sqrt{2}\sin\gamma\cos\beta-m\sin\gamma$$

$$2\sqrt{2}\sin(\beta-\gamma)=m\sin\beta-m\sin\gamma$$

$$2\sqrt{2}\sin\dfrac{\beta-\gamma}{2}\cos\dfrac{\beta-\gamma}{2}=m\cos\dfrac{\beta+\gamma}{2}\sin\dfrac{\beta-\gamma}{2}$$

$$2\sqrt{2}\cos\dfrac{\beta-\gamma}{2}=m\cos\dfrac{\beta+\gamma}{2}$$

$$2\sqrt{2}\left(\cos\dfrac{\beta}{2}\cos\dfrac{\gamma}{2}+\sin\dfrac{\beta}{2}\sin\dfrac{\gamma}{2}\right)=m\left(\cos\dfrac{\beta}{2}\cos\dfrac{\gamma}{2}-\sin\dfrac{\beta}{2}\sin\dfrac{\gamma}{2}\right)$$

$$(2\sqrt{2}+m)\sin\dfrac{\beta}{2}\sin\dfrac{\gamma}{2}=(m-2\sqrt{2})\cos\dfrac{\beta}{2}\cos\dfrac{\gamma}{2}$$

$$(2\sqrt{2}+m)\tan\dfrac{\beta}{2}\tan\dfrac{\gamma}{2}=(m-2\sqrt{2}) \qquad ①$$

因为 A、C、E 三点共线,所以用 4 替换 m,用 α 替换 γ,可得

$$(1+\sqrt{2})\tan\dfrac{\alpha}{2}\tan\dfrac{\beta}{2}=(\sqrt{2}-1) \qquad ②$$

因为 B、D、E 三点共线,同理可得

$$(1+\sqrt{2})\tan\frac{\alpha+\pi}{2}\tan\frac{\gamma}{2}=(\sqrt{2}-1)$$

$$(1+\sqrt{2})\left(-\cot\frac{\alpha}{2}\right)\tan\frac{\gamma}{2}=(\sqrt{2}-1) \qquad ③$$

由②×③可得

$$-(2\sqrt{2}+3)\tan\frac{\beta}{2}\tan\frac{\gamma}{2}=(3-2\sqrt{2}) \qquad ④$$

对比①④可知

$$-\frac{2\sqrt{2}+m}{2\sqrt{2}+3}=\frac{m-2\sqrt{2}}{3-2\sqrt{2}}$$

$$(2\sqrt{2}-3)(2\sqrt{2}+m)=(2\sqrt{2}+3)(m-2\sqrt{2})$$

$$(2\sqrt{2}-3)m+2\sqrt{2}(2\sqrt{2}-3)=(2\sqrt{2}+3)m-2\sqrt{2}(2\sqrt{2}+3)$$

$$6m=16$$

解得 $m=\dfrac{8}{3}$,故直线恒过点 $T\left(\dfrac{8}{3},0\right)$.

【例 12】 已知椭圆 $C_1:\dfrac{x^2}{4}+\dfrac{y^2}{3}=1$ 的左、右焦点为 F_1、F_2,抛物线 $C_2:y^2=4x$,直线 $x=my+1$ 与椭圆交于 A、B 两点,斜率为 k_1 的直线 AF_2 与抛物线交于 C、D 两点,斜率为 k_2 的直线 BF_2 与抛物线交于 E、F 两点(C、D 和 E、F 分别在 F_2 两侧,如图 15.14 所示),证明:直线 DF 经过定点.

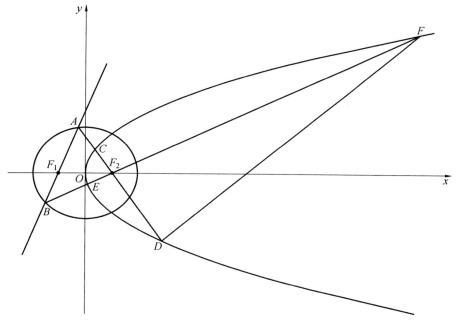

图 15.14

证明:设 $A(2\cos\alpha, \sqrt{3}\sin\alpha), B(2\cos\beta, \sqrt{3}\sin\beta), D(4t_1^2, 4t_1), F(4t_2^2, 4t_2), F_1(-1,0),$
$F_2(1,0).$

因为 A、F_2、D 三点共线,所以

$$\frac{\sqrt{3}\sin\alpha}{2\cos\alpha-1} = \frac{4t_1}{4t_1^2-1}$$

由二倍角公式化简为

$$\frac{2\sqrt{3}\sin\frac{\alpha}{2}\cos\frac{\alpha}{2}}{2\left(\cos^2\frac{\alpha}{2}-\sin^2\frac{\alpha}{2}\right)-\left(\cos^2\frac{\alpha}{2}+\sin^2\frac{\alpha}{2}\right)} = \frac{4t_1}{4t_1^2-1}$$

即

$$\frac{2\sqrt{3}\tan\frac{\alpha}{2}}{1-3\tan^2\frac{\alpha}{2}} = \frac{4t_1}{4t_1^2-1}$$

即

$$\frac{2\left(-\sqrt{3}\tan\frac{\alpha}{2}\right)}{\left(-\sqrt{3}\tan\frac{\alpha}{2}\right)^2-1} = \frac{2\times 2t_1}{(2t_1)^2-1}$$

设 $f(x)=\dfrac{2x}{x^2-1}$,由于 $f(x)=f\left(-\dfrac{1}{x}\right)$,故

$$2t_1 = -\sqrt{3}\tan\frac{\alpha}{2} \qquad ①$$

或者

$$2t_1 = \frac{1}{\sqrt{3}\tan\frac{\alpha}{2}} \qquad ②$$

又因为 B、F_2、F 三点共线,所以

$$\frac{\sqrt{3}\sin\beta}{2\cos\beta-1} = \frac{4t_2}{4t_2^2-1}$$

同理化简可得

$$2t_2 = -\sqrt{3}\tan\frac{\beta}{2} \qquad ③$$

或者

$$2t_2 = \frac{1}{\sqrt{3}\tan\frac{\beta}{2}} \qquad ④$$

因为 A、F_1、B 三点共线,所以

$$\frac{\sqrt{3}\sin\alpha}{2\cos\alpha+1} = \frac{\sqrt{3}\sin\beta}{2\cos\beta+1}$$

即

$$2\sin(\alpha-\beta)+\sin\alpha-\sin\beta=0$$

由二倍角公式和和差化积公式可得

$$2\cos\frac{\alpha-\beta}{2}+\cos\frac{\alpha+\beta}{2}=0$$

即

$$3\cos\frac{\alpha}{2}\cos\frac{\beta}{2}+\sin\frac{\alpha}{2}\sin\frac{\beta}{2}=0$$

即

$$\tan\frac{\alpha}{2}\tan\frac{\beta}{2}=-3 \qquad ⑤$$

将②④代入⑤中可得 $t_1 t_2=-\dfrac{1}{36}$,即

$$x_1 x_2=\left(\frac{4}{9}\right)^2$$

由抛物线平均性质可得直线 DF 过定点 $\left(\dfrac{4}{9},0\right)$,不合意义,舍去.

将①③代入⑤中可得 $t_1 t_2=-\dfrac{9}{4}$,即

$$x_1 x_2=81$$

由抛物线平均性质可得直线 DF 经过定点 $(9,0)$.

【点评】本题难度很高,既包含函数思想和性质,又用到了抛物线的设点性质,两种圆锥曲线交汇,难度很大,对于锻炼读者的思维,是一道难得的好题.

【例 13】 (2020 全国 1 理) 如图 15.15 所示,已知 A、B 分别为椭圆 E: $\dfrac{x^2}{a^2}+y^2=1(a>1)$ 的左、右顶点,G 为椭圆的上顶点,$\overrightarrow{AG}\cdot\overrightarrow{GB}=8$,$P$ 为直线 $x=6$ 上的动点,PA 与 E 的另一交点为 C,PB 与 E 的另一交点为 D.

(1)求椭圆 E 的方程.

(2)证明:直线 CD 过定点.

解:(1)设 $A(-a,0)$,$B(a,0)$,$G(0,1)$,则

$$\overrightarrow{AG}\cdot\overrightarrow{GB}=(a,1)\cdot(a,-1)=a^2-1=8$$

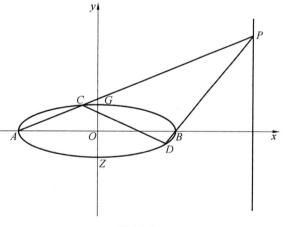

图 15.15

故 $a^2=9$,椭圆方程为 $\dfrac{x^2}{9}+y^2=1$.

(2)设点 $C(3\cos\alpha,\sin\alpha)$,$D(3\cos\beta,\sin\beta)$,$P(6,m)$.

由 A、C、P 三点共线可得

$$\frac{\sin\alpha}{3\cos\alpha+3}=\frac{m}{9}$$

得到
$$\tan\frac{\alpha}{2}=\frac{m}{3} \qquad ①$$

由 B、D、P 三点共线可得
$$\tan\frac{\beta}{2}=-\frac{1}{m} \qquad ②$$

设 CD 恒过定点 $M(x_0,y_0)$,由 C、D、M 三点共线可得
$$\frac{\sin\alpha-y_0}{3\cos\alpha-x_0}=\frac{\sin\beta-y_0}{3\cos\beta-x_0}$$

化简为
$$3\sin(\alpha-\beta)-x_0(\sin\alpha-\sin\beta)-3y_0(\cos\beta-\cos\alpha)=0$$
$$6\sin\frac{\alpha-\beta}{2}\cos\frac{\alpha-\beta}{2}-2x_0\sin\frac{\alpha-\beta}{2}\cos\frac{\alpha+\beta}{2}+6y_0\sin\frac{\alpha+\beta}{2}\sin\frac{\beta-\alpha}{2}=0$$
$$3\cos\frac{\alpha-\beta}{2}-x_0\cos\frac{\alpha+\beta}{2}-3y_0\sin\frac{\alpha+\beta}{2}=0$$
$$3\left(\cos\frac{\alpha}{2}\cos\frac{\beta}{2}+\sin\frac{\alpha}{2}\sin\frac{\beta}{2}\right)-x_0\left(\cos\frac{\alpha}{2}\cos\frac{\beta}{2}-\sin\frac{\alpha}{2}\sin\frac{\beta}{2}\right)-$$
$$3y_0\left(\sin\frac{\beta}{2}\cos\frac{\alpha}{2}+\cos\frac{\beta}{2}\sin\frac{\alpha}{2}\right)=0$$

左右同时除以 $\tan\frac{\alpha}{2}\tan\frac{\beta}{2}$ 得到
$$3\left(1+\tan\frac{\alpha}{2}\tan\frac{\beta}{2}\right)-x_0\left(1-\tan\frac{\alpha}{2}\tan\frac{\beta}{2}\right)-3y_0\left(\tan\frac{\alpha}{2}+\tan\frac{\beta}{2}\right)=0$$

将①②代入上式可得
$$2-\frac{4}{3}x_0-3y_0\left(\frac{m}{3}-\frac{1}{m}\right)=0$$

故可得 $x_0=\frac{3}{2}$,$y_0=0$,即直线 CD 恒过点 $\left(\frac{3}{2},0\right)$.

【点评】本题在多个章节都有出现(第八章、第九章、第十章),各位读者可自行翻阅.

【例 14】 如图 15.16 所示,已知椭圆 $\frac{x^2}{4}+y^2=1$,过点 $P(2,1)$ 的直线交椭圆于 A、B 两点,过点 B 作斜率为 $-\frac{1}{2}$ 的直线交椭圆于另一点 C,问直线 AC 是否过定点?

解:设 $A(2\cos\alpha,\sin\alpha)$,$B(2\cos\beta,\sin\beta)$,$C(2\cos\gamma,\sin\gamma)$.

假设存在一定点 $D(x_0,y_0)$ 满足题意.

因为 A、C、D 三点共线,所以
$$\frac{y_0-\sin\alpha}{x_0-2\cos\alpha}=\frac{y_0-\sin\gamma}{x_0-2\cos\gamma}$$

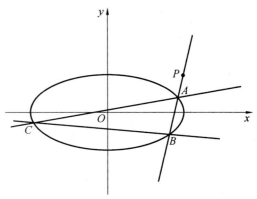

图 15.16

$$0 = x_0(\sin\alpha - \sin\gamma) - 2y_0(\cos\alpha - \cos\gamma) - 2\sin(\alpha - \gamma)$$

$$0 = 2x_0 \cos\frac{\alpha+\gamma}{2}\sin\frac{\alpha-\gamma}{2} + 4y_0 \sin\frac{\alpha+\gamma}{2}\sin\frac{\alpha-\gamma}{2} - 4\sin\frac{\alpha-\gamma}{2}\cos\frac{\alpha-\gamma}{2}$$

$$0 = x_0 \cos\frac{\alpha+\gamma}{2} + 2y_0 \sin\frac{\alpha+\gamma}{2} - 2\cos\frac{\alpha-\gamma}{2} \qquad ①$$

因为 P、A、B 三点共线,所以用 P 坐标替换 D 坐标,用 B 坐标替换 C 坐标,可得

$$0 = \cos\frac{\alpha+\beta}{2} + \sin\frac{\alpha+\beta}{2} - \cos\frac{\alpha-\beta}{2} \qquad ②$$

$$k_{BC} = \frac{\sin\gamma - \sin\beta}{2\cos\gamma - 2\cos\beta} = \frac{2\cos\frac{\gamma+\beta}{2}\sin\frac{\gamma-\beta}{2}}{-4\sin\frac{\gamma+\beta}{2}\sin\frac{\gamma-\beta}{2}} = -\frac{1}{2\tan\frac{\gamma+\beta}{2}} = -\frac{1}{2}$$

即

$$\tan\frac{\gamma+\beta}{2} = 1$$

即

$$\frac{\beta}{2} = -\frac{\gamma}{2} + \frac{\pi}{4} + k\pi \qquad ③$$

把③式代入②式得

$$0 = \cos\left(\frac{\alpha-\gamma}{2} + \frac{\pi}{4} + k\pi\right) + \sin\left(\frac{\alpha-\gamma}{2} + \frac{\pi}{4} + k\pi\right) - \cos\left(\frac{\alpha+\gamma}{2} - \frac{\pi}{4} - k\pi\right)$$

$$0 = \cos\frac{\alpha-\gamma}{2}\cos\left(\frac{\pi}{4} + k\pi\right) - \sin\frac{\alpha-\gamma}{2}\sin\left(\frac{\pi}{4} + k\pi\right) + \sin\frac{\alpha-\gamma}{2}\cos\left(\frac{\pi}{4} + k\pi\right) +$$

$$\cos\frac{\alpha-\gamma}{2}\sin\left(\frac{\pi}{4} + k\pi\right) - \cos\frac{\alpha+\gamma}{2}\cos\left(\frac{\pi}{4} + k\pi\right) - \sin\frac{\alpha+\gamma}{2}\sin\left(\frac{\pi}{4} + k\pi\right)$$

即

$$0 = \cos\frac{\alpha+\gamma}{2} + \sin\frac{\alpha+\gamma}{2} - 2\cos\frac{\alpha-\gamma}{2} \qquad ④$$

对比①④两式可知 $x_0 = 1$,$y_0 = \frac{1}{2}$,即直线 AC 过定点 $\left(1, \frac{1}{2}\right)$.

【例 15】 已知双曲线 $C: x^2 - y^2 = 1$,点 $B(0,1)$.

(1)过原点且斜率为 k 的直线与双曲线 C 交于 F、E 两点,求 $\angle EBF$ 最小时 k 的值.

(2)A 是双曲线 C 上一定点,过点 B 的动直线与双曲线 C 交于 P、Q 两点,如图 15.17 所示,$k_{AP} + k_{AQ}$ 为定值 λ,求点 A 的坐标及实数 λ 的值.

解:(1)设 $E(\sec\theta, \tan\theta)$,$F(-\sec\theta, -\tan\theta)$,则

$$|EF|^2 = 4\sec^2\theta + 4\tan^2\theta = 8\tan^2\theta + 4$$

$$|BE|^2 = \sec^2\theta + (\tan\theta - 1)^2$$

$$= 2\tan^2\theta - 2\tan\theta + 2$$

$$|BF|^2 = \sec^2\theta + (\tan\theta + 1)^2 = 2\tan^2\theta + 2\tan\theta + 2$$

$$\cos\angle EBF = \frac{-4\tan^2\theta}{2\sqrt{4\tan^4\theta + 4\tan^2\theta + 4}} = \frac{-\tan^2\theta}{\sqrt{\tan^4\theta + \tan^2\theta + 1}}$$

① 当 $\tan^2\theta = 0$ 时,有
$$\cos\angle EBF = 0$$
② 当 $\tan^2\theta \neq 0$ 时,有
$$\cos\angle EBF = \frac{-1}{\sqrt{\dfrac{1}{\tan^4\theta} + \dfrac{1}{\tan^2\theta} + 1}} \in (-1, 0)$$

即 $k = 0$ 时,$\angle EBF$ 最小为 $\dfrac{\pi}{2}$.

(2) 设 $A(\sec\alpha, \tan\alpha)$,$P(\sec\beta, \tan\beta)$,$Q(\sec\gamma, \tan\gamma)$.

因为 P、Q、B 三点共线,所以
$$\frac{\tan\beta - 1}{\sec\beta} = \frac{\tan\gamma - 1}{\sec\gamma}$$

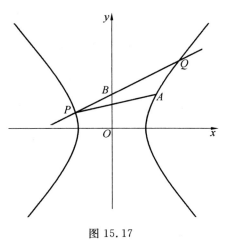

图 15.17

所以
$$\sin\beta - \cos\beta = \sin\gamma - \cos\gamma$$

不妨设 $\beta + \gamma = -\dfrac{\pi}{2}$,则
$$k_{AP} = \frac{\tan\alpha - \tan\beta}{\sec\alpha - \sec\beta} = \frac{\sin(\alpha - \beta)}{\cos\beta - \cos\alpha}$$
$$k_{AQ} = \frac{\tan\alpha - \tan\gamma}{\sec\alpha - \sec\gamma} = \frac{\cos(\alpha + \beta)}{-\sin\beta - \cos\alpha}$$
$$k_{AP} + k_{AQ} = \frac{\sin(\alpha - \beta)}{\cos\beta - \cos\alpha} - \frac{\cos(\alpha + \beta)}{\sin\beta + \cos\alpha}$$
$$= \frac{2\sin\alpha\sin\beta\cos\beta + (\cos^2\alpha + \sin\alpha\cos\alpha)(\cos\beta - \sin\beta) - \cos\alpha}{\sin\beta\cos\beta + \cos\alpha(\cos\beta - \sin\beta) - \cos^2\alpha}$$

即
$$2\sin\alpha = \frac{\cos^2\alpha + \sin\alpha\cos\alpha}{\cos\alpha} = \frac{\cos\alpha}{\cos^2\alpha}$$
$$\sin\alpha = \cos\alpha = \pm\frac{\sqrt{2}}{2}$$

故当 $A(\sqrt{2}, 1)$ 时,$\lambda = \sqrt{2}$;当 $A(-\sqrt{2}, 1)$ 时,$\lambda = -\sqrt{2}$.

3. 轨迹问题

【例 16】 已知椭圆 $C: \dfrac{x^2}{a^2} + \dfrac{y^2}{b^2} = 1(a > b > 0)$ 的一个焦点为 $F(\sqrt{2}, 0)$,点 $P(\sqrt{2}, 1)$ 在 C 上.

(1) 求椭圆 C 的方程.

(2) 过点 $(1, 0)$ 且斜率不为 0 的直线 l 与椭圆 C 交于 M、N 两点,椭圆长轴的两个端点分别为 A、B,AM 与 BN 相交于点 Q,如图 15.18 所示,求证:点 Q 在某条定直线上.

解:(1)由已知条件 $\begin{cases} c=\sqrt{2} \\ a^2=b^2+2 \\ \dfrac{2}{a^2}+\dfrac{1}{b^2}=1 \end{cases}$,解得 $a=2, b=\sqrt{2}$,故椭圆方程为 $\dfrac{x^2}{4}+\dfrac{y^2}{2}=1$.

(2)设 $M(2\cos\alpha,\sqrt{2}\sin\alpha), N(2\cos\beta,\sqrt{2}\sin\beta)$.
因为点 $M、N$ 和点 $(1,0)$ 三点共线,所以

$$\dfrac{\sqrt{2}\sin\alpha}{2\cos\alpha-1}=\dfrac{\sqrt{2}\sin\beta}{2\cos\beta-1}$$

$$2\sin\alpha\cos\beta-\sin\alpha=2\cos\alpha\sin\beta-\sin\beta$$

$$2\sin(\alpha-\beta)=\sin\alpha-\sin\beta$$

$$4\sin\dfrac{\alpha-\beta}{2}\cos\dfrac{\alpha-\beta}{2}=2\cos\dfrac{\alpha+\beta}{2}\sin\dfrac{\alpha-\beta}{2}$$

$$2\cos\dfrac{\alpha-\beta}{2}=\cos\dfrac{\alpha+\beta}{2}$$

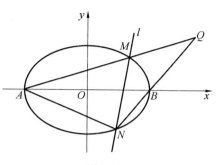

图 15.18

$$2\cos\dfrac{\alpha}{2}\cos\dfrac{\beta}{2}+2\sin\dfrac{\alpha}{2}\sin\dfrac{\beta}{2}=\cos\dfrac{\alpha}{2}\cos\dfrac{\beta}{2}-\sin\dfrac{\alpha}{2}\sin\dfrac{\beta}{2}$$

$$3\sin\dfrac{\alpha}{2}\sin\dfrac{\beta}{2}=-\cos\dfrac{\alpha}{2}\cos\dfrac{\beta}{2}$$

即

$$\tan\dfrac{\alpha}{2}\tan\dfrac{\beta}{2}=-\dfrac{1}{3}$$

设 $Q(m,n)$,因为 $A、M、Q$ 三点共线,所以

$$\dfrac{\sqrt{2}\sin\alpha}{2\cos\alpha+2}=\dfrac{n}{m+2}, \quad \dfrac{\sqrt{2}}{2}\cdot\dfrac{2\sin\dfrac{\alpha}{2}\cos\dfrac{\alpha}{2}}{2\cos^2\dfrac{\alpha}{2}}=\dfrac{n}{m+2}$$

即

$$\dfrac{\sqrt{2}}{2}\cdot\tan\dfrac{\alpha}{2}=\dfrac{n}{m+2} \qquad ①$$

因为 $B、N、Q$ 三点共线,所以

$$\dfrac{\sqrt{2}\sin\beta}{2\cos\beta-2}=\dfrac{n}{m-2}\Rightarrow\dfrac{\sqrt{2}}{2}\cdot\dfrac{2\sin\dfrac{\beta}{2}\cos\dfrac{\beta}{2}}{-2\sin^2\dfrac{\alpha}{2}}=\dfrac{n}{m-2}$$

$$-\dfrac{\sqrt{2}}{2}\cdot\dfrac{1}{\tan\dfrac{\beta}{2}}=\dfrac{n}{m-2} \qquad ②$$

由①÷②得

$$-\tan\dfrac{\alpha}{2}\tan\dfrac{\beta}{2}=\dfrac{m-2}{m+2}$$

$$\dfrac{1}{3}=\dfrac{m-2}{m+2}\Rightarrow m+2=3m-6\Rightarrow m=4$$

即 Q 在定直线 $x=4$ 上.

【例 17】 如图 15.19 所示,已知椭圆 $C: \dfrac{x^2}{4}+y^2=1$,过点 $P(1,0)$ 的直线交椭圆 C 于 A、B 两点,设点 $Q(4,0)$,直线 QA 与椭圆的另一个交点为 E,直线 QB 与椭圆的另一个交点为 D,若直线 ED 过点 $M\left(\dfrac{5}{2},3\right)$,求直线 AB 的方程.

解:设 $A(2\cos\alpha,\sin\alpha)$,$B(2\cos\beta,\sin\beta)$,$E(2\cos\theta,\sin\theta)$,$D(2\cos\varphi,\sin\varphi)$.

因为 A、E、Q 三点共线,所以

$$\frac{\sin\alpha}{2\cos\alpha-4}=\frac{\sin\theta}{2\cos\theta-4}$$

$$\sin\alpha\cos\theta-2\sin\alpha=\cos\alpha\sin\theta-2\sin\theta$$

$$\sin(\alpha-\theta)=2(\sin\alpha-\sin\theta)$$

$$\sin\frac{\alpha-\theta}{2}\cos\frac{\alpha-\theta}{2}=2\cos\frac{\alpha+\theta}{2}\sin\frac{\alpha-\theta}{2}$$

$$\cos\frac{\alpha-\theta}{2}=2\cos\frac{\alpha+\theta}{2}$$

$$\cos\frac{\alpha}{2}\cos\frac{\theta}{2}+\sin\frac{\alpha}{2}\sin\frac{\theta}{2}$$

$$=2\cos\frac{\alpha}{2}\cos\frac{\theta}{2}-2\sin\frac{\alpha}{2}\sin\frac{\theta}{2}$$

$$3\tan\frac{\alpha}{2}\tan\frac{\theta}{2}=1$$

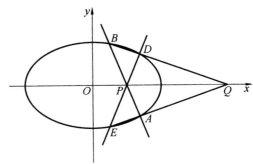

图 15.19

即

$$\tan\frac{\theta}{2}=\frac{1}{3\tan\dfrac{\alpha}{2}} \qquad ①$$

因为 B、D、Q 三点共线,所以

$$3\tan\frac{\beta}{2}\tan\frac{\varphi}{2}=1$$

即

$$\tan\frac{\varphi}{2}=\frac{1}{3\tan\dfrac{\beta}{2}} \qquad ②$$

因为 E、D、M 三点共线,所以

$$\frac{\sin\theta-3}{2\cos\theta-\dfrac{5}{2}}=\frac{\sin\varphi-3}{2\cos\varphi-\dfrac{5}{2}}$$

$$2\sin\theta\cos\varphi-6\cos\varphi-\frac{5}{2}\sin\theta=2\cos\theta\sin\varphi-6\cos\theta-\frac{5}{2}\sin\varphi$$

$$2\sin(\theta-\varphi)+6(\cos\theta-\cos\varphi)=\frac{5}{2}\sin\theta-\frac{5}{2}\sin\varphi$$

$$2\sin\frac{\theta-\varphi}{2}\cos\frac{\theta-\varphi}{2}-6\sin\frac{\theta+\varphi}{2}\sin\frac{\theta-\varphi}{2}=\frac{5}{2}\cos\frac{\theta+\varphi}{2}\sin\frac{\theta-\varphi}{2}$$

$$4\cos\frac{\theta-\varphi}{2}-5\cos\frac{\theta+\varphi}{2}=12\sin\frac{\theta+\varphi}{2}$$

$$4\left(\cos\frac{\theta}{2}\cos\frac{\varphi}{2}+\sin\frac{\theta}{2}\sin\frac{\varphi}{2}\right)-5\left(\cos\frac{\theta}{2}\cos\frac{\varphi}{2}-\sin\frac{\theta}{2}\sin\frac{\varphi}{2}\right)$$
$$=12\left(\sin\frac{\theta}{2}\cos\frac{\varphi}{2}+\cos\frac{\theta}{2}\sin\frac{\varphi}{2}\right)$$

$$9\sin\frac{\theta}{2}\sin\frac{\varphi}{2}-\cos\frac{\theta}{2}\cos\frac{\varphi}{2}=12\left(\sin\frac{\theta}{2}\cos\frac{\varphi}{2}+\cos\frac{\theta}{2}\sin\frac{\varphi}{2}\right)$$

$$9\tan\frac{\theta}{2}\tan\frac{\varphi}{2}-1=12\left(\tan\frac{\theta}{2}+\tan\frac{\varphi}{2}\right)$$

把①②两式代入可得

$$\frac{1}{\tan\frac{\alpha}{2}\tan\frac{\beta}{2}}-1=4\left(\frac{1}{\tan\frac{\alpha}{2}}+\frac{1}{\tan\frac{\alpha}{2}}\right)$$

即

$$1-\tan\frac{\alpha}{2}\tan\frac{\beta}{2}=4\left(\tan\frac{\alpha}{2}+\tan\frac{\beta}{2}\right)$$

$$k_{AB}=\frac{\sin\alpha-\sin\beta}{2(\cos\alpha-\cos\beta)}=\frac{2\cos\frac{\alpha+\beta}{2}\sin\frac{\alpha-\beta}{2}}{-4\sin\frac{\alpha+\beta}{2}\sin\frac{\alpha-\beta}{2}}$$

$$=\frac{\sin\alpha-\sin\beta}{2(\cos\alpha-\cos\beta)}=-\frac{1}{2}\cdot\frac{\cos\frac{\alpha}{2}\cos\frac{\beta}{2}-\sin\frac{\alpha}{2}\sin\frac{\beta}{2}}{\sin\frac{\alpha}{2}\cos\frac{\beta}{2}+\cos\frac{\alpha}{2}\sin\frac{\beta}{2}}$$

$$=-\frac{1}{2}\cdot\frac{1-\tan\frac{\alpha}{2}\tan\frac{\beta}{2}}{\tan\frac{\alpha}{2}+\tan\frac{\beta}{2}}=-\frac{1}{2}\times 4=-2$$

即直线 AB 的方程为 $2x+y-2=0$.

【例 18】（2012 辽宁理）如图 15.20 所示,已知椭圆 $C_0:\dfrac{x^2}{a^2}+\dfrac{y^2}{b^2}=1(a>b>0$,为常数),动圆 C_1: $x^2+y^2=t_1^2,b<t_1<a$. C_1 与 C_0 交于 A、B、C、D 四点.设动圆 $C_2:x^2+y^2=t_2^2$ 与 C_0 交于 A'、B'、C'、D' 四点,其中 $b<t_2<a,t_1\neq t_2$.若矩形 $ABCD$ 与矩形 $A'B'C'D'$ 的面积相等,求证:$t_1^2+t_2^2$ 为定值.

证明:设 $D(a\cos\alpha,b\sin\alpha)$,$D'(a\cos\beta,b\sin\beta)$, $0<\alpha,\beta<\dfrac{\pi}{2}$.

若矩形 $ABCD$ 与矩形 $A'B'C'D'$ 的面积相等,则

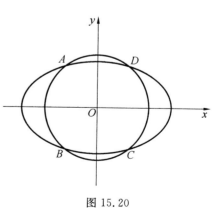

图 15.20

$$4a\cos\alpha \cdot b\sin\alpha = 4a\cos\beta \cdot b\sin\beta$$

化简为
$$\sin 2\alpha = \sin 2\beta$$

由于 $\alpha \neq \beta$,则
$$\cos 2\alpha = -\cos 2\beta$$
$$t_1^2 = a^2\cos^2\alpha + b^2\sin^2\alpha, \quad t_2^2 = a^2\cos^2\beta + b^2\sin^2\beta$$

故
$$t_1^2 + t_2^2 = a^2\cos^2\alpha + b^2\sin^2\alpha + a^2\cos^2\beta + b^2\sin^2\beta$$
$$t_1^2 + t_2^2 = a^2\left(\frac{1+\cos 2\alpha}{2} + \frac{1+\cos 2\beta}{2}\right) + b^2\left(\frac{1-\cos 2\alpha}{2} + \frac{1-\cos 2\beta}{2}\right)$$

即 $t_1^2 + t_2^2 = a^2 + b^2$,证明完毕.

【例 19】 (2008 全国 2 文)如图 15.21 所示,设椭圆中心在坐标原点,$A(2,0)$、$B(0,1)$ 是它的两个顶点,直线 $y=kx(k>0)$ 与椭圆交于 E、F 两点,求四边形 $AEBF$ 面积的最大值.

解:由题意 $a=2, b=1$,故椭圆方程为
$$\frac{x^2}{4} + y^2 = 1$$

设 $F(2\cos\alpha, \sin\alpha)$,四边形 $AEBF$ 面积可以看作
$$S_{\triangle BEF} + S_{\triangle AFE} = 2(S_{\triangle BOF} + S_{\triangle AOF})$$
$$= 2(2\cos\alpha + 2\sin\alpha)$$
$$= 4\sqrt{2}\sin\left(\alpha + \frac{\pi}{4}\right)$$

故四边形 $AEBF$ 面积的最大值为 $4\sqrt{2}$.

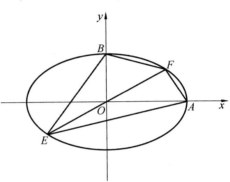

图 15.21

15.2 直线的参数方程

1. 直线参数方程的表示

(1)标准式.

过点 $P_0(x_0, y_0)$、倾斜角为 α 的直线 l (图 15.22)的参数方程是
$$\begin{cases} x = x_0 + t\cos\alpha \\ y = y_0 + t\sin\alpha \end{cases} \quad (t \text{ 为参数})$$

(2)一般式.

过点 $P_0(x_0, y_0)$、斜率 $k = \tan\alpha = \dfrac{b}{a}$ 的直线的参数方程是

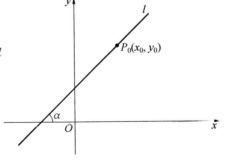

图 15.22

$$\begin{cases} x = x_0 + at \\ y = y_0 + bt \end{cases} \quad (t \text{ 为参数})$$

在一般式中,参数 t 不具备标准式中 t 的几何意义.若一般式中 $a^2 + b^2 = 1$,即为标准式,此时,$|t|$ 表示直线上动点 P 到定点 P_0 的距离.若 $a^2 + b^2 \neq 1$,则动点 P 到定点 P_0 的距离是 $\sqrt{a^2 + b^2} |t|$.

2. 直线参数方程的应用

设过点 $P_0(x_0, y_0)$、倾斜角为 α 的直线 l 的参数方程是 $\begin{cases} x = x_0 + t\cos\alpha \\ y = y_0 + t\sin\alpha \end{cases}$($\alpha$ 为参数),若 P_1、P_2 是直线 l 上的两点,它们所对应的参数分别为 t_1、t_2,则:

①P_1、P_2 两点的坐标分别是 $(x_0 + t_1\cos\alpha, y_0 + t_1\sin\alpha)$、$(x_0 + t_2\cos\alpha, y_0 + t_2\sin\alpha)$;

②$|P_1 P_2| = |t_1 - t_2|$;

③线段 $P_1 P_2$ 的中点 P 所对应的参数为 t,则 $t = \dfrac{t_1 + t_2}{2}$,中点 P 到定点 P_0 的距离为

$$|PP_0| = \left| \dfrac{t_1 + t_2}{2} \right|$$

(1)弦长问题.

【**例 20**】 已知过点 $M(0, m)$($m > 0$)的直线 l 与抛物线 $C: x^2 = 4y$ 交于 A、B 两点,若 $\dfrac{1}{|AM|^2} + \dfrac{1}{|BM|^2}$ 为定值,求 m 的值.

解:设 $l: \begin{cases} x = t\cos\alpha \\ y = m + t\sin\alpha \end{cases}$,将其与抛物线方程联立可得

$$\cos^2\alpha \cdot t^2 - 4\sin\alpha \cdot t - 4m = 0$$

由韦达定理可得

$$t_1 + t_2 = \dfrac{4\sin\alpha}{\cos^2\alpha}, \quad t_1 t_2 = \dfrac{-4m}{\cos^2\alpha}$$

$$\dfrac{1}{|AM|^2} + \dfrac{1}{|BM|^2} = \dfrac{1}{t_1^2} + \dfrac{1}{t_2^2} = \dfrac{(t_1 + t_2)^2 - 2t_1 t_2}{t_1^2 t_2^2} = \dfrac{\sin^2\alpha + \dfrac{m}{2}\cos^2\alpha}{m^2}$$

因为 $\sin^2\alpha + \cos^2\alpha = 1$,故应令 $\dfrac{m}{2} = 1$,即 $m = 2$,此时

$$\dfrac{1}{|AM|^2} + \dfrac{1}{|BM|^2} = \dfrac{1}{4}$$

【**例 21**】(2016 全国 2 理)已知椭圆 $E: \dfrac{x^2}{t} + \dfrac{y^2}{3} = 1$ 的焦点在 x 轴上,A 是 E 的左顶点,斜率为 k($k > 0$)的直线交 E 于 A、M 两点,点 N 在 E 上,$MA \perp NA$.

(1)当 $t = 4$,$|AM| = |AN|$ 时,求 $\triangle AMN$ 的面积.

(2)当 $2|AM| = |AN|$ 时,求 k 的取值范围.

解:(1)当 $t = 4$ 时,$A(2, 0)$,记直线 AM 的倾斜角为 $\alpha \in \left(0, \dfrac{\pi}{2}\right)$,且 $k = \tan\alpha$.

直线 AM 的参数方程为

$$\begin{cases} x = -2 + \lambda\cos\alpha \\ y = \lambda\sin\alpha \end{cases} \quad (\lambda \text{ 为参数})$$

代入椭圆方程 $\dfrac{x^2}{4} + \dfrac{y^2}{3} = 1$ 中,整理得

$$(3 + \sin^2\alpha)\lambda^2 - 12\cos\alpha \cdot \lambda = 0 \qquad ①$$

设 A、M 对应的参数分别为 λ_1、λ_2,它们为方程①的两个根且 $\lambda_1 = 0$,则

$$|AM| = |\lambda_1 - \lambda_2| = \dfrac{12|\cos\alpha|}{3 + \sin^2\alpha} \qquad ②$$

因为 $MA \perp NA$,所以直线 $|AN|$ 的倾斜角为 $\dfrac{\pi}{2} + \alpha$,带入②式右侧,可得

$$|AN| = \dfrac{12|\sin\alpha|}{3 + \cos^2\alpha}$$

因为 $|AM| = |AN|$ 且 $\alpha \in \left(0, \dfrac{\pi}{2}\right)$,所以

$$\alpha = \dfrac{\pi}{4}$$

所以

$$|AM| = |AN| = \dfrac{12\sqrt{2}}{7}$$

故 $\triangle AMN$ 面积为

$$S = \dfrac{1}{2}|AM||AN| = \dfrac{144}{49}$$

(2) $A(-\sqrt{t}, 0)$,直线 AM 的参数方程为

$$\begin{cases} x = -\sqrt{t} + \lambda\cos\alpha \\ y = \lambda\sin\alpha \end{cases} \quad (\lambda \text{ 为参数})$$

代入椭圆方程 $\dfrac{x^2}{t} + \dfrac{y^2}{3} = 1$ 中,化简得

$$(3\cos^2\alpha + t\sin^2\alpha)\lambda^2 - 6\sqrt{t}\cos\alpha \cdot \lambda = 0 \qquad ③$$

$$|AM| = \dfrac{6\sqrt{t}|\cos\alpha|}{3\cos^2\alpha + t\sin^2\alpha} = \dfrac{6\sqrt{t}\sqrt{1 + k^2}}{3 + tk^2} \quad (k = \tan\alpha)$$

$$|AN| = \dfrac{6\sqrt{t}|\sin\alpha|}{3\sin^2\alpha + t\cos^2\alpha} = \dfrac{6\sqrt{t}|k|\sqrt{1 + k^2}}{3k^2 + t}$$

由 $2|AM| = |AN|$ 可得 $\dfrac{2}{3 + tk^2} = \dfrac{1}{3k^2 + t}$,即

$$(k^3 - 2)t = 6k^2 - 3k$$

当 $k = \sqrt[3]{2}$ 时等式不成立,所以

$$t = \dfrac{6k^2 - 3k}{k^3 - 2}$$

又因为 $t > 3$,所以

$$\dfrac{k^3 - 3k^2 + k - 2}{k^3 - 2} < 0 \Leftrightarrow \dfrac{(k - 2)(k^2 + 1)}{k^3 - 2} < 0$$

解得 $\sqrt[3]{2}<k<2$,因此 k 的取值范围为 $(\sqrt[3]{2},2)$.

【例 22】 如图 15.23 所示,已知椭圆 $C:\dfrac{x^2}{a^2}+\dfrac{y^2}{b^2}=1(a>b>0)$ 的离心率为 $\dfrac{1}{2}$,直线 l: $x+2y=4$ 与椭圆有且只有一个交点 T.

(1)求椭圆 C 的方程和点 T 的坐标.

(2)O 为坐标原点,与 OT 平行的直线 l' 与椭圆 C 交于不同的两点 A、B,直线 l' 与直线 l 交于点 P,试判断 $\dfrac{|PT|^2}{|PA|\cdot|PB|}$ 是否为定值,若是请求出定值,若不是请说明理由.

解:(1)由 $e=\dfrac{c}{a}=\sqrt{1-\dfrac{b^2}{a^2}}=\dfrac{1}{2}$,$b^2=\dfrac{3}{4}a^2$,联立 $\begin{cases}x+2y=4\\ \dfrac{x^2}{a^2}+\dfrac{4y^2}{3a^2}=1\end{cases}$,消去 x,整理得

$$\dfrac{16}{3}y^2-16y+16-a^2=0$$

由 $\Delta=0$,解得

$$a^2=4,\quad b^2=3$$

所以椭圆的标准方程为 $\dfrac{x^2}{4}+\dfrac{y^2}{3}=1$.

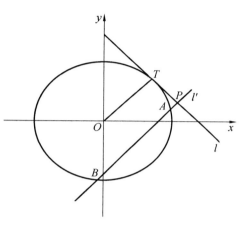

图 15.23

由①式可知 $y_T=\dfrac{3}{2}$,则 $T\left(1,\dfrac{3}{2}\right)$.

(2)已知 $T\left(1,\dfrac{3}{2}\right)$ 且直线 $l:x+2y=4$,则直线 l 的参数方程为

$$\begin{cases}x=1-\dfrac{2\sqrt{5}}{5}t\\ y=\dfrac{3}{2}+\dfrac{\sqrt{5}}{5}t\end{cases}\quad(t\text{ 为参数})$$

设 $P\left(1-\dfrac{2\sqrt{5}}{5}t_0,\dfrac{3}{2}+\dfrac{\sqrt{5}}{5}t_0\right)$,则

$$|PT|=|t_0|$$

则直线 l' 的参数方程为

$$\begin{cases}x=1-\dfrac{2\sqrt{5}}{5}t_0+\dfrac{2\sqrt{13}}{13}s\\ y=\dfrac{3}{2}+\dfrac{\sqrt{5}}{5}t_0+\dfrac{3\sqrt{13}}{13}s\end{cases}\quad(s\text{ 为参数})$$

与椭圆方程 $3x^2+4y^2-12=0$ 联立得

$$3\left(1-\dfrac{2\sqrt{5}}{5}t_0+\dfrac{2\sqrt{13}}{13}s\right)^2+4\left(\dfrac{3}{2}+\dfrac{\sqrt{5}}{5}t_0+\dfrac{3\sqrt{13}}{13}s\right)^2-12=0$$

即

$$\dfrac{48}{13}s^2+\dfrac{48}{\sqrt{13}}s+\dfrac{16}{5}t_0^2=0$$

则
$$|PA| \cdot |PB| = |s_1 s_2| = \frac{\frac{16}{5}t_0^2}{\frac{48}{13}} = \frac{13}{15}t_0^2 = \frac{13}{15}|PT|^2$$

即
$$\frac{|PT|^2}{|PA| \cdot |PB|} = \frac{15}{13}$$

【**例 23**】 (2010 山东)如图 15.24 所示,已知椭圆 $\frac{x^2}{a^2} + \frac{y^2}{b^2} = 1 (a > b > 0)$ 的离心率为 $\frac{\sqrt{2}}{2}$,以该椭圆上的点和椭圆的左、右焦点 F_1、F_2 为顶点的三角形的周长为 $4(\sqrt{2}+1)$. 一等轴双曲线的顶点是该椭圆的焦点,设 P 为该双曲线上异于顶点的任一点,直线 PF_1 和 PF_2 与椭圆的交点分别为 A、B 和 C、D.

(1)求椭圆和双曲线的标准方程.

(2)设直线 PF_1、PF_2 的斜率分别为 k_1、k_2,证明:$k_1 k_2 = 1$.

(3)是否存在常数 λ,使得 $|AB| + |CD| = \lambda |AB| \cdot |CD|$ 恒成立?若存在,求 λ 的值;若不存在,请说明理由.

解:(1)联立 $\begin{cases} \frac{c}{a} = \frac{\sqrt{2}}{2} \\ a^2 = b^2 + c^2 \\ 2a + 2c = 4(\sqrt{2}+1) \end{cases}$,计算可得

$a = 2\sqrt{2}$, $b = 2$, $c = 2$

所以椭圆方程为 $\frac{x^2}{8} + \frac{y^2}{4} = 1$.

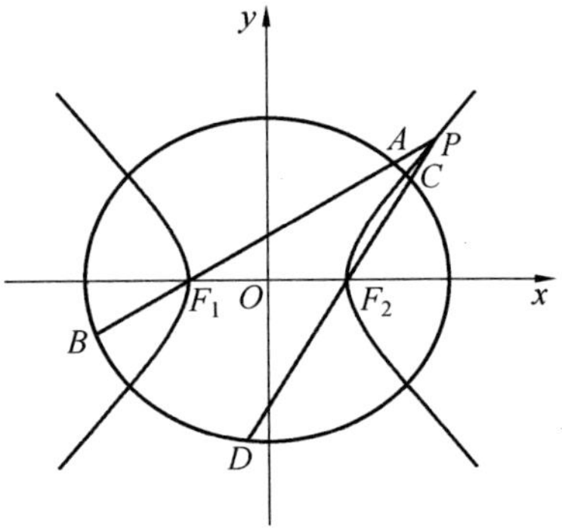

(2)由(1)知 $F_1(-2, 0)$,$F_2(2, 0)$,且双曲线为等轴双曲线,故双曲线方程为 $\frac{x^2}{4} - \frac{y^2}{4} = 1$.

图 15.24

设 $P(x, y)$,则
$$k_1 k_2 = \frac{y}{x+2} \cdot \frac{y}{x-2} = \frac{y^2}{x^2 - 4} = 1$$

(3)设直线 PF_1 的参数方程为 $\begin{cases} x = -2 + t\cos\alpha \\ y = t\sin\alpha \end{cases}$($t$ 为参数),点 A、B 在其上对应的参数分别为 t_1、t_2,将直线 PF_1 的参数方程代入椭圆方程 $\frac{x^2}{8} + \frac{y^2}{4} = 1$,整理得
$$(1 + \sin^2\alpha)t^2 - 4\cos\alpha \cdot t - 4 = 0$$

由韦达定理可得
$$t_1 + t_2 = \frac{4\cos\alpha}{1 + \sin^2\alpha}, \quad t_1 t_2 = \frac{-4}{1 + \sin^2\alpha}$$

故

$$|AB|=|t_1-t_2|=\sqrt{(t_1+t_2)^2-4t_1t_2}=\frac{4\sqrt{2}}{1+\sin^2\alpha}$$

由(2)知 $k_1 \cdot k_2 = 1$，即两条直线的正切值乘积为1，所以直线 PF_1 和直线 PF_2 的倾斜角互余．

设直线 PF_2 的参数方程为

$$\begin{cases} x=2+t\cos\left(\frac{\pi}{2}-\alpha\right)=2+t\sin\alpha \\ y=t\sin\left(\frac{\pi}{2}-\alpha\right)=t\cos\alpha \end{cases}$$

将参数方程代入椭圆方程可得

$$(1+\cos^2\alpha)t^2+4\cos\alpha \cdot t-4=0$$

$$|CD|=|t_3-t_4|=\frac{4\sqrt{2}}{1+\cos^2\alpha}$$

因为 $|AB|+|CD|=\lambda|AB|\cdot|CD|$，所以

$$\lambda=\frac{1}{|AB|}+\frac{1}{|CD|}=\frac{1+\cos^2\alpha}{4\sqrt{2}}+\frac{1+\sin^2\alpha}{4\sqrt{2}}=\frac{3}{4\sqrt{2}}$$

故存在常数 $\lambda=\frac{3\sqrt{2}}{8}$，使得 $|AB|+|CD|=\lambda|AB|\cdot|CD|$ 恒成立．

【**例24**】 如图 15.25 所示，过抛物线 $y^2=4x$ 的焦点的直线依次交抛物线与圆 $(x-1)^2+y^2=1$ 于 A、B、C、D，求证：$|AB|\cdot|CD|$ 为定值．

证明：设直线的参数方程为

$$\begin{cases} x=1+t\cos\alpha \\ y=t\sin\alpha \end{cases}$$

将其与抛物线方程联立可得

$$t^2\sin^2\alpha-4t\cos\alpha-4=0$$

则由韦达定理可得

$$t_1+t_2=\frac{4\cos\alpha}{\sin^2\alpha}$$

$$t_1t_2=\frac{-4}{\sin^2\alpha} \cdot |t_1-t_2|=\frac{4}{\sin^2\alpha}$$

$$|AB|\cdot|CD|=|(t_1-1)(-t_2-1)|$$
$$=|t_1t_2+t_1-t_2-1|=1$$

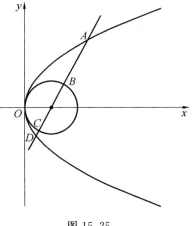

图 15.25

(2)面积问题．

【**例25**】 直线 l 过 $B(1,0)$ 与椭圆 $\frac{x^2}{4}+\frac{y^2}{3}=1(y\neq 0)$ 交于 M、N 两点，过点 B 且与 l 垂直的直线与圆 $(x+1)^2+y^2=16$ 交于 P、Q 两点，求四边形 $MPNQ$ 的面积的取值范围．

解：设直线 l 的参数方程为

$$\begin{cases} x=1+t\cos\theta \\ y=t\sin\theta \end{cases}, \quad \theta\in(0,\pi)$$

将 l 的参数方程代入椭圆方程,整理得
$$(3\sin^2\theta)t^2+6\cos\theta, t-9=0$$
$$\Delta=144 \Rightarrow MN=|t_1-t_2|=\frac{\sqrt{\Delta}}{|a|}=\frac{12}{3+\sin^2\theta}$$

同理设与 l 垂直的直线的参数方程为
$$\begin{cases} x=1+t\cos\left(\theta+\dfrac{\pi}{2}\right) \\ y=t\sin\left(\theta+\dfrac{\pi}{2}\right) \end{cases}, \quad \theta\in(0,\pi)$$

将上述直线的参数方程代入至圆的方程中可得
$$t^2-4\sin\theta-12=0$$
$$PQ=|t_3-t_4|=4\sqrt{3+\sin^2\theta}$$

由 $\theta\in(0,\pi) \Rightarrow \sin\theta\in(0,1]$,所以四边形 $MPNQ$ 的面积为
$$S=\frac{1}{2}MN\cdot PQ=\frac{1}{2}\cdot\frac{12}{3+\sin^2\theta}\cdot 4\sqrt{3+\sin^2\theta}=\frac{24}{\sqrt{3+\sin^2\theta}}\in[12,8\sqrt{3})$$

【例 26】 已知点 $A(-2,0),B(2,0)$,动点 $M(x,y)$ 满足直线 AM 与 BM 的斜率之积为 $-\dfrac{1}{2}$,记 M 的轨迹为曲线 C.

(1)求 C 的方程,并说明 C 是什么曲线.

(2)如图 15.26 所示,过坐标原点的直线交 C 于 P、Q 两点,点 P 在第一象限,$PE\perp x$ 轴,垂足为 E,连接 QE 并延长交 C 于点 G.

(i)证明:$\triangle PQG$ 是直角三角形;

(ii)求 $\triangle PQG$ 面积的最大值.

解:(1)由题意得
$$\frac{y}{x+2}\times\frac{y}{x-2}=-\frac{1}{2}$$
整理得曲线 C 的方程为
$$\frac{x^2}{4}+\frac{y^2}{2}=1 \quad (y\neq 0)$$
所以曲线 C 是焦点在 x 轴上不含长轴端点的椭圆.

(2)(i)由椭圆第三定义得
$$k_{QQ}k_{PQ}=-\frac{1}{2}$$

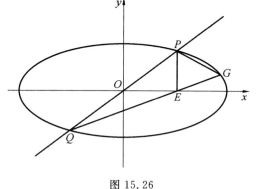

图 15.26

又因为 $k_{QG}=\dfrac{1}{2}k_{PQ}$,两式联立可得
$$k_{PQ}k_{PG}=-1$$
即 $PG\perp PQ$,$\triangle PGQ$ 为直角三角形.

(ii)设直线 OP 所在的参数方程为

$$\begin{cases} x = t\cos\alpha \\ y = t\sin\alpha \end{cases} (t \text{ 为参数}), \quad \alpha \in \left(0, \frac{\pi}{2}\right)$$

已知椭圆方程为

$$x^2 + 2y^2 - 4 = 0$$

联立可得

$$t^2\cos^2\alpha + 2t^2\sin^2\alpha - 4 = 0$$

即

$$|OP|^2 = t_0^2 = \frac{4}{1+\sin^2\alpha} \qquad ①$$

则直线 PG 所在直线的参数方程为

$$\begin{cases} x = t_0\cos\alpha + s\cos\left(\alpha + \frac{\pi}{2}\right) = t_0\cos\alpha - s\sin\alpha \\ y = t_0\sin\alpha + s\sin\left(\alpha + \frac{\pi}{2}\right) = t_0\sin\alpha + s\cos\alpha \end{cases} (s \text{ 为参数})$$

与椭圆方程联立可得

$$t_0^2\cos^2\alpha - 2st_0\sin\alpha\cos\alpha + s^2\sin^2\alpha + 2t_0^2\sin^2\alpha + 4st_0\sin\alpha\cos\alpha + 2s^2\cos^2\alpha - 4 = 0$$

把①式代入得

$$s^2\sin^2\alpha + 2st_0\sin\alpha\cos\alpha + 2s^2\cos^2\alpha = 0$$

约掉 s,可得

$$s\sin^2\alpha + 2t_0\sin\alpha\cos\alpha + 2s\cos^2\alpha = 0$$

即

$$|PG| = s_0 = \frac{-2t_0\sin\alpha\cos\alpha}{1+\cos^2\alpha}$$

则

$$S_{\triangle PQG} = |OP| \cdot |PG| = \sqrt{t_0^2 s_0^2}$$

$$= \sqrt{\frac{64\sin^2\alpha\cos^2\alpha}{(1+\sin^2\alpha)^2(1+\cos^2\alpha)^2}}$$

$$= \sqrt{\frac{64\sin^2\alpha\cos^2\alpha}{(2+\sin^2\alpha\cos^2\alpha)^2}} = \frac{8\sin\alpha\cos\alpha}{2+\sin^2\alpha\cos^2\alpha}$$

设 $u = \sin\alpha\cos\alpha$,则 $u \in \left(0, \frac{1}{2}\right]$,有

$$S_{\triangle PQG} = \frac{8u}{2+u^2} = \frac{8}{u + \frac{2}{u}} \leqslant \frac{16}{9}$$

(3)轨迹问题.

【例 27】 (2013 四川理)过 $A(0,2)$ 的直线与椭圆 $\frac{x^2}{2} + y^2 = 1$ 交于 M、N 两点,Q 为线段 MN 上的点,且 $\frac{2}{AQ^2} = \frac{1}{AM^2} + \frac{1}{AN^2}$,求点 Q 的轨迹方程.

解:设过 $A(0,2)$ 的直线 l 的参数方程为

$$\begin{cases} x = t\cos\theta \\ y = 2 + t\sin\theta \end{cases} \quad (t \text{ 为参数})$$

设点 M、N、Q 所对应的参数分别为 t_1、t_2、t_0.

将 l 的参数方程代入椭圆方程,整理得

$$(1+\sin^2\theta)t^2 + (8\sin\theta)t + 6 = 0$$

则

$$\Delta = 64\sin^2\theta - 24(1+\sin^2\theta) > 0 \Rightarrow \sin^2\theta > \frac{3}{5}$$

由韦达定理得

$$t_1 + t_2 = -\frac{8\sin\theta}{1+\sin^2\theta}, \quad t_1 t_2 = \frac{6}{1+\sin^2\theta}$$

由 $\dfrac{2}{AQ^2} = \dfrac{1}{AM^2} + \dfrac{1}{AN^2}$ 得

$$\frac{2}{t_0^2} = \frac{1}{t_1^2} + \frac{1}{t_2^2} = \frac{(t_1+t_2)^2 - 2t_1 t_2}{t_1^2 t_2^2} = \frac{10\sin^2\theta - 3\cos^2\theta}{9}$$

于是

$$t_0^2(10\sin^2\theta - 3\cos^2\theta) = 18$$

又 $x = t_0\cos\theta$, $y = 2 + t_0\sin\theta$, 即 $\begin{cases} t_0\cos\theta = x \\ t_0\sin\theta = y-2 \end{cases}$, 代入上式整理可得

$$10(y-2)^2 - 3x^2 = 18$$

其中

$$x^2 = t_0^2\cos^2\theta = \frac{18\cos^2\theta}{10\sin^2\theta - 3\cos^2\theta} = \frac{18 - 18\sin^2\theta}{13\sin^2\theta - 3}$$

由 $\sin^2\theta > \dfrac{3}{5}$ 得 $x^2 < \dfrac{3}{2} \Rightarrow x \in \left(-\dfrac{\sqrt{6}}{2}, \dfrac{\sqrt{6}}{2}\right)$.

由于点 Q 在椭圆内, 所以 $-1 \leqslant y \leqslant 1$.

又 $10(y-2)^2 - 3x^2 = 18 \Rightarrow (y-2)^2 \in \left[\dfrac{9}{5}, \dfrac{9}{4}\right)$ 且 $-1 \leqslant y \leqslant 1$, 所以 $y \in \left(\dfrac{1}{2}, 2 - \dfrac{3\sqrt{5}}{5}\right]$. 故所求点 Q 的轨迹方程为

$$10(y-2)^2 - 3x^2 = 18, \quad x \in \left(-\frac{\sqrt{6}}{2}, \frac{\sqrt{6}}{2}\right), y \in \left(\frac{1}{2}, 2 - \frac{3\sqrt{5}}{5}\right]$$

【例 28】 (2012 江苏) 在平面直角坐标系 xOy 中, 椭圆 $\dfrac{x^2}{a^2} + \dfrac{y^2}{b^2} = 1 (a > b > 0)$ 的左、右焦点分别为 $F_1(-c, 0)$、$F_2(c, 0)$. 已知 $(1, e)$ 和 $\left(e, \dfrac{\sqrt{3}}{2}\right)$ 都在椭圆上, 其中 e 为椭圆的离心率.

(1) 求椭圆的方程.

(2) 设 A、B 是椭圆上位于 x 轴上方的两点, 且直线 AF_1 与直线 BF_2 平行, AF_2 与 BF_1 交于点 P.

(i)若 $AF_1 - BF_2 = \frac{\sqrt{6}}{2}$,求直线 AF_1 的斜率;

(ii)求证:$PF_1 + PF_2$ 是定值.

解:(1)椭圆的方程为 $\frac{x^2}{2} + y^2 = 1$,过程略.

(2)(i)已知 $BF_2 = F_1C$. 设直线 AF_1 的参数方程为

$$\begin{cases} x = -1 + t\cos\alpha \\ y = t\sin\alpha \end{cases} \quad (t \text{ 为参数})$$

将直线 AF_1 的参数方程代入椭圆方程,整理得

$$(1 + \sin^2\alpha)t^2 - 2\cos\alpha \cdot t - 1 = 0$$

由韦达定理可得

$$t_1 + t_2 = \frac{2\cos\alpha}{1 + \sin^2\alpha}, \quad t_1 t_2 = -\frac{1}{1 + \sin^2\alpha}$$

$$AF_1 - BF_2 = \frac{\sqrt{6}}{2}$$

所以

$$|t_1 + t_2| = \frac{\sqrt{6}}{2}$$

从而

$$\frac{2\cos\alpha}{1 + \sin^2\alpha} = \frac{\sqrt{6}}{2}$$

解得 $\cos\alpha = \frac{2}{\sqrt{6}}$,故 AF_1 的斜率为 $\frac{\sqrt{2}}{2}$.

(ii)因为 $AF_1 \parallel BF_2$,所以

$$\frac{PB}{PF_1} = \frac{BF_2}{AF_1}$$

从而

$$\frac{PB + PF_1}{PF_1} = \frac{BF_2 + AF_1}{AF_1}$$

故

$$PF_1 = \frac{AF_1 \cdot BF_1}{BF_2 + AF_1}$$

又 $BF_2 + BF_1 = 2\sqrt{2}$,于是

$$PF_1 = \frac{AF_1(2\sqrt{2} - BF_2)}{BF_2 + AF_1}$$

同理可得

$$PF_2 = \frac{BF_2(2\sqrt{2} - AF_1)}{BF_2 + AF_1}$$

因此

$$PF_1+PF_2=2\sqrt{2}-\frac{2BF_2\cdot AF_1}{BF_2+AF_1}=2\sqrt{2}+\frac{2t_1t_2}{|t_1-t_2|}$$
$$=2\sqrt{2}+\frac{2t_1t_2}{\sqrt{(t_1+t_2)^2-4t_1t_2}}=\frac{3\sqrt{2}}{2}$$

故 PF_1+PF_2 是定值.

(4)四点共圆.

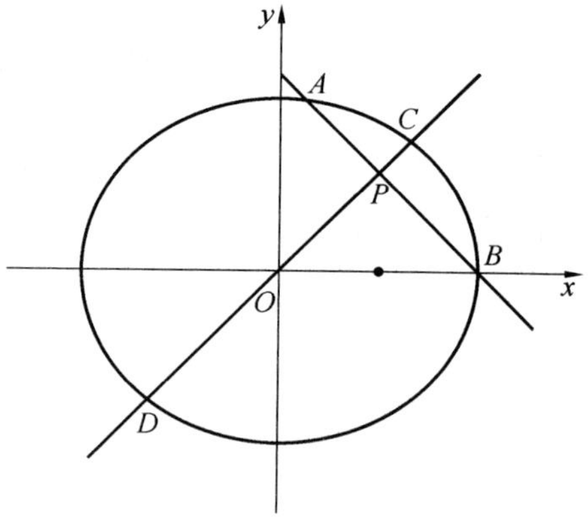

【例29】 如图 15.27 所示,已知椭圆方程为 $\frac{x^2}{a^2}+\frac{y^2}{b^2}=1$,且 A、B、C、D 在椭圆上,直线 AB 与直线 CD 斜率互为相反数且交于点 P,求证:A、B、C、D 四点共圆.

证明:设 $P(x_0,y_0)$,则直线 CD 的参数方程为
$$\begin{cases}x=x_0+t\cos\alpha\\y=y_0+t\sin\alpha\end{cases}\quad(t\text{ 为参数})$$
其中,α 为直线 CD 的倾斜角.

图 15.27

由参数方程与椭圆方程联立可得
$$\frac{(x_0+t\cos\alpha)^2}{a^2}+\frac{(y_0+t\sin\alpha)^2}{b^2}=1$$
$$b^2(x_0^2+2x_0t\cos\alpha+t^2\cos^2\alpha)+a^2(y_0^2+2y_0t\sin\alpha+t^2\sin^2\alpha)-a^2b^2=0$$
$$(b^2\cos^2\alpha+a^2\sin^2\alpha)t^2+(2x_0\cos\alpha+2y_0\sin\alpha)t+b^2x_0^2+a^2y_0^2-a^2b^2=0$$

由韦达定理及直线参数的几何意义可知
$$|PC|\cdot|PD|=|t_1t_2|=\left|\frac{b^2x_0^2+a^2y_0^2-a^2b^2}{b^2\cos^2\alpha+a^2\sin^2\alpha}\right|$$

注意 P 点在椭圆内,所以 $\frac{x_0^2}{a^2}+\frac{y_0^2}{b^2}<1$,即
$$b^2x_0^2+a^2y_0^2-a^2b^2<0$$
故
$$|PC|\cdot|PD|=\frac{a^2b^2-b^2x_0^2-a^2y_0^2}{b^2\cos^2\alpha+a^2\sin^2\alpha}$$

又因为直线 AB 与直线 CD 斜率互为相反数,只需用 $\pi-\alpha$ 替换 α,即得到
$$|PA|\cdot|PB|=\frac{a^2b^2-b^2x_0^2-a^2y_0^2}{b^2\cos^2(\pi-\alpha)+a^2\sin^2(\pi-\alpha)}$$
$$=\frac{a^2b^2-b^2x_0^2-a^2y_0^2}{b^2\cos^2\alpha+a^2\sin^2\alpha}=|PC|\cdot|PD|$$

最后由相交弦定理可知 A、B、C、D 四点共圆.

【注】此题命题背景为:已知任意圆锥曲线,有直线 l_1、l_2,且 l_1、l_2 斜率互为相反数,分别与圆锥曲线交于点 A、B 和点 C、D,则 A、B、C、D 四点共圆,各位读者可仿照上面步骤自行证明.

【例30】 (2016 四川文)如图 15.28 所示,已知椭圆 $\frac{x^2}{a^2}+\frac{y^2}{b^2}=1(a>b>0)$ 的一个焦点

与短轴的两个端点是正三角形的三个顶点,点$(\sqrt{3},\frac{1}{2})$在椭圆上.

(1)求椭圆的方程.

(2)设不过原点O且斜率为$\frac{1}{2}$的直线l与椭圆交于不同的两点A、B,线段AB中点为M,直线OM与椭圆E交于C、D两点,证明:$|MA|\cdot|MB|=|MC|\cdot|MD|$.

解:(1)由已知$a=2b$,$\frac{3}{a^2}+\frac{1}{4b^2}=1$,解得$b=1$,$a=2$.椭圆方程为$\frac{x^2}{4}+y^2=1$.

(2)由点差法可得
$$k_{AB}\cdot k_{OM}=-\frac{1}{4}$$
由于$k_{AB}=\frac{1}{2}$,所以$k_{OM}=-\frac{1}{2}$.

设直线AB:$y=\frac{1}{2}x+m$,设直线CD:$y=-\frac{1}{2}x$,将两直线方程进行联立可解得$M\left(-m,\frac{m}{2}\right)$.

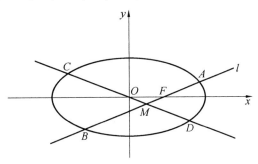

图 15.28

重新设直线AB参数方程为
$$\begin{cases}x=-m+\frac{1}{\sqrt{5}}t\\ y=\frac{m}{2}+\frac{2}{\sqrt{5}}t\end{cases}$$

将其与椭圆方程进行联立可得
$$\frac{17}{5}t^2+\frac{6}{\sqrt{5}}mt+2m^2-4=0$$
则$t_1t_2=\frac{5(2m^2-4)}{17}$.

设直线CD参数方程为
$$\begin{cases}x=-m-\frac{1}{\sqrt{5}}t\\ y=\frac{m}{2}+\frac{2}{\sqrt{5}}t\end{cases}$$

代入椭圆方程可得
$$\frac{17}{5}t^2+\frac{10}{\sqrt{5}}mt+2m^2-4=0$$

即$t_3t_4=\frac{5(2m^2-4)}{17}$.故由参数方程的几何意义可得
$$|MA|\cdot|MB|=|MC|\cdot|MD|$$
证明完毕.

(5)双曲线中的直线参数方程.

【例 31】 如图 15.29 所示,已知双曲线方程 $\dfrac{x^2}{a^2}-\dfrac{y^2}{b^2}=1$,直线 l 交双曲线的右支于点 A、B,交双曲线的渐近线于点 C、D,求证:$|AC|=|BD|$.

证明: 设直线 l 交 x 轴于点 $M(m,0)$,则设直线 l 的参数方程为
$$\begin{cases} x=m+t\cos\theta \\ y=t\sin\theta \end{cases}$$

将其与双曲线方程进行联立可得
$$(b^2\cos^2\theta-a^2\sin^2\theta)t^2+2b^2mt\cos\theta+b^2m^2-a^2b^2=0$$
则
$$\dfrac{t_1+t_2}{2}=\dfrac{-b^2mt\cos\theta}{b^2\cos^2\theta-a^2\sin^2\theta}$$

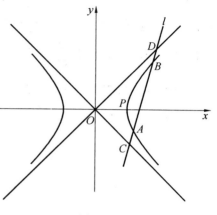

图 15.29

将直线的参数方程与渐近线方程 $\dfrac{x^2}{a^2}-\dfrac{y^2}{b^2}=0$ 进行联立可得
$$(b^2\cos^2\theta-a^2\sin^2\theta)t^2+2b^2mt\cos\theta+b^2m^2=0$$
则
$$\dfrac{t_3+t_4}{2}=\dfrac{-b^2mt\cos\theta}{b^2\cos^2\theta-a^2\sin^2\theta}$$

即可得到
$$t_1+t_2=t_3+t_4$$

即 $|t_1-t_3|=|t_2-t_4|$,即 $|AC|=|BD|$.

【例 32】 (2021 新高考 1 卷改编)已知双曲线方程 $x^2-\dfrac{y^2}{16}=1(x>0)$,$T$ 为直线 $x=\dfrac{1}{2}$ 上的一个动点,过 T 作直线 l_1、l_2 分别交双曲线右支于点 A、B 和 P、Q,若 $|TA|\cdot|TB|=|TP|\cdot|TQ|$,$l_1$、$l_2$ 的斜率分别记作 k_1、k_2,求 k_1+k_2 的值.

解: 设 $T\left(\dfrac{1}{2},m\right)$,设 l_1 直线的参数方程为
$$\begin{cases} x=\dfrac{1}{2}+t\cos\alpha \\ y=m+t\sin\alpha \end{cases} \quad (t\text{ 为参数},\alpha\text{ 为直线的倾斜角})$$

将其代入双曲线方程联立得
$$\left(\dfrac{1}{2}+t\cos\alpha\right)^2-\dfrac{(m+t\sin\alpha)^2}{16}=1$$

整理可得
$$(16\cos^2\alpha-\sin^2\alpha)t^2+(16\cos\alpha-2m\sin\alpha)t-12-m^2=0$$

可得
$$|TA|\cdot|TB|=t_1t_2=\dfrac{-12-m^2}{16\cos^2\alpha-\sin^2\alpha}$$

设 l_2 直线的参数方程为

$$\begin{cases} x = \dfrac{1}{2} + t\cos\beta \\ y = m + t\sin\beta \end{cases} \quad (t \text{ 为参数}, \beta \text{ 为直线的倾斜角})$$

同理可得

$$|TP| \cdot |TQ| = t_3 t_4 = \dfrac{-12 - m^2}{16\cos^2\beta - \sin^2\beta}$$

若 $|TA| \cdot |TB| = |TP| \cdot |TQ|$,可得

$$16\cos^2\alpha - \sin^2\alpha = 16\cos^2\beta - \sin^2\beta$$

即 $\sin^2\alpha = \sin^2\beta$,即 $\alpha = \beta$(因为两直线不能重合,故舍去)或者 $\alpha + \beta = \pi$. 可得两直线的倾斜角互补,故 $k_1 + k_2 = 0$.

【例 33】 (2016 全国高中数学联赛江苏)双曲线 $C: \dfrac{x^2}{a^2} - \dfrac{y^2}{b^2} = 1$ 的右焦点为 F,过点 F 的直线 l 与双曲线交于 A、B 两点,若 $|OF| \cdot |AB| = |FA| \cdot |FB|$,求双曲线的离心率.

解:设直线 l 的参数方程为 $\begin{cases} x = c + t\cos\alpha \\ y = t\sin\alpha \end{cases}$,将其与双曲线方程进行联立可得

$$(b^2\cos^2\alpha - a^2\sin^2\alpha)t^2 + 2b^2 c\cos\alpha \cdot t + b^4 = 0$$

由韦达定理可得

$$t_1 + t_2 = \dfrac{-2b^2 c\cos\alpha}{b^2\cos^2\alpha - a^2\sin^2\alpha}, \quad t_1 t_2 = \dfrac{b^4}{b^2\cos^2\alpha - a^2\sin^2\alpha} \qquad ①$$

$$|t_1 - t_2| = \sqrt{(t_1 + t_2)^2 - 4t_1 t_2} = \dfrac{\sqrt{4b^4 c^2 \cos^2\alpha - 4b^4(b^2\cos^2\alpha - a^2\sin^2\alpha)}}{|b^2\cos^2\alpha - a^2\sin^2\alpha|}$$

$$= \dfrac{2b^2 a}{|b^2\cos^2\alpha - a^2\sin^2\alpha|} \qquad ②$$

由 $|OF| \cdot |AB| = |FA| \cdot |FB|$ 可得

$$c \cdot |t_1 - t_2| = |t_1 t_2|$$

将①②两式代入可得 $2ac = b^2$,即

$$c^2 - 2ac - a^2 = 0$$

即 $e^2 - 2e - 1 = 0$,解得 $e = \sqrt{2} + 1$.

(6)弦中点问题.

【例 34】 如图 15.30 所示,已知椭圆 $\dfrac{x^2}{4} + \dfrac{y^2}{3} = 1$,$F$ 为其右焦点,过焦点作两条互相垂直的直线 l_1、l_2,分别交椭圆于点 A、B 和点 C、D.

(1)求四边形 $ACBD$ 面积的取值范围.

(2)若 M、N 分别为 AB、CD 的中点,求 $\triangle FMN$ 面积的最大值.

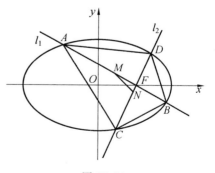

图 15.30

解:(1)设直线 $AB: \begin{cases} x=1+t\cos\alpha \\ y=t\sin\alpha \end{cases}$,将其与椭圆方程进行联立可得

$$\frac{(1+t\cos\alpha)^2}{4}+\frac{(t\sin\alpha)^2}{3}=1$$

整理可得

$$(3+\sin^2\alpha)t^2+6t\cos\alpha-9=0$$

由韦达定理可得

$$t_1+t_2=\frac{-6\cos\alpha}{3+\sin^2\alpha}, \quad t_1t_2=\frac{-9}{3+\sin^2\alpha}$$

$$|AB|=|t_1-t_2|=\sqrt{(t_1+t_2)^2-4t_1t_2}=\sqrt{\frac{36\cos^2\alpha}{(3+\sin^2\alpha)^2}+\frac{36}{3+\sin^2\alpha}}=\frac{12}{3+\sin^2\alpha}$$

设直线 $CD: \begin{cases} x=1+t\cos\left(\alpha+\frac{\pi}{2}\right) \\ y=t\sin\left(\alpha+\frac{\pi}{2}\right) \end{cases}$,同理可得

$$|CD|=\frac{12}{3+\sin^2\left(\alpha+\frac{\pi}{2}\right)}=\frac{12}{3+\cos^2\alpha}$$

故四边形 $ACBD$ 面积表示为

$$S=\frac{1}{2}|AB|\cdot|CD|=\frac{72}{(3+\sin^2\alpha)(3+\cos^2\alpha)}=\frac{72}{12+\sin^2\alpha\cos^2\alpha}=\frac{72}{12+\frac{1}{4}\sin^2 2\alpha}$$

因为 $\sin^2\alpha\in[0,1]$,故 $S\in\left[\frac{288}{49},6\right]$.

(2)由(1)知

$$|MF|=\left|\frac{t_1+t_2}{2}\right|=\left|\frac{3\cos\alpha}{3+\sin^2\alpha}\right|$$

同理

$$NF=\left|\frac{3\cos\left(\alpha+\frac{\pi}{2}\right)}{3+\sin^2\left(\alpha+\frac{\pi}{2}\right)}\right|=\left|\frac{-3\sin\alpha}{3+\cos^2\alpha}\right|$$

故 $\triangle FMN$ 面积表示为

$$S_1=\frac{1}{2}|MF|\cdot|NF|=\frac{1}{2}\left|\frac{3\cos\alpha}{3+\sin^2\alpha}\cdot\frac{-3\sin\alpha}{3+\cos^2\alpha}\right|=\frac{1}{2}\left|\frac{9\sin\alpha\cos\alpha}{12+\sin^2\alpha\cos^2\alpha}\right|$$

即

$$S_1=9\left|\frac{\sin 2\alpha}{48+\sin^2 2\alpha}\right|=9\left|\frac{1}{\frac{48}{\sin 2\alpha}+\sin 2\alpha}\right|$$

当 $\sin 2\alpha=1$ 时,面积的最大值为 $\frac{9}{49}$.

【例 35】 (2011 湖南理)如图 15.31 所示,已知椭圆 $C_1:\frac{x^2}{a^2}+\frac{y^2}{b^2}=1(a>b>0)$ 的离心

率为 $\dfrac{\sqrt{3}}{2}$, x 轴被曲线 $C_2:y=x^2-b$ 截得线段长等于 C_1 的长半轴长.

(1) 求 C_1, C_2 的方程.

(2) 设 C_2 与 y 轴的交点为 M, 过坐标原点 O 的直线 l 与 C_2 相交于点 A、B, 直线 MA、MB 分别与 C_1 交于点 D、E.

① 证明: $MD \perp ME$.

② 记 $\triangle MAB$、$\triangle MDE$ 的面积分别为 S_1、S_2, 问是否存在直线 l, 使得 $\dfrac{S_1}{S_2}=\dfrac{17}{32}$? 并说明理由.

解: (1) 由题意得

$$\begin{cases} \dfrac{c}{a}=\dfrac{\sqrt{3}}{2} \\ a^2=b^2+c^2 \\ 2\sqrt{b}=a \end{cases}$$

解得 $a=2$, $b=1$, 故

$$C_1: \dfrac{x^2}{4}+y^2=1, \quad C_2: y=x^2-1$$

(2) ① 设直线 $l:y=kx$, 将其与抛物线 $y=x^2-1$ 联立可得

$$x^2-kx-1=0$$

由韦达定理可得

$$x_1+x_2=k, \quad x_1 x_2=-1$$

则

$$k_{MA} \cdot k_{MB}=\dfrac{y_1+1}{x_1} \cdot \dfrac{y_2+1}{x_2}=\dfrac{y_1 y_2+y_1+y_2+1}{x_1 x_2}$$

即

$$k_{MA} \cdot k_{MB}=\dfrac{k^2 x_1 x_2+k(x_1+x_2)+1}{x_1 x_2}=\dfrac{k^2 \cdot (-1)+k \cdot (-k)+1}{-1}=-1$$

故直线 $MA \perp MB$, 即 $MD \perp ME$.

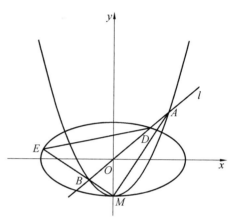

图 15.31

② 设直线 MA 的参数方程为

$$\begin{cases} x=t\cos\alpha \\ y=-1+t\sin\alpha \end{cases} \quad (t\text{ 为参数}, 0<\alpha<\dfrac{\pi}{2})$$

将其与抛物线方程联立可得

$$t\sin\alpha-1=t^2\cos^2\alpha-1$$

即 $t=\dfrac{\sin\alpha}{\cos^2\alpha}$, 可得 $|MA|=\left|\dfrac{\sin\alpha}{\cos^2\alpha}\right|$.

由于 $MA \perp MB$, 故

$$|MB| = \left| \frac{\sin\left(\alpha + \frac{\pi}{2}\right)}{\cos^2\left(\alpha + \frac{\pi}{2}\right)} \right| = \left| \frac{\cos\alpha}{\sin^2\alpha} \right|$$

将直线 MA 的参数方程与椭圆方程联立可得

$$\frac{t^2\cos^2\alpha}{4} + (t\sin\alpha - 1)^2 = 1$$

化简为 $t = \frac{8\sin\alpha}{1 + 3\sin^2\alpha}$,即 $|MD| = \left| \frac{8\sin\alpha}{1 + 3\sin^2\alpha} \right|$.

由于 $MD \perp ME$,故

$$|ME| = \left| \frac{8\sin\left(\alpha + \frac{\pi}{2}\right)}{1 + 3\sin^2\left(\alpha + \frac{\pi}{2}\right)} \right| = \left| \frac{8\cos\alpha}{1 + 3\cos^2\alpha} \right|$$

故

$$\frac{S_1}{S_2} = \frac{\frac{1}{2}|MA| \cdot |MB|}{\frac{1}{2}|MD| \cdot |ME|} = \left| \frac{\frac{\cos\alpha}{\sin^2\alpha} \cdot \frac{\sin\alpha}{\cos^2\alpha}}{\frac{8\sin\alpha}{1 + 3\sin^2\alpha} \cdot \frac{8\cos\alpha}{1 + 3\cos^2\alpha}} \right| = \frac{17}{32}$$

化简可得

$$\left| \frac{4 + 9\sin^2\alpha\cos^2\alpha}{\sin^2\alpha\cos^2\alpha} \right| = 34$$

解得 $|\cos\alpha \cdot \sin\alpha| = \frac{2}{5}$,结合 $\sin^2\alpha + \cos^2\alpha = 1$,解得

$$\begin{cases} \sin\alpha = \frac{2\sqrt{5}}{5} \\ \cos\alpha = \frac{\sqrt{5}}{5} \end{cases} \text{ 或 } \begin{cases} \sin\alpha = \frac{\sqrt{5}}{5} \\ \cos\alpha = \frac{2\sqrt{5}}{5} \end{cases}$$

即 $\tan\alpha = 2$ 或者 $\tan\alpha = \frac{1}{2}$,故得到直线 $MA: y = \frac{1}{2}x - 1$ 或 $y = 2x - 1$.

将直线 $MA: y = 2x - 1$ 与抛物线方程联立可得

$$\begin{cases} y = x^2 - 1 \\ y = 2x - 1 \end{cases}$$

解得 $\begin{cases} x = 2 \\ y = 3 \end{cases}$,即 $A(2, 3)$,故 l 的直线方程为

$$y = \frac{3}{2}x$$

将直线 $MB: y = \frac{1}{2}x - 1$ 与抛物线方程联立可得 $A\left(\frac{1}{2}, -\frac{3}{4}\right)$,故 l 的直线方程为

$$y = -\frac{3}{2}x$$

综上所述存在这样的直线 $y = \pm\frac{3}{2}x$.

(7)定比分点问题.

【例36】 如图 15.32 所示,已知过椭圆 $\dfrac{x^2}{4}+\dfrac{y^2}{3}=1$ 的右焦点 F 作直线 l 交椭圆于 A、B 两点,若 l 交 y 轴于点 M,且满足 $\overrightarrow{MA}=\lambda\overrightarrow{AF}$,$\overrightarrow{MB}=\mu\overrightarrow{BF}$,请证明:$\lambda+\mu$ 为定值.

证明: 设直线 l 的方程为
$$\begin{cases} x=1+t\cos\alpha \\ y=t\sin\alpha \end{cases}$$

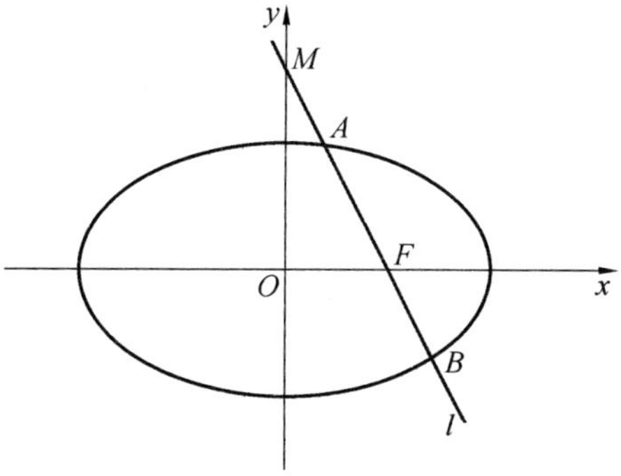

将其与椭圆方程 $\dfrac{x^2}{4}+\dfrac{y^2}{3}=1$ 联立可得
$$(3+\sin^2\alpha)t^2+6t\cos\alpha-9=0$$

由韦达定理可得
$$t_1+t_2=\dfrac{-6\cos\alpha}{3+\sin^2\alpha},\quad t_1t_2=\dfrac{-9}{3+\sin^2\alpha}$$

将直线 l 与 $x=0$ 进行联立可得
$$t_0=\dfrac{-1}{\cos\alpha}$$

因为 $\overrightarrow{MA}=\lambda\overrightarrow{AF}$,即 $(t_0-t_1)=\lambda t_1$,则
$$\lambda=\dfrac{t_0-t_1}{t_1}=\dfrac{t_0}{t_1}-1$$

同理可得
$$\mu=\dfrac{t_0-t_2}{t_2}=\dfrac{t_0}{t_2}-1$$

故
$$\lambda+\mu=\dfrac{t_0(t_1+t_2)}{t_1t_2}-2=\dfrac{-1}{\cos\alpha}\left(\dfrac{-6\cos\alpha}{-9}\right)-2=-\dfrac{8}{3}$$

图 15.32

【例37】 如图 15.33 所示,已知椭圆 $C:\dfrac{x^2}{4}+\dfrac{y^2}{2}=1$,当过点 $P(4,1)$ 的动直线 l 与椭圆 C 交于两个不同的点 A、B 时,在线段 AB 上取点 Q,满足 $|\overrightarrow{AP}|\cdot|\overrightarrow{QB}|=|\overrightarrow{AQ}|\cdot|\overrightarrow{PB}|$,证明:点 Q 总在某定直线上.

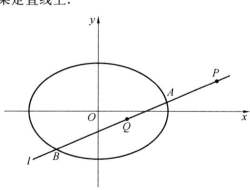

图 15.33

证明：设过点 P 的直线的参数方程为

$$\begin{cases} x = 4 + t\cos \alpha \\ y = 1 + t\sin \alpha \end{cases} \quad (t \text{ 为参数})$$

将其与椭圆方程 $\dfrac{x^2}{4} + y^2 = 1$ 进行联立可得

$$(\sin^2 \alpha + 1)t^2 + 4(\sin \alpha + 2\cos \alpha)t + 14 = 0$$

由韦达定理可得

$$t_1 + t_2 = \dfrac{-4(\sin \alpha + 2\cos \alpha)}{\sin^2 \alpha + 1}, \quad t_1 t_2 = \dfrac{14}{\sin^2 \alpha + 1}$$

设 $|\overrightarrow{AP}| = -t_1, |\overrightarrow{PB}| = -t_2, |\overrightarrow{AQ}| = -t_1 + t_0, |\overrightarrow{QB}| = -t_0 + t_2$，将其代入

$$|\overrightarrow{AP}| \cdot |\overrightarrow{QB}| = |\overrightarrow{AQ}| \cdot |\overrightarrow{PB}|$$

即为

$$-t_1(-t_0 + t_2) = (-t_1 + t_0)(-t_2)$$

整理可得

$$t_0 = \dfrac{2t_1 t_2}{t_1 + t_2} = \dfrac{-7}{\sin \alpha + 2\cos \alpha}$$

即直线的参数方程为

$$\begin{cases} x = 4 - \dfrac{7\cos \alpha}{\sin \alpha + 2\cos \alpha} & \text{①} \\ y = 1 - \dfrac{7\sin \alpha}{\sin \alpha + 2\cos \alpha} & \text{②} \end{cases}$$

①×2+②可得直线 $2x + y - 2 = 0$，此即为 Q 点轨迹方程.

【注】本题实质为极点极线，在定比点差（第九章）和极点极线（第十八章）章节均有讲解，读者自行查阅.

【例38】 经过点 $M(2,1)$ 作直线 l，交椭圆 $\dfrac{x^2}{16} + \dfrac{y^2}{4} = 1$ 于 A、B 两点. 如果点 M 恰为线段 AB 的中点，求直线 l 的方程.

解：设过点 $M(2,1)$ 的直线 l 的参数方程为

$$\begin{cases} x = 2 + t\cos \alpha \\ y = 1 + t\sin \alpha \end{cases} \quad (t \text{ 为参数})$$

代入椭圆方程，整理得

$$(3\sin^2 \alpha + 1)t^2 + 4(\cos \alpha + 2\sin \alpha)t - 8 = 0$$

由 t 的几何意义知

$$|MA| = |t_1|, \quad |MB| = |t_2|$$

因为点 M 在椭圆内，这个方程必有两个实根，所以

$$t_1 + t_2 = -\dfrac{4(\cos \alpha + 2\sin \alpha)}{3\sin^2 \alpha + 1}$$

因为点 M 为线段 AB 的中点，所以 $\dfrac{t_1 + t_2}{2} = 0$，即

$$\cos \alpha + 2\sin \alpha = 0$$

于是直线 l 的斜率为
$$k=\tan\alpha=-\frac{1}{2}$$
因此,直线 l 的方程是 $y-1=-\frac{1}{2}(x-2)$,即 $x+2y-4=0$.

【感悟】本题作为教材经典例题,用参数方程方法打破点差法联立的传统思想.

【课后练习】

1. 如图 15.34 所示,已知椭圆 $E:\frac{x^2}{4}+y^2=1$.斜率为 k 的直线 l 与椭圆有两个不同的公共点 A、B,E 的左、右焦点分别为 F_1、F_2.若 $k=1$,$P(-4,0)$,直线 PA 与椭圆 E 的另一个交点为 C,直线 PB 与椭圆 E 的另一个交点为 D,求证:直线 CD 过定点,并求出此定点坐标.

2. 如图 15.35 所示,已知椭圆 $E:\frac{x^2}{a^2}+\frac{y^2}{b^2}=1(a>b>0)$ 的右顶点为 A,上顶点为 B,离心率 $e=\frac{\sqrt{3}}{2}$,O 为坐标原点,圆 $O:x^2+y^2=\frac{4}{5}$ 与直线 AB 相切.

(1)求椭圆 E 的标准方程.

(2)已知四边形 $ABCD$ 内接于椭圆 E,$AB \parallel DC$.记直线 AC、BD 的斜率分别为 k_1、k_2,试问 $k_1 \cdot k_2$ 是否为定值?证明你的结论.

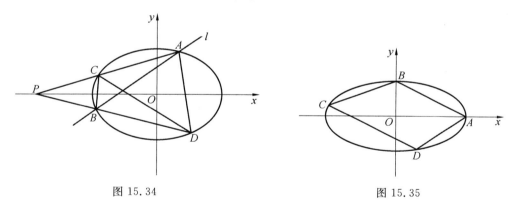

图 15.34 图 15.35

3. 如图 15.36 所示,过点 $P(4,1)$ 的直线 l 与椭圆 $\frac{x^2}{6}+\frac{y^2}{3}=1$ 交于 A、B 两点,C 是椭圆上的另外一点,且线段 AC 被直线 OP 平分,求证:直线 BC 过定点.

4. 动点 M 与两点 $A(-1,0)$、$B(1,0)$ 构成 $\triangle MAB$,且 $\angle MBA=\angle MAB$,设 M 的轨迹为 C.

(1)求轨迹 C 的方程.

(2)设直线 $y=-2x+m$ 与 y 轴交于点 P,与轨迹 C 交于点 Q、R,且 $|PQ|<|PR|$,求 $\left|\frac{PR}{PQ}\right|$ 的取值范围.

5. 如图 15.37 所示,已知椭圆方程为 $\dfrac{x^2}{4}+\dfrac{y^2}{3}=1$,其中 F_1、F_2 为椭圆的左、右焦点. 已知 A、B 为椭圆上两个动点,且满足 $\overrightarrow{AF_1}/\!/\overrightarrow{BF_2}$,直线 AF_2 与直线 BF_1 交于点 C. 求点 C 的轨迹方程.

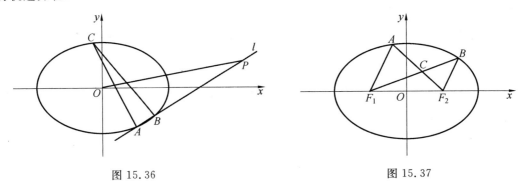

图 15.36 　　　　　　　图 15.37

6. 如图 15.38 所示,过抛物线 $y^2=4x$ 的焦点作两条互相垂直的直线分别交抛物线于点 A、B 和点 C、D,求证:$\dfrac{1}{|AB|}+\dfrac{1}{|CD|}$ 为定值.

7. 如图 15.39 所示,已知椭圆 $x^2+\dfrac{y^2}{4}=1$ 短轴的左、右两个端点分别为 A、B,直线 l:$y=kx+1$ 与 x 轴、y 轴分别交于点 E、F,与椭圆交于点 C、D.

(1) 若 $\overrightarrow{CE}=\overrightarrow{FD}$,求直线 l 的方程.

(2) 设直线 AD、CB 的斜率分别为 k_1、k_2,若 $k_1:k_2=2:1$,求 k_{CD} 的值.

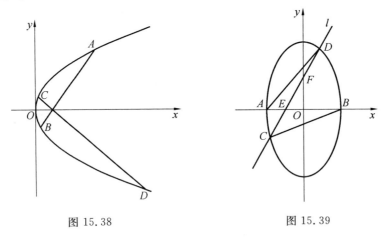

图 15.38 　　　　　　　图 15.39

8. 如图 15.40 所示,已知双曲线 $x^2-y^2=1$,过 $D\left(\dfrac{\sqrt{2}}{2},0\right)$ 作直线 l_1 交双曲线左、右支分别于 M、N 两点,过右焦点 F 作直线 l_2 与 l_1 垂直,交双曲线于点 P、Q. 求证:$|FP|\cdot|FQ|=2|DM|\cdot|DN|$.

9. 如图 15.41 所示,已知椭圆 $C:\dfrac{x^2}{a^2}+\dfrac{y^2}{b^2}=1(a>b>0)$ 的离心率为 $\dfrac{\sqrt{2}}{2}$,且过点 $A(2,1)$.

(1)求 C 的方程.

(2)点 M、N 在 C 上,且 $AM \perp AN$,$AD \perp MN$,D 为垂足,证明:存在定点 Q,使得 $|DQ|$ 为定值.

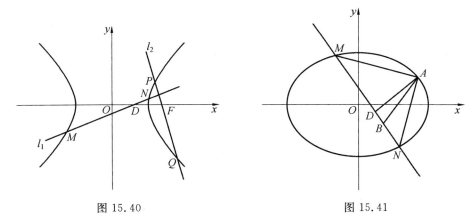

图 15.40　　　　　　　　　　图 15.41

10. 已知椭圆 $C: \dfrac{x^2}{a^2} + \dfrac{y^2}{b^2} = 1 (a > b > 0)$ 的左、右顶点分别为 A、B,焦距为 2. 点 P 为椭圆上异于 A、B 的点,且直线 PA、PB 的斜率之积为 $-\dfrac{3}{4}$.

(1)求椭圆 C 的方程.

(2)设直线 AP 与 y 轴的交点为 Q,过坐标原点 O 作 $OM \parallel AP$ 交椭圆于点 M,请证明:$\dfrac{|AP| \cdot |AQ|}{|OM|^2}$ 为定值.

11. 设 A、B 是双曲线 $x^2 - \dfrac{y^2}{2} = 1$ 上的两点,点 $N(1, 2)$ 是线段 AB 的中点.

(1)求直线 AB 的方程.

(2)如果线段 AB 的垂直平分线与双曲线相交于 C、D 两点,那么 A、B、C、D 是否共圆?为什么?

【答案与解析】

1. 证明:设 $A(2\cos \alpha, \sin \alpha)$,$B(2\cos \beta, \sin \beta)$,$C(2\cos \theta, \sin \theta)$,$D(2\cos \varphi, \sin \varphi)$.

由 A、C、P 三点共线可得

$$\frac{\sin \alpha}{2\cos \alpha + 4} = \frac{\sin \theta}{2\cos \theta + 4}$$

整理为

$$2\sin(\alpha - \theta) = 4(\sin \theta - \sin \alpha)$$

即为

$$\sin\left(\frac{\alpha}{2} - \frac{\theta}{2}\right)\cos\left(\frac{\alpha}{2} - \frac{\theta}{2}\right) = 2\cos\left(\frac{\alpha}{2} + \frac{\theta}{2}\right)\sin\left(\frac{\theta}{2} - \frac{\alpha}{2}\right)$$

$$-\cos\left(\frac{\alpha}{2} - \frac{\theta}{2}\right) = 2\cos\left(\frac{\alpha}{2} + \frac{\theta}{2}\right)$$

$$-\left(\cos\frac{\alpha}{2}\cos\frac{\theta}{2}+\sin\frac{\alpha}{2}\sin\frac{\theta}{2}\right)=2\left(\cos\frac{\alpha}{2}\cos\frac{\theta}{2}-\sin\frac{\alpha}{2}\sin\frac{\theta}{2}\right)$$

$$\sin\frac{\alpha}{2}\sin\frac{\theta}{2}=3\cos\frac{\alpha}{2}\cos\frac{\theta}{2}$$

$$\tan\frac{\alpha}{2}\tan\frac{\theta}{2}=3 \qquad ①$$

由于 B、D、P 三点共线,同理可得

$$\tan\frac{\beta}{2}\tan\frac{\varphi}{2}=3 \qquad ②$$

由于直线 AB 的斜率为 1,得到

$$\frac{\sin\alpha-\sin\beta}{2\cos\alpha-2\cos\beta}=1$$

即

$$2\cos\left(\frac{\alpha}{2}+\frac{\beta}{2}\right)\sin\left(\frac{\alpha}{2}-\frac{\beta}{2}\right)=-4\sin\left(\frac{\alpha}{2}+\frac{\beta}{2}\right)\sin\left(\frac{\alpha}{2}-\frac{\beta}{2}\right)$$

$$\cos\left(\frac{\alpha}{2}+\frac{\beta}{2}\right)=-2\sin\left(\frac{\alpha}{2}+\frac{\beta}{2}\right)$$

$$\cos\frac{\alpha}{2}\cos\frac{\beta}{2}-\sin\frac{\alpha}{2}\sin\frac{\beta}{2}=-2\left(\sin\frac{\alpha}{2}\cos\frac{\beta}{2}+\cos\frac{\alpha}{2}\sin\frac{\beta}{2}\right)$$

$$1-\tan\frac{\alpha}{2}\tan\frac{\beta}{2}=-2\left(\tan\frac{\alpha}{2}+\tan\frac{\beta}{2}\right) \qquad ③$$

将①②代入③中得到

$$9-\tan\frac{\theta}{2}\tan\frac{\varphi}{2}=6\left(\tan\frac{\theta}{2}+\tan\frac{\varphi}{2}\right) \qquad ④$$

设 CD 经过定点 $M(x_0,y_0)$,由于 C、D、M 三点共线,因此

$$\frac{\sin\varphi-y_0}{2\cos\varphi-x_0}=\frac{\sin\theta-y_0}{2\cos\theta-x_0}$$

整理可得

$$2\sin(\varphi-\theta)=x_0(\sin\varphi-\sin\theta)+2y_0(\cos\theta-\cos\varphi)$$

$$4\sin\left(\frac{\varphi}{2}-\frac{\theta}{2}\right)\cos\left(\frac{\varphi}{2}-\frac{\theta}{2}\right)=2x_0\cos\left(\frac{\varphi}{2}+\frac{\theta}{2}\right)\sin\left(\frac{\varphi}{2}-\frac{\theta}{2}\right)-$$

$$4y_0\sin\left(\frac{\varphi}{2}+\frac{\theta}{2}\right)\cos\left(\frac{\varphi}{2}-\frac{\theta}{2}\right)$$

$$2\cos\left(\frac{\varphi}{2}-\frac{\theta}{2}\right)=x_0\cos\left(\frac{\varphi}{2}+\frac{\theta}{2}\right)+2y_0\sin\left(\frac{\varphi}{2}+\frac{\theta}{2}\right)$$

$$(2-x_0)\cos\frac{\varphi}{2}\cos\frac{\theta}{2}+(2+x_0)\sin\frac{\varphi}{2}\sin\frac{\theta}{2}=2y_0\left(\sin\frac{\varphi}{2}\cos\frac{\theta}{2}+\cos\frac{\varphi}{2}\sin\frac{\theta}{2}\right)$$

即为

$$(2-x_0)+(2+x_0)\tan\frac{\theta}{2}\tan\frac{\varphi}{2}=2y_0\left(\tan\frac{\theta}{2}+\tan\frac{\varphi}{2}\right) \qquad ⑤$$

由④⑤进行对比可得

$$\frac{2-x_0}{-9}=\frac{2+x_0}{1}=\frac{-2y_0}{6}$$

解方程可得 $\begin{cases} x_0 = -\dfrac{5}{2} \\ y_0 = \dfrac{3}{2} \end{cases}$,故直线 CD 恒过点 $\left(-\dfrac{5}{2}, \dfrac{3}{2}\right)$.

2. 解:(1)直线 AB 的方程为 $\dfrac{x}{a} + \dfrac{y}{b} = 1$,即 $bx + ay - ab = 0$.

由圆 O 与直线 AB 相切,得 $\dfrac{ab}{\sqrt{a^2+b^2}} = \sqrt{\dfrac{4}{5}}$,即

$$\dfrac{a^2 b^2}{a^2+b^2} = \dfrac{4}{5} \qquad ①$$

设椭圆的半焦距为 c,则

$$e = \dfrac{c}{a} = \dfrac{\sqrt{3}}{2}$$

所以

$$\dfrac{b^2}{a^2} = 1 - e^2 = \dfrac{1}{4} \qquad ②$$

由①②得

$$a^2 = 4, \quad b^2 = 1$$

故椭圆的标准方程为 $\dfrac{x^2}{4} + y^2 = 1$.

(2)由(1)可知 $A(2,0), B(0,1)$. 设 $C(2\cos\alpha, \sin\alpha), D(2\cos\beta, \sin\beta)$.

因为 $k_{AB} = k_{CD}$,所以

$$-\dfrac{1}{2} = \dfrac{\sin\alpha - \sin\beta}{2\cos\alpha - 2\cos\beta} - 1 = \dfrac{2\cos\dfrac{\alpha+\beta}{2}\sin\dfrac{\alpha-\beta}{2}}{-2\sin\dfrac{\alpha+\beta}{2}\sin\dfrac{\alpha-\beta}{2}}$$

$$\sin\dfrac{\alpha+\beta}{2} = \cos\dfrac{\alpha+\beta}{2}$$

即

$$\tan\dfrac{\alpha+\beta}{2} = 1$$

不妨设 $\dfrac{\alpha+\beta}{2} = \dfrac{\pi}{4}$,即 $\alpha = \dfrac{\pi}{2} - \beta$,则

$$k_1 = \dfrac{\sin\alpha}{2\cos\alpha - 2} = \dfrac{\sin\left(\dfrac{\pi}{2}-\beta\right)}{2\cos\left(\dfrac{\pi}{2}-\beta\right) - 2} = \dfrac{\cos\beta}{2\sin\beta - 2}, \quad k_2 = \dfrac{\sin\beta - 1}{2\cos\beta}$$

即 $k_1 \cdot k_2 = \dfrac{1}{4}$.

3. 证明:设 $A(\sqrt{6}\sin\alpha, \sqrt{3}\cos\alpha), B(\sqrt{6}\sin\beta, \sqrt{3}\cos\beta), C(\sqrt{6}\sin\gamma, \sqrt{3}\cos\gamma)$.

由 A、B、P 三点共线可得

$$\frac{\sqrt{3}\sin\alpha-1}{\sqrt{6}\cos\alpha-4}=\frac{\sqrt{3}\sin\beta-1}{\sqrt{6}\cos\beta-4}$$

即为

$$\sqrt{18}\sin\alpha\cos\beta-4\sqrt{3}\sin\alpha-\sqrt{6}\cos\beta=\sqrt{18}\sin\beta\cos\alpha-4\sqrt{3}\sin\beta-\sqrt{6}\cos\alpha$$

$$\sqrt{18}\sin(\alpha-\beta)=4\sqrt{3}(\sin\alpha-\sin\beta)+\sqrt{6}(\cos\beta-\cos\alpha)2$$

$$2\sqrt{6}\sin\left(\frac{\alpha}{2}-\frac{\beta}{2}\right)\cos\left(\frac{\alpha}{2}-\frac{\beta}{2}\right)=8\cos\left(\frac{\alpha}{2}+\frac{\beta}{2}\right)\sin\left(\frac{\alpha}{2}-\frac{\beta}{2}\right)-$$

$$2\sqrt{2}\sin\left(\frac{\alpha}{2}+\frac{\beta}{2}\right)\sin\left(\frac{\beta}{2}-\frac{\alpha}{2}\right)$$

$$2\sqrt{6}\cos\left(\frac{\alpha}{2}-\frac{\beta}{2}\right)=8\cos\left(\frac{\alpha}{2}+\frac{\beta}{2}\right)+2\sqrt{2}\sin\left(\frac{\alpha}{2}+\frac{\beta}{2}\right)$$

$$\sqrt{6}\left(\cos\frac{\alpha}{2}\cos\frac{\beta}{2}+\sin\frac{\alpha}{2}\sin\frac{\beta}{2}\right)=4\left(\cos\frac{\alpha}{2}\cos\frac{\beta}{2}-\sin\frac{\alpha}{2}\sin\frac{\beta}{2}\right)+$$

$$\sqrt{2}\left(\cos\frac{\alpha}{2}\sin\frac{\beta}{2}+\sin\frac{\alpha}{2}\cos\frac{\beta}{2}\right)$$

即为

$$\sqrt{6}\left(1+\tan\frac{\alpha}{2}\tan\frac{\beta}{2}\right)=4\left(1-\tan\frac{\alpha}{2}\tan\frac{\beta}{2}\right)+\sqrt{2}\left(\tan\frac{\alpha}{2}+\tan\frac{\beta}{2}\right) \quad ①$$

由中点弦结论得

$$k_{AC}k_{OP}=-\frac{1}{2}\Rightarrow\frac{\sqrt{3}\sin\gamma-\sqrt{3}\sin\alpha}{\sqrt{6}\cos\gamma-\sqrt{6}\cos\alpha}\cdot\frac{1}{4}=-\frac{1}{2}$$

整理为

$$\sin\gamma-\sin\alpha=-2\sqrt{2}(\cos\gamma-\cos\alpha)$$

$$2\cos\left(\frac{\gamma}{2}+\frac{\alpha}{2}\right)\sin\left(\frac{\gamma}{2}-\frac{\alpha}{2}\right)=2\sqrt{2}\sin\left(\frac{\gamma}{2}+\frac{\alpha}{2}\right)\sin\left(\frac{\gamma}{2}-\frac{\alpha}{2}\right)$$

即为

$$\cos\left(\frac{\gamma}{2}+\frac{\alpha}{2}\right)=2\sqrt{2}\sin\left(\frac{\gamma}{2}+\frac{\alpha}{2}\right)$$

$$\cos\frac{\gamma}{2}\cos\frac{\alpha}{2}-\sin\frac{\gamma}{2}\sin\frac{\alpha}{2}=2\sqrt{2}\left(\sin\frac{\gamma}{2}\cos\frac{\alpha}{2}+\cos\frac{\gamma}{2}\sin\frac{\alpha}{2}\right)$$

$$1-\tan\frac{\gamma}{2}\tan\frac{\alpha}{2}=2\sqrt{2}\left(\tan\frac{\gamma}{2}+\tan\frac{\alpha}{2}\right)$$

解得

$$\tan\frac{\alpha}{2}=\frac{1-2\sqrt{2}\tan\frac{\gamma}{2}}{2\sqrt{2}+\tan\frac{\gamma}{2}} \quad ②$$

将②代入①中整理可得

$$\sqrt{6}\left(\tan\frac{\beta}{2}+\tan\frac{\gamma}{2}\right)+(4\sqrt{3}-9\sqrt{2})=(4\sqrt{3}+9\sqrt{2})\tan\frac{\beta}{2}\tan\frac{\gamma}{2} \quad ③$$

设 BC 恒过定点 $M(m,n)$，由三点共线可得

$$\frac{\sqrt{3}\sin\beta-n}{\sqrt{6}\cos\beta-m}=\frac{\sqrt{3}\sin\gamma-n}{\sqrt{6}\cos\gamma-m}$$

整理可得

$$\sqrt{6}\left(1+\tan\frac{\beta}{2}\tan\frac{\gamma}{2}\right)=m\left(1-\tan\frac{\beta}{2}\tan\frac{\gamma}{2}\right)+\sqrt{2}n\left(\tan\frac{\beta}{2}+\tan\frac{\gamma}{2}\right)$$

即为

$$\sqrt{2}n\left(\tan\frac{\beta}{2}+\tan\frac{\gamma}{2}\right)+(m-\sqrt{6})=(\sqrt{6}+m)\tan\frac{\beta}{2}\tan\frac{\gamma}{2} \quad ④$$

由③④对比可得

$$\frac{\sqrt{6}}{\sqrt{2}n}=\frac{4\sqrt{3}-9\sqrt{2}}{m-\sqrt{6}}=\frac{4\sqrt{3}+9\sqrt{2}}{m+\sqrt{6}}$$

解得 $m=\frac{4}{3}$, $n=\frac{1}{3}$,故直线恒过定点 $M\left(\frac{4}{3},\frac{1}{3}\right)$.

4.**解**:(1)设 $M(x,y)$,则

$$\tan A=\frac{y}{x+1},\quad \tan(\pi-B)=\frac{y}{x-2}$$

即

$$-\tan B=\frac{y}{x-2}$$

由 $-\tan B=-\tan 2A\Rightarrow-\tan B=\frac{2\tan A}{\tan^2A-1}$,得

$$\frac{y}{x-2}=\frac{\dfrac{2y}{x+1}}{\left(\dfrac{y}{x+1}\right)^2-1}\Rightarrow 3x^2-y^2=3$$

即 $x^2-\dfrac{y^2}{3}=1$,由题可知图像为双曲线的右支,故 $x\geqslant 1$.

(2)将直线 $y=-2x+m$ 与双曲线方程进行联立可得

$$x^2-4mx+m^2+3=0$$

将上式看作关于 x 的函数 $f(x)$,且两个零点均大于1,故有

$$\begin{cases}f(1)>0\\ \dfrac{4m}{2}>1\\ \Delta=12m^2-12>0\end{cases}$$

解得 $m>1$ 且 $m\neq 2$.

将直线方程写成参数方程形式为

$$\begin{cases}x=\dfrac{-\sqrt{5}}{5}t\\ y=\dfrac{3\sqrt{5}}{5}t+m\end{cases}$$

将其与双曲线方程进行联立,整理可得

$$t^2+4\sqrt{5}\,mt+5m^2+15=0$$

由韦达定理得

$$t_1+t_2=-4\sqrt{5}\,m,\quad t_1t_2=5m^2+15$$

故 $\left|\dfrac{PR}{PQ}\right|=\dfrac{t_1}{t_2}=\lambda$,由恒等式

$$\dfrac{(t_1+t_2)^2}{t_1t_2}=\lambda+\dfrac{1}{\lambda}+2$$

得

$$\dfrac{16m^2}{m^2+3}=\lambda+\dfrac{1}{\lambda}+2\Rightarrow\dfrac{16}{\dfrac{3}{m^2}+1}=\lambda+\dfrac{1}{\lambda}+2$$

因为 $m>1$ 且 $m\neq 2$,故 $4<\dfrac{16}{\dfrac{3}{m^2}+1}<16$,且 $\dfrac{16}{\dfrac{3}{m^2}+1}\neq\dfrac{64}{7}$,即

$$4<\lambda+\dfrac{1}{\lambda}+2<16 \quad \text{且} \quad \lambda+\dfrac{1}{\lambda}+2\neq\dfrac{64}{7}$$

解得 $1<\lambda<7+4\sqrt{3}$,且 $\lambda\neq 7$.

5. **解**:已知 $F_1(-1,0),F_2(1,0)$. 设 $A(2\cos\alpha,\sqrt{3}\sin\alpha),B(2\cos\beta,\sqrt{3}\sin\beta)$.

因为 $AF_1\parallel BF_2$,所以

$$\dfrac{\sqrt{3}\sin\alpha}{2\cos\alpha+1}=\dfrac{\sqrt{3}\sin\beta}{2\cos\beta-1}$$

即

$$2\sin\alpha\cos\beta-\sin\alpha=2\cos\alpha\sin\beta+\sin\beta$$
$$2\sin(\alpha-\beta)=\sin\alpha+\sin\beta$$
$$4\sin\dfrac{\alpha-\beta}{2}\cos\dfrac{\alpha-\beta}{2}=2\sin\dfrac{\alpha+\beta}{2}\cos\dfrac{\alpha-\beta}{2}$$
$$2\sin\dfrac{\alpha-\beta}{2}=\sin\dfrac{\alpha+\beta}{2}$$
$$2\sin\dfrac{\alpha}{2}\cos\dfrac{\beta}{2}-2\cos\dfrac{\alpha}{2}\sin\dfrac{\beta}{2}=\sin\dfrac{\alpha}{2}\cos\dfrac{\beta}{2}+\cos\dfrac{\alpha}{2}\sin\dfrac{\beta}{2}$$
$$\sin\dfrac{\alpha}{2}\cos\dfrac{\beta}{2}=3\cos\dfrac{\alpha}{2}\sin\dfrac{\beta}{2}$$
$$\tan\dfrac{\alpha}{2}=3\tan\dfrac{\beta}{2} \qquad \text{①}$$

则

$$k_{BF_1}=\dfrac{\sqrt{3}\sin\beta}{2\cos\beta+1},\quad k_{AF_2}=\dfrac{\sqrt{3}\sin\alpha}{2\cos\alpha-1}$$

直线 l_{BF_1} 的方程为

$$y=\dfrac{\sqrt{3}\sin\beta}{2\cos\beta+1}(x+1) \qquad \text{②}$$

直线 l_{AF_2} 的方程为

$$y=\frac{\sqrt{3}\sin\alpha}{2\cos\alpha-1}(x-1) \qquad ③$$

联立②③可得

$$\frac{\sqrt{3}\sin\beta}{2\cos\beta+1}(x+1)=\frac{\sqrt{3}\sin\alpha}{2\cos\alpha-1}(x-1)$$

即

$$\left(\frac{\sin\alpha}{2\cos\alpha-1}-\frac{\sin\beta}{2\cos\beta+1}\right)x=\frac{\sin\alpha}{2\cos\alpha-1}+\frac{\sin\beta}{2\cos\beta+1}$$

$$(2\sin\alpha\cos\beta-2\cos\alpha\sin\beta+\sin\alpha+\sin\beta)x=2\sin\alpha\cos\beta+2\cos\alpha\sin\beta+\sin\alpha-\sin\beta$$

$$\left[2\sin(\alpha-\beta)+2\sin\frac{\alpha+\beta}{2}\cos\frac{\alpha-\beta}{2}\right]x=2\sin(\alpha+\beta)+2\cos\frac{\alpha+\beta}{2}\sin\frac{\alpha-\beta}{2}$$

$$x=\frac{\sin(\alpha+\beta)+\cos\frac{\alpha+\beta}{2}\sin\frac{\alpha-\beta}{2}}{\sin(\alpha-\beta)+\sin\frac{\alpha+\beta}{2}\cos\frac{\alpha-\beta}{2}}=\frac{\cos\frac{\alpha+\beta}{2}\left(2\sin\frac{\alpha+\beta}{2}+\sin\frac{\alpha-\beta}{2}\right)}{\cos\frac{\alpha-\beta}{2}\left(2\sin\frac{\alpha-\beta}{2}+\sin\frac{\alpha+\beta}{2}\right)}$$

$$x=\frac{\left(\cos\frac{\alpha}{2}\cos\frac{\beta}{2}-\sin\frac{\alpha}{2}\sin\frac{\beta}{2}\right)\left(3\sin\frac{\alpha}{2}\cos\frac{\beta}{2}+\cos\frac{\alpha}{2}\sin\frac{\beta}{2}\right)}{\left(\cos\frac{\alpha}{2}\cos\frac{\beta}{2}+\sin\frac{\alpha}{2}\sin\frac{\beta}{2}\right)\left(3\sin\frac{\alpha}{2}\cos\frac{\beta}{2}-\cos\frac{\alpha}{2}\sin\frac{\beta}{2}\right)}$$

$$x=\frac{\left(1-\tan\frac{\alpha}{2}\tan\frac{\beta}{2}\right)\left(3\tan\frac{\alpha}{2}+\tan\frac{\beta}{2}\right)}{\left(1+\tan\frac{\alpha}{2}\tan\frac{\beta}{2}\right)\left(3\tan\frac{\alpha}{2}-\tan\frac{\beta}{2}\right)} \qquad ④$$

把①式代入④式可得

$$x=\frac{5\left(1-3\tan^2\frac{\beta}{2}\right)}{4\left(1+3\tan^2\frac{\beta}{2}\right)} \qquad ⑤$$

把⑤式代入②式可得

$$y=\frac{\sqrt{3}\sin\beta}{2\cos\beta+1}\left[\frac{5\left(1-3\tan^2\frac{\beta}{2}\right)}{4\left(1+3\tan^2\frac{\beta}{2}\right)}+1\right]$$

$$y=\frac{\sqrt{3}\sin\beta}{2\cos\beta+1}\cdot\frac{3\left(3-\tan^2\frac{\beta}{2}\right)}{4\left(1+3\tan^2\frac{\beta}{2}\right)}=\frac{2\sqrt{3}\sin\frac{\beta}{2}\cos\frac{\beta}{2}}{3\cos^2\frac{\beta}{2}-\sin^2\frac{\beta}{2}}\cdot\frac{3\left(3-\tan^2\frac{\beta}{2}\right)}{4\left(1+3\tan^2\frac{\beta}{2}\right)}$$

$$y=\frac{2\sqrt{3}\tan\frac{\beta}{2}}{3-\tan^2\frac{\beta}{2}}\cdot\frac{3\left(3-\tan^2\frac{\beta}{2}\right)}{4\left(1+3\tan^2\frac{\beta}{2}\right)}$$

$$y=\frac{3\sqrt{3}\tan\frac{\beta}{2}}{2\left(1+3\tan^2\frac{\beta}{2}\right)} \qquad ⑥$$

先将⑤变形成

$$\frac{4x}{5}=\frac{1-3\tan^2\frac{\beta}{2}}{1+3\tan^2\frac{\beta}{2}}$$

将⑥变形成

$$\frac{2y}{3\sqrt{3}}=\frac{\tan\frac{\beta}{2}}{1+3\tan^2\frac{\beta}{2}}$$

再利用完全平方公式消参可得

$$\left(\frac{4x}{5}\right)^2+12\left(\frac{2y}{3\sqrt{3}}\right)^2=1$$

即轨迹方程为 $\frac{16x^2}{25}+\frac{16y^2}{9}=1$.

6. 证明： 设直线 AB 的参数方程为

$$\begin{cases}x=1+t\cos\alpha\\y=t\sin\alpha\end{cases}$$

将其与抛物线方程联立可得

$$t^2\sin^2\alpha-4t\cos\alpha-4=0$$

则由韦达定理可得

$$t_1+t_2=\frac{4\cos\alpha}{\sin^2\alpha},\quad t_1t_2=\frac{-4}{\sin^2\alpha}$$

$$|AB|=|t_1-t_2|=\sqrt{(t_1+t_2)^2-4t_1t_2}=\frac{4}{\sin^2\alpha}$$

设直线 CD 的参数方程为

$$\begin{cases}x=1+t\cos\left(\alpha+\frac{\pi}{2}\right)=1-t\sin\alpha\\y=t\sin\left(\alpha+\frac{\pi}{2}\right)=t\cos\alpha\end{cases}$$

同理可得

$$|CD|=\frac{4}{\cos^2\alpha}$$

故

$$\frac{1}{|AB|}+\frac{1}{|CD|}=\frac{\sin^2\alpha}{4}+\frac{\cos^2\alpha}{4}=\frac{1}{4}$$

7. 解： (1) 设 $C(x_1,y_1),D(x_2,y_2)$.

由 $\begin{cases}4x^2+y^2=4\\y=kx+1\end{cases}$ 得

$$(4+k^2)x^2+2kx-3=0$$

则

$$\Delta = 4k^2 + 12(4+k^2) = 16k^2 + 48$$

由韦达定理得

$$x_1 + x_2 = \frac{-2k}{4+k^2}, \quad x_1 x_2 = \frac{-3}{4+k^2}$$

由已知 $E\left(-\frac{1}{k}, 0\right)$, $F(0,1)$. 又 $\overrightarrow{CE} = \overrightarrow{FD}$, 所以

$$\left(-\frac{1}{k} - x_1, -y_1\right) = (x_2, y_2 - 1)$$

所以

$$-\frac{1}{k} - x_1 = x_2$$

即

$$x_2 + x_1 = -\frac{1}{k}$$

所以

$$\frac{-2k}{4+k^2} = -\frac{1}{k}$$

解得 $k = \pm 2$,符合题意. 所以,所求直线 l 的方程为

$$2x - y + 1 = 0 \quad \text{或} \quad 2x + y - 1 = 0$$

(2) $A(-1,0), B(1,0), F(0,1)$. 设 $D(\cos\alpha, 2\sin\alpha), C(\cos\beta, 2\sin\beta)$.

因为 $D、F、C$ 三点共线,所以

$$\frac{2\sin\alpha - 1}{\cos\alpha} = \frac{2\sin\beta - 1}{\cos\beta}$$

$$2\sin\alpha\cos\beta - \cos\beta = 2\cos\alpha\sin\beta - \cos\alpha$$

$$2\sin(\alpha - \beta) = \cos\beta - \cos\alpha$$

$$4\sin\frac{\alpha-\beta}{2}\cos\frac{\alpha-\beta}{2} = 2\sin\frac{\alpha+\beta}{2}\sin\frac{\alpha-\beta}{2}$$

$$2\cos\frac{\alpha-\beta}{2} = \sin\frac{\alpha+\beta}{2}$$

$$2\cos\frac{\alpha}{2}\cos\frac{\beta}{2} + 2\sin\frac{\alpha}{2}\sin\frac{\beta}{2} = \sin\frac{\alpha}{2}\cos\frac{\beta}{2} + \cos\frac{\alpha}{2}\sin\frac{\beta}{2}$$

$$2\left(1 + \tan\frac{\alpha}{2}\tan\frac{\beta}{2}\right) = \tan\frac{\alpha}{2} + \tan\frac{\beta}{2}$$

$$\frac{k_1}{k_2} = \frac{\dfrac{2\sin\alpha}{\cos\alpha + 1}}{\dfrac{2\sin\beta}{\cos\beta - 1}} = \frac{\tan\dfrac{\alpha}{2}}{-\dfrac{1}{\tan\dfrac{\beta}{2}}} = -\tan\frac{\alpha}{2}\tan\frac{\beta}{2} = 2$$

即

$$\tan\frac{\alpha}{2}\tan\frac{\beta}{2} = -2$$

$$k_{CD}=\frac{2\sin\alpha-2\sin\beta}{\cos\alpha-\cos\beta}=\frac{4\cos\frac{\alpha+\beta}{2}\sin\frac{\alpha-\beta}{2}}{-2\sin\frac{\alpha+\beta}{2}\sin\frac{\alpha-\beta}{2}}=-2\times\frac{\cos\frac{\alpha}{2}\cos\frac{\beta}{2}-\sin\frac{\alpha}{2}\sin\frac{\beta}{2}}{\sin\frac{\alpha}{2}\cos\frac{\beta}{2}+\cos\frac{\alpha}{2}\sin\frac{\beta}{2}}$$

$$=-2\times\frac{1-\tan\frac{\alpha}{2}\tan\frac{\beta}{2}}{\tan\frac{\alpha}{2}+\tan\frac{\beta}{2}}=-2\times\frac{1+2}{-2}=3$$

8. 证明：设直线 $l_1:\begin{cases}x=\frac{\sqrt{2}}{2}+t\cos\theta\\y=t\sin\theta\end{cases}$，将其与双曲线方程进行联立可得

$$t^2\cos 2\theta-\sqrt{2}\,t\cos\theta-\frac{1}{2}=0$$

$$DM\cdot DN=|t_1t_2|=\frac{1}{2|\cos 2\theta|}$$

设直线 $l_2:\begin{cases}x=\sqrt{2}+t\cos\left(\theta+\frac{\pi}{2}\right)=\sqrt{2}-t\sin\theta\\y=t\sin\left(\theta+\frac{\pi}{2}\right)=t\cos\theta\end{cases}$，将其与双曲线方程进行联立可得

$$t^2\cos 2\theta+2\sqrt{2}\,t\sin\theta-1=0$$

可得

$$|FP|\cdot|FQ|=|t_3t_4|=\frac{1}{|\cos 2\theta|}$$

故

$$|FP|\cdot|FQ|=2|DM|\cdot|DN|$$

9. 解：(1)因为离心率为

$$e=\frac{c}{a}=\frac{\sqrt{2}}{2}$$

所以

$$a=\sqrt{2}\,c$$

又 $a^2=b^2+c^2$，所以

$$b=c,\quad a=\sqrt{2}\,b$$

把点 $A(2,1)$ 代入椭圆方程得

$$\frac{4}{2b^2}+\frac{1}{b^2}=1$$

解得 $b^2=3$，故椭圆 C 的方程为

$$\frac{x^2}{6}+\frac{y^2}{3}=1$$

(2)设直线 MN 上存在一定点 $B(x_0,y_0)$，$M(\sqrt{6}\cos\alpha,\sqrt{3}\sin\alpha)$，$N(\sqrt{6}\cos\beta,\sqrt{3}\sin\beta)$．

因为 M、N、B 三点共线,所以

$$\frac{y_0-\sqrt{3}\sin\alpha}{x_0-\sqrt{6}\cos\alpha}=\frac{y_0-\sqrt{3}\sin\beta}{x_0-\sqrt{6}\cos\beta}$$

$$-\sqrt{3}x_0\sin\alpha-\sqrt{6}y_0\cos\beta+3\sqrt{2}\sin\alpha\cos\beta=-\sqrt{3}x_0\sin\beta-\sqrt{6}y_0\cos\alpha+3\sqrt{2}\sin\beta\cos\alpha$$

$$0=\sqrt{3}x_0(\sin\alpha-\sin\beta)-\sqrt{6}y_0(\cos\alpha-\cos\beta)-3\sqrt{2}\sin(\alpha-\beta)$$

$$0=2\sqrt{3}x_0\cos\frac{\alpha+\beta}{2}\sin\frac{\alpha-\beta}{2}+2\sqrt{6}y_0\sin\frac{\alpha+\beta}{2}\sin\frac{\alpha-\beta}{2}-6\sqrt{2}\sin\frac{\alpha-\beta}{2}\cos\frac{\alpha-\beta}{2}$$

$$\sqrt{6}\cos\frac{\alpha-\beta}{2}=x_0\cos\frac{\alpha+\beta}{2}+\sqrt{2}y_0\sin\frac{\alpha+\beta}{2} \qquad ①$$

记 A 的坐标为 $(\sqrt{6}\cos\gamma,\sqrt{3}\sin\gamma)$,其中

$$\cos\gamma=\frac{2}{\sqrt{6}},\quad \sin\gamma=\frac{1}{\sqrt{3}} \qquad ②$$

因为 $AM\perp AN$,所以

$$\frac{\sqrt{3}\sin\gamma-\sqrt{3}\sin\alpha}{\sqrt{6}\cos\gamma-\sqrt{6}\cos\alpha}\cdot\frac{\sqrt{3}\sin\gamma-\sqrt{3}\sin\beta}{\sqrt{6}\cos\gamma-\sqrt{6}\cos\beta}=-1$$

$$\frac{1}{2}\cdot\frac{\cos\frac{\alpha+\gamma}{2}\sin\frac{\alpha-\gamma}{2}}{\sin\frac{\alpha+\gamma}{2}\sin\frac{\alpha-\gamma}{2}}\cdot\frac{\cos\frac{\beta+\gamma}{2}\sin\frac{\beta-\gamma}{2}}{\sin\frac{\beta+\gamma}{2}\sin\frac{\beta-\gamma}{2}}=-1$$

$$\frac{1}{2}\cdot\frac{\cos\frac{\alpha+\gamma}{2}\cos\frac{\beta+\gamma}{2}}{\sin\frac{\alpha+\gamma}{2}\sin\frac{\beta+\gamma}{2}}=-1$$

$$\frac{1}{2}\cdot\frac{\cos\left(\frac{\alpha+\beta}{2}+\gamma\right)+\cos\frac{\alpha-\beta}{2}}{\cos\frac{\alpha-\beta}{2}-\cos\left(\frac{\alpha+\beta}{2}+\gamma\right)}=-1$$

$$\cos\left(\frac{\alpha+\beta}{2}+\gamma\right)+\cos\frac{\alpha-\beta}{2}=-2\left[\cos\frac{\alpha-\beta}{2}-\cos\left(\frac{\alpha+\beta}{2}+\gamma\right)\right]$$

$$3\cos\frac{\alpha-\beta}{2}=2\cos\left(\frac{\alpha+\beta}{2}+\gamma\right)=2\cos\frac{\alpha+\beta}{2}\cos\gamma-\sin\frac{\alpha+\beta}{2}\sin\gamma \qquad ③$$

把②代入③得

$$3\cos\frac{\alpha-\beta}{2}=\frac{2}{\sqrt{6}}\cos\frac{\alpha+\beta}{2}-\frac{1}{\sqrt{3}}\sin\frac{\alpha+\beta}{2}$$

$$\sqrt{6}\cos\frac{\alpha-\beta}{2}=\frac{2}{3}\cos\frac{\alpha+\beta}{2}-\frac{\sqrt{2}}{3}\sin\frac{\alpha+\beta}{2} \qquad ④$$

对比①④可得

$$x_0=\frac{2}{3},\quad y_0=-\frac{1}{3}$$

因为 $AD\perp MN$,所以点 D 在以 AB 为直径的圆上,故当点 Q 为 AB 的中点,即 $Q\left(\frac{4}{3},\frac{1}{3}\right)$ 时,$|DQ|=\frac{2\sqrt{2}}{3}$,为定值.

10. 解:(1)由椭圆第三定义,即 $k_{PA} \cdot k_{PB} = -\dfrac{b^2}{a^2}$,故联立方程

$$\begin{cases} a^2 = b^2 + c^2 \\ 2c = 2 \\ -\dfrac{b^2}{a^2} = -\dfrac{3}{4} \end{cases}$$

得出 $\begin{cases} a=2 \\ b=\sqrt{3} \\ c=1 \end{cases}$,故椭圆方程为 $\dfrac{x^2}{4} + \dfrac{y^2}{3} = 1$.

(2)设直线 AP 的参数方程为

$$\begin{cases} x = -2 + t\cos\alpha \\ y = t\sin\alpha \end{cases}$$

由对称性可知设参数 $\alpha\left(0 < \alpha < \dfrac{\pi}{2}\right)$,将直线 AP 参数方程与椭圆方程 $\dfrac{x^2}{4} + \dfrac{y^2}{3} = 1$ 进行联立可得

$$t = \dfrac{12\cos\alpha}{3 + \sin^2\alpha}$$

即 $AP = \dfrac{12\cos\alpha}{3 + \sin^2\alpha}$.

将直线 AP 的参数方程和 $x = 0$ 进行联立得

$$t = \dfrac{2}{\cos\alpha}$$

即 $|AQ| = \dfrac{2}{\cos\alpha}$.

设直线 OM:$\begin{cases} x = t\cos\alpha \\ y = t\sin\alpha \end{cases}$,将其与椭圆方程进行联立可得

$$t^2 = \dfrac{12}{3 + \sin^2\alpha}$$

即 $|OM|^2 = \dfrac{12}{3 + \sin^2\alpha}$,故

$$\dfrac{|AP| \cdot |AQ|}{|OM|^2} = \dfrac{\dfrac{12\cos\alpha}{3 + \sin^2\alpha} \cdot \dfrac{2}{\cos\alpha}}{\dfrac{12}{3 + \sin^2\alpha}} = 2$$

11. 解:(1)设 $A(x_1, y_1), B(x_2, y_2)$,则有

$$\begin{cases} x_1^2 - \dfrac{y_1^2}{2} = 1 \\ x_2^2 - \dfrac{y_2^2}{2} = 1 \end{cases}$$

两式作差整理可得

$$\dfrac{y_1 + y_2}{x_1 + x_2} \cdot k_{AB} = 2$$

由于
$$y_1+y_2=4, \quad x_1+x_2=2$$
即 $k_{AB}=1$,故直线 AB 的方程为 $y=x+1$.

(2)设直线 AB 的参数方程为
$$\begin{cases} x=1+\dfrac{\sqrt{2}}{2}t \\ y=2+\dfrac{\sqrt{2}}{2}t \end{cases} \quad (t \text{ 为参数})$$

将其与双曲线方程进行联立可得
$$t^2=8$$
即 $|NA||NB|=|t_1t_2|=8$.

因为 $AB \perp CD$,所以设直线 CD 的参数方程为
$$\begin{cases} x=1-\dfrac{\sqrt{2}}{2}t \\ y=2+\dfrac{\sqrt{2}}{2}t \end{cases} \quad (t \text{ 为参数})$$

将其与双曲线方程进行联立可得
$$t^2-8\sqrt{2}\,t-8=0$$
$$|NC||ND|=|t_3t_4|=8$$
即
$$|NC||ND|=|NA||NB|$$
由相交弦定理可得 A、B、C、D 共圆.

第十六章 极 坐 标

16.1 以焦点为极点的极坐标方程

如图 16.1 所示，椭圆 $\dfrac{x^2}{a^2}+\dfrac{y^2}{b^2}=1(a>b>0)$ 上的任意点 $M_1(x,y)$ 到焦点 $F_1(c,0)$ 的距离与到直线 $x=\dfrac{a^2}{c}$ 的距离之比为

$$\dfrac{|M_1F_1|^2}{|M_1M_1'|^2}=\dfrac{(x-c)^2+y^2}{\left(\dfrac{a^2}{c}-x\right)^2}=\dfrac{x^2+c^2-2cx+\left(1-\dfrac{x^2}{a^2}\right)b^2}{\left(\dfrac{a^2}{c}-x\right)^2}=\dfrac{\dfrac{c^2}{a^2}x^2-2cx+a^2}{x^2-2\dfrac{a^2}{c}x+\dfrac{a^4}{c^2}}=\dfrac{c^2}{a^2}=e^2$$

计算结果表明 $M_1(x,y)$ 到焦点 $F_1(c,0)$ 的距离与到直线 $x=\dfrac{a^2}{c}$ 的距离之比为椭圆离心率 e，这是一个与 $M_1(x,y)$ 坐标无关的常量，考虑椭圆的对称性，椭圆的左焦点 $F_2(-c,0)$ 和左准线 $x=-\dfrac{a^2}{c}$ 也符合椭圆的第二定义．

同理，不难发现上述推导也适用于双曲线．对于抛物线，如果令上述公式中 $c=a$，那么其刚好也符合抛物线的定义．

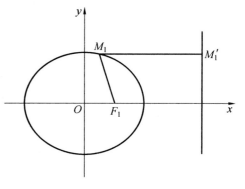

图 16.1

因此，椭圆、双曲线、抛物线可以统一定义为：到一个定点（焦点）的距离与到一条定直线（准线）的距离的比等于常数 e（离心率）的点的轨迹.

①当 $0<e<1$ 时是椭圆；

②当 $e>1$ 时是双曲线；

③当 $e=1$ 时是抛物线．

如果以焦点为极点，可以根据这个定义来求这三种圆锥曲线统一的极坐标方程，过程如下：

过 F 作准线 l 的垂线，垂足为 B，以焦点 F 为极点、x 轴为极轴建立极坐标系．

设 $A(\rho,\theta)$ 是曲线上任意一点，连接 AF，作 $CA\perp l$，$AD\perp x$ 轴，垂足分别为 C、D，那么

曲线就是集合 $A = \left\{ A \mid \dfrac{|AF|}{|AC|} = e \right\}$.

设焦点 F 到准线 l 的距离 $|FB| = p$.

由 $AF = \rho$ 及 $AC = BD = p + \rho\cos\theta$ 得

$$\dfrac{\rho}{p + \rho\cos\theta} = e \Rightarrow \rho = \dfrac{ep}{1 - e\cos\theta}$$

因此 $\rho = \dfrac{ep}{1 - e\cos\theta}$ 即为圆锥曲线统一的极坐标方程.

1. 应用

(1)极坐标下的焦半径公式.

焦半径即圆锥曲线极坐标方程中的 r,假设椭圆上 AF(F 为圆锥曲线焦点,A 为圆锥曲线上一点)与 x 轴正半轴所成角度为 θ_1,则

$$|AF| = \dfrac{ep}{1 - e\cos\theta}$$

(2)弦长.

以左焦点弦为例,设左焦点弦所在直线倾斜角为 α,那么 F_1(椭圆左焦点)为极点,A、B 两点的极坐标分别为 $A(|AF_1|, \alpha + \pi)$,$B(|BF_1|, \alpha)$.

由 A、F_1、B 三点共线得

$$|AB| = |AF_1| + |BF_1|$$

代入焦点弦长公式,即

$$|AB| = \dfrac{ep}{1 - e\cos(\alpha + \pi)} + \dfrac{ep}{1 - e\cos\alpha} = \dfrac{ep}{1 + e\cos\alpha} + \dfrac{ep}{1 - e\cos\alpha} = \dfrac{2ep}{1 - e^2\cos^2\alpha}$$

(3)定比分弦.

在(2)的前提下,若 $\overrightarrow{AF_1} = \lambda \overrightarrow{F_1B}(\lambda > 1)$,则有 $e\cos\alpha = \dfrac{\lambda - 1}{\lambda + 1}$ 或 $e = \sqrt{1 + k^2}\left|\dfrac{\lambda - 1}{\lambda + 1}\right|$.

2. 中心在极点时的极坐标方程

有时直接把中心(直角坐标系中的原点)放在极点会更为方便.此处以椭圆为例,其余遵循直角坐标转极坐标原则.

推导:

设椭圆 E 上任意一点 $A(r, \theta)$,如果用直角坐标系的坐标来表示,得 $A(r\cos\theta, r\sin\theta)$.

由椭圆方程 $E: \dfrac{x^2}{a^2} + \dfrac{y^2}{b^2} = 1$,把 A 的坐标代回方程可得

$$\dfrac{r^2\cos^2\theta}{a^2} + \dfrac{r^2\sin^2\theta}{b^2} = 1 \Rightarrow \dfrac{r^2(a^2\sin^2\theta + b^2\cos^2\theta)}{a^2b^2} = 1$$

所以

$$\dfrac{r^2[\sin^2\theta \cdot (a^2 - b^2) + b^2]}{a^2b^2} = \dfrac{r^2(c^2\sin^2\theta + b^2)}{a^2b^2} = 1$$

整理可得

$$r=\frac{ab}{\sqrt{b^2+c^2\sin^2\theta}}$$

极坐标最大的好处就是不用通过坐标表示弦长问题,坐标即为弦长. 有关不同情况使用不同极点的极坐标,做出如下总结:

①直线过焦点,使用焦点作为极点;
②直线过原点,使用原点作为极点.

3. 典型例题

【例 1】 (2012 江苏)已知 F_1、F_2 是椭圆 $\dfrac{x^2}{2}+y^2=1$ 的左、右焦点,设 A、B 是椭圆上位于 x 轴上方的两点,且直线 AF_1 与直线 BF_2 平行,AF_2 与 BF_1 交于点 P.

(1)若 $AF_1-BF_2=\dfrac{\sqrt{6}}{2}$,求直线 AF_1 的斜率.

(2)求证:PF_1+PF_2 是定值.

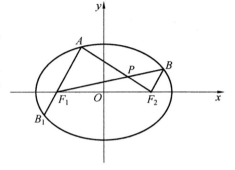

图 16.2

解:(1)如图 16.2 所示,以 F_1 为极点,射线 F_1x 为极轴,建立极坐标系,延长 AF_1 交椭圆于点 B_1,则 $B_1F_1=BF_2$.

设 $A(\rho_1,\theta)$,$B_1(\rho_2,\pi+\theta)$,由椭圆极坐标方程得

$$\rho_1=\frac{ep}{1-e\cos\theta},\quad \rho_2=\frac{ep}{1+e\cos\theta}$$

$$\rho_1-\rho_2=\frac{2e^2p\cos\theta}{1-e^2\cos^2\theta}=\frac{\cos\theta}{1-\frac{1}{2}\cos^2\theta}=\frac{\sqrt{6}}{2}\Rightarrow\cos\theta=\frac{\sqrt{6}}{3}$$

所以

$$k_{AF_1}=\tan\theta=\frac{\sqrt{2}}{2}$$

(2)由 $\triangle AF_1P\backsim\triangle F_2BP$ 得到

$$\frac{PF_1}{PB}=\frac{AF_1}{BF_2}\Rightarrow\frac{PF_1}{BF_1}=\frac{AF_1}{AF_1+BF_2}\Rightarrow PF_1=\frac{BF_1\cdot\rho_1}{\rho_1+\rho_2}$$

即

$$PF_1=\frac{\rho_1(2a-\rho_2)}{\rho_1+\rho_2},\quad PF_2=\frac{\rho_2(2a-\rho_1)}{\rho_1+\rho_2}$$

又 $\dfrac{1}{\rho_1}+\dfrac{1}{\rho_2}=\dfrac{2}{ep}$,故

$$PF_1+PF_2=2a-\frac{2\rho_1\rho_2}{\rho_1+\rho_2}=2a-\frac{2}{\dfrac{1}{\rho_1}+\dfrac{1}{\rho_2}}$$

$$=2a-ep=2a-\frac{b^2}{a}=\frac{a^2+c^2}{a}=\frac{3\sqrt{2}}{2}$$

【例 2】 如图 16.3 所示,过椭圆 $\dfrac{x^2}{a^2}+\dfrac{y^2}{b^2}=1$ 的右焦点 F 作两条垂直的弦 AB、CD,设

AB、CD 的中点分别为 M、N.

(1)求证：直线 MN 必过定点，并求出这个定点.

(2)若弦 AB、CD 的斜率均存在，求 $\triangle FMN$ 面积的最大值.

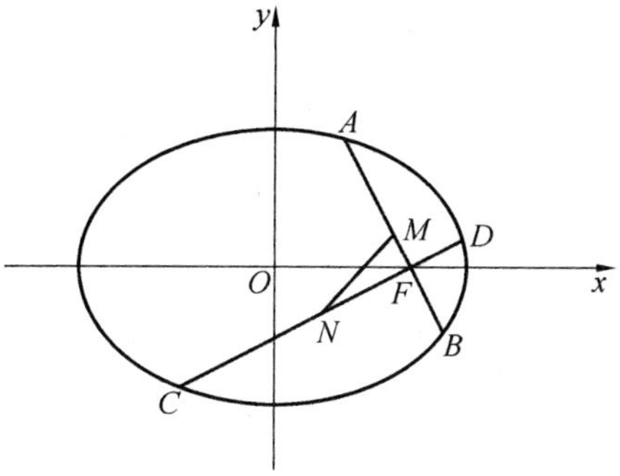

解：(1)以 F 为极点、Fx 为极轴建立极坐标系，则椭圆的极坐标方程为

$$\rho = \frac{ep}{1+e\cos\theta}$$

图 16.3

设 $A(\rho_1,\alpha)$，$B(\rho_2,\alpha+\pi)$，$C\left(\rho_3,\alpha+\dfrac{\pi}{2}\right)$，$D\left(\rho_4,\alpha+\dfrac{3\pi}{2}\right)$，则 $M\left(\dfrac{\rho_1-\rho_2}{2},\alpha\right)$，$N\left(\dfrac{\rho_3-\rho_4}{2},\alpha+\dfrac{\pi}{2}\right)$，即

$$M\left(-\frac{e^2p\cos\alpha}{1-e^2\cos^2\alpha},\alpha\right), \quad N\left(\frac{e^2p\sin\alpha}{1-e^2\sin^2\alpha},\alpha+\frac{\pi}{2}\right)$$

记 $\rho_M = -\dfrac{e^2p\cos\alpha}{1-e^2\cos^2\alpha}$，$\rho_N = \dfrac{e^2p\sin\alpha}{1-e^2\sin^2\alpha}$，$p = \dfrac{a^2}{c}-c = \dfrac{b^2}{c}$，则

$$-\frac{\cos\alpha}{\rho_M}+\frac{\sin\alpha}{\rho_N} = \frac{1-e^2\cos^2\alpha}{e^2p}+\frac{1-e^2\sin^2\alpha}{e^2p} = \frac{2-e^2}{e^2p} \qquad ①$$

设 MN 上任意一点 P 的极坐标为 (ρ,θ)，则由直线两点式极坐标方程得

$$\frac{\sin\left[\left(\alpha+\dfrac{\pi}{2}\right)-\theta\right]}{\rho_M}+\frac{\sin(\theta-\alpha)}{\rho_N} = \frac{\sin\dfrac{\pi}{2}}{\rho}$$

令 $\theta = \pi$，得

$$-\frac{\cos\alpha}{\rho_M}+\frac{\sin\alpha}{\rho_N} = \frac{1}{\rho} \qquad ②$$

比较①②可得 $\theta = \pi$ 时，$\rho = \dfrac{e^2p}{2-e^2}$，即点 $\left(\dfrac{e^2p}{2-e^2},\pi\right)$ 在直线 MN 上.

注意到 $c = \dfrac{e^2p}{1-e^2}$，回到平面直角坐标系，直线 MN 过定点 $\left(\dfrac{e^2p}{1-e^2}-\dfrac{e^2p}{2-e^2},0\right)$，即点 $\left(\dfrac{e^2p}{(1-e^2)(2-e^2)},0\right)$.

【注意】极坐标直线的两点式表示如下：

过 $A(\rho_1,\theta_1)$、$B(\rho_2,\theta_2)$ 的直线为

$$l_{AB}: \frac{y-y_1}{x-x_1} = \frac{y_2-y_1}{x_2-x_1}$$

$$\Rightarrow \frac{\rho\sin\theta-\rho_1\sin\theta_1}{\rho\cos\theta-\rho_1\cos\theta_1} = \frac{\rho_2\sin\theta_2-\rho_1\sin\theta_1}{\rho_2\cos\theta_2-\rho_1\cos\theta_1}$$

$$\Rightarrow \rho\rho_2(\sin\theta\cos\theta_2-\cos\theta\sin\theta_2)+\rho\rho_1(\sin\theta_1\cos\theta-\cos\theta_1\sin\theta)$$
$$= \rho_1\rho_2(\sin\theta_1\cos\theta_2-\cos\theta_1\sin\theta_2)$$

$$\Rightarrow \rho\rho_2\sin(\theta-\theta_2)+\rho\rho_1\sin(\theta_1-\theta) = \rho_1\rho_2\sin(\theta_1-\theta_2)$$

(2) $\triangle FMN$ 的面积为

$$S = \frac{1}{2}|\rho_M \cdot \rho_N| = \frac{1}{2} \cdot \frac{e^4 p^2 \sin\alpha \cdot \cos\alpha}{(1-e^2\sin^2\alpha) \cdot (1-e^2\cos^2\alpha)}$$

$$= \frac{1}{4} \cdot \frac{e^4 p^2 \sin 2\alpha}{1-e^2+\frac{e^4\sin^2 2\alpha}{4}} = \frac{e^4 p^2 \sin 2\alpha}{4(1-e^2)+e^4\sin^2 2\alpha} = \frac{e^4 p^2}{e^4\sin 2\alpha + \frac{4(1-e^2)}{\sin 2\alpha}}$$

① 当 $\dfrac{4(1-e^2)}{e^4} \leqslant 1$,即 $2\sqrt{2}-2 \leqslant e^2 < 1$ 时,有

$$S \leqslant \frac{e^4 p^2}{2\sqrt{e^4\sin 2\alpha \cdot \dfrac{4(1-e^2)}{\sin 2\alpha}}} = \frac{e^2 p^2}{4\sqrt{1-e^2}} = \frac{b^3}{4a}$$

② 当 $\dfrac{4(1-e^2)}{e^4} > 1$,即 $0 < e^2 < 2\sqrt{2}-2$ 时,令

$$t = \sin 2\alpha \in (0,1], \quad f(t) = \frac{e^4 p^2}{e^4 t + \dfrac{4(1-e^2)}{t}}$$

则 $e^4 t + \dfrac{4(1-e^2)}{t}$ 在区间 $(0,1]$ 单调递减,故

$$S \leqslant f(1) = \frac{e^4 p^2}{e^4+4(1-e^2)} = \frac{e^4 p^2}{(2-e^2)^2} = \frac{b^4 c^2}{(a^2+b^2)^2}$$

综上所述,$S_{\max} = \begin{cases} \dfrac{b^3}{4a}, & 2\sqrt{2}-2 \leqslant e^2 < 1 \\ \dfrac{b^4 c^2}{(a^2+b^2)^2}, & 0 < e^2 < 2\sqrt{2}-2 \end{cases}$.

【例3】 设椭圆 $\dfrac{x^2}{a^2}+\dfrac{y^2}{b^2}=1$,$A$、$B$、$C$ 为椭圆上任意三点,F 为右焦点,且 $\angle AFB = \angle BFC = \angle CFA$.

(1) 求证:$\dfrac{1}{|FA|}+\dfrac{1}{|FB|}+\dfrac{1}{|FC|}$ 为定值.

(2) 求证:$\dfrac{1}{|OA|^2}+\dfrac{1}{|OB|^2}+\dfrac{1}{|OC|^2}$.

证明:(1) 由 F 为右焦点,且 $\angle AFB = \angle BFC = \angle CFA$,以右焦点为极点,$x$ 轴正半轴为极轴,建立极坐标系

$$\rho = \frac{ep}{1+e\cos\theta}$$

所以

$$\frac{1}{\rho} = \frac{1}{ep}(1+e\cos\theta)$$

设 $A(\rho_1, \theta)$,$B\left(\rho_2, \dfrac{2\pi}{3}+\theta\right)$,$C\left(\rho_3, \dfrac{4\pi}{3}+\theta\right)$,则

$$\frac{1}{|FA|}+\frac{1}{|FB|}+\frac{1}{|FC|}=\frac{1}{\rho_1}+\frac{1}{\rho_2}+\frac{1}{\rho_3}$$

$$=\frac{1}{ep}\left\{(1+e\cos\theta)+\left[1+e\cos\left(\frac{2\pi}{3}+\theta\right)\right]+\left[1+e\cos\left(\frac{4\pi}{3}+\theta\right)\right]\right\}$$

$$=\frac{3}{ep}+\frac{1}{p}\left[\cos\theta+\cos\left(\frac{2\pi}{3}+\theta\right)+\cos\left(\frac{4\pi}{3}+\theta\right)\right]$$

而

$$ep=\frac{c}{a}\cdot\left(\frac{a^2}{c}-a\right)=\frac{b^2}{a}$$

$$\cos\theta+\cos\left(\frac{2\pi}{3}+\theta\right)+\cos\left(\frac{4\pi}{3}+\theta\right)=0$$

所以

$$\frac{1}{|FA|}+\frac{1}{|FB|}+\frac{1}{|FC|}=\frac{3}{ep}=\frac{3a}{b^2}$$

(2) 以坐标原点为极点、x 轴正半轴为极轴,建立极坐标系.

设 $A(\rho_1,\theta)$,$B\left(\rho_2,\frac{2\pi}{3}+\theta\right)$,$C\left(\rho_3,\frac{4\pi}{3}+\theta\right)$,椭圆方程化作

$$1=\rho^2\left(\frac{\cos^2\theta}{a^2}+\frac{\sin^2\theta}{b^2}\right)$$

即

$$\frac{1}{\rho^2}=\frac{\cos^2\theta}{a^2}+\frac{\sin^2\theta}{b^2}$$

则

$$\frac{1}{|OA|^2}+\frac{1}{|OB|^2}+\frac{1}{|OC|^2}=\frac{1}{\rho_1^2}+\frac{1}{\rho_2^2}+\frac{1}{\rho_3^2}$$

$$=\left(\frac{\cos^2\theta}{a^2}+\frac{\sin^2\theta}{b^2}\right)+\left[\frac{\cos^2\left(\frac{2\pi}{3}+\theta\right)}{a^2}+\frac{\sin^2\left(\frac{2\pi}{3}+\theta\right)}{b^2}\right]+$$

$$\left[\frac{\cos^2\left(\frac{4\pi}{3}+\theta\right)}{a^2}+\frac{\sin^2\left(\frac{4\pi}{3}+\theta\right)}{b^2}\right]$$

因为

$$\cos^2\theta+\cos^2\left(\frac{2\pi}{3}+\theta\right)+\cos^2\left(\frac{4\pi}{3}+\theta\right)=\frac{3}{2}+\frac{1}{2}\left[\cos2\theta+\cos2\left(\frac{2\pi}{3}+\theta\right)+\cos2\left(\frac{4\pi}{3}+\theta\right)\right]=\frac{3}{2}$$

$$\sin^2\theta+\sin^2\left(\frac{2\pi}{3}+\theta\right)+\sin^2\left(\frac{4\pi}{3}+\theta\right)=\frac{3}{2}-\frac{1}{2}\left[\cos2\theta+\cos2\left(\frac{2\pi}{3}+\theta\right)+\cos2\left(\frac{4\pi}{3}+\theta\right)\right]=\frac{3}{2}$$

所以

$$\frac{1}{|OA|^2}+\frac{1}{|OB|^2}+\frac{1}{|OC|^2}=\frac{3}{2}\left(\frac{1}{a^2}+\frac{1}{b^2}\right)$$

16.2 以原点为极点的极坐标方程

【例 4】 如图 16.4 所示,在平面直角坐标系 xOy 中,已知椭圆 $E: \dfrac{x^2}{a^2} + \dfrac{4y^2}{a^2} = 1$,设 a 为正常数,过点 O 作两条互相垂直的直线,分别交椭圆 E 于点 B、C,分别交圆 $A: (x-a)^2 + y^2 = a^2$ 于点 N、M,记 $\triangle OBC$ 和 $\triangle OMN$ 的面积分别为 S_1、S_2,求 $S_1 \cdot S_2$ 的最大值.

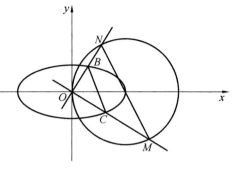

图 16.4

解:椭圆 E 可化为

$$\rho^2 = \dfrac{a^2}{1+3\sin^2\theta}$$

则

$$|OB| = \dfrac{a}{\sqrt{1+3\sin^2\theta}}, \quad |OC| = \dfrac{a}{\sqrt{1+3\sin^2\left(\theta - \dfrac{\pi}{2}\right)}} = \dfrac{a}{\sqrt{1+3\cos^2\theta}}$$

圆 A 可化为

$$\rho = 2a\cos\theta$$

则

$$|OM| = 2a\cos\theta, \quad |ON| = 2a\cos\left(\theta - \dfrac{\pi}{2}\right)$$

$$S_1 \cdot S_2 = \dfrac{a^2}{\sqrt{(1+3\sin^2\theta)(1+3\cos^2\theta)}} \cdot 4a^2 \sin\theta\cos\theta \cdot \dfrac{1}{4}$$

$$= \dfrac{a^4 \sin 2\theta}{\sqrt{1+3\sin^2\theta + 3\cos^2\theta + 9\sin^2\theta\cos^2\theta}} \cdot \dfrac{1}{2}$$

$$= \dfrac{a^4 \sin 2\theta}{\sqrt{1+3+9\sin^2\theta\cos^2\theta}} \cdot \dfrac{1}{2} = \dfrac{a^4}{\sqrt{\dfrac{4}{\sin^2 2\theta} + \dfrac{9}{4}}} \cdot \dfrac{1}{2}$$

当 $\sin^2 2\theta = 1$ 时,$\theta = 45°$,有

$$S_1 \cdot S_2 \leqslant \dfrac{a^4}{\sqrt{\dfrac{25}{4}}} \cdot \dfrac{1}{2} = \dfrac{a^4}{5}$$

【例 5】 已知抛物线 $E: y^2 = 2px$,证明:E 上存在两点 A、B,使得 $\triangle AOB$ 为以 A 为直角顶点的等腰直角三角形.

证明:设 OA 倾斜角为 $\alpha\left(\alpha \in \left(0, \dfrac{\pi}{4}\right)\right)$,则 OB 与 x 轴的夹角为

$$\beta = \dfrac{\pi}{4} - \alpha$$

其极角为
$$2\pi - \beta = 2\pi + \alpha - \frac{\pi}{4}$$

由抛物线方程 $r = \frac{2p\cos\theta}{\sin^2\theta}$ 可得

$$|OA| = \frac{2p\cos\alpha}{\sin^2\alpha}$$

$$|OB| = \frac{2p\cos\left(2\pi + \alpha - \frac{\pi}{4}\right)}{\sin^2\left(2\pi + \alpha - \frac{\pi}{4}\right)} = \frac{2p\cos\left(\frac{\pi}{4} - \alpha\right)}{\sin^2\left(\frac{\pi}{4} - \alpha\right)}$$

因为 $\angle AOB = \frac{\pi}{4}$，所以 $\triangle AOB$ 为等腰直角三角形，所以

$$\sqrt{2} \cdot |OA| = |OB| \Rightarrow \frac{\sqrt{2} \cdot 2p\cos\alpha}{\sin^2\alpha} = \frac{2p\cos\left(\frac{\pi}{4} - \alpha\right)}{\sin^2\left(\frac{\pi}{4} - \alpha\right)}$$

利用三角恒等变换化简上述等式，可得
$$f(\alpha) = \sin^3\alpha - \cos^3\alpha + 2\cos^2\alpha\sin\alpha = 0$$

现在需要证明 $f(\alpha)$ 在 $\left(0, \frac{\pi}{4}\right)$ 存在零点.

由 $f(0) = -1, f\left(\frac{\pi}{4}\right) = \frac{\sqrt{2}}{2} \Rightarrow f(0) \cdot f\left(\frac{\pi}{4}\right) < 0$，得证.

【例6】（2009 山东高考改编）如图 16.5 所示，是否存在圆心在原点的圆，使得该圆的任意一条切线与椭圆 $\frac{x^2}{a^2} + \frac{y^2}{b^2} = 1$ 恒有两个交点 A、B，且 $\overrightarrow{OA} \perp \overrightarrow{OB}$？若存在，写出该圆的方程，并求 AB 和 $\triangle AOB$ 面积的取值范围；若不存在，说明理由.

解：以 O 为极点、Ox 为极轴建立极坐标系，
则椭圆的极坐标方程为
$$\frac{1}{\rho^2} = \frac{\cos^2\theta}{a^2} + \frac{\sin^2\theta}{b^2}$$
即
$$\rho^2 = \frac{a^2 b^2}{b^2\cos^2\theta + a^2\sin^2\theta}$$

设 $A(\rho_1, \theta), B\left(\rho_2, \theta + \frac{\pi}{2}\right)$，则
$$\frac{1}{\rho_1^2} = \frac{\cos^2\theta}{a^2} + \frac{\sin^2\theta}{b^2}, \quad \frac{1}{\rho_2^2} = \frac{\sin^2\theta}{a^2} + \frac{\cos^2\theta}{b^2}$$

$$\frac{1}{\rho_1^2} + \frac{1}{\rho_2^2} = \frac{1}{a^2} + \frac{1}{b^2}$$

设 O 到 AB 的距离为 d，则

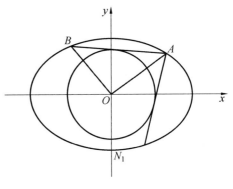

图 16.5

$$S_{\triangle OAB} = \frac{1}{2} OA \cdot OB = \frac{1}{2} \cdot AB \cdot d \Rightarrow d = \frac{OA \cdot OB}{AB}$$

所以

$$\frac{1}{d^2} = \frac{AB^2}{OA^2 \cdot OB^2} = \frac{OA^2 + OB^2}{OA^2 \cdot OB^2} = \frac{1}{OA^2} + \frac{1}{OB^2} = \frac{1}{a^2} + \frac{1}{b^2} \Rightarrow d = \frac{ab}{\sqrt{a^2+b^2}}$$

即存在半径 $r = \dfrac{ab}{\sqrt{a^2+b^2}}$ 的圆满足题意,此时圆的方程为

$$x^2 + y^2 = \frac{a^2 b^2}{a^2+b^2}.$$

$$AB^2 = OA^2 + OB^2 = \frac{a^2 b^2}{b^2 \cos^2\theta + a^2 \sin^2\theta} + \frac{a^2 b^2}{b^2 \sin^2\theta + a^2 \cos^2\theta}$$

因此当 $\sin^2 2\theta = 0$ 时,$AB_{\max} = \sqrt{a^2+b^2}$;当 $\sin^2 2\theta = 1$ 时,$AB_{\min} = \dfrac{2ab}{\sqrt{a^2+b^2}}$. 所以 AB 的取值范围是 $\left[\dfrac{2ab}{\sqrt{a^2+b^2}}, \sqrt{a^2+b^2}\right]$,此时

$$\rho_1^2 \rho_2^2 = \frac{a^2 b^2}{b^2 \cos^2\theta + a^2 \sin^2\theta} \cdot \frac{a^2 b^2}{b^2 \sin^2\theta + a^2 \cos^2\theta}$$

$$= \frac{a^4 b^4}{\frac{1}{4} b^4 \sin^2 2\theta + \frac{1}{4} a^4 \sin^2 2\theta + a^2 b^2 \left(1 - \frac{1}{2}\sin^2 2\theta\right)}$$

$$= \frac{4 a^4 b^4}{4 a^2 b^2 + (a^2 - b^2)^2 \sin^2 2\theta}$$

因此当 $\sin^2 2\theta = 0$ 时,$S_{\max} = \dfrac{ab}{2}$;当 $\sin^2 2\theta = 1$ 时,$S_{\min} = \dfrac{a^2 b^2}{a^2+b^2}$. 所以 $\triangle AOB$ 面积的取值范围是 $\left[\dfrac{a^2 b^2}{a^2+b^2}, \dfrac{ab}{2}\right]$.

综上 AB 的取值范围是 $\left[\dfrac{2ab}{\sqrt{a^2+b^2}}, \sqrt{a^2+b^2}\right]$,$\triangle AOB$ 面积的取值范围是 $\left[\dfrac{a^2 b^2}{a^2+b^2}, \dfrac{ab}{2}\right]$.

【例7】 已知 $l_1: y = \sqrt{3} x$,$l_2: y = -\sqrt{3} x$,P、Q 分别在 l_1、l_2 上,且 $S_{\triangle POQ} = 8$,M 为线段 PQ 中点,求 M 的轨迹方程.

解:设 $P\left(\rho_1, \dfrac{\pi}{3}\right)$,$Q\left(\rho_2, \dfrac{2\pi}{3}\right)$,$M(\rho, \theta)$,则有

$$\frac{1}{2} \rho_1 \rho_2 \sin \frac{\pi}{3} = 8$$

即

$$\frac{\sqrt{3}}{4} \rho_1 \rho_2 = 8 \qquad ①$$

因为 $S_{\triangle PAM} = S_{\triangle QAM} = \dfrac{1}{2} S_{\triangle POQ}$,故

$$\frac{1}{2}\rho\rho_1\sin\left(\theta-\frac{\pi}{3}\right)=4, \quad \frac{1}{2}\rho\rho_2\sin\left(\frac{2\pi}{3}-\theta\right)=4$$

上面两式相乘可得

$$\frac{1}{4}\rho^2\rho_1\rho_2\sin\left(\theta-\frac{\pi}{3}\right)\sin\left(\frac{2\pi}{3}-\theta\right)=16$$

将①代入可得

$$\rho^2\sin\left(\theta-\frac{\pi}{3}\right)\sin\left(\frac{2\pi}{3}-\theta\right)=2\sqrt{3}$$

即为

$$y^2-3x^2=12\sqrt{3}$$

【课后练习】

1. 已知椭圆 $\frac{x^2}{24}+\frac{y^2}{16}=1$,直线 $l:\frac{x}{12}+\frac{y}{8}=1$,$P$ 是 l 上一点,射线 OP 交椭圆于点 R,又点 Q 在 OP 上,且满足 $|OQ|\cdot|OP|=|OR|^2$,当点 P 在 l 上移动时,求点 Q 的轨迹方程,并说明该轨迹是什么曲线.

2. (2014 安徽理)如图 16.6 所示,已知两条抛物线 $E_1:y^2=2p_1x(p_1>0)$ 和 $E_2:y^2=2p_2x(p_2>0)$,过原点 O 的两条直线 l_1、l_2,l_1 与 E_1、E_2 分别交于 A_1、A_2 两点,l_2 与 E_1、E_2 分别交于 B_1、B_2 两点.

(1) 证明:$A_1B_1 // A_2B_2$.

(2) 过 O 作直线 l(异于 l_1、l_2)与 E_1、E_2 分别交于 C_1、C_2 两点,记 $\triangle A_1B_1C_1$、$\triangle A_2B_2C_2$ 的面积分别为 S_1、S_2,求 $\frac{S_1}{S_2}$ 的值.

3. 如图 16.7 所示,在平面直角坐标系中,已知椭圆 $\frac{x^2}{2}+y^2=1$,若 P 是椭圆上的一点,过点 O 作 OP 的垂线交 $y=\sqrt{2}$ 于点 Q,求 $\frac{1}{|OP|^2}+\frac{1}{|OQ|^2}$ 的值.

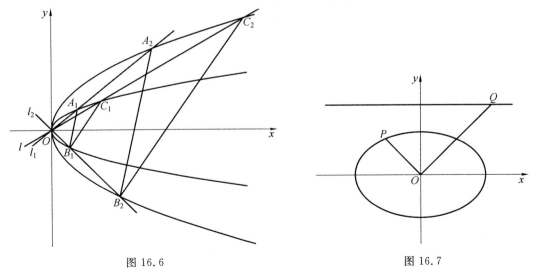

图 16.6　　　　　　　　　　　图 16.7

4. 已知 AB、CD 是过抛物线 $y^2=2px$ 的焦点 F 且互相垂直的两条弦,求 $AB+CD$ 的最小值.

【答案与解析】

1. 解:椭圆的极坐标方程为
$$\frac{\rho^2\cos^2\alpha}{24}+\frac{\rho^2\sin^2\alpha}{16}=1\Rightarrow\rho^2=\frac{48}{3\sin^2\alpha+2\cos^2\alpha}$$

直线的极坐标方程为
$$\frac{\rho\cos\alpha}{12}+\frac{\rho\sin\alpha}{8}=1\Rightarrow\rho=\frac{24\rho}{3\cos\alpha+2\sin\alpha}$$

由于 $|OQ|\cdot|OP|=|OR|^2$,故
$$\frac{24\rho}{3\cos\alpha+2\sin\alpha}=\frac{48}{3\cos^2\alpha+2\sin^2\alpha}$$

整理为
$$3\rho^2\cos^2\alpha+2\rho^2\sin^2\alpha=2(3\rho\cos\alpha+2\rho\sin\alpha)$$

即为
$$3x^2+2y^2-6x-4y=0\Rightarrow3(x-1)^2+2(y-1)^2=5$$

所以 Q 点轨迹为椭圆.

2. 解:(1)将 E_1、E_2 化为极坐标方程为
$$\rho\sin^2\theta=2p_1\cos\theta,\quad\rho\sin^2\theta=2p_2\cos\theta$$

将 $l_1:\theta=\alpha$ 分别与其联立可得
$$|OA_1|=\frac{2p_1\cos\alpha}{\sin^2\alpha},\quad|OA_2|=\frac{2p_2\cos\alpha}{\sin^2\alpha}$$

则
$$\frac{|OA_1|}{|OA_2|}=\frac{p_1}{p_2}$$

同理可得
$$\frac{|OB_1|}{|OB_2|}=\frac{p_1}{p_2}$$

故
$$\frac{|OA_1|}{|OA_2|}=\frac{|OB_1|}{|OB_2|}$$

故 $A_1B_1\parallel A_2B_2$.

(2)由(1)知 $A_1B_1\parallel A_2B_2$,同理可推出 $A_1C_1\parallel AC$,$B_1C_1\parallel BC$,故 $\triangle ABC\backsim\triangle A_1B_1C_1$,故
$$\frac{S_1}{S_2}=\frac{|A_1B_1|^2}{|A_2B_2|^2}=\frac{|OA_1|^2}{|OA_2|^2}=\frac{p_1^2}{p_2^2}$$

3. 解:以 O 为极点、Ox 为极轴建立极坐标系,则椭圆极坐标方程为
$$\frac{\rho^2\cos^2\theta}{2}+\rho^2\sin^2\theta=1$$

即 $\dfrac{1}{\rho^2}=\dfrac{\cos^2\theta}{2}+\sin^2\theta$，则

$$\dfrac{1}{|OP|^2}=\dfrac{\cos^2\theta}{2}+\sin^2\theta$$

直线 $y=\sqrt{2}$ 对应极坐标方程为 $\rho\sin\varphi=\sqrt{2}$.

由于 $OP\perp OQ$，即可理解为

$$\dfrac{1}{OQ^2}=\dfrac{\sin^2\left(\theta+\dfrac{\pi}{2}\right)}{2}=\dfrac{\cos^2\theta}{2}$$

故 $\dfrac{1}{|OP|^2}+\dfrac{1}{|OQ|^2}=1$.

4.**解**：以抛物线焦点为极点，有

$$\rho=\dfrac{p}{1-\cos\theta}$$

设 $A(\rho_1,\theta),B(\rho_2,\theta+\pi),C\left(\rho_3,\theta+\dfrac{\pi}{2}\right),D\left(\rho_4,\theta+\dfrac{3\pi}{2}\right)$，则

$$AB=\rho_1+\rho_2=\dfrac{p}{1-\cos\theta}+\dfrac{p}{1-\cos(\theta+\pi)}=\dfrac{2p}{\sin^2\theta}$$

$$CD=\rho_3+\rho_4=\dfrac{p}{1-\cos\left(\theta+\dfrac{\pi}{2}\right)}+\dfrac{p}{1-\cos\left(\theta+\dfrac{3\pi}{2}\right)}=\dfrac{2p}{\cos^2\theta}$$

故

$$AB+CD=\dfrac{2p}{\sin^2\theta}+\dfrac{2p}{\cos^2\theta}=\dfrac{8p}{\sin^2 2\theta}$$

当 $\sin 2\theta=1$，即 $\theta=\dfrac{\pi}{4}$ 时，$AB+CD$ 有最小值 $8p$.

第十七章 曲线系概述

17.1 直线系

直线系:具有一个共同性质的直线的全体称为直线系,其方程称为直线系方程.

直线系分为两类:把平面内通过一个固定点的全体直线,称为中心直线系,固定点称为系的中心;把平面上有固定方向的全体直线,称为平行直线系,固定方向称为系的方向.

定理 1:设 $l_1:A_1x+B_1y+C_1=0, l_2:A_2x+B_2y+C_2=0$ 是相交两直线,那么
$$l:A_1x+B_1y+C_1+\lambda(A_2x+B_2y+C_2)=0$$
是经过 l_1、l_2 的交点的直线系方程,式中 λ 是任意常数(直线系 l 不包括 l_2).

定理 2:由直线 $l:Ax+By+C=0$ 所决定的平行直线系的方程为
$$Ax+By+C'=0$$

【**例 1**】 求经过点 $P(1,1)$ 及两直线 $l_1:3x+y-1=0, l_2:2x-8y+3=0$ 交点的直线方程.

解:经过 l_1、l_2 交点的直线系方程为
$$3x+y-1+\lambda(2x-8y+3)=0$$
由于要求直线经过 $P(1,1)$,代入到上式得 $\lambda=1$,故所求直线方程为
$$3x+y-1+(2x-8y+3)=0$$
化简得
$$5x-7y+2=0$$

【**例 2**】 求经过点 $2x-3y+2=0$ 和 $3x-4y-2=0$ 的交点,且垂直于直线 $3x-2y+4=0$ 的直线方程.

解:设经过两条直线交点的直线系方程为
$$2x-3y+2+\lambda(3x-4y-2)=0$$
重新合并整理可得
$$(2+3\lambda)x-(3+4\lambda)y+2-2\lambda=0 \qquad ①$$
由于所求直线与 $3x-2y+4=0$ 垂直,故
$$3(2+3\lambda)+(-2)[-(3+4\lambda)]=0$$
整理后可得
$$\lambda=-\frac{12}{17}$$
将其代入到①式整理可得
$$2x+3y-58=0$$

【例3】 求过两直线 $l_1:2x-y+1=0, l_2:x+3y-2=0$ 的交点,且在坐标轴上截距相等的直线方程.

解: 过两条直线交点的直线系方程为
$$2x-y+1+\lambda(x+3y-2)=0 \qquad ①$$
整理合并为
$$(2+\lambda)x+(3\lambda-1)y+1-2\lambda=0$$
若直线在坐标轴上截距相同,则
$$2+\lambda=3\lambda-1 \quad 或 \quad 1-2\lambda=0$$
解得 $\lambda=-\dfrac{3}{2}$ 或 $\lambda=\dfrac{1}{2}$,代入到①式,得所求直线方程为
$$7x+7y-4=0 \quad 或 \quad 5x+y=0$$

17.2 圆　系

圆系:把具有某一共同性质的圆的全体称为圆系,它的方程称为圆系方程.

(1)同心圆系.把平面内通过固定圆心的圆的全体,称为同心圆系.

(2)通过两圆交点的圆系.

定理3: 设 $C_1:x^2+y^2+D_1x+E_1y+F_1=0, C_2:x^2+y^2+D_2x+E_2y+F_2=0$ 是相交两圆,则
$$C:x^2+y^2+D_1x+E_1y+F_1+\lambda(x^2+y^2+D_2x+E_2y+F_2)=0$$
表示经过 C_1、C_2 的交点的圆系方程,式中 $\lambda\neq-1$ 是任意常数(圆系 C 不包括圆 C_2).

特别地,当 $\lambda=-1$ 时,有
$$(D_1-D_2)x+(E_1-E_2)y+F_1-F_2=0$$
表示过圆两交点的直线.

【例4】 已知圆 M 的圆心在直线 $x-y-4=0$ 上并且经过圆 $x^2+y^2-4x-3=0$ 和 $x^2+y^2-4y-3=0$ 的交点,求圆 M 的方程.

解: 经过两圆交点的圆系方程为
$$x^2+y^2-4x-3+\lambda(x^2+y^2-4y-3)=0 \qquad ①$$
进行合并整理得
$$(1+\lambda)x^2+(1+\lambda)y^2-4x-4\lambda y-3(1+\lambda)=0$$
其圆心为 $\left(\dfrac{2}{1+\lambda}, \dfrac{2\lambda}{1+\lambda}\right)$,将其代入直线 $x-y-4=0$,可得 $\lambda=-\dfrac{1}{3}$,代入①式整理得
$$x^2+y^2-6x+2y-3=0$$

【例5】 求经过 $A(4,-1)$ 且与圆 $x^2+y^2+2x-6y+5=0$ 相切于点 $M(1,2)$ 的圆的方程.

解: 将 M 视为点圆
$$(x-1)^2+(y-2)^2=0$$
则所求圆系方程为

$$(x-1)^2+(y-2)^2+\lambda(x^2+y^2+2x-6y+5)=0$$

将 $A(4,-1)$ 代入上式得 $\lambda=-\dfrac{1}{2}$,从而所求圆的方程为

$$x^2+y^2-6x-2y+5=0$$

【例6】 求过直线 $2x+y+4=0$ 和圆 $x^2+y^2+2x-4y+1=0$ 的交点,且面积最小的圆的方程.

解:设经过直线和圆的交点的圆系方程为

$$x^2+y^2+2x-4y+1+\lambda(2x+y+4)=0$$

整理得

$$(x+1+\lambda)^2+\left(y+\dfrac{\lambda-4}{2}\right)^2=\dfrac{5}{4}\left(\lambda-\dfrac{8}{5}\right)^2+\dfrac{4}{5}$$

当 $\lambda=\dfrac{8}{5}$ 时,圆面积最小,故所求最小面积的圆的方程为

$$\left(x+\dfrac{13}{5}\right)^2+\left(y-\dfrac{6}{5}\right)^2=\dfrac{4}{5}$$

【例7】 已知圆 $C:x^2+y^2-2x+4y-4=0$,斜率为1的直线 l 与 C 交于点 A、B,以 AB 为直径的圆过原点,求直线 l 的方程.

解:设 l 的方程为

$$y=x+m$$

过 A、B 的圆的方程为

$$x^2+y^2-2x+4y-4+\lambda(x-y+m)=0$$

该圆过原点,且以 AB 为直径,所以原点在圆上,可得

$$\lambda m-4=0 \qquad\qquad ①$$

圆心 $\left(\dfrac{2-\lambda}{2},\dfrac{\lambda-4}{2}\right)$ 在直线 $y=x+m$ 上,可得

$$\lambda+m=3 \qquad\qquad ②$$

联立①②,解得 $m=-4$ 或 $m=1$,所以直线 l 的方程为 $y=x-4$ 或 $y=x+1$.

【例8】 已知三角形三边所在直线方程为 $l_1:x-6=0$,$l_2:x+2y=0$,$l_3:x-2y+8=0$.求这个三角形的外接圆方程.

解:过三直线交点的二次曲线系方程为

$$(x-6)(x+2y)+\lambda(x+2y)(x-2y+8)+\mu(x-2y+8)(x-6)=0$$

即

$$(1+\lambda+\mu)x^2+(2-2\mu)xy-4\lambda y^2-(6+8\lambda+14\mu)x-(12+16\lambda-12\mu)y+48\mu=0$$

由于上式为圆的方程,故

$$\begin{cases}1+\lambda+\mu=-4\lambda\\2-2\mu=0\end{cases}$$

解得 $\mu=1$,$\lambda=-\dfrac{2}{5}$.从而得三角形外接圆方程为

$$x^2+y^2-\dfrac{11}{2}x+4y+30=0$$

第十七章 曲线系概述

【例9】 四条直线 $l_1: x+3y-15=0, l_2: kx-y-6=0, l_3: x+5y=0, l_4: y=0$ 围成一个四边形，求使此四边形有外接圆时 k 的值.

解：设曲线系
$$(x+3y-15)(x+5y)+\lambda(kx-y-6)y=0$$
整理得
$$x^2+(8+\lambda k)xy+(15-\lambda)y^2-15x-(75+6\lambda)y=0$$
由于表示的是圆的方程，因此
$$8+\lambda k=0, \quad 15-\lambda=1$$
解得 $\lambda=14, k=-\dfrac{4}{7}$.

【例10】 如图 17.1 所示，已知圆 $O: x^2+y^2=4$，过 $A(-2,0)$ 作两条斜率分别为 k_1、k_2 的直线交圆 O 于 B、C 两点，$k_1 k_2=-2$，求证：直线 BC 恒过定点.

证明：由已知得过点 A 的切线方程为
$$x+2=0$$
设 $AC: y=k_2(x+2), BC: y=kx+b$，则过 A、B、C 三点的圆的方程可设为
$$(y-k_1 x-2k_1)(y-k_2 x-2k_2)+\lambda(x+2)(y-kx-b)=0$$
利用 $k_1 k_2=-2$，展开整理得
$$y^2-(2+\lambda k)x^2-(k_1+k_2-\lambda)xy-[2(k_1+k_2)-2\lambda]y-(8+\lambda b+2k\lambda)x-(8+2\lambda b)=0$$

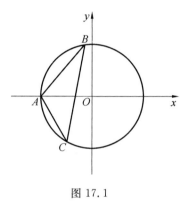

图 17.1

由于该式与圆的方程 $x^2+y^2=4$ 是同一个方程，故有
$$\begin{cases} 2+\lambda k=-1 \\ k_1+k_2-\lambda=0 \\ 8+\lambda b+2k\lambda=0 \\ 8+2\lambda b=4 \end{cases} \Rightarrow \begin{cases} \lambda b=-2 \\ \lambda k=-3 \end{cases}$$

所以
$$b=\dfrac{2}{3}k$$

所以直线 BC 方程为 $y=kx+b=kx+\dfrac{2}{3}k$，过定点 $\left(-\dfrac{2}{3}, 0\right)$.

【例11】 如图 17.2 所示，已知圆 $O: x^2+y^2=16$ 与 x 轴交于 A、B 两点，过点 $F(2,0)$ 的直线 l 与圆交于 P、Q 两点（点 P 在 x 轴上方）.设直线 AP、BQ 的斜率分别为 k_1、k_2，求 $\dfrac{k_1}{k_2}$ 的值.

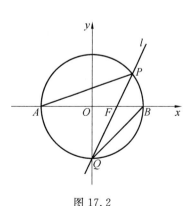

图 17.2

解：设 $AP: y=k_1(x+4), BQ: y=k_2(x-4), PQ: y=k(x-2), AB: y=0$

构造曲线系方程
$$(k_1x-y+4k_1)(k_2x-y-4k_2)+\lambda y(kx-y-2k)=0$$
由于曲线系方程也可表示圆的方程,故上式可化简为
$$x^2+y^2=16$$
对比 xy 的系数,得
$$-k_1-k_2+\lambda k=0$$
$$4k_2-4k_1-2k\lambda=0$$
解得 $\dfrac{k_1}{k_2}=\dfrac{1}{3}$.

【感悟】在圆系方程的定值定点问题解法很多也可以用于圆锥曲线的定值定点问题.

17.3 二次曲线系

定理 4:给定五个点,其中三点在直线 l 上,则经过这五点的二次曲线是唯一的,并且是退化的二次曲线(即两条直线).

定理 5:给定五个点,其中任意三点都不共线,则过此五点有且仅有一条二次曲线.

推论 1:若圆锥曲线 $C_1:f_1(x,y)=0$ 与 $C_2:f_2(x,y)=0$ 有四个不同交点,则过两曲线交点的曲线方程为
$$\lambda f_1(x,y)+\mu f_2(x,y)=0$$

推论 2:若直线 $l_1(x,y)=A_1x+B_1y+C_1=0$ 及 $l_2(x,y)=A_2x+B_2y+C_2=0$ 与圆锥曲线 $C:f(x,y)=0$ 有四个不同的交点,则过这四个交点的曲线系方程为
$$\lambda f(x,y)+\mu l_1(x_1,y_1)l_2(x_2,y_2)=0$$

推论 3:若四条直线 $l_1:l_1(x,y)=0$、$l_2:l_2(x,y)=0$、$l_3:l_3(x,y)=0$ 和 $l_4:l_4(x,y)=0$ 有四个不同的交点,则过这四个交点的曲线方程为
$$\lambda l_1(x,y)l_2(x,y)+\mu l_3(x,y)l_4(x,y)=0$$

推论 4:若两条直线 $l_1:l_1(x,y)=0$ 及 $l_2:l_2(x,y)=0$ 分别与二次曲线切于点 M_1、M_2,则过切点及切线交点的曲线系方程为
$$l_1(x,y)l_2(x,y)+\lambda l_3^2(x,y)=0$$
其中,l_3 表示直线 M_1M_2.

推论 5:若点 M 在二次曲线上,从 M 出发作 l_1、l_2 与二次曲线相交于 A、B 两点,AB 记作 l_3,在点 M 处的切线记作 l_4,则经过切点 M 及 A、B 的曲线系方程为
$$\lambda l_1(x,y)l_2(x,y)+\mu l_3(x,y)l_4(x,y)=0$$

曲线系在处理相交弦问题中有着非常广泛的应用.因为曲线系是表述有共同特征的曲线的集合,且是通过参数来调整的,所以当参数确定后,曲线也是确定的.解题时通常写出过某点或者交点的曲线系,然后再找出一条有这样性质的二次曲线,令二者相等,进行系数对比,从而解题.

1. 定点问题

【例 12】 (2020 全国 1 理)如图 17.3 所示,已知 A、B 分别为椭圆 $E:\dfrac{x^2}{a^2}+y^2=1$

($a>1$)的左、右顶点,G 为椭圆的上顶点,$\vec{AG}\cdot\vec{GB}=8$,P 为直线 $x=6$ 上的动点,PA 与 E 的另一交点为 C,PB 与 E 的另一交点为 D.

(1)求椭圆 E 的方程.

(2)证明:直线 CD 过定点.

解:(1)设 $A(-a,0),B(a,0),G(0,1)$,则

$$\vec{AG}\cdot\vec{GB}=(a,1)\cdot(a,-1)=a^2-1=8$$

故 $a^2=9$,椭圆 E 的方程为 $\dfrac{x^2}{9}+y^2=1$.

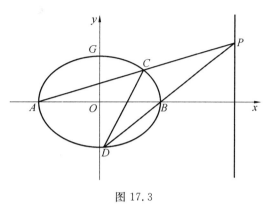

图 17.3

(2)设 $P(6,m),A(-3,0),B(3,0)$,则

$$k_{PA}=\dfrac{m}{9},\quad k_{PB}=\dfrac{m}{3}$$

故 $3k_{PA}=k_{PB}$.

设直线 $PA:y=\dfrac{m}{9}(x+3)$,$PB:y=\dfrac{m}{3}(x-3)$,$CD:y=kx+t$,构造曲线系方程

$$(mx-9y+3m)(mx-3y-3m)+\lambda y(kx-y+t)=0$$

化简为

$$m^2x^2+(27-\lambda)y^2+(\lambda k-12m)xy+(18m+\lambda t)y-9m^2=0$$

与椭圆方程 $E:\dfrac{x^2}{9}+y^2=1$,即 $x^2+9y^2-9=0$ 对比系数得

$$\lambda k-12m=0,\quad 18m+\lambda t=0$$

两式相比得

$$t=-\dfrac{3}{2}k$$

代入直线 CD 方程得 $y=k\left(x-\dfrac{3}{2}\right)$,恒过点 $\left(\dfrac{3}{2},0\right)$.

【例 13】 已知椭圆 $\dfrac{x^2}{4}+y^2=1$ 的左、右顶点分别为 A、B,点 P 为直线 $x=1$ 上的一动点,直线 PA、PB 交椭圆于 M、N 两点,证明:直线 MN 过定点.

证明:设 $P(1,t),A(-2,0),B(2,0)$,则

$$k_{PA}=\dfrac{t}{3},\quad k_{PB}=-t$$

则直线 $PA:y=\dfrac{t}{3}(x+2)$,$PB:y=-t(x-2)$,两条直线分别化为

$$tx-3y+2t=0,\quad tx+y-2t=0$$

构建曲线系方程为

$$(tx-3y+2t)(tx+y-2t)+\lambda(x^2+4y^2-4)=0$$

整理得

$$(t^2+\lambda)x^2+(4\lambda-3)y^2-2txy+8ty-4t^2-4\lambda=0$$

由于此时可看成 $x=0$ 和 MN 的交点方程,所以上式必包含公因式 y,故 x^2 系数和常

数项为 0,所以 $t^2+\lambda=0$,上式整理为
$$y[(4\lambda-3)y-2tx+8t]=0$$
即 $(-4t^2-3)y-2tx+8t=0$,恒过点 $(4,0)$.

【感悟】 以上两题题型一致,但采用两种不同构造曲线系方法,在例 12 中,通过构造相交弦方程后,再对比椭圆方程系数所得,在例 13 中,则是观察曲线系方程后,同时包括另外两条相交弦性质,在处理曲线系的题目中,两题均通过观察对比要体现出没有设入曲线系方程的曲线性质,此为破题关键和曲线系精髓.

【例 14】 如图 17.4 所示,已知椭圆 E:$\dfrac{x^2}{4}+\dfrac{y^2}{3}=1$,斜率为 1 的直线 l 与椭圆交于 A、B 两点,点 $M(4,0)$,直线 AM 与椭圆 E 交于点 C,直线 BM 与椭圆 E 交于点 D,求证:直线 CD 过恒定点.

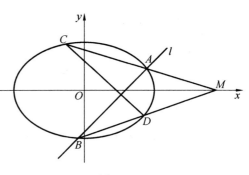

图 17.4

证明: 设直线 AB:$y=x+m$,直线 MC:$x=t_1y+4$,直线 MB:$x=t_2y+4$,直线 CD:$x=t_3y+n$.

设曲线系方程为
$$(x-y+m)(x-t_3y-n)+\lambda(x-t_1y-4)(x-t_2y-4)=0$$
整理得
$$(1+\lambda)x^2+(t_3+t_1t_2\lambda)y^2+(-t_3-1-t_2\lambda-t_1\lambda)xy+$$
$$(m-n-8\lambda)x+[n+mt_3+\lambda(4t_1+4t_2)]y-mn+16\lambda=0$$
由于此方程可退化为
$$3x^2+4y^2-12=0$$
对比系数得
$$\dfrac{1+\lambda}{3}=\dfrac{t_3+t_1t_2\lambda}{4}=\dfrac{-mn+16\lambda}{-12} \qquad ①$$
$$-t_3-1-t_2\lambda-t_1\lambda=0 \qquad ②$$
$$m-n-8\lambda=0 \qquad ③$$
$$n+mt_3+\lambda(4t_1+4t_2)=0 \qquad ④$$
将②代入④可得
$$-4t_3-4+n+mt_3=0 \qquad ⑤$$
再联立①③得
$$\begin{cases}4+4\lambda=m-16\lambda\\ -4t_3-4+n+mt_3=0\\ m-n-8\lambda=0\end{cases}$$
可得 $n=\dfrac{3}{2}t_3+\dfrac{5}{2}$,将其代入 CD 方程可得过定点 $\left(\dfrac{5}{2},-\dfrac{3}{2}\right)$.

【例 15】 如图 17.5 所示,已知椭圆 C:$\dfrac{x^2}{3}+y^2=1(a>1)$ 的左焦点为 F,直线 $y=kx$

($k>0$)与椭圆 C 交于 A、B 两点,设线段 AF、BF 的延长线分别交椭圆 C 于 D、E 两点,当 k 变化时,直线 DE 是否过定点？如果是,请求出定点坐标;如果不是,请说明理由.

(出题背景:坎迪定理.)

解:由已知得 $F(-\sqrt{2},0)$,设 $AB:y=kx$, $AD:y=k_1(x+\sqrt{2})$,$BE:y=k_2(x+\sqrt{2})$,$DE:y=k_3x+m$.

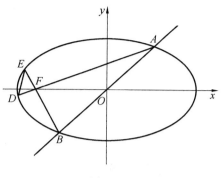

图 17.5

构造曲线系方程
$$(kx-y)(k_3x-y+m)+\lambda(k_1x-y+\sqrt{2}k_1)(k_2x-y+\sqrt{2}k_2)=0$$

其中,x^2 系数为 $kk_3+\lambda k_1 k_2$;y^2 系数为 $1+\lambda$;xy 系数为 $-k-k_3+\lambda(-k_1-k_2)$;x 系数为 $km+2\lambda(\sqrt{2}k_1k_2)$;$y$ 系数为 $-m+\lambda(-\sqrt{2}k_2-\sqrt{2}k_1)$;常数为 $2k_1k_2\lambda$.

由于曲线系方程可以化为
$$x^2+3y^2-3=0$$

对比各项系数可得

$$\frac{kk_3+\lambda k_1 k_2}{1}=\frac{1+\lambda}{3}=\frac{2k_1k_2\lambda}{-3} \qquad ①$$

$$-k-k_3+\lambda(-k_1-k_2)=0 \qquad ②$$

$$km+2\lambda(\sqrt{2}k_1k_2)=0 \qquad ③$$

$$-m+\lambda(-\sqrt{2}k_2-\sqrt{2}k_1)=0 \qquad ④$$

由①③联立可得 $m=\dfrac{6\sqrt{2}}{5}k_3$,所以直线 DE 恒过点 $\left(-\dfrac{6\sqrt{2}}{5},0\right)$.

2. 定值问题

【**例 16**】 (2011 四川理)如图 17.6 所示,已知椭圆有两顶点 $A(-1,0)$、$B(1,0)$,过其焦点 $F(0,1)$ 的直线 l 与椭圆交于 C、D 两点,并与 x 轴交于点 P,直线 AC 与直线 BD 交于点 Q.

(1)当 $|CD|=\dfrac{3\sqrt{2}}{2}$ 时,求直线 l 的方程.

(2)当点 P 异于 A、B 两点时,求证:$\overrightarrow{OP}\cdot\overrightarrow{OQ}$ 为定值.

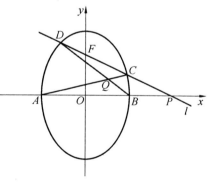

图 17.6

解:(1)由题意得
$$c=1, \quad b=1, \quad a^2=b^2+c^2=2$$

所以椭圆方程为
$$x^2+\frac{y^2}{2}=1$$

设 $C(x_1,y_1)$,$D(x_2,y_2)$,$l:y=kx+1$,将直线方程与椭圆方程进行联立得

$$\begin{cases} x^2 + \dfrac{y^2}{2} = 1 \\ y = kx + 1 \end{cases}$$

所以
$$(k^2 + 2)x^2 + 2kx - 1 = 0$$
得到
$$x_1 + x_2 = \frac{-2k}{k^2 + 2}, \quad x_1 \cdot x_2 = \frac{-1}{k^2 + 2}$$

由两点间距离公式得
$$|CD| = \sqrt{1+k^2}\,|x_1 - x_2| = \sqrt{1+k^2}\sqrt{(x_1+x_2)^2 - 4x_1 \cdot x_2}$$
$$= \sqrt{1+k^2}\sqrt{\left(\frac{-2k}{k^2+2}\right)^2 + 4\,\frac{1}{k^2+2}} = \frac{3\sqrt{2}}{2}$$

解得 $k = \pm\sqrt{2}$,故直线 l 的方程为 $y = \sqrt{2}\,x + 1$ 或者 $y = -\sqrt{2}\,x + 1$.

(2)设直线 CD 的方程为 $y = kx + 1$,则 $P\left(-\dfrac{1}{k}, 0\right)$.

设直线 AC 方程为
$$y = k_1(x+1)$$
直线 BD 的方程为
$$y = k_2(x-1)$$
联立方程组,得交点 $Q\left(\dfrac{k_1+k_2}{k_2-k_1}, \dfrac{2k_1k_2}{k_2-k_1}\right)$.

过 A、B、C、D 四点的二次曲线方程可设为
$$y(kx - y + 1) + \lambda(k_1x - y + k_1)(k_2x - y - k_2) = 0$$

与椭圆 $\dfrac{y^2}{2} + x^2 = 1$ 比较系数得
$$\begin{cases} k - \lambda(k_1 + k_2) = 0 \\ \lambda(k_2 - k_1) + 1 = 0 \end{cases} \Rightarrow \begin{cases} k_1 + k_2 = \dfrac{k}{\lambda} \\ k_2 - k_1 = -\dfrac{1}{\lambda} \end{cases}$$

所以
$$\overrightarrow{OP} \cdot \overrightarrow{OQ} = -\frac{k_1 + k_2}{k(k_2 - k_1)} = 1$$

17.4　四点共圆问题的证明及推广

【例 17】 (2014 大纲版)已知抛物线 $C: y^2 = 2px\,(p > 0)$ 的焦点为 F,直线 $y = 4$ 与 y 轴的交点为 P,与 C 的交点为 Q,且 $|QF| = \dfrac{5}{4}|PQ|$.

(1)求 C 的方程.

(2)如图 17.7 所示,过点 F 的直线 l 与 C 交于 A、B 两点,若 AB 的垂直平分线 l' 与 C

交于 M、N 两点,且 A、M、B、N 四点在同一圆上,求 l 的方程.

解:(1)$y^2=4x$.

(2)设 $AB:x=my+1$,$CD:x=-\dfrac{1}{m}y+n$.

设经过 A、B、C、D 四点的曲线系方程为
$$(x-my-1)(mx+y-mn)+\lambda(y^2-4x)=0$$
整理得 x^2 系数为 m^2;y^2 系数为 $-m^2+\lambda$;xy 系数为 $1-m^2$.

由于上式曲线系方程也可以表示为圆,所以
$$m^2=-m^2+\lambda,\quad 1-m^2=0$$
解得 $m^2=1,m=\pm1$,故 $l:x-y-1=0$ 或者 $x+y-1=0$.

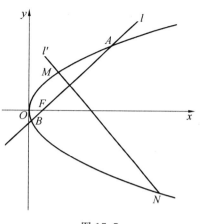

图 17.7

【**感悟**】在处理四点共圆问题上,对比普通曲直联立,曲线系具有无可匹敌的优势.

【**例 18**】 (2011 全国卷 2)如图 17.8 所示,已知椭圆 $C:x^2+\dfrac{y^2}{2}=1$,$F(0,1)$,过 F 且斜率为 $-\sqrt{2}$ 的直线 l 与 C 交于 A、B 两点,点 P 满足 $\overrightarrow{OA}+\overrightarrow{OB}+\overrightarrow{OP}=\mathbf{0}$.延长 PO 交椭圆于点 Q.求证:A、P、B、Q 四点共圆.

证明:由已知易得 $P\left(-\dfrac{\sqrt{2}}{2},-1\right)$,直线 PQ 方程为
$$\sqrt{2}x-y=0$$
设过 A、P、B、Q 的曲线系方程为
$$(\sqrt{2}x+y-1)(\sqrt{2}x-y)+\lambda(2x^2+y^2-2)=0$$
即
$$(2\lambda+2)x^2+(\lambda-1)y^2-\sqrt{2}x+y-2\lambda=0$$
令 $2\lambda+2=\lambda-1\Rightarrow\lambda=-3$,代入化简得
$$x^2+y^2-\dfrac{\sqrt{2}}{4}x-\dfrac{1}{4}y-\dfrac{3}{2}=0$$

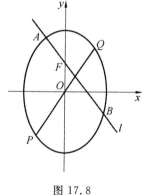

图 17.8

即 A、P、B、Q 在圆 $x^2+y^2-\dfrac{\sqrt{2}}{4}x-\dfrac{1}{4}y-\dfrac{3}{2}=0$ 上.

【**例 19**】 (2017 全国 3 理)已知抛物线 $C:y^2=2x$,过点 $(2,0)$ 的直线 l 交 C 于 A、B 两点,圆 M 是以线段 AB 为直径的圆.

(1)求证:坐标原点 O 在圆 M 上.

(2)设圆 M 过点 $P(4,-2)$,求直线 l 与圆 M 的方程.

解:(1)设 $A(x_1,y_1)$,$B(x_2,y_2)$,由抛物线平均性质得
$$x_1x_2=4,\quad y_1y_2=-4$$
$$k_{OA}\cdot k_{OB}=\dfrac{y_1y_2}{x_1x_2}=-1$$

即 $OA \perp OB$,故坐标原点 O 在圆 M 上.

(2)设 $l:x=my+2$,与抛物线方程联立得
$$\begin{cases} x=my+2 \\ y^2=2x \end{cases}$$

整理得
$$\begin{cases} x^2-(2m^2+4)x+4 \\ y^2-2my-4=0 \end{cases}$$

两式相加后即为过 A、B 两点的圆系方程
$$x^2+y^2-(2m^2+4)x-2my=0$$

将 P 点坐标代入可得 $2m^2-m-1=0$,即 $m=1$ 或者 $m=-\dfrac{1}{2}$.

当 $m=1$ 时,直线方程为 $x-y-2=0$,圆 M 方程为 $(x-3)^2+(y-1)^2=10$;

当 $m=-\dfrac{1}{2}$ 时,直线方程为 $2x+y-4=0$,圆 M 方程为 $\left(x-\dfrac{9}{4}\right)^2+\left(y+\dfrac{1}{2}\right)^2=\dfrac{85}{16}$.

17.5　蝴蝶定理与坎迪定理

1. 圆锥曲线蝴蝶定理

过二次曲线的弦 AB 的中点 O 任作两弦 CD 和 EF,若过 C、F、D、E 的任意二次曲线与 AB 交于 P、Q 两点,则有 $OP=OQ$.

证明:以 O 为原点,以 AB 所在直线为 x 轴建立平面直角坐标系.

设 $A(-m,0)$,$B(m,0)$,$P(x_P,0)$,$Q(x_Q,0)$,直线 CD 方程为 $y=k_1x$,直线 EF 方程为 $y=k_2x$.设二次曲线方程为
$$Ax^2+Bxy+Cy^2+Dx+Ey+F=0$$

令 $y=0$,则 m 与 $-m$ 是方程 $Ax^2+Dx+F=0$ 的两根,故
$$D=0$$

则过 C、F、D、E 的二次曲线系方程为
$$Ax^2+Bxy+Cy^2+Ey+F+\lambda(k_1x-y)(k_2x-y)=0$$

令 $y=0$,得
$$(A+\lambda k_1k_2)x^2+F=0$$

则 x_P 与 x_Q 是方程 $(A+\lambda k_1k_2)x^2+F=0$ 的两根,所以 $x_P+x_Q=0$,即 $OP=OQ$.

2. 蝴蝶定理的延伸——坎迪定理

设 AB 是二次曲线的任意一条弦,M 为 AB 上任意一点,过 M 作任意两条弦 CD 和 EF,连 ED、CF 交直线 AB 于点 P 和点 Q(图17.9),若 P、Q 位于 M 两侧,则
$$\dfrac{1}{|AM|}-\dfrac{1}{|BM|}=\dfrac{1}{|PM|}-\dfrac{1}{|QM|}$$

证明:记 M 为坐标原点,AB 所在直线为 x 轴,设 $CD:y=k_1x$,$EF:y=k_2x$,设二次曲线方程为

$$Ax^2+Bxy+Cy^2+Dx+Ey+F=0$$

令 $y=0$,得关于 x 的二次方程

$$Ax^2+Dx+F=0$$

由于 A、B 在原点两侧,所以

$$\frac{1}{|AM|}-\frac{1}{|BM|}=\frac{1}{x_A}+\frac{1}{x_B}$$

$$=\frac{x_A+x_B}{x_Ax_B}=\frac{-\dfrac{D}{A}}{\dfrac{F}{A}}=\frac{-D}{F}$$

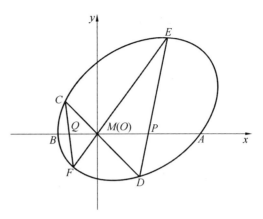

图 17.9

故曲线系方程为

$$Ax^2+Bxy+Cy^2+Dx+Ey+$$
$$F+\lambda(k_1x-y)(k_2x-y)=0$$

令 $y=0$,得到关于 x 的二次方程,即

$$(A+\lambda k_1k_2)x^2+Dx+F=0$$

由于 P、Q 在原点两侧,所以

$$\frac{1}{|PM|}-\frac{1}{|QM|}=\frac{1}{x_P}+\frac{1}{x_Q}=\frac{x_P+x_Q}{x_Px_Q}=\frac{-\dfrac{D}{A+\lambda k_1k_2}}{\dfrac{F}{A+\lambda k_1k_2}}=\frac{-D}{F}$$

所以

$$\frac{1}{|AM|}-\frac{1}{|BM|}=\frac{1}{|PM|}-\frac{1}{|QM|}$$

【感悟】圆锥曲线中很多相交弦定点定值问题,背景均为坎迪定理.

【例 20】 (2016 山东文)如图 17.10 所示,已知椭圆 $C:\dfrac{x^2}{a^2}+\dfrac{y^2}{b^2}=1(a>b>0)$ 的长轴长为 4,焦距为 $2\sqrt{2}$.

(1)求椭圆 C 的方程.

(2)过动点 $M(0,m)(m>0)$ 的直线交 x 轴于点 N,交 C 于点 A、P(P 在第一象限),且 M 是线段 PN 的中点.过点 P 作 x 轴的垂线交 C 于另一点 Q,延长 QM 交 C 于点 B.

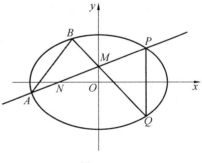

图 17.10

①设直线 PM、QM 的斜率分别为 k_1、k_2,证明: $\dfrac{k_2}{k_1}$ 为定值.

②求直线 AB 的斜率的最小值.

解:(1)设椭圆的半焦距为 c. 由题意知

$$2a=4, \quad 2c=2\sqrt{2}$$

所以

$$a=2, \quad b=\sqrt{a^2-c^2}=\sqrt{2}$$

所以椭圆 C 的方程为
$$\frac{x^2}{4}+\frac{y^2}{2}=1$$

(2)①设 $P(x_0,2m),Q(x_0,-2m),M(0,m)$,则
$$k_1=\frac{2m-m}{x_0}=\frac{m}{x_0},\quad k_2=\frac{-2m-m}{x_0}=\frac{-3m}{x_0}$$

所以 $\frac{k_2}{k_1}=-3$.

②P 点满足 $\frac{x_0^2}{4}+\frac{m^2}{2}=1$,设 $PA:y=-k_1x+m,QB:y=3k_1x+m,AB:y=kx+t,PQ:x=x_0$.

构造曲线系方程
$$(k_1x+y-m)(3k_1x-y+m)+\lambda(kx-y+t)(x-x_0)=0$$
$$(3k_1^2+\lambda k)x^2-y^2+(2k_1+\lambda)xy+(-2k_1m-k\lambda x_0+t\lambda)x+(2m+\lambda x_0)y-m^2-t\lambda x_0=0$$

对比椭圆方程 $x^2+2y^2-4=0$ 得
$$\frac{3k_1^2+\lambda k}{1}=\frac{-1}{2},\quad 2k_1+\lambda=0$$

整理可得
$$3k_1^2-2k_1k=-\frac{1}{2}$$

即
$$k=\frac{1+6k_1^2}{4k_1}=\frac{1}{4}\left(\frac{1}{k_1}+6k_1\right)\geqslant\frac{\sqrt{6}}{2}$$

所以直线 AB 的斜率的最小值为 $\frac{\sqrt{6}}{2}$.

【感悟】本题若采用一般曲直联立法,计算量非常惊人,利用曲线系只选三个系数关系,既能简化方程,又能快捷运算.

3. 曲线系的平移

在部分相交弦问题等多动弦问题中,若直接设曲线系方程,则计算量惊人,因此,一部分题目可先平移坐标系,再设立曲线系方程.

【例 21】(2018 北京文)如图 17.11 所示,已知椭圆 $M:\frac{x^2}{a^2}+\frac{y^2}{b^2}=1(a>b>0)$ 的离心率是 $\frac{\sqrt{6}}{3}$,焦距为 $2\sqrt{2}$,斜率为 k 的直线 l 与椭圆 M 有两个不同的交点 A、B.

(1)求椭圆 M 的方程.
(2)若 $k=1$,求 $|AB|$ 的最大值.

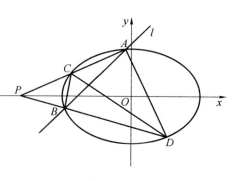

图 17.11

(3)设 $P(-2,0)$,直线 PA 与椭圆 M 的另一个交点为 C,直线 PB 与椭圆 M 的另一个交点为 D,若 C、D 与点 $Q\left(-\dfrac{7}{4},\dfrac{1}{4}\right)$ 共线,求 k.

解:(1)由已知 $e=\dfrac{c}{a}=\dfrac{\sqrt{6}}{3}$,$2c=2\sqrt{2}$,又 $a^2=b^2+c^2$,可得
$$a=\sqrt{3},\quad b=1$$
得到椭圆方程为 $\dfrac{x^2}{3}+y^2=1$.

(2)设 AB 的方程 $y=x+m$,$A(x_1,y_1)$,$B(x_2,y_2)$,与椭圆方程联立得
$$\begin{cases}\dfrac{x^2}{3}+y^2=1\\ y=x+m\end{cases}$$
即
$$4x^2+6mx+3m^2-3=0$$
$$\Delta=-12m^2+48>0$$
所以 $0\leqslant m^2<4$,由韦达定理得
$$x_1+x_2=-\dfrac{3m}{2},\quad x_1x_2=\dfrac{3m^2-3}{4}$$
$$|AB|=\sqrt{1+1^2}\cdot\sqrt{(x_1+x_2)^2-4x_1x_2}$$
$$=\sqrt{-\dfrac{3m^2}{2}+6}\leqslant\sqrt{6}$$
故 $|AB|$ 的最大值为 $\sqrt{6}$.

(3)将题目整体图像向右平移两个单位,如图 17.12 所示,此时有 $P'(0,0)$,$Q'\left(\dfrac{1}{4},\dfrac{1}{4}\right)$.

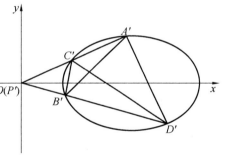

图 17.12

椭圆方程为 $\dfrac{(x-2)^2}{3}+y^2=1$,化简为
$$x^2+3y^2-4x+1=0$$

设 $P'A':y=k_1x$,$P'B':y=k_2x$,$A'B':y=kx+m$,$C'D':y-\dfrac{1}{4}=k_3\left(x-\dfrac{1}{4}\right)$.

构造曲线系方程为
$$\lambda(k_1x-y)(k_2x-y)+(kx-y+m)(4k_3x-4y+1-k_3)=0\quad\text{①}$$

其中,x 的系数为 $k(1-k_3)+4k_3m$;y 的系数为 k_3-1-4m;常数为 $m(1-k_3)$.

由于①式可化为椭圆,对比椭圆各项系数,故有
$$\begin{cases}\dfrac{k(1-k_3)+4k_3m}{m(1-k_3)}=-4\\ k_3-1-4m=0\end{cases}$$

解得 $k=1$.

【感悟】这里要指出,对于曲线系来说,如何联立以及如何选择合适的方程是需要注意

的地方. 因为本题选取的是 AB 的斜率,所以在选择方程时尽量远离 PA、PB,从而达到简化的效果.

【例 22】 如图 17.13 所示,已知椭圆 $C: \dfrac{x^2}{a^2}+\dfrac{y^2}{b^2}=1(a>b>0)$ 的离心率为 $\dfrac{\sqrt{2}}{2}$,且过点 $A(2,1)$.

(1)求 C 的方程.

(2)点 M、N 在 C 上,且 $AM \perp AN$,$AD \perp MN$,D 为垂足. 证明:存在定点 Q,使得 $|DQ|$ 为定值.

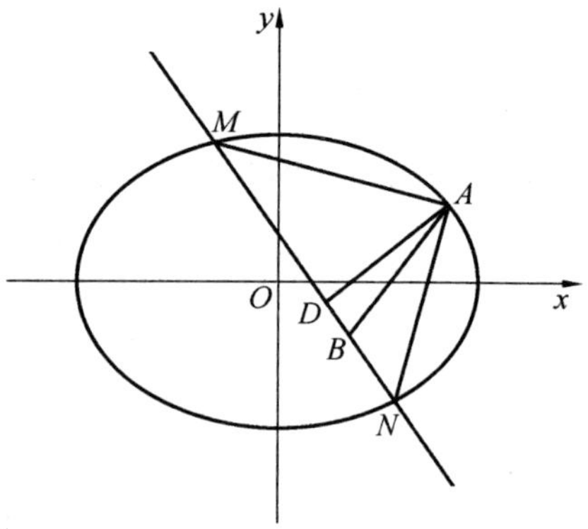

解:(1)因为离心率 $e=\dfrac{c}{a}=\dfrac{\sqrt{2}}{2}$,所以 $a=\sqrt{2}c$.

又 $a^2=b^2+c^2$,所以

$$b=c, \quad a=\sqrt{2}b$$

把点 $A(2,1)$ 代入椭圆方程得

$$\dfrac{4}{2b^2}+\dfrac{1}{b^2}=1$$

解得 $b^2=3$,故椭圆 C 的方程为

$$\dfrac{x^2}{6}+\dfrac{y^2}{3}=1$$

图 17.13

(2)将椭圆向左平移 2 个单位,向下平移 1 个单位.

设 $AM:y=k_1 x$,$AN:y=k_2 x$,且 $k_1 k_2=-1$,设 $MN:y=kx+m$.

在 A 处的切线为 $y=-x$,椭圆方程为

$$x^2+2y^2+4x+4y=0$$

构造曲线系方程

$$\lambda(k_1 x-y)(k_2 x-y)+(kx-y+m)(x+y)=0$$

其中,x 的系数为 m;x^2 的系数为 $-\lambda+k$;y^2 的系数为 $\lambda-1$;xy 的系数为 $-\lambda(k_1+k_2)+k-1=0$;y 的系数为 m.

对比椭圆方程得

$$\begin{cases} \dfrac{-\lambda+k}{\lambda-1}=\dfrac{1}{2} \\ \dfrac{\lambda-1}{m}=\dfrac{2}{4} \end{cases}$$

化简可得

$$m=\dfrac{4}{3}k-\dfrac{4}{3}$$

代入直线 MN 方程可得

$$y+\dfrac{4}{3}=k\left(x+\dfrac{4}{3}\right)$$

恒过 $\left(-\dfrac{4}{3},-\dfrac{4}{3}\right)$,平移回原坐标系得 MN 恒过 $B\left(\dfrac{2}{3},-\dfrac{1}{3}\right)$.

因为 $AD \perp MN$，所以点 D 在以 AB 为直径的圆上，故当点 Q 为 AB 的中点，即 $Q\left(\dfrac{4}{3}, \dfrac{1}{3}\right)$ 时，$|DQ| = \dfrac{2\sqrt{2}}{3}$，为定值.

17.6 双切线与曲线系

【例 23】 （2008 江西文）如图 17.14 所示，已知椭圆 $E: \dfrac{x^2}{2} + y^2 = 1$，设 C 为椭圆的上顶点，圆 $I: \left(x - \dfrac{2}{3}\right)^2 + y^2 = \dfrac{2}{9}$，过 C 作圆 I 的两条切线分别交椭圆于点 A、B. 证明：直线 AB 与圆 I 相切.

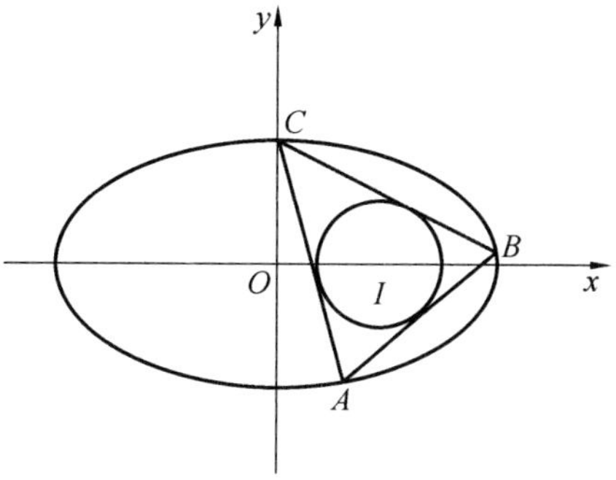

证明： 设过点 C 的切线为 $y = kx + 1$，即
$$kx - y + 1 = 0$$
由点到直线距离公式可得
$$\dfrac{\left|\dfrac{2}{3}k + 1\right|}{\sqrt{1 + k^2}} = \dfrac{\sqrt{2}}{3}$$
化简为
$$2k^2 + 12k + 7 = 0$$
由韦达定理可得
$$k_1 + k_2 = -6 \qquad ①$$
$$k_1 k_2 = \dfrac{7}{2} \qquad ②$$

图 17.14

在 C 处的切线方程为 $y = 1$，即 $y - 1 = 0$.
设 $AB: y = kx + m$，即 $kx - y + m = 0$.
构造曲线系方程
$$(k_1 x - y + 1)(k_2 x - y + 1) + \lambda(y - 1)(kx - y + m) = 0$$
化简为
$$k_1 k_2 x^2 + (1 - \lambda) y^2 + (-k_1 - k_2 + k\lambda) xy + (k_1 + k_2 - k\lambda) x + (-1 + m\lambda) y + 1 - m\lambda = 0$$
将①②代入上式可得
$$\dfrac{7}{2} x^2 + (1 - \lambda) y^2 + (6 + k\lambda) xy + (-6 - k\lambda) x + (-1 + m\lambda) y + 1 - m\lambda = 0$$
对比椭圆的方程 $x^2 + 2y^2 - 2 = 0$，得到
$$\dfrac{\dfrac{7}{2}}{1} = \dfrac{(1 - \lambda)}{2} = \dfrac{1 - m\lambda}{-2}$$
解得 $\lambda = -6$.
由于 $-6 - k\lambda = 0$，$-1 + m\lambda = 0$，得到
$$k = 1, \quad m = -\dfrac{4}{3}$$

故可得 $y = x - \dfrac{4}{3}$，即
$$3x - 3y - 4 = 0$$
由点到直线距离公式可得
$$\dfrac{\left|3 \times \dfrac{2}{3} - 3 \times 0 - 4\right|}{3\sqrt{2}} = \dfrac{\sqrt{2}}{3}$$
故直线 AB 与圆 I 相切.

【例 24】 如图 17.15 所示，已知抛物线 $y^2 = 2px$ 上三点 $A(2,2)$、B、C，直线 AB、AC 是圆 $(x-2)^2 + y^2 = 1$ 的两条切线，则直线 BC 的方程为 _____.

解：设过 A 点的切线为 $k(x-2) = y - 2$，化为
$$kx - y + 2 - 2k = 0$$
由点到直线距离公式 $\dfrac{|2|}{\sqrt{k^2+1}} = 1$ 得 $k = \pm\sqrt{3}$，即两条圆的切线方程为
$$y - 2 - \sqrt{3}(x-2) = 0$$
和
$$y - 2 + \sqrt{3}(x-2) = 0$$
构建曲线系方程
$$[y - 2 - \sqrt{3}(x-2)][y - 2 + \sqrt{3}(x-2)] = 0$$
即
$$(y-2)^2 = 3(x-2)^2$$

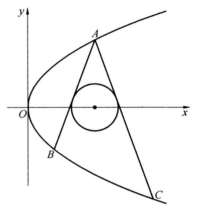

图 17.15

$$(y-2)^2 = 3\left(\dfrac{y^2}{2} - 2\right)^2$$
$$(y-2)^2 = \dfrac{3}{4}(y-2)^2(y+2)^2$$
$$4 = 3(y+2)^2, \quad 4 = 3(y^2 + 4y + 4)$$
$$3y^2 + 12y + 8 = 0$$
将 $y^2 = 2x$ 代入上式，化简可得直线 BC 的方程为 $3x + 6y + 4 = 0$.

【课后练习】

1.(2021 全国 1 卷 21 题)在平面直角坐标系 xOy 中，$F_1(-\sqrt{17}, 0)$，$F_2(\sqrt{17}, 0)$，点 M 满足 $|MF_1| - |MF_2| = 2$，记 M 的轨迹为 C.

(1) 求 C 的方程.

(2) 设 T 在 $x = \dfrac{1}{2}$ 上，过 T 作两条线分别交 C 于点 A、B 和点 P、Q，且 $|TA| \cdot |TB| = |TP| \cdot |TQ|$，求直线 AB、PQ 的斜率和.

2. 已知椭圆方程 $\dfrac{x^2}{24} + \dfrac{y^2}{12} = 1$，$A(-6, 0)$，若直线 $l: y = x + b$ 与椭圆交于 P、Q 两点，AP 与椭圆交于点 M，AQ 与椭圆交于点 N，判断直线 MN 是否过定点，并说明理由.

3. 已知椭圆方程 $\dfrac{x^2}{4}+\dfrac{y^2}{2}=1$,过右焦点 F 作互相垂直的两条直线 l_1、l_2,l_1 与椭圆交于 A、B 两点,l_2 与椭圆交于 C、D 两点,AC 与 $x=\sqrt{2}$ 交于点 M,BD 与 $x=\sqrt{2}$ 交于 N,求证:$|FM|=|FN|$.

4. 设 A、B 是椭圆 $3x^2+y^2=\lambda$ 上两点,点 $N(1,3)$ 是线段 AB 的中点,线段 AB 的垂直平分线与椭圆相交于 C、D 两点,是否存在 λ 使得 A、B、C、D 四点共圆?

5. 如图 17.16 所示,在平面直角坐标系 xOy 中,分别过原点 O 和椭圆 $\dfrac{x^2}{2}+y^2=1$ 的右焦点 F 的两条弦 AB、CD 相交于点 E(异于 A、C),且 $OE=EF$. 求证:直线 AC、BD 的斜率和为定值.

6. 如图 17.17 所示,已知圆 $O:x^2+y^2=16$ 与 x 轴交于 A、B 两点,过点 $P(2,0)$ 的直线 l 与圆交于 M、N 两点,探究直线 AN、BM 交点 Q 是否在定直线上. 若是,请求出该直线;若不是,请说明理由.

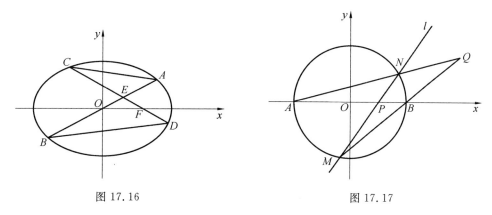

图 17.16 　　　　　　　　　图 17.17

7. (2014 河南高中数学联赛预赛) 如图 17.18 所示,设直线 $y=x+b$ 与抛物线 $y^2=2px(p>0)$ 交于 A、B 两点,过 A、B 两点的圆与该抛物线交于另外两个不同的点 C、D,求证:$AB \perp CD$.

8. (2016 四川文) 如图 17.19 所示,已知椭圆 $\dfrac{x^2}{a^2}+\dfrac{y^2}{b^2}=1(a>b>0)$ 的一个焦点与短轴的两个端点是正三角形的三个顶点,点 $\left(\sqrt{3},\dfrac{1}{2}\right)$ 在椭圆上.

(1) 求椭圆的方程.

(2) 设不过原点 O 且斜率为 $\dfrac{1}{2}$ 的直线 l 与椭圆交于不同的两点 A、B,线段 AB 中点为 M,直线 OM 与椭圆 E 交于 C、D 两点,证明:$|MA|\cdot|MB|=|MC|\cdot|MD|$.

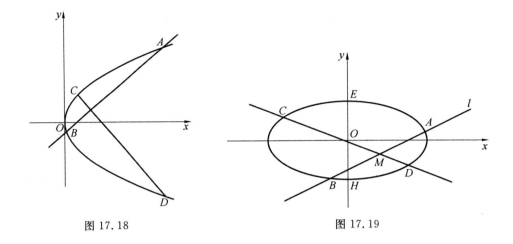

图 17.18   图 17.19

【答案与解析】

1. 解:(1)由于 $|MF_1|-|MF_2|=2$,轨迹 C 满足双曲线定义,故

$$2a=2 \Rightarrow a=1, \quad c=\sqrt{17}, \quad b^2=c^2-a^2=16$$

故双曲线 C 的方程为 $x^2-\dfrac{y^2}{16}=1$.

(2)设 $T\left(\dfrac{1}{2},t\right)$,直线 $AB:y-t=k_1\left(x-\dfrac{1}{2}\right)$,直线 $PQ:y-t=k_2\left(x-\dfrac{1}{2}\right)$,分别化为

$$2k_1x-2y+2t-k_1=0$$
$$2k_2x-2y+2t-k_2=0$$

由于

$$|TA|\cdot|TB|=|TP|\cdot|TQ|$$

由割线长定理可得 A、B、P、Q 四点共圆.

由曲线系方程

$$(16x^2-y^2-16)+\lambda(2k_1x-2y+2t-k_1)(2k_2x-2y+2t-k_2)=0$$

对比圆的方程

$$x^2+y^2+Dx+Ey+F=0$$

则 xy 的系数为 0,即

$$-\lambda(4k_1+4k_2)=0$$

即 $k_1+k_2=0$.

2. 解:将椭圆向右平移 6 个单位得

$$\dfrac{(x-6)^2}{24}+\dfrac{y^2}{12}=1$$

整理为

$$x^2+2y^2-12x+12=0 \qquad ①$$

设直线 AP 为 l_1,直线 BP 为 l_2,直线 MN 为 $l_3:y=kx+n$,直线 PQ 为 $l_4:y=x+m$,则

428

第十七章 曲线系概述

$$l_1: y = k_1 x, \quad l_2: y = k_2 x$$

构造曲线系方程

$$\lambda l_1 l_2 + l_3 l_4 = 0$$

即

$$\lambda (k_1 x - y)(k_2 x - y) + (kx - y + n)(x - y + m) = 0$$

可得 x^2 的系数为 $\lambda k_1 k_2 + k$；y^2 的系数为 $\lambda + 1$；xy 的系数为 $-\lambda(k_1 + k_2) - k - 1 = 0$；$x$ 的系数为 $km + n$；y 的系数为 $-m - n$；常数为 mn.

对比①式可得

$$\frac{km + n}{mn} = \frac{-12}{12} \Rightarrow n = -k + 1$$

代入 l_3 中得 $y = k(x-1) + 1$ 恒过点 $(1, 1)$.

平移回原坐标系，故 MN 恒过点 $(-5, 1)$.

3. 证明： 由于 $F(\sqrt{2}, 0)$，将椭圆向左平移 $\sqrt{2}$ 个单位得

$$\frac{(x + \sqrt{2})^2}{4} + \frac{y^2}{2} = 1$$

整理为

$$x^2 + 2\sqrt{2} x + 2y^2 - 2 = 0$$

设直线 $AB: y = k_1 x$，直线 $CD: y = k_2 x$，且 $k_1 k_2 = -1$.

由交点曲线系方程

$$x^2 + 2\sqrt{2} x + 2y^2 - 2 + \lambda (k_1 x - y)(k_2 x - y) = 0$$

令 $x = 0$，解得 $2y^2 - 2 + \lambda y^2 = 0$，即

$$(2 + \lambda) y^2 - 2 = 0$$

则 $y_M + y_N = 0$，所以 $|FM| = |FN|$.

4. 解： 由点差法易得 $k_{AB} = -1$，直线 AB 方程为

$$y = -x + 4$$

CD 方程为

$$x - y + 2 = 0$$

因为 $N(1, 3)$ 在椭圆内，故

$$3 \times 1^2 + 3^2 < \lambda \Rightarrow \lambda > 12$$

过 A、B、C、D 四点的曲线系方程为

$$(x + y - 4)(x - y + 2) + \mu (3x^2 + y^2 - \lambda) = 0$$

即

$$(3\mu + 1)x^2 + (\mu - 1)y^2 - 2x + 6y - \lambda \mu = 0 \qquad ①$$

由于此式表示圆，所以

$$3\mu + 1 = \mu - 1 \Rightarrow \mu = -1$$

代入①式整理得

$$\left(x + \frac{1}{2}\right)^2 + \left(y - \frac{3}{2}\right)^2 = \frac{\lambda + 5}{2}$$

因为 $\lambda>12$,所以上述方程表示圆,故存在 $\lambda>12$ 使得 A、B、C、D 四点共圆.

5. 证明:根据已知条件 $OE=EF$ 可知 AB、CD 的斜率互为相反数.

设 $AB:y-kx=0$,$CD:y+k(x-1)=0$,$AC:A_1x+B_1y+C_1=0$,$BD:A_2x+B_2y+C_2=0$.

根据曲线系方程,过 A、B、C、D 四点的曲线系方程为
$$(y-kx)(y+kx-k)+\lambda\left(\frac{x^2}{2}+y^2-1\right)=0$$

可退化为
$$(A_1x+B_1y+C_1)(A_2x+B_2y+C_2)=0$$

两式对比得 x、y 的系数分别为 0 和 $A_1B_2+A_2B_1$,故
$$A_1B_2+A_2B_1=0$$

所以直线 AC、BD 的斜率和为定值 0.

6. 解:设 $AQ:y=k_1(x+4)$,$BQ:y=k_2(x-4)$,$MN:y=k(x-2)$,$AB:y=0$.

构造曲线系方程
$$(k_1x-y+4k_1)(k_2x-y-4k_2)+\lambda y(kx-y-2k)=0$$

由于曲线系方程也可表示圆的方程,故上式应可化简为
$$x^2+y^2=16$$

对比得 xy 的系数为 $-k_1-k_2+\lambda k=0$;y 的系数为 $4k_2-4k_1-2k\lambda=0$;由此两式解得
$$\frac{k_1}{k_2}=\frac{1}{3}$$

故将 AQ、BQ 直线方程进行联立可得
$$\begin{cases}y=k_1(x+4)\\y=3k_1(x-4)\end{cases}$$

解得 $x=8$,故 Q 在定直线 $x=8$ 上.

7. 证明:设直线 CD 方程为 $y=kx+m$,则过 A、B、C、D 四点的曲线系方程为
$$(x-y+b)(kx-y+m)+\lambda(y^2-2px)=0$$

整理得
$$kx^2-(k+1)xy+(1+\lambda)y^2+(kb+m-2p\lambda)x-(b+m)y+bm=0$$

因为 A、B、C、D 四点共圆,所以
$$\begin{cases}k=1+\lambda\\k+1=0\end{cases}\Rightarrow\begin{cases}k=-1\\\lambda=-2\end{cases}$$

所以 $AB\perp CD$.

8. 解:(1)由已知 $a=2b$,$\frac{3}{a^2}+\frac{1}{4b^2}=1$,解得
$$b=1,\quad a=2$$

故椭圆方程为 $\frac{x^2}{4}+y^2=1$.

(2)若 $|MA|\cdot|MB|=|MC|\cdot|MD|$,由相交弦定理,证 A、B、C、D 四点共圆即可.

$$\frac{x_1^2}{4}+y_1^2=1, \quad \frac{x_2^2}{4}+y_2^2=1$$

两式相减化简得

$$\frac{y_1-y_2}{x_1-x_2} \cdot \frac{y_1+y_2}{x_1+x_2}=-\frac{1}{4}$$

即 $k_{OM} \cdot k_{AB}=-\dfrac{1}{4}$.

因为 $k_{AB}=\dfrac{1}{2}$，故 $k_{OM}=-\dfrac{1}{2}$.

设直线 $AB: y=\dfrac{1}{2}x+m, CD: y=-\dfrac{1}{2}x$.

设曲线系方程为

$$(x-2y+2m)(x+2y)+\lambda(x^2+4y^2-4)=0$$
$$(1+\lambda)x^2+(4\lambda-4)y^2+2mx+2my-4\lambda=0$$

令 $1+\lambda=4\lambda-4$，得 $\lambda=\dfrac{5}{3}$，表示为圆的方程即

$$x^2+y^2+\frac{3}{4}mx+\frac{3}{4}my-\frac{5}{2}=0$$

所以 $|MA| \cdot |MB|=|MC| \cdot |MD|$.

第十八章 极点极线

18.1 极点极线的理论

为了更清楚地认识极点极线,下面给出一些例题和相关结论.

【例 1】

(1)过点$(4,3)$作曲线$C:x^2+y^2=25$的切线方程为＿＿＿＿＿＿;

(2)过点$(\sqrt{2},1)$作曲线$C:\dfrac{x^2}{4}+\dfrac{y^2}{2}=1$的切线方程为＿＿＿＿＿＿;

(3)过点$(4,2)$作曲线$C:\dfrac{x^2}{8}-\dfrac{y^2}{4}=1$的切线方程为＿＿＿＿＿＿;

(4)过点$(1,2)$作曲线$C:y^2=4x$的切线方程为＿＿＿＿＿＿.

解:(1)$4x+3y=25$;(2)$\dfrac{\sqrt{2}\cdot x}{4}+\dfrac{1\cdot y}{2}=1$,即$\dfrac{\sqrt{2}}{4}x+\dfrac{y}{2}=1$;

(3)$\dfrac{4\cdot x}{8}-\dfrac{2\cdot y}{4}=1$,即$\dfrac{x}{2}-\dfrac{y}{2}=1$;(4)$2y=4\dfrac{x+1}{2}$,即$2y=2(x+1)$.

下面以椭圆的标准方程为例证明以上结论.

过曲线$C:\dfrac{x^2}{a^2}+\dfrac{y^2}{b^2}=1$上一点$P(x_0,y_0)$作其切线,设切线方程为

$$y-y_0=k(x-x_0) \qquad ①$$

将其与曲线方程联立得

$$\begin{cases}\dfrac{x^2}{a^2}+\dfrac{y^2}{b^2}=1\\ y-y_0=k(x-x_0)\end{cases}$$

由硬解定理

$$\Delta=4a^2b^2B^2(a^2A^2+b^2B^2-C^2)=0$$

得到$k=-\dfrac{b^2x_0}{a^2y_0}$,代入①可得切线方程为

$$\dfrac{x_0x}{a^2}+\dfrac{y_0y}{b^2}=1$$

同样,过抛物线$y^2=2px$上一点$p(x_0,y_0)$作其切线,设切线方程为

$$y-y_0=k(x-x_0) \qquad ②$$

将其与曲线方程联立得

$$\begin{cases}\dfrac{x^2}{a^2}+\dfrac{y^2}{b^2}=1\\ y-y_0=k(x-x_0)\end{cases}$$

由 $\Delta=0$ 可得 $k=\dfrac{p}{y_0}$，代入②可得

$$y_0 y = 2p\dfrac{x+x_0}{2}$$

即

$$y_0 y = p(x+x_0)$$

【例 2】

(1) 过点 $(8,6)$ 作曲线 $C:x^2+y^2=25$ 的切线，切点分别为 A、B，则 AB 所在直线方程为_____；

(2) 过点 $(2,4)$ 作曲线 $C:\dfrac{x^2}{4}+\dfrac{y^2}{2}=1$ 的切线，切点分别为 A、B，则 AB 所在直线方程为_____；

(3) 过点 $(4,1)$ 作曲线 $C:\dfrac{x^2}{8}-\dfrac{y^2}{4}=1$ 的切线，切点分别为 A、B，则 AB 所在直线方程为_____；

(4) 过点 $(-1,-2)$ 作曲线 $C:y^2=4x$ 的切线，切点分别为 A、B，则 AB 所在直线方程为_____．

解：(1) $8x+6y=25$；(2) $\dfrac{2\cdot x}{4}+\dfrac{4\cdot y}{2}=1$，即 $x+4y=2$；

(3) $\dfrac{4\cdot x}{8}-\dfrac{1\cdot y}{4}=1$，即 $2x-y=4$；(4) $-2y=4\dfrac{x-1}{2}$，即 $-2y=2(x-1)$．

同样以椭圆为例证明，如图 18.1 所示，过曲线外一点 $P(x_0,y_0)$ 作曲线 $C:\dfrac{x^2}{a^2}+\dfrac{y^2}{b^2}=1$ 的两条切线，切点分别为 $A(x_1,y_1)$、$B(x_2,y_2)$，由例 1 可知切线 PA 方程为

$$\dfrac{x_1 x}{a^2}+\dfrac{y_1 y}{b^2}=1$$

同理 PB 的方程为

$$\dfrac{x_2 x}{a^2}+\dfrac{y_2 y}{b^2}=1$$

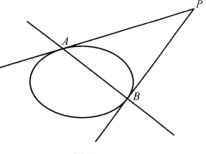

图 18.1

分别在两条切线上面代入点 P 坐标可得

$$\begin{cases}\dfrac{x_0 x_1}{a^2}+\dfrac{y_0 y_1}{b^2}=1\\ \dfrac{x_0 x_2}{a^2}+\dfrac{y_0 y_2}{b^2}=1\end{cases}$$

A、B 两点都满足一样的关系式，所以直线 AB 的方程为

$$\dfrac{x_0 x}{a^2}+\dfrac{y_0 y}{b^2}=1$$

同理可得抛物线的切点弦 AB 的方程为

$$y_0 y = 2p \frac{x+x_0}{2}$$

即

$$y_0 y = p(x+x_0)$$

结论:过圆锥曲线内一点作弦,与圆锥曲线交于两点,过这两点作切线相交于一点,则交点轨迹为一条固定直线.

【例3】

(1)过点$(1,2)$作曲线$C:x^2+y^2=25$的一条弦,与曲线交点分别为A、B,过A、B两点的切线分别为l_1、l_2,则l_1、l_2的交点的轨迹方程为_____;

(2)过点$(1,1)$作曲线$C:\frac{x^2}{4}+\frac{y^2}{2}=1$的一条弦,与曲线交点分别为$A$、$B$,过$A$、$B$两点的切线分别为$l_1$、$l_2$,则$l_1$、$l_2$的交点的轨迹方程为_____;

(3)过点$(3,1)$作曲线$C:\frac{x^2}{8}-\frac{y^2}{4}=1$的一条弦,与曲线交点分别为$A$、$B$,过$A$、$B$两点的切线分别为$l_1$、$l_2$,则$l_1$、$l_2$的交点的轨迹方程为_____;

(4)过点$(1,1)$作曲线$C:y^2=4x$的一条弦,与曲线交点分别为A、B,过A、B两点的切线分别为l_1、l_2,则l_1、l_2的交点的轨迹方程为_____.

解:(1)$1x+2y=25$;(2)$\frac{1 \cdot x}{4}+\frac{1 \cdot y}{2}=1$,即$\frac{x}{4}+\frac{y}{2}=1$;

(3)$\frac{3 \cdot x}{8}-\frac{1 \cdot y}{4}=1$,即$\frac{3x}{8}-\frac{y}{4}=1$;(4)$1 \cdot y=4\frac{x+1}{2}$,即$y=2(x+1)$.

同样以椭圆为例证明,如图18.2所示,过曲线内一点$P(x_0,y_0)$作曲线$C:\frac{x^2}{a^2}+\frac{y^2}{b^2}=1$的一条弦,弦与曲线交点分别为$A(x_1,y_1)$、$B(x_2,y_2)$,过$A$、$B$两点分别作曲线的切线,切线交点为$M$,当弦绕着$P$转动时点$M$的轨迹方程为

$$\frac{xx_0}{a^2}+\frac{yy_0}{b^2}=1$$

由例2可知AB可以看成点M的切点弦,故直线AB的方程可写为

$$\frac{x_M x}{a^2}+\frac{y_M y}{b^2}=1$$

点P在直线AB上,代入点P可得

$$\frac{x_0 x_M}{a^2}+\frac{y_0 y_M}{b^2}=1 \qquad ①$$

图18.2

所以点M满足关系①,故点M的轨迹为

$$\frac{x_0 x}{a^2}+\frac{y_0 y}{b^2}=1$$

同理可得当曲线为抛物线时的动点轨迹方程为

$$y_0 y = 2p \frac{x+x_0}{2}$$

即
$$y_0 y = p(x + x_0)$$

由以上三个例子不难发现无论一个点在曲线上、在曲线内,还是在曲线外,总会有一条直线与之对应,并且点与曲线的对应关系遵循同一个变换原则.实际上这个点称为极点,与点对应的这条线称为极线.下面来介绍一下极点极线.

背景知识:在圆锥曲线和很多定值定点定线的问题中都涉及二次曲线的极点极线,下面简单地对极点极线进行阐述,方便读者了解出题背景.

定义 1(几何定义) 已知圆锥曲线上有四个点 A、B、C、D,对角线交点为 N,延长四边形 AB-CD 两组对边,分别交于点 M 和点 P,连接 NP、MP 和 MN(图 18.3).则有:

极点 $P \to$ 极线 MN, 极点 $M \to$ 极线 PN,

极点 $N \to$ 极线 PM

在 $\triangle PMN$ 中,三个顶点和对边互为极点和极线,故称 $\triangle PMN$ 为"自极三角形". 特别地,当 MN 交曲线 C 于 E、F 两点时,PE、PF 为曲线 C 的切线.

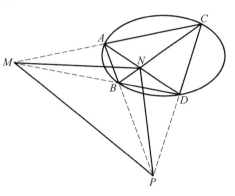

图 18.3

有以下两种特殊情况.

(1)当四边形变成三角形时,如图 18.4 所示,则:

①曲线上的点 A(B、M、N)对应的极线就是切线 PA;

②曲线外的点 P 对应的极线,退化成点 A.

(2)当四边有一组对边平行时,例如 $AB \parallel CD$,如图 18.5 所示,则:

①AB 和 CD 的交点 P 落在无穷远处;

②点 M 的极线 NP_2 和点 N 对应的极线 MP_1 满足 $MP_1 \parallel AB \parallel NP_2 \parallel CD$.

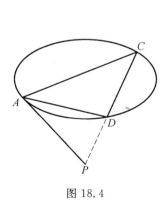

图 18.4

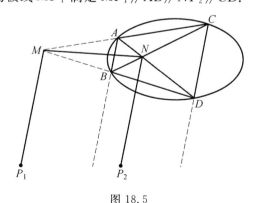

图 18.5

定义 2(代数定义) 已知圆锥曲线 $\Gamma: Ax^2 + By^2 + 2Dx + 2Ey + F = 0$,则称点 $P(x_0, y_0)$ 和直线 $Ax_0 x + By_0 y + D(x_0 + x) + E(y_0 + y) + F = 0$ 是圆锥曲线 Γ 的一对极点和极线.

特别地,有以下结论:

①对于椭圆$\dfrac{x^2}{a^2}+\dfrac{y^2}{b^2}=1$,与点$P(x_0,y_0)$对应的极线方程为$\dfrac{x_0x}{a^2}+\dfrac{y_0y}{b^2}=1$;

②对于双曲线$\dfrac{x^2}{a^2}-\dfrac{y^2}{b^2}=1$,与点$P(x_0,y_0)$对应的极线方程为$\dfrac{x_0x}{a^2}-\dfrac{y_0y}{b^2}=1$;

③对于抛物线$y^2=2px$,与点$P(x_0,y_0)$对应的极线方程为$y_0y=p(x_0+x)$.

实际上,对于任意二次曲线$C:Ax^2+By^2+Cxy+Dx+Ey+F=0$,平面内任意一点$P(x_0,y_0)$对应曲线$C$的极线方程为

$$Ax_0x+By_0y+C\dfrac{y_0x+x_0y}{2}+D\dfrac{x+x_0}{2}+E\dfrac{y+y_0}{2}+F=0$$

也就是说,任意一点$P(x_0,y_0)$对应二次曲线C的极线方程遵循以下替换原则:

$$x^2\to x_0x,\quad y^2\to y_0y,\quad x\to\dfrac{x+x_0}{2}$$

$$y\to\dfrac{y+y_0}{2},\quad xy\to\dfrac{y_0x+x_0y}{2},\quad 常数不变$$

以上替换原则也称为配极原则.

18.2 极点与极线的基本性质、定理

定理 1

(1)当P在圆锥曲线Γ上时,其极线l为曲线Γ在点P处的切线;

(2)当P在圆锥曲线Γ外时,其极线l为曲线Γ从点P处所引两条切线的切点所确定的直线(即切点弦所在直线);

(3)当P在圆锥曲线Γ内时,其极线l为曲线Γ过点P的割线两端点处的切线交点的轨迹.

定理 1 恰巧对应 18.1 节中例 1~3 的结论.

特别地,圆锥曲线的焦点与其相应的准线是该圆锥曲线的一对极点与极线.

(1)对于椭圆$\dfrac{x^2}{a^2}+\dfrac{y^2}{b^2}=1$,右焦点$F(c,0)$对应的极线为$\dfrac{c\cdot x}{a^2}+\dfrac{0\cdot y}{b^2}=1$,即$x=\dfrac{a^2}{c}$恰为椭圆的右准线;点$M(m,0)$对应的极线方程为$x=\dfrac{a^2}{m}$.

(2)对于双曲线$\dfrac{x^2}{a^2}-\dfrac{y^2}{b^2}=1$,点$M(m,0)$对应的极线方程为$x=\dfrac{a^2}{m}$.

(3)对于抛物线$y^2=2px$,点$M(m,0)$对应的极线方程为$x=-m$.

1. 定点问题

【例 4】 已知抛物线$C:x^2=2py$的焦点与椭圆$C:\dfrac{x^2}{4}+y^2=1$的上顶点重合,点A是直线$l:x-2y-8=0$上任意一点,过点A作抛物线的两条切线,切点分别为M、N.

(1)求抛物线C的方程.

(2)证明直线 MN 过定点,并且求出定点坐标.

解:(1)由题意 $\frac{p}{2}=1$,所以 $p=2$,所以 $C:x^2=4y$.

(2)法一(同构法).

设点 $M(x_1,y_1),N(x_2,y_2),A(a,b)$.

由 $y=\frac{x^2}{4}\Rightarrow y'=\frac{x}{2}$,所以直线 AM 的斜率为 $k_{AM}=\frac{x_1}{2}$,所以
$$l_{AM}:y-y_1=\frac{x_1}{2}(x-x_1)$$
即
$$x_1 x=2(y+y_1)$$
同理可得
$$l_{AN}:x_2 x=2(y+y_2)$$
因为点 $A\in l_{AM}$,代入 l_{AM} 得
$$ax_1=2(y_1+b)$$
因为点 $A\in l_{AN}$,代入 l_{AN} 得
$$ax_2=2(y_2+b)$$
所以点 M、N 都满足关系
$$ax=2(y+b)=2y+2b$$
所以
$$l_{MN}:ax=2(y+b)=2y+2b \qquad ①$$
又点 $A\in l$,所以 $2b=a-8$,代入①得
$$ax=2y+a-8\Rightarrow a(x-1)-2y+8=0$$
故直线 MN 恒过定点 $(1,4)$.

法二(配极原则).

设定点为 $Q(x_0,y_0)$,由题目可知点 A 所在直线是点 Q 对应的极线,所以由配极原则可得
$$x_0 x=4\frac{y+y_0}{2}$$
即
$$x_0 x-2y-2y_0=0$$
对比 $l:x-2y-8=0$ 的系数可得
$$\begin{cases}x_0=1\\-2y_0=-8\end{cases}\Rightarrow\begin{cases}x_0=1\\y_0=4\end{cases}$$
所以直线 MN 恒过定点 $(1,4)$.

2. 与圆相关的性质

性质 1:如图 18.6 所示,已知点 A 是椭圆 $\frac{x^2}{a^2}+\frac{y^2}{b^2}=1(a>b>0)$ 上任意一点,极点 P

$(t,0)(|t|<a,|t|\neq c,|t|\neq 0)$,相应的极线 $x=\dfrac{a^2}{t}$. 椭圆在点 A 处的切线与极线 $x=\dfrac{a^2}{t}$ 交于点 N,过点 N 作直线 AP 的垂线 MN,垂足为 M,则直线 MN 恒过 x 轴上的一个定点 Q,且点 M 的轨迹是以 PQ 为直径的圆(点 Q 除外).

证明:设点 $A(x_1,y_1)$,则切线 AN 的方程为
$$\dfrac{x_1 x}{a^2}+\dfrac{y_1 y}{b^2}=1$$

切线 AN 与极线 $x=\dfrac{a^2}{t}$ 的交点为 $N\left(\dfrac{a^2}{t},\dfrac{b^2(t-x_1)}{ty_1}\right)$.

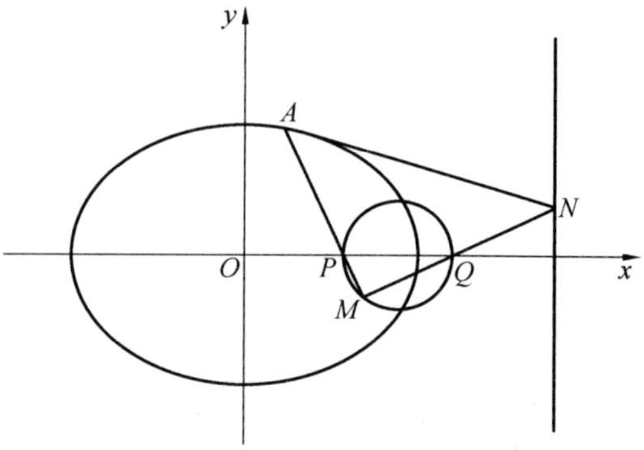

由 $P(t,0)$,$MN\perp PA$,可得直线 MN 的斜率为 $-\dfrac{x_1-t}{y_1}$,所以直线 MN 的方程为
$$y-\dfrac{b^2(t-x_1)}{ty_1}=-\dfrac{x_1-t}{y_1}\left(x-\dfrac{a^2}{t}\right)$$

当 $x\neq t$ 时,令 $y=0$,得
$$-\dfrac{b^2(t-x_1)}{ty_1}=-\dfrac{x_1-t}{y_1}\left(x-\dfrac{a^2}{t}\right)$$

图 18.6

解得 $x=\dfrac{c^2}{t}$. 所以直线 MN 过 x 轴上一定点 $Q\left(\dfrac{c^2}{t},0\right)$.

当 $x=t$ 时,直线 MN 的方程为 $y=0$,也过点 $Q\left(\dfrac{c^2}{t},0\right)$. 所以直线 MN 恒过 x 轴上一定点 $Q\left(\dfrac{c^2}{t},0\right)$.

由于 P、Q 是定点且 $\angle PMQ=90°$,因此 M 的轨迹是以 PQ 为直径的圆.

类似地,也可以证明双曲线和抛物线的情况.

性质 2:已知点 A 是双曲线 $\dfrac{x^2}{a^2}-\dfrac{y^2}{b^2}=1(a>0,b>0)$ 上任意一点,极点 $P(t,0)$ ($|t|<a,|t|\neq c,|t|\neq 0$),相应的极线 $x=\dfrac{a^2}{t}$. 双曲线在点 A 处的切线与极线 $x=\dfrac{a^2}{t}$ 交于点 N,过点 N 作直线 AP 的垂线 MN,垂足为 M,则直线 MN 恒过 x 轴上的一个定点 Q,且点 M 的轨迹是以 PQ 为直径的圆(点 Q 除外).

性质 3:已知点 A 是抛物线 $y^2=2px(p>0)$ 上任意一点,极点 $P(t,0)\left(t>0,t\neq\dfrac{p}{2}\right)$,相应的极线 $x=\dfrac{a^2}{t}$. 抛物线在点 A 处的切线与极线 $x=-t$ 交于点 N,过点 N 作直线 AP 的垂线 MN,垂足为 M,则直线 MN 恒过 x 轴上的一个定点 Q,且点 M 的轨迹是以 PQ 为直径的圆(点 Q 除外).

性质 4:椭圆 $\dfrac{x^2}{a^2}+\dfrac{y^2}{b^2}=1(a>b>0)$ 的一个焦点为 F,其对应的准线(极线)为 l,过点 F

的直线交椭圆于 A、B 两点，C 是椭圆上任意一点，直线 CA、CB 分别与准线 l 交于 M、N 两点，则以线段 MN 为直径的圆必过焦点 F．

证明：如图 18.7 所示，连接 CF 并延长交椭圆于点 Q，CA 交 BQ 于点 M，CB 交 AQ 于点 N，则有 $\triangle FMN$ 为直角三角形.

设点 $M\left(\dfrac{a^2}{c}, y_1\right)$，$N\left(\dfrac{a^2}{c}, y_2\right)$，直线 FN 为点 M 对应的极线，其方程为

$$\dfrac{x}{c} + \dfrac{y_1 y}{b^2} = 1$$

因为点 N 在 FN 上，所以

$$\dfrac{a^2}{c^2} + \dfrac{y_1 y_2}{b^2} = 1$$

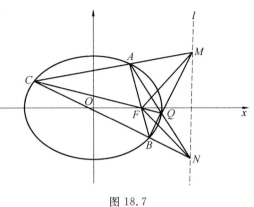

图 18.7

得

$$y_1 y_2 = -\dfrac{b^4}{c^2}$$

于是有

$$k_{FN} \cdot k_{FM} = \dfrac{y_1}{\dfrac{a^2}{c} - c} \cdot \dfrac{y_2}{\dfrac{a^2}{c} - c} = \dfrac{c^2 y_1 y_2}{b^4} = -1$$

所以 $FM \perp FN$，即以线段 MN 为直径的圆恒过焦点 F．

性质 5：已知椭圆 $\dfrac{x^2}{a^2} + \dfrac{y^2}{b^2} = 1 (a > b > 0)$ 与一个类焦点 $(t, 0)(0 < t < a)$，其对应的类准线（极线）为 $l: x = \dfrac{a^2}{t}$，过点 F 的直线交椭圆于 A、B 两点，C 是椭圆上任意一点，直线 CA、CB 分别与类准线 l 交于 M、N 两点，则以线段 MN 为直径的圆恒过定点 $\left(\dfrac{a^2}{t} \pm \dfrac{b}{t}\sqrt{a^2 - t^2}, 0\right)$．特别地，当 $t = c$ 时，以线段 MN 为直径的圆恒过椭圆右焦点．

证明过程略（与上面类似，需结合相交弦定理．）

【例 5】（2012 福建）如图 18.8 所示，椭圆 E：$\dfrac{x^2}{a^2} + \dfrac{y^2}{b^2} = 1 (a > b > 0)$ 的左焦点为 F_1，右焦点为 F_2，离心率 $e = \dfrac{1}{2}$，过 F_1 的直线交椭圆于 A、B 两点，且 $\triangle ABF_2$ 的周长为 8．

(1) 求椭圆 E 的方程．

(2) 设动直线 $l: y = kx + m$ 与椭圆 E 有且只有一个公共点 P，且与直线 $x = 4$ 相交于点 Q，试探究：在坐标平面内是否存在定点 M 使得以 PQ 为直径的圆恒过定点 M？若存在求出点 M 的坐标；若不存在请说明

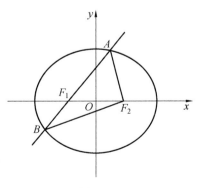

图 18.8

理由.

解:(1)△ABF_2 的周长为
$$|AF_1|+|AF_2|+|BF_1|+|BF_2|=4a=8$$
所以 $a=2$,故椭圆 $E: \dfrac{x^2}{4}+\dfrac{y^2}{3}=1$.

(2)法一(常规联立).

设点 $P(x_0,y_0)$,由 $\begin{cases}\dfrac{x^2}{4}+\dfrac{y^2}{3}=1\\ y=kx+m\end{cases}$ 得
$$(4k^2+3)x^2+8kmx+4m^2-12=0$$

因为直线与曲线相切,所以 $\Delta=0$,即
$$64k^2m^2-4(4k^2+3)(4m^2-12)=0 \Rightarrow 4k^2+3-m^2=0 \Rightarrow 4k^2+3=m^2 \qquad ①$$

由韦达定理得
$$x_0+x_0=2x_0=-\dfrac{8km}{4k^2+3}\Rightarrow x=-\dfrac{4km}{4k^2+3}=-\dfrac{4k}{m}$$
$$y=kx_0+m=\dfrac{3}{m}$$

所以 $P\left(-\dfrac{4k}{m},\dfrac{3}{m}\right)$.

令 $x=4$,得 $y_Q=4k+m$,则 $Q(4,4k+m)$.

假设平面上存在定点 M 满足条件,由图的对称性可知,点 M 必在 x 轴上.设点 $M(t,0)$,则有
$$\overrightarrow{MP}\cdot\overrightarrow{MQ}=0$$
且
$$\overrightarrow{MP}=\left(-\dfrac{4k}{m}-t,\dfrac{3}{m}\right),\quad \overrightarrow{MQ}=(4-t,4k+m)$$
由
$$\overrightarrow{MP}\cdot\overrightarrow{MQ}=0 \Rightarrow (t-4)+\left(t+\dfrac{4k}{m}\right)+\dfrac{3}{m}(4k+m)=0$$

整理得
$$(t-1)\dfrac{4k}{m}+t^2-4t+3=0$$

满足①式,所以
$$\begin{cases}t-1=0\\ t^2-4t+3=0\end{cases}\Rightarrow t=1$$

故存在定点 $M(1,0)$,使得以 PQ 为直径的圆恒过定点 M.

法二(极点极线).

由性质1可知存在点 $M(t,0)$ 满足条件,且点 M 为极线 $x=4$ 对应的极点.

由配极原则写出点 M 的极线为

$$\frac{tx}{4}+\frac{0\cdot y}{3}=1$$

对比直线 $x=4$ 可得 $t=4$,故存在定点 $M(1,0)$,使得以 PQ 为直径的圆恒过定点 M.

【例6】 已知椭圆 $C:\frac{x^2}{a^2}+\frac{y^2}{b^2}=1(a>b>0)$ 的离心率是 $\frac{1}{2}$,其左、右顶点分别为 A_1、A_2,B 为短轴端点,$\triangle A_1BA_2$ 的面积为 $2\sqrt{3}$.

(1)求椭圆方程.

(2)若 F_2 为椭圆 C 的右焦点,点 P 是椭圆 C 上异于 A_1、A_2 的任意一点,直线 A_1P、A_2P 与直线 $x=4$ 分别交于 M、N 两点,求证:以 MN 为直径的圆与直线 PF_2 相切于点 F_2.

解:(1)由题意 $\begin{cases}\frac{c}{a}=\frac{1}{2}\\ab=1\\a^2=b^2+c^2\end{cases}$,解得 $\begin{cases}a^2=4\\b^2=3\end{cases}$,则椭圆的方程为 $\frac{x^2}{4}+\frac{y^2}{3}=1$.

(2)法一(对称处理).

由圆锥曲线第三定义得

$$k_{PA_1}\cdot k_{PA_2}=-\frac{b^2}{a^2}=-\frac{3}{4}$$

设 $l_{PA_1}:y=k(x+2)$,令 $x=4$,得 $y_M=6k$;

设 $l_{PA_2}:y=-\frac{3}{4k}(x+2)$,令 $x=4$,得 $y_N=-\frac{3}{2k}$.

因为 $F_2(1,0)$,所以

$$\overrightarrow{F_2M}=(3,6k),\quad \overrightarrow{F_2N}=\left(3,-\frac{3}{2k}\right)$$

所以

$$\overrightarrow{F_2M}\cdot\overrightarrow{F_2N}=9+6k\cdot\left(-\frac{3}{2k}\right)=0 \qquad ①$$

由上易得 MN 中点 $Q\left(4,3k-\frac{3}{4k}\right)$,联立

$$\begin{cases}y=k(x+2)\\y=-\frac{3}{4k}(x+2)\end{cases}\Rightarrow\begin{cases}x_P=\frac{6-8k^2}{4k^2+3}\\y_P=\frac{12k}{4k^2+3}\end{cases}$$

易得

$$\overrightarrow{F_2P}\cdot\overrightarrow{F_2Q}=0 \qquad ②$$

由①②得以 MN 为直径的圆与直线 PF_2 相切于点 F_2.

法二(极点极线).

由性质4易得以 MN 为直径的圆与直线 PF_2 相切于点 F_2.结合法一中②式可证.

定理2(调和性) 如图18.9所示,设点 P 关于圆锥曲线 Γ 的极线为 l,过点 P 任作一割线交 Γ 于点 A、B,交 l 于点 Q.

(1) P、A、Q、B 构成调和点列,即有 $\dfrac{PA}{PB}=\dfrac{QA}{QB}$ 或 $\dfrac{1}{PA}+\dfrac{1}{PB}=\dfrac{2}{PQ}$.

(2) 由"调和点列"的共轭性可得 B、Q、P、A 也构成调和点列,即有 $\dfrac{AP}{AQ}=\dfrac{BP}{BQ}$ 或 $\dfrac{1}{BQ}+\dfrac{1}{BP}=\dfrac{2}{BA}$.

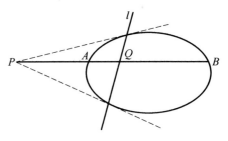

图 18.9

(3) 如图 18.10 所示,当直线经过曲线中心 O 时,有
$$|OP|\cdot|OQ|=|OA|^2=|OB|^2$$

(4) 如图 18.10 所示,设点 P 在 x 轴左边,因为直线过原点,所以
$$x_B=-x_A$$
由
$$\dfrac{PA}{PB}=\dfrac{QA}{QB}=\dfrac{x_A-x_P}{-x_A-x_P}=\dfrac{x_Q-x_A}{-x_A-x_Q}$$
$$\Rightarrow x_Px_Q-x_A^2+x_Px_A-x_Qx_A$$
$$=x_Px_A+x_A^2-x_Px_Q-x_Qx_A$$

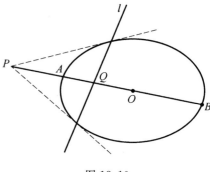

图 18.10

则
$$x_Px_Q=x_A^2=x_B^2$$

下面利用定比点差来证明(1).

设椭圆的标准方程为 $\dfrac{x^2}{a^2}+\dfrac{y^2}{b^2}=1$,点 $A(x_1,y_1)$、$B(x_2,y_2)$ 为椭圆上两点,椭圆外一点 $P(x_P,y_P)$ 满足
$$\dfrac{PA}{PB}=\dfrac{QA}{QB}$$

设 $\overrightarrow{AP}=\lambda\overrightarrow{PB}(\lambda\neq\pm1)$,由定比分点得
$$\begin{cases}x_P=\dfrac{x_1+\lambda x_2}{1+\lambda}\\y_P=\dfrac{y_1+\lambda y_2}{1+\lambda}\end{cases}$$

同理若点 $Q(x_Q,y_Q)$ 满足 $\overrightarrow{AQ}=\lambda\overrightarrow{QB}(\lambda\neq\pm1)$,有
$$\begin{cases}x_Q=\dfrac{x_1-\lambda x_2}{1-\lambda}\\y_Q=\dfrac{y_1-\lambda y_2}{1-\lambda}\end{cases}$$

因为点 A、B 在椭圆上,所以有
$$\dfrac{x_1^2}{a^2}+\dfrac{y_1^2}{b^2}=1 \qquad ①$$
$$\dfrac{x_2^2}{a^2}+\dfrac{y_2^2}{b^2}=1 \qquad ②$$

由①-②×λ^2可得

$$\frac{(x_1+\lambda x_2)(x_1-\lambda x_2)}{a^2}+\frac{(y_1+\lambda y_2)(y_1-\lambda y_2)}{b^2}=1-\lambda^2$$

同除以$1-\lambda^2$得

$$\frac{(x_1+\lambda x_2)(x_1-\lambda x_2)}{a^2(1+\lambda)(1-\lambda)}+\frac{(y_1+\lambda y_2)(y_1-\lambda y_2)}{b^2(1+\lambda)(1-\lambda)}=1$$

即

$$\frac{x_P x_Q}{a^2}+\frac{y_P y_Q}{b^2}=1$$

所以点Q在点P对应的极线上,反之当点Q在点P对应的极线上时有$\frac{PA}{PB}=\frac{QA}{QB}$,证毕.

【例7】 (2008安徽改编)如图18.11所示,已知椭圆$C:\frac{x^2}{4}+\frac{y^2}{2}=1$,过点$P(4,1)$的动直线$l$交椭圆$C$于$A$、$B$两点,在线段$AB$上取点$Q$满足$|AP||QB|=|AQ||PB|$,证明:点$Q$在某条定直线上.

证明:法一(定比点差).

设$\frac{|AP|}{|PB|}=\frac{|AQ|}{|BQ|}=\lambda$,即
$\overrightarrow{AP}=\lambda\overrightarrow{PB}$, $\overrightarrow{AQ}=-\lambda\overrightarrow{QB}$

设$A(x_1,y_1)$,$B(x_2,y_2)$,$Q(x,y)$.

因为$\overrightarrow{AP}=\lambda\overrightarrow{PB}$,所以

$$\begin{cases} 4=\dfrac{x_1+\lambda x_2}{1+\lambda} \\ 1=\dfrac{y_1+\lambda y_2}{1+\lambda} \end{cases} \quad \begin{matrix} ① \\ ② \end{matrix}$$

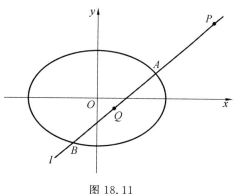

图 18.11

又

$$\frac{x_1^2}{4}+\frac{y_1^2}{2}=1, \quad \frac{\lambda^2 x_2^2}{4}+\frac{\lambda^2 y_2^2}{2}=\lambda^2$$

两式相减得

$$\frac{(x_1+\lambda x_2)(x_1-\lambda x_2)}{4}+\frac{(y_1+\lambda y_2)(y_1-\lambda y_2)}{2}=1-\lambda^2 \quad ③$$

①②式代入③式,得

$$\frac{x_1-\lambda x_2}{1-\lambda}+\frac{y_1-\lambda y_2}{2(1-\lambda)}=1 \quad ④$$

又由于$\overrightarrow{AQ}=-\lambda\overrightarrow{QB}$,因此

$$\begin{cases} x=\dfrac{x_1-\lambda x_2}{1-\lambda} \\ y=\dfrac{y_1-\lambda y_2}{1-\lambda} \end{cases} \quad \begin{matrix} ⑤ \\ ⑥ \end{matrix}$$

⑤⑥式代入④式,得

$$x + \frac{1}{2}y = 1$$

即点 Q 在定直线 $2x+y-2=0$ 上.

法二(极点极线).

因为
$$|AP| \cdot |QB| = |AQ| \cdot |PB|$$

所以
$$\frac{|AP|}{|PB|} = \frac{|AQ|}{|BQ|}$$

所以 P、Q 调和分割线段 AB,所以点 Q 在点 P 对应的极线

$$\frac{4 \cdot x}{4} + \frac{1 \cdot y}{2} = 1$$

即 $2x+y-2=0$ 上.

3.定值问题之向量定值

【例8】(2011 四川理)如图 18.12 所示,已知椭圆有两顶点 $A(-1,0)$、$B(1,0)$,过其焦点 $F(0,1)$ 的直线 l 与椭圆交于 C、D 两点,并与 x 轴交于点 P,直线 AC 与直线 BD 交于点 Q.

(1)当 $|CD| = \frac{3\sqrt{2}}{2}$ 时,求直线 l 的方程.

(2)当点 P 异于 A、B 两点时,求证:$\vec{OP} \cdot \vec{OQ}$ 为定值.

解:(1)由题意得
$$c=1, \quad b=1, \quad a^2 = b^2 + c^2 = 2$$

所以椭圆方程为 $x^2 + \frac{y^2}{2} = 1$.

设 $C(x_1, y_1), D(x_2, y_2), y = kx+1$,将直线方程与椭圆方程进行联立得

$$\begin{cases} x^2 + \frac{y^2}{2} = 1 \\ y = kx+1 \end{cases}$$

所以
$$(k^2+2)x^2 + 2kx - 1 = 0$$

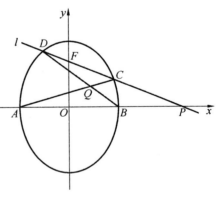

图 18.12

得到
$$x_1 + x_2 = \frac{-2k}{k^2+2}, \quad x_1 \cdot x_2 = \frac{-1}{k^2+2}$$

由两点间距离公式得
$$|CD| = \sqrt{1+k^2}\,|x_1 - x_2| = \sqrt{1+k^2}\sqrt{(x_1+x_2)^2 - 4x_1 \cdot x_2}$$
$$= \sqrt{1+k^2}\sqrt{\left(\frac{-2k}{k^2+2}\right)^2 + 4\,\frac{1}{k^2+2}} = \frac{3\sqrt{2}}{2}$$

解得 $k = \pm\sqrt{2}$,故直线 l 的方程为 $y = \sqrt{2}x+1$ 或者 $y = -\sqrt{2}x+1$.

第十八章 极点极线

(2)法一(非对称处理).

设 $C(x_1,y_1),D(x_2,y_2)$，则直线 AC 的方程为

$$\frac{y_1}{x_1+1}=\frac{y}{x+1} \qquad ①$$

直线 BD 的方程为

$$\frac{y_2}{x_2-1}=\frac{y}{x-1} \qquad ②$$

设 $l:y=kx+1$，将直线方程与椭圆方程进行联立，得

$$\begin{cases}x^2+\dfrac{y^2}{2}=1\\y=kx+1\end{cases}$$

所以

$$x_1+x_2=\frac{-2k}{k^2+2} \qquad ③$$

$$x_1x_2=\frac{-1}{k^2+2} \qquad ④$$

$$y_1y_2=\frac{2(1-k^2)}{k^2+2} \qquad ⑤$$

①除以②得到

$$\frac{y_1(x_2-1)}{y_2(x_1+1)}=\frac{x-1}{x+1} \qquad ⑥$$

因为 $x_1^2+\dfrac{y_1^2}{2}=1$，所以 $y_1^2=2(1-x_1^2)$，即

$$\frac{y_1}{1+x_1}=2\cdot\frac{1-x_1}{y_1} \qquad ⑦$$

将⑦代入⑥得到

$$\frac{2(1-x_1)(x_2-1)}{y_1y_2}=\frac{x-1}{x+1}$$

即

$$\frac{-2[x_1x_2-(x_1+x_2)+1]}{y_1y_2}=\frac{x-1}{x+1} \qquad ⑧$$

将③④⑤代入⑧得

$$\frac{-2\left[\dfrac{-1}{k^2+2}-\left(\dfrac{-2k}{k^2+2}\right)+1\right]}{\dfrac{2(1-k^2)}{k^2+2}}=\frac{x-1}{x+1}$$

计算得 $x=-k$，即 Q 的横坐标为 $x=-k$.

由 $y=kx+1$ 得到 $P\left(-\dfrac{1}{k},0\right)$，故

$$\overrightarrow{OP}\cdot\overrightarrow{OQ}=\left(-\frac{1}{k},0\right)\cdot(-k,y_Q)=1$$

证明完毕.

法二(极点极线).

设点 $P(t,0)$,由图 18.12 可知点 Q 在点 P 对应的极线
$$t \cdot x + \frac{0 \cdot y}{2} = 1$$
即 $x = \frac{1}{t}$ 上.

设点 $Q(t, y_Q)$,则有
$$\overrightarrow{OP} \cdot \overrightarrow{OQ} = (t, 0) \cdot \left(\frac{1}{t}, y_Q\right) = 1$$

法三:极线+调和性.

由图 18.12 可知点 Q 在点 P 对应的极线
$$t \cdot x + \frac{0 \cdot y}{2} = 1$$
即 $x = \frac{1}{t}$ 上,且极线垂直于 x 轴.

设 Q 在 x 轴上的投影为 Q',则有 A、Q'、B、P 成调和点列.

根据定理 2 有
$$\overrightarrow{OQ} \cdot \overrightarrow{OP} = |OQ'| \cdot |OP| = |OA|^2 = 1$$

【例 9】 如图 18.13 所示,过点 $C(0,1)$ 的椭圆 $\frac{x^2}{a^2} + \frac{y^2}{b^2} = 1 (a > b > 0)$ 的离心率为 $\frac{\sqrt{3}}{2}$,椭圆与 x 轴交于两点 $A(a,0)$、$B(-a,0)$,过点 C 的直线 l 与椭圆交于另一点 D,并与 x 轴交于点 P,直线 AC 与直线 BD 交于点 Q.当点 P 异于点 B 时,求证:$\overrightarrow{OP} \cdot \overrightarrow{OQ}$ 为定值.

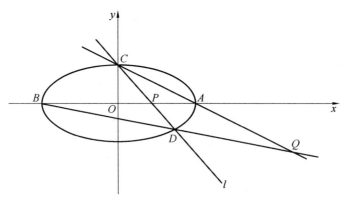

图 18.13

解:类比例 8 可以快速得到 $\overrightarrow{OP} \cdot \overrightarrow{OQ} = 4$.

4. 其他定值问题

【例 10】 已知椭圆 $C: \frac{x^2}{a^2} + \frac{y^2}{b^2} = 1 (a > b > 0)$ 的离心率 $e = \frac{\sqrt{2}}{2}$,右焦点为 F,点 $A(0,1)$ 在椭圆 C 上.

(1)求椭圆 C 的方程.

(2)过点 F 的直线交椭圆 C 于 M、N 两点,交直线 $x=2$ 于点 P,如图 18.14 所示,设 $\overrightarrow{PM}=\lambda\overrightarrow{MF}$,$\overrightarrow{PN}=\mu\overrightarrow{NF}$,求证:$\lambda+\mu$ 为定值.

解:(1)由已知得

$$\begin{cases}\dfrac{c}{a}=\dfrac{\sqrt{2}}{2}\\ b=1\\ a^2=b^2+c^2\end{cases}$$

解得 $\begin{cases}a^2=2\\ b^2=1\end{cases}$,则椭圆的方程为 $\dfrac{x^2}{2}+y^2=1$.

(2)法一(常规联立).

设 $M(x_1,y_1)$,$N(x_2,y_2)$,$P(2,y_0)$,则

$$\overrightarrow{PM}=\lambda\overrightarrow{MF}$$

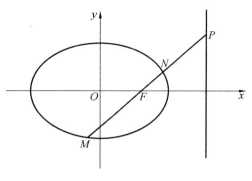

图 18.14

故

$$\begin{cases}x_1=\dfrac{2+\lambda\cdot 1}{1+\lambda}\\ y_1=\dfrac{y_0+\lambda\cdot 0}{1+\lambda}\end{cases}\Rightarrow\lambda=\dfrac{2-x_1}{x_1-1}$$

同理可得

$$\mu=\dfrac{2-x_2}{x_2-1}$$

所以

$$\lambda+\mu=\dfrac{2-x_1}{x_1-1}+\dfrac{2-x_2}{x_2-1}=\dfrac{3(x_1+x_2)-2x_1x_2-4}{x_1x_2-(x_1+x_2)+1}$$

联立 $\begin{cases}\dfrac{x^2}{2}+y^2=1\\ y=k(x-1)\end{cases}$ 得

$$(2k^2+1)x^2-4k^2x+2k^2-2=0$$

由韦达定理得

$$x_1+x_2=\dfrac{4k^2}{2k^2+1},\quad x_1x_2=\dfrac{2k^2-2}{2k^2+1}$$

所以

$$3(x_1+x_2)-2x_1x_2-4=3\times\dfrac{4k^2}{2k^2+1}-2\times\dfrac{2k^2-2}{2k^2+1}-4$$
$$=\dfrac{12k^2-4k^2+4-4-8k^2}{2k^2+1}=0$$

所以 $\lambda+\mu=0$.

法二(定比点差).

请参考定比点差章节(9.2 节).

法三(极点极线).

如图 18.14 所示,点 P 在点 F 的极线上,所以 P、M、F、N 成调和点列,所以

$$\frac{MP}{MF}=\frac{NP}{NF}\Rightarrow|\lambda|=|\mu|$$

又 $\lambda>0,\mu<0$,所以 $\lambda+\mu=0$.

【点评】由极点极线结论可知这类题的一般结论为 0.

【例 11】 (2020 北京)如图 18.15 所示,已知椭圆 $C:\dfrac{x^2}{a^2}+\dfrac{y^2}{b^2}=1$ 过点 $A(-2,-1)$,且 $a=2b$.

(1)求椭圆 C 的方程.

(2)过点 $B(-4,0)$ 的直线 l 交椭圆 C 于点 M、N,直线 MA、NA 分别交直线 $x=4$ 于点 P、Q,求 $\left|\dfrac{PB}{BQ}\right|$ 的值.

解:(1)椭圆 C 过点 $A(-2,-1)$,且 $a=2b$.

联立 $\begin{cases}\dfrac{4}{a^2}+\dfrac{1}{b^2}=1\\a=2b\end{cases}$ 得

$$a^2=8,\quad b^2=2$$

所以椭圆 C 的方程为 $\dfrac{x^2}{8}+\dfrac{y^2}{2}=1$.

(2)法一(常规解法).

当直线斜率为 0 时,有 $M(-2\sqrt{2},0)$,$N(2\sqrt{2},0)$,易得 $\left|\dfrac{PB}{BQ}\right|=1$.

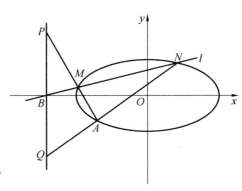

图 18.15

当直线斜率不为 0 时,设 $M(x_1,y_1),N(x_2,y_2),l_{MN}:y=k(x+4)$,与曲线方程联立得

$$\begin{cases}\dfrac{x^2}{8}+\dfrac{y^2}{2}=1\\y=k(x+4)\end{cases}$$

整理得

$$(4k^2+1)x^2+32k^2x+64k^2-8=0$$

由韦达定理得

$$x_1+x_2=\frac{-32k^2}{4k^2+1},\quad x_1x_2=\frac{64k^2-8}{2k^2+1}$$

则 $k_{MA}=\dfrac{y_1+1}{x_1+2}$,所以 $l_{MA}:y+1=\dfrac{y_1+1}{x_1+2}(x+2)$.

令 $x=-4$ 得

$$y_P=\frac{y_1+1}{x_1+2}(-2)-1=\frac{-2k(x_1+4)-2-x_1-2}{x_1+2}=\frac{(-2k-1)(x_1+4)}{x_1+2}$$

同理得

$$y_Q=\frac{(-2k-1)(x_2+4)}{x_2+2}$$

所以

$$y_P+y_Q=\frac{(-2k-1)(x_1+4)}{x_1+2}+\frac{(-2k-1)(x_2+4)}{x_2+2}$$

$$= \frac{(x_2+2)(x_1+4)+(x_1+2)(x_2+4)}{(x_1+2)(x_2+2)}(-2k-1)$$

因为
$$(x_2+2)(x_1+4)+(x_1+2)(x_2+4)$$
$$=2x_1x_2+6(x_1+x_2)+16$$
$$=2\times\frac{64k^2-8}{2k^2+1}+6\times\frac{-32k^2}{4k^2+1}+16=0$$

所以 $y_P+y_Q=0$,$\left|\frac{PB}{BQ}\right|=1$.

法二(极点极线).

如图 18.16 所示,点 $B(-4,0)$ 关于椭圆 C 对应的极线为 $x=-2$.

设直线 MN 与直线 $x=-2$ 交于点 T,所以点 M、N 调和分割 B、T,即有
$$\frac{|BM|}{|MT|}=\frac{|BN|}{|NT|}$$

由相似可得
$$\frac{|PB|}{|AT|}=\frac{|BM|}{|MT|},\quad \frac{|QB|}{|AT|}=\frac{|BN|}{|NT|}$$

所以
$$\frac{|PB|}{|AT|}=\frac{|QB|}{|AT|}$$

即 $|PB|=|QB|$,故 $\left|\frac{PB}{BQ}\right|=1$.

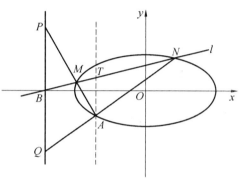

图 18.16

定理 3 斜率恒等式(等差数列)

如图 18.17 所示,设点 P 是圆锥曲线 C 的一个极点,它对应的极线为 l,过点 P 作直线 m 垂直 x 轴,再过点 P 任作直线交曲线 C 于 A、B 两点,交极线于点 Q,点 M 是直线 m 上任意一点,记直线 MA、MB、MQ 的斜率分别为 k_1、k_2、k_0,则有 $k_1+k_2=2k_0$.

证明:(以椭圆为例)设椭圆方程 $C:mx^2+ny^2=1(m>0,n>0,m\neq n)$,设点 $P(x_0,y_0)$,则点 P 对应的极线为
$$l:mx_0x+ny_0y=1$$

设 $M(x_0,t)$,$Q(x_Q,y_Q)$,$A(x_1,y_1)$,$B(x_2,y_2)$,直线 $l_{AB}:y=kx+b(k\neq 0)$,则有
$$y_0=kx_0+b$$

由 $\begin{cases}y=kx+b\\mx_0x+ny_0y=1\end{cases}$,解得

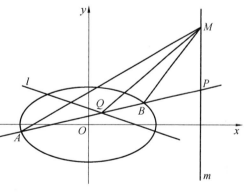

图 18.17

$$\begin{cases} x_Q = \dfrac{1-nby_0}{mx_0+nky_0} \\ y_Q = \dfrac{k+mbx_0}{mx_0+nky_0} \end{cases}$$

所以

$$\begin{aligned} k_0 &= \frac{y_Q-t}{x_Q-x_0} = \frac{k+mbx_0-mtx_0-ntky_0}{1-nby_0-mx_0^2-nkx_0y_0} = \frac{(1-nty_0)k+(b-t)mx_0}{1-mx_0^2-(b+kx_0)ny_0} \\ &= \frac{(1-nty_0)k+(b-t)mx_0}{1-mx_0^2-ny_0^2} = \frac{(nty_0-1)k+(t-b)mx_0}{mx_0^2+ny_0^2-1} \end{aligned}$$

由 $\begin{cases} y=kx+b \\ mx^2+ny^2=1 \end{cases}$ 得

$$(nk^2+m)x^2+2nkbx+(nb^2-1)=0$$

由韦达定理得

$$x_1+x_2=\frac{-2nkb}{nk^2+m}, \quad x_1x_2=\frac{nb^2-1}{nk^2+m}$$

所以

$$\begin{aligned} k_1+k_2 &= \frac{y_1-t}{x_1-x_0} = \frac{y_2-t}{x_2-x_0} \\ &= \frac{kx_1+b-t}{x_1-x_0}+\frac{kx_2+b-t}{x_2-x_0} = 2k-\frac{(y_0-t)(x_1+x_2-2x_0)}{x_1x_2-(x_1+x_2)x_0+x_0^2} \\ &= 2k-\frac{(y_0-t)[-2nbk-(nk^2+m)2x_0]}{nb^2-1+2nkbx_0+(nk^2+m)x_0^2} \\ &= 2k-\frac{(y_0-t)[2mx+(kx_0+b)2nk]}{mx_0^2+(kx_0+b)n-1} \\ &= 2\frac{(nty_0-1)k+(t-b)mx_0}{mx_0^2+ny_0^2-1} = 2k_0 \end{aligned}$$

证毕.

特别地,如图 18.18 所示,当过点 P 的直线与其极线交点 Q 在 x 轴上时,直线 MP 为点 Q 的极线. 此时定理可以表述为:设直线与曲线 $\dfrac{x^2}{a^2}\pm\dfrac{y^2}{b^2}=1$ 交于 A、B 两点,且直线分别与 x 轴、y 轴相交于点 $Q(m,0)$(点 Q 不在椭圆端点和椭圆中心)、N. 若 M 是 Q 点对应极线 $x=\dfrac{a^2}{m}$ 上任一点,则 k_{MA},k_{MQ},k_{MB} 成等差数列,即 $k_{MA}+k_{MB}=2k_{MQ}$.

在此基础上,当点 M 在 x 轴上时有 x 轴为 $\angle AMB$ 的平分线. 此性质曾作为 18 年全国一卷圆锥曲线大题出题背景.

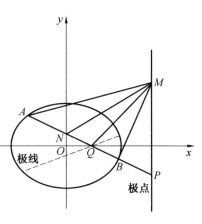

图 18.18

18.3 定值问题之斜率定值

【例 12】 已知椭圆 $C: \dfrac{x^2}{a^2}+\dfrac{y^2}{b^2}=1(a>b>0)$ 的两个焦点分别为 $F_1(-\sqrt{2},0)$, $F_2(\sqrt{2},0)$. 点 $M(1,0)$ 与椭圆短轴的两个端点的连线互相垂直.

(1) 求椭圆 C 的方程.

(2) 已知点 $N(3,2)$, 过点 M 任作直线 l 与椭圆 C 交于 A、B 两点, 求证: $k_{AN}+k_{BN}$ 为定值.

解: (1) 由题意 $c=\sqrt{2}$, $b=1$, 所以 $a^2=3$, 故 $C: \dfrac{x^2}{3}+y^2=1$.

(2) 法一(常规证法).

当直线斜率不为零时, 设 $A(x_1,y_1)$, $B(x_2,y_2)$, $l_{AB}: x=ky+1$.

联立 $\begin{cases} \dfrac{x^2}{3}+y^2=1 \\ x=ky+1 \end{cases}$ 得

$$(3+k^2)x^2-6x+3(1-k^2)=0$$

由韦达定理得

$$x_1+x_2=\dfrac{6}{3+k^2}, \quad x_1x_2=\dfrac{3(1-k^2)}{3+k^2}$$

所以

$$k_{AN}+k_{BN}=\dfrac{y_1-2}{x_1-3}+\dfrac{y_2-2}{x_2-3}=\dfrac{x_1y_2+x_2y_1-3(y_1+y_2)-2(x_1+x_2)+12}{x_1x_2-3(x_1+x_2)+9}$$

$$=\dfrac{\dfrac{-6k}{3+k^2}-3\times\dfrac{-2k}{3+k^2}-2\times\dfrac{6}{3+k^2}+12}{\dfrac{3(1-k^2)}{3+k^2}-3\times\dfrac{6}{3+k^2}+9}=\dfrac{12(3+k^2)-12}{3(1-k^2)-18+9(3+k^2)}$$

$$=\dfrac{12k^2+24}{6k^2+12}=2$$

当直线斜率为零时, $A(-\sqrt{3},0)$, $B(\sqrt{3},0)$, 所以

$$k_{AN}+k_{BN}=\dfrac{2-0}{3+\sqrt{3}}+\dfrac{2-0}{3-\sqrt{3}}=2$$

故

$$k_{AN}+k_{BN}=2$$

实际上, 不难发现此题可以先考虑斜率为零的情况把答案算出来.

法二(极点极线的斜率恒等式).

不难发现点 $M(1,0)$ 对应的极线方程为 $x=3$, 所以点 N 在极线上.

由定理 3 知 k_{AN}, k_{MN}, k_{BN} 成等差数列, 所以

$$k_{AN}+k_{BN}=2k_{MN}=2\times\dfrac{2-0}{3-1}=2$$

法三. 此题还能够由齐次化的一般性结论得出答案.

当 $N(x_0,y_0)$ 且 $k_{AN}+k_{BN}=\lambda$ 时, l_{AB} 恒过定点 $\left(x_0-\dfrac{2y_0}{\lambda},-y_0-\dfrac{2b^2}{\lambda a^2}x_0\right)$. 所以

$$3-\dfrac{2}{\lambda}=1 \Rightarrow \lambda=2$$

故

$$k_{AN}+k_{BN}=2$$

【例 13】 如图 18.19 所示, 椭圆 $C:x^2+\dfrac{y^2}{4}=1$ 的短轴的左、右两个端点分别为 A、B, 直线 $l:y=kx+1$ 与 x 轴 y 轴分别交于两点 E、F, 与椭圆交于两点 C、D.

(1) 若 $\overrightarrow{CE}=\overrightarrow{FD}$, 求直线 l 的方程.

(2) 设直线 AD、BC 的斜率分别为 k_1、k_2, 若 $k_1:k_2=2:1$, 求 k 的值.

解: (1) 设 $C(x_1,y_1)$, $D(x_2,y_2)$, 椭圆与直线方程联立有

$$\begin{cases} x^2+\dfrac{y^2}{4}=1 \\ y=kx+1 \end{cases}$$

得

$$(4+k^2)x^2+2kx-3=0$$
$$\Delta=4k^2+12(4+k^2)=16k^2+48$$

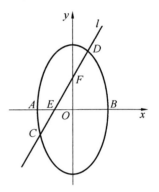

图 18.19

由韦达定理得

$$x_1+x_2=\dfrac{-2k}{4+k^2},\quad x_1x_2=\dfrac{-3}{4+k^2}$$

又 $E\left(-\dfrac{1}{k},0\right)$, $F(0,1)$, $\overrightarrow{CE}=\overrightarrow{FD}$, 所以

$$\left(-\dfrac{1}{k}-x_1,-y_1\right)=(x_2,y_2-1) \Rightarrow -\dfrac{1}{k}-x_1=x_2$$

即

$$x_1+x_2=-\dfrac{1}{k}$$

所以

$$\dfrac{-2k}{4+k^2}=-\dfrac{1}{k}$$

解得 $k=\pm 2$. 所以直线 l 的方程为 $2x-y+1=0$ 或 $2x+y-1=0$.

(2) 法一 (常规+非对称处理).

因为

$$k_{AC}\cdot k_2=\dfrac{y_1}{x_1+1}\times\dfrac{y_1}{x_1-1}=\dfrac{y_1^2}{x_1^2-1}=\dfrac{4(1-x_1^2)}{x_1^2-1}=-4$$

所以

$$\dfrac{y_1}{x_1-1}=-4\times\dfrac{x_1+1}{y_1}$$

$$\frac{k_1}{k_2} = \frac{\frac{y_2}{x_2+1}}{\frac{y_1}{x_1-1}} = -\frac{1}{4} \times \frac{y_2}{x_2+1} \cdot \frac{y_1}{x_1+1} = -\frac{1}{4} \times \frac{y_1 y_2}{x_1 x_2 + (x_1+x_2)+1} = \frac{k+1}{k-1} = 2$$

解得 $k=3$.

法二（极点极线）.

令 $y=0 \Rightarrow x_E = -\frac{1}{k}$，延长 DA、BC 交于点 H，则 H 在 E 对应的极线上，所以

$$x_H = \frac{a^2}{x_E} = -k$$

所以

$$\frac{k_{AD}}{k_{BC}} = \frac{k_{AH}}{k_{BH}} = \frac{\frac{y_H}{x_H+1}}{\frac{y_H}{x_H-1}} = \frac{x_H+1}{x_H-1} = \frac{k+1}{k-1} = 2 \Rightarrow k=3$$

实际上，对于此类题目题有个一般性的结论，不妨设

$$l: y = kx + m$$

则有

$$x_E = -\frac{m}{k}, \quad x_H = \frac{a^2}{x_E} = \frac{-a^2 k}{m}$$

所以

$$\frac{k_{AD}}{k_{BC}} = \frac{k_{AH}}{k_{BH}} = \frac{\frac{y_H}{x_H+a}}{\frac{y_H}{x_H-a}} = \frac{x_H+a}{x_H-a} = \frac{ak+m}{ak-m}$$

【例 14】 如图 18.20 所示，已知椭圆 $C: \frac{x^2}{a^2} + \frac{y^2}{b^2} = 1 (a>b>0)$ 的离心率为 $\frac{2}{3}$，半焦距为 $c(c>0)$，且 $a-c=1$，经过椭圆的左焦点 F 且斜率为 $k_1(k_1 \neq 0)$ 的直线与椭圆交于 A、B 两点，O 为坐标原点.

(1) 求椭圆 C 的方程.

(2) 设 $R(1,0)$，延长 AR、BR 分别与椭圆交于 C、D 两点，直线 CD 的斜率为 k_2，求证：$\frac{k_1}{k_2}$ 为定值.

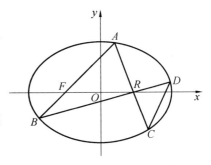

图 18.20

解：(1) 由题意 $\begin{cases} \frac{c}{a} = \frac{2}{3} \\ a-c=1 \\ a^2 = b^2 + c^2 \end{cases}$，解得 $\begin{cases} a^2 = 9 \\ b^2 = 5 \end{cases}$，则椭圆的方程为

$$\frac{x^2}{9} + \frac{y^2}{5} = 1$$

(2) 法一（常规方法）.

设点 $A(x_1,y_1), B(x_2,y_2), C(x_3,y_3), D(x_4,y_4)$,设

$$l_{AR}: y=\frac{y_1}{x_1-1}(x-1)$$

即

$$x=\frac{x_1-1}{y_1} \cdot y+1$$

代入椭圆方程得

$$\frac{5-x_1}{y_1^2}y^2+\frac{x_1-1}{y_1}y-4=0$$

所以

$$y_1 y_3=\frac{4y_1^2}{5-x_1}$$

所以

$$y_3=\frac{4y_1}{x_1-5}, \quad x_3=\frac{x_1-1}{y_1} \cdot y_3+1=\frac{5x_1-9}{x_1-5}$$

所以 $C\left(\dfrac{5x_1-9}{x_1-5},\dfrac{4y_1}{x_1-5}\right)$,同理 $D\left(\dfrac{5x_2-9}{x_2-5},\dfrac{4y_2}{x_2-5}\right)$,则

$$k_2=\frac{\dfrac{4y_1}{x_1-5}-\dfrac{4y_2}{x_2-5}}{\dfrac{5x_1-9}{x_1-5}-\dfrac{5x_2-9}{x_2-5}}=\frac{4y_1(x_2-5)-4y_2(x_1-5)}{(5x_1-9)(x_2-5)-(5x_2-9)(x_1-5)}$$

$$=\frac{4y_1(x_2-5)-4y_2(x_1-5)}{16(x_2-x_1)}$$

由

$$y_1=k_1(x_1+2), \quad y_2=k_1(x_2+2)$$

得

$$k_2=\frac{4k_1(x_1+2)(x_2-5)-4k_1(x_2+2)(x_1-5)}{16(x_2-x_1)}=\frac{7k_1(x_2-x_1)}{4(x_2-x_1)}$$

所以 $\dfrac{k_1}{k_2}=\dfrac{4}{7}$.

法二(定比点差).

请参考定比点差章节(第九章).

法三(斜率等差模型).

如图 18.21 所示,补全自极三角形 PRQ,极点 $R(1,0)$ 对应的极线为直线 $PQ: x=9$.

设点 $P(9,y_P)$,所以

$$k_1=k_{PF}=\frac{y_P}{9+2}, \quad k_{PR}=\frac{y_P}{9-1}$$

由斜率等差模型得

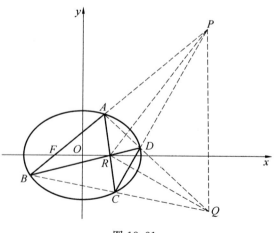

图 18.21

$$k_1+k_2=2k_{PR}\Rightarrow k_2=\frac{7y_P}{44}$$

所以

$$\frac{k_1}{k_2}=\frac{y_P}{11}\cdot\frac{44}{7y_P}=\frac{4}{7}$$

实际上可以得到上题模型在椭圆中的一般情况.

如图 18.22 所示,已知点 $M(m,0)$, $N(n,0)$,过点 M 且斜率为 $k_1(k_1\neq 0)$ 的动直线交椭圆 $\frac{x^2}{a^2}+\frac{y^2}{b^2}=1(a>b>0)$ 于 A、B 两点,延长 AN、BN 分别交椭圆于 C、D 两点,直线 CD 的斜率为 k_2,则:

(1) 直线 CD 恒过 x 轴上的定点 $R\left(\frac{m(a^2+n^2)-2na^2}{2mn-(a^2+n^2)},0\right)$;

(2) $\frac{k_1}{k_2}=\frac{a^2-n^2}{a^2+n^2-2mn}=\frac{|NR|}{|MN|}$.

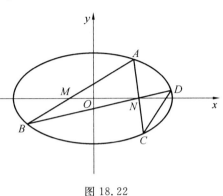

图 18.22

证明:如图 18.23 所示,补全自极三角形 PNQ,则极点 $N(n,0)$ 对应的极线是 PQ,则极线 PQ 的方程为 $x=\frac{a^2}{n}$.

不妨设点 $P\left(\frac{a^2}{n},y_0\right)$,则有

$$k_1=k_{PM}=\frac{y_0}{\frac{a^2}{n}-m},\quad k_{PN}=\frac{y_0}{\frac{a^2}{n}-n}$$

由斜率等差模型得

$$k_1+k_2=2k_{PN}$$

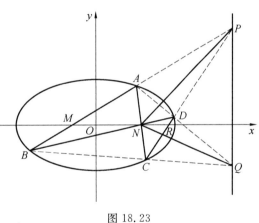

图 18.23

所以

$$\frac{k_2}{k_1}=\frac{2k_{PN}}{k_1}-1=\frac{2y_0}{\frac{a^2}{n}-n}\cdot\frac{\frac{a^2}{n}-m}{y_0}-1=\frac{2a^2-2mn}{a^2-n^2}-1=\frac{a^2+n^2-2mn}{a^2-n^2}$$

设 $R(x,0)$,此时有

$$\frac{k_2}{k_1}=\frac{y_0}{\frac{a^2}{n}-x}\cdot\frac{\frac{a^2}{n}-m}{y_0}=\frac{a^2-mn}{a^2-xn}=\frac{a^2+n^2-2mn}{a^2-n^2}=\frac{n^2-mn}{-n^2+xn}=\frac{n-m}{x-n}=\frac{|MN|}{|NR|}$$

因此,直线 CD 恒过 x 轴上的定点 $R\left(\frac{m(a^2+n^2)-2na^2}{2mn-(a^2+n^2)},0\right)$.

【注】(1)特殊地,只过 1 个定点 M,上述结论亦是成立的,如图 18.24 所示,设椭圆的

左、右顶点分别为 A、B,过点 M 的直线交椭圆于 C、D 两点,则 $\dfrac{k_{AC}}{k_{BD}}=\left|\dfrac{BM}{MA}\right|$.

(2)上述结论推广到抛物线亦是成立的.

定理 4

(1)点 P 关于圆锥曲线 Γ 的极线 p 经过点 Q ⇔ 点 Q 关于 Γ 的极线 q 经过点 P;

(2)直线 p 关于 Γ 的极点 P 在直线 q 上 ⇔ 直线 q 关于 Γ 的极点 Q 在直线 p 上.

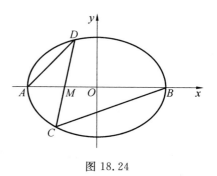

图 18.24

下面来证明此结论:在证明之前需要知道一些预备知识.

梅氏定理:如图 18.25 所示,直线 l 与 $\triangle ABC$ 中 AB、BC、CA 所在直线分别交于点 P、Q、R,则有

$$\dfrac{AP}{PB}\cdot\dfrac{BQ}{QC}\cdot\dfrac{CR}{RA}=1$$

这个定理的证明方法很多,下面用一种相似的方法证明.

证明:过点 C 作 $CD\parallel PQ$ 交 AB 于点 D,则

$$\dfrac{BQ}{QC}=\dfrac{BP}{DP},\quad \dfrac{CR}{RA}=\dfrac{DP}{PA}$$

两式相乘得

$$\dfrac{BQ}{QC}\cdot\dfrac{CR}{RA}=\dfrac{BP}{PA}$$

移项得

$$\dfrac{AP}{PB}\cdot\dfrac{BQ}{QC}\cdot\dfrac{CR}{RA}=1$$

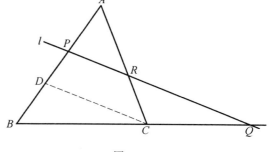

图 18.25

反过来,若已有 P、Q 两定点,R 为使得 $\dfrac{AP}{PB}\cdot\dfrac{BQ}{QC}\cdot\dfrac{CR}{RA}=1$ 成立的点,由于 $\dfrac{CR}{RA}$ 是确定的,所以 R 的位置唯一确定,因此 P、Q、R 必然三点共线.由此得到梅氏定理的逆定理.

梅氏定理逆定理:若 P、Q、R 分别在 $\triangle ABC$ 中 AB、BC、CA 所在直线上,且满足

$$\dfrac{AP}{PB}\cdot\dfrac{BQ}{QC}\cdot\dfrac{CR}{RA}=1$$

则 P、Q、R 必然三点共线.

证明(以椭圆为例):如图 18.26 所示,P 是椭圆 $\dfrac{x^2}{a^2}+\dfrac{y^2}{b^2}=1$ 外一点,过点 P 作椭圆的两条割线分别交椭圆于点 A、B 和 C、D,R 是 AD 和 BC 的交点,Q 是 AC 和 BD 的交点. 则只需证明点 Q、R 在直线 $\dfrac{x_P x}{a^2}+\dfrac{y_P y}{b^2}=1$ 上.

过点 P 作椭圆的两条切线 PM、PN,切点为 M、N,记直线 MN 为 l,由切点弦的结论知直线 l 的方程为

$$\frac{x_P x}{a^2}+\frac{y_P y}{b^2}=1$$

所以只需证 AC、BD 的交点 Q 在直线 l 上，即证明 AC 与直线 l 的交点 Q 在 BD 上.

记 $AB\cap l=E$, $CD\cap l=F$. 因为 $E,F\in l$, 由定理 3 的调和性知

$$\frac{AP}{PB}=\frac{AE}{EB}, \quad \frac{CP}{PD}=\frac{CF}{FD}$$

根据梅氏定理逆定理，欲证 B、D、Q 三点共线，只需证明在 $\triangle PEF$ 中，有

$$\frac{PB}{BE}\cdot\frac{EQ}{QF}\cdot\frac{FD}{DP}=1$$

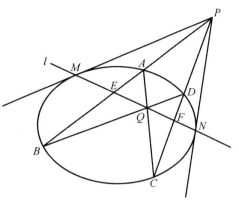

图 18.26

因为

$$\frac{AP}{PB}=\frac{AE}{EB}\Rightarrow\frac{PB}{BE}=\frac{PA}{AE}, \quad \frac{CP}{PD}=\frac{CF}{FD}\Rightarrow\frac{FD}{DP}=\frac{FC}{CP}$$

在 $\triangle PEF$ 中，由梅氏定理及 A、Q、C 三点共线，得

$$\frac{PA}{AE}\cdot\frac{EQ}{QF}\cdot\frac{FC}{CP}=1$$

所以

$$\frac{PB}{BE}\cdot\frac{EQ}{QF}\cdot\frac{FD}{DP}=\frac{PA}{AE}\cdot\frac{EQ}{QF}\cdot\frac{FC}{CP}=1$$

所以 B、D、Q 三点共线，所以 AC、BD 的交点 Q 在直线 $l:\frac{x_P x}{a^2}+\frac{y_P y}{b^2}=1$ 上.

如图 18.27 所示，类似地在 $\triangle PBC$ 中，由梅氏定理和定比点差可以得到点 R 在直线 $l:\frac{x_P x}{a^2}+\frac{y_P y}{b^2}=1$ 上.

上面证明了点 Q、R 确定的直线是点 P 的极线 $\frac{x_P x}{a^2}+\frac{y_P y}{b^2}=1$.

同样地，如果以点 R 为研究对象，能得到点 P、Q 在直线 $\frac{x_R x}{a^2}+\frac{y_R y}{b^2}=1$ 上，即直线 PQ 是点 R 对应的极线.

最后再证明直线 PR 是点 Q 对应的极线.

因为点 Q 在直线 $\frac{x_P x}{a^2}+\frac{y_P y}{b^2}=1$ 上，所以

$$\frac{x_P x_Q}{a^2}+\frac{y_P y_Q}{b^2}=1$$

又因为点 Q 在直线 $\frac{x_R x}{a^2}+\frac{y_R y}{b^2}=1$ 上，所以

$$\frac{x_R x_Q}{a^2}+\frac{y_R y_Q}{b^2}=1$$

所以 P、R 满足关系

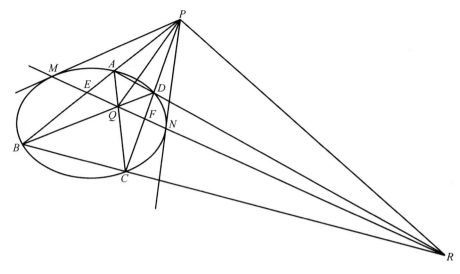

图 18.27

$$\frac{x_Q x}{a^2} + \frac{y_Q y}{b^2} = 1$$

所以 $l_{PR}: \frac{x_Q x}{a^2} + \frac{y_Q y}{b^2} = 1$,即直线 PR 为点 Q 极线.

综上所述,$\triangle PQR$ 为自极三角形.

结合定比点差法也可以用纯代数法来证明此结论(有兴趣的读者可以自行尝试证明).

由此可知,共线点的极线必共点;共点线的极点必共线.

定理 4 经常作为圆锥曲线的定点、定值、定直线问题的命题背景.

18.4 定点模型

【**例 15**】 (2020 全国 1)如图 18.28 所示,已知 A、B 分别为椭圆 $E: \frac{x^2}{a^2} + \frac{y^2}{b^2} = 1 (a > 1)$ 的左、右顶点,G 为 E 的上顶点,$\overrightarrow{AG} \cdot \overrightarrow{GB} = 8$. P 为直线 $x = 6$ 上的动点,PA 与 E 的另一交点为 C,PB 与 E 的另一交点为 D.

(1)求 E 的方程.

(2)证明:直线 CD 恒过定点.

解:(1)由题意得 $A(-a, 0)$,$B(a, 0)$,$G(0, 1)$. 所以
$$\overrightarrow{AG} = (a, 1), \quad \overrightarrow{GB} = (a, -1)$$
由 $\overrightarrow{AG} \cdot \overrightarrow{GB} = 8$ 得
$$a^2 - 1 = 8$$
即 $a = 3$,所以 E 的方程为 $\frac{x^2}{9} + y^2 = 1$.

(2)此题第(2)问的解法很多,这里仅提供极点极线的技巧解法.

由图 18.28 知椭圆内接四边形 $ACBD$ 的对角线交点为极点,点 P 所在直线为极线,可知 CD 恒过极点,由配极原则知极点为 $\left(\dfrac{3}{2},0\right)$,故 CD 恒过定点 $\left(\dfrac{3}{2},0\right)$.

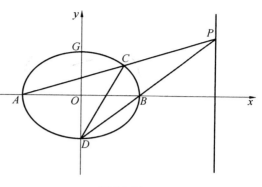

图 18.28

另外可以把 P 看作极点,假设 AB 交 CD 于点 M,则点 M 在 $P(6,t)$ 对应的极线:$\dfrac{6x}{9}+t\cdot y=1$ 上,且其过定点 $\left(\dfrac{3}{2},0\right)$.

故 CD 恒过定点 $\left(\dfrac{3}{2},0\right)$.

【例 16】 (改编题)已知椭圆 $C:\dfrac{x^2}{4}+\dfrac{y^2}{3}=1$,过 C 的右焦点 $F(1,0)$ 作不垂直于坐标轴的直线 l,交椭圆于 A、B 两点,点 E 是 A 关于 x 轴的对称点.求证:直线 BE 恒过定点 M,并求出点 M 坐标.

证明: 法一(对称性+直接联立).

由题意设 l 的方程为 $y=k(x-1)(k\neq 0)$,$A(x_1,y_1)$,$B(x_2,y_2)$,$C(x_1,-y_1)$.

联立 $\begin{cases}\dfrac{x^2}{4}+\dfrac{y^2}{3}=1\\ y=k(x-1)\end{cases}$ 得

$$(4k^2+3)x^2-8k^2x+4k^2-12=0$$

由韦达定理得

$$x_1+x_2=\dfrac{8k^2}{4k^2+3},\quad x_1x_2=\dfrac{4k^2-12}{4k^2+3}$$

所以直线 BC 的方程为

$$y=\dfrac{y_2-y_1}{x_2-x_1}(x-x_1)-y_1$$

根据对称性可得定点 M 在 x 轴上,令 $y=0$,得

$$x=\dfrac{y_1(x_2-x_1)}{y_1+y_2}+x_1=\dfrac{x_1y_2+x_2y_1}{y_1+y_2}$$

$$=\dfrac{k(x_1-1)x_2+k(x_2-1)x_1}{k(x_1-1)+k(x_2-1)}=\dfrac{2x_1x_2-(x_1+x_2)}{x_1+x_2-2}$$

$$=\dfrac{2\cdot\dfrac{4k^2-12}{4k^2+3}-\dfrac{8k^2}{4k^2+3}}{\dfrac{8k^2}{4k^2+3}-2}=4$$

故直线 BE 恒过定点 $(4,0)$.

法二(极点极线).

由题意当 l 运动时,点 F 为两相交弦交点(椭圆内接四边形对角线),所以 BE 所过定

点在 F 对应的极线 $\dfrac{1 \cdot x}{4}+\dfrac{0 \cdot y}{3}=1$，即 $x=4$ 上，而由对称性可知定点 M 在 x 轴上，所以定点便是极线与 x 轴的交点，可得定点为 $(4,0)$.

【注】实际上根据结论不难得出定点的横坐标与 F 的横坐标的乘积为 a^2.

【例17】 如图 18.29 所示，已知椭圆 $E:\dfrac{x^2}{4}+y^2=1$，过点 $P(2,1)$ 的直线 l 与椭圆交于 A、B 两点，过点 B 作斜率为 $-\dfrac{1}{2}$ 的直线与椭圆交于另一点 C，求证：直线 AC 过定点.

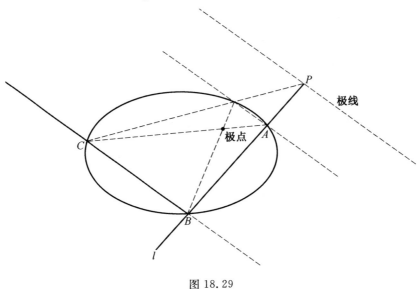

图 18.29

证明：法一（结构对称）.

由题意直线 l 的斜率存在，设 $A(x_1,y_1)$，$B(x_2,y_2)$，$C(x_3,y_3)$，$l:y=k(x-2)+1$.

联立 $\begin{cases}\dfrac{x^2}{4}+y^2=1\\ y=k(x-2)+1\end{cases}$ 得

$$(4k^2+1)x^2-8k(1-2k)x+4(1-2k)^2-4=0$$

由韦达定理得

$$x_1+x_2=\dfrac{8k(2k-1)}{4k^2+1},\quad x_1x_2=\dfrac{16(k^2-k)}{4k^2+1}$$

将 $l_{BC}:y=-\dfrac{1}{2}(x-x_2)+y_2$ 代入椭圆方程得

$$2x^2-(2x_2+4y_2)x+(x_2+2y_2)^2-4=0$$

所以

$$x_2+x_3=x_2+2y_2$$

则有

$$x_3=2y_2,\quad y_3=-\dfrac{1}{2}(x_3-x_2)+y_2=\dfrac{1}{2}x_2$$

$$l_{AC}: y = \frac{\frac{1}{2}x_2 - y_1}{2y_2 - x_1}(x - x_1) + y_1$$

化简得

$$2yy_2 + xy_1 - yx_1 - \frac{1}{2}xx_2 = -\frac{1}{2}x_1x_2 + 2y_1y_2 \qquad ①$$

因为直线恒过定点,所以①恒成立与 A、B 两点无关(与 x_1、y_1、x_2、y_2 取值无关),即 y_1、y_2 系数相等,x_1、x_2 系数相等,所以将 $x = 2y$ 代入①得

$$x\left[y_1 + y_2 - \frac{1}{2}(x_1 + x_2)\right] = -\frac{1}{2}x_1x_2 + 2y_1y_2$$

代入韦达定理得

$$x[-2(2k-1) - 4k(2k-1)] = 8(k - k^2) - 8k + 2$$
$$-2x(2k-1)(2k+1) = 2 - 8k^2 = -2(2k-1)(2k+1)$$

解得 $x = 1$ 或 $x = 0$(舍),所以 $y = \frac{1}{2}$,所以直线 AC 恒过定点 $\left(1, \frac{1}{2}\right)$.

法二(极点极线特殊情况).

由题意知此题出现在椭圆内接四边形对边平行的情况下.

定点 (x_0, y_0) 对应的极线应为过点 $P(2,1)$ 且斜率为 $-\frac{1}{2}$ 的直线,即

$$x + 2y = 4 \Leftrightarrow \frac{x}{4} + \frac{1}{2}y = 1$$

对比极线 $\frac{x_0 x}{4} + y_0 y = 1$,可得

$$x = 1, \quad y = \frac{1}{2}$$

所以直线 AC 恒过定点 $\left(1, \frac{1}{2}\right)$.

【例 18】 如图 18.30 所示,已知椭圆 $E: \frac{x^2}{4} + \frac{y^2}{3} = 1$,过点 $P(2,1)$ 的直线 l 与椭圆交于 A、B 两点,过点 B 作斜率为 $-\frac{3}{2}$ 的直线与椭圆交于另一点 C,求证:直线 AC 过定点.

证明: 此题如果直接联立计算与例 17 类似,但是计算量巨大(有兴趣的读者可以尝试一下).

直接用极点极线的方法可得定点 (x_0, y_0) 对应的极线应为过点 $P(2,1)$ 且斜率为 $-\frac{3}{2}$ 的直线,即

$$3x + 2y = 8 \Leftrightarrow \frac{\frac{3}{2}x}{4} + \frac{\frac{3}{4}y}{3} = 1$$

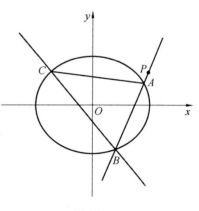

图 18.30

对比极线 $\dfrac{x_0 x}{4}+\dfrac{y_0 y}{3}=1$,可得

$$x=\dfrac{3}{2},\quad y=\dfrac{3}{4}$$

所以直线 AC 恒过定点 $\left(\dfrac{3}{2},\dfrac{3}{4}\right)$.

18.5 定线模型

【例 19】 (2020 浙江模拟)如图 18.31 所示,已知抛物线 $y^2=2x$,过点 $P(1,0)$ 作两条直线分别交抛物线于点 A、B 和点 C、D,直线 AC、BD 交于点 Q.证明:点 Q 在定直线上.

证明:法一(常规证法).

由题意 $k_{AB}\neq 0$.

设点 $A\left(\dfrac{y_1^2}{2},y_1\right)$,$B\left(\dfrac{y_2^2}{2},y_2\right)$,$C\left(\dfrac{y_3^2}{2},y_3\right)$,$D\left(\dfrac{y_4^2}{2},y_4\right)$.

直线 AB 的方程为 $x=m_1 y+1$,直线 CD 的方程为 $x=m_2 y+1$.

由 $\begin{cases} y^2=2x \\ x=m_1 y+1 \end{cases}$ 得

$$y^2-2m_1 y-2=0$$

因为 $\Delta=4m_1^2+8>0$ 恒成立,由韦达定理得

$$y_1+y_2=2m_1,\quad y_1 y_2=-2$$

同理有

$$y_3+y_4=2m_2,\quad y_3 y_4=-2$$

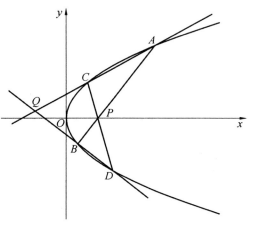

图 18.31

所以

$$k_{AC}=\dfrac{y_3-y_1}{\dfrac{y_3^2}{2}-\dfrac{y_1^2}{2}}=\dfrac{2}{y_1+y_3}$$

所以

$$l_{AC}:y=\dfrac{2}{y_1+y_3}\left(x-\dfrac{y_1^2}{2}\right)+y_1 \qquad ①$$

同理可得

$$l_{BD}:y=\dfrac{2}{y_2+y_4}\left(x-\dfrac{y_2^2}{2}\right)+y_2$$

因为 $y_1 y_2=-2$,所以 $y_2=\dfrac{-2}{y_1}$,同理因为 $y_3 y_4=-2$,所以 $y_4=\dfrac{-2}{y_3}$,所以

$$l_{BD}: y = \frac{2}{-\frac{2}{y_1} - \frac{2}{y_3}}\left(x - \frac{2}{y_1^2}\right) - \frac{2}{y_1}$$

即

$$y = \frac{-y_1 y_3}{y_1 + y_3}\left(x - \frac{2}{y_1^2}\right) - \frac{2}{y_1} \quad ②$$

联立①②得

$$\frac{2}{y_1 + y_3}\left(x - \frac{y_1^2}{2}\right) + y_1 = \frac{-y_1 y_3}{y_1 + y_3}\left(x - \frac{2}{y_1^2}\right) - \frac{2}{y_1}$$

整理得

$$\frac{2 + y_1 y_3}{y_1 + y_3} x = \frac{2 y_3}{(y_1 + y_3) y_1} + \frac{y_1^2}{y_1 + y_3} - \frac{2}{y_1} - y_1$$

化简得 $x = -1$,所以点 Q 在直线 $x = -1$ 上.

法二(参数方程).

设 $A(2t_1^2, 2t_1), B(2t_2^2, 2t_2), C(2t_3^2, 2t_3), D(2t_4^2, 2t_4), (t_1, t_3 > 0, t_2, t_4 < 0)$,则

$$k_{AC} = \frac{2t_3 - 2t_1}{2t_3^2 - 2t_1^2} = \frac{1}{t_3 + t_1}$$

所以

$$l_{AC}: y = \frac{1}{t_1 + t_3} x + \frac{2t_1 t_3}{t_1 + t_3}$$

同理可得

$$l_{BD}: y = \frac{1}{t_2 + t_4} x + \frac{2t_2 t_4}{t_2 + t_4}$$

因为 $\overrightarrow{PA} \parallel \overrightarrow{PB}$,且 $\overrightarrow{PA} = (2t_1^2 - 1, 2t_1), \overrightarrow{PB} = (2t_2^2 - 1, 2t_2)$,所以

$$2t_1(2t_2^2 - 1) = 2t_2(2t_1^2 - 1)$$

化简得 $t_1 t_2 = -\frac{1}{2}$,同理可得 $t_3 t_4 = -\frac{1}{2}$.

由 $\begin{cases} y = \dfrac{1}{t_1 + t_3} x + \dfrac{2t_1 t_3}{t_1 + t_3} \\ y = \dfrac{1}{t_2 + t_4} x + \dfrac{2t_2 t_4}{t_2 + t_4} \end{cases}$ 整理得

$$(t_1 + t_3 - t_2 - t_4) x = 2(t_1 t_2 t_3 + t_1 t_3 t_4 - t_1 t_2 t_4 - t_2 t_3 t_4) = t_2 + t_4 - t_1 - t_3$$

即 $x = -1$,所以点 Q 在直线 $x = -1$ 上.

法三(极点极线).

易知点 Q 在 $P(1, 0)$ 对应的极线 $0 \cdot y = 2\dfrac{x+1}{2}$,即 $x = -1$ 上.

【例20】(2019 湖北模拟)如图 18.32 所示,椭圆 $C: \dfrac{x^2}{a^2} + \dfrac{y^2}{b^2} = 1 (a > b > 0)$ 的焦距等于其长半轴,$M、N$ 为椭圆上、下顶点,且 $|MN| = 2\sqrt{3}$.

(1)求椭圆 C 的标准方程.

(2)过定点 $P(0,1)$ 作直线 l 交椭圆于 A、B 两点,直线 AM、BN 交于点 T,求证:点 T 的纵坐标为定值.

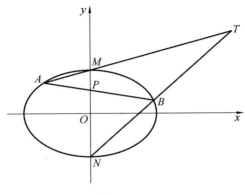

图 18.32

解:(1)由题意得
$$2c=a,\quad 2b=2\sqrt{3}$$
因为
$$a^2=b^2+c^2$$
所以
$$a=2,\quad b=\sqrt{3},\quad c=1$$
所以椭圆 $C:\dfrac{x^2}{4}+\dfrac{y^2}{3}=1.$

(2)法一(常规证法).

由题意知 k_{AB} 存在,设 $A(x_1,y_1),B(x_2,y_2),l_{AB}:y=kx+1.$

由 $\begin{cases}\dfrac{x^2}{4}+\dfrac{y^2}{3}=1\\ y=kx+1\end{cases}$ 得

$$(4k^2+3)x^2+8kx-8=0$$

由韦达定理得
$$x_1+x_2=\dfrac{-8k}{4k^2+3},\quad x_1x_2=\dfrac{-8}{4k^2+3}$$

所以
$$x_1+x_2=kx_1x_2$$

联立 $\begin{cases}l_{AM}:y=\dfrac{y_1-\sqrt{3}}{x_1}\cdot x+\sqrt{3}\\ l_{BN}:y=\dfrac{y_1+\sqrt{3}}{x_2}\cdot x-\sqrt{3}\end{cases}$ 得

$$\dfrac{y-\sqrt{3}}{y+\sqrt{3}}=\dfrac{y_1-\sqrt{3}}{x_1}\times\dfrac{x_2}{y_2+\sqrt{3}}=\dfrac{kx_1+1-\sqrt{3}}{x_1}\times\dfrac{x_2}{kx_2+1+\sqrt{3}}=\dfrac{kx_1x_2+(1-\sqrt{3})x_2}{kx_1x_2+(1+\sqrt{3})x_1}$$

设 $\dfrac{y-\sqrt{3}}{y+\sqrt{3}}=\dfrac{kx_1x_2+(1-\sqrt{3})x_2}{kx_1x_2+(1+\sqrt{3})x_1}=m$,化简得

$$y=\sqrt{3}\left(\dfrac{2m}{1-m}+1\right)$$

代入数据得

$$y=\sqrt{3}\left[\dfrac{2kx_1x_2+2(1-\sqrt{3})x_2}{(1+\sqrt{3})x_1-(1-\sqrt{3})x_2}+1\right]$$

$$y=\sqrt{3}\left[\dfrac{2kx_1x_2+(x_1+x_2)+(1-\sqrt{3})x_2}{(1+\sqrt{3})x_1-(1-\sqrt{3})x_2}+1\right]$$

$$y=\sqrt{3}\dfrac{3(x_1+x_2)+\sqrt{3}(x_1-x_2)}{\sqrt{3}(x_1+x_2)-(x_1-x_2)}=3$$

所以 T 的纵坐标为定值 3.

法二(极点极线).

易知点 T 在 $P(0,1)$ 对应的极线 $\dfrac{0\cdot x}{4}+\dfrac{1\cdot y}{3}=1$,即 $y=3$ 上,所以 T 的纵坐标为定值 3.

第十九章 双曲线中直线与渐近线的双交点联立体系

若双曲线方程为 $\dfrac{x^2}{a^2}-\dfrac{y^2}{b^2}=1$，其统一的渐近线方程为 $\dfrac{x^2}{a^2}-\dfrac{y^2}{b^2}=0$.

如图 19.1 所示，已知双曲线 $\dfrac{x^2}{a^2}-\dfrac{y^2}{b^2}=1$ 的渐近线与直线 $Ax+By+C=0$ 交于 $M(x_1,y_1)$、$N(x_2,y_2)$ 两点.

将渐近线方程和直线方程进行联立得
$$\begin{cases}\dfrac{x^2}{a^2}-\dfrac{y^2}{b^2}=0\\ Ax+By+C=0\end{cases}$$

消去 y 可得
$$(a^2A^2-b^2B^2)x^2+2a^2ACx+a^2C^2=0$$

则有
$$x_1+x_2=\dfrac{-2a^2AC}{a^2A^2-b^2B^2},\quad x_1x_2=\dfrac{a^2C^2}{a^2A^2-b^2B^2}$$
$$\Delta=4a^2b^2B^2C^2$$

若消去 x 可变为
$$(a^2A^2-b^2B^2)y^2-2b^2BCx-b^2C^2=0$$

同理可得
$$y_1+y_2=\dfrac{2b^2BC}{a^2A^2-b^2B^2},\quad y_1y_2=\dfrac{-b^2C^2}{a^2A^2-b^2B^2}$$

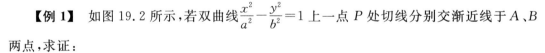

图 19.1

【例 1】 如图 19.2 所示，若双曲线 $\dfrac{x^2}{a^2}-\dfrac{y^2}{b^2}=1$ 上一点 P 处切线分别交渐近线于 A、B 两点，求证：

(1) P 为 AB 中点；

(2) $\triangle OAB$ 面积为定值.

证明：(1) 设直线 AB：$mx+ny=1$，将其与双曲线方程进行联立得
$$\begin{cases}\dfrac{x^2}{a^2}-\dfrac{y^2}{b^2}=1\\ mx+ny=1\end{cases}$$

化简可得
$$(b^2n^2-a^2m^2)x^2+2ma^2x-a^2-a^2b^2n^2=0$$

所以
$$x_P = \frac{-ma^2}{b^2n^2 - a^2m^2} = a^2m$$

由于直线与双曲线相切,由判别式为 0 可得
$$a^2m^2 - b^2n^2 - 1 = 0 \qquad ①$$

将直线方程和双曲线渐近线方程进行联立得
$$\begin{cases} \dfrac{x^2}{a^2} - \dfrac{y^2}{b^2} = 0 \\ mx + ny = 1 \end{cases}$$

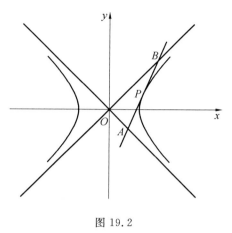

图 19.2

可得
$$(a^2m^2 - b^2n^2)x^2 - 2a^2mx + a^2 = 0$$
$$\Delta = 4a^2b^2n^2 \quad x_1 + x_2 = \frac{2a^2m}{a^2m^2 - b^2n^2} = 2a^2m = 2x_P$$

同理可得
$$y_1 + y_2 = 2y_P$$

故 P 为 AB 中点.

(2)由(1)得
$$d_{O-AB} = \frac{1}{\sqrt{m^2 + n^2}}$$
$$|AB| = \sqrt{1 + \frac{m^2}{n^2}} \cdot |x_1 - x_2|$$
$$= \frac{\sqrt{m^2 + n^2}}{|n|} \cdot \frac{2ab|n|}{a^2m^2 - b^2n^2}$$
$$= 2ab\sqrt{m^2 + n^2}$$

故
$$S_{\triangle OAB} = \frac{1}{2} d_{O-AB} \cdot |AB| = ab$$

【例 2】 (2012 浙江)如图 19.3 所示,已知 F_1、F_2 分别为双曲线 $C: \dfrac{x^2}{a^2} - \dfrac{y^2}{b^2} = 1(a > b > 0)$ 的左、右焦点,B 是虚轴的端点,直线 F_1B 与 C 的两条渐近线分别交于 P、Q 两点,线段 PQ 的垂直平分线 MN 与 x 轴交于点 M,若 $|MF_2| = |F_1F_2|$,求 C 的离心率.

解:设直线 F_1Q 方程为 $\dfrac{x}{-c} + \dfrac{y}{b} = 1$,即
$$bx - cy + bc = 0$$
将其与渐近线方程进行联立可得
$$\begin{cases} bx - cy + bc = 0 \\ \dfrac{x^2}{a^2} - \dfrac{y^2}{b^2} = 0 \end{cases}$$

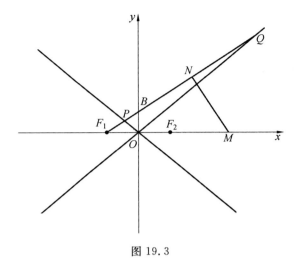

图 19.3

由韦达定理得

$$x_1+x_2=\frac{2a^2c}{b^2}, \quad y_1+y_2=\frac{2c^2}{b}$$

故 $N\left(\frac{a^2c}{b^2},\frac{c^2}{b}\right)$.

由于 $|MF_2|=|F_1F_2|$,故 $M(3c,0)$.

由 $MN\perp PQ$,得到

$$\frac{\frac{c^2}{b}}{\frac{a^2c}{b^2}-3c}\cdot\frac{b}{c}=-1$$

化简可得

$$2c^2=3a^2$$

故 $e=\frac{\sqrt{6}}{2}$.

【例 3】 (2010 重庆)如图 19.4 所示,已知以原点 O 为中心、$F(\sqrt{5},0)$ 为右焦点的双曲线 C 的离心率 $e=\frac{\sqrt{5}}{2}$.

(1)求双曲线 C 的标准方程及其渐近线方程.

(2)已知过点 $M(x_1,y_1)$ 的直线 $l_1:x_1x+4y_1y=4$ 与过点 $N(x_2,y_2)$(其中 $x_2\neq x_1$)的直线 $l_2:x_2x+4y_2y=4$ 的交点 E 在双曲线 C 上,直线 MN 与两条渐近线分别交于点 G、H,求 $\triangle OGH$ 的面积.

(3)求证:$\vec{OG}\cdot\vec{OH}$ 为定值.

解:(1)因为

$$\frac{c}{a}=\frac{\sqrt{5}}{2}, \quad c=\sqrt{5}$$

故

$a=2$, $b^2=c^2-a^2=1$

所以双曲线方程为
$$\frac{x^2}{4}-y^2=1$$

渐近线方程为
$$y=\pm\frac{1}{2}x$$

(2) 设 $E(x_0,y_0)$, $H(x_3,y_3)$, $G(x_4,y_4)$.

由于 E 点分别满足

$l_1: x_1 x_0+4y_1 y_0=4$

$l_2: x_2 x_0+4y_2 y_0=4$

且 M、H、N、G 四点共线,所以

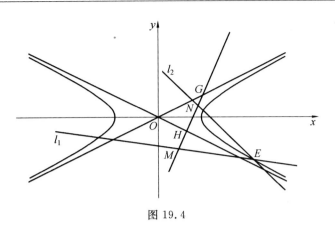

图 19.4

$$GH: x_0 x+4y_0 y=4$$

将直线 GH 和双曲线渐近线方程进行联立得

$$\begin{cases}\dfrac{x^2}{4}-y^2=0\\ x_0 x+4y_0 y-4=0\end{cases}$$

消去 x 化简可得

$$(x_0^2-4y_0^2)x^2-8x_0+16=0$$

即

$$x_3+x_4=\frac{8x_0}{x_0^2-4y_0^2},\quad x_3 x_4=\frac{16}{x_0^2-4y_0^2} \qquad ①$$

因为 E 在双曲线上,故满足

$$x_0^2-4y_0^2=4$$

代入①可化简为

$$x_3+x_4=2x_0,\quad x_3 x_4=4$$

$$|GH|=\sqrt{1+\frac{x_0^2}{16y_0^2}}\cdot\sqrt{(x_1+x_2)^2-4x_1 x_2}=\sqrt{\frac{16y_0^2+x_0^2}{16y_0^2}}\cdot\sqrt{4x_0^2-16}$$

$$=\frac{\sqrt{16y_0^2+x_0^2}}{2|y_0|}\cdot 2|y_0|=\sqrt{16y_0^2+x_0^2}$$

$$d_{O-GH}=\frac{4}{\sqrt{x_0^2+16y_0^2}}$$

$$\triangle OGH=\frac{1}{2}|GH|\cdot d_{O-GH}=2$$

(3) 将直线 GH 和双曲线渐近线方程进行联立得

$$\begin{cases}\dfrac{x^2}{4}-y^2=0\\ x_0 x+4y_0 y-4=0\end{cases}$$

消去 y 化简可得
$$(x_0^2-4y_0^2)y^2+8y_0-4=0$$
由韦达定理可得
$$y_3y_4=\frac{-4}{x_0^2-4y_0^2}=\frac{-4}{4}=-1$$
由(2)可得 $x_3x_4=4$，所以
$$\vec{OG}\cdot\vec{OH}=x_3x_4+y_3y_4=3$$

【例 4】 (2015 湖北理)如图 19.5 所示，已知椭圆 $C:\dfrac{x^2}{16}+\dfrac{y^2}{4}=1$，设动直线 l 与两定直线 $l_1:x-2y=0$、$l_2:x+2y=0$ 分别交于 P、Q 两点．若 l 与椭圆 C 只有一个公共点，试探求 $\triangle OPQ$ 的面积是否存在最小值．

解：设 $l:mx+ny=1$．将直线 l 方程与椭圆方程进行联立可得
$$\begin{cases}\dfrac{x^2}{16}+\dfrac{y^2}{4}=1\\ mx+ny-1=0\end{cases}$$
得到方程
$$(16m^2+4n^2)x^2+32mx+16(1-4n^2)=0$$
由于直线与椭圆相切，令判别式为 0 可得
$$16m^2+4n^2-1=0 \quad ①$$

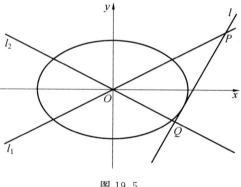

图 19.5

将 l_1、l_2 看作直线方程 $x^2-4y^2=0$，将直线 l 方程与上述方程进行联立得
$$\begin{cases}mx+ny-1=0\\ x^2-4y^2=0\end{cases}$$
则
$$(4m^2-n^2)x^2-8mx+4=0$$
即可得到
$$d_{O-AB}=\frac{1}{\sqrt{m^2+n^2}}$$
$$|PQ|=\sqrt{1+\frac{m^2}{n^2}}\cdot|x_1-x_2|=\left|\frac{\sqrt{m^2+n^2}}{|n|}\cdot\frac{4|n|}{4m^2-n^2}\right|=\left|\frac{4\sqrt{m^2+n^2}}{4m^2-n^2}\right|$$
故
$$S_{\triangle AOB}=\frac{1}{2}d_{O-AB}\cdot|PQ|=\left|\frac{2}{4m^2-n^2}\right|=\left|\frac{2}{\dfrac{1-4n^2}{4}-n^2}\right|=\left|\frac{2}{\dfrac{1}{4}-2n^2}\right|\geqslant 8$$

当 $n=0$ 时，$S_{\triangle AOB}$ 取得最小值．

【例 5】 (2022 新高考全国二卷)已知双曲线 $C:\dfrac{x^2}{a^2}-\dfrac{y^2}{b^2}=1(a>0,b>0)$ 的右焦点为 $F(2,0)$，渐近线方程为 $y=\pm\sqrt{3}x$．

第十九章 双曲线中直线与渐近线的双交点联立体系

(1)求 C 的方程.

(2)如图 19.6 所示,过 F 的直线与 C 的两条渐近线分别交于 A、B 两点,点 $P(x_1,y_1)$、$Q(x_2,y_2)$ 在 C 上,且 $x_1>x_2>0$,$y_1>0$.过 P 且斜率为 $-\sqrt{3}$ 的直线与过 Q 且斜率为 $\sqrt{3}$ 的直线交于点 M.从下列①、②、③中选取两个作为条件,证明另外一个成立.

①M 在 AB 上;②$PQ/\!/AB$;③$|MA|=|MB|$.

解:(1)易求得双曲线 C 的方程为 $x^2-\dfrac{y^2}{3}=1$.

(2)法一(设而不求).

(Ⅰ)①②⇒③.

设直线 AB 的方程为 $x=my+2$,$A(x_A,y_A)$,$B(x_B,y_B)$,$P(x_1,y_1)$,$Q(x_2,y_2)$,将直线 AB 的方程与双曲线的渐近线方程联立可得

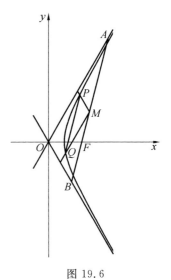

图 19.6

$$\begin{cases} x=my+2 \\ x^2-\dfrac{y^2}{3}=0 \end{cases}$$

整理可得

$$(3m^2-1)y^2+12my+12=0$$

由韦达定理可得

$$y_A+y_B=\dfrac{12m}{1-3m^2}$$

故可得 AB 中点坐标为 $\left(\dfrac{2}{1-3m^2},\dfrac{6m}{1-3m^2}\right)$.

由于 $PQ/\!/AB$,设直线 PQ 的方程为 $x=my+n$,将其与双曲线方程联立可得

$$\begin{cases} x=my+n \\ x^2-\dfrac{y^2}{3}=1 \end{cases}$$

整理得

$$(3m^2-1)y^2+6mny+3n^2-3=0$$

由韦达定理可得

$$y_1+y_2=\dfrac{-6mn}{3m^2-1},\quad y_1y_2=\dfrac{3n^2-3}{3m^2-1}$$

同理可得 $x_1+x_2=\dfrac{2n}{1-3m^2}$.

设直线 PM 的方程为 $y-y_1=-\sqrt{3}(x-x_1)$,直线 QM 的方程为 $y-y_2=\sqrt{3}(x-x_2)$,将以上两式联立有

$$\begin{cases} y-y_1=-\sqrt{3}(x-x_1) \\ y-y_2=\sqrt{3}(x-x_2) \end{cases}$$

整理可得
$$\begin{cases} 2y-(y_1+y_2)=\sqrt{3}(x_1-x_2) \\ 2x-(x_1+x_2)=\dfrac{1}{\sqrt{3}}(y_1-y_2) \end{cases}$$

又由于
$$\frac{y_1-y_2}{x_1-x_2}=\frac{1}{m}$$

故
$$2y-(y_1+y_2)=\sqrt{3}m(y_1-y_2)\Rightarrow 2y-(y_1+y_2)=3m[2x-(x_1+x_2)]$$

将上述由韦达定理所得结论代入可得
$$2y+\frac{6mn}{3m^2-1}=\frac{6mn}{3m^2-1}+6mx\Rightarrow y=3mx$$

即 M 始终在直线 $y=3mx$ 上,将该直线方程与直线 AB 方程联立有
$$\begin{cases} y=3mx \\ x=my+2 \end{cases}$$

解得 $M\left(\dfrac{2}{1-3m^2},\dfrac{6m}{1-3m^2}\right)$,与线段 AB 中点重合,证明完毕.

(Ⅱ)①③⇒②.

设直线 $AB:x=my+2$,由(Ⅰ)知 $M\left(\dfrac{2}{1-3m^2},\dfrac{6m}{1-3m^2}\right)$.

设直线 $PQ:x=m_1y+n$,将其与双曲线方程联立可得
$$\begin{cases} x=m_1y+n \\ x^2-\dfrac{y^2}{3}=1 \end{cases}$$

整理得
$$(3m_1^2-1)y^2+6m_1ny+3n^2-3=0$$

由韦达定理可得
$$y_1+y_2=\frac{-6m_1n}{3m_1^2-1},\quad y_1y_2=\frac{3n^2-3}{3m_1^2-1}$$

同理可得 $x_1+x_2=\dfrac{2n}{1-3m_1^2}$.

设直线 PM 的方程为 $y-y_1=-\sqrt{3}(x-x_1)$,直线 QM 的方程为 $y-y_2=\sqrt{3}(x-x_2)$,将以上两式联立有
$$\begin{cases} y-y_1=-\sqrt{3}(x-x_1) \\ y-y_2=\sqrt{3}(x-x_2) \end{cases}$$

整理可得
$$\begin{cases} 2y-(y_1+y_2)=\sqrt{3}(x_1-x_2) \\ 2x-(x_1+x_2)=\dfrac{1}{\sqrt{3}}(y_1-y_2) \end{cases}$$

第十九章 双曲线中直线与渐近线的双交点联立体系

又由于

$$\frac{y_1-y_2}{x_1-x_2}=\frac{1}{m_1}$$

故

$$2y_M-(y_1+y_2)=\sqrt{3}\,m_1(y_1-y_2)\Rightarrow 2y_M-(y_1+y_2)=3m_1[2x_M-(x_1+x_2)]$$

整理得

$$\frac{12m_1}{1-3m^2}=\frac{12m}{1-3m_1^2}\Rightarrow m=m_1$$

即 $PQ/\!/AB$.

(Ⅲ)②③⇒①.

设直线 AB 的方程为 $x=my+2$,$A(x_A,y_A)$,$B(x_B,y_B)$,$P(x_1,y_1)$,$Q(x_2,y_2)$.

将直线 AB 方程与双曲线的渐近线方程联立可得

$$\begin{cases} x=my+2 \\ x^2-\dfrac{y^2}{3}=0 \end{cases}$$

整理可得

$$(3m^2-1)y^2+12my+12=0$$

由韦达定理可得

$$y_A+y_B=\frac{12m}{1-3m^2}$$

故可得 AB 中点坐标为 $\left(\dfrac{2}{1-3m^2},\dfrac{6m}{1-3m^2}\right)$.

由于 $PQ/\!/AB$,设直线 PQ 的方程为 $x=my+n$,将其与双曲线方程联立可得

$$\begin{cases} x=my+n \\ x^2-\dfrac{y^2}{3}=1 \end{cases}$$

整理得

$$(3m^2-1)y^2+6mny+3n^2-3=0$$

由韦达定理可得

$$y_1+y_2=\frac{-6mn}{3m^2-1},\quad y_1y_2=\frac{3n^2-3}{3m^2-1}$$

同理可得 $x_1+x_2=\dfrac{2n}{1-3m^2}$.

设直线 PM 的方程为 $y-y_1=-\sqrt{3}(x-x_1)$,直线 QM 的方程为 $y-y_2=\sqrt{3}(x-x_2)$,将以上两式联立有

$$\begin{cases} y-y_1=-\sqrt{3}(x-x_1) \\ y-y_2=\sqrt{3}(x-x_2) \end{cases}$$

整理可得

$$\begin{cases} 2y-(y_1+y_2)=\sqrt{3}(x_1-x_2) \\ 2x-(x_1+x_2)=\dfrac{1}{\sqrt{3}}(y_1-y_2) \end{cases}$$

又由于
$$\frac{y_1-y_2}{x_1-x_2}=\frac{1}{m}$$

故
$$2y-(y_1+y_2)=\sqrt{3}\,m(y_1-y_2)\Rightarrow 2y-(y_1+y_2)=3m[2x-(x_1+x_2)]$$

将上述由韦达定理所得结论代入可得
$$2y+\frac{6mn}{3m^2-1}=\frac{6mn}{3m^2-1}+6mx\Rightarrow y=3mx$$

即 M 始终在直线 $y=3mx$ 上，AB 的中点为 $\left(\dfrac{2}{1-3m^2},\dfrac{6m}{1-3m^2}\right)$，故可得线段 AB 的垂直平分线为

$$m\left(x-\frac{2}{1-3m^2}\right)=y-\frac{6m}{1-3m^2}$$

由于 $MA=MB$，故 M 必然在 AB 的垂直平分线上，将 AB 的垂直平分线方程与 $y=3mx$ 联立，解得 $M\left(\dfrac{2}{1-3m^2},\dfrac{6m}{1-3m^2}\right)$，与 AB 中点重合，即 M 在 AB 上，证毕.

法二（点差法）.

（Ⅰ）①③$\Rightarrow$②.

（ⅰ）当直线 $AB\perp x$ 轴时，由对称性可知，直线 PQ 也垂直于 x 轴，此时 $AB\parallel PQ$.

（ⅱ）当直线 AB 与 x 轴不垂直时，设 $A(x_1,y_1),B(x_2,y_2),M(x_0,y_0)$，则
$$\begin{cases} x_1+x_2=2x_0 \\ y_1+y_2=2y_0 \end{cases}$$

$$\begin{cases} y_1=\sqrt{3}\,x_1 \\ y_2=-\sqrt{3}\,x_2 \end{cases}\Rightarrow \begin{cases} y_1^2=3x_1^2 \\ y_2^2=3x_2^2 \end{cases}\Rightarrow (y_1+y_2)(y_1-y_2)=3(x_1+x_2)(x_1-x_2)$$

$$\Rightarrow \frac{y_1+y_2}{x_1+x_2}\cdot\frac{y_1-y_2}{x_1-x_2}=3$$

又
$$\frac{y_1-y_2}{x_1-x_2}=k_{AB}=k_{MF}=\frac{y_0}{x_0-2},\qquad \frac{y_1+y_2}{x_1+x_2}=\frac{2y_0}{2x_0}$$

故
$$\frac{y_0}{x_0-2}\cdot\frac{y_0}{x_0}=3\Rightarrow y_0^2=3x_0(x_0-2)$$

则
$$l_{PM}:y=\sqrt{3}(x-x_0)+y_0=\sqrt{3}\,x+y_0-\sqrt{3}\,x_0$$
$$l_{QM}:y=-\sqrt{3}(x-x_0)+y_0=-\sqrt{3}\,x+y_0+\sqrt{3}\,x_0$$

记 $t_1=\sqrt{3}\,x_0-y_0$，$t_2=\sqrt{3}\,x_0+y_0$，则

第十九章　双曲线中直线与渐近线的双交点联立体系

$$l_{PM}: y=\sqrt{3}\,x-t_1$$

$$l_{QM}: y=-\sqrt{3}\,x+t_2$$

$$\begin{cases} y=\sqrt{3}\,x-t_1 \\ x^2-\dfrac{y^2}{3}=1 \end{cases} \Rightarrow 3x_2-(\sqrt{3}\,x-t_1)^2=3 \Rightarrow x_P=\dfrac{3+t_1^2}{2\sqrt{3}\,t_1}$$

同理可得 $x_Q=\dfrac{3+t_2^2}{2\sqrt{3}\,t_2}$，因此

$$k_{PQ}=\dfrac{y_P-y_Q}{x_P-x_Q}=\dfrac{(\sqrt{3}\,x_P-t_1)-(-\sqrt{3}\,x_Q+t_2)}{x_P-x_Q}=\dfrac{\sqrt{3}(x_P-x_Q)-(t_1+t_2)}{x_P-x_Q}$$

$$=\dfrac{\sqrt{3}\left(\dfrac{3+t_1^2}{2\sqrt{3}\,t_1}+\dfrac{3+t_2^2}{2\sqrt{3}\,t_2}\right)-(t_1+t_2)}{\dfrac{3+t_1^2}{2\sqrt{3}\,t_1}-\dfrac{3+t_2^2}{2\sqrt{3}\,t_2}}=\dfrac{\sqrt{3}(t_1+t_2)(3-t_1 t_2)}{(t_2-t_1)(3-t_1 t_2)}=\dfrac{\sqrt{3}(t_1+t_2)}{t_2-t_1}=\dfrac{3x_0}{y_0}$$

所以

$$\dfrac{k_{PQ}}{k_{AB}}=\dfrac{3x_0(x_0-2)}{y_0^2}=1$$

因此 $AB/\!/PQ$，得证.

（Ⅱ）①②⇒③.

由于直线 PQ 不垂直于 x 轴，因此直线 AB 也不垂直于 x 轴.

设 $M(x_0,y_0)$，则

$$l_{PM}: y=\sqrt{3}(x-x_0)+y_0=\sqrt{3}\,x+y_0-\sqrt{3}\,x_0$$

$$l_{QM}: y=-\sqrt{3}(x-x_0)+y_0=-\sqrt{3}\,x+y_0+\sqrt{3}\,x_0$$

记 $t_1=\sqrt{3}\,x_0-y_0$，$t_2=\sqrt{3}\,x_0+y_0$，则

$$l_{PM}: y=\sqrt{3}\,x-t_1$$

$$l_{QM}: y=-\sqrt{3}\,x+t_2$$

$$\begin{cases} y=\sqrt{3}\,x-t_1 \\ x^2-\dfrac{y^2}{3}=1 \end{cases} \Rightarrow 3x^2-(\sqrt{3}\,x-t_1)^2=3 \Rightarrow x_1=\dfrac{3+t_1^2}{2\sqrt{3}\,t_1}$$

同理可得 $x_2=\dfrac{3+t_2^2}{2\sqrt{3}\,t_2}$，因此

$$k_{PQ}=\dfrac{y_1-y_2}{x_1-x_2}=\dfrac{(\sqrt{3}\,x_1-t_1)-(-\sqrt{3}\,x_2+t_2)}{x_1-x_2}=\dfrac{\sqrt{3}(x_1-x_2)-(t_1+t_2)}{x_1-x_2}$$

$$=\dfrac{\sqrt{3}\left(\dfrac{3+t_1^2}{2\sqrt{3}\,t_1}+\dfrac{3+t_2^2}{2\sqrt{3}\,t_2}\right)-(t_1+t_2)}{\dfrac{3+t_1^2}{2\sqrt{3}\,t_1}-\dfrac{3+t_2^2}{2\sqrt{3}\,t_2}}$$

$$=\dfrac{\sqrt{3}(t_1+t_2)(3-t_1 t_2)}{(t_2-t_1)(3-t_1 t_2)}=\dfrac{\sqrt{3}(t_1+t_2)}{t_2-t_1}=\dfrac{3x_0}{y_0}=\dfrac{3}{k_{OM}}$$

所以 $k_{AB} \cdot k_{OM} = 3$.

记 AB 的中点为 N, 设 $A(x_3, y_3), B(x_4, y_4), N(x_5, y_5)$, 则
$$\begin{cases} x_3 + x_4 = 2x_5 \\ y_3 + y_4 = 2y_5 \end{cases}$$

$$\begin{cases} y_3 = \sqrt{3}\, x_3 \\ y_4 = -\sqrt{3}\, x_4 \end{cases} \Rightarrow \begin{cases} y_3^2 = 3x_3^2 \\ y_4^2 = 3x_4^2 \end{cases} \Rightarrow (y_3 + y_4)(y_3 - y_4) = 3(x_3 + x_4)(x_3 - x_4)$$

$$\Rightarrow \frac{y_3 + y_4}{x_3 + x_4} \cdot \frac{y_3 - y_4}{x_3 - x_4} = 3$$

所以
$$\frac{y_5}{x_5} \cdot \frac{y_1 - y_2}{x_1 - x_2} = 3$$

即 $k_{ON} \cdot k_{AB} = 3$, 因此 $k_{ON} = k_{OM}$.

又 M、N 均在 AB 上且 AB 不经过原点, 故 M、N 重合, 所以 M 是 AB 的中点, 即 $|MA| = |MB|$.

(Ⅲ) ②③⇒①.

由于直线 PQ 不垂直于 x 轴, 因此直线 AB 也不垂直于 x 轴.

设 $M(x_0, y_0)$, 则
$$l_{PM}: y = \sqrt{3}(x - x_0) + y_0 = \sqrt{3}\, x + y_0 - \sqrt{3}\, x_0$$
$$l_{QM}: y = -\sqrt{3}(x - x_0) + y_0 = -\sqrt{3}\, x + y_0 + \sqrt{3}\, x_0$$

记 $t_1 = \sqrt{3}\, x_0 - y_0, t_2 = \sqrt{3}\, x_0 + y_0$, 则
$$l_{PM}: y = \sqrt{3}\, x - t_1$$
$$l_{QM}: y = -\sqrt{3}\, x + t_2$$

$$\begin{cases} y = \sqrt{3}\, x - t_1 \\ x^2 - \dfrac{y^2}{3} = 1 \end{cases} \Rightarrow 3x^2 - (\sqrt{3}\, x - t_1)^2 = 3 \Rightarrow x_1 = \frac{3 + t_1^2}{2\sqrt{3}\, t_1}$$

同理可得 $x_2 = \dfrac{3 + t_2^2}{2\sqrt{3}\, t_2}$, 因此

$$k_{PQ} = \frac{y_1 - y_2}{x_1 - x_2} = \frac{(\sqrt{3}\, x_1 - t_1) - (-\sqrt{3}\, x_2 + t_2)}{x_1 - x_2} = \frac{\sqrt{3}(x_1 - x_2) - (t_1 + t_2)}{x_1 - x_2}$$

$$= \frac{\sqrt{3}\left(\dfrac{3 + t_1^2}{2\sqrt{3}\, t_1} + \dfrac{3 + t_2^2}{2\sqrt{3}\, t_2}\right) - (t_1 + t_2)}{\dfrac{3 + t_1^2}{2\sqrt{3}\, t_1} - \dfrac{3 + t_2^2}{2\sqrt{3}\, t_2}} = \frac{\sqrt{3}(t_1 + t_2)(3 - t_1 t_2)}{(t_2 - t_1)(3 - t_1 t_2)}$$

$$= \frac{\sqrt{3}(t_1 + t_2)}{t_2 - t_1} = \frac{3x_0}{y_0} = \frac{3}{k_{OM}}$$

所以 $k_{AB} \cdot k_{OM} = 3$.

记 AB 的中点为 N, 设 $A(x_3, y_3), B(x_4, y_4), N(x_5, y_5)$, 则

$$\begin{cases} x_3+x_4=2x_5 \\ y_3+y_4=2y_5 \end{cases}$$

$$\begin{cases} y_3=\sqrt{3}\,x_3 \\ y_4=-\sqrt{3}\,x_4 \end{cases} \Rightarrow \begin{cases} y_3^2=3x_3^2 \\ y_4^2=3x_4^2 \end{cases} \Rightarrow (y_3+y_4)(y_3-y_4)=3(x_3+x_4)(x_3-x_4)$$

$$\Rightarrow \frac{y_3+y_4}{x_3+x_4}\cdot\frac{y_3-y_4}{x_3-x_4}=3$$

所以
$$\frac{y_5}{x_5}\cdot\frac{y_1-y_2}{x_1-x_2}=3$$

即 $k_{ON}\cdot k_{AB}=3$,因此 $k_{ON}=k_{OM}$.

若 M 不在 AB 上,即 M、N 不重合,那么 O、M、N 三点共线,有
$$k_{MN}\cdot k_{AB}=3$$

又由于 $|MA|=|MB|$,因此 $MN\perp AB$,那么 $k_{MN}\cdot k_{AB}=-1$,与上面 $k_{MN}\cdot k_{AB}=3$ 矛盾,因此 M 必然在 AB 上,得证.

第二十章 仿射变换

简单来说,仿射变换就是线性变换加平移.但是在高中阶段,由于不接触高等几何和高等代数的知识,因此此处的仿射变换只针对将椭圆化为圆这一过程(运用此变换去解决高考中的圆锥曲线问题是不得分的).那为什么要介绍这种变换呢?第一,可以将椭圆与圆进行类比,便于得出椭圆的一些性质和结论;第二,圆比椭圆更具有对称性,可以分析出更多几何关系,同时可以通过几何关系解决弦长问题.将椭圆化圆,得出结果后,再回到椭圆来处理问题,不失为一种较好的探路技巧法的应用.

对于 $\frac{x^2}{a^2}+\frac{y^2}{b^2}=1(a>b>0)$,如果令 $\begin{cases}x=x'\\y=\frac{b}{a}y'\end{cases}$(可以理解为横坐标不变,纵坐标变为仿射前的 $\frac{a}{b}$ 倍),则对于平面内 $M(x_0,y_0)$、$A(x_1,y_1)$、$B(x_2,y_2)$ 有:

(1) $M(x_0,y_0) \to M'\left(x_0,\frac{a}{b}y_0\right)$($A$、$B$ 同理);

(2) $\frac{x^2}{a^2}+\frac{y^2}{b^2}=1 \to x'^2+y'^2=a^2$;

(3) $k'=\frac{y'_1-y'_2}{x'_1-x'_2}=\frac{a}{b}\frac{y_1-y_2}{x_1-x_2}=\frac{a}{b}k$;

(4) $S'=\frac{a}{b}S$;

(5) $\frac{|AB|}{|A'B'|}=\frac{\sqrt{1+k^2}}{\sqrt{1+\left(\frac{a}{b}\right)^2 k^2}}$($|A'B'|=\sqrt{1+k'^2}\,|x_1-x_2|$);

(6) $\lambda=\left|\frac{AC}{CB}\right|=\left|\frac{A'C'}{C'B'}\right|$(即同一直线上线段比不变,由上述 5 条很容易得到);

(7)直线与圆锥曲线的位置关系不变,直线与点的相对位置也不变.

上述 7 条性质是使用仿射变换时必须要遵守的,弄清变与不变才能保证在还原过程中,几何关系对应不出错.

有些时候,在处理轨迹斜率问题时可以将椭圆仿射为单位圆,这样会方便一些.

【例1】 (2016 北京)已知椭圆 $C:\frac{x^2}{a^2}+\frac{y^2}{b^2}=1$ 过 $A(2,0)$、$B(0,1)$ 两点.

(1)求椭圆 C 的方程及离心率.

(2)设 P 为第三象限内一点且在椭圆 C 上,直线 PA 与 y 轴交于点 M,直线 PB 与 x 轴交于点 N,求证:四边形 $ABNM$ 的面积 S 为定值.

解:(1) $C:\frac{x^2}{4}+\frac{y^2}{1}=1, e=\frac{\sqrt{3}}{2}$.

(2)令 $\begin{cases} x = x' \\ y = \dfrac{1}{2}y' \end{cases} \Rightarrow x'^2 + y'^2 = 4$,如图 20.1 所示.

设 $P'(m,n), B'(0,2), A'(2,0), -2 < m, n < 0$,则

$$l_{PB}: y = \dfrac{n-2}{m}x + 2$$

令 $y=0 \Rightarrow N\left(\dfrac{2m}{2-n}, 0\right)$.

$$l_{PA}: y = \dfrac{n}{m-2}(x-2)$$

令 $x=0 \Rightarrow M\left(0, \dfrac{2n}{2-m}\right)$. 所以

$$S' = \dfrac{1}{2}|AN||BM| = \dfrac{1}{2}\left(2 - \dfrac{2m}{2-n}\right)\left(2 - \dfrac{2n}{2-m}\right)$$

$$= \dfrac{2(m+n-2)^2}{mn - 2(m+n) + 4}$$

$$= 2\dfrac{(m+n)^2 - 4(m+n) + 4}{mn - 2(m+n) + 4}$$

由于 $m^2 + n^2 = 4$,所以

$$S' = 2\dfrac{2mn - 4(m+n) + 8}{mn - 2(m+n) + 4} = 4$$

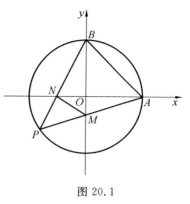

图 20.1

还原后得

$$S = \dfrac{1}{2}S' = 2$$

本题的常规解法在设点及参数方程中均有涉及.

【例 2】 已知椭圆 $\dfrac{x^2}{6} + \dfrac{y^2}{2} = 1$ 中有一内接三角形 ABC,其顶点 C 的坐标为 $(\sqrt{3}, 1)$,AB 所在直线斜率为 $\dfrac{\sqrt{3}}{3}$,当 $\triangle ABC$ 面积最大时,求直线 AB 的方程.

解:令 $\begin{cases} x = x' \\ y = \dfrac{1}{\sqrt{3}}y' \end{cases} \Rightarrow x'^2 + y'^2 = 6$,如图 20.2 所示,则

$C'(\sqrt{3}, \sqrt{3})$,所以

$$k' = \sqrt{3} \cdot \dfrac{\sqrt{3}}{3} = 1$$

此时有 $O'C' // A'B'$,所以

$$S'_{\triangle ABC} = S'_{\triangle OAB}$$

设直线 $A'B'$ 的方程为

$$x - y + m = 0$$

则 O 到直线 $A'B'$ 的距离为

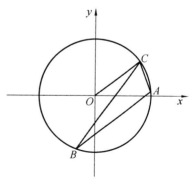

图 20.2

$$\frac{|m|}{\sqrt{2}}|A'B'|=2\sqrt{(\sqrt{6})^2-\left(\frac{|m|}{\sqrt{2}}\right)^2}$$

$$S_{\triangle OAB}=\frac{1}{2}\cdot\frac{|m|}{\sqrt{2}}\cdot 2\sqrt{(\sqrt{6})^2-\left(\frac{|m|}{\sqrt{2}}\right)^2}=\sqrt{\frac{m^2}{2}\left(6-\frac{m^2}{2}\right)}\leqslant 3$$

所以当 $\frac{m^2}{2}=3$，即 $m=\pm\sqrt{6}$ 时，$S_{\triangle ABC}$ 取得最大值 3. 此时直线 $A'B'$ 的方程为

$$x-y\pm\sqrt{6}=0$$

因此 S 的最大值为 $\sqrt{3}$，此时直线 AB 的方程为

$$x-\sqrt{3}y\pm\sqrt{6}=0$$

【例 3】 (2014 全国 2)已知 $A(0,-2)$，已知椭圆 $\frac{x^2}{4}+y^2=1$. 设过点 A 的动直线 l 与 E 相交于 P、Q 两点，当 $\triangle OPQ$ 的面积最大时，求 l 的方程.

解：令 $\begin{cases}x=x'\\y=\frac{1}{2}y'\end{cases}\Rightarrow x'^2+y'^2=4$，如图 20.3 所示，则 $A'(0,-4)$.

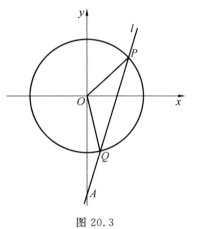

图 20.3

设直线 $l:y=k'x-4$，圆心到直线的距离为

$$d=\frac{4}{\sqrt{1+k'^2}}<2$$

解得 $k'>\sqrt{3}$ 或 $k'<-\sqrt{3}$，则

$$|PQ|=2\sqrt{4-d^2}$$

$$S=\frac{1}{2}\cdot d\cdot|PQ|=\frac{8\sqrt{k'^2-3}}{1+k'^2}$$

令 $\sqrt{k'^2-3}=t\in(0,+\infty)$，则

$$S=\frac{8t}{t^2+4}=\frac{8}{t+\frac{4}{t}}\leqslant 2$$

当且仅当 $t=2$，$k'=\pm\sqrt{7}$ 时取到最大值.

还原后，则当 $k=\pm\frac{\sqrt{7}}{2}$ 时取到最大值，此时 $l:y=\pm\frac{\sqrt{7}}{2}x-4$.

【例 4】 (2015 山东)平面直角坐标系 xOy 中，已知椭圆 $C:\frac{x^2}{a^2}+\frac{y^2}{b^2}=1(a>b>0)$ 的离心率为 $\frac{\sqrt{3}}{2}$，左、右焦点分别是 F_1、F_2，以 F_1 为圆心、3 为半径的圆与以 F_2 为圆心、1 为半径的圆相交，且交点在椭圆 C 上.

(1)求椭圆 C 的方程.

(2)设椭圆 $E:\frac{x^2}{4a^2}+\frac{y^2}{4b^2}=1$，$P$ 为椭圆 C 上任意一点，过点 P 的直线 $y=kx+m$ 交椭

圆 E 于 A、B 两点,射线 PO 交椭圆 E 于点 Q.

(i) 求 $\dfrac{|OQ|}{|OP|}$ 的值.

(ii) 求 $\triangle QAB$ 面积的最大值.

解:(1) 设两圆交点为 M,因为 M 在椭圆上,所以
$$2a=|PF_1|+|PF_2|=r_1+r_2=4c=\sqrt{3}$$
所以椭圆 C 的方程为 $\dfrac{x^2}{4}+y^2=1$.

(2) 由(1)可知 $E:\dfrac{x^2}{16}+\dfrac{y^2}{4}=1$.

令 $\begin{cases}x=x'\\y=\dfrac{1}{2}y'\end{cases}\Rightarrow C':x'^2+y'^2=4, E':x'^2+y'^2=16$,如

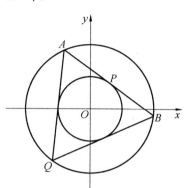

图 20.4 所示.

(i) 显然 $\dfrac{|OQ|}{|OP|}=\dfrac{4}{2}=2$(半径之比).

(ii) 设圆心到直线 AB 的距离为 d(可以猜测相切的时候取到最值),由(i)知

$$S_{\triangle Q'A'B'}=3S_{\triangle O'A'B'}=3\cdot\dfrac{1}{2}|AB|\cdot d=3\sqrt{d^2(16-d^2)},\quad d\in(0,2]$$

图 20.4

故 $S_{\triangle Q'A'B'}\leqslant 12\sqrt{3}$,还原后 $S_{\triangle QAB}\leqslant 6\sqrt{3}$.

【例5】 已知椭圆 $\dfrac{x^2}{2}+y^2=1$ 上两个不同的点 A、B 关于直线 $y=mx+\dfrac{1}{2}$ 对称.

(1) 求实数 m 的取值范围.

(2) 求 $\triangle AOB$ 面积的最大值(O 为坐标原点).

解:(1) 如图 20.5 所示,设线段 AB 的中点为 $M(x_0,y_0)$,则由椭圆的第三定义可得

$$\begin{cases}\dfrac{y_0-\dfrac{1}{2}}{x_0}=m\\-\dfrac{1}{m}\cdot\dfrac{y_0}{x_0}=-\dfrac{1}{2}\end{cases}$$

解得 $x_0=-\dfrac{1}{m}, y_0=-\dfrac{1}{2}$.

结合条件 $\dfrac{x_0^2}{2}+y_0^2<1$ 可得对 m 的约束

$$\dfrac{1}{2m^2}+\dfrac{1}{4}<1$$

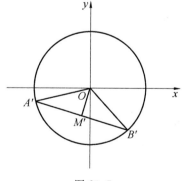

图 20.5

即 $m\in\left(-\infty,-\dfrac{\sqrt{6}}{3}\right)\cup\left(\dfrac{\sqrt{6}}{3},+\infty\right)$.

(2) 令 $\begin{cases} x = x' \\ y = \dfrac{y'}{\sqrt{2}} \end{cases} \Rightarrow x'^2 + y'^2 = 2$,如图 20.5 所示.

此时 $\triangle OA'B'$ 的边 $A'B'$ 的中点 M' 在直线 $y = -\dfrac{\sqrt{2}}{2}$ 上运动,有

$$S_{\triangle OA'B'} = \dfrac{1}{2} \cdot 2\sqrt{2 - OM'^2} \cdot OM' = OM' \cdot \sqrt{2 - OM'^2}$$
$$= \sqrt{OM'^2(2 - OM'^2)} \leqslant 1$$

当且仅当 $OM' = 1$ 时取等,所以

$$S_{\max} = \dfrac{\sqrt{2}}{2} S'_{\max} = \dfrac{\sqrt{2}}{2}$$

【例 6】 (2011 重庆)已知椭圆 $\dfrac{x^2}{4} + \dfrac{y^2}{2} = 1$.设动点 P 满足:$\overrightarrow{OP} = \overrightarrow{OM} + \overrightarrow{ON}$,其中 M、N 是椭圆上的点,直线 OM 与 ON 的斜率之积为 $-\dfrac{1}{2}$,问是否存在两个点 F_1、F_2,使得 $|PF_1| + |PF_2|$ 为定值?若存在,求 F_1、F_2 的坐标;若不存在,说明理由.

解:令 $\begin{cases} x = x' \\ y = \dfrac{y'}{\sqrt{2}} \end{cases} \Rightarrow x'^2 + y'^2 = 4$,于是有

$$k_{OM'} \cdot k_{ON'} = \sqrt{2} k_{OM} \cdot \sqrt{2} k_{ON} = -1$$

所以 $OM' \perp ON'$.此时平行四边形 $OM'P'N'$ 为正方形,如图 20.6 所示.于是

$$|OP'| = |M'N'| = 2\sqrt{2}$$

所以 P' 点的轨迹方程为圆

$$x'^2 + y'^2 = 8$$

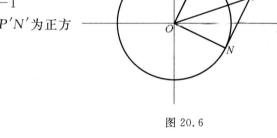

图 20.6

因此 P 点的轨迹方程为

$$x^2 + (\sqrt{2} y)^2 = 8$$

即

$$\dfrac{x^2}{8} + \dfrac{y^2}{4} = 1$$

所以存在符合题意的点 F_1、F_2,坐标为 $(\pm 2, 0)$(即椭圆的两个焦点).

【例 7】 长为 3 的线段 AB 的两个端点 A、B 分别在 x 轴、y 轴上移动,点 P 在直线 AB 上且满足 $\overrightarrow{BP} = 2\overrightarrow{PA}$.

(1)求点 P 的轨迹方程.

(2)记点 P 的轨迹为曲线 C,过点 $Q(2, 1)$ 任作直线 l 交曲线 C 于 M、N 两点,过 M 作斜率为 $-\dfrac{1}{2}$ 的直线 l' 交曲线 C 于另一点 R,求证:直线 NR 与直线 OQ 的交点为定点(O 为坐标原点),并求出该定点.

解:(1)设 $P(x,y)$,则 $A\left(\dfrac{3}{2}x,0\right),B(0,3y)$,于是由 $|AB|=3$ 得
$$\left(\dfrac{3}{2}x\right)^2+(3y)^2=9$$
即 P 点轨迹方程为 $\dfrac{x^2}{4}+y^2=1$.

(2)令 $\begin{cases}x=x'\\y=\dfrac{y'}{2}\end{cases}\Rightarrow x'^2+y'^2=4$,则 $Q'(2,2)$,$k_{M'R'}=-1$.

设直线 NR' 与直线 OQ' 的交点为 T',把问题转化到圆中加以解决.

如图 20.7 所示,连接 OR'、ON'、OM'、$R'Q'$、$M'T'$.

因为 OQ' 的斜率为 1,$R'M'$ 的斜率为 -1,所以 OQ' 平分弧 $R'M'$,进而可得
$$\angle R'OQ'=\angle T'OM'=\angle R'N'M'$$
所以 O、R'、Q'、N' 四点共圆,O、T'、M'、N' 四点共圆,从而 $\triangle OT'R'$ 与 $\triangle OR'Q'$ 相似,有
$$|OT'|\cdot|OQ'|=|OR'|^2=4$$
所以 $|OT'|$ 为定值 $\sqrt{2}$,T' 为定点 $(1,1)$.

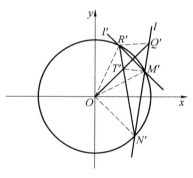

图 20.7

转化到原坐标,所求定点 T 为 $\left(1,\dfrac{1}{2}\right)$.

【例 8】 (2020 全国 1 理)如图 20.8(a)所示,已知 A、B 分别为椭圆 $E:\dfrac{x^2}{a^2}+y^2=1$($a>1$)的左、右顶点,G 为椭圆的上顶点,$\overrightarrow{AG}\cdot\overrightarrow{GB}=8$,$P$ 为直线 $x=6$ 上的动点,PA 与 E 的另一交点为 C,PB 与 E 的另一交点为 D.

(1)求椭圆 E 的方程.
(2)证明:直线 CD 过定点.

解:(1)$\dfrac{x^2}{9}+y^2=1$.

(2)如图 20.8(b)所示,由仿射变换令 $\begin{cases}x'=\dfrac{x}{3}\\y'=y\end{cases}$,则 $A'(-1,0),B'(1,0),P'(2,y_P)$,所以
$$B'C'=2\sin\theta=2\cos\alpha,\quad B'D'=2\cos\beta,\quad \tan\beta=\dfrac{P'Q'}{B'Q'}=3\tan\theta$$

在 $\triangle B'C'D'$ 中,由张角定理得
$$\dfrac{\sin(\alpha+\beta)}{B'E'}=\dfrac{\sin\alpha}{B'D'}+\dfrac{\sin\beta}{B'C'}$$
$$\Rightarrow\dfrac{\sin\alpha\cos\beta+\cos\alpha\sin\beta}{B'E'}=\dfrac{\sin\alpha}{2\cos\beta}+\dfrac{\sin\beta}{2\sin\theta}$$

$$\Rightarrow \frac{\cos\theta+\sin\theta\tan\beta}{B'E'}=\frac{\cos\theta}{2\cos^2\beta}+\frac{\tan\beta}{2\sin\theta}$$

$$\Rightarrow \frac{\cos\theta+\sin\theta\cdot 3\tan\theta}{B'E'}=\frac{\cos\theta}{2\cos^2\beta}+\frac{3\tan\theta}{2\sin\theta}$$

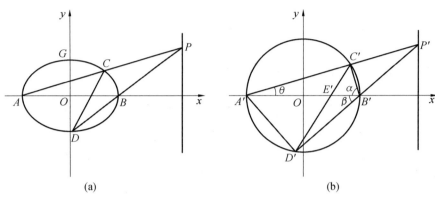

图 20.8

因为

$$\cos\beta=\frac{1}{\sqrt{1+\tan^2\beta}}=\frac{1}{\sqrt{1+9\tan^2\theta}}$$

代入上式可得

$$\frac{\cos\theta+\frac{3\sin^2\theta}{\cos\theta}}{B'E'}=\frac{\cos\theta\cdot(1+9\tan^2\theta)}{2}+\frac{3}{2\cos\theta}\Rightarrow\frac{1+2\sin^2\theta}{B'E'}=\frac{4(1+2\sin^2\theta)}{2}$$

解得 $B'E'=\frac{1}{2}$,即 $E'\left(\frac{1}{2},0\right)$,还原回原坐标系为 $E\left(\frac{3}{2},0\right)$.

【例9】 已知椭圆 $E:\frac{x^2}{a^2}+\frac{y^2}{b^2}=1(a>b>0)$ 的两个焦点与短轴的一个端点是直角三角形的三个顶点.直线 $l:y=-x+3$ 与椭圆 E 有且只有一个公共点 T.

(1)求椭圆 E 的方程及点 T 的坐标.

(2)证明:存在常数 λ,使得 $|PT|^2=\lambda|PA|\cdot|PB|$,并求 λ 的值.

解:(1)由对称性可得 $a=\sqrt{2}b$,则椭圆 E 的方程为

$$\frac{x^2}{2b^2}+\frac{y^2}{b^2}=1$$

由方程组 $\begin{cases}\frac{x^2}{2b^2}+\frac{y^2}{b^2}=1\\ y=-x+3\end{cases}$ 消去 y,得

$$3x^2-12x+(18-2b^2)=0 \qquad ①$$
$$\Delta=24(b^2-3)$$

由 $\Delta=0$,得 $b^2=3$,此时方程①的解为 $x=2$,所以椭圆 E 的方程为 $\frac{x^2}{6}+\frac{y^2}{3}=1$,点 T 的坐标为 $(2,1)$.

(2)令 $\begin{cases} x = x' \\ y = \dfrac{y'}{\sqrt{2}} \end{cases} \Rightarrow x'^2 + y'^2 = 6$，则 $T'(2,\sqrt{2})$.

由仿射变换前后的弦长对应关系，可得
$$\frac{|P'T'|^2}{|PT|^2} = \frac{1+2\times(-1)^2}{1+(-1)^2} = \frac{3}{2}$$

而
$$\frac{|P'A'|\cdot|P'B'|}{|PA|\cdot|PB|} = \frac{1+2\times\left(\dfrac{1}{2}\right)^2}{1+\left(\dfrac{1}{2}\right)^2} = \frac{6}{5}$$

两式相比，可得
$$\frac{|PT|^2}{|PA|\cdot|PB|} \cdot \frac{|P'A'|\cdot|P'B'|}{|P'T'|^2} = \frac{4}{5}$$

而根据圆幂定理，有
$$|P'T'|^2 = |P'A'|\cdot|P'B'|$$

因此原命题得证，且 $\lambda = \dfrac{4}{5}$.

【课后练习】

1.（2021 山西运城模拟文）第 24 届冬季奥林匹克运动会于 2022 年 2 月 4 日在中华人民共和国北京市和张家口市联合举行．这是中国历史上第一次举办冬季奥运会，北京成为奥运史上第一个同时举办夏季奥林匹克运动会和冬季奥林匹克运动会的城市．同时中国也成为第一个实现奥运"全满贯"（先后举办奥运会、残奥会、青奥会、冬奥会、冬残奥会）的国家．根据规划，国家体育场（鸟巢）成为北京冬奥会开、闭幕式的场馆．国家体育场"鸟巢"的钢结构鸟瞰图如图 20.9 所示，内外两圈的钢骨架是离心率相同的椭圆，若由外层椭圆长轴一端点 A 和短轴一端点 B 分别向内层椭圆引切线 AC、BD（图 20.10），且两切线斜率之积等于 $-\dfrac{9}{16}$，则椭圆的离心率为（　　）．

图 20.9　　　　　　　图 20.10

A. $\dfrac{3}{4}$　　　B. $\dfrac{\sqrt{7}}{4}$　　　C. $\dfrac{9}{16}$　　　D. $\dfrac{\sqrt{3}}{2}$

2. 如图 20.11 所示，P 为椭圆 $\dfrac{x^2}{a^2}+\dfrac{y^2}{b^2}=1(a>b>0)$ 上的点，点 A、B 分别在直线 $y=\dfrac{1}{2}x$、$y=-\dfrac{1}{2}x$ 上，点 O 为坐标原点，四边形 $OAPB$ 为平行四边形，若平行四边形 $OAPB$ 四边长的平方和为定值，则椭圆的离心率为_____.

3. 如图 20.12 所示，已知椭圆系方程 $C_n:\dfrac{x^2}{a^2}+\dfrac{y^2}{b^2}=n(a>b>0,n\in\mathbf{N}^+)$，$F_1$、$F_2$ 是椭圆 C_6 的焦点，$A(\sqrt{6},\sqrt{3})$ 是椭圆 C_6 上一点，且 $\overrightarrow{AF_2}\cdot\overrightarrow{F_1F_2}=0$.

(1) 求 C_n 的离心率，求出 C_1 的方程.

(2) P 为椭圆 C_3 上任意一点，过 P 且与椭圆 C_3 相切的直线 l 与椭圆 C_6 交于 M、N 两点，点 P 关于原点的对称点为 Q，求证：$\triangle QMN$ 的面积为定值.

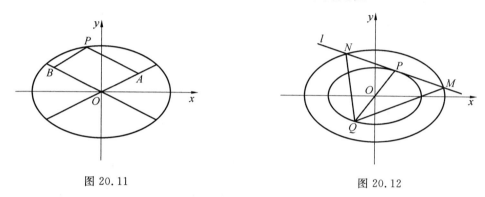

图 20.11　　　　　图 20.12

【答案与解析】

1. 解：经过仿射变换，如图 20.13 所示，将原图形 $B'D'$ 旋转 $90°$ 后和 $A'C'$ 重合，故可得到 $A'C'\perp B'D'$，即
$$k'_1k'_2=-1$$
故由仿射变换可得
$$k_{AC}k_{BD}=-\dfrac{b}{a}k'_1\left(-\dfrac{b}{a}\right)k'_2=-\dfrac{9}{16}$$
即 $\dfrac{b^2}{a^2}=\dfrac{9}{16}$，即
$$1-e^2=\dfrac{9}{16}$$
计算可得 $e=\dfrac{\sqrt{7}}{4}$. 故选 B.

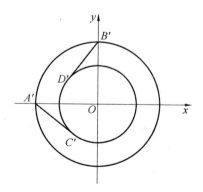

图 20.13

2. 解：法一（曲直联立）.

设 $P(x_0,y_0)$，则直线 PA 的方程为
$$y=-\dfrac{1}{2}x+\dfrac{x_0}{2}+y_0$$
直线 PB 的方程为

$$y=\frac{1}{2}x-\frac{x_0}{2}+y_0$$

联立方程组得

$$\begin{cases} y=-\frac{1}{2}x+\frac{x_0}{2}+y_0 \\ y=\frac{1}{2}x \end{cases}$$

解得 $A\left(\frac{x_0}{2}+y_0,\frac{x_0}{4}+\frac{y_0}{2}\right)$,同理可得 $B\left(\frac{x_0}{2}-y_0,-\frac{x_0}{4}+\frac{y_0}{2}\right)$. 则

$$PA^2+PB^2=\left(\frac{x_0}{2}-y_0\right)^2+\left(\frac{x_0}{4}-\frac{y_0}{2}\right)^2+\left(\frac{x_0}{2}+y_0\right)^2+\left(\frac{x_0}{4}+\frac{y_0}{2}\right)^2=\frac{5}{8}x_0^2+\frac{5}{2}y_0^2$$

又点 P 在椭圆上,则有

$$b^2x_0^2+a^2y_0^2=a^2b^2$$

因为 $\frac{5}{8}x_0^2+\frac{5}{2}y_0^2$ 为定值,则

$$\frac{b^2}{a^2}=\frac{1}{4}, \quad e^2=\frac{a^2-b^2}{a^2}=\frac{3}{4}$$

$$e=\frac{\sqrt{3}}{2}$$

故答案为 $\frac{\sqrt{3}}{2}$.

法二. 将原始图像进行仿射变换,得到 $x^2+y^2=a^2$,如图 20.14 所示.

若 $O'A'P'B'$ 四边长的平方和为定值,则 l_1'、l_2' 必然
垂直,此时

$$|OA'|^2+|OB'|^2=|OP'|^2=a^2$$

满足题意,则有

$$k_1'k_2'=-1$$

因为

$$k_1'k_2'=\frac{a}{b}k_1 \cdot \frac{a}{b}k_2=\frac{a^2}{b^2}\cdot\left(-\frac{1}{4}\right)=-1$$

所以

$$\frac{b^2}{a^2}=\frac{1}{4}, \quad e^2=\frac{a^2-b^2}{a^2}=\frac{3}{4}$$

$$e=\frac{\sqrt{3}}{2}$$

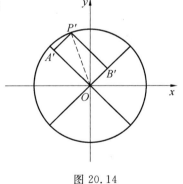

图 20.14

故答案为 $\frac{\sqrt{3}}{2}$.

3. **解**:(1)椭圆 C_6 的方程为 $\frac{x^2}{a^2}+\frac{y^2}{b^2}=6$,即

$$\frac{x^2}{6a^2}+\frac{y^2}{6b^2}=1$$

因为
$$\vec{AF_2} \cdot \vec{F_1F_2} = 0$$
所以 $\vec{AF_2} \perp \vec{F_1F_2}$，$A(\sqrt{6}, \sqrt{3})$，所以 $c = \sqrt{6}$，所以
$$6a^2 - 6b^2 = c^2 = 6$$
即 $a^2 - b^2 = 1$.

又
$$\frac{(\sqrt{6})^2}{6a^2} + \frac{(\sqrt{3})^2}{6b^2} = 1$$
所以
$$a^2 = 2, \quad b^2 = 1$$
所以椭圆 C_n 的方程为
$$\frac{x^2}{2} + y^2 = n$$
所以 C_n 的离心率
$$e = \sqrt{\frac{c^2}{a^2}} = \sqrt{\frac{2n-n}{2n}} = \frac{\sqrt{2}}{2}$$
椭圆 C_1 的方程为 $\frac{x^2}{2} + y^2 = 1$.

(2) 作伸缩变换 $\begin{cases} X = x \\ Y = \sqrt{2}y \end{cases}$，则椭圆 C_3 变为圆 $X^2 + Y^2 = 6$，椭圆 C_6 变为圆 $X^2 + Y^2 = 12$. 如图 20.15 所示.

因为直线 MN 与椭圆 C_3 相切于点 P，则变换后直线 $M'N'$ 与圆 $X^2 + Y^2 = 6$ 相切于点 P'，此时 $O'P' \perp M'N'$.

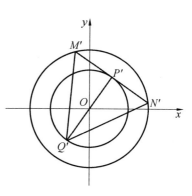

图 20.15

而
$$O'M' = 2\sqrt{3}, \quad O'P' = \sqrt{6}$$
则
$$M'P' = \sqrt{12-6} = \sqrt{6}$$
从而
$$M'N' = 2M'P' = 2\sqrt{6}$$
故
$$S_{\triangle O'M'N'} = \frac{1}{2} \times 2\sqrt{6} \times \sqrt{6} = 6 = \sqrt{2} S_{\triangle OMN}$$
于是 $S_{\triangle OMN} = 3\sqrt{2}$.

又点 P 关于原点的对称点为 Q，则
$$S_{\triangle QMN} = 2S_{\triangle OMN} = 6\sqrt{2}$$
即 $\triangle QMN$ 的面积为定值 $6\sqrt{2}$.

第三篇 二级结论与命题背景

第二十一章 焦点弦与焦半径

1. 第一组焦半径公式

由椭圆第二定义:椭圆上任意一点到焦点的距离与它到对应准线的距离之比等于离心率.

如图 21.1 所示,已知椭圆 $\dfrac{x^2}{a^2}+\dfrac{y^2}{b^2}=1$,$F_1$ 为左焦点,弦 AB 过点 F_1,过 A、B 两点作准线的垂线,垂足分别为 A_1、B_1.设 $\angle AF_1O=\theta$,由图 21.1 可知

$$\dfrac{AF_1}{AA_1}=e \Rightarrow AF_1=e(MA_1+MA)$$
$$=e\left(\dfrac{a^2}{c}-c+F_1A\cos\theta\right)$$

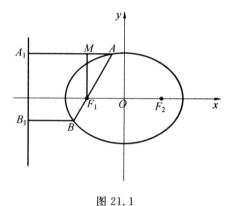

图 21.1

整理可得

$$AF_1=\dfrac{b^2}{a-c\cos\theta} \qquad ①$$

同理可得

$$BF_1=\dfrac{b^2}{a+c\cos\theta} \qquad ②$$

故得焦点弦

$$AB=AF_1+BF_1=\dfrac{2ab^2}{a^2-c^2\cos^2\theta}$$

①②两式倒数和为

$$\dfrac{1}{AF_1}+\dfrac{1}{BF_1}=\dfrac{2a}{b^2}$$

①②两式相比可得

$$\lambda=\dfrac{AF_1}{BF_1}=\dfrac{a+c\cos\theta}{a-c\cos\theta}$$

整理可得

$$|e\cos\theta|=\left|\dfrac{\lambda-1}{\lambda+1}\right|$$

2. 第二组焦半径公式

由图 21.1 可得,若直线经过椭圆左焦点 F_1,则

$$\dfrac{AF_1}{AA_1}=e \Rightarrow AF_1=e\left(x_0+\dfrac{a^2}{c}\right)=a+ex_0$$

若直线经过椭圆右焦点 F_2,则

$$\frac{AF_2}{AA_1}=e \Rightarrow AF_2=e\left(\frac{a^2}{c}-x_0\right) \Rightarrow AF_2=a-ex_0$$

双曲线的焦半径推导过程与椭圆类似,此处直接给出结论.

已知双曲线方程 $\frac{x^2}{a^2}-\frac{y^2}{b^2}=1$,左、右焦点分别为 F_1、F_2.

焦半径公式为

$$PF_1=|ex_0+a|,\quad PF_2=|ex_0-a|$$

开口向右的抛物线 $y^2=2px$ 的焦半径公式为

$$|PF|=x_0+\frac{p}{2}$$

其焦点弦长为

$$AB=PF_1+PF_2=x_1+x_2+p$$

或者写为

$$AB=\left|\frac{2p}{\sin^2\alpha}\right|$$

由

$$|AF|=\frac{p}{1-\cos\alpha},\quad |BF|=\frac{p}{1-\cos(\alpha+\pi)}=\frac{p}{1+\cos\alpha}$$

故有

$$\frac{1}{|AF|}+\frac{1}{|BF|}=\frac{2}{p}$$

推论 1:过圆锥曲线的焦点作两条互相垂直的弦,弦长倒数和为定值.

下面以椭圆和抛物线为例对推论 1 进行说明.

已知椭圆 $\frac{x^2}{a^2}+\frac{y^2}{b^2}=1$ 的右焦点为 F,过右焦点作两条互相垂直的弦 AB、CD,证明:$\frac{1}{|AB|}+\frac{1}{|CD|}=\frac{a^2+b^2}{2ab^2}$.

证明:由焦点弦长公式可得

$$|AB|=\frac{2ab^2}{a^2-c^2\cos^2\theta}$$

$$|CD|=\frac{2ab^2}{a^2-c^2\cos^2\left(\theta+\frac{\pi}{2}\right)}=\frac{2ab^2}{a^2-c^2\sin^2\theta}$$

$$\frac{1}{|AB|}+\frac{1}{|CD|}=\frac{2a^2-c^2}{2ab^2}=\frac{a^2+b^2}{2ab^2}$$

已知抛物线 $y^2=2px$,过焦点作两条互相垂直的弦 AB、CD,证明:$\frac{1}{|AB|}+\frac{1}{|CD|}=\frac{1}{2p}$.

证明:由抛物线焦点弦长公式可得

$$|AB|=\frac{2p}{\sin^2\alpha}, \quad |CD|=\frac{2p}{\sin^2\left(\alpha+\frac{\pi}{2}\right)}=\frac{2p}{\cos^2\alpha}$$

故 $\frac{1}{|AB|}+\frac{1}{|CD|}=\frac{1}{2p}$.

推论2:圆锥曲线焦点弦的中垂线与 x 轴的交点到焦点的距离与焦点弦长之比为定值 $\frac{e}{2}$.

直线 l 过椭圆 $\frac{x^2}{a^2}+\frac{y^2}{b^2}=1$ 的左焦点 F 交椭圆于 A、B 两点,AB 的中垂线交长轴于点 D,求证:$\frac{|DF|}{|AB|}=\frac{e}{2}$.

证明:设直线 $AB:x=my-c$,$A(x_1,y_1)$,$B(x_2,y_2)$,AB 中点 $C(x_3,y_3)$,$D(x_4,y_4)$.

将直线方程与椭圆方程联立得

$$\begin{cases} x=my-c \\ \frac{x^2}{a^2}+\frac{y^2}{b^2}=1 \end{cases}$$

即为

$$(a^2+b^2m^2)y^2-2b^2cmy-b^4=0$$

由韦达定理可得

$$y_1+y_2=\frac{2b^2cm}{a^2+b^2m^2}, \quad y_1y_2=\frac{-b^4}{a^2+b^2m^2}$$

由中点坐标公式可得

$$x_3=\frac{x_1+x_2}{2}=\frac{m(y_1+y_2)-2c}{2}=\frac{-a^2c}{a^2+b^2m^2}, \quad y_3=\frac{y_1+y_2}{2}=\frac{b^2cm}{a^2+b^2m^2}$$

由于 $AB\perp CD \Rightarrow \frac{x_4-x_3}{0-y_3}=-\frac{1}{m}$,解得

$$x_4=\frac{b^2c-a^2c}{a^2+b^2m^2}, \quad |DF|=x_4+c=\frac{b^2c(m^2+1)}{a^2+b^2m^2}$$

$$|AB|=\sqrt{m^2+1}\,|y_1-y_2|=\frac{2ab^2(m^2+1)}{a^2+b^2m^2}$$

故有 $\frac{|DF|}{|AB|}=\frac{e}{2}$.

推论3:过圆锥曲线焦点作两条相交弦,其相交弦端点的连线的交点的轨迹为圆锥曲线的准线(本质为极点极线).

【**例1**】 如图21.2所示,已知椭圆 $\frac{x^2}{a^2}+\frac{y^2}{b^2}=1$,其左、右焦点分别为 F_1、F_2,过右焦点作两条相交弦 AB、CD,连接 AC、BD 交于点 P,求证:P 在右准线 $x=\frac{c^2}{a}$ 上.

证明:法一(定比点差法).

设 $A(x_1,y_1)$,$B(x_2,y_2)$,$C(x_3,y_3)$,$D(x_4,y_4)$,$P(x,y)$.

设 $\overrightarrow{AF_2}=\lambda\overrightarrow{F_2B}$, $\overrightarrow{CF_2}=\mu\overrightarrow{F_2D}$.
由定比分点坐标公式可得

$$\begin{cases} c=\dfrac{x_1+\lambda x_2}{1+\lambda} \\ 0=\dfrac{y_1+\lambda y_2}{1+\lambda} \end{cases}$$

联立 $\begin{cases} \dfrac{x_1^2}{a^2}+\dfrac{y_1^2}{b^2}=1 \\ \dfrac{\lambda^2 x_2^2}{a^2}+\dfrac{\lambda^2 y_2^2}{b^2}=\lambda^2 \end{cases}$,两式相减整理

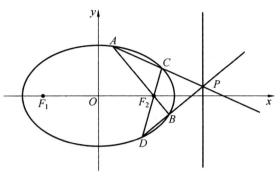

图 21.2

可得

$$\frac{(x_1+\lambda x_2)(x_1-\lambda x_2)}{a^2(1+\lambda)(1-\lambda)}+\frac{(y_1+\lambda y_2)(y_1-\lambda y_2)}{b^2(1+\lambda)(1-\lambda)}=1$$

将定比分点坐标代入可得

$$x_1-\lambda x_2=\frac{a^2}{c}(1-\lambda)$$

由方程组 $\begin{cases} x_1+\lambda x_2=c(1+\lambda) \\ x_1-\lambda x_2=\dfrac{a^2}{c}(1-\lambda) \end{cases}$ 解得

$$\begin{cases} x_1=\dfrac{c^2+a^2}{2c}-\dfrac{b^2\lambda}{2c} \\ x_2=\dfrac{c^2+a^2}{2c}-\dfrac{b^2}{2c\lambda} \\ y_1=-\lambda y_2 \end{cases} \qquad ①$$

同理可得

$$\begin{cases} x_3=\dfrac{c^2+a^2}{2c}-\dfrac{b^2\mu}{2c} \\ x_4=\dfrac{c^2+a^2}{2c}-\dfrac{b^2}{2c\mu} \\ y_3=-\mu y_4 \end{cases} \qquad ②$$

设直线 AC 方程为

$$x_1y_3-x_3y_1=x(y_3-y_1)+y(x_1-x_3) \Rightarrow \frac{x_1y_3-x_3y_1-x(y_3-y_1)}{x_1-x_3}=y \qquad ③$$

同理可得

$$\frac{x_2y_4-x_4y_2-x(y_4-y_2)}{x_2-x_4}=y \qquad ④$$

将③④两式联立即

$$\frac{x_1y_3-x_3y_1-x(y_3-y_1)}{x_1-x_3}=\frac{x_2y_4-x_4y_2-x(y_4-y_2)}{x_2-x_4}$$

将①②代入整理可得

$$x[\mu y_4-\lambda y_2-\lambda\mu(y_4-y_2)]=\frac{a^2}{c}[\mu y_4-\lambda y_2-\lambda\mu(y_4-y_2)]$$

解得 $x = \dfrac{a^2}{c}$, 证明完毕.

【注】双曲线的证明和椭圆基本相同,抛物线的证明在极点极线(9.3节)和定比点差(18.2节)均有介绍,此处不再赘述.

法二(参数方程).

设 $A(a\cos\alpha, b\sin\alpha)$, $B(a\cos\beta, b\sin\beta)$, $C(a\cos\varphi, b\sin\varphi)$, $D(a\cos\varphi, b\sin\varphi)$, $P(m, n)$. 由 A、F_2、B 三点共线可得

$$\frac{b\sin\beta}{a\cos\beta - c} = \frac{b\sin\alpha}{a\cos\alpha - c}$$

化简为

$$a\sin(\alpha - \beta) = c(\sin\alpha - \sin\beta)$$

即

$$2a\sin\frac{\alpha-\beta}{2}\cos\frac{\alpha-\beta}{2} = 2c\cos\frac{\alpha+\beta}{2}\sin\frac{\alpha-\beta}{2}$$

即为

$$a\cos\frac{\alpha-\beta}{2} = c\cos\frac{\alpha+\beta}{2}$$

$$a\left(\cos\frac{\alpha}{2}\cos\frac{\beta}{2} + \sin\frac{\alpha}{2}\sin\frac{\beta}{2}\right) = c\left(\cos\frac{\alpha}{2}\cos\frac{\beta}{2} - \sin\frac{\alpha}{2}\sin\frac{\beta}{2}\right)$$

整理为

$$\tan\frac{\alpha}{2}\tan\frac{\beta}{2} = \frac{c-a}{c+a}$$

由 C、F_2、D 三点共线,同理可得

$$\tan\frac{\varphi}{2}\tan\frac{\varphi}{2} = \frac{c-a}{c+a}$$

由 A、C、P 三点共线,可得

$$\frac{b\sin\alpha - n}{a\cos\alpha - m} = \frac{b\sin\varphi - n}{a\cos\varphi - m}$$

化简可得

$$ab\sin(\alpha - \varphi) = na(\cos\varphi - \cos\alpha) + mb(\sin\alpha - \sin\varphi)$$

利用和差化积公式有

$$2ab\sin\frac{\alpha-\varphi}{2}\cos\frac{\alpha-\varphi}{2} = -2na\sin\frac{\alpha+\varphi}{2}\sin\frac{\varphi-\alpha}{2} + 2mb\cos\frac{\alpha+\varphi}{2}\sin\frac{\alpha-\varphi}{2}$$

化简可得

$$ab\cos\frac{\alpha-\varphi}{2} = na\sin\frac{\alpha+\varphi}{2} + mb\cos\frac{\alpha+\varphi}{2}$$

即

$$ab\left(1 + \tan\frac{\alpha}{2}\tan\frac{\varphi}{2}\right) = na\left(\tan\frac{\alpha}{2} + \tan\frac{\varphi}{2}\right) + mb\left(1 - \tan\frac{\alpha}{2}\tan\frac{\varphi}{2}\right)$$

解得

$$n=\frac{ab\left(1+\tan\frac{\alpha}{2}\tan\frac{\varphi}{2}\right)-mb\left(1-\tan\frac{\alpha}{2}\tan\frac{\varphi}{2}\right)}{a\left(\tan\frac{\alpha}{2}+\tan\frac{\varphi}{2}\right)} \quad ⑤$$

由 D、B、P 三点共线,同理可得

$$n=\frac{ab\left(1+\tan\frac{\beta}{2}\tan\frac{\varphi}{2}\right)-mb\left(1-\tan\frac{\beta}{2}\tan\frac{\varphi}{2}\right)}{a\left(\tan\frac{\beta}{2}+\tan\frac{\varphi}{2}\right)} \quad ⑥$$

将⑤⑥两式联立得

$$\frac{ab\left(1+\tan\frac{\alpha}{2}\tan\frac{\varphi}{2}\right)-mb\left(1-\tan\frac{\alpha}{2}\tan\frac{\varphi}{2}\right)}{a\left(\tan\frac{\alpha}{2}+\tan\frac{\varphi}{2}\right)}$$

$$=\frac{ab\left(1+\tan\frac{\beta}{2}\tan\frac{\varphi}{2}\right)-mb\left(1-\tan\frac{\beta}{2}\tan\frac{\varphi}{2}\right)}{a\left(\tan\frac{\beta}{2}+\tan\frac{\varphi}{2}\right)}$$

整理可得

$$a\cdot\frac{2a}{a+c}\left(\tan\frac{\beta}{2}+\tan\frac{\varphi}{2}-\tan\frac{\alpha}{2}-\tan\frac{\varphi}{2}\right)=m\cdot\frac{2c}{a+c}\left(\tan\frac{\beta}{2}+\tan\frac{\varphi}{2}-\tan\frac{\alpha}{2}-\tan\frac{\varphi}{2}\right)$$

解得 $m=\frac{a^2}{c}$,即 P 在右准线 $x=\frac{a^2}{c}$ 上.

推论 4:已知椭圆 $\frac{x^2}{a^2}+\frac{y^2}{b^2}=1$,左、右焦点分别为 F_1、F_2,过右焦点 F_2 的直线交椭圆于 M、N 两点,过 F_2 作与 MN 垂直的直线交右准线于点 T,则直线 OT 平分线段 $|MN|$.

证明:如图 21.3 所示,设直线 MN:$x=my+c$,将直线 MN 与椭圆方程联立得

$$\begin{cases}x=my+c\\ \frac{x^2}{a^2}+\frac{y^2}{b^2}=1\end{cases}$$

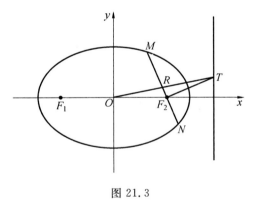

图 21.3

整理得

$$(b^2m^2+a^2)y^2+2mb^2cy-b^4=0$$

解得

$$y_1+y_2=\frac{-2mb^2c}{b^2m^2+a^2}$$

设 $R(x_0,y_0)$,则

$$y_0=\frac{y_1+y_2}{2}=\frac{-mb^2c}{b^2m^2+a^2}, \quad x_0=my_0+c=m\cdot\frac{-mb^2c}{b^2m^2+a^2}+c=\frac{a^2c}{b^2m^2+a^2}$$

则 $k_{OR}=\frac{y_0}{x_0}=\frac{-mb^2}{a^2}$.

设 $T\left(\dfrac{a^2}{c}, t\right)$,由 $k_{F_2T} \cdot k_{MN} = -1$,即

$$\dfrac{t}{\dfrac{a^2}{c}-c} \cdot \dfrac{1}{m} = -1$$

解得

$$t = -\dfrac{b^2 m}{c}$$

则

$$k_{OT} = \dfrac{-mb^2}{a^2} = k_{OR}$$

即 O、R、T 三点共线,则直线 OT 平分线段 $|MN|$.

推论 5:MN 是经过椭圆 $\dfrac{x^2}{a^2}+\dfrac{y^2}{b^2}=1$ 焦点的任一弦,若弦 AB 是经过椭圆中心且平行于 MN 的弦,则 $|AB|^2 = 2a|MN|$.

证明:如图 21.4 所示,设 $AB: \begin{cases} x = t\cos\alpha \\ y = t\sin\alpha \end{cases}$($\alpha$ 为参数),将其与椭圆方程进行联立可得

$|OA|^2 = t^2 = \dfrac{a^2 b^2}{b^2\cos^2\alpha + a^2\sin^2\alpha}$, $|AB| = 2|OA|$

因为 MN 为焦点弦,故

$$|MN| = \dfrac{2ab^2}{a^2 - c^2\cos^2\alpha} = \dfrac{2ab^2}{a^2\sin^2\alpha + b^2\cos^2\alpha}$$

故 $|AB|^2 = 2a|MN|$,证明完毕.

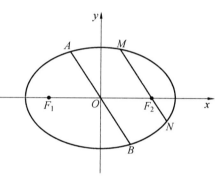

图 21.4

推论 6:MN 是经过椭圆 $\dfrac{x^2}{a^2}+\dfrac{y^2}{b^2}=1$ 焦点的任一弦,若过椭圆中心的半径 $OP \perp MN$,则 $\dfrac{2}{a|MN|}+\dfrac{1}{|OP|^2}=\dfrac{1}{a^2}+\dfrac{1}{b^2}$.

证明:如图 21.5 所示,MN 为焦点弦,故

$$|MN| = \dfrac{2ab^2}{a^2 - c^2\cos^2\alpha} = \dfrac{2ab^2}{a^2\sin^2\alpha + b^2\cos^2\alpha}$$

设 $OP: \begin{cases} x = t\cos\left(\alpha+\dfrac{\pi}{2}\right) = -t\sin\alpha \\ y = t\sin\left(\alpha+\dfrac{\pi}{2}\right) = t\cos\alpha \end{cases}$($\alpha$ 为参数),将其与椭圆方程进行联立可得

$$|OP|^2 = t^2 = \dfrac{a^2 b^2}{b^2\sin^2\alpha + a^2\cos^2\alpha}$$

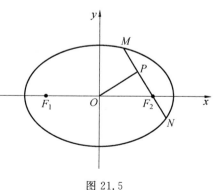

图 21.5

故

$$\dfrac{2}{a|MN|}+\dfrac{1}{|OP|^2}=\dfrac{1}{a^2}+\dfrac{1}{b^2}$$

推论 7：已知椭圆 $\dfrac{x^2}{a^2}+\dfrac{y^2}{b^2}=1$，过右焦点 $F(c,0)$ 作直线交椭圆于 A、B 两点，AB 的中垂线交 x 轴于点 M，交准线于点 N，则

(1) $\dfrac{|MF|}{|AB|}=\dfrac{e}{2}$；

(2) A、B、M、N 四点共圆.

证明：(1) 如图 21.6 所示，设过焦点 F 的直线方程为
$$x=my+c$$
将其与椭圆方程进行联立可得
$$\begin{cases}\dfrac{x^2}{a^2}+\dfrac{y^2}{b^2}=1\\ x-my-c=0\end{cases}$$
整理可得
$$(a^2+m^2b^2)x^2-2a^2cx+a^2(c^2-m^2b^2)=0$$
由韦达定理得
$$x_1+x_2=\dfrac{2a^2c}{a^2+m^2b^2},\quad x_1x_2=\dfrac{a^2(c^2-m^2b^2)}{a^2+m^2b^2}$$
同理可得
$$y_1+y_2=\dfrac{-2b^2mc}{a^2+m^2b^2}$$
设 AB 中点坐标为 $P\left(\dfrac{a^2c}{a^2+m^2b^2},\dfrac{-b^2mc}{a^2+m^2b^2}\right)$，故 AB 的中垂线方程为
$$-m\left(x-\dfrac{a^2c}{a^2+m^2b^2}\right)=y-\dfrac{-b^2mc}{a^2+m^2b^2}$$
令 $y=0$ 可得
$$x_M=\dfrac{a^2c-b^2c}{a^2+m^2b^2}=\dfrac{c^3}{a^2+m^2b^2}$$
$$|MF|=c-\dfrac{(a^2-b^2)c}{a^2+m^2b^2}=\dfrac{a^2c+m^2b^2c-a^2c+b^2c}{a^2+m^2b^2}=\dfrac{(m^2+1)b^2c}{a^2+m^2b^2}$$
$$|AB|=\sqrt{1+\dfrac{1}{m^2}}\dfrac{\sqrt{4a^2b^2m^2(a^2+m^2b^2-c^2)}}{a^2+m^2b^2}=\dfrac{2ab\sqrt{1+m^2}\sqrt{a^2+m^2b^2-c^2}}{a^2+m^2b^2}$$
$$=\dfrac{2ab\sqrt{1+m^2}\sqrt{b^2+m^2b^2}}{a^2+m^2b^2}$$
$$=\dfrac{2ab^2(1+m^2)}{a^2+m^2b^2}$$
故 $\dfrac{|MF|}{|AB|}=\dfrac{c}{2a}=\dfrac{e}{2}$.

(2) 将 AB 的中垂线方程与准线方程 $x=\dfrac{a^2}{c}$ 进行联立可得

$$|NP| = \sqrt{1+m^2}\,|x_N - x_P| = \sqrt{1+m^2}\left|\frac{a^2}{c} - \frac{a^2c}{a^2+m^2b^2}\right|$$

$$= \sqrt{1+m^2}\,\frac{a^2(a^2+m^2b^2-c^2)}{c(a^2+m^2b^2)} = \sqrt{1+m^2}\,\frac{a^2b^2(1+m^2)}{c(a^2+m^2b^2)}$$

$$|MP| = \sqrt{1+m^2}\,|x_M - x_P| = \sqrt{1+m^2}\left|\frac{a^2c}{a^2+m^2b^2} - \frac{c^3}{a^2+m^2b^2}\right|$$

$$= \sqrt{1+m^2}\cdot\frac{b^2c}{a^2+m^2b^2}$$

$$|NP|\cdot|MP| = \sqrt{1+m^2}\,\frac{a^2b^2(1+m^2)}{c(a^2+m^2b^2)}\cdot\sqrt{1+m^2}\,\frac{b^2c}{a^2+m^2b^2}$$

$$= (1+m^2)^2\cdot\frac{a^2b^4}{(a^2+m^2b^2)^2} = \left[\frac{(1+m^2)ab^2}{a^2+m^2b^2}\right]^2$$

由

$$|PA| = |PB| = \frac{ab^2(1+m^2)}{a^2+m^2b^2}$$

故

$$|NP|\cdot|MP| = |PA|\cdot|PB|$$

由相交弦定理可得 A、B、M、N 四点共圆.

推论 8：已知椭圆 $\dfrac{x^2}{a^2}+\dfrac{y^2}{b^2}=1(a>b>0)$，$P$ 为椭圆上任意一点，F_1、F_2 为其左、右焦点，延长 PF_1 交椭圆于点 A，延长 PF_2 交椭圆于点 B，$\overrightarrow{PF_1}=\lambda\overrightarrow{F_1A}$，$\overrightarrow{PF_2}=\mu\overrightarrow{F_2B}$，则 $\lambda+\mu=\dfrac{2(1-e^2)}{1+e^2}$.

证明：由焦半径公式可得

$$PF_1 = \frac{ep}{1-e\cos\alpha},\quad AF_1 = \frac{ep}{1-e\cos\left(\alpha+\frac{\pi}{2}\right)} = \frac{ep}{1+e\cos\alpha}$$

即

$$1-e\cos\alpha = \frac{ep}{|PF_1|},\quad 1+e\cos\alpha = \frac{ep}{|AF_1|}$$

即

$$2 = ep\left(\frac{1}{|PF_1|}+\frac{1}{|AF_1|}\right) \Rightarrow 2|PF_1| = ep\left(1+\frac{|PF_1|}{|AF_1|}\right) \Rightarrow 2|PF_1| = ep(1+\lambda) \quad \text{①}$$

同理可得

$$2|PF_2| = ep(1+\mu) \quad \text{②}$$

①②两式相加可得

$$4a = ep(2+\lambda+\mu)$$

整理可得

$$\lambda+\mu = 2\,\frac{1+e^2}{1-e^2}$$

【注】推论 8 也可利用定比点差或者曲直联立来证明.

【例1】 已知 A、B、C 是椭圆 $\dfrac{x^2}{25}+\dfrac{y^2}{16}=1$ 上的三点,点 $F(3,0)$,若 $\overrightarrow{FA}+\overrightarrow{FB}+\overrightarrow{FC}=\mathbf{0}$,则 $|\overrightarrow{FA}|+|\overrightarrow{FB}|+|\overrightarrow{FC}|=$ _____.

解:设 A、B、C 三点的横坐标分别为 x_1、x_2、x_3,若
$$\overrightarrow{FA}+\overrightarrow{FB}+\overrightarrow{FC}=0$$
则
$$x_1-3+x_2-3+x_3-3=0$$
即
$$x_1+x_2+x_3=9$$
由焦半径公式可得
$$|\overrightarrow{FA}|=5-\dfrac{3}{5}x_1, \quad |\overrightarrow{FB}|=5-\dfrac{3}{5}x_2, \quad |\overrightarrow{FC}|=5-\dfrac{3}{5}x_3$$
则
$$|\overrightarrow{FA}|+|\overrightarrow{FB}|+|\overrightarrow{FC}|=15-\dfrac{3}{5}(x_1+x_2+x_3)=\dfrac{48}{5}$$

【例2】 设 P 是椭圆 $\dfrac{x^2}{16}+\dfrac{y^2}{9}=1$ 上异于长轴端点的任意一点,F_1、F_2 分别是其左、右焦点,O 为中心,则 $|PF_1||PF_2|+|OP|^2=$ _____.

解:由焦半径公式得
$$|PF_1||PF_2|+|OP|^2=\left(4+\dfrac{\sqrt{7}}{4}x_0\right)\left(4-\dfrac{\sqrt{7}}{4}x_0\right)+x_0^2+y_0^2$$
$$=16-\dfrac{7}{16}x_0^2+x_0^2+9-\dfrac{9}{16}x_0^2=25$$

【例3】 (2013 山东理 22) 椭圆 $C:\dfrac{x^2}{a^2}+\dfrac{y^2}{b^2}=1(a>b>0)$ 的左、右焦点分别是 F_1、F_2,离心率为 $\dfrac{\sqrt{3}}{2}$,过 F_1 且垂直于 x 轴的直线被椭圆 C 截得的线段长为 1.

(1)求椭圆 C 的方程.

(2)点 P 是椭圆 C 上除长轴端点外的任一点,连接 PF_1、PF_2,设 $\angle F_1PF_2$ 的角平分线 PM 交椭圆 C 的长轴于点 $M(m,0)$,求 m 的取值范围.

解:(1)由题 $\begin{cases} a^2=b^2+c^2 \\ \dfrac{c}{a}=\dfrac{\sqrt{3}}{2} \\ \dfrac{2b^2}{a}=1 \end{cases}$,则
$$a=2, \quad b=1, \quad c=\sqrt{3}$$
所以椭圆方程为 $\dfrac{x^2}{4}+y^2=1$.

(2)由于 PM 是 $\angle F_1PF_2$ 的角平分线,则由角平分线定理可得

$$\frac{|PF_1|}{|PF_2|}=\frac{|F_1M|}{|F_2M|}$$

设点 P 的坐标为 (x_0, y_0),由椭圆的焦半径公式,有

$$\frac{a+ex_0}{a-ex_0}=\frac{m+c}{c-m}$$

解得 $x_0=\dfrac{m}{e^2}$.

因为 $x_0\in(-2,2)$,所以 $m\in\left(-\dfrac{3}{2},\dfrac{3}{2}\right)$.

【例4】 (2021 河南开封市高三三模(文))已知椭圆 $C:\dfrac{x^2}{a^2}+\dfrac{y^2}{b^2}=1(a>b>0)$ 的左、右焦点分别为 $F_1(-c,0)$、$F_2(c,0)$,若椭圆 C 上存在一点 P,使得 $\dfrac{\sin\angle PF_2F_1}{\sin\angle PF_1F_2}=\dfrac{c}{a}$,则椭圆 C 的离心率的取值范围为( ).

A. $\left(0,\dfrac{\sqrt{2}}{2}\right)$ B. $(0,\sqrt{2}-1)$ C. $(\sqrt{2}-1,1)$ D. $\left(\dfrac{\sqrt{2}}{2},1\right)$

解:在 $\triangle PF_1F_2$ 中,由正弦定理可得

$$\frac{|PF_2|}{\sin PF_1F_2}=\frac{|PF_1|}{\sin PF_2F_1}$$

又由 $\dfrac{\sin\angle PF_2F_1}{\sin\angle PF_1F_2}=\dfrac{c}{a}$,得

$$\frac{a}{\sin\angle PF_1F_2}=\frac{c}{\sin\angle PF_2F_1}$$

即

$$a|PF_1|=c|PF_2|$$

设点 $P(x_0,y_0)$,可得

$$|PF_1|=a+ex_0,\quad |PF_2|=a-ex_0$$

则

$$a(a+ex_0)=c(a-ex_0)$$

解得

$$x_0=\frac{a(c-a)}{e(c+a)}=\frac{a(e-1)}{e(e+1)}$$

由椭圆的几何性质可得 $a>x_0>-a$,即

$$a>\frac{a(e-1)}{e(e+1)}>-a$$

整理得

$$e^2+2e-1>0$$

解得 $e<-\sqrt{2}-1$ 或 $e>\sqrt{2}-1$.

又由 $e\in(0,1)$,所以椭圆的离心率的取值范围是 $(\sqrt{2}-1,1)$.故选 C.

第二十二章 椭圆的内圆

定义 1：把圆 $x^2+y^2=b^2$ 称为椭圆 $\dfrac{x^2}{a^2}+\dfrac{y^2}{b^2}=1$ 的内圆．

性质 1：圆 O 内切于椭圆 $\dfrac{x^2}{a^2}+\dfrac{y^2}{b^2}=1(a>b>0)$，过椭圆上任意一点 M 向圆 O 作两条切线，切点为 K、N，连接 KN 并延长交 x 轴于点 P，交 y 轴于点 Q，则 $\dfrac{b^2}{OP^2}+\dfrac{a^2}{OQ^2}=\dfrac{a^2}{b^2}$．

证明：如图 22.1 所示，设 $M(x_0,y_0)$，满足 $\dfrac{x_0^2}{a^2}+\dfrac{y_0^2}{b^2}=1$，即

$$b^2 x_0^2+a^2 y_0^2=a^2 b^2$$

圆 O 方程为 $x^2+y^2=b^2$，由切点弦方程可得直线 KN：$x_0 x+y_0 y=b^2$，易得 $P\left(\dfrac{b^2}{x_0},0\right)$，$Q\left(0,\dfrac{b^2}{y_0}\right)$，故

$$\dfrac{b^2}{OP^2}+\dfrac{a^2}{OQ^2}=\dfrac{b^2 x_0^2}{b^4}+\dfrac{a^2 y_0^2}{b^4}=\dfrac{a^2 b^2}{b^4}=\dfrac{a^2}{b^2}$$

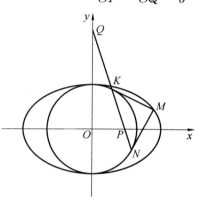

图 22.1

性质 2：圆 O 内切于椭圆 $\dfrac{x^2}{a^2}+\dfrac{y^2}{b^2}=1(a>b>0)$，$M$ 为圆上任意一点，F 为椭圆右焦点，过 M 作圆的切线交椭圆于 A、B 两点，则：

(1) 若 A、B、F 三点共线，则弦 AB 长为 a（图 22.2(a)）；

(2) 若 A、B、F 三点不共线，则 $\triangle ABF$ 周长为 $2a$（图 22.2(b)）．

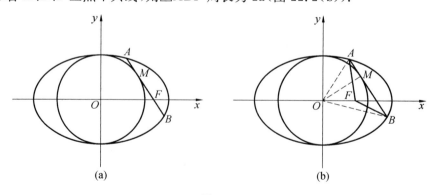

图 22.2

证明：(1) 由焦点弦公式得

$$AB=\dfrac{2ab^2}{a^2-c^2\cos^2\theta},\quad \sin(\pi-\theta)=\dfrac{b}{c}$$

故
$$\sin^2\theta = \frac{b^2}{c^2} \Rightarrow \cos^2\theta = 1 - \frac{b^2}{c^2}$$

故
$$AB = \frac{2ab^2}{a^2-c^2} \cdot \frac{c^2-b^2}{c^2} = \frac{2ab^2}{a^2-c^2+b^2} = \frac{2ab^2}{2b^2} = a$$

(2)设 $A(x_1, y_1), B(x_2, y_2)$.

由焦半径公式可得
$$AF = a - \frac{c}{a}x_1, \quad BF = a - \frac{c}{a}x_2$$

因为
$$AM = \sqrt{OA^2 - OM^2} = \sqrt{x_1^2 + y_1^2 - b^2}$$

又 $\dfrac{x_1^2}{a^2} + \dfrac{y_1^2}{b^2} = 1 \Rightarrow y_1^2 = b^2 \dfrac{a^2 - x_1^2}{a^2}$，所以

$$AM = \sqrt{x_1^2 + b^2 \frac{a^2 - x_1^2}{a^2} - b^2} = \sqrt{x_1^2 - \frac{b^2}{a^2}x_1^2} = \frac{c}{a}x_1$$

同理可得
$$BM = \frac{c}{a}x_2$$

故 △ABF 周长为
$$AM + BM + AF + BF = 2a$$

【例 1】 （2021 全国新高考 2 卷）如图 22.3 所示,已知椭圆 C 的方程为 $\dfrac{x^2}{a^2} + \dfrac{y^2}{b^2} = 1$ $(a > b > 0)$,右焦点为 $F(\sqrt{2}, 0)$,且离心率为 $\dfrac{\sqrt{6}}{3}$.

(1)求椭圆 C 的方程.

(2)设 M、N 是椭圆 C 上的两点,直线 MN 与曲线 $x^2 + y^2 = b^2(x > 0)$ 相切.证明: M、N、F 三点共线的充要条件是 $|MN| = \sqrt{3}$.

解:(1)由题意知 $\begin{cases} c = \sqrt{2} \\ \dfrac{c}{a} = \dfrac{\sqrt{6}}{3} \end{cases} \Rightarrow a = \sqrt{3}$,又因为 $a^2 = b^2 + c^2$,所以 $b = 1$. 故椭圆 C 的方程为 $\dfrac{x^2}{3} + y^2 = 1$.

(2)①（必要性）若 M、N、F 三点共线,设直线 MN 的方程为
$$x = my + \sqrt{2}$$
圆心 $O(0, 0)$ 到 MN 的距离为

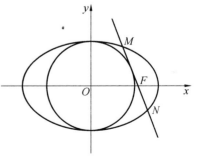

图 22.3

$$d = \frac{\sqrt{2}}{\sqrt{m^2+1}} = 1 \Rightarrow m^2 = 1$$

联立 $\begin{cases} x = my + \sqrt{2} \\ x^2 + 3y^2 = 3 \end{cases}$ 得

$$(m^2+3)y^2 + 2\sqrt{2}my - 1 = 0 \Rightarrow 4y^2 + 2\sqrt{2}my - 1 = 0$$

$$|MN| = \sqrt{1+m^2} \cdot \frac{\sqrt{8m^2+16}}{4} = \sqrt{2} \times \frac{\sqrt{24}}{4} = \sqrt{3}$$

必要性成立.

②(充分性)当 $|MN| = \sqrt{3}$ 时,设直线 MN 的方程为

$$x = ty + m$$

此时圆心 $O(0,0)$ 到 MN 的距离为

$$d = \frac{|m|}{\sqrt{t^2+1}} = 1 \Rightarrow m^2 - t^2 = 1$$

联立 $\begin{cases} x = ty + m \\ x^2 + 3y^2 = 3 \end{cases}$ 得

$$(t^2+3)y^2 + 2tmy + m^2 - 3 = 0$$

$$\Delta = 4t^2m^2 - 4(t^2+3)(m^2-3) = 12(t^2 - m^2 + 3) = 24$$

$$|MN| = \sqrt{1+t^2} \frac{\sqrt{24}}{t^2+3} = \sqrt{3} \Rightarrow t^2 = 1$$

所以 $m^2 = 2$. 所以 MN 与曲线 $x^2 + y^2 = b^2 (x > 0)$ 相切,因为 $m > 0$,所以 $m = \sqrt{2}$. 所以直线 MN 的方程为

$$x = ty + \sqrt{2}$$

恒过点 $F(\sqrt{2}, 0)$,所以 M、N、F 三点共线,充分性成立.

由①②可得 M、N、F 三点共线的充要条件是 $|MN| = \sqrt{3}$.

【例2】 如图 22.4 所示,已知椭圆 $E: \dfrac{x^2}{a^2} + \dfrac{y^2}{b^2} = 1 (a > b > 0)$ 的左、右焦点分别为 F_1、$F_2(1,0)$,点 $H\left(2, \dfrac{2\sqrt{10}}{3}\right)$ 在椭圆上.

(1)求椭圆 E 的方程.

(2)点 M 在圆 $O: x^2 + y^2 = b^2$ 上,且 M 在第一象限,过 M 作圆 O 的切线交椭圆于 P、Q 两点,求证:$\triangle PF_2Q$ 的周长是定值.

解:(1)由右焦点为 $F_2(1,0)$,知 $c = 1$,又 $H\left(2, \dfrac{2\sqrt{10}}{3}\right)$ 在椭圆上,则

$$2a = |HF_1| + |HF_2| = \sqrt{(2+1)^2 + \left(\frac{2\sqrt{10}}{3}\right)^2} + \sqrt{(2-1)^2 + \left(\frac{2\sqrt{10}}{3}\right)^2} = 6$$

所以

$$a = 3, \quad b = 2\sqrt{2}$$

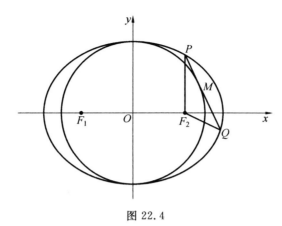

图 22.4

所以椭圆 $E: \dfrac{x^2}{9} + \dfrac{y^2}{8} = 1$.

(2)法一(焦半径公式).

设 $P(x_1, y_1), Q(x_2, y_2)$,由焦半径公式得

$$|PF_2| = a - e \cdot x_1 = 3 - \dfrac{1}{3} x_1$$

在圆 O 中,M 是切点,所以

$$|PM| = \sqrt{|OP|^2 - |OM|^2} = \sqrt{x_1^2 + y_1^2 - 8} = \sqrt{x_1^2 + 8\left(1 - \dfrac{x_1^2}{9}\right) - 8} = \dfrac{1}{3} x_1$$

所以

$$|PF_2| + |PM| = 3 - \dfrac{1}{3} x_1 + \dfrac{1}{3} x_1 = 3$$

同理

$$|QF_2| + |QM| = 3$$

所以

$$|PF_2| + |QF_2| + |PQ| = |PF_2| + |PM| + |QF_2| + |QM| = 3 + 3 = 6$$

因此 $\triangle PF_2Q$ 的周长是定值 6.

法二(直曲联立).

设 $P(x_1, y_1), Q(x_2, y_2)$,直线 $PQ: y = kx + m (k < 0, m > 0)$.

联立直线 PQ 与椭圆 E 方程得

$$\begin{cases} \dfrac{x^2}{9} + \dfrac{y^2}{8} = 1 \\ kx + (-1)y + m = 0 \end{cases}$$

消 y 得

$$(9k^2 + 8)x^2 + 18kmx + 9(m^2 - 8) = 0$$

由韦达定理得

$$x_1 + x_2 = -\dfrac{18km}{9k^2 + 8}, \quad x_1 \cdot x_2 = \dfrac{9(m^2 - 8)}{9k^2 + 8}$$

所以

$$|PQ| = \sqrt{1+k^2} \cdot |x_1 - x_2| = \sqrt{1+k^2} \cdot \frac{\sqrt{4 \times 9 \times 8(9k^2 + 8 - m^2)}}{9k^2 + 8}$$
$$= 12\sqrt{2} \cdot \sqrt{1+k^2} \cdot \frac{\sqrt{9k^2 + 8 - m^2}}{9k^2 + 8}$$

因为 PQ 与圆 O 相切,所以

$$\frac{|m|}{\sqrt{1+k^2}} = 2\sqrt{2}$$

即 $m^2 = 8(1+k^2)$,所以

$$|PQ| = 12\sqrt{2} \cdot \sqrt{1+k^2} \cdot \frac{\sqrt{9k^2 + 8 - m^2}}{9k^2 + 8} = 12\sqrt{2} \cdot \frac{m}{2\sqrt{2}} \cdot \frac{\sqrt{k^2}}{9k^2 + 8} = \frac{-6km}{9k^2 + 8}$$

由焦半径公式,得

$$|PF_2| = a - e \cdot x_1 = 3 - \frac{1}{3}x_1, \quad |QF_2| = a - e \cdot x_2 = 3 - \frac{1}{3}x_2$$

所以

$$|PF_2| + |QF_2| + |PQ| = 6 - \frac{1}{3}(x_1 + x_2) + \frac{-6km}{9k^2 + 8}$$
$$= 6 + \frac{6km}{9k^2 + 8} + \frac{-6km}{9k^2 + 8} = 6$$

因此 $\triangle PF_2Q$ 的周长是定值 6.

【例3】 如图 22.5 所示,已知椭圆 $\frac{x^2}{4} + \frac{y^2}{2} = 1$ 和圆 $x^2 + y^2 = 2$,P、Q 分别是椭圆和圆 O 上的动点,P、Q 位于 y 轴两侧,且直线 PQ 与 x 轴平行,直线 AP、BP 分别与 y 轴交于点 M、N. 求证:$\angle MQN$ 为定值.

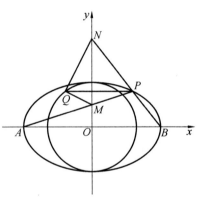

图 22.5

证明:设 $P(x_0, y_0)(y_0 \neq 0), Q(x_Q, y_0)$.

由两点式可得直线 AP 的方程为

$$y = \frac{y_0}{x_0 + 2}(x+2)$$

得 $M\left(0, \frac{2y_0}{x_0 + 2}\right)$.

同理直线 BP 的方程为

$$y = \frac{y_0}{x_0 - 2}(x-2)$$

得 $N\left(0, -\frac{2y_0}{x_0 - 2}\right)$. 所以

$$\overrightarrow{QM} = \left(-x_Q, \frac{2y_0}{x_0 + 2} - y_0\right) = \left(-x_Q, -\frac{x_0 y_0}{x_0 + 2}\right)$$
$$\overrightarrow{QN} = \left(-x_Q, -\frac{2y_0}{x_0 - 2} - y_0\right) = \left(-x_Q, -\frac{x_0 y_0}{x_0 - 2}\right)$$

即 $\overrightarrow{QM} \cdot \overrightarrow{QN} = x_Q^2 + \dfrac{x_0^2 y_0^2}{x_0^2 - 4}$.

因为
$$\dfrac{x_0^2}{4} + \dfrac{y_0^2}{2} = 1, \quad x_Q^2 + y_0^2 = 2$$

所以
$$x_0^2 = 4 - 2y_0^2, \quad x_Q^2 = 2 - y_0^2$$

所以
$$\overrightarrow{QM} \cdot \overrightarrow{QN} = 2 - y_0^2 + \dfrac{(4 - 2y_0^2) y_0^2}{-2 y_0^2} = 0$$

所以 $QM \perp QN$，即 $\angle MQN = 90°$.

【例 4】 (2012 广东理)在平面直角坐标系中,已知椭圆 $C: \dfrac{x^2}{a^2} + \dfrac{y^2}{b^2} = 1 (a > b > 0)$ 的离心率 $e = \sqrt{\dfrac{2}{3}}$,且椭圆 C 上的点到点 $Q(0, 2)$ 的距离的最大值为 3.

(1)求椭圆 C 的方程.

(2)在椭圆 C 上,是否存在点 $M(m, n)$,使得直线 $l: mx + ny = 1$ 与圆 $O: x^2 + y^2 = 1$ 相交于不同的两点 A、B,且 $\triangle AOB$ 的面积最大?若存在,求出点 M 的坐标及对应的 $\triangle AOB$ 的面积;若不存在,请说明理由.

解:(1)设 $c = \sqrt{a^2 - b^2}$,由 $e = \dfrac{c}{a} = \sqrt{\dfrac{2}{3}} \Rightarrow c^2 = \dfrac{2}{3} a^2$,所以
$$b^2 = a^2 - c^2 = \dfrac{1}{3} a^2$$

设 $P(x, y)$ 是椭圆 C 上任意一点,则
$$\dfrac{x^2}{a^2} + \dfrac{y^2}{b^2} = 1$$

所以
$$x^2 = a^2 \left(1 - \dfrac{y^2}{b^2}\right) = a^2 - 3 y^2$$
$$|PQ| = \sqrt{x^2 + (y-2)^2} = \sqrt{a^2 - 3 y^2 + (y-2)^2} = \sqrt{-2(y+1)^2 + a^2 + 6}$$

当 $b \geqslant 1$ 时,若 $y = -1$,$|PQ|$ 有最大值 $\sqrt{a^2 + 6} = 3$,可得 $a = \sqrt{3}$,所以
$$b = 1, \quad c = \sqrt{2}$$

当 $b < 1$ 时,$|PQ| < \sqrt{a^2 + 6} = \sqrt{3 b^2 + 6} < 3$,不合题意.故椭圆 C 的方程为 $\dfrac{x^2}{3} + y^2 = 1$.

(2)$\triangle AOB$ 中,有
$$|OA| = |OB| = 1$$
$$S_{\triangle AOB} = \dfrac{1}{2} \times |OA| \times |OB| \times \sin \angle AOB \leqslant \dfrac{1}{2}$$

当且仅当 $\angle AOB = 90°$ 时,$S_{\triangle AOB}$ 有最大值.

当 $\angle AOB=90°$ 时,点 O 到直线 AB 的距离为 $d=\dfrac{\sqrt{2}}{2}$,而

$$d=\dfrac{\sqrt{2}}{2} \Leftrightarrow \dfrac{1}{\sqrt{m^2+n^2}}=\dfrac{\sqrt{2}}{2} \Leftrightarrow m^2+n^2=2$$

又

$$m^2+3n^2=3 \Rightarrow m^2=\dfrac{3}{2}, \quad n^2=\dfrac{1}{2}$$

此时点 $M\left(\dfrac{\pm\sqrt{6}}{2},\dfrac{\pm\sqrt{2}}{2}\right)$.

【例5】 (2011 北京理)已知椭圆 $G:\dfrac{x^2}{4}+y^2=1$,过点 $(m,0)$ 作圆 $x^2+y^2=1$ 的切线 l 交椭圆于 A、B 两点.

(1)求椭圆的焦点坐标和离心率.

(2)将 $|AB|$ 表示为 m 的函数,并求 $|AB|$ 的最大值.

解:(1)由题意得 $a=2,b=1$,所以 $c=\sqrt{3}$,故椭圆 G 的焦点坐标为 $(-\sqrt{3},0)$ 和 $(\sqrt{3},0)$,离心率 $e=\dfrac{c}{a}=\dfrac{\sqrt{3}}{2}$.

(2)设 $A(x_1,y_1),B(x_2,y_2)$,直线 l 的方程为 $x=ty$.

将椭圆方程与直线方程联立可得

$$\begin{cases}\dfrac{x^2}{4}+y^2=1 \\ x=ty+m\end{cases} \Rightarrow (4+t^2)y^2+2tmy+m^2-4=0$$

$$\Delta=(2tm)^2-4(m^2-4)(4+t^2)=16(4+t^2-m^2)>0$$

原点到直线 l 距离为

$$d=\dfrac{|m|}{\sqrt{1+t^2}}=1$$

所以 $1+t^2=m^2$.

$$|AB|=\sqrt{1+t^2}\cdot\dfrac{\sqrt{\Delta}}{4+t^2}=\sqrt{1+t^2}\dfrac{\sqrt{16(4+t^2-m^2)}}{4+t^2}=\dfrac{4\sqrt{3}\,|m|}{m^2+3}, \quad |m|\geqslant 1$$

所以

$$|AB|=\dfrac{4\sqrt{3}}{|m|+\dfrac{3}{|m|}}\leqslant\dfrac{4\sqrt{3}}{2\sqrt{|m|\cdot\dfrac{3}{|m|}}}=2$$

当且仅当 $|m|=\sqrt{3}$ 时,取得最大值 2.故答案为 2.

第二十三章　椭圆的外圆

定义 1：已知椭圆 $E: \dfrac{x^2}{a^2}+\dfrac{y^2}{b^2}=1$，圆 $C: x^2+y^2=a^2$，则把 C 称作椭圆 E 的外圆．

性质 1：过椭圆 $\dfrac{x^2}{a^2}+\dfrac{y^2}{b^2}=1$ 中心 O 的直线 OH 垂直于 F_1Q（F_1 为椭圆左焦点），并与外圆 $x^2+y^2=a^2$ 在 Q 点处的切线相交于点 P，则点 P 的轨迹是与焦点对应的准线．

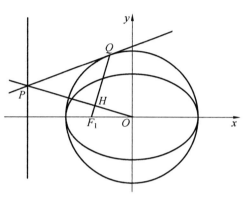

图 23.1

证明：如图 23.1 所示，设 $Q(x_0,y_0)$，在 Q 点处的切线 PQ 的方程为

$$x_0 x+y_0 y=a^2 \qquad ①$$

$$k_{F_1Q}=\dfrac{y_0}{x_0+c}$$

由于 $QF_1 \perp OP$，故直线 OP 的方程为

$$y=\dfrac{x_0+c}{-y_0}x \qquad ②$$

将①②进行联立可得

$$x_0 x+y_0 \cdot \dfrac{x_0+c}{-y_0}x=a^2 \Rightarrow x_0 x-x_0 x-cx=a^2 \Rightarrow x=-\dfrac{a^2}{c}$$

性质 2：以椭圆的任一焦半径为直径的圆与大辅助圆相切．

分析：只需证明焦半径的中点与大辅助圆中心的距离等于两圆半径之差即可．

证明：设椭圆方程为 $\dfrac{x^2}{a^2}+\dfrac{y^2}{b^2}=1$，$P(x_1,y_1)$．

在椭圆上，焦点为 $F(ae,0)$，$F'(-ae,0)$．

因为

$$|PF'|=a+ex_1,\quad |PF|=a-ex_1$$

且 OM 是 $\triangle FF'P$ 的中位线，所以

$$|OM|=\dfrac{1}{2}|PF'|=\dfrac{1}{2}(a+ex_1)$$

大辅助圆与以 PF 为直径的圆的半径之差为

$$d=a-\dfrac{1}{2}|PF|=a-\dfrac{1}{2}(a-ex_1)=\dfrac{1}{2}(a+ex_1)=|OM|$$

所以以 PF 为直径的圆与大辅助圆相切．

【例 1】（2017 全国 2 理）设 O 为坐标原点，动点 M 在椭圆 $C: \dfrac{x^2}{2}+y^2=1$ 上，过 M 作

x 轴的垂线,垂足为 N,点 P 满足 $\overrightarrow{NP}=\sqrt{2}\overrightarrow{NM}$.

(1)求点 P 的轨迹方程.

(2)设点 Q 在直线 $x=-3$ 上,且 $\overrightarrow{OP}\cdot\overrightarrow{PQ}=1$.证明:过点 P 且垂直于 OQ 的直线 l 过 C 的左焦点 F.

解:(1)设 $P(x,y)$,$M(x_0,y_0)$,则 $N(x_0,0)$,$\overrightarrow{NP}=(x-x_0,y)$,$\overrightarrow{NM}=(0,y_0)$.

由 $\overrightarrow{NP}=\sqrt{2}\overrightarrow{NM}$ 得

$$x_0=x,\quad y_0=\frac{\sqrt{2}}{2}y$$

因为 $M(x_0,y_0)$ 在 C 上,所以

$$\frac{x^2}{2}+\frac{y^2}{2}=1$$

则点 P 的轨迹方程为 $x^2+y^2=2$.

(2)设 $Q(-3,y_Q)$,$P(x_1,y_1)$,P 点满足

$$x_1^2+y_1^2=2$$

所以

$$\overrightarrow{PQ}=(-3-x_1,y_Q-y_1)$$

由 $\overrightarrow{OP}\cdot\overrightarrow{PQ}=1$ 得

$$(x_1,y_1)\cdot(-3-x_1,y_Q-y_1)=1$$

即

$$-3x_1+y_1y_Q=x_1^2+y_1^2+1$$

即 $-3x_1+y_1y_Q=3$,解得

$$y_Q=\frac{3(x_1+1)}{y_1} \qquad ①$$

因为直线 l 与 OQ 垂直,所以

$$k_l\cdot k_{OQ}=-1$$

即 $k_l\cdot\dfrac{y_Q}{-3}=-1$,所以 $k_l=\dfrac{3}{y_Q}$.

直线 l 的方程为

$$y-y_1=\frac{3}{y_Q}(x-x_1)$$

将①代入可得

$$y=\frac{y_1}{x_1+1}(x-x_1)+y_1=\frac{y_1}{x_1+1}(x+1)$$

所以直线 l 过定点 $(-1,0)$,即 C 的左焦点.

【例2】 (2013 浙江)如图 23.2 所示,点 $P(0,-1)$ 是椭圆 $C_1:\dfrac{x^2}{a^2}+\dfrac{y^2}{b^2}=1(a>b>0)$ 的一个顶点,椭圆 C_1 的长轴是圆 $C_2:x^2+y^2=4$ 的直径.l_1、l_2 是过点 P 且互相垂直的两条直线,其中 l_1 交圆 C_2 于 A、B 两点,l_2 交椭圆 C_1 于另一点 D.

(1)求椭圆 C_1 的方程.

(2)求△ABD 的面积取最大值时直线 l_1 的方程.

解:(1)由题意知 $a=2, b=1$,故椭圆 C_1 的方程为 $\dfrac{x^2}{4}+y^2=1$.

(2)法一(曲直联立).

设 $A(x_1,y_1), B(x_2,y_2), D(x_0,y_0)$,由题意知直线 l_1 的斜率存在,设为 k,则直线 l_1 的方程为
$$y=kx-1$$
又圆 $C_2: x^2+y^2=4$,故点 O 到直线 l 的距离为
$$d=\dfrac{1}{\sqrt{k^2+1}}$$

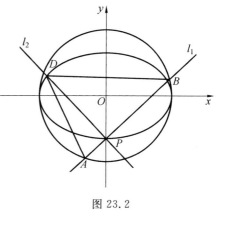

图 23.2

所以
$$|AB|=2\sqrt{4-d^2}=2\sqrt{\dfrac{4k^2+3}{k^2+1}}$$

因为 $l_2 \perp l_1$,所以直线 l_2 的方程为
$$x+ky+k=0$$
与 $x^2+4y^2=4$ 联立,得
$$(4+k^2)x^2+8kx=0$$
因为 $0, x_0$ 是该方程的两个实数根,所以
$$x_0=-\dfrac{8k}{4+k^2}$$
由此得
$$|PD|=\sqrt{1+\dfrac{1}{k^2}}|x_0|=\dfrac{8\sqrt{k^2+1}}{4+k^2}$$

设△ABD 的面积为 S,则
$$S=\dfrac{1}{2}|AB|\cdot|PD|=\dfrac{8\sqrt{4k^2+3}}{4+k^2}=\dfrac{32}{\sqrt{4k^2+3}+\dfrac{13}{\sqrt{4k^2+3}}}\leqslant \dfrac{32}{2\sqrt{13}}=\dfrac{16\sqrt{13}}{13}$$

当且仅当 $\sqrt{4k^2+3}=\dfrac{13}{\sqrt{4k^2+3}}$,即 $k=\pm\dfrac{\sqrt{10}}{2}$ 时取等号.故所求直线 l_1 的方程为 $y=\pm\dfrac{\sqrt{10}}{2}x-1$.

法二(直线的参数方程).

设直线 $AB:\begin{cases}x=t\cos\theta\\y=t\sin\theta-1\end{cases}$($t$ 为参数),将其与 $x^2+y^2=4$ 联立可得
$$t^2-2t\sin\theta-3=0, \quad AB=|t_1-t_2|=\sqrt{4\sin^2\theta+12}$$

设直线 $DP: \begin{cases} x = t\cos\left(\theta + \dfrac{\pi}{2}\right) = -t\sin\theta \\ y = t\sin\left(\theta + \dfrac{\pi}{2}\right) - 1 = t\cos\theta - 1 \end{cases}$ (t 为参数),将其与 $\dfrac{x^2}{4} + y^2 = 1$ 联立可得

$$|DP| = |t| = \left|\dfrac{8\cos\theta}{1 + 3\cos^2\theta}\right|$$

$$S = \dfrac{1}{2}|AB| \cdot |PD| = \sqrt{\sin^2\theta + 3} \cdot \left|\dfrac{8\cos\theta}{1 + 3\cos^2\theta}\right|$$

$$= 8\sqrt{\dfrac{(\sin^2\theta + 3)\cos^2\theta}{(1 + 3\cos^2\theta)^2}} = 8\sqrt{\dfrac{(4 - \cos^2\theta)\cos^2\theta}{(1 + 3\cos^2\theta)^2}}$$

令 $1 + 3\cos^2\theta = t \in [1, 4]$,代入上式可得

$$S = \dfrac{8}{3}\sqrt{\dfrac{(13 - t)(t - 1)}{t^2}} = \dfrac{8}{3}\sqrt{-\left(1 - \dfrac{14}{t} + \dfrac{13}{t^2}\right)}$$

令 $\dfrac{1}{t} = u \in \left[\dfrac{1}{4}, +\infty\right)$,代入上式可得

$$S = \dfrac{8}{3}\sqrt{-(13u^2 - 14u + 1)}$$

当 $u = \dfrac{7}{13}$ 时,S 有最大值 $\dfrac{16\sqrt{13}}{13}$,此时

$$1 + 3\cos^2\theta = \dfrac{13}{7}$$

可得

$$\cos^2\theta = \dfrac{2}{7}, \quad \sin^2\theta = \dfrac{5}{7}, \quad \tan\theta = \pm\dfrac{\sqrt{10}}{2}$$

故直线 l_1 的方程为 $y = \pm\dfrac{\sqrt{10}}{2}x - 1$.

【例3】 (2013 全国高中数学联赛辽宁预赛)设点 P 为圆 $C_1: x^2 + y^2 = 2$ 上的动点,过点 P 作 x 轴的垂线,垂足为 Q. 点 M 满足 $\sqrt{2}\overrightarrow{MQ} = \overrightarrow{PQ}$.

(1)求点 M 的轨迹 C_2 的方程.

(2)过直线 $x = 2$ 上的点 T 作圆 C_1 的两条切线,设切点分别为 A、B,如图 23.3 所示,若直线 AB 与(1)中的曲线 C_2 交于 C、D 两点,求 $\dfrac{|CD|}{|AB|}$ 的取值范围.

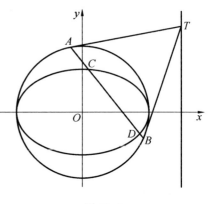

图 23.3

解:(1)设点 $M(x, y)$,由 $\sqrt{2}\overrightarrow{MQ} = \overrightarrow{PQ}$,得 $P(x, \sqrt{2}y)$.

由于点 P 在 $C_1: x^2 + y^2 = 2$ 上,所以

$$x^2 + 2y^2 = 2$$

即点 M 的轨迹方程为 $\dfrac{x^2}{2} + y^2 = 1$.

(2)设点 $T(2,t)$,$A(x_1,y_1)$,$B(x_2,y_2)$.由切点弦方程可得
$$AB:2x_1+ty_2=2$$
则 O 到直线 AB 的距离为
$$d=\frac{2}{\sqrt{4+t^2}}$$
则
$$|AB|=2\sqrt{r^2-d^2}=2\sqrt{\frac{2t^2+4}{t^2+4}}$$
联立直线方程与椭圆方程 $\begin{cases}\dfrac{x^2}{2}+y^2=1\\2x+ty=2\end{cases}$,得
$$(t^2+8)y^2-4ty-4=0$$
设点 $C(x_3,y_3)$,$D(x_4,y_4)$,由韦达定理可得
$$y_3+y_1=\frac{4t}{t^2+8},\quad y_3y_4=-\frac{4}{t^2+8}$$
所以
$$|CD|=\sqrt{1+\frac{t^2}{4}}\,|y_3-y_4|=\frac{2\sqrt{t^2+4}\cdot\sqrt{2t^2+8}}{t^2+8}$$
于是
$$\frac{|AB|}{|CD|}=\frac{(t^2+8)\sqrt{t^2+2}}{(t^2+4)\sqrt{t^2+4}}$$
设 $t^2+4=s$,则 $s\geqslant 4$,有
$$\frac{|AB|}{|CD|}=\sqrt{\frac{s^3+6s^2-32}{s^3}}=\sqrt{1+\frac{6}{s}-\frac{32}{s^3}}$$
设 $\dfrac{1}{s}=m$,则 $m\in\left(0,\dfrac{1}{4}\right]$,有
$$\frac{|AB|}{|CD|}=\sqrt{1+6m-32m^3}$$
设 $f(m)=1+6m-32m^3$,则
$$f'(m)=6-96m^2$$
令 $f'(m)=0$,得 $m=\dfrac{1}{4}$,所以 $f(m)$ 在 $\left(0,\dfrac{1}{4}\right]$ 上单调递增,故 $f(m)\in(1,2]$,即 $\dfrac{|AB|}{|CD|}\in(1,\sqrt{2}]$,故 $\dfrac{|CD|}{|AB|}$ 的取值范围为 $\left[\dfrac{\sqrt{2}}{2},1\right)$.

【例4】 已知椭圆 $C_1:\dfrac{x^2}{4}+y^2=1$ 和圆 $C_2:x^2+y^2=4$,A、B、F 分别为椭圆 C_1 的左、右顶点和左焦点.

(1)点 P 是圆 C_2 上位于第一象限的一点,若 $\triangle OPF$ 的面积为 $\dfrac{3}{2}$,求 $\angle OPB$.

(2)点 M 和点 N 分别是椭圆 C_1 和圆 C_2 上位于 x 轴上方的动点,且直线 AN 的斜率

是直线 AM 的斜率的 2 倍,证明:直线 $MN \perp x$ 轴.

解:(1)由椭圆 $C_1: \dfrac{x^2}{4}+y^2=1$,得 $F(-\sqrt{3},0)$,设 $P(x_P,y_P)(x_P>0,y_P>0)$.

因为
$$S_{\triangle OPF}=\dfrac{1}{2}\times\sqrt{3}\,y_P=\dfrac{3}{2}$$

所以 $y_P=\sqrt{3}$,则
$$x_P^2=4-(y_P)^2=4-3=1$$

所以 $x_P=1$.则 $\angle BOP=60°$,所以 $\triangle BOP$ 为等边三角形,则 $\angle OPB=60°$.

(2)设直线 AM 的斜率为 k,则直线 AN 的斜率为 $2k$.

又两直线都过点 $A(-1,0)$,所以直线 AM 的方程为
$$y=kx+k$$
直线 AN 的方程为
$$y=2kx+2k$$

将 $y=kx+k$ 代入椭圆方程 $\dfrac{x^2}{4}+y^2=1$,整理可得
$$(1+4k^2)x^2+8k^2x+4k^2-4=0$$

由 $x_M-1=\dfrac{-8k^2}{1+4k^2}$,得 $x_M=\dfrac{1-4k^2}{1+4k^2}$.

将 $y=2kx+2k$ 代入 $x^2+y^2=4$,整理可得
$$(1+4k^2)x^2+8k^2x+4k^2-4=0$$

由 $x_N-1=\dfrac{-8k^2}{1+4k^2}$,得 $x_N=\dfrac{1-4k^2}{1+4k^2}$.即 $x_M=x_N$,故直线 $MN \perp x$ 轴.

【例 5】 如图 23.4 所示,已知椭圆 $C_1: \dfrac{x^2}{a^2}+\dfrac{y^2}{b^2}=1(a>b>0)$,圆 $C_2: x^2+y^2=a^2$,过椭圆 C_1 的左顶点 A 作斜率为 k 的直线 l 与椭圆 C_1 和圆 C_2 分别交于点 B、C.

(1)当 $k=1$ 时,B 恰好为线段 AC 的中点,求椭圆 C_1 的离心率.

(2)设 D 为圆 C_2 上不同于 A 的一点,直线 AD 的斜率为 k',当 $\dfrac{k}{k'}=\dfrac{b^2}{a^2}$ 时,试问直线 BD 是否过定点?若过定点,求出定点坐标;若不过定点,请说明理由.

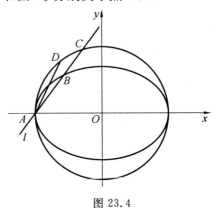

图 23.4

解:(1)当 $k=1$ 时,$C(0,a)$,$A(-a,0)$,故 $B\left(-\dfrac{a}{2},\dfrac{a}{2}\right)$.代入至椭圆方程中可得
$$\dfrac{1}{4}+\dfrac{a^2}{4b^2}=1$$

整理为 $a^2=3b^2$.

由于 $a^2=b^2+c^2$,故 $e=\dfrac{\sqrt{6}}{3}$.

(2)由(1)知 $a^2=3b^2$,故

$$\dfrac{k}{k'}=\dfrac{1}{3} \qquad ①$$

设右顶点为 $E(a,0)$,由椭圆第三定义得

$$k_{BE}\cdot k_{AB}=-\dfrac{1}{3}$$

将①代入上式可得

$$k_{BE}\cdot k'=-1$$

故 $AD\perp BE$.

又因为 $AD\perp DE$,故 D、B、E 三点共线,故 BD 恒过点 $E(a,0)$.

【例 6】 如图 23.5 所示,已知椭圆 $C:\dfrac{x^2}{a^2}+\dfrac{y^2}{b^2}=1(a>b>0)$ 的离心率为 $\dfrac{\sqrt{3}}{2}$,以原点为圆心、椭圆 C 的短半轴为半径的圆与直线 $x+y+\sqrt{2}=0$ 相切. A、B 是椭圆 C 的左、右顶点,直线 l 过 B 点且与 x 轴垂直.

(1)求椭圆 C 的标准方程.

(2)设 G 是椭圆 C 上异于 A、B 的任意一点,$GH\perp x$ 轴,H 为垂足,延长 HG 到点 Q,使得 $HG=GQ$,连接 AQ 并延长交直线 l 于点 M,点 N 为 MB 的中点,判定直线 QN 与以 AB 为直径的圆 O 的位置关系,并证明你的结论.

解:(1)因为以 C 的短半轴为半径的圆与直线 $x+y+\sqrt{2}=0$ 相切,故得 $b=1$.又

$$\dfrac{c}{a}=\dfrac{\sqrt{3}}{2},\quad a^2=b^2+c^2$$

解得 $a=2,c=\sqrt{3}$,故椭圆 C 的方程为 $\dfrac{x^2}{4}+y^2=1$.

(2)设 $G(2\cos\alpha,\sin\alpha)$,由于 $HG=GQ$,故 $Q(2\cos\alpha,2\sin\alpha)$.

设 $M(2,t)$,由 A、Q、M 三点共线可得

$$\dfrac{2\sin\alpha}{2\cos\alpha+2}=\dfrac{t}{4}$$

解得 $t=\dfrac{4\sin\alpha}{\cos\alpha+1}$,故 $N\left(2,\dfrac{2\sin\alpha}{\cos\alpha+1}\right)$,则

$$k_{QN}=\dfrac{\dfrac{2\sin\alpha}{\cos\alpha+1}-2\sin\alpha}{2-2\cos\alpha}=\dfrac{-\cos\alpha}{\sin\alpha}$$

$$k_{OQ}=\dfrac{\sin\alpha}{\cos\alpha}$$

故 $k_{QN}\cdot k_{OQ}=-1$,直线 QN 与以 AB 为直径的圆 O 垂直.

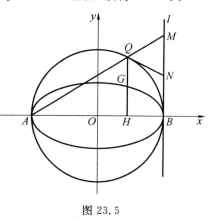

图 23.5

第二十四章 椭圆的准圆

1. 椭圆的内准圆

定义 1:直角三角形的直角顶点在圆锥曲线中心,斜边上的端点在圆锥曲线上,则直角顶点在斜边上的射影轨迹是圆,称这个圆为内准圆.

如图 24.1 所示,椭圆 $\dfrac{x^2}{a^2}+\dfrac{y^2}{b^2}=1(a>b>0)$ 与直线 l 交于 A、B 两点,在 $\triangle OAB$ 中,OH 为 AB 边上的高,且 $OA\perp OB$,求证:H 点的轨迹为圆.

证明:设 $mx+ny=1$,$A(x_1,y_1)$,$B(x_2,y_2)$.

【注】直线 $mx+ny=1$ 代表不经过原点的任意直线,符合题意,此处的优势为不用讨论斜率存在与否.

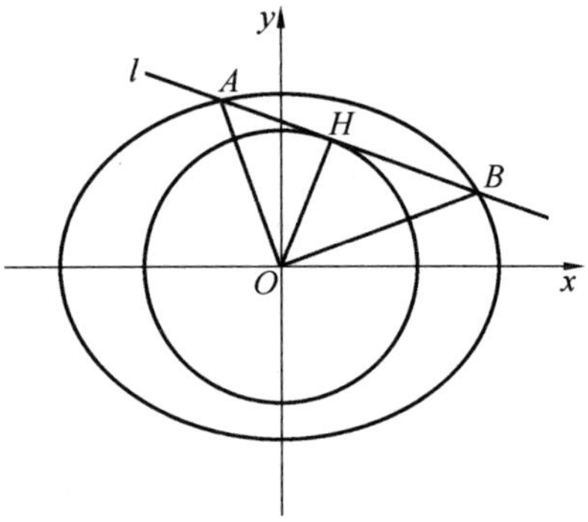

将直线与椭圆进行联立得

$$\begin{cases} mx+ny=1 \\ \dfrac{x^2}{a^2}+\dfrac{y^2}{b^2}=1 \end{cases}$$

由硬解定理可得

$$x_1x_2=\dfrac{a^2(1-n^2b^2)}{a^2m^2+b^2n^2},\quad y_1y_2=\dfrac{b^2(1-m^2a^2)}{a^2m^2+b^2n^2}$$

图 24.1

因为 $OA\perp OB$,故

$$\vec{OA}\cdot\vec{OB}=x_1x_2+y_1y_2=0$$

即

$$a^2(1-n^2b^2)+b^2(1-m^2a^2)=0$$

即

$$m^2+n^2=\dfrac{a^2+b^2}{a^2b^2}$$

所以

$$|OH|=d_{O-AB}=\dfrac{1}{\sqrt{m^2+n^2}}=\sqrt{\dfrac{a^2b^2}{a^2+b^2}}$$

故 H 点在圆 $x^2+y^2=\dfrac{a^2b^2}{a^2+b^2}$ 上.

【例 1】 已知椭圆 $C:\dfrac{x^2}{8}+\dfrac{y^2}{2}=1$,设圆 $x^2+y^2=\dfrac{8}{5}$ 上任意一点 P 处的切线 l 交 C 于点 M、N,求 $|OM|\cdot|ON|$ 的最小值.

解:设直线 $MN:mx+ny=1$,$M(x_1,y_1)$,$N(x_2,y_2)$.

516

将直线 $\begin{cases} mx+ny=1 \\ \dfrac{x^2}{8}+\dfrac{y^2}{2}=1 \end{cases}$ 进行联立,由硬解定理可得

$$x_1 x_2 = \frac{8(1-2n^2)}{8m^2+2n^2}, \quad y_1 y_2 = \frac{2(1-8m^2)}{8m^2+2n^2}$$

由于 l 与圆相切,故有

$$\frac{1}{\sqrt{m^2+n^2}} = \frac{2\sqrt{2}}{\sqrt{5}}$$

即

$$m^2+n^2 = \frac{5}{8}$$

$$\overrightarrow{OM} \cdot \overrightarrow{ON} = x_1 x_2 + y_1 y_2 = \frac{8(1-2n^2)}{8m^2+2n^2} + \frac{2(1-8m^2)}{8m^2+2n^2}$$

$$= \frac{10-16(m^2+n^2)}{8m^2+2n^2} = \frac{10-16 \times \frac{5}{8}}{8m^2+2n^2} = 0$$

所以 $OM \perp ON$.

以原点为极点、x 轴正向为极轴建立极坐标系,设 $M(\rho_1, \theta), N\left(\rho_2, \theta+\dfrac{\pi}{2}\right)$.

由极坐标方程可得

$$\rho_1^2 = \frac{16}{8\sin^2\theta + 2\cos^2\theta} = \frac{8}{1+3\sin^2\theta}, \quad \rho_2^2 = \frac{8}{1+3\cos^2\theta}$$

$$|OM| \cdot |ON| = \rho_1 \rho_2 = \frac{8}{\sqrt{1+3\cos^2\theta+3\sin^2\theta+9\sin^2\theta\cos^2\theta}} = \frac{8}{\sqrt{4+\dfrac{9}{4}\sin^2 2\theta}}$$

当 $\sin 2\theta = 1$ 时,上式取得最小值 $\dfrac{16}{5}$.

【例 2】 (佛山二模)如图 24.2 所示,已知椭圆 $C: \dfrac{x^2}{a^2} + \dfrac{y^2}{b^2} = 1 (a>b>0)$ 的离心率为 $\dfrac{\sqrt{2}}{2}$,且过点 $(2,1)$.

(1) 求椭圆 C 的方程.

(2) 过坐标原点的直线与椭圆交于 M、N 两点,过点 M 作圆 $x^2+y^2=2$ 的一条切线,交椭圆于另一点 P,连接 PN,证明:$|PM|=|PN|$.

解:(1) 由题意 $\begin{cases} e = \dfrac{c}{a} = \dfrac{\sqrt{2}}{2} \\ a^2 = b^2 + c^2 \\ \dfrac{4}{a^2} + \dfrac{1}{b^2} = 1 \end{cases}$,解得 $\begin{cases} a^2 = 6 \\ b^2 = 3 \\ c^2 = 3 \end{cases}$.故椭圆 C 的方程为 $\dfrac{x^2}{6} + \dfrac{y^2}{3} = 1$.

(2) 若 $|PM| = |PN|$,又 O 为 MN 中点,则 $OP \perp MN$,即证:若 MP 与圆 $x^2+y^2=2$ 相切,则 $MO \perp OP$.

设 $M(x_1,y_1)$, $P(x_2,y_2)$, 设直线 $MP: mx+ny=1$, 因为其与圆 $x^2+y^2=2$ 相切,由点到直线距离公式得

$$\frac{1}{\sqrt{m^2+n^2}}=\sqrt{2}$$

即

$$m^2+n^2=\frac{1}{2}$$

将直线 MP 与椭圆方程进行联立可得

$$\begin{cases} mx+ny=1 \\ \dfrac{x^2}{6}+\dfrac{y^2}{3}=1 \end{cases}$$

即为

$$(6m^2+3n^2)x^2-12mx+6(1-3n^2)=0$$

可得

$$x_1x_2=\frac{6(1-3n^2)}{6m^2+3n^2}$$

同理可得

$$y_1y_2=\frac{3(1-6m^2)}{6m^2+3n^2}$$

则

$$OP \cdot OM = x_1x_2+y_1y_2 = \frac{6(1-3n^2)}{6m^2+3n^2}+\frac{3(1-6m^2)}{6m^2+3n^2}$$

$$=\frac{9-18(m^2+n^2)}{6m^2+3n^2}=\frac{9-18\times\dfrac{1}{2}}{6m^2+3n^2}=0$$

即 $MO \perp OP$, 所以 $|PM|=|PN|$.

2. 椭圆的外准圆

椭圆的外准圆为蒙日圆,在 13.5 节有详细介绍,此处不再赘述.

第二十五章 椭圆焦点三角形的旁切圆和双曲线焦点三角形的内切圆

1. 椭圆焦点三角形的旁切圆

已知椭圆 $\dfrac{x^2}{a^2}+\dfrac{y^2}{b^2}=1$，$F_1$、$F_2$ 分别是椭圆的左、右焦点，P 是椭圆上一点，求证：$\triangle PF_1F_2$ 的右旁切圆与 x 轴切于右顶点．

证明：设切点分别为 M、N、A，如图 25.1 所示.

因为
$$PM=PN,\quad F_1A=F_1M,\quad F_2N=F_2A$$
由定义可知
$$PF_1+PF_2=2a$$
即
$$PF_1+PN+NF_2=2a$$
即
$$PF_1+PM+AF_2=2a$$
得到
$$F_1M+AF_2=2a$$
即为
$$AF_1+AF_2=2a$$

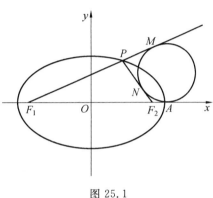

图 25.1

由于 $AF_1-AF_2=2a$，故
$$AF_1=a+c,\quad AF_2=a-c$$
故 A 为椭圆的右顶点．

2. 双曲线焦点三角形的内切圆

已知双曲线 $\dfrac{x^2}{a^2}-\dfrac{y^2}{b^2}=1$，$F_1$、$F_2$ 分别是双曲线的左、右焦点，P 是双曲线右支上一点，求证：$\triangle PF_1F_2$ 的内切圆与 x 轴切于右顶点．

证明：设切点分别为 M、N、A，如图 25.2 所示.

因为
$$PM=PN,\quad F_1A=F_1M,\quad F_2N=F_2A$$
且
$$PF_1-PF_2=2a$$
所以

$$PM+MF_1-(PN+NF_2)=2a$$

化简可得
$$MF_1-NF_2=2a$$

即
$$AF_1-AF_2=2a$$

因为
$$AF_1+AF_2=2c$$

所以
$$AF_1=a+c,\quad AF_2=c-a$$

故 A 为双曲线的右顶点.

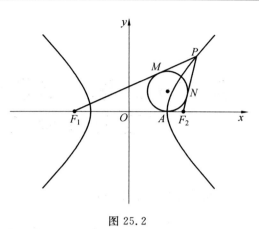

图 25.2

【例1】 已知 P 是双曲线 $C:\dfrac{x^2}{a^2}-\dfrac{y^2}{b^2}=1$ $(a>0,b>0)$ 上一点,F_1、F_2 分别是 C 的左、右焦点,$PF_2\perp F_1F_2$,若 $\triangle PF_1F_2$ 的外接圆半径是内切圆半径的 $\dfrac{17}{6}$ 倍,则双曲线 C 的离心率为_____.

解:设外接圆半径为 R,内切圆半径为 r.

因为 $PF_2\perp F_1F_2$,则 $r=c-a$.

设 $PF_1=x,PF_2=x-2a$,则
$$PF_1^2=PF_2^2+F_1F_2^2\Rightarrow x^2=(2c)^2+(x-2a)^2$$

解得 $x=\dfrac{a^2+c^2}{a}$,故
$$R=\dfrac{x}{2}=\dfrac{a^2+c^2}{2a}$$

故
$$\dfrac{a^2+c^2}{2a}=\dfrac{17}{6}(c-a)\Rightarrow 20a^2-17ac+3c^2=0$$

所以
$$3e^2-17e+20=0$$

解得 $e=\dfrac{5}{3}$ 或 4.

【例2】 设 F_1、F_2 为双曲线 $\dfrac{x^2}{a^2}-\dfrac{y^2}{b^2}=1(a>0,b>0)$ 的左、右焦点,点 $P(x_0,2a)$ 为双曲线上一点,若 $\triangle PF_1F_2$ 的重心和内心的连线与 x 轴垂直,则双曲线的离心率为( ).

A. $\dfrac{\sqrt{6}}{2}$ B. $\dfrac{\sqrt{5}}{2}$ C. $\sqrt{6}$ D. $\sqrt{5}$

解:设 $\triangle PF_1F_2$ 的重心和内心分别为 G、I,且圆 I 与 $\triangle PF_1F_2$ 的三边 F_1F_2、PF_1、PF_2 分别切于点 M、Q、N.

由切线的性质可得
$$|PN|=|PQ|,\quad |F_1Q|=|F_1M|,\quad |F_2N|=|F_2M|$$

不妨设点 $P(x_0,2a)$ 在第一象限内,因为 G 是 $\triangle PF_1F_2$ 的重心,O 为 F_1F_2 的中点,所

以
$$|OG| = \frac{1}{3}|OF|$$
所以 G 点坐标为 $\left(\dfrac{x_0}{3}, \dfrac{2a}{3}\right)$.

由双曲线的定义可得
$$|PF_1| - |PF_2| = 2a = |F_1Q| - |F_2N| = |F_1M| - |F_2M|$$
又
$$|F_1M| + |F_2M| = 2c$$
所以
$$|F_1M| = c+a, \quad |F_2M| = c-a$$
所以 M 为双曲线的右顶点.

又 I 是 $\triangle PF_1F_2$ 的内心,所以 $IM \perp F_1F_2$.

设点 I 的坐标为 (x_I, y_I),则 $x_I = a$.

由题意得 $GI \perp x$ 轴,所以 $\dfrac{x_0}{3} = a$,故 $x_0 = 3a$,所以点 P 坐标为 $(3a, 2a)$.

因为点 P 在双曲线 $\dfrac{x^2}{a^2} - \dfrac{y^2}{b^2} = 1 (a>0, b>0)$ 上,所以
$$\frac{9a^2}{a^2} - \frac{4a^2}{b^2} = 9 - \frac{4a^2}{b^2} = 1$$
整理得 $\dfrac{b^2}{a^2} = \dfrac{1}{2}$,所以
$$e = \frac{c}{a} = \sqrt{1 + \frac{b^2}{a^2}} = \sqrt{1 + \frac{1}{2}} = \frac{\sqrt{6}}{2}$$
故选 A.

【例3】 (2020 全国高三专题练习(理))如图 25.3 所示,已知双曲线 $\dfrac{x^2}{a^2} - \dfrac{y^2}{b^2} = 1$ $(b>a>0)$ 的左、右焦点分别为 F_1、F_2,过右焦点作平行于一条渐近线的直线交双曲线于点 A,若 $\triangle AF_1F_2$ 的内切圆半径为 $\dfrac{b}{4}$,则双曲线的离心率为( ).

A. $\dfrac{2\sqrt{3}}{3}$ B. $\dfrac{5}{4}$ C. $\dfrac{5}{3}$ D. $\dfrac{3\sqrt{2}}{2}$

解:设双曲线的左、右焦点分别为 $F_1(-c, 0)$、$F_2(c, 0)$,设双曲线的一条渐近线方程为 $y = \dfrac{b}{a}x$.可得直线 AF_2 的方程为
$$y = \frac{b}{a}(x-c)$$
与双曲线 $\dfrac{x^2}{a^2} - \dfrac{y^2}{b^2} = 1 (b>a>0)$ 联立,可得 $A\left(\dfrac{c^2+a^2}{2c}, \dfrac{b(a^2-c^2)}{2ac}\right)$.

设 $|AF_1| = m$,$|AF_2| = n$,由三角形面积的等积法可得

$$\frac{1}{2} \cdot \frac{b}{4}(m+n+2c) = \frac{1}{2} \cdot 2c \cdot \frac{b(c^2-a^2)}{2ac}$$

化简可得

$$m+n = \frac{4c^2}{a} - 4a - 2c \qquad ①$$

由双曲线的定义可得

$$m-n = 2a \qquad ②$$

在 $\triangle AF_1F_2$ 中,有

$$n\sin\theta = \frac{b(c^2-a^2)}{2ac}$$

式中,θ 为直线 AF_2 的倾斜角.

由 $\tan\theta = \frac{b}{a}$,$\sin^2\theta + \cos^2\theta = 1$ 可得

$$\sin\theta = \frac{b}{\sqrt{a^2+b^2}} = \frac{b}{c}$$

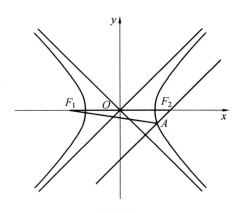

图 25.3

所以

$$n = \frac{c^2-a^2}{2a} \qquad ③$$

由①②③化简可得

$$3c^2 - 2ac - 5a^2 = 0$$

即为

$$(3c-5a)(c+a) = 0$$

可得 $3c=5a$,则 $e = \frac{c}{a} = \frac{5}{3}$. 故选 C.

【例 4】 (2021 全国高三专题练习(理))已知点 P 为双曲线 $\frac{x^2}{a^2} - \frac{y^2}{b^2} = 1$ ($a>0,b>0$)右支上一点,点 F_1、F_2 分别为双曲线的左、右焦点,点 I 是 $\triangle PF_1F_2$ 的内心(三角形内切圆的圆心),若恒有 $S_{\triangle IPF_1} - S_{\triangle IPF_2} \leqslant \frac{\sqrt{2}}{2} S_{\triangle IF_1F_2}$ 成立,则双曲线的离心率取值范围是( ).

A. $(1,\sqrt{2})$ B. $[\sqrt{2},+\infty)$ C. $(1,\sqrt{2}]$ D. $(\sqrt{2},+\infty)$

解:设 $\triangle PF_1F_2$ 的内切圆半径为 r,则

$$S_{\triangle IPF_1} = \frac{1}{2}|PF_1| \cdot r, \quad S_{\triangle IPF_2} = \frac{1}{2}|PF_2| \cdot r, \quad S_{\triangle IF_1F_2} = \frac{1}{2}|F_1F_2| \cdot r$$

因为 $S_{\triangle IPF_1} - S_{\triangle IPF_2} \leqslant \frac{\sqrt{2}}{2} S_{\triangle IF_1F_2}$,所以

$$|PF_1| - |PF_2| \leqslant \frac{\sqrt{2}}{2}|F_1F_2|$$

由双曲线的定义可知

$$|PF_1| - |PF_2| = 2a, \quad |F_1F_2| = 2c$$

所以 $2a \leqslant \sqrt{2}c$,即 $\dfrac{c}{a} \geqslant \sqrt{2}$. 故选 B.

【例 5】（2020 黑龙江大庆市铁人中学高三二模（理））设 F_1、F_2 是双曲线 $C: \dfrac{x^2}{a^2} - \dfrac{y^2}{b^2} = 1(a>0, b>0)$ 的左、右焦点，点 A 是双曲线 C 右支上一点，若 $\triangle AF_1F_2$ 的内切圆 M 的半径为 a，且 $\triangle AF_1F_2$ 的重心 G 满足 $\overrightarrow{MG} = \lambda \overrightarrow{F_1F_2}$，则双曲线 C 的离心率为（　　）.

A. $\sqrt{3}$　　　　B. $\sqrt{5}$　　　　C. 2　　　　D. $2\sqrt{5}$

解：如图 25.4 所示，因为 $\overrightarrow{MG} = \lambda \overrightarrow{F_1F_2}$，所以 $\overrightarrow{MG} /\!/ \overrightarrow{F_1F_2}$，所以
$$y_M = y_G = a, \quad y_A = 3y_G = 3a$$
所以
$$S_{\triangle AF_1F_2} = \dfrac{1}{2} \cdot 2c \cdot 3a$$
$$= \dfrac{1}{2} \cdot (|AF_1| + |AF_2| + 2c) \cdot a$$
又 $|AF_1| - |AF_2| = 2a$，解得
$$|AF_1| = 2c + a, \quad |AF_2| = 2c - a$$
设 $A(x_A, y_A)$，$F_1(-c, 0)$，由焦半径公式有
$$|AF_1| = a + ex_A$$
解得 $x_A = 2a$，所以 $A(2a, 3a)$，代入双曲线方程得
$$\dfrac{(2a)^2}{a^2} - \dfrac{(3a)^2}{b^2} = 1$$
解得 $b = \sqrt{3}a$，$c = \sqrt{a^2 + b^2} = 2a$，所以 $e = \dfrac{c}{a} = 2$. 故选 C.

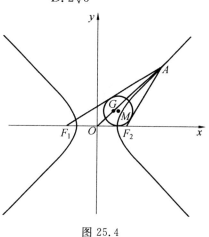

图 25.4

【例 6】（2021 江西宜春市高安中学高二期末（理））已知 F_1、F_2 分别为双曲线 $C: \dfrac{x^2}{a^2} - \dfrac{y^2}{b^2} = 1$ 的左、右焦点，过点 F_2 的直线与双曲线 C 的右支交于 A、B 两点，设点 $H(x_H, y_H)$、$G(x_G, y_G)$ 分别为 $\triangle AF_1F_2$、$\triangle BF_1F_2$ 的内心，若 $|y_H| = 3|y_G|$，则双曲线离心率的取值范围为（　　）.

A. $[2, +\infty)$　　　B. $(1, \sqrt{2}]$　　　C. $(1, 2]$　　　D. $(1, 2)$

解：不妨设直线 AB 的斜率大于 0，如图 25.5 所示.

连接 HG、HF_2、GF_2，设 $\triangle AF_1F_2$ 的内切圆与三边分别切于点 D、E、F，则
$$AF_1 - AF_2 = AD + DF_1 - (AE + EF_2) = DF_1 - EF_2 = F_1F - FF_2$$
所以
$$2a = c + x_H - (c - x_H)$$
即 $x_H = a$，同理可得 $x_G = a$，所以 $HG \perp F_1F_2$.

设直线 AB 的倾斜角为 θ，在 $\text{Rt}\triangle F_2FG$ 中，有
$$FG = FF_2 \tan\dfrac{\theta}{2} = (c - a)\tan\dfrac{\theta}{2}$$

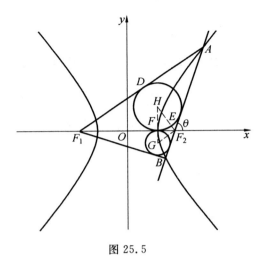

图 25.5

在 Rt$\triangle F_2FH$ 中,有
$$FH = FF_2 \tan\frac{\pi-\theta}{2} = (c-a) \cdot \tan\left(\frac{\pi}{2}-\frac{\theta}{2}\right)$$

又 $|y_H| = 3|y_G|$,所以 $FH = 3FG$,即
$$(c-a)\tan\left(\frac{\pi}{2}-\frac{\theta}{2}\right) = 3(c-a)\tan\frac{\theta}{2}$$

解得
$$\tan\frac{\theta}{2} = \frac{\sqrt{3}}{3}$$

所以
$$\tan\theta = \frac{2\tan\frac{\theta}{2}}{1-\tan^2\frac{\theta}{2}} = \sqrt{3}$$

即直线 AB 的斜率为 $\sqrt{3}$.

由题意,直线 AB 与双曲线右支交于两点,故 $\frac{b}{a} < \sqrt{3}$,所以
$$\frac{c}{a} = \sqrt{1+\left(\frac{b}{a}\right)^2} \in (1,2)$$

故选 D.

【例 7】 (2021 四川成都市高三三模(理))已知双曲线 $C: \frac{x^2}{a^2} - \frac{y^2}{b^2} = 1(a>0,b>0)$ 的左、右焦点分别是 F_1、F_2,点 P 是双曲线 C 右支上异于顶点的点,点 H 在直线 $x=a$ 上,且满足 $\overrightarrow{PH} = \lambda\left(\frac{\overrightarrow{PF_1}}{|\overrightarrow{PF_1}|} + \frac{\overrightarrow{PF_2}}{|\overrightarrow{PF_2}|}\right),\lambda \in \mathbf{R}$. 若 $5\overrightarrow{HP} + 4\overrightarrow{HF_2} + 3\overrightarrow{HF_1} = \mathbf{0}$,则双曲线 C 的离心率为( ).

A. 3　　　　B. 4　　　　C. 5　　　　D. 6

第二十五章 椭圆焦点三角形的旁切圆和双曲线焦点三角形的内切圆

解:由 $\overrightarrow{PH}=\lambda\left(\dfrac{\overrightarrow{PF_1}}{|\overrightarrow{PF_1}|}+\dfrac{\overrightarrow{PF_2}}{|\overrightarrow{PF_2}|}\right)$,$\lambda\in\mathbf{R}$,则点 H 在 $\angle F_1PF_2$ 的角平分线上.

由点 H 在直线 $x=a$ 上,则 H 是 $\triangle PF_1F_2$ 的内心,有
$$5\overrightarrow{HP}+4\overrightarrow{HF_2}+3\overrightarrow{HF_1}=\mathbf{0}$$

由奔驰定理(已知 P 为 $\triangle ABC$ 内一点,则有 $S_{\triangle PBC}\cdot\overrightarrow{PA}+S_{\triangle PAC}\cdot\overrightarrow{PB}+S_{\triangle PAB}\cdot\overrightarrow{PC}=\mathbf{0}$.)知
$$S_{\triangle HF_1F_2}:S_{\triangle HF_1P}:S_{\triangle HF_2P}=5:4:3$$

即
$$\left(\dfrac{1}{2}|F_1F_2|\cdot r\right):\left(\dfrac{1}{2}|PF_1|\cdot r\right):\left(\dfrac{1}{2}|PF_2|\cdot r\right)=5:4:3$$

则
$$|F_1F_2|:|PF_1|:|PF_2|=5:4:3$$

设
$$|F_1F_2|=5\lambda,\quad |PF_1|=4\lambda,\quad |PF_2|=3\lambda$$

则
$$|F_1F_2|=2c=5\lambda\Rightarrow c=\dfrac{5\lambda}{2},\quad |PF_1|-|PF_2|=2a=\lambda\Rightarrow a=\dfrac{\lambda}{2}$$

则 $e=\dfrac{c}{a}=5$.故选 C.

【例 8】 如图 25.6 所示,已知双曲线 $C:\dfrac{y^2}{a^2}-\dfrac{x^2}{b^2}=1(a>0,b>0)$ 的上、下焦点分别为 F_1、F_2,点 P 在双曲线上,且 $PF_2\perp y$ 轴,若 $\triangle PF_1F_2$ 的内切圆半径为 $\dfrac{\pi}{5}$,则双曲线的离心率为( ).

A. $\dfrac{9}{5}$ B. $\dfrac{8}{5}$ C. $\dfrac{7}{5}$ D. $\dfrac{6}{5}$

解:由直角三角形内切圆半径公式可得
$$\dfrac{|PF_2|+|F_1F_2|-|PF_1|}{2}=r$$

即 $\dfrac{2c-2a}{2}=\dfrac{4}{5}a$,解得 $e=\dfrac{c}{a}=\dfrac{9}{5}$.故选 A.

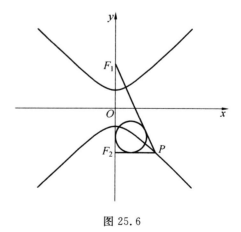

图 25.6

第二十六章 相似椭圆

定义 1:把椭圆 $C_1: \dfrac{x^2}{a^2}+\dfrac{y^2}{b^2}=1(a>b>0)$ 和椭圆 $C_2: \dfrac{x^2}{a^2}+\dfrac{y^2}{b^2}=\lambda(\lambda \neq 1)$ 称为相似椭圆,即共轴且离心率相同的椭圆称为相似椭圆.

性质 1:若 $C_1: \dfrac{x^2}{a^2}+\dfrac{y^2}{b^2}=1$、$C_2: \dfrac{x^2}{a^2}+\dfrac{y^2}{b^2}=\lambda(\lambda>1)$ 是相似椭圆,过 C_1 上任意一点 P 作椭圆 C_1 的切线 l 交椭圆 C_2 于 A、B 两个相异点,则 $PA=PB$.

证明:如图 26.1 所示,设 $l: mx+ny=1$(表示不经过原点的任意直线,不用讨论斜率是否存在),将其与 C_1 联立 $\begin{cases} \dfrac{x^2}{a^2}+\dfrac{y^2}{b^2}=1 \\ mx+ny=1 \end{cases}$,得

$$(a^2m^2+b^2n^2)x^2-2a^2mx+a^2(1-n^2b^2)=0$$

令判别式为 0 可得

$$a^2m^2+b^2n^2-1=0$$

由韦达定理可得

$$2x_P=\dfrac{2a^2m}{a^2m^2+b^2n^2} \Rightarrow x_P=a^2m$$

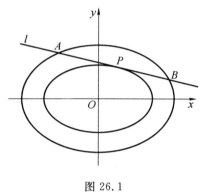

图 26.1

将直线 l 方程与 C_2 联立 $\begin{cases} \dfrac{x^2}{a^2}+\dfrac{y^2}{b^2}=\lambda \\ mx+ny=1 \end{cases}$,得

$$(a^2\lambda m^2+b^2\lambda n^2)x^2-2a^2\lambda mx+a^2\lambda(1-n^2b^2\lambda)=0$$

$$x_1+x_2=\dfrac{2a^2m\lambda}{a^2\lambda m^2+b^2\lambda n^2}=\dfrac{2a^2m}{a^2m^2+b^2n^2}=2a^2m=2x_P$$

同理可得 $y_1+y_2=2y_P$,故 $PA=PB$.

性质 2:若 C_1、C_2 是相似椭圆,直线 l 与 C_1、C_2 的交点依次为 A、B、C、D,则 $AB=CD$.

证明:如图 26.2 所示,设直线 $l: \begin{cases} x=m+t\cos\alpha \\ y=n+t\sin\alpha \end{cases}$($t$ 为参数)(设参数方程避免讨论斜率是否存在),将 l 和 C_1 进行联立可得

$$b^2(m+t\cos\alpha)^2+a^2(n+t\sin\alpha)^2-a^2b^2=0$$

整理为

$$(b^2\cos^2\alpha+a^2\sin^2\alpha)t^2+(2b^2m\cos\alpha+2a^2n\sin\alpha)t+b^2m^2+a^2n^2-a^2b^2=0$$

即

$$t_1+t_2=-\frac{2b^2m\cos\alpha+2a^2n\sin\alpha}{b^2\cos^2\alpha+a^2\sin^2\alpha}$$

将 l 和 C_2 进行联立可得
$$b^2(m+t\cos\alpha)^2+a^2(n+t\sin\alpha)^2-a^2b^2\lambda=0$$
整理为
$$(b^2\cos^2\alpha+a^2\sin^2\alpha)t^2+$$
$$(2b^2m\cos\alpha+2a^2n\sin\alpha)t+$$
$$b^2m^2+a^2n^2-a^2b^2\lambda=0$$
$$t_3+t_4=-\frac{2b^2m\cos\alpha+2a^2n\sin\alpha}{b^2\cos^2\alpha+a^2\sin^2\alpha}$$

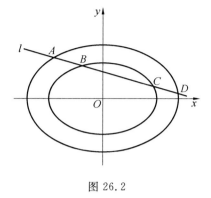

图 26.2

由此可得 $\dfrac{t_1+t_2}{2}=\dfrac{t_3+t_4}{2}$,即 AD、BC 中点相同,则 $AB=CD$.

性质 3:若 C_1、C_2 是相似椭圆,过 C_1 上任意一点 P 作椭圆 C_1 的切线交椭圆 C_2 于相异的两点 A、B,则 $\triangle OAB$ 是定值.

证明:如图 26.3 所示,设 $l:mx+ny=1$,将其与 C_1 联立 $\begin{cases}\dfrac{x^2}{a^2}+\dfrac{y^2}{b^2}=1\\ mx+ny=1\end{cases}$,得
$$(a^2m^2+b^2n^2)x^2-2a^2mx+a^2(1-n^2b^2)=0$$
令判别式为 0 可得
$$a^2m^2+b^2n^2-1=0$$
由韦达定理可得
$$2x_P=\frac{2a^2m}{a^2m+b^2n}\Rightarrow x_P=a^2m$$

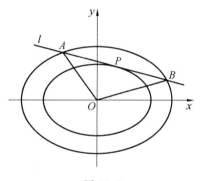

图 26.3

将直线方程与 C_2 联立 $\begin{cases}\dfrac{x^2}{a^2}+\dfrac{y^2}{b^2}=\lambda\\ mx+ny=1\end{cases}$,可得
$$(a^2\lambda m^2+b^2\lambda n^2)x^2-2a^2\lambda mx+a^2\lambda(1-n^2b^2\lambda)=0$$
$$|AB|=\frac{2\sqrt{m^2+n^2}\cdot\sqrt{a^2b^2\lambda^2(a^2m^2\lambda+b^2n^2\lambda-1)}}{a^2m^2\lambda+b^2n^2\lambda},\quad d_{O-AB}=\frac{1}{\sqrt{m^2+n^2}}$$
$$S_{\triangle AOB}=\frac{1}{2}\cdot|AB|\cdot d_{O-AB}=\frac{\sqrt{a^2b^2\lambda^2(a^2m^2\lambda+b^2n^2\lambda-1)}}{a^2m^2\lambda+b^2n^2\lambda}$$
$$=\frac{ab\lambda\sqrt{\lambda(a^2m^2+b^2n^2)-1}}{\lambda(a^2m^2+b^2n^2)}=\frac{ab\sqrt{\lambda-1}}{\lambda}$$

性质 4:若 C_1、C_2 是相似椭圆,过 C_1 上任意一点 P 作椭圆 C_1 的切线交椭圆 C_2 于相异两点 A、B,在 A、B 两点处作椭圆 C_2 的切线,切交于点 Q,则点 Q 的轨迹方程为 $\dfrac{x^2}{a^2}+\dfrac{y^2}{b^2}=\lambda^2$.

证明：如图 26.4 所示，设 $Q(x_0, y_0)$，其切点弦方程为 $AB: \dfrac{x_0 x}{a^2} + \dfrac{y_0 y}{b^2} = \lambda$.

将直线 AB 与椭圆 C_1 联立 $\begin{cases} \dfrac{x^2}{a^2} + \dfrac{y^2}{b^2} = 1 \\ \dfrac{x_0 x}{a^2} + \dfrac{y_0 y}{b^2} = \lambda \end{cases}$，联立后令判别式为 0 可得

$$\frac{x_0^2}{a^2} + \frac{y_0^2}{b^2} - \lambda^2 = 0$$

即 Q 点的轨迹方程为 $\dfrac{x^2}{a^2} + \dfrac{y^2}{b^2} = \lambda^2$.

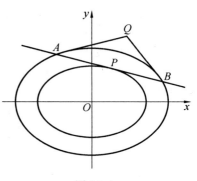

图 26.4

性质 5：若 C_1、C_2 是相似椭圆，过 C_2 上任意一点 P 作 C_1 的切线分别切于点 A、B，则 $S_{\triangle PAB}$、$S_{\triangle OAB}$ 均为定值.

证明：如图 26.5 所示，设 $P(x_0, y_0)$，其对应切点弦方程 $AB: \dfrac{x_0 x}{a^2} + \dfrac{y_0 y}{b^2} = 1$，将其与椭圆 C_1 联立

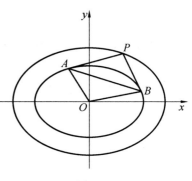

图 26.5

$\begin{cases} \dfrac{x_0 x}{a^2} + \dfrac{y_0 y}{b^2} = 1 \\ \dfrac{x^2}{a^2} + \dfrac{y^2}{b^2} = 1 \end{cases}$，得

$$\left(\frac{x_0^2}{a^2} + \frac{y_0^2}{b^2} \right) x^2 - 2 x_0 x + \left(1 - \frac{y_0^2}{b^2} \right) = 0$$

$$d_{O-AB} = \frac{1}{\sqrt{\dfrac{x_0^2}{a^4} + \dfrac{y_0^2}{b^4}}}, \quad AB = \frac{2 \sqrt{\dfrac{x_0^2}{a^4} + \dfrac{y_0^2}{b^4}}}{\dfrac{x_0^2}{a^2} + \dfrac{y_0^2}{b^2}} \cdot \sqrt{a^2 b^2 \left(\dfrac{x_0^2}{a^2} + \dfrac{y_0^2}{b^2} - 1 \right)}$$

$$d_{P-AB} = \frac{\left| \dfrac{x_0^2}{a^2} + \dfrac{y_0^2}{b^2} - 1 \right|}{\sqrt{\dfrac{x_0^2}{a^4} + \dfrac{y_0^2}{b^4}}} = \frac{\lambda - 1}{\sqrt{\dfrac{x_0^2}{a^4} + \dfrac{y_0^2}{b^4}}}$$

$$S_{\triangle OAB} = \frac{1}{2} |AB| \cdot d_{O-AB} = \frac{\sqrt{a^2 b^2 \left(\dfrac{x_0^2}{a^2} + \dfrac{y_0^2}{b^2} - 1 \right)}}{\dfrac{x_0^2}{a^2} + \dfrac{y_0^2}{b^2}}$$

又 $\dfrac{x_0^2}{a^2} + \dfrac{y_0^2}{b^2} = \lambda$，代入上式则有

$$S_{\triangle OAB} = \frac{ab \sqrt{\lambda - 1}}{\lambda}$$

$$S_{\triangle PAB}=\frac{1}{2}|AB|\cdot d_{P-AB}=\frac{(\lambda-1)\sqrt{a^2b^2\left(\frac{x_0^2}{a^2}+\frac{y_0^2}{b^2}-1\right)}}{\frac{x_0^2}{a^2}+\frac{y_0^2}{b^2}}=\frac{ab(\lambda-1)^{\frac{3}{2}}}{\lambda}$$

第二十七章 切线性质扩展

有关椭圆的切线,前面已经介绍过切点弦、阿基米德三角形、蒙日圆等问题,本章将继续研究切线及扩展结论.

性质 1:椭圆的两焦点到一条切线的距离之积为定值.

如图 27.1 所示,已知椭圆 $\dfrac{x^2}{a^2}+\dfrac{y^2}{b^2}=1$,$F_1$、$F_2$ 分别为其左、右焦点,l 为椭圆任意一点处切线,作 AF_1、BF_2 垂直于 l,垂足为 A、B,求证:$|AF_1|\cdot|BF_2|=b^2$.

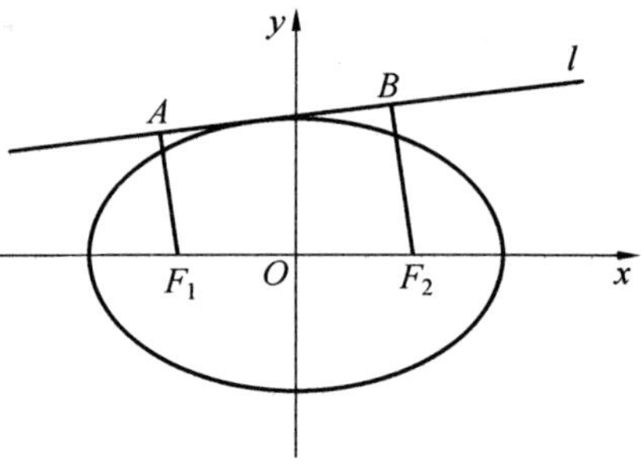

证明:设切点 $P(x_0,y_0)$,由切点弦方程可得

$$l:\dfrac{x_0 x}{a^2}+\dfrac{y_0 y}{b^2}=1 \Rightarrow b^2 x_0 x-a^2 y_0 y-a^2 b^2=0$$

由点到直线距离公式可得

图 27.1

$$|AF_1|=\dfrac{|-b^2 c x_0-a^2 b^2|}{\sqrt{b^4 x_0^2+a^4 y_0^2}},\quad |BF_2|=\dfrac{|b^2 c x_0-a^2 b^2|}{\sqrt{b^4 x_0^2+a^4 y_0^2}}$$

$$|AF_1|\cdot|BF_2|=\left|\dfrac{b^4 c^2 x_0^2-a^4 b^4}{b^4 x_0^2+a^4 y_0^2}\right|=\left|\dfrac{b^4(a^2-b^2)x_0^2-a^4 b^4}{b^4 x_0^2+a^4\left[b^2\left(1-\dfrac{x_0^2}{a^2}\right)\right]}\right|$$

$$=b^2\left|\dfrac{b^2 a^2 x_0^2-b^4 x_0^2-a^4 b^2}{b^2 a^2 x_0^2-b^4 x_0^2-a^4 b^2}\right|=b^2$$

性质 2:椭圆切线与切点处两焦点弦夹角相等.

如图 27.2 所示,已知椭圆 $\dfrac{x^2}{a^2}+\dfrac{y^2}{b^2}=1$,$F_1$、$F_2$ 为椭圆的左、右焦点,AB 为椭圆任意一点处切线,求证:$\angle APF_1=\angle BPF_2$.

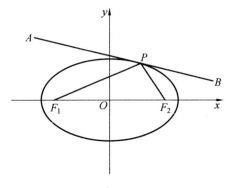

图 27.2

证明：设 $P(x_0, y_0)$，由切点弦方程可得直线 $AB: \dfrac{x_0 x}{a^2} + \dfrac{y_0 y}{b^2} = 1$，且 $\dfrac{x_0^2}{a^2} + \dfrac{y_0^2}{b^2} = 1$，即

$$k_l = -\dfrac{b^2 x_0}{a^2 y_0}, \quad k_{PF_1} = \dfrac{y_0}{x_0 + c}, \quad k_{PF_2} = \dfrac{y_0}{x_0 - c}$$

$$\tan\angle APF_1 = \dfrac{k_{PF_1} - k_l}{1 + k_{PF_1} \times k_l} = \dfrac{\dfrac{y_0}{x_0 + c} + \dfrac{b^2 x_0}{a^2 y_0}}{1 - \dfrac{y_0}{x_0 + c} \times \dfrac{b^2 x_0}{a^2 y_0}} = \dfrac{a^2 y_0^2 + b^2 x_0^2 + b^2 x_0 c}{(x_0 + c) a^2 y_0 - b^2 x_0 y_0}$$

$$= \dfrac{a^2 b^2 + b^2 x_0 c}{(x_0 + c) a^2 y_0 - b^2 x_0 y_0} = \dfrac{b^2 (a^2 + x_0 c)}{(a^2 - b^2) x_0 y_0 + a^2 c y_0} = \dfrac{b^2 (a^2 + c x_0)}{c y_0 (c x_0 + a^2)} = \dfrac{b^2}{c y_0}$$

$$\tan\angle BPF_2 = \dfrac{k_l - k_{PF_2}}{1 + k_l \times k_{PF_2}} = \dfrac{-\dfrac{b^2 x_0}{a^2 y_0} - \dfrac{y_0}{x_0 - c}}{1 - \dfrac{b^2 x_0}{a^2 y_0} \cdot \dfrac{y_0}{x_0 - c}} = \dfrac{-(b^2 x_0^2 - c b^2 x_0 + a^2 y_0^2)}{a^2 y_0 (x_0 - c) - b^2 x_0 y_0}$$

$$= \dfrac{b^2 c x_0 - a^2 b^2}{a^2 y_0 (x_0 - c) - b^2 x_0 y_0} = \dfrac{b^2 c x_0 - a^2 b^2}{c^2 x_0 y_0 - a^2 c y_0}$$

$$= \dfrac{b^2 (c x_0 - a^2)}{y_0 c (c x_0 - a^2)} = \dfrac{b^2}{c y_0}$$

故 $\tan\angle APF_1 = \tan\angle BPF_2$，即 $\angle APF_1 = \angle BPF_2$。

性质 3：椭圆的一个焦点到切线上的投影的轨迹是一个圆。

如图 27.3 所示，已知椭圆 $\dfrac{x^2}{a^2} + \dfrac{y^2}{b^2} = 1$，$F_1$、$F_2$ 为椭圆的左、右焦点，切点为 P，l 为椭圆任意一点处切线，作 QF_2 垂直于 l，垂足为 Q，求 Q 点的轨迹方程。

解：法一（代数法）。

设直线 $l: mx + ny = 1$，将直线方程与椭圆方程联立可得

$$\begin{cases} mx + ny = 1 \\ \dfrac{x^2}{a^2} + \dfrac{y^2}{b^2} = 1 \end{cases}$$

即

$$(m^2 a^2 + n^2 b^2) x^2 - 2a^2 m x + a^2 (1 - b^2 n^2) = 0$$

由判别式为 0 可得

$$m^2 a^2 + n^2 b^2 = 1$$

由于 $F_2 Q$ 与 l 垂直，设 $F_2 Q$ 直线方程为

$$nx - my + D = 0$$

将 $(c, 0)$ 点代入可得

$$nc + D = 0 \Rightarrow D = -nc$$

故 $F_2 Q$ 的直线方程为

$$nx - my - nc = 0$$

将 $F_2 Q$ 方程与 l 方程进行联立可得

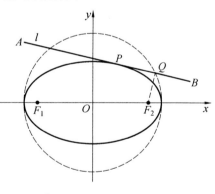

图 27.3

$$\begin{cases} nx - my = nc \\ mx + ny = 1 \end{cases}$$

解得

$$\begin{cases} x = \dfrac{n^2 c + m}{m^2 + n^2} \\ y = \dfrac{n^2 c + m}{m^2 + n^2} \end{cases}$$

故

$$\begin{aligned}
x^2 + y^2 &= \frac{n^4 c^2 + 2mn^2 c + m^2 + m^2 n^2 c^2 - 2mn^2 c + n^2}{(m^2 + n^2)^2} \\
&= \frac{n^4 c^2 + m^2 + m^2 n^2 c^2 + n^2}{(m^2 + n^2)^2} = \frac{n^2 c^2 (n^2 + m^2) + m^2 + n^2}{(m^2 + n^2)} \\
&= \frac{n^2 c^2 + 1}{m^2 + n^2} = \frac{n^2(a^2 - b^2) + m^2 a^2 + n^2 b^2}{m^2 + n^2} = \frac{a^2(m^2 + n^2)}{m^2 + n^2} = a^2
\end{aligned}$$

即 Q 点轨迹方程为 $x^2 + y^2 = a^2$.

法二（几何法）.

连接 $F_1 P$ 并延长与 $F_2 Q$ 的延长线交于点 M，如图 27.4 所示，由切线性质可得

$$\angle F_1 PA = \angle F_2 PB$$

又 $\angle APF_1 = \angle MPQ$，所以

$$\angle F_2 PQ = \angle MPQ$$

故有

$$\begin{cases} \angle F_2 PQ = \angle MPQ \\ PQ = PQ \\ \angle PQF_2 = \angle PQM = 90° \end{cases}$$

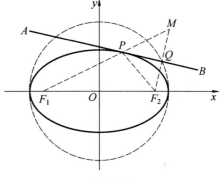

图 27.4

故 $\triangle PQF_2 \cong \triangle PQM$，所以

$$PM = PF_2, \quad MQ = F_2 Q$$

连接 QO，有

$$F_1 M = PF_1 + PM = PF_1 + PF_2 = 2a$$

$$OQ = \frac{1}{2} F_1 M = a$$

所以 Q 点的轨迹方程为 $x^2 + y^2 = a^2$.

性质 4：已知椭圆 $\dfrac{x^2}{a^2} + \dfrac{y^2}{b^2} = 1$，其左、右焦点分别为 F_1、F_2，其切线 l 与 $x = a$、$x = -a$ 分别交于 M、N，则 $\angle MF_1 N = 90°$，$\angle MF_2 N = 90°$.

证明：如图 27.5 所示，设切线 $l: y = kx + m$，将其与椭圆联立得

$$\begin{cases} y = kx + m \\ \dfrac{x^2}{a^2} + \dfrac{y^2}{b^2} = 1 \end{cases}$$

由等效判别式可得

$$k^2 a^2 + b^2 - m^2 = 0$$

由于切线 l 与 $x=a$、$x=-a$ 分别交于点 M、N，可得
$$M(a,ka+m),\quad N(-a,-ka+m)$$
则
$$\begin{aligned}k_{MF_1}k_{NF_1}&=\frac{ka+m}{a+c}\cdot\frac{-ka+m}{-a+c}\\&=\frac{m^2-k^2a^2}{c^2-a^2}=\frac{b^2}{-b^2}=-1\end{aligned}$$
故 $\angle MF_1N=90°$，同理可得 $\angle MF_2N=90°$.

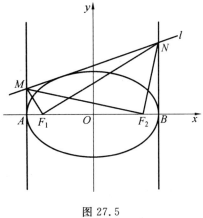

图 27.5

第二十八章 椭圆与双曲线的直径与共轭直径

定义1:经过原点交于圆锥曲线的弦称为椭圆和双曲线的直径.

接下来以椭圆为例进行说明.

已知椭圆$\dfrac{x^2}{a^2}+\dfrac{y^2}{b^2}=1$,过原点作两条弦,其斜率乘积为$-\dfrac{b^2}{a^2}$,则把这两条弦称作椭圆的共轭直径,如图28.1所示.

已知双曲线$\dfrac{x^2}{a^2}-\dfrac{y^2}{b^2}=1$,过原点作两条弦,其斜率乘积为$\dfrac{b^2}{a^2}$,则把这两条弦称作双曲线的共轭直径,如图28.2所示.

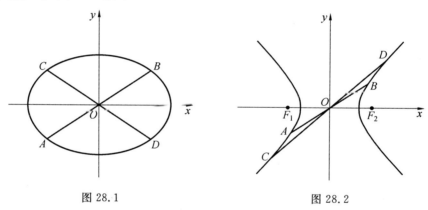

图28.1 图28.2

已知椭圆$\dfrac{x^2}{a^2}+\dfrac{y^2}{b^2}=1$,$A(x_1,y_1)$、$B(x_2,y_2)$两点在椭圆上,且$OA$、$OB$斜率之积为$-\dfrac{b^2}{a^2}$,则共轭直径具有如下性质:

性质1:面积恒定,即$S_{\triangle OAB}=\dfrac{1}{2}ab$.

证明:如图28.3所示,由三角形行列式面积公式得

$$S_{\triangle OAB}=\dfrac{1}{2}|x_1y_2-x_2y_1|$$

由已知$\dfrac{y_1y_2}{x_1x_2}=-\dfrac{b^2}{a^2}$,即为

$$\dfrac{x_1x_2}{a^2}+\dfrac{y_1y_2}{b^2}=0 \qquad ①$$

将 A、B 两点代入椭圆方程可得

$$\begin{cases} \dfrac{x_1^2}{a^2}+\dfrac{y_1^2}{b^2}=1 \\ \dfrac{x_2^2}{a^2}+\dfrac{y_2^2}{b^2}=1 \end{cases} \quad \text{②} \\ \text{③}$$

②③两式相乘可得

$$\left(\dfrac{x_1^2}{a^2}+\dfrac{y_1^2}{b^2}\right)\left(\dfrac{x_2^2}{a^2}+\dfrac{y_2^2}{b^2}\right)=1$$

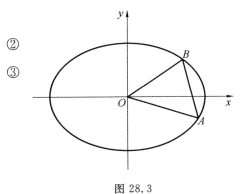

图 28.3

即为

$$\dfrac{x_1^2 x_2^2}{a^4}+\dfrac{y_1^2 y_2^2}{b^4}+\dfrac{x_1^2 y_2^2}{a^2 b^2}+\dfrac{x_2^2 y_1^2}{a^2 b^2}=1$$

添项得

$$\dfrac{x_1^2 x_2^2}{a^4}+\dfrac{2x_1 x_2 y_1 y_2}{a^2 b^2}+\dfrac{y_1^2 y_2^2}{b^4}+\dfrac{x_1^2 y_2^2}{a^2 b^2}-\dfrac{2x_1 x_2 y_1 y_2}{a^2 b^2}+\dfrac{x_2^2 y_1^2}{a^2 b^2}=1$$

整理为

$$\left(\dfrac{x_1 x_2}{a^2}+\dfrac{y_1 y_2}{b^2}\right)^2+\left(\dfrac{x_1 y_2-x_2 y_1}{ab}\right)^2=1$$

将①代入上式可得

$$|x_1 y_2-x_2 y_1|=ab$$

代入面积得

$$S_{\triangle OAB}=\dfrac{1}{2}|x_1 y_2-x_2 y_1|=\dfrac{1}{2}ab$$

性质 2：$x_1^2+x_2^2=a^2$，$y_1^2+y_2^2=b^2$.

证明：由参数方程

$$x_1=a\cos\alpha,\quad x_2=a\cos\beta,\quad y_1=b\sin\alpha,\quad y_2=b\sin\beta$$

因为 OA、OB 斜率乘积为 $-\dfrac{b^2}{a^2}$，所以

$$k_{OA}k_{OB}=\dfrac{b^2\sin\alpha\sin\beta}{a^2\cos\alpha\cos\beta}=-\dfrac{b^2}{a^2}$$

整理为

$$\cos(\alpha-\beta)=0$$

即 $|\alpha-\beta|=\dfrac{\pi}{2}$，所以

$$x_1^2+x_2^2=a^2\cos^2\alpha+a^2\cos^2\beta=a^2\cos^2\alpha+a^2\sin^2\alpha=a^2$$

同理可得 $y_1^2+y_2^2=b^2$.

性质 3：$OA^2+OB^2=a^2+b^2$.

证明：$OA^2+OB^2=x_1^2+y_1^2+x_2^2+y_2^2=a^2+b^2$.

性质 4：设 AC、BD 为椭圆 E 的一对共轭直径，P 为椭圆上任意一点，如图 28.4 所示，则 $S_{\triangle PAO}^2+S_{\triangle PBO}^2=S_{\triangle AOB}^2$.

证明：设 $P(a\cos\theta,b\sin\theta)$，则

$$S_{\triangle PAO} = \frac{1}{2}ab|\cos\beta\sin\theta - \cos\theta\sin\beta|$$
$$= \frac{1}{2}ab\sin(\theta - \beta)$$
$$S_{\triangle PBO} = \frac{1}{2}ab|\cos\alpha\sin\theta - \cos\theta\sin\alpha|$$
$$= \frac{1}{2}ab\sin(\theta - \alpha)$$

设 $\alpha = \frac{\pi}{2} + \beta$,故

$$S_{\triangle PBO} = \frac{1}{2}ab\sin\left(\theta - \beta - \frac{\pi}{2}\right) = -\frac{1}{2}ab\cos(\theta - \beta)$$

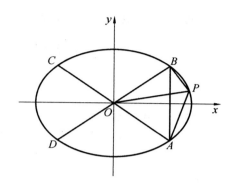

图 28.4

故

$$S_{\triangle PAO}^2 + S_{\triangle PBO}^2 = \frac{1}{4}a^2b^2 = S_{\triangle AOB}^2$$

性质 5:对边 AB 中点轨迹为椭圆.

证明:设 $A(a\cos\alpha, b\sin\alpha)$,$B(a\cos\beta, b\sin\beta)$,$AB$ 中点为 $M(x, y)$.

由中点坐标公式可得

$$\begin{cases} x = \dfrac{a\cos\alpha + a\cos\beta}{2} \\ y = \dfrac{b\sin\alpha + b\sin\beta}{2} \end{cases}$$

变形为

$$\begin{cases} \dfrac{4x^2}{a^2} = \cos^2\alpha + 2\cos\alpha\cos\beta + \cos^2\beta \\ \dfrac{4y^2}{b^2} = \sin^2\alpha + 2\sin\alpha\sin\beta + \sin^2\beta \end{cases}$$

两式相加为

$$\frac{4x^2}{a^2} + \frac{4y^2}{b^2} = 2 + 2\cos(\alpha - \beta) \qquad ①$$

因为 OA、OB 斜率之积为 $-\dfrac{b^2}{a^2}$,所以

$$k_{OA}k_{OB} = \frac{b^2}{a^2}\frac{\sin\alpha\sin\beta}{\cos\alpha\cos\beta} = -\frac{b^2}{a^2}$$

整理为

$$\cos(\alpha - \beta) = 0$$

代入①式可得

$$\frac{2x^2}{a^2} + \frac{2y^2}{b^2} = 1$$

即为 M 点轨迹方程.

性质 6:(线段等比)已知 AB、CD 为椭圆 $\dfrac{x^2}{a^2} + \dfrac{y^2}{b^2} = 1$ 的两条共轭直径,过椭圆任意一

点 M 分别作经过 A、B 的直线交 CD 于点 P、Q,则 OP、OC、OQ 成等比数列.

证明:如图 28.5 所示,设 $B(a\cos\alpha, b\sin\alpha)$,
$A(-a\cos\alpha, -b\sin\alpha)$,则 $k_{AB} = \dfrac{b\tan\alpha}{a}$.

设直线 CD 的倾斜角为 β,因为

$$k_{AB} \cdot k_{CD} = -\dfrac{b^2}{a^2}$$

所以

$$\dfrac{b\tan\alpha}{a}\tan\beta = -\dfrac{b^2}{a^2}$$

即

$$\tan\alpha \cdot \tan\beta = -\dfrac{b}{a}$$

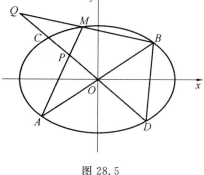

图 28.5

$$a\sin\alpha\sin\beta + b\cos\alpha\cos\beta = 0 \qquad ①$$

设 $l_{CD}: \begin{cases} x = t\cos\beta \\ y = t\sin\beta \end{cases}$, $P(t_1\cos\beta, t_1\sin\beta)$, $Q(t_2\cos\beta, t_2\sin\beta)$.

因为

$$k_{PA} \cdot k_{QB} = -\dfrac{b^2}{a^2}$$

所以

$$\dfrac{t_1\sin\beta + b\sin\alpha}{t_1\cos\beta + a\cos\alpha} \cdot \dfrac{t_2\sin\beta - b\sin\alpha}{t_2\cos\beta - a\cos\alpha} = -\dfrac{b^2}{a^2}$$

即

$$t_1 t_2 (a^2\sin^2\beta + b^2\cos^2\beta) + ab(t_2 - t_1)(a\sin\alpha\sin\beta + b\cos\alpha\cos\beta) = a^2 b^2$$

把①式代入可得

$$t_1 t_2 = \dfrac{a^2 b^2}{a^2\sin^2\beta + b^2\cos^2\beta}$$

即

$$|OP| \cdot |OQ| = \dfrac{a^2 b^2}{a^2\sin^2\beta + b^2\cos^2\beta}$$

将 l_{CD} 与椭圆方程联立易得

$$|OC|^2 = \dfrac{a^2 b^2}{a^2\sin^2\beta + b^2\cos^2\beta}$$

性质 7:圆锥曲线互相平行的弦的中点的轨迹为椭圆的一条直径.

第二十九章　圆锥曲线的等角定理

椭圆的等角定理：过椭圆 $\dfrac{x^2}{a^2}+\dfrac{y^2}{b^2}=1(a>b>0)$ 长轴上任意一点 $M(t,0)$ 的一条弦端点 A、B 与对应点 $N\left(\dfrac{a^2}{t},0\right)$ 的连线所成角被焦点所在直线平分，即 $\angle MNA=\angle MNB$，如图 29.1 所示.

双曲线的等角定理：过双曲线实轴所在直线上任意一点 $M(t,0)$ 的一条弦端点 A、B 与对应点 $N\left(\dfrac{a^2}{t},0\right)$ 的连线所成角被焦点所在直线平分，即 $\angle MNA=\angle MNB$，如图 29.2 所示.

抛物线的等角定理：过抛物线 $y^2=2px$ 对称轴上任意一点 $M(a,0)$ 的一条弦端点 AB 与对应点 $N(-a,0)$ 的连线所成角被对称轴平分.

下面以椭圆（双曲线）和抛物线为例进行证明.

如图 29.1 所示，已知椭圆 $\dfrac{x^2}{a^2}+\dfrac{y^2}{b^2}=1(a>b>0)$ 上有一点 $M(t,0)$，直线 l 过点 M 交椭圆于 A、B 两点，试在 x 轴上找一点 N，使得 x 轴平分 $\angle ANB$.

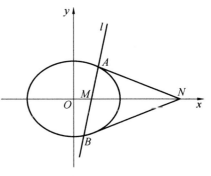

图 29.1

证明：设直线 $AB:x=my+t$，$A(x_1,y_1)$，$B(x_2,y_2)$，$N(x_0,0)$.

将直线与椭圆方程进行联立可得

$$\begin{cases} x=my+t \\ \dfrac{x^2}{a^2}+\dfrac{y^2}{b^2}=1 \end{cases}$$

整理为

$$\left(\dfrac{m^2}{a^2}+\dfrac{1}{b^2}\right)y^2+\dfrac{2mt}{a^2}y+\dfrac{t^2}{a^2}-1=0$$

根据韦达定理，得

$$y_1+y_2=-\dfrac{\dfrac{2mt}{a^2}}{\dfrac{m^2}{a^2}+\dfrac{1}{b^2}}$$

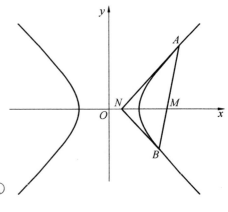

①

图 29.2

$$y_1 y_2 = \frac{\frac{t^2}{a^2}-1}{\frac{m^2}{a^2}+\frac{1}{b^2}} \qquad ②$$

$$y_1 x_2 + y_2 x_1 = \frac{-2a^2 b^2 m}{a^2 + b^2 m^2} \qquad ③$$

若 x 轴平分 $\angle ANB$，则直线 NA、NB 的倾斜角互补，即

$$k_{NA} + k_{NB} = 0$$

即

$$\frac{y_1}{x_1-x_0} + \frac{y_2}{x_2-x_0} = 0$$

所以

$$y_1(x_2-x_0) + y_2(x_1-x_0) = 0$$
$$y_1 x_2 + y_2 x_1 = x_0(y_1+y_2)$$

将①③代入可得

$$x_0 = \frac{a^2}{t}$$

双曲线的等角定理证明与椭圆类似，不再赘述．

下面再来看抛物线的情形．

如图 29.3 所示，已知抛物线 $y^2 = 2px(p>0)$ 上一点 $M(t,0)$，直线 l 过点 M 交抛物线于 A、B 两点，试在 x 轴上找一点 N，使得 x 轴平分 $\angle ANB$．

证明：设直线 $AB: x = my+t$，$A(x_1,y_1)$，$B(x_2, y_2)$，$N(x_0,0)$．

将直线与抛物线方程进行联立可得

$$\begin{cases} x = my+t \\ y^2 = 2px \end{cases}$$

整理可得

$$y^2 - 2pmy - 2pt = 0$$

由韦达定理可得

$$y_1 + y_2 = 2pm, \quad y_1 y_2 = -2pt$$

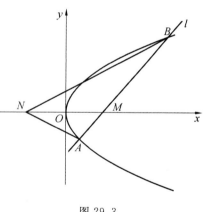

图 29.3

若 x 轴平分 $\angle ANB$，则直线 NA、NB 的倾斜角互补，即

$$k_{NA} + k_{NB} = 0$$

即

$$\frac{y_1}{x_1-x_0} + \frac{y_2}{x_2-x_0} = 0$$

即

$$y_1(x_2-x_0) + y_2(x_1-x_0) = 0$$

即为

$$y_1(my_2+t-x_0)+y_2(my_1+t-x_0)=0$$
$$2my_1y_2+(t-x_0)(y_1+y_2)=0$$

将上述韦达定理代入整理可得 $x_0=-t$.

【例1】 (2018全国1理)设椭圆 $C:\dfrac{x^2}{2}+y^2=1$ 的右焦点为 F,过 F 的直线 l 与 C 交于 A、B 两点,点 M 的坐标为 $(2,0)$.

(1)当 l 与 x 轴垂直时,求直线 AM 的方程.

(2)设 O 为坐标原点,证明:$\angle OMA=\angle OMB$.

解:(1)根据题意可知,右焦点为 $F(1,0)$,当 l 与 x 轴垂直时,则点 A 的坐标为 $\left(1,\dfrac{\sqrt{2}}{2}\right)$ 或者 $\left(1,-\dfrac{\sqrt{2}}{2}\right)$.

又因为 $M(2,0)$,所以当 $A\left(1,\dfrac{\sqrt{2}}{2}\right)$ 时,直线 AM 的方程为

$$\sqrt{2}x+2y-2\sqrt{2}=0$$

当 $A\left(1,-\dfrac{\sqrt{2}}{2}\right)$ 时,直线 AM 的方程为

$$\sqrt{2}x-2y-2\sqrt{2}=0$$

(2)①当直线 l 与 x 轴垂直时,A、B 两点分别为 $\left(1,\dfrac{\sqrt{2}}{2}\right)$ 和 $\left(1,-\dfrac{\sqrt{2}}{2}\right)$.

根据对称性可知

$$k_{MA}=-k_{MB}$$

所以

$$\angle OMA=\angle OMB$$

②当直线 l 不与 x 轴垂直时,设直线的方程为 $y=k(x-1)$.

联立方程组 $\begin{cases}y=k(x-1)\\ \dfrac{x^2}{2}+y^2=1\end{cases} \Rightarrow (2k^2+1)x^2-4k^2x+2k^2-2=0.$

设 $A(x_1,y_1),B(x_2,y_2)$,则

$$x_1+x_2=\dfrac{4k^2}{2k^2+1},\quad x_1x_2=\dfrac{2k^2-2}{2k^2+1}$$

则

$$k_{MA}+k_{MB}=\dfrac{y_1-0}{x_1-2}+\dfrac{y_2-0}{x_2-2}=\dfrac{y_1(x_2-2)+y_2(x_1-2)}{(x_1-2)(x_2-2)}$$
$$=\dfrac{k(x_1-1)(x_2-2)+k(x_2-1)(x_1-2)}{(x_1-2)(x_2-2)}=\dfrac{2kx_1x_2-3k(x_1+x_2)+4k}{(x_1-2)(x_2-2)}$$

因为

$$(x_1-2)(x_2-2)=\dfrac{2k^2+2}{2k^2+1}\neq 0$$

且

$$2kx_1x_2-3k(x_1+x_2)+4k=0$$

所以
$$k_{MA}+k_{MB}=0$$

即 $\angle OMA=\angle OMB$.

【例2】 (2018 全国 1 文)设抛物线 $C:y^2=2x$,点 $A(2,0),B(-2,0)$,过点 A 的直线 l 与 C 交于 M、N 两点.

(1)当 l 与 x 轴垂直时,求直线 BM 的方程.

(2)证明:$\angle ABM=\angle ABN$.

解:(1)当 l 与 x 轴垂直时,l 的方程为 $x=2$,可得 M 的坐标为 $(2,2)$ 或 $(2,-2)$.所以直线 BM 的方程为 $y=\dfrac{1}{2}x+1$ 或 $y=-\dfrac{1}{2}x-1$.

(2)当 l 与 x 轴垂直时,AB 为 MN 的垂直平分线,故 $\angle ABM=\angle ABN$.

当 l 与 x 轴不垂直时,设 l 的方程为 $y=k(x-2)(k\neq 0)$,$M(x_1,y_1)$,$N(x_2,y_2)$,则 $x_1>0,x_2>0$.

由 $\begin{cases} y=k(x-2) \\ y^2=2x \end{cases}$ 得
$$ky^2-2y-4k=0$$

可知
$$y_1+y_2=\dfrac{2}{k},\quad y_1y_2=-4$$

直线 BM、BN 的斜率之和为
$$k_{BM}+k_{BN}=\dfrac{y_1}{x_1+2}+\dfrac{y_2}{x_2+2}=\dfrac{x_2y_1+x_1y_2+2(y_1+y_2)}{(x_1+2)(x_2+2)}$$

将 $x_1=\dfrac{y_1}{k}+2$,$x_2=\dfrac{y_2}{k}+2$ 及 y_1+y_2、y_1y_2 的表达式代入上式分子,可得
$$x_2y_1+x_1y_2+2(y_1+y_2)=\dfrac{2y_1y_2+4k(y_1+y_2)}{k}=\dfrac{-8+8}{k}=0$$

所以 $k_{BM}+k_{BN}=0$,可知 BM、BN 的倾斜角互补,所以 $\angle ABM=\angle ABN$.

综上,$\angle ABM=\angle ABN$.

【例3】 (2015 全国 1 理 20)在直角坐标系 xOy 中,曲线 $C:y=\dfrac{x^2}{4}$ 与直线 $l:y=kx+a(a>0)$ 交于 M、N 两点.

(1)当 $k=0$ 时,分别求 C 在点 M 和点 N 处的切线方程.

(2)y 轴上是否存在点 P,使得当 k 变动时,总有 $\angle OPM=\angle OPN$?并说明理由.

解:(1)由题设可得 $M(2\sqrt{a},a),N(-2\sqrt{a},a)$,或 $M(-2\sqrt{a},a),N(2\sqrt{a},a)$.

因为 $y'=\dfrac{1}{2}x$,故 $y=\dfrac{x^2}{4}$ 在 $x=2\sqrt{a}$ 处的导数值为 $\sqrt{a}$,C 在 $(2\sqrt{a},a)$ 处的切线方程为
$$y-a=\sqrt{a}(x-2\sqrt{a})$$

即

$$\sqrt{a}x - y - a = 0$$

故 $y = \dfrac{x^2}{4}$ 在 $x = -2\sqrt{a}$ 处的导数值为 $-\sqrt{a}$.

C 在 $(-2\sqrt{a}, a)$ 处的切线方程为
$$y - a = -\sqrt{a}(x + 2\sqrt{a})$$
即
$$\sqrt{a}x + y + a = 0$$

故所求切线方程为 $\sqrt{a}x - y - a = 0$ 或 $\sqrt{a}x + y + a = 0$.

(2) 存在符合题意的点,证明如下:设 $P(0, b)$ 为符合题意的点,$M(x_1, y_1)$,$N(x_2, y_2)$.

直线 PM、PN 的斜率分别为 k_1、k_2.

将 $y = kx + a$ 代入 C 的方程整理得
$$x^2 - 4kx - 4a = 0$$
所以
$$x_1 + x_2 = 4k, \quad x_1 x_2 = -4a = \dfrac{2kx_1x_2 + (a-b)(x_1+x_2)}{x_1 x_2} = \dfrac{k(a+b)}{a}$$

当 $b = -a$ 时,有 $k_1 + k_2 = 0$,则直线 PM 的倾斜角与直线 PN 的倾斜角互补,故 $\angle OPM = \angle OPN$,所以 $P(0, -a)$ 符合题意.

第三十章 等轴双曲线

把实轴和虚轴相等的双曲线称作等轴双曲线,经常以反比例函数研究等轴双曲线.

性质1:已知等轴双曲线 $x^2-y^2=a^2(a>0)$ 上有三个不同的点 A、B、C,D、E、F 为线段 BC、CA、AB 的中点,则 $\triangle DEF$ 的外接圆一定经过原点.

证明:如图 30.1 所示,设 $D(x_0,y_0)$,$B(x_B,y_B)$,$C(x_C,y_C)$,则 $k_{OD}=\dfrac{y_0}{x_0}$,由中点坐标公式可得

$$\begin{cases} 2x_0=x_B+x_C \\ 2y_0=y_B+y_C \end{cases}$$

将 B、C 代入双曲线方程

$$\begin{cases} x_B^2-y_B^2=a^2 \\ x_C^2-y_C^2=a^2 \end{cases}$$

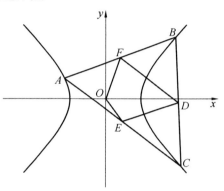

图 30.1

两式作差可得

$$(x_B+x_C)(x_B-x_C)-(y_B+y_C)(y_B-y_C)=0$$

整理为

$$\frac{y_B-y_C}{x_B-x_C}=\frac{x_B+x_C}{y_B+y_C}=\frac{2x_0}{2y_0}=\frac{x_0}{y_0}$$

故 $k_{BC}=\dfrac{x_0}{y_0}$.

因为 EF 为 $\triangle ABC$ 中位线,故 $EF /\!/ BC$,故

$$k_{BC}=k_{EF}=\frac{1}{k_{OD}}$$

同理

$$k_{DE}=\frac{1}{k_{OF}}$$

设 $\angle FOD=\alpha$,$\angle FED=\beta$,则

$$\tan\alpha=\frac{k_{OF}-k_{OD}}{1+k_{OF}\cdot k_{OD}}$$

而

$$\tan\beta=\frac{k_{DE}-k_{EF}}{1+k_{DE}\cdot k_{EF}}=\frac{\dfrac{1}{k_{OF}}-\dfrac{1}{k_{OD}}}{1+\dfrac{1}{k_{OF}}\cdot\dfrac{1}{k_{OD}}}=\frac{k_{OD}-k_{OF}}{1+k_{OD}\cdot k_{OF}}$$

所以 $\tan\alpha=-\tan\beta$,则

$$\alpha+\beta=\pi$$

即四边形 FOED 对角互补，F、O、E、D 四点共圆，△DEF 的外接圆一定经过原点．

性质 2：等轴双曲线 $x^2-y^2=a^2$ 平行于实轴的弦与等轴双曲线交于 C、D 两点，双曲线顶点为 A、B，则 $\angle DCB$、$\angle ADC$ 均为直角．

证明：如图 30.2 所示，由参数方程设

$$C:\begin{cases}x=\dfrac{1}{2}\left(t+\dfrac{a^2}{t}\right)\\y=\dfrac{1}{2}\left(t-\dfrac{a^2}{t}\right)\end{cases},\quad D:\begin{cases}x=-\dfrac{1}{2}\left(t+\dfrac{a^2}{t}\right)\\y=\dfrac{1}{2}\left(t-\dfrac{a^2}{t}\right)\end{cases}$$

设 $B(a,0)$，则

$$\overrightarrow{BC}=\left(\dfrac{1}{2}\left(t+\dfrac{a^2}{t}\right)-a,\dfrac{1}{2}\left(t-\dfrac{a^2}{t}\right)\right)$$

$$\overrightarrow{BD}=\left(-\dfrac{1}{2}\left(t+\dfrac{a^2}{t}\right)-a,\dfrac{1}{2}\left(t-\dfrac{a^2}{t}\right)\right)$$

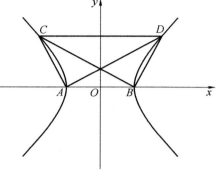

图 30.2

则

$$\overrightarrow{BC}\cdot\overrightarrow{BD}=a^2-\dfrac{1}{4}\left(t+\dfrac{a^2}{t}\right)^2+\dfrac{1}{4}\left(t-\dfrac{a^2}{t}\right)^2=0$$

故 $BC\perp BD$，同理可得 $AC\perp AD$．

性质 3：等轴双曲线 $\dfrac{x^2}{a^2}-\dfrac{y^2}{b^2}=1$ 上关于实轴对称的两点 C、D 分别与此双曲线两个顶点 A、B 的连线互相垂直．

证明：如图 30.3 所示，由参数方程设

$$C:\begin{cases}x=\dfrac{1}{2}\left(t+\dfrac{a^2}{t}\right)\\y=\dfrac{1}{2}\left(t-\dfrac{a^2}{t}\right)\end{cases},\quad D:\begin{cases}x=\dfrac{1}{2}\left(t+\dfrac{a^2}{t}\right)\\y=-\dfrac{1}{2}\left(t-\dfrac{a^2}{t}\right)\end{cases}$$

$$\overrightarrow{AD}=\left(\dfrac{1}{2}\left(t+\dfrac{a^2}{t}\right)+a,\dfrac{1}{2}\left(t-\dfrac{a^2}{t}\right)\right)$$

$$\overrightarrow{BC}=\left(\dfrac{1}{2}\left(t+\dfrac{a^2}{t}\right)-a,-\dfrac{1}{2}\left(t-\dfrac{a^2}{t}\right)\right)$$

故

$$\overrightarrow{AD}\cdot\overrightarrow{BC}=\dfrac{1}{4}\left(t+\dfrac{a^2}{t}\right)^2-a^2-\dfrac{1}{4}\left(t-\dfrac{a^2}{t}\right)^2=0$$

故 $\overrightarrow{AD}\perp\overrightarrow{BC}$．

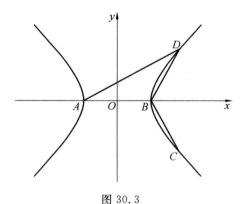

图 30.3

第三十一章　抛物线性质补充

在前面的章节中已经着重介绍了抛物线的很多性质,如焦点弦、焦半径、阿基米德三角形,本章补充几条抛物线的性质.

已知抛物线 $y^2=2px$,过抛物线上两点 M、N 作抛物线的切线交于点 A,过抛物线上点 P 作直线分别交直线 AM、AN 于 B、C 两点,则有如下性质:

性质 1:抛物线的外切三角形的外接圆与焦点共圆,即 $\triangle ABC$ 的外接圆经过抛物线焦点 F.

证明:如图 31.1 所示,设 $M(2pt_1^2, 2pt_1)$, $N(2pt_2^2, 2pt_2)$, $P(2pt_3^2, 2pt_3)$.

由抛物线切线公式可得

直线 AM:$y \cdot 2pt_1 = p(x+2pt_1^2)$

直线 AN:$y \cdot 2pt_2 = p(x+2pt_2^2)$

直线 BC:$y \cdot 2pt_3 = p(x+2pt_3^2)$

由到角公式可得

$$\tan\angle CAB = \frac{k_{AN}-k_{AM}}{1+k_{AM}k_{AN}} = \frac{\dfrac{1}{2t_2}-\dfrac{1}{2t_1}}{1+\dfrac{1}{2t_1}\cdot\dfrac{1}{2t_2}}$$

$$=\frac{2t_1-2t_2}{4t_1t_2+1}$$

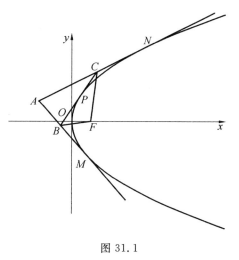

图 31.1

将直线 AM 和直线 BC 联立解得

$$\begin{cases} x_B = 2pt_1t_3 \\ y_B = p(t_1+t_3) \end{cases}$$

将直线 AN 和直线 BC 联立解得

$$\begin{cases} x_C = 2pt_2t_3 \\ y_C = p(t_2+t_3) \end{cases}$$

可得

$$k_{BF} = \frac{p(t_1+t_3)}{2pt_1t_3-\dfrac{p}{2}} = \frac{2(t_1+t_3)}{4t_1t_3-1}$$

同理可得

$$k_{CF} = \frac{p(t_2+t_3)}{2pt_2t_3-\dfrac{p}{2}} = \frac{2(t_2+t_3)}{4t_2t_3-1}$$

故

$$\tan\angle CFB=\frac{k_{BF}-k_{CF}}{1+k_{BF}k_{CF}}=\frac{\dfrac{2(t_1+t_3)}{4t_1t_3-1}-\dfrac{2(t_2+t_3)}{4t_2t_3-1}}{1+\dfrac{2(t_1+t_3)}{4t_1t_3-1}\cdot\dfrac{2(t_2+t_3)}{4t_2t_3-1}}=\frac{2t_2-2t_1}{4t_1t_2+1}=\tan\angle CAB$$

故 $\angle CAB+\angle CFB=180°$，$C$、$A$、$B$、$F$ 四点共圆.

【注】此处还需注意的是抛物线切线交点的参数方程为 $\begin{cases}x_A=2pt_1t_2\\y_A=p(t_1+t_2)\end{cases}$.

性质 2：$\triangle ABC$ 的面积是 $\triangle PMN$ 面积的一半.

证明：如图 31.2 所示，由性质 1 已知

$$\begin{cases}x_A=2pt_1t_2\\y_A=p(t_1+t_2)\end{cases},\begin{cases}x_B=2pt_1t_3\\y_B=p(t_1+t_3)\end{cases},\begin{cases}x_C=2pt_2t_3\\y_C=p(t_2+t_3)\end{cases}$$

故 $\triangle ABC$ 面积由行列式表示为

$$S_{\triangle ABC}=\frac{1}{2}\left|\begin{vmatrix}x_A & y_A & 1\\x_B & y_B & 1\\x_C & y_C & 1\end{vmatrix}\right|=\frac{1}{2}\left|\begin{vmatrix}2pt_1t_2 & p(t_1+t_2) & 1\\2pt_1t_3 & p(t_1+t_3) & 1\\2pt_2t_3 & p(t_2+t_3) & 1\end{vmatrix}\right|$$
$$=p^2|t_1t_2(t_1-t_2)+t_2t_3(t_2-t_3)+t_1t_3(t_3-t_1)|$$

又已知 $M(2pt_1^2,2pt_1)$，$N(2pt_2^2,2pt_2)$，$P(2pt_3^2,2pt_3)$，故 $\triangle MPN$ 面积由行列式表示为

$$S_{\triangle MPN}=\frac{1}{2}\left|\begin{vmatrix}x_M & y_M & 1\\x_N & y_N & 1\\x_P & y_P & 1\end{vmatrix}\right|=\frac{1}{2}\left|\begin{vmatrix}2pt_1^2 & 2pt_1 & 1\\2pt_2^2 & 2pt_2 & 1\\2pt_3^2 & 2pt_3 & 1\end{vmatrix}\right|$$
$$=2p^2|t_1t_2(t_1-t_2)+t_2t_3(t_2-t_3)+t_1t_3(t_3-t_1)|$$

故 $2S_{\triangle ABC}=S_{\triangle MPN}$.

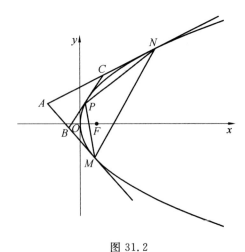

图 31.2

性质 3：$|NF|$，$|AF|$，$|MF|$ 成等比数列.

证明：由性质 1 可知

$$\begin{cases} x_A = 2pt_1t_2 \\ y_A = p(t_1+t_2) \end{cases}$$

则

$$|AF|^2 = \left(2pt_1t_2 - \frac{p}{2}\right)^2 + p^2(t_1+t_2)^2 = p^2\left(t_1^2+t_2^2+4t_1^2t_2^2+\frac{1}{4}\right)$$

$$|NF|\cdot|MF| = \left(2pt_1^2+\frac{p}{2}\right)\cdot\left(2pt_2^2+\frac{p}{2}\right) = p^2\left(4t_1^2t_2^2+t_1^2+t_2^2+\frac{1}{4}\right)$$

故

$$|NF|\cdot|MF| = |AF|^2$$

即$|NF|,|AF|,|MF|$成等比数列.

性质4：$\angle AFN = \angle AFM$.

证明：如图31.3所示，已知$\begin{cases} x_A = 2pt_1t_2 \\ y_A = p(t_1+t_2) \end{cases}$，$M(2pt_1^2, 2pt_1)$，$N(2pt_2^2, 2pt_2)$，则

$$k_{FM} = \frac{2pt_2}{2pt_1^2-\frac{p}{2}} = \frac{4t_1}{4t_1^2-1}, \quad k_{NF} = \frac{4t_2}{4t_2^2-1}, \quad k_{AF} = \frac{p(t_1+t_2)}{2pt_1t_2-\frac{p}{2}} = \frac{2(t_1+t_2)}{4t_1t_2-1}$$

由到角公式可得

$$\tan\angle AFN = \frac{k_{AF}-k_{NF}}{1+k_{AF}\cdot k_{NF}}$$

$$= \frac{\dfrac{2(t_1+t_2)}{4t_1t_2-1} - \dfrac{4t_2}{4t_2^2-1}}{1 + \dfrac{4t_2}{4t_2^2-1} \times \dfrac{2(t_1+t_2)}{4t_1t_2-1}}$$

$$= \frac{(8t_2^2-2)(t_1+t_2) - 4t_2(4t_1t_2-1)}{(4t_2^2-1)(4t_1t_2-1) + 8t_2(t_1+t_2)}$$

$$= \frac{-8t_1t_2^2 + 8t_2^3 + 2t_2 - 2t_1}{16t_1t_2^3 + 4t_1t_2 + 4t_2^2 + 1}$$

$$= \frac{2(t_2-t_1)(4t_2^2+1)}{(4t_1t_2+1)(4t_2^2+1)} = \frac{2(t_2-t_1)}{4t_1t_2+1}$$

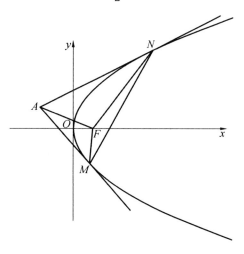

图31.3

同理可得

$$\tan\angle AFM = \frac{k_{AF}-k_{FM}}{1+k_{AF}\cdot k_{FM}} = \frac{2(t_2-t_1)}{4t_1t_2+1}$$

故$\tan\angle AFN = \tan\angle AFM$，即$\angle AFN = \angle AFM$.

第三十二章 三角形面积公式和四点共圆的行列式表示形态

1. 三角形面积公式与行列式

已知 $\triangle ABC$，$A(x_1,y_1)$，$B(x_2,y_2)$，$C(x_3,y_3)$，则

$$S_{\triangle ABC}=\frac{1}{2}\left|\begin{vmatrix} x_1 & y_1 & 1 \\ x_2 & y_2 & 1 \\ x_3 & y_3 & 1 \end{vmatrix}\right|$$

特殊地，当面积为 0，即 A、B、C 三点共线时，行列式表示为

$$\begin{vmatrix} x_1 & y_1 & 1 \\ x_2 & y_2 & 1 \\ x_3 & y_3 & 1 \end{vmatrix}=0$$

2. 四点共圆与行列式

一般地，在平面内有四点 $A(x_1,y_1)$，$B(x_2,y_2)$，$C(x_3,y_3)$，$D(x_4,y_4)$，则四点共圆的充要条件用行列式表示为

$$\begin{vmatrix} 1 & x_1 & y_1 & x_1^2+y_1^2 \\ 1 & x_2 & y_2 & x_2^2+y_2^2 \\ 1 & x_3 & y_3 & x_3^2+y_3^2 \\ 1 & x_4 & y_4 & x_4^2+y_4^2 \end{vmatrix}=0$$

参 考 文 献

[1] 赵国义.圆锥曲线性质探源[M].赤峰:内蒙古科学技术出版社,2018.
[2] 闻杰.神奇的圆锥曲线与解题秘诀[M].杭州:浙江大学出版社,2013.
[3] 唐秀颖.数学解题辞典.平面解析几何[M].上海:上海辞书出版社,1983.
[4] 蔡玉书.解析几何竞赛读本[M].北京:中国科学技术大学出版社,2017.
[5] 郝保国.多角度破解压轴题[M].杭州:浙江大学出版社,2019.
[6] 李红春.一道调考试题的研究性学习[J].数学通讯,2018(5):30-34.
[7] 邱波.圆锥曲线阿基米德三角形的性质[J].数学通讯,2018(5):34-35.
[8] 陈晓明.椭圆的切线性质[J].数学通讯,2018(6):25-27.
[9] 姚先伟.椭圆切线的若干性质补遗及初等证明[J].数学通讯,2019(3):20-22.